I0043999

DICTIONNAIRE
DES DÉCOUVERTES
EN FRANCE,

DE 1789 A LA FIN DE 1820.

TOME V.

DIC — ÉLE

9-B-

ON SOUSCRIT AUSSI :

Chez Mongie aîné, boulevart Poissonnière.
Galliot, rue de Richelieu, n°. 79.
Delaunay, au Palais-Royal.
Pélicier, place du Palais-Royal.

Tous les exemplaires sont revêtus des initiales ci-après :

IMPRIMERIE DE FAIN, PLACE DE L'ODÉON.

DICTIONNAIRE

CHRONOLOGIQUE ET RAISONNÉ

DES DÉCOUVERTES,

INVENTIONS, INNOVATIONS, PERFECTIONNEMENS,
OBSERVATIONS NOUVELLES ET IMPORTATIONS,

EN FRANCE,

DANS LES SCIENCES, LA LITTÉRATURE, LES ARTS, L'AGRICULTURE,
LE COMMERCE ET L'INDUSTRIE,

DE 1789 A LA FIN DE 1820;

COMPRENANT AUSSI, 1°. des aperçus historiques sur les Institutions
fondées dans cet espace de temps; 2°. l'indication des décorations,
mentions honorables, primes d'encouragement, médailles et autres
récompenses nationales qui ont été décernées pour les différens
genres de succès; 3°. les revendications relatives aux objets découverts, inventés, perfectionnés ou importés.

OUVRAGE RÉDIGÉ,

D'après les notices des savans, des littérateurs, des artistes, des agronomes
et des commerçans les plus distingués,

PAR UNE SOCIÉTÉ DE GENS DE LETTRES.

Invenies disjecti membra.... HORAT.

TOME CINQUIÈME.

A PARIS,

CHEZ LOUIS COLAS, LIBRAIRE-ÉDITEUR,
RUE DAUPHINE, N°. 32.

JANVIER 1823.

DICTIONNAIRE

CHRONOLOGIQUE ET RAISONNÉ

DES DÉCOUVERTES,

INVENTIONS, INNOVATIONS, PERFECTIONNEMENS, OBSERVA-
TIONS NOUVELLES ET IMPORTATIONS,

EN FRANCE,

DANS LES SCIENCES, LA LITTÉRATURE, LES ARTS, L'AGRICULTURE,
LE COMMERCE ET L'INDUSTRIE,

DE 1789 A LA FIN DE 1820.

~~~~~~

DIC

DICÉRATE. — GÉOLOGIE. — *Observations nouvelles.* —
M. DE LAMARCK, *de l'Institut.* — 1805. — Rien ne semble
plus remarquable, dit l'auteur, que la forme particulière de
la coquille bivalve appelée dicérate, et qu'on n'a encore
rencontrée que dans l'état fossile. La forme étonnante de
ses crochets lui a fait donner son nom, qui signifie double
corne. Cette coquille est bivalve, inéquivalve, adhérente;
à crochets coniques, très-grands, divergens, inégaux,
contournés en spirale irrégulière. Une dent cardinale fort
grande, épaisse, concave et auriculaire dans la plus grande
valve; deux impressions musculaires. L'auteur donne le
nom de *dicérate arietine* à une coquille bivalve trouvée
dans les couches calcaires du mont Salève: elle est fort
épaisse, ventrue, un peu ridée en travers par la saillie de
ses accroissemens divers; les plus gros individus ont à peu

près la grosseur du poing. Dans l'intérieur de la plus grande valve, on remarque une dent cardinale fort grande, très-épaisse, conique, obtuse, ressemblant à une oreille munie de sa cavité. Cette dent s'articule fortement avec l'autre valve, en s'insérant dans un enfoncement qui la reçoit lorsque les deux valves sont fermées. L'intérieur des valves montre très-distinctement deux impressions musculaires latérales. M. Dulac a trouvé également la dicérate dans une carrière de pierre à chaux, près de Genève, à mille pieds environ au-dessus du lac. La couche était remplie d'une grande variété de coraux et de madrépores. *Annales du Muséum d'histoire naturelle*, 1805, *tome* 6, *page* 299.

DICORYPHE. — Botanique. — *Découverte*. — M. du Petit-Thouars. — An xiii. — Dans les huit nouveaux genres de plantes découverts par M. du Petit-Thouars, dans les îles de France, de Bourbon et de Madagascar, on trouve le dicoryphe : *Flores hermaphroditi, completi, polypetali, isostemones, epigyni, tetrandri; filamenta fertilia* 4, *sterilia* 4, *fertilibus alterna; ovaria duo in basi calycis immersa; stylus bifidus; fructus; calyx circumscissus, capsularis, cocci duo elasticè dehiscentes; semina duo inversa; perispermum corneum; embryo foliaceus, marginibus convolutis.* Arbrisseau de Madagascar, à rameaux faibles, effilés ; à feuilles alternes disposées sur deux rangs, pétiolées, entières, munies à leur base de deux stipules inégales ; à fleurs disposées en faisceaux terminaux. Son nom, tiré de δι, *duplex*, et κορυφη, *vertex*, fait allusion aux deux sommets qui couronnent le fruit. Ce genre ne paraît avoir de rapports marqués qu'avec l'hamamelis, dont il diffère par son calice profondément divisé en quatre lanières, par l'ovaire qui n'est que légèrement adhérent au fond du calice, et surtout par ses anthères, dont les deux loges sont creusées dans la substance même du filament, et fermées chacune par une valve qui s'ouvre en dehors comme dans les berberidées et les lauriers. Malgré ce caractère, M. du Petit-Thouars pense que l'hamamelis et le dicoryphe ne peuvent appartenir aux berberidées, puisque leurs étamines sont périgynes ; la structure de leur graine l'engage à les rapprocher plutôt des nerpruns. *Société philomathique*, *an* XIII, *bulletin* 96, *page* 281.

DICHROITE. (Nouvelle espèce de pierre.) — MINÉRALOGIE. — *Observations nouvelles.* — M. CORDIER. — 1809. — Le dichroïte se présente ordinairement sous forme de grains irréguliers confusément agrégés, ou sous celle de petits cristaux prismatiques hexaèdres ou dodécaèdres, d'une couleur bleue d'indigo, violette ou jaune brunâtre, selon les variétés et selon la manière de les regarder. Leur cassure, quoique vitreuse et éclatante, offre quelquefois des indices de lames. Il est assez dur pour rayer le verre ; il raie même le quartz, mais faiblement. Les acides n'ont aucune action sur lui ; le feu du chalumeau ne l'altère que difficilement ; il fond alors en un émail gris-verdâtre très-clair. Tous ces caractères, qui, comme les plus apparens, peuvent servir à mettre sur la voie pour faire reconnaître le dichroïte, ne suffiraient pas, s'ils étaient seuls, pour faire établir une espèce minérale ; il en faut de plus précis et de plus importans. On les prendra, 1°. dans la forme primitive, qui est le prisme hexaèdre régulier, divisible de manière à donner pour molécule intégrante un prisme triangulaire dont la base est un triangle rectangle scalène, ce qui le distingue essentiellement de tous les minéraux connus, ayant pour forme primitive le prisme hexaèdre ; 2°. dans la pesanteur spécifique, qui est de 2,560. 3°. dans la manière dont il réfléchit la lumière. Le dichroïte présente à cet égard un phénomène particulier que l'auteur nomme *double couleur par réfraction*. En effet, si on regarde certains dichroïtes translucides parallèlement à l'axe du prisme, ils paraissent d'une couleur bleue très-intense ; mais si on les regarde perpendiculairement à cet axe, on les voit alors d'un jaune brunâtre très-clair. Cette pierre se trouve au cap de Gattes ; au Granatillo près

Nijar, et au pied des montagnes qui entourent la baie de San-Pédro. Elle est engagée dans une brèche volcanique qui renferme des scories, des laves vitreuses noires, et des laves basaltiques et pétro-siliceuses ; c'est dans cette dernière qu'on rencontre spécialement le dichroïte, il y est en grains disséminés. On le trouve encore dans le tufa blanchâtre qui sert de base à la brèche, et dans le granit feuilleté qu'elle contient. Les cristaux de dichroïtes ont éprouvé, comme les roches qui les renferment, des altérations du feu, qui les ont gercées et même frittées ; la plupart sont en outre recouverts d'un enduit blanchâtre très-mince, qui ternit leur éclat naturel. *Société philomathique*, 1809, *page* 352.

DICOTYLÉDONES (Germination des). — Botanique. — *Observations nouvelles.* — M. Jaume Saint-Hilaire. — 1808. — Les graines du genre des dicotylédones offrent moins de variation dans leur mode de germination que ne le font celles du genre des monocotylédones. Le haricot, la fève, se gonflent, la radicule fend l'enveloppe extérieure, elle s'enfonce dans la terre, et la plantule n'a pas encore paru ; dans la courge, le melon, l'enveloppe extérieure ne se déchire pas, elle s'ouvre à la partie inférieure ; dans le liseron, les cotylédons sont lobés et pliés en deux. Le fruit de la pistache de terre ne mûrit que dans la terre ; il en sort toujours au moment de la germination. On ne voit pas dans ces plantes cette gaîne particulière observée dans les graminées, et des lobes ou bourrelets particuliers qui donnent eux-mêmes naissance à plusieurs racines. Un seul cotylédon suffit à la germination de plusieurs dicotylédons. *Journal de botanique*, novembre 1808. *Annales des sciences et des arts*, 1808, *première partie*, page 442.

DICTYOPTÈRES, genre nouveau d'algues marines. — Botanique. — *Observations nouvelles.* — M. Lamouroux. — 1813. — Cette plante, de l'ordre des dictyotées, a ses capsules formant des masses un peu saillantes, éparses sur des feuilles

toujours partagées par une nervure. La grandeur de ces
plantes varie beaucoup ; certaines espèces acquièrent à
peine quelques centimètres de hauteur, tandis que d'autres
dépassent souvent trois décimètres. Elles diffèrent également dans l'état de dessiccation et de vie : franches au sortir
de la mer, elles sont un peu charnues, raides, presque
cassantes, et on y observe l'organisation réticulée avec la
plus grande facilité ; desséchées, elles deviennent très-
minces, très-flexibles ; et c'est dans cet état que plusieurs
auteurs les ont décrites. Les dictyoptères, souvent para-
sites, ne se trouvent jamais que dans les latitudes tempérées ou équatoriales. M. Lamouroux pense que leur existence se prolonge au delà d'une année. *Annales du Muséum d'histoire naturelle*, 1813, *tome* 20, *page* 27.

DICTYOTA, nouveau genre d'algues marines. —BOTA-
NIQUE.— *Observations nouvelles.*— M. LAMOUROUX.—1813.
—Ce genre, de la famille des dictyotées, a ses capsules réunies en masses, situées en lignes diversement dirigées. Il
offre au plus haut degré les caractères généraux de la famille des thalassiophytes à organisation foliacée, tels que
l'organisation réticulée, la fructification capsulaire, la
couleur verte un peu olivâtre, etc. M. Lamouroux le divise en deux sections. Dans la première, qu'il appelle *pa-
dina*, il comprend les plantes qui fructifient en lignes courbes, concentriques et transversales. Les padines présentent
toujours un aspect fabelliforme. Les membranes longitudinales du tissu sont plus fortes que les membranes transversales ; leur couleur offre plus de variétés que celle des
dictyotes : quelquefois elle est rosâtre comme dans la padine rose, ou rougeâtre comme dans la padine écailleuse.
La deuxième section renferme les *dictyota*, qui ont la
fructification située en lignes longitudinales, rarement
transversales, jamais concentriques, souvent éparses entièrement ou en partie. Les dictyotes proprement dites ont
toutes une couleur verdâtre plus ou moins foncée, qui ne
change presque point par la dessiccation. Exposées à l'ac-

tion de l'air et de la lumière, elles prennent une teinte plus foncée, rarement une nuance fauve ou jaune blanchâtre. Les feuilles sans nervures, rarement rameuses, presque toujours dichotomes, offrent ordinairement des formes linéaires; le tissu, plus visible et moins régulier que dans les padines, a plus d'égalité dans l'épaisseur des membranes; les tiges et les racines sont moins velues. Les padines, en grande partie bisannuelles, et peut-être vivaces, paraissent particulières aux latitudes tempérées ou équatoriales; les dictyotes, toutes annuelles, s'étendent jusque sous les régions hyperboréennes. *Annales du Muséum d'histoire naturelle*, 1813, *tome* 20, *page* 271.

DIDELPHE MANICOU (Dissection de deux femelles de).—ANATOMIE.—*Observations nouvelles.*—M. G.-L. DUVERNOY. — AN XII. — La ménagerie du Muséum d'histoire naturelle ayant perdu deux didelphes manicou (*didelphis virginiana*, Linn.) femelles, M. Cuvier en a confié la dissection à M. Duvernoy. Voici ce que les recherches de ce dernier, sur la structure des organes de la reproduction, lui ont offert de plus intéressant. Il lui a été impossible de découvrir aucun conduit par lequel les petits puissent passer de la matrice dans la poche, soit directement, à travers les parois abdominales, soit indirectement, en suivant d'abord les ligamens ronds, et en traversant l'anneau inguinal. Toutes les précautions avaient été prises pour que cette communication ne pût être méconnue si elle eût existé. Après avoir coupé à quelques pouces en avant de la poche les parois abdominales, on a renversé avec précaution vers le pubis le lambeau qui soutenait celle-ci, et l'on a recherché avec soin tout ce qui aurait pu indiquer les vestiges d'un canal. La surface extérieure de la matrice et celle de ses cavités n'ont offert également aucune trace d'un pareil conduit. M. Duvernoy a, par contre, observé très en détail un muscle dont la fonction bien reconnue doit décider la question sur la manière dont les petits parviennent dans la poche au moment de l'accouchement. Ce muscle, qui, eu égard à ses attaches, pourrait être appelé *iléo-marsupial*, est fixé par un tendon grêle à l'épine antérieure et supérieure de l'os des îles (1), au-devant du tendon de l'*iléo-prétibien*. Il descend obliquement en arrière sous l'arcade crurale, entre le bord de l'iléo-abdominal ou petit oblique, et l'iliaque interne ; sort de dessous cette arcade par l'anneau suspubien, et se porte obliquement en avant et en dedans, jusqu'aux parois externes et latérales de la poche, en passant sur l'os marsupial et le feuillet extérieur de l'aponévrose des muscles du bas-ventre. Il se divise, sur le tiers postérieur de ces parois, en plusieurs bandelettes charnues, qui tiennent à celles-ci par des fibres tendineuses très-courtes. C'est un muscle mince, très-étroit et fort long. Il suffira de jeter un coup d'œil sur la figure 11 de la planche 19, des bulletins de la Société philomathique, pour être convaincu de ses usages. En se contractant avec son semblable, ils doivent ouvrir la poche et l'approcher très-près de la vulve ; ce qui s'effectue d'autant plus facilement, que l'anneau suspubien et l'os marsupial de chaque côté servent de poulie de renvoi à ces muscles ; voilà pourquoi Tyson, *Descriptio anatomica marsupialis*, *Trans. philos.*, *april.* 1698, n°. 239, qui ne fait qu'indiquer leur passage sur cet os, sans rien dire de leurs attaches, les a appelés *trochléateurs*. Il ajoute plus bas, sur leur usage, qu'ils servent à dilater la poche et à soutenir son poids lorsque l'animal est situé la tête en bas, et que les os marsupiaux qui leur servent de poulie leur donnent la facilité de résister à ce poids. Bien entendu qu'en parlant du poids de la poche, Tyson la supposait pleine de petits ; et qu'en supposant la situation renversée, il avait égard à la faculté de l'espèce observée par lui, de se suspendre au moyen de sa queue prenante. Ce n'est donc pas sans raison, comme le pense Vicq-d'Azyr, que Tyson avait ainsi

---

(1) Le muscle iléo-marsupial existe aussi dans le *phascolome* ; mais comme la poche de cet animal est très-rapprochée de la vulve, il ne sert plus qu'à la dilater. (*Note de l'auteur.*)

nommé ces muscles. Le premier, *Système anatomique*, tome 2, page 201, donne bien leur point d'attache, mais il ne dit rien de leurs autres rapports, et par conséquent de leur trajet ; il ne parle pas plus de leurs usages, et laisse ainsi leur histoire très-imparfaite. Elle était cependant importante pour donner une idée juste des moyens que mettent en usage ces animaux à bourse pour faire passer leurs petits à leurs mamelles, et pour rejeter toute idée de communication immédiate entre la matrice et la poche. Celle-ci peut tellement être rapprochée de la vulve par l'action des muscles iléo-marsupiaux, que son orifice devient presque contigu à celui du vagin, pendant la contraction de ces muscles ; ce qui a certainement lieu au moment où l'animal met ses petits au monde et les place dans sa bourse. *Société philomathique*, an XII, *bulletin* 81, *p.* 160, *pl.* 19, *fig.* 11.

DIDYMÈLE. — BOTANIQUE. — *Découverte.* — M. DU PETIT-THOUARS. — AN XIII. — Parmi les nouveaux genres de plantes découvertes dans les îles de France, de Bourbon et de Madagascar, se trouve le didymèle. *Flores dioici, apetali, diandri, digyni ; calyx duabus squamis constans ; stamina sessilia, fructus drupaceus, monospermus ; nucleus osseus ; embryo nudus, inversus ; cotyledones crassæ.* Arbre élevé, indigène de Madagascar, à rameaux étalés ; à feuilles alternes, grandes, entières, pétiolées ; à fleurs petites, naissant au-dessus des aisselles, disposées en épis dans les pieds femelles, en grappes rameuses dans les mâles. Le nom du genre, tiré de διδορος, *geminus*, et γελος, *membrum*, fait allusion au nombre binaire des organes sexuels. Ce genre, dans les systèmes de Tournefort et de Linnée, doit être placé à côté des peupliers et des saules ; mais il diffère beaucoup de ces deux genres, et même de toutes les amentacées, par son port, par la disposition et la structure de ses fleurs, et par son fruit. Les mêmes caractères l'éloignent des urticées ; il semble avoir quelques rapports éloignés avec les derniers genres des térébenthacées, et notamment avec le noyer; mais la place même du noyer, dans l'ordre naturel, est encore indécise (an xiii). M. du Petit-Thouars le rapproche de l'*hernandia*. Que l'on suppose, dit-il, les cloisons de la noix adhérentes aux lobes de la graine, et les anfractuosités de sa superficie comblées par la même substance, on aura une idée de la graine d'hernandia; que l'on suppose encore le calice urcéolaire et inférieur de la fleur femelle d'hernandia adhérent à l'ovaire, on aura celle du noyer, et celle de ses deux calices si singuliers. *Société philomathique, an* xiii, *bulletin* 96, *page* 280.

DIFFRACTION (Expérience sur la). — PHYSIQUE. — *Observations nouvelles.* — M. ARAGO, *de l'Institut.* — 1816. — Lorsqu'on interpose une lame étroite et opaque dans un faisceau de rayons composés ou simples, il se forme de part et d'autre des bords de la lame deux systèmes de franges diffractées extérieures qui vont en se dilatant derrière elle et s'écartant toujours de l'ombre qu'elle projette. Mais dans l'ombre même il se produit aussi des franges dont l'existence, découverte par Grimaldi, a été étudiée par Maraldi, Dutour, le docteur Young, et récemment par M. Fresnel, ingénieur des ponts et chaussées. Parmi les expériences du docteur Young se trouve la suivante, qui présente un fait bien remarquable. Ayant placé une lame étroite dans le faisceau des rayons, et compté le nombre des franges intérieures dont son ombre est striée à une certaine distance, si l'on en approche un écran opaque, indéfini, jusqu'à le mettre en contact avec la lame, toutes les franges intérieures disparaissent aussitôt; elles disparaissent encore si, au lieu d'approcher l'écran à l'endroit où la lame se trouve, on le place en avant ou en arrière, en le plongeant dans le faisceau des rayons incidens ou des rayons diffractés. En répétant cette expérience, M. Arago a trouvé que la disparition s'opérait également lorsqu'au lieu d'un écran opaque on emploie un écran diaphane suffisamment épais. Selon lui, les lames diaphanes très-minces, par exemple,

de verre soufflé à la lampe , n'agissent point sensiblement
sur les franges; un peu plus épaisses, elles les transportent
d'une certaine quantité en diminuant leur nombre ; plus
épaisses encore, elles les font disparaître entièrement; et ,
ce qui est bien remarquable , on peut les faire reparaître
en plaçant de l'autre côté un écran pareil, de même épaisseur. Si les deux écrans , toujours de même nature , ont
des épaisseurs inégales, l'effet est égal à celui que produisait la différence de leur épaisseur. Il sera curieux de savoir si la différente nature des substances aura de l'influence
sur les résultats. M. Arago a répété , avec M. Pouillet ,
cette expérience d'une manière qui en a rendu les effets
encore plus sensibles : ayant produit les franges intérieures
avec une lame longue de deux décimètres , suffisamment
mince et inclinée dans les rayons incidens, ils ont fait disparaître et reparaître les franges par l'approche des écrans
diaphanes ou opaques appliqués dans des points quelconques de sa longueur, par conséquent loin des bords , dont
l'action ou l'interposition déterminait la formation des
franges intérieures dans la lumière transmise. *Société phi-
lomatique* , 1816, *page* 56. *Voyez* Lumière (Diffraction
de la).

DIGESTEUR DISTILLATOIRE pour analyser le liége
et les matières végétales.--Instrumens de chimie.--*Observations nouvelles*.--M. Chevreul.--1815.--L'auteur, voulant
analyser des matières végétales sèches, et surtout le liége, a
considéré que les dissolvans peu énergiques, tels que l'eau
et l'alcohol, ne tendent pas par eux-mêmes à décomposer
les principes que l'on peut séparer de ces matières, et que ,
si à une température très-élevée ils peuvent avoir quelques inconvéniens, ils en ont infiniment moins que les
dissolvans énergiques , tels que les acides et les alcalis ,
employés même à une basse température. Il a cru, en conséquence, devoir recourir à l'appareil de Papin ; mais pour
le rendre plus propre à des expériences de recherches, il
l'a fait exécuter avec des modifications , et lui a donné le

nom de digesteur distillatoire. Il se compose, 1°. d'un vaisseau
de cuivre allié de très-peu de zinc ; sa cavité est cylindrique ;
elle a 0^m,090 de diamètre et 0^m,167 de profondeur; ses parois
ont 0^m,010 d'épaisseur ; à 0^m,004 du bord , il y a un bour-
let épais portant quatre appendices, qui sont chacun per-
cés d'un trou à vis; 2°. d'un cylindre d'argent fermé par
une extrémité; le bord rabattu horizontalement est destiné à s'appliquer dans le premier appareil ; 3°. d'un diaphragme d'argent percé de petits trous, portant dans le
milieu une tige de 0^m,035 de longueur, surmontée d'un
croissant et d'un diamètre tel qu'il puisse entrer exactement dans le cylindre; 4°. d'un couvercle revêtu intérieurement d'une calotte d'argent maintenue par des vis;
il emboîte le premier vaisseau à la manière d'un couvercle de tabatière, et il porte quatre appendices percés de
trous qui correspondent à ceux des appendices de ce même
vaisseau; les vis sont en fer et servent à fermer l'appareil. Le couvercle est percé d'une ouverture de 0^m,008 de
diamètre, dans la partie inférieure; à l'extérieur de l'ouverture se trouvent deux filets à vis; 5°. d'une boîte cylindrique dans laquelle est renfermée une soupape destinée à
fermer l'ouverture. Cette boîte se visse au couvercle, elle
porte cinq trous, dont un donne passage à la tige de la soupape, et quatre autres qui sont destinés à laisser échapper la vapeur qui se dégage de l'appareil. La soupape est
maintenue sur l'ouverture au moyen d'un fil de laiton en
spirale; 6°. d'un tube qui se visse sur le couvercle, et qui
sert à conduire les vapeurs dans un appareil qui se compose d'une allonge, d'un balon tubulé et de deux flacons
de Woulf. Les trois dernières pièces sont placées dans les
terrines destinées à recevoir des matières réfrigérantes.
Quand on opère avec de l'eau, et même avec de l'alcohol,
un seul flacon est suffisant, et c'est dans ce dernier état
que les pharmaciens auront plus d'occasion d'en faire usage.
Quand on veut s'en servir, on applique un cercle de carton fin sur le bord du premier vaisseau, on met la matière
à examiner dans le cylindre d'argent, et on introduit celui-

ci dans le vaisseau précédent; on foule la matière avec le diaphragme, puis on verse par-dessus l'eau l'alcohol ou tout autre dissolvant. Le diaphragme sert, pendant le cours de l'opération, à maintenir la matière plongée dans le liquide. Il empêche par-là qu'elle ne soit projetée dans le trou de la soupape, et sur les parties du vaisseau qui sont sèches. Sur le bord rabattu du cylindre on met un cercle de carton humecté d'eau par-dessus; on applique le couvercle, muni de la soupape, et on le ferme au moyen des vis. On place le digesteur dans un fourneau, on y adapte ensuite le tube au moyen de son ajutage, puis on le met en communication avec l'allonge et les vaisseaux destinés à condenser les produits volatils des matières mises en expérience. On entoure le digesteur de charbons ardens, en ayant l'attention de n'élever la température que graduellement, et de la soutenir au même degré, à partir du moment où les vapeurs se condensent dans l'allonge. Si l'on connaît l'espace que le liquide du digesteur occuperait s'il était dans le ballon, et si l'on a divisé cet espace en plusieurs parties, on peut savoir, par la quantité de liquide qui passe, celle qui reste dans le cylindre, et par-là on est averti du moment où l'on doit arrêter l'opération. Quand on a cessé le feu, on attend que l'appareil soit refroidi à quelques degrés au-dessous de la température nécessaire pour vaporiser le liquide du digesteur à la pression ordinaire; on dévisse le couvercle, on tire le cylindre hors du vaisseau de cuivre, on en verse le liquide sur un filtre, en pressant en même temps la matière avec le diaphragme. D'après ce qui précède, on voit que le cylindre d'argent est utile, non-seulement pour empêcher les substances qu'on examine d'avoir le contact du cuivre, mais encore pour faciliter la manipulation, car rien n'est plus aisé que de verser sans accident et sans perte le liquide du cylindre sur un filtre; il n'en serait pas de même si les substances étaient contenues dans le vaisseau de cuivre. Pour que le digesteur distillatoire remplisse sa destination, il faut pouvoir varier à volonté la température des corps

qui y sont renfermés, de manière qu'on produise celle qui
est la plus convenable à l'expérience qu'on s'est proposé
de faire; il faut de plus pouvoir donner une indication de
cette température assez précise, pour qu'on ait la faculté
de la reproduire dans des expériences ultérieures. Il est
évident que la chaleur sera d'autant plus grande dans l'intérieur de l'appareil, que l'on opposera plus d'obstacles à
la vaporisation du liquide qui y sera contenu, et que la
surface inférieure de la soupape sera plus petite. Or, les
dimensions de celles-ci restant les mêmes, il est clair
qu'en changeant la force du ressort, soit en faisant varier
le diamètre ou le nombre des spires, on fera pareillement
varier la température. Quand on aura trouvé le rapport
convenable à une expérience, on attachera la tige de la
soupape à une romaine, et on en déterminera la force; de
cette manière on reproduira à volonté la température à laquelle on aura opéré, en prenant un ressort égal à celui
qui aura servi, et en faisant usage du même liquide. Le
moyen qu'on vient de donner est suffisant pour le genre
d'expériences auquel M. Chevreul a destiné principalement le digesteur distillatoire. Au reste, si des expériences
exigeaient la connaissance exacte d'une température inférieure à celle où le mercure se vaporise, on pourrait introduire un thermomètre dans le digesteur; pour cela on
ménagerait dans le couvercle un trou propre à recevoir
une vis : celle-ci serait percée de manière à être traversée
par la tige d'un thermomètre qui y serait exactement fixée.
Réunissant les avantages que présente le digesteur distillatoire dans l'analyse végétale et animale, on trouve, 1°. que
les dissolvans y acquièrent une grande énergie : ils peuvent agir sur des matières qu'ils ne pourraient attaquer
dans des circonstances ordinaires; 2°. que l'on peut recueillir les produits volatils qui s'échappent d'une opération; 3°. que lorsqu'il faut traiter une matière un grand
nombre de fois par l'alcohol et l'éther, l'opération devient
très-dispendieuse par la quantité de dissolvans qui se perd;
en second lieu, quand on fait bouillir plusieurs substances

dans ces liquides, il se produit des soubresauts qui projet-
tent au dehors des vases une partie des matières qui s'y
trouvent ; en opérant dans le digesteur, on recueille tout
le dissolvant qui se volatilise, et l'on ne craint pas que la
matière soit projetée au dehors ; 4°. qu'il est très-facile de
varier les degrés de chaleur au moyen des ressorts, et de
transvaser sans perte les liquides mis en expérience dans
le cylindre d'argent. C'est avec cet appareil, que M. Chevreul a particulièrement appliqué à l'analyse du liége, qu'il
a retiré de cette matière végétale des principes que l'action simple des dissolvans n'en saurait extraire. Les parties constituantes du liége sont intimement unies, et adhèrent très-fortement aux liqueurs, ce qui rend l'usage
de cette écorce précieux en ce qu'elle ne communique presque rien aux liquides dans lesquels plongent nécessairement les bouchons ordinaires. On remarque parmi les
principes immédiats retirés du liége, à l'aide de la pression, et d'une température supérieure à l'eau bouillante,
1°. une matière azotée ; 2°. un principe colorant jaune ;
3°. une matière astringente ; 4°. une résine molle ; 5°. de
la cérine ; 6°. de l'acide gallique, etc. Ce digesteur distillatoire peut encore servir à dissoudre la gélatine de
Darcet, qui résiste long-temps à l'action de l'eau chaude
à vaisseaux ouverts ; il serait aussi très-propre à ramollir le
lichen d'Islande pour en faire la gelée. *Annales de chimie, tome* 96, *page* 148. *Journal de pharmacie*, 1816,
bulletin 8, *page* 344. *Voyez* la planche du même bulletin, et notre article Distillation.

DIGESTION DANS L'HOMME (Expériences sur la).
—Physiologie.—*Observations nouvelles.*—M. Montègre.
— 1812.—La digestion, fonction animale si intéressante,
a été l'objet de nombreuses recherches, et principalement
de celles des savans Réaumur et Spallanzani. L'un et l'autre
avaient eu pour but dans leurs recherches de reconnaître
la trituration des alimens, mais surtout le suc gastrique,
qu'ils regardaient comme le principal agent. M. Montègre

s'est borné à connaître ce suc et ses propriétés. Il a cherché,
1°. à déterminer la nature du suc gastrique ; 2°. l'action
qu'il peut exercer dans la digestion ; 3°. quelle est l'altération apparente que subissent les alimens dans la digestion s'opérant dans l'estomac. Après s'être procuré du suc
gastrique extrait à plusieurs reprises , il l'a comparé à sa
salive , et il a observé que quelquefois il ne donnait aucun
indice d'acidité , mais que le plus ordinairement il en donnait de plus ou moins forts. Pour comparer ce suc à la salive, ce docteur a suivi des expériences aussi habilement
conduites que concluantes ; et il s'est assuré que 1°. le suc
gastrique, lorsqu'il n'est pas acide , se putréfie exactement
comme la salive ; 2°. qu'il n'exerce aucune action antiseptique sur les alimens que lorsqu'il est acide ; mais que la
salive qui a acquis une acidité égale par le moyen de l'acide
acétique produit des effets parfaitement semblables. Forcé
par ses propres observations à renoncer aux propriétés particulières du suc gastrique , M. Montègre se borne à quelques conjectures qu'il propose avec beaucoup de circonspection. Il soupçonne que l'action de l'estomac, dans la
digestion, se réduit à une absorption vitale et élective dans
laquelle, en vertu de leur sensibilité particulière, les vaisseaux absorbans s'emparent de certaines portions des alimens de la même manière que cela arrive dans tout le
conduit alimentaire. Cette explication n'a pas paru suffisante à MM. Cuvier , Thénard et Berthollet, commissaires
chargés par l'Institut de faire un rapport sur cette matière.
Ces commissaires ont émis cette opinion que, d'après les
expériences de Réaumur et de Spallanzani, il fallait chercher
ailleurs que dans la nature du suc gastrique et ailleurs que
dans l'action, soit des muscles, soit des vaisseaux absorbans
de l'estomac, la cause encore inconnue de la digestion. Quoi
qu'il en soit , disent les savans que nous venons de nommer, les observations de M. Montègre ont le mérite de
dissiper les fausses notions que nous avaient données sur
le suc gastrique des expériences faites par des hommes
dont le nom est le plus imposant. Nous pensons que ce

premier mémoire mérite d'être imprimé dans le recueil des savans étrangers. *Mémoire de l'Institut. Moniteur*, 1812, *page* 1409.

DIGITALE (Nouvelle espèce de). — Botanique. — *Découverte.* — MM. Dutour de Salvert et Saint-Hilaire (Auguste de). — 1813. — Cette plante, découverte dans un terrain aride et rocailleux , à Combronde, dans la Limagne d'Auvergne, tient le milieu entre le *digitalis purpurea* et le *digitalis lutea*; elle se rapproche même tellement de ces deux digitales , que M. Dutour reste dans le doute si on doit la regarder comme espèce distincte, ou comme une hybride. Il l'a recueillie plusieurs années de suite dans le même terrain ; elle y végétait en mélange avec les deux autres digitales ci-dessus , et il a remarqué que ses capsules ne mûrissaient pas. Ces indications , ainsi que la description qu'il donne de la plante, semblent confirmer qu'elle est une hybride produite par les ovaires du *digitalis purpurea*, fécondés par les anthères du *digitalis lutea*, quoique Kolreuter ait fait de vains efforts pour obtenir une hybride en tentant cette expérience. L'hybride qu'il obtint, en fécondant les ovaires du *digitalis lutea* par les étamines du *digitalis purpurea* , se rapproche aussi beaucoup de notre plante, mais en diffère cependant. Au reste , que les botanistes regardent cette plante comme une espèce, ou comme une hybride , il convient de la faire connaître , pour qu'on ne la confonde pas avec le *digitalis fucata*, Pers. , pour lequel M. Dutour l'avait d'abord prise. La racine de la digitale hybride donne naissance à plusieurs tiges simples ou presque simples , hautes de deux à trois pieds , rougeâtres dans le bas , pubescentes dans la partie supérieure ; les feuilles ressemblent à celles du *digitalis lutea* ; mais elles sont plus nerveuses, à dentelures plus serrées et plus nombreuses , garnies de quelques poils vers le bas : les florales sont petites et entières; les fleurs , d'un pourpre clair, forment un long épi , dense, unilatéral. Le calice a cinq divisions un peu pubescentes ; il est un peu plus long

que les pédoncules, et trois ou quatre fois plus court que
la corolle. Celle-ci est intermédiaire pour la grandeur entre
celles des *digitalis purpurea* et *lutea*; sa division supérieure
est séparée en deux lobes arrondis; les deux divisions latérales sont ovales et deux fois plus courtes et plus étroites
que la division inférieure obtuse. L'entrée de la corolle,
un peu poilue, est d'un rouge pâle, mélangé de jaune.
L'intérieur est légèrement ponctué de rouge. Les étamines
sont contenues dans le tube; une ou plusieurs, et quelquefois toutes les quatre avortent. L'ovaire est allongé,
pubescent, surmonté d'un style un peu courbé, portant
un stigmate profondément bilobé. *Bulletin de la Société
philomathique*, page 337, *planche* 6.

DIGITALE POURPRÉE (Examen chimique de la).
— CHIMIE. — *Observations nouvelles.* — M. P.-R. DES-
TOUCHES. — 1809. — Cette plante, qui a été tour à tour pré-
conisée comme remède salutaire, ou décriée comme médicament violent et dangereux, méritait, dit l'auteur, que l'on
s'occupât d'elle spécialement, pour être à même de connaître jusqu'à quel point ses apologistes ou ses dépréciateurs
pouvaient avoir raison. Plusieurs médecins ont entrepris
ce travail; mais aucun ne l'a poussé aussi loin que M. Vassal
qui, dans une thèse qu'il a soutenue à l'École de médecine
de Paris, a fait une monographie complète de cet important végétal. Chargé par l'auteur de la partie chimique de
son ouvrage, M. Destouches s'est occupé de l'analyse des
feuilles de la digitale, qui seules sont employées en médecine
sous forme de poudre. Quatre onces de ces feuilles, soigneusement séchées et mondées de leur pétiole, ont été traitées dans un appareil fermé, par suffisante quantité d'eau
bouillante, jusqu'à ce que cette dernière sortît incolore;
l'eau distillée qui en est provenue n'avait qu'une odeur légèrement herbacée. L'infusion, évaporée à une douce chaleur,
a donné deux onces d'un extrait très-brun et très-lisse de
consistance pilulaire. Le résidu inattaqué par l'eau a été séché; il pesait deux onces moins quelques grains, ce qui

tient à une petite différence dans l'état de dessiccation.
Traité à une chaleur modérée par l'alcohol rectifié, il a pris
instantanément une belle teinte verte. De nouvel alcohol
a été mis jusqu'à ce qu'il ne se chargeât plus de couleur.
Toutes ces teintures alcoholiques, réunies et filtrées, ont
été soumises à la distillation. L'alcohol a passé inodore,
sans couleur, et ne précipitant pas par l'eau. La liqueur,
réduite à quelques onces, a été mise dans une capsule où,
par le refroidissement, il s'est formé un précipité qui, recueilli et séché, pesait soixante-quinze grains. La liqueur
surnageante était d'un brun jaune ; évaporée, elle a donné
un gros d'extrait qui diffère du premier en ce qu'il contient un peu de matière verte que l'alcohol n'a pu lui enlever, et qui paraît y être sans combinaison. Les feuilles,
épuisées par l'eau et l'alcohol, ont été introduites dans une
cornue et poussées au feu : elles ont donné à la distillation
une eau roussâtre et puante, une huile épaisse et empyreumatique, beaucoup de carbonate et d'acétate d'ammoniaque. Le charbon resté dans la cornue était fort léger : inci-
néré et calciné dans un creuset d'argent, il a donné quatre-vingt grains d'une poudre grisâtre. Le premier extrait,
traité successivement par tous les réactifs convenables, n'a
rien présenté de bien particulier aux autres plantes ; cependant il contient en plus grande quantité de l'acétate de
potasse, et donne plus de carbonate et d'acétate d'ammoniaque à la distillation. D'après les qualités vireuses et nar-
cotiques de la plante, l'auteur avait surtout recherché et
espéré trouver la matière cristalline dont parle M. Derosne
dans son mémoire sur l'opium (*Annales de chimie, tome* 45);
mais l'ammoniaque et les autres alcalis, soit caustiques ou
carbonatés, ne font que des précipités à peine sensibles ou très-
légers dans la solution d'extrait de digitale pourprée. Le précipité dont il est parlé plus haut est d'un vert très-foncé, d'une
odeur vireuse désagréable ; il a la consistance du suif, mais
il est plus tenace ; il se fond à une douce chaleur ; il ne
donne pas d'ammoniaque à la distillation ; les acides faibles ne l'attaquent point. Les alcalis caustiques s'y com-

binent difficilement à froid, mieux à chaud ; cette espèce
de savonule est soluble dans l'eau, qu'il rend mous-
seuse. Les acides en précipitent la couleur verte, qui a beaucoup perdu de son intensité. Les huiles volatiles le dissolvent à froid ; les huiles fixes et les graisses seulement à
chaud ; les uns et les autres de ces corps gras acquièrent une
couleur verte très-riche par cette dissolution. L'alcohol
l'attaque bien à froid ; cette solution est beaucoup plus
considérable à chaud, mais la plus grande partie se précipite par le refroidissement. L'acide muriatique oxigéné
(chlore) décolore complétement cette espèce de teinture ; l'é-
ther la dissout facilement. Ces expériences prouvent que la
matière verte est une huile épaisse d'une espèce particulière;
que c'est cette huile qui colore les feuilles de la digitale, et
que probablement tous les végétaux doivent leur couleur
verte à une matière analogue. Les cendres pesant quatre-
vingts grains, ont été soumises à l'action de tous les agens
capables de faire connaître leur nature ; elles ont donné :

1°. Quelque trace d'alcali carbonaté ;
2°. Sulfate de potasse, ... 5
3°. Sulfate de chaux, ... 4
Une très-petite quantité de muriate ;
4°. Phosphate de chaux, ... 10
5°. Carbonate de chaux, ... 35
6°. Oxide de fer, ... 12
7°. Sable quartzeux, ... 12
Et un peu de charbon.

Total 78

Ces résultats donnent, avec les produits en extrait, deux onces
un gros, et celui huileux soixante-quinze grains, pour l'analyse entière de quatre onces de feuilles de digitale pourprée
sur lesquelles on a opéré. Il eût été intéressant peut-être
d'examiner également les fleurs et semences qui sont considérables dans la plante, à ses différens âges ; mais, comme

on n'avait employé en médecine que les feuilles de ce végétal, l'auteur a cru devoir se borner à leur examen particulier. *Bulletin de pharmacie*, 1809, *tome* 1, *page* 123.

DIGLOSSUS VARIABILIS. — Botanique. — *Obser-*
vations nouvelles. — M. Cassini (Henri). — 1818. — Cette
plante, de la famille des synanthérées, est herbacée, probablement annuelle, haute de six pouces, glabre; tige ra-
meuse, un peu diffuse, tortueuse, striée; elle a les feuilles
opposées, pinnées, linéaires, grêles, à pinules linéaires,
munies de très-petites dents rares, aculéiformes; calathides portées sur de longs pédoncules grêles, axillaires,
terminaux et composés de fleurs jaunes. La calathide
de cette plante est demi-couronnée, tantôt discoïde, tantôt
quasi-radiée : disque multiflore, régulariflore, androgyniflore, demi-couronne bitriflore, liguliflore, féminiflore,
tantôt inradiante, tantôt quasi-radiante : péricline presque
égal aux fleurs du disque, subcylindracé, plécolépidé,
formé de cinq à six squames unisériées, entregreffées,
uninervées, glandulifères, arrondies au sommet, qui porte
un petit appendice sétiforme. Clinanthe conique, inappen-
diculé, favéolé. Ovaires grêles, striés; aigrette plus longue
que la corolle, composée de squamellules peu nombreuses,
unisériées, les unes paléiformes et plus courtes, les autres
triquètres filiformes, barbellulées, alternant avec les premières. La languette des fleurs femelles étant toujours très-
petite, et souvent anomale, tantôt plus courte que le style
et entièrement incluse dans le péricline, tantôt plus longue
que le style et un peu exserte. Cette synanthérée a été recueillie au Pérou par Joseph de Jussieu; elle forme un sous-genre
voisin des *tagètes*. *Société philomathique*, 1818, *page* 184.

DILATATION des solides, des liquides et des fluides
élastiques à de hautes températures (Loi de la). — Physique. — *Observations nouvelles*. — MM. Dulong et Petit.
— 1815. — M. Biot, en rendant compte du mémoire de
ces deux savans, s'exprime ainsi : L'esprit d'exactitude qui

s'est introduit depuis quelques années dans toutes les expériences de chimie et de physique a fait rechercher avec
un soin extrême tout ce qui pouvait servir à la perfection
du thermomètre ; on a constaté de nouveau la fixité des
termes extrêmes de l'échelle thermométrique ; on a donné
les procédés les plus propres pour les déterminer, et
comme l'un d'eux est influencé par la pression de l'atmosphère, on a trouvé le moyen de l'en rendre indépendant
par le calcul ; on a senti la nécessité de diviser cet intervalle fondamental en parties de capacités égales, et l'on a
donné des moyens très-sûrs pour y parvenir, malgré les
irrégularités inévitables dans le diamètre intérieur des
tubes de verre ; enfin l'on a reconnu et assigné toutes les
précautions nécessaires pour employer l'instrument d'une
manière comparable. Un thermomètre construit et employé selon ces principes devient donc un indicateur très-
exact des températures qui l'affectent, quelle que soit la
nature du liquide qui le compose, pourvu toutefois que
les degrés divers de chaleur auxquels on l'expose n'en
changent pas la constitution. Ainsi, sous ce rapport, il
est absolument indifférent d'employer des thermomètres
d'eau, d'alcohol ou de mercure. S'ils sont construits avec
exactitude, les températures seront également bien définies par chacun d'eux ; mais, dans les usages ordinaires,
on emploie communément le thermomètre à mercure, et
cette préférence est fondée, car le mercure obtenu par la
distillation est toujours identique avec lui-même ; il ne
se laisse point décomposer par la chaleur ; sa dilatation
absolue est fort sensible, et elle est constamment croissante
depuis la température où il se gèle jusqu'à celle où il se vaporise ; propriété que tous les autres fluides, l'eau, par
exemple, ne possèdent pas. C'est pourquoi l'on est dans
l'usage de rapporter les dilatations de tous les corps aux
indications du thermomètre à mercure, c'est-à-dire que
l'on compare ces dilatations à celles du mercure dans le
verre, et qu'on les exprime en fonctions de celles-ci. On a
trouvé de cette manière que, depuis les degrés les plus

voisins de la congélation du mercure jusque vers celui de
l'ébullition de l'eau, les dilatations des gaz, des vapeurs,
du verre, des métaux, et en général des corps solides,
sont, sans aucune différence sensible, proportionnelles à
la dilatation apparente du mercure dans le verre, et par-
conséquent à sa dilatation absolue. Mais on a trouvé aussi
que, pour tous les liquides qui bouillent à des températures beaucoup moins élevées que le mercure, les dilatations, comparées à celles du mercure, deviennent croissantes à mesure que ces liquides approchent du terme de
leur ébullition ; d'où il est naturel de conclure, par analogie, que les dilatations du mercure lui-même paraîtraient
constamment croissantes dans les températures élevées, si
on les comparait à celles d'un autre liquide dont les points
de congélation et d'ébullition fussent beaucoup plus éloignés ; ou, ce qui serait mieux encore, si l'on comparait
cette dilatation à celle d'un gaz sec, tel que l'air, qui, ne
changeant pas de constitution dans les plus grandes différences de températures que nous puissions produire,
semble devoir par cela même offrir un terme de comparaison plus uniforme que tous les autres corps. Cette
recherche est, comme on voit, différente de la détermination des températures. Celle-ci est parfaitement résolue
par les divers problèmes thermométriques et pyrométri-
ques, pourvu qu'on ait soin de lier leurs indications par
l'expérience, de manière à en former une série continue ;
mais la comparaison de toutes les dilatations à celles d'une
substance dont la constitution pourrait être regardée
comme invariable, serait aussi une chose très-utile ; car
si l'on s'était assuré par l'expérience que les accroissemens de volume d'une telle substance fussent, comme
cela est très-probable, sensiblement proportionnels aux
accroissemens de chaleur qu'on y introduirait, on saurait
par cela même comment la chaleur se dissimule dans les
autres substances à des températures diverses ; on pourrait
mesurer les quantités réelles de chaleur que les corps émet-
tent ou absorbent à diverses températures ; on pourrait

graduer les accroissmens de leur volume de manière qu'ils répondissent à des accroissemens égaux de chaleur. C'est ce travail, important pour la chimie et la physique, que MM. Petit et Dulong ont entrepris; la partie de leurs recherches qu'ils ont soumise à l'Institut se rapporte à la première division que M. Biot a établie, et qui se présente d'elle-même dans cette recherche : c'est la mesure des dilatations du mercure et des corps solides comparée à celle de l'air à de hautes températures. Les auteurs du mémoire ont d'abord comparé la dilatation de l'air à celle du mercure dans le verre. L'appareil qu'ils ont employé pour cet objet est analogue à celui que M. Gay-Lussac a mis autrefois en usage pour le même but au-dessous du terme de l'ébullition de l'eau. Cet appareil est essentiellement composé d'une cuve métallique en forme de parallélipipède, établie sur un fourneau de même grandeur. On verse dans ce vase un liquide qu'on échauffe à divers degrés. M. Gay-Lussac avait employé l'eau, MM. Petit et Dulong ont employé une huile fixe pour pouvoir élever davantage la température. Un ou plusieurs thermomètres plongés verticalement dans le liquide, et dont les tiges sortent au-dessus du couvercle du vase, servent pour indiquer à peu près sa température, et montrent s'il est nécessaire d'augmenter ou de diminuer le feu; mais il ne faut pas que le tube qui contient le gaz soit plongé dans l'eau de cette manière, car la température n'est pas la même dans les diverses couches horizontales d'un liquide qu'on échauffe par son fond. Ainsi, pour pouvoir connaître exactement celle qui agit sur le gaz, il faut placer le tube qui le contient dans une situation horizontale; alors sa température pourra être parfaitement indiquée par un excellent thermomètre à mercure placé vis-à-vis de lui dans la même couche, et disposé aussi horizontalement. Pour rendre l'égalité des températures encore plus certaine, MM. Petit et Dulong avaient introduit dans le liquide des tiges armées de volans qu'on faisait mouvoir, ce qui établissait entre toutes les couches une parfaite mixtion. Dans les expériences de M.

Gay-Lussac, le gaz dont on observait la dilatation était enfermé dans le tube, qui le contenait au moyen d'une petite
goutte de mercure qui faisait l'effet d'un piston mobile, et l'on
observait sur la graduation du tube le point où le gaz dilaté
amenait successivement ce piston. Dans les expériences de
MM. Petit et Dulong, le tube à gaz était entièrement ouvert,
et avait son extrémité effilée à la lampe. Il se vidait d'air atmosphérique à mesure que la température du bain s'élevait.
Quand on voulait arrêter l'expérience, on observait la température indiquée par le thermomètre horizontal, en tirant
tant soit peu sa tige hors du bain, puis on fermait hermétiquement au chalumeau l'extrémité effilée du tube de gaz, et
l'on observait au même instant la pression barométrique.
Il est clair que le volume d'air échauffé contenu alors dans
le tube faisait équilibre à cette pression. Cela fait, on enlevait le tube, on le portait dans une chambre voisine à la
température ordinaire, puis, lorsqu'il s'était refroidi, on
cassait son bec sous le mercure; ce métal s'y élevait, forcé
par la pression atmosphérique; on observait la hauteur à
laquelle il s'arrêtait; on mesurait aussi la température; on
avait donc ainsi la mesure de l'élasticité de l'air que la chaleur du bain n'avait pas expulsée. Alors, retournant ce
tube sans permettre au mercure d'en sortir, on le pesait
dans cet état; on le pesait ensuite entièrement plein de
mercure : on connaissait ainsi les volumes que l'air chaud
et froid avaient successivement occupés. Comme on connaissait de plus les pressions, il était facile de ramener ces
volumes à ce qu'ils auraient été sous des pressions égales,
et de comparer la proportion de leur accroissement à la
différence de température que le thermomètre à mercure
avait indiquée. MM. Petit et Dulong ont fait une série d'expériences de cette manière; ils en ont fait une seconde, en
ne scellant pas le bec du tube à gaz, mais en le plongeant à
une température assignée dans un bain de mercure sec
que l'on présentait au-dessous de lui. On laissait refroidir
lentement tout l'appareil; alors on observait la hauteur de
la colonne du mercure, élevée dans le petit tube, on me-

surait la pression atmosphérique , et le calcul s'achevait comme précédemment. Ces deux méthodes se sont accordées pour montrer que la dilatation du mercure dans le verre est croissante comparativement à celle de l'air, comme les expériences faites sur les autres liquides devaient le faire présumer; la différence est insensible jusqu'à 100 degrés, résultat que M. Gay-Lussac avait déjà constaté , et qui importe pour le calcul des réfractions astronomiques? Au-dessus de ce terme , le thermomètre à mercure s'élève plus que le thermomètre d'air; et lorsque le premier marque 300 degrés , le second en marque 8 $\frac{1}{5}$ de moins. Quoique ce résultat ne donne que la dilatation apparente du mercure dans le verre , cependant on peut en étendre la conclusion générale à la dilatation absolue de ce liquide ; car, selon toutes les analogies , la variabilité de dilatation d'un corps solide tel que le verre , doit , si elle est sensible, être moindre que celle d'un liquide tel que le mercure ; mais quant à la quantité absolue dont la dilatation du mercure précède celle de l'air, il faut , pour la déduire de ce qui précède , connaître celle du verre ou de tout autre métal dont le mercure peut être enveloppé. C'est encore ce que MM. Petit et Dulong ont cherché à faire ; et comme ils ne doutaient point que la dilatation du verre et des métaux, comparée à l'air, ne fût uniforme ou presque uniforme dans les limites de température que le thermomètre à mercure peut atteindre , ils ont d'abord cherché seulement à mesurer les différences de dilatation des corps solides entre eux , ce qui , comme on sait , est toujours dans ce genre d'expériences la détermination la plus facile. Le procédé qu'ils ont employé est celui que Borda a imaginé pour apprécier les températures des règles de métal destinées à la mesure des bases, dans l'opération de la méridienne de France. Ce sont deux règles de différente nature , posées l'une sur l'autre dans toute leur longueur. Elles sont fixement attachées ensemble par l'une de leurs extrémités. A l'autre extrémité, il y a sur l'une des règles une division de parties égales ; sur l'autre un vernier dont on lit le mou-

vement avec un microscope. La quantité dont ce vernier
marche entre deux températures fixes est évidemment égale
à la différence de dilatation des deux barres. En portant
sur ce nivellement un appareil de ce genre à diverses températures de plus en plus élevées, jusqu'à 300 degrés du
thermomètre à mercure, MM. Petit et Dulong sont parvenus à cette conséquence inattendue, que, dans les hautes
températures, la dilatation des métaux suit une marche
plus rapide que celle du thermomètre à mercure, et
a fortiori plus rapide que celle de l'air : de sorte que quand
un thermomètre d'air marquerait 300 degrés sur son échelle,
le thermomètre à mercure en marquerait 310, et le thermomètre métallique 320. Il était sans doute impossible de
prévoir ce résultat, et l'on était loin de s'y attendre. Toutefois il n'est pas contraire aux analogies ; car il ne veut pas
dire que la dilatation des métaux, comparés à l'air, croisse
plus rapidement que la dilatation absolue du mercure,
ce qui serait en effet très-invraisemblable, mais plus rapidement que la dilatation apparente du mercure dans le
verre, laquelle est l'excès de la dilatation propre de ce liquide sur celle de l'enveloppe qui le contient. Or, puisque l'observation du thermomètre métallique donne aux
métaux une dilatation croissante par rapport à l'air, il
est probable, il est même certain, par les expériences de
MM. Petit et Dulong, que le verre participe aussi à cette
propriété. Alors l'accroissement progressif de son volume
doit faire paraître celui du mercure moins sensible, et peut
le balancer assez pour rendre sa marche plus lente que
celle des métaux considérés isolément. C'est aussi, dit M.
Biot, ce que les auteurs du mémoire ont eu soin de remarquer. Or, si ces idées étaient exactes, la dilatation du
mercure dans les métaux, dans le fer, par exemple, devrait paraître croissante, ce liquide se dilatant plus que le
métal. C'est aussi ce que les auteurs du mémoire ont vérifié en pesant les volumes de mercure qui pouvaient être
contenus dans un vase de fer à diverses températures de
plus en plus hautes. Entre 0 et 100°, ils ont trouvé la di-

latation absolue du mercure corrigée de celle du fer, exactement telle que l'avaient assignée MM. Lavoisier et Laplace, par des expériences analogues faites dans un matras de verre; mais à des températures supérieures, le mercure s'est dilaté suivant une marche beaucoup plus considérable, qu'on ne l'aurait dû obtenir, si le fer et le verre eussent conservé des dilatabilités proportionnelles. On voit donc qu'en supposant les faits bien observés, et les réductions numériques faites avec exactiude, on ne peut douter que le mercure, le verre et les métaux les plus infusibles, n'aient des marches croissantes par rapport au thermomètre d'air, quand on les expose à des températures plus élevées que le degré de l'ébullition de l'eau, et, ce qu'on aurait été loin de croire, que les différences sont déjà très-sensibles au-dessous de trois cents degrés. C'est un résultat important, ajoute M. Biot, que l'on doit aux auteurs du mémoire. Ne pouvant donc plus regarder aucun de ces corps, si ce n'est peut-être l'air, comme ayant une marche uniforme pour des accroissemens égaux de chaleur, il devient nécessaire de mesurer la dilatation absolue de ce fluide à de hautes températures, et d'établir le rapport de ces dernières avec les quantités de chaleur qu'elles exercent, après quoi on connaît les dilatations de tous les autres corps en les comparant au même fluide. C'est alors, et seulement alors, que l'on pourra mesurer des quantités de chaleur par le thermomètre, soit d'air, soit de mercure, et que l'on pourra déterminer les vraies lois du refroidissement et de l'échauffement des corps à toutes les températures. *Société philomathique*, 1815, *page* 107.

DILIGENCE HYDROPNEUMATIQUE. (Navigation.) — *Invention.* — MM. Chauveau, J.-L. Renault et Jean-François-Joseph Tellier, *d'Orléans.* — 1812. — Cette diligence, destinée au remontage des bateaux sur les fleuves, et pour laquelle les auteurs ont obtenu un *brevet d'invention de quinze ans*, sera décrite dans notre Dictionnaire annuel de 1827.

DILLÉNIACÉES (Caractères de la famille des).—Botanique.—*Observations nouvelles.*—M. de Jussieu, *de l'Inst.*
—1819.—Déjà M. Decandolle a transporté cette famille à
la suite des renonculacées, et M. de Jussieu n'en parle ici
que pour rappeler les observations de Gœrtner et présenter
celles qui ne sont pas connues. Le caractère de l'embryon,
très-petit, placé à la base d'un périsperme charnu et ferme,
occupant tout l'intérieur de la graine, cité par M. Decandolle comme propre à toute cette famille, n'a été observé
par Gœrtner que sur le *tetracera* et le *delima*, dans lesquels
il décrit aussi un arille assez grand qui embrasse à moitié
la graine. M. Dupetit-Thouars a vu l'un et l'autre dans
l'*hémistemma*, et M. Labillardière dans le *candollea*. L'a-
rille a encore été observé par Rottboll dans le *doliocarpus*,
et il est indiqué sous forme de pulpe dans le *wormia* et
le *colbertia*; mais il n'en est fait aucune mention dans
plusieurs autres dont les graines sont décrites, et M. Decandolle dit textuellement qu'il manque dans l'*hibbertia*. Il s'abstient en conséquence de le généraliser dans
le caractère de la famille, ce qui peut laisser des doutes
sur l'affinité complète de certains genres. Au contraire,
il se croit autorisé à admettre, par analogie, le périsperme, soit dans les genres désignés plus haut, soit
dans les genres *davilla curatella*, *trachytella recekia*, *pa-
chynema*, *dillenia adrastea*, *plevandra*, qu'il rapporte à
cette famille, en la divisant en deux sections, caractérisées
par lesanthères courtes dans l'une et longues dans l'autre.
On pourrait ajouter à la première le *burtonia* de M. Salis-
bury, à anthères courtes, auquel celui-ci associe avec
doute le *dillenia procumbens* de M. Labillardière, réuni
par M. Decandolle à l'*hibbertia*, caractérisé par des anthères longues et appartenant conséquemment à la deuxième
section. Le genre *quillaia* de Molina ou *smegmadermos* de
la Flore du Pérou, dont le *kagenekia* de la même Flore paraît congénère, a encore beaucoup d'affinité avec les dilléniacées; mais on leur attribue des étamines périgynes, et
si ce caractère est vrai, il appartient mieux aux rosacées.

M. Decandolle place les dilléniacées immédiatement après les renonculacées, avec lesquelles M. de Jussieu avait déjà annoncé l'affinité du *curatella*, affinité confirmée par la pluralité des ovaires et la situation respective de l'embryon et du périsperme. Cet auteur avait aussi trouvé des rapports entre ce *curatella* et le *tetracera* ; mais, trompé par Aublet, qui admettait des étamines périgynes dans ce dernier ou dans le *tigurea* son congénère, il l'avait repoussé dans les rosacées. La réforme de ces insertions le ramène naturellement aux dilléniacées, avec plusieurs autres alors moins connus et mentionnés parmi les genres de famille incertaine. (*Mémoires du Muséum d'histoire naturelle*, 1819, tome 5, page 233.)

DIMEROSTEMMA BRASILIANA. — Botanique. — *Observations nouvelles.* — M. H. Cassini. — 1818. — Cette plante est très-velue sur toutes ses parties ; tige herbacée, droite, à longs rameaux simples, dressés ; feuilles alternes, distantes, courtement pétiolées, un peu décurrentes sur leur pétiole, longues d'environ deux pouces et demi, ovales, dentées, crénelées, comme triplinervées ; calathides terminales, solitaires, composées de fleurs jaunes ; calathide incouronnée, équaliflore, multiflore, régulariflore, androgyniflore, subglobuleuse ; péricline à peu près égal aux fleurs, irrégulier, formé de squames diffuses, paucisériées, inégales ; les extérieures plus grandes, bractéiformes, ovales, dentées ; les intérieures plus petites, squamelliformes, oblongues, entières ; clinanthe paniuscule, muni de squamelles égales aux fleurs, demi-embrassantes, oblongues, aiguës, et comme spinescentes au sommet ; ovaires un peu grêles, pourvus d'une aigrette irrégulière, variable ; composée de deux squamellules paléiformes, coriaces, très-grandes, demi-lancéolées, entregreffées inférieurement, souvent découpées irrégulièrement ; corolles à tubes courts, à limbe long. Cette plante, de la famille des synanthérées, et de la tribu des hélianthées, section des hélicisées, constitue un genre voisin du *trattenikia* (Pers.), dont il diffère par l'aigrette. L'auteur l'a observée dans les herbiers de MM. de Jussieu et Desfontaines, sur des échantillons apportés de Lisbonne par M. Geoffroy, et originaires du Brésil. *Société philomathique, avril* 1818, *page* 57.

DINAN (Propriétés chimiques et médicinales des eaux de). — CHIMIE. — *Observations nouvelles.* — M. L.-F. BIGEON, *médecin.* — 1809. — Une pellicule légèrement gluante, d'un jaune irisé, recouvre la surface de l'eau, et concourt, en se précipitant, à former sur les parois de la fontaine et sur son fond le dépôt que l'on y observe lorsqu'elle n'a pas été récemment nettoyée. Ce dépôt est jaune, filamenteux, gras au toucher : quelques portions, souvent de plusieurs pouces cubes, ont un aspect mucilagineux, et conservent une demi-transparence. On peut les faire mouvoir dans l'eau ; mais leur consistance est si faible, qu'elles disparaissent presque entièrement lorsqu'on les en retire. Cette eau, toujours assez abondante, ne l'est pas beaucoup plus pendant les grandes pluies que pendant les grandes sécheresses. Elle n'est pas sensiblement colorée : l'on ne voit s'y former des flocons jaunâtres que quelques heures après qu'on l'a retirée de la fontaine ; et cette décomposition ne se manifeste qu'après plusieurs jours, lorsqu'elle est renfermée dans des vases bien bouchés, conservée dans un lieu frais, ou transportée couverte de linges mouillés. Quoiqu'elle ait un goût ferrugineux très-sensible, elle n'est pas désagréable : lorsqu'on a l'habitude d'en boire, on la préfère à l'eau commune. Son odeur comparée à celle de la poudre à canon, à celle des œufs couvés, n'est très-remarquable que dans la fontaine lorsqu'elle a été quelques jours sans être nettoyée. Cette odeur est due à du gaz hydro-carboné, et à un hydro-sulfure extrêmement léger et fugace, qui se manifeste par la couleur noire qu'il donne à l'argent macéré dans l'eau ou exposé à sa surface. Le thermomètre de Réaumur, étant en janviee à zéro dans l'atmosphère, s'éleva à 8 degrés dans la fontaine. Il ne marqua que 3 degrés de plus, lorsqu'en juillet il indiquait dans l'air 20 degrés. Quoique froide, cette eau ne fait point ou fait rarement éprouver les frissons que détermine presque toujours une grande quantité d'eau commune bue le matin, à une température très-inférieure à celle de notre corps. Un aéromètre déplaçant 8 onces d'eau distillée, déplace la même quantité d'eau minérale, moins un demi-grain. Cette légèreté est due à la présence de l'acide carbonique libre que démontre le précipité calcaire qu'il forme avec l'eau de chaux, lorsqu'on le dégage par l'ébullition. Elle rougit la teinture de tournesol ; elle verdit un peu le sirop de violettes. L'eau de chaux y forme un précipité blanc ; la potasse et l'ammoniaque y déterminent un léger nuage jaunâtre qui se précipite lentement ; l'acide sulfurique lui conserve, lui rend même sa transparence ; le prussiate de chaux lui donne de suite une couleur bleu de Prusse, dont la nuance devient plus foncée par l'addition des acides sulfurique et nitrique ; le nitrate d'argent la trouble, et forme un précipité noirâtre après avoir rendu sa surface d'un bleu violet ; le muriate de baryte la trouble très-peu, et le précipité est à peine sensible ; l'acétate de plomb y forme un précipité blanchâtre ; la noix de galle la rougit tellement, qu'après quelques heures elle paraît noire ; l'oxalate acidule de potasse y produit un précipité blanc peu considérable ; l'oxalate d'ammoniaque détermine un précipité également blanchâtre. L'évaporation a donné un résidu dans lequel les principes salins se trouvaient dans les proportions suivantes :

1°. Muriate calcaire. . . . . 24 parties.
2°. Muriate de soude. 34
3°. Muriate de magnésie. 33
4°. Carbonate calcaire. 37
5°. Sulfate calcaire. 20
6°. Silice. 3
7°. Oxide de fer (carbonate acidule). . 30

Ce résultat est conforme à celui obtenu par M. Boullay.

Ce chimiste a soumis à l'analyse un résidu des eaux de Dinan, pesant, sec, trois cent trente-deux centigrammes, et
qui était le produit de quatorze kilogrammes et demi d'eau
évaporée dans le mois de janvier. MM. Monnet et Delaunay y reconnurent, en 1769, du fer et des sels qu'ils désignèrent sous les noms de *terre absorbante* et de *sel marin*.
En 1786, M. Chifolian en fit aussi une analyse, et y reconnut du fer, du sel marin calcaire, de la sélénite et de la
terre calcaire. Il soumit aux mêmes expériences toutes
les eaux qui, dans les arrondissemens voisins, jouissent de
quelque réputation. Ses recherches prouvent que la plus
légère, celle dont les produits sont le moins variables,
celle enfin qui contient le plus de fer et le moins de sélénite, est celle de Dinan. La substance onctueuse, qui ne
paraît pas différer de celle que, dans les eaux de Plombières, M. Vauquelin a reconnue être analogue à la gélatine, est ici très-abondante. L'expérience n'a point fait
connaître les propriétés particulières de cette plante végéto-
animale ; mais lors même qu'elle n'agirait que comme un
mucilage extrêmement divisé, elle serait très-utile, puisque, sans nuire à l'effet des substances salines et gazeuses,
elle peut rendre leur impression moins vive sur les organes
soumis à leur action. *Bulletin de pharmacie*, 1814,
page 68.

DINERS DU VAUDEVILLE, depuis *Réunions du
caveau moderne*, et ensuite *Soupers de Momus.* — *Institution.* — An v. — MM. Piis, Barré, Desfontaines, Radet,
Ségur, Bourgueil, Deschamps et quelques autres poëtes,
fondateurs du théâtre appelé le *Vaudeville*, se réunis-
saient une fois par mois ; des sujets de chansons, sous
la désignation de *mots donnés*, étaient distribués par le
sort à chacun des convives ; et de jolis couplets, tissus sur
ce canevas léger, étaient le tribut exigé pour la réunion
suivante. Tels furent les statuts primitifs d'une institution
qui rappelle le bon temps de la gaieté française : c'est ainsi
que Piron, Panard, Gallet et Collé, fondèrent, au caba-

ret (1), une académie bachique qui, dans ses écarts mêmes, n'était pas étrangère au bon goût ; ainsi Chaulieu,
entouré d'amis, soupait au Temple, dont on l'avait sur-
nommé l'Anacréon. Laujon, poëte agréable qui, à l'exemple de Saint-Évremont, conserva jusqu'à l'âge le plus
avancé une douce philosophie, une spirituelle hilarité,
présida long-temps les chansonniers dont nous parlons ;
à la mort de cet académicien, M. Désaugiers fut mis en
possession du sceptre, ou plutôt du thyrse auquel les joyeux
convives se soumettaient. Mais si la discorde se glisse souvent parmi les sages, à plus forte raison devait-elle, tôt
ou tard, désunir des hommes qui ne recevaient de lois
que de la folie. Vers 1814, des discussions s'élevèrent,
dit-on, sous les voûtes du *Caveau moderne*, qui jusqu'alors
n'avaient retenti que des accens d'une franche gaieté ; nos
épicuriens, qu'on avait vus traverser la révolution en chan-
tant, se séparèrent aux approches de la paix. Quelques
membres de l'ancienne société essayèrent bientôt d'en fonder une nouvelle, sous le titre de *Soupers de Momus*; mais,
maintenant que nous sommes habitués à d'autres repas, les
soupers sont parfois indigestes ; peut-être s'en aperçut-on
aux productions des transfuges du *Caveau*. Quoi qu'il en
soit, leurs réunions ont cessé, ou, si elles ont encore lieu,
rien n'en révèle le but au public. On doit regretter ces
assemblées où, sous l'empire de Bacchus et de la Folie,
on ne laissait pas de consulter les Grâces, et de se livrer à
une critique utile. Elles avaient encore un autre avantage :
l'émulation, qui en était l'âme, formait de jeunes vaude-
villistes dont les heureux essais, passant du banquet au
théâtre, répandaient dans les productions dramatiques légères, si ce n'est beaucoup de comique, du moins de la
fraîcheur et une piquante originalité qu'on n'y remarque
plus que rarement.

DIODONS (Différentes espèces de).--ANATOMIE COMPARÉE.

(1) Il n'y avait point alors de cafés ; la meilleure société se réunissait
au cabaret ; mais les cabarets n'étaient pas ce qu'ils sont aujourd'hui.

—*Observat. nouvelles.*—M. G. Cuvier, *de l'Inst.*—1818.—
On a commis sur l'anatomie des diodons, vulgairement appelés *orbes épineux*, les mêmes erreurs que sur celle des tétrodons ; on leur a supposé un mode de respiration différent de celui du reste des poissons , et des organes particuliers destinés à faire gonfler leurs corps. D'autres anatomistes ont aussi pensé que les organes du gonflement des diodons sont des sacs moins celluleux que des poumons et sont ressemblans à des vessies rangées en grappes ; que ces poissons manquent ,de branchies frangées ; que leur peau est doublée d'une membrane celluleuse ; qu'ils ont des poumons au-dessus de la vessie aérienne ; que leur péritoine communique avec l'ouverture branchiale , et renferme une sorte d'épiploon, qui lui-même enveloppe les viscères ; enfin que l'estomac de ces poissons est garni de nombreux appendices. D'après de telles idées , dit M. Cuvier, les diodons seraient en quelque façon des monstres anatomiques; mais rien de tout cela ne supporte le moindre examen. M. Geoffroy a fait voir que les tétrodons s'enflent en avalant de l'air , et en remplissant de ce fluide un énorme estomac à parois très-minces , qui occupe toute la face ventrale de l'abdomen , et s'y colle étroitement au péritoine. Il n'est pas étonnant , d'après cela , qu'on les gonfle en soufflant dans l'ouverture des branchies. De plus, ceux qui auront ouvert l'abdomen auront entamé, sans s'en apercevoir, la paroi ventrale de cet estomac, qu'ils auront confondu avec le péritoine, et auront pris pour un épiploon l'autre paroi du même viscère, celle qui répond au dos et au-dessus de laquelle sont la vessie natatoire et les intestins. Ce qui est vrai des tétrodons l'est aussi des diodons; ils ont de même un très-grand estomac, à parois minces , immédiatement enveloppé par un péritoine susceptible de beaucoup d'extension , et qui est lui-même entouré par les muscles abdominaux. Quant aux branchies, les diodons, ainsi que les tétrodons, les ont organisées comme celles des autres poissons, mais au nombre de trois seulement de chaque côté , portées par des arceaux dans la forme ordi-

naire : le quatrième arceau , qui ne porte point de bran-
chie , subsiste cependant en arrière des trois autres, aussi
bien que l'os pharyngien inférieur , qui semble former un
cinquième arceau : les muscles qui agissent sur ces derniers
os paraissent jouer quelque rôle dans les mouvemens nécessaires pour la déglutition de l'air et le gonflement de
l'estomac. Mais bien certainement il n'y a point de pou-
mon ni aucun organe celluleux qui puisse avoir été pris
pour lui par un anatomiste exercé. L'appareil osseux qui
porte les branchies , et celui qui les recouvre , n'offrent
rien qui ne se retrouve dans le grand nombre des poissons
osseux. C'est uniquement parce que ces parties sont enve-
loppées d'une peau molle et recouvertes par des muscles
épais que l'on aurait pu les méconnaître. M. Cuvier compte
aux espèces qu'il a observées six rayons branchiaux ; dont
le premier , c'est-à-dire le plus intérieur , est une large
plaque en triangle curviligne dont le bord interne se redresse, et avance un peu pour former, par son extrémité,
l'articulation qui l'attache à l'os hyoïde. Ces deux pièces ,
recouvertes par des muscles très-forts, dirigés en avant ,
paraissent à M. Cuvier servir à l'abaissement de la mâchoire
inférieure, et présentent, à l'ouverture de l'animal , l'apparence d'une forte cuirasse charnue, divisée par un sillon, recouverte en partie par le mylo-hyoïdien, et recouvrant elle-
même le péricarde. Ce qui contribue le plus directement, et à
ce que M. Cuvier peut croire, plus efficacement à retenir dans
l'estomac l'air que le poisson y a fait entrer, c'est une couche
musculaire très-épaisse, qui entoure l'œsophage , et se continue avec les muscles transverses qui réunissent les os
pharyngiens et le dernier arceau branchial ; un muscle vertical très-vigoureux part des deux côtés de l'épine entre
les reins , se porte en avant obliquement entre les lobes
de la vessie, et s'unit au sphincter de l'œsophage et du pharynx. Il doit rapprocher et serrer puissamment la partie
supérieure de ce canal contre la partie antérieure de l'épine.
Ce moyen, joint à la contraction du sphincter, doit opposer
un obstacle puissant à la sortie de l'air. Quant à la pression

de la vessie natatoire, occasionée par celle qu'elle éprouve de
la part des os furculaires, elle ne peut avoir ici d'action
sur l'œsophage. A la vérité cette vessie natatoire est à deux
lobes dans les diodons comme dans la plupart des tétrodons, mais la fissure est dans une direction inverse, et
les pointes des lobes, au lieu de se porter en arrière, se
portent en avant, et c'est dans leur intervalle que passe
l'œsophage, en sorte qu'il pourrait être difficilement comprimé par la vessie. Mais les os furculaires donnent attache à des fibres nombreuses qui forment un peaussier
très-étendu et recouvrant tout l'abdomen. C'est l'instrument d'expulsion pour l'air qui remplit l'estomac. M. Cuvier
n'a pas d'idée bien précise sur les moyens par lesquels le
poisson fait entrer cet air; il croit qu'il l'avale comme les
tortues et les grenouilles avalent celui qu'elles respirent;
mais il n'a pas eu le loisir de rechercher le mécanisme de
la déglutition. Les alimens, après avoir passé entre les mâchoires du diodon, ne trouvent au pharynx qu'une légère
scabrosité qui appartient aux os pharyngiens supérieurs. Ce
vaste estomac a des parois très-minces et très-simples. L'in-
testin, à peu près deux fois aussi long que le corps, est
plus large et à parois plus minces à sa partie antérieure,
il s'amincit et ses parois s'épaississent en arrière. Il n'y
a point d'appendices pancréatiques; le foie est tout entier
du côté droit, occupant la longueur de l'abdomen, et
divisé en beaucoup de petits lobes séparés les uns des
autres. La rate est ronde et située près de la vessie natatoire. Le corps des diodons est oblong et devient sphérique
en se boursouflant; leur tête est large, courte, un peu
concave entre les yeux, qui sont gros, saillans et écartés;
leur museau est court et obtus, ouvert d'une petite bouche
qu'entoure des lèvres charnues, et qui contient deux mâchoires revêtues d'une substance dentaire qui se compose
de lames d'ivoire incrustées à l'extérieur par un enduit d'é-
mail; leurs narines sont garnies chacune d'une petite aile
ou d'un tentacule élargi et mobile; les ouvertures de leurs
branchies sont petites, placées immédiatement en avant

des peetorales, et semblent extérieurement toutes charnues. La dorsale des diodons et leur anale sont petites et placées vis-à-vis l'une de l'autre ; leur queue est courte, leur caudale arrondie ou égale, et ils manquent de ventrales ; enfin toute leur peau est hérissée de piquans plus ou moins nombreux, plus ou moins longs et plus ou moins forts, suivant les espèces ; ces piquans sont de véritables écailles prolongées en pointes. L'épiderme et le tissu muqueux les recouvrent, dans les sujets frais, d'un enduit mou dont ils ne percent que la pointe. M. Cuvier divise les diodons en trois sections ; une dont les piquans sont courts portés sur trois racines presque également divergentes ; la seconde comprend ceux dont les piquans longs sont portés sur une racine qui est la continuation de leur tige, et sur deux autres se portant l'une à droite, l'autre à gauche, mais restant dans le même plan que la première ; la troisième section se compose de ceux dont les piquans sont menus et forment plutôt une scabrosité qu'une armure redoutable. Dans la première section rentre le *diodon tigré*, qui a dix pouces de longueur sur environ quatre de diamètre dans son état contracté. Tout le dessus du corps et la moitié supérieure est d'un gris brun, semé de petites taches brun foncé, rondes, d'une à deux lignes de largeur, et serrées les unes contre les autres, de manière que leurs intervalles ne sont pas plus larges qu'elles. Tout le dessous est blanc ; il y a seulement sur les flancs quelques petites taches brunes pareilles à celles du dos, mais très-éloignées les unes des autres. Les cinq nageoires sont blanchâtres, et n'ont que quelques points bruns à leur base. Les lèvres sont jaunes. On ne voit aux narines qu'un petit rebord peu saillant. Les piquans sont courts, ronds et peu nombreux, placés en quinconce ; on n'en compte au dos que cinq ou six par rangées transversales, et huit ou neuf par rangées longitudinales. Les distances sont à peu près les mêmes sur les flancs et sous le ventre ; à la tête, il n'y en a point, si ce n'est au bord interne de chaque œil. Quand l'individu est boursouflé et desséché, les racines des piquans n'étant plus cachées dans l'épaisseur de la peau, forment des arêtes saillantes à la surface; chaque racine est alors plus longue que l'aiguillon; elles sont à peu près égales entre elles et également écartées; cette espèce est de la mer des Indes. Le *diodon vermicellé* est de six à dix pouces. Tout le dessus du corps est brun roux, marqué de lignes ondulantes, pâles et parallèles; longitudinales sur le dos, obliques sur les côtés de la tête et sur les flancs. Le dessous est blanchâtre. On remarque en outre sept grosses taches rondes, d'un brun foncé; une dessus, l'autre derrière chaque pectorale; une de chaque côté, entre la dorsale et la caudale; la septième en avant et autour de la base dorsale. Les aiguillons sont rares comme au tigré, et à trois racines égales qui ne paraissent bien que sur l'animal desséché; mais le piquant saillant est plus long, et au lieu d'être rond il est comprimé et tranchant comme une pointe de sabre. On compte cinq ou six de ces piquans aux rangées transversales du dos; sept ou huit aux longitudinales; trois à la première rangée d'entre les yeux: ceux du ventre sont un peu plus nombreux qu'au tigré. Sous la lèvre inférieure sont deux très-petits barbillons. Le *diodon à javelots* est long de quatre à cinq pouces; tout le dessus et les flancs sont d'un gris roux; le dessous est blanc. On remarque, de chaque côté, trois taches noires, savoir: une au devant de l'ouverture des branchies, une derrière la pectorale, et une un peu avant l'intervalle de la dorsale et de l'anale; les aiguillons du dos sont rares et courts dans la partie antérieure. Les rangées d'entre les yeux sont de deux seulement; celles d'entre les pectorales de six. Leur forme est comprimée comme des pointes de sabre. En arrière ils s'allongent un peu, mais ceux des flancs, depuis la pectorale jusqu'à l'intervalle de la dorsale et de l'anale, sont très-longs, et comme des lames d'épée ou des tiges de javelot. La queue n'en a point du tout. Il n'y en a pas non plus autour de la bouche ni sous la gorge. Ceux du ventre sont à moitié cachés dans la peau, du moins dans les individus non desséchés. Cette espèce est de la mer des Indes. Le *diodon à antennes* est une des plus jolies espèces ; il est à peu près long de quatre pouces, roussâtre, tout semé de petits points bruns ; il porte une grande tache brune sur la nuque, une au-dessus de chaque pectorale, et une à la base de la dorsale. Ses piquans sont assez longs, médiocrement serrés, et placés assez également. Ce qui le distingue, ce sont des filamens charnus dont il y en a un au-dessus de chaque œil qui représente une sorte d'antenne. Les autres, au nombre de cinq ou six, sont répandus sur chaque flanc. La deuxième section comprend le *diodon piqueté*, qui nous vient de presque toutes les mers des pays chauds. Il y en a de près de deux pieds de longueur. Tout le dessus du corps est d'un gris roux, moucheté de petites taches brunes, et il y a aussi de ces taches sur le museau, sur la queue et sur les nageoires. Le dessous du corps est blanchâtre. Toute la peau est hérissée de piquans ronds, forts et longs, surtout ceux des flancs, qui ont souvent deux pouces et plus. Chacun de ces piquans a deux racines plus courtes que lui, dirigées sur la même ligne, l'une à droite et l'autre à gauche. La troisième racine, placée au milieu et un peu en avant, n'est guère que la continuation du piquant principal. Les piquans ont eux-mêmes des taches brunes. Ils sont très-serrés et placés comme des écailles. On en compte dix à onze dans une rangée transversale du dos, et trente à trente-six dans une ceinture entière. Il y en a vingt à vingt-un sur la ligne qui s'étend du museau à la caudale. La première rangée, entre les yeux, est de cinq. Ceux de la tête en général sont moins longs que ceux du dos, et surtout que ceux des flancs. Autour de la queue il y en a quatre qui la rendent comme prismatique. Le *diodon à épines trièdes* a les aiguillons aussi nombreux que le piqueté, et disposés à peu près de même ; seulement la partie saillante de l'aiguillon a en avant une arête tranchante qui se prolonge pour former la racine antérieure, laquelle se trouve ainsi plus portée en avant. La queue est semblable à celle du piqueté ; les aiguillons de la tête sont un peu plus longs à proportion. Les individus observés par M. Lamouroux n'avaient que quatre à cinq pouces de longueur, ils étaient bruns dessus, blanchâtres dessous, avec quelques taches nuageuses sur les côtés, et toutes les nageoires jaunâtres et sans taches. Le *diodon très-épineux* a un pied de long environ. Les piquans sont de la même forme que dans le piqueté, c'est-à-dire ronds, à deux racines transverses, mais plus serrés et plus longs, surtout ceux du dessus de la tête, qui sont aussi longs que ceux des flancs. On en compte six à la première rangée d'entre les yeux ; treize à quatorze en travers sur le dos ; quatorze à quinze longitudinalement ; derrière la caudale il n'y en a que deux ou trois qui ne le cuirassent pas comme dans le piqueté. Le *diodon noir et blanc*, observé par M. Lamouroux, est long de quatre pouces. Ses piquans sont longs, ronds, aigus, assez égaux, et médiocrement serrés ; on en compte cinq entre les yeux, sept ou huit entre les pectorales : la queue n'en a que deux en dessus. Ceux du ventre sont un peu plus serrés et moins longs que ceux du dos. Tout le dessus du corps est d'un brun noirâtre ; tout le dessous d'un blanc argenté ; quatre parties saillantes brunes descendent un peu dans la partie blanche, une sous l'œil, une avant la pectorale, une derrière, et une entre la dorsale et l'anale. Les appendices des narines sont blancs, et les nageoires sont blanchâtres. Cette espèce a été apportée de la mer des Indes. Le *diodon à neuf taches* a six pouces de long ; ses piquans sont ronds et pointus, assez longs et assez serrés. Ceux du dos sont assez égaux, d'environ dix lignes. On en compte quatre entre les yeux, et dix entre les pectorales. Ceux du ventre sont plus serrés et plus courts. La queue n'en a que deux en dessus. Tout le dessus du corps est gris roussâtre, semé de petites taches rondes et noirâtres, assez écartées ; tout le dessous est blanchâtre. Dix grandes taches d'un brun noirâtre sont réparties dans l'ordre suivant : une au-dessous de chaque œil ; une entre l'œil et la pectorale ; une grande transverse sur la nuque ; une au-dessus de chaque pectorale ; une transverse sur le dos, derrière les pectorales ; et une également transverse sur la base de la dorsale. Les nageoires sont grisâtres. Le *diodon à six taches* n'a que trois pouces de longueur. Ses piquans sont disposés comme ceux du précédent dont il pourrait bien n'être qu'une variété. Le dessus de son corps est fauve, ses flancs et son ventre blancs. Sur ses flancs sont semées quelques petites taches brunes ; six grandes taches rousses occupent son dos, savoir : une sur la tête, une sur la nuque, une sur chaque pectorale, une sur l'intervalle entre les pectorales et la dorsale, et une autour de la base de celle-ci. Les nageoires sont roussâtres. Le *diodon à quatre taches* est extrêmement voisin des deux précédens, et présente les mêmes distributions de piquans. Tout le dessus de son corps est gris-brun, semé d'une multitude de petits points noirâtres. Quatre grandes taches brunes s'y remarquent sur le dos, savoir : une à la nuque, une au-dessus de chaque pectorale, et une en arrière. Des taches plus petites se voient au-dessus et au-dessous de chaque œil ; tout le dessous est blanc. Les nageoires sont roussâtres. Cet individu est long d'environ trois pouces. Le *diodon à taches sans nombre* a encore les piquans disposés comme les précédens auxquels il ressemble beaucoup. Son dos est brun-foncé, ses flancs et son ventre jaunes ou blanc argentés. Des taches noires fort nombreuses occupent le dos, où elles sont plus grandes, et les flancs où elles deviennent moindres. Il y en a quelques petites semées sous le ventre. Les nageoires sont jaunâtres. La troisième section comprend les *diodons à piquans grêles* ; le Muséum en possède un de plus de deux pieds et demi de longueur, entièrement garni et hérissé de petits aiguillons semblables à des pointes d'épingles, d'une ligne de saillie environ sur le dos et les flancs, et de deux ou trois sous le ventre. Le tour de la bouche, celui des yeux, le tour de chaque nageoire et le bout de la queue, en sont seules dépourvus. La couleur de sa peau est grise, toute semée de taches rondes brunes, de quatre à cinq lignes de largeur. De semblables taches sont aussi semées sur les nageoires, dont la couleur paraît avoir été jaunâtre. M. Lamouroux donne à ce diodon le nom de *diodon asper. Mém. du Mus. d'hist. nat.*, 1818, *t.* 4, *p.* 121.

DIOPSIDE. (Son analogie avec le pyroxène.) — Miné-ralogie. — *Observations nouvelles.* — M. Haüy. — 1808. —Lorsque ce savant établit l'espèce de pierre qu'il nomma diopside, et qui renfermait les minéraux trouvés et décrits par M. Bonvoisin, sous les noms d'alatithe et de mas-site, il n'avait eu que des cristaux engagés ou peu volu-mineux. Les différences extérieures nombreuses et remar-quables qui existaient entre ces cristaux et le pyroxène, firent penser à M. Haüy que la différence de deux degrés qu'il trouvait entre les incidences des plans du prisme du diopside, et celles des pans du prisme du pyroxène, étaient réelles et suffisaient pour faire de ces deux pierres deux espèces distinctes ; mais M. Haüy, partant de cette préten-due forme primitive du diopside pour calculer les lois de décroissement des faces secondaires que lui présentaient de beaux cristaux de diopside, trouva une différence de deux degrés entre les résultats donnés par le calcul et ceux que lui fournissait la mesure facile et précise des angles de ces cristaux. Il refit le calcul, en prenant pour forme pri-mitive celle du pyroxène, d'ailleurs si voisine de la forme primitive attribuée au diopside. Les résultats obtenus dans ce cas se trouvèrent parfaitement conformes à ceux que donnait l'observation. Ce fut pour l'auteur un trait de lu-mière qui le mit sur la voie de comparer avec rigueur tou-tes les propriétés géométriques ou physiques des deux espèces. Ainsi, il trouva dans les cristaux de pyroxène du Vésuve et d'Arendal la sous-division du prisme primitif, suivant la petite diagonale de la base, ainsi que l'offre le diopside. Il vit que la dureté de ces minéraux était à très-peu de chose près la même, et il remarqua que la pesan-teur spécifique du diopside était comprise dans les limites de celles du pyroxène. Quant aux différences qui semblent résulter du gissement, de la couleur, de la transparence et même de la texture, ces différences très-remarquables, lorsqu'on compare les pyroxènes volcaniens noirs, opaques, lamelleux, avec les diopsides des serpentins, verts, transparens et à surface brillante, disparaissent, lorsqu'on remplit l'espace compris entre ces extrêmes par les variétés de pyroxènes généralement reconnus, et qui se rapprochent du diopside par leur couleur, tels que les pyroxènes verts et transparens du Vésuve; par leur gissement, tels que les pyroxènes d'Arendal, dont l'origine n'est certainement pas volcanique; et enfin par la réunion de ces deux caractères, tels que la coccolithe et la malacolithe ou la sahlite, car ce dernier minéral appartient évidemment à l'espèce du pyroxène, non-seulement par sa structure maintenant bien déterminée, mais encore par sa composition et par tous ses autres caractères. La réunion du diopside à l'espèce du pyroxène paraît donc aussi évidente que des choses de ce genre peuvent l'être. *Société philomathique*, 1808, *bulletin* 7. *Annales du Muséum d'histoire naturelle, même année, tome* 11, *page* 77, *planche* 10.

DIOPSIDE (Analyse du). Chimie. — *Observations nouvelles.* — M. Laugier. — 1808. —.Le diopside est formé de prismes réunis en faisceaux; sa couleur est grise, un peu verdâtre; sa dureté est assez considérable; sa pesanteur spécifique, suivant M. Haüy, est de 3,274. La poussière de ses cristaux est blanche; elle est mêlée de carbonate de chaux. Les expériences suivantes manifestent la présence de ce sel calcaire; 1°. la poussière du diopside perd des quantités variables de son poids selon la chaleur à laquelle on l'expose : on conçoit que plus la chaleur est forte, et plus est grande la quantité du carbonate de chaux que l'on décompose, *et vice versâ*; 2°. la poussière du diopside fait une vive effervescence avec l'acide nitrique, qui, après son action, précipite abondamment par l'oxalate d'ammoniaque. Il n'y a pas de doute que ce carbonate de chaux n'y soit accidentellement, et il est vraisemblable qu'il provient de la roche calcaire dans laquelle le diopside est implanté. Pour vérifier ce fait, l'auteur a pris deux quantités égales de poudre du diopside ; il a traité l'une à froid par l'acide nitrique, qu'il en a séparé dès que l'effervescence a cessé : il a fait digérer l'autre pendant douze jours dans le même acide. Au bout de ce temps, la deuxième portion n'avait pas éprouvé une perte plus considérable que' la première n'avait fait au bout d'un quart d'heure et sans le secours de la chaleur. Il est certain que le carbonate de chaux, mêlé au diopside, est la matière qui sert à lier ensemble les cristaux de cette substance. Si l'on isole exactement un cristal de diopside, et que l'on verse sur ce cristal, réduit en poudre, de l'acide nitrique, on n'observe aucune effervescence; mais ce phénomène est très-sensible si l'on fait agir l'acide sur la poussière de plusieurs cristaux réunis. Il y a une variété du diopside qu'on pourrait nommer *rubanée*, dans laquelle on aperçoit, de distance en distance, des bandes ou rubans d'une matière blanche : cette matière est du carbonate de chaux, comme celui qui réunit les prismes de la variété fasciculée. M. Laugier ayant pris cent parties de cette pierre, entièrement privées du carbonate de chaux qui y est mêlé, les a soumises à l'action de trois cents parties de potasse caustique. Cet alcali les a complétement attaquées. Au bout d'un quart d'heure, le mélange était parfaitement liquide. En se figeant par le refroidissement, il a pris une couleur. verte, surtout à la portion adhérente aux parois du creuset. La masse délayée dans une suffisante quantité d'eau distillée, a été entièrement dissoute par l'acide muriatique. l'évaporation à siccité de cette dissolution a donné cinquante-sept parties et demie de silice très-blanche, très-fine, très-mobile, et soluble en totalité dans la potasse caustique liquide. Ayant évaporé aux deux tiers de son volume la dissolution de laquelle il avait séparé la silice, M. Laugier l'a saturée de carbonate de soude; il s'y est formé sur-le-champ un abondant précipité de couleur rougeâtre. Ce précipité, lavé avec soin et séparé du filtre dans l'état glutineux, n'a rien perdu de son volume, et n'a point changé de couleur par l'action de la potasse liquide aidée de la chaleur. Cette observation a fait présumer à l'auteur que le précipité ne contenait pas d'alumine ; et en effet, la solution alcaline qu'il en a séparée ne lui a point donné de traces sensibles de cette terre par l'addition du muriate d'ammoniaque. Comme la couleur rougeâtre du précipité, sur lequel la potasse caustique n'avait eu aucune action, décélait la présence d'une petite quantité de fer, M. Laugier l'a dissous dans l'acide muriatique, et en a retiré par l'ammoniaque quatre parties d'oxide de fer mêlé d'oxide de manganèse. Dans une autre expérience, il a saturé par l'acide sulfurique la dissolution ammoniacale, et il l'a évaporée à siccité. Il a introduit le résidu de l'évaporation dans un creuset de platine, et il l'a calciné assez fortement pour chasser l'acide sulfurique en excès, et pour décomposer le sulfate d'ammoniaque. Le résidu de la calcination a été délayé avec une petite quantité d'eau froide, dans l'intention de dissoudre le sulfate de magnésie sans toucher sensiblement au sulfate de chaux. La portion qui a refusé de se dissoudre a présenté tous les caractères du sulfate de chaux ; sa dissolution dans l'eau bouillante précipitait également le nitrate de baryte et l'oxalate d'ammoniaque. Le poids de ce sel représentait seize parties et demie de chaux pure. La portion du résidu qui s'est dissoute dans l'eau lui avait communiqué une saveur très-amère. La dissolution étant légèrement colorée, il l'a évaporée de nouveau à siccité, et en a séparé par ce moyen deux parties d'un mélange d'oxide de fer et de manganèse. La dissolution rapprochée convenablement a fourni des prismes allongés à quatre pans comprimés, brillans et translucides, d'une saveur fade, puis amère, très-reconnaissable pour du sulfate de magnésie. Ce sel, entièrement privé par la calcination de son eau de cristallisation, équivalait par son poids à dix-huit parties un quart de magnésie. Ayant fait ensuite quelques essais pour s'assurer si cette pierre contenait de la potasse, il n'a trouvé aucune trace de cet alcali. D'après les expériences dont il est parlé ci-dessus, cent parties du diopside sont composées ainsi qu'il suit :

Silice. 57, 50
Chaux 16, 50
Magnésie 18, 25
Oxide de fer et de manganèse . .   6, 00
                                    ─────────
            Total. 98, 25

Cette analyse indique que le diopside contient les mêmes
principes que le pyroxène. On peut en juger par les résultats que la variété de l'Etna et celle d'Arendal, qui portait le nom de coccolithe avant que M. Haüy l'eût réunie
au pyroxène, ont donnés à M. Vauquelin. En les comparant entre eux, on voit qu'il n'y a d'autre différence que
celle de la présence de l'alumine dans le pyroxène, tandis
que le diopside n'en renferme que des traces inapprécia-
bles ; mais la proportion de l'alumine dans les pyroxènes
est si peu considérable (elle ne s'élève qu'à un et demi et au
plus à trois pour cent) qu'on n'en peut rien conclure
contre le rapprochement que la concordance des autres
principes semble autoriser. Il paraitrait moins convenable
encore d'admettre comme une différence essentielle celle
qui existe entre la proportion des élémens du diopside et
celle des élémens du pyroxène : cette différence consiste en
ce que le diopside renferme un peu plus de silice et de
fer ; mais elle a peu d'importance, lorsqu'on considère
que les variétés du pyroxène en présentent de plus considérables. Le pyroxène d'Arendal ne contient que 0,17
d'oxide de fer, qui s'élève à dix centièmes dans celui de
l'Etna. En ajoutant à cette conformité de composition, indiquée par l'analyse chimique, une considération importante, celle de la ressemblance parfaite reconnue entre la
forme des cristaux du diopside et du pyroxène, il semble
qu'il ne peut rester de doute sur l'identité déjà établie
par M. Haüy entre ces deux pierres, et sur la nécessité
de les réunir en une seule espèce.

Tableau comparatif des analyses citées.

	Mussite ou diopside.	Pyroxène ou coccolithe d'Arendal.	Pyroxène de l'Etna.
	M. Laugier.	*M. Vauquelin.*	*M. Vauquelin.*
Silice	57,50	50	52
Chaux	16,50	24	13
Magnésie.	18,25	10	10
Fer oxidé et man-			
ganèse. . . .	6,00	10	17
Alumine	0,00	1,5	3

Annales du Muséum d'histoire naturelle, 1808, *tome* 11, *page* 158.

DIOPTASE. — MINÉRALOGIE. — *Observations nouvelles.* — M. HAÜY, *de l'Institut.* — AN VI. — La dioptase, regardée par M. Delamétherie comme une variété de l'émeraude, a présenté à M. Haüy des différences très-marquées avec cette substance, relativement à ses caractères physiques et géométriques. La pesanteur spécifique est 3,3, autant qu'il a pu en juger d'après la petite quantité qu'il a soumise à l'expérience. Elle a la propriété conductrice de l'électricité, et, ce qui est remarquable, elle en acquiert une résineuse par le frottement, même sur ses faces polies, lorsqu'elle est isolée. La forme primitive est un rhomboïde obtus dans lequel le rapport entre les deux diagonales est celui de $\sqrt{36}$ à $\sqrt{17}$, ce qui donne cent onze degrés pour l'angle placé au sommet du rhomboïde. La seule forme secondaire que l'on connaisse est un dodécaèdre que l'on peut considérer comme un prisme hexaèdre régulier, terminé de part et d'autre par trois rhombes dont l'angle au sommet est de quatre-vingt-treize degrés vingt-deux minutes. Ce dodécaèdre résulte de deux décroissemens par rangée, l'un sur les bords inférieurs du noyau, l'autre sur ses angles latéraux. Le nom de dioptase a été tiré de ce que les joints naturels sont *visibles à travers* le cristal, par des reflets très-vifs parallèles aux arêtes du sommet, lorsqu'on voit ce cristal à la lumière. (*Bulletin des sciences par la Société philomathique*, an VI, page 101.

DIOPTASE (Analyse de la). — Chimie. — *Observations nouvelles.* — M. Vauquelin, *de l'Institut.* — An VI. — Ce savant s'étant occupé de l'analyse de la dioptase, a remarqué, 1°. qu'un fragment de cette pierre exposé au feu du chalumeau, prend une couleur brun-marron, mais donne à la flamme de la bougie une couleur vert-jaunâtre, comme du cuivre, et ne se fond pas ; 2°. fondue avec du borax avec la partie extérieure de la flamme du chalumeau, elle lui communique une couleur verte ; avec la flamme intérieure, le globule prend une couleur brun-marron, et si l'on continue long-temps, la perle vitreuse perd sa couleur, et l'on aperçoit un bouton métallique d'un rouge de cuivre se précipiter au fond ; 3°. trois grains et demi de cette pierre, réduite en poudre fine, se sont dissous avec effervescence dans l'acide nitrique, et la dissolution a pris une couleur bleue assez belle. Pendant l'évaporation de cette dissolution, il s'est précipité une matière blanche gélatineuse, insoluble dans l'eau, et qui, lavée et séchée, pesait un grain. Cette matière sèche était rude sous les doigts, se dissolvait dans le borax, sans lui communiquer de couleur, enfin elle présentait toutes les propriétés de la silice ; 4°. une lame de fer décapée mise dans la liqueur de laquelle cette silice avait été séparée, s'est recouverte en peu de temps d'une follicule de cuivre qui pesait environ un grain ; 5°. enfin on a précipité le fer introduit dans la liqueur par l'ammoniaque ; la liqueur, ainsi dépouillée du fer, a été mêlée avec du carbonate de potasse, et on a obtenu à peu près un grain et quelque chose de carbonate de chaux. D'après cela, la dioptase serait composée, 1°. de silice, 28,57 ; 2°. de cuivre oxidé, 28,57 ; 3°. de carbonate de chaux, 42,85 ; total, 97,99. *Bulletin des sciences par la Société philomathique*, an VI, page 101.

DIOSMA (Deux espèces de). — BOTANIQUE. — *Observations nouvelles.* — M. VENTENAT. — AN XIII. — *Le diosma cerefolia* est un joli arbrisseau originaire du cap de Bonne-Espérance, dont le port ressemble beaucoup à celui d'une bruyère. Il porte des fleurs de couleur de chair avant leur développement, et d'un blanc pur lorsqu'elles sont épanouies; ces fleurs sont placées au sommet des rameaux, et rapprochées en une tête peu serrée et de la grandeur d'un grain de raisin. Toutes les espèces du genre sont remarquables par une odeur aromatique, tandis que le *diosma cerefolia* répand dans toutes ses parties une forte odeur de cerfeuil, particularité d'où cette plante tire la seconde partie de son nom. Les feuilles de *diosma herta* ressemblent à celles de bruyère. Cette espèce est remarquable par la belle couleur pourpre de ses fleurs disposées en ombelles au sommet de ses rameaux. *Moniteur, an* XIII, *pages* 330 *et* 1222.

DIPODION. (Genre nouveau dans la classe des vers intestinaux.) — ZOOLOGIE. — *Découverte.* — M. BOSC. — 1810. — M. Labillardière, examinant son rucher, remarqua une abeille dont le corps était plus gros qu'à l'ordinaire; cette circonstance l'engagea à la saisir pour en chercher la cause. Il trouva que cette grosseur était produite par un ver blanc à tête fauve qui vécut plus d'une heure ; c'est ce ver qui donna à M. Bosc le moyen d'établir un genre nouveau extrêmement distinct de tous ceux connus, il fut appelé par lui dipodion (*dipodium*) ; ses caractères sont : corps mou , ovoïde, articulé, légèrement aplati , terminé en arrière par deux pointes molles , et en avant par deux gros tubercules uniformes et granuleux, percés chacun d'un trou ovale ; bouche transversale en croissant, placée un peu au-dessous de l'intervalle des tubercules. M. Bosc a donné à cette espèce le nom de dipodion apiaire (*dipodium apiarum*) ; il a le corps blanc, de cinq millimètres de long , sur trois de large, composé d'environ douze anneaux très-saillans, et pourvus de trois profonds

sillons longitudinaux de chaque côté. Les tubercules antérieurs qu'on peut regarder comme la tête sont fauves, et
formés par un support très-court, terminé par une calotte
qui paraît globuleuse par devant et par derrière, et ovale
sur le côté, mais qui est réellement réniforme, comme on
s'en assure en la regardant par-dessus. Leur partie convexe
est entourée de grains noirs, cornés, irréguliers, qui se
touchent, et est parsemée de grains fauves de même nature.
Ces tubercules sont très-rapprochés, et leur excision est
en regard. C'est près de cette excision, sur une des larges
faces du corps, celle que l'auteur regarde comme le dessous,
que se trouve le trou ovale, à bordure saillante et blanche,
dont il ne peut indiquer la fonction. A une très-petite distance des tubercules, et dans leur entre-deux, se remarque
une fente longitudinale brune, avec une espèce de lèvre inférieure bordée de grains cornés, presque noirs. Est-ce la
bouche? est-ce l'anus? M. Bosc penche pour la première
idée, quoiqu'il n'ait pu reconnaître d'anus à la partie postérieure où M. Labillardière a cru voir des crochets, mais
où il n'y a que deux pointes molles. Au reste, il faudrait disséquer quelques individus pour s'assurer de la fonction de cette fente ; encore n'est-il pas sûr qu'on y parvînt, à
raison de la petitesse des parties et de leur mollesse. Il est très-
remarquable qu'un aussi gros ver puisse exister dans le corps
des abeilles, dont il remplit plus de la moitié de la capacité.
On doit supposer que c'est dans l'abdomen qu'il se trouve,
et non dans le canal intestinal, puisqu'il fermerait entièrement ce dernier. Ce cas paraît très-rare ; car, ajoute M. Bosc,
depuis trente ans que je possède des abeilles, et que je
les observe, le cas où s'est trouvé M. Labillardière ne s'est
pas présenté à mes yeux, et il m'a été observé qu'il serait
possible que cet animal fût la larve d'un insecte, celle d'un
conops, par exemple : il résulte de deux faits cités par
M. Latreille qu'il est probable que la larve du conops couleur de rouille vive dans l'intérieur des bourdons (*apis ter-
restris* , L.) ; mais son organisation est si différente de celle
de toutes les larves connues, qu'on est fondé à le regar-

der comme appartenant à la classe des vers intestinaux, jusqu'à ce que des observations positives aient fixé à cet égard. L'auteur termine en disant que, depuis qu'il a lu cette description à la classe, il a observé un ver différent, mais du même genre, dans le bourdon terrestre; ce qui fortifie la présomption que celui dont il a donné la description est une larve. *Mémoires de l'Institut, sciences physiques et mathématiques*, 1810, *deuxième partie, page* 50, *pl.* 1, *fig.* 2. *Société philomathique*, 1812, *bulletin* 56, *page* 72.

DIPPEL (Usage de l'huile de).—*Observations nouvelles.* — Matière médicale. — MM. Payen et Ranque. — 1808. —L'huile de Dippel est en partie soluble dans l'eau, et c'est cette solution qui a été employée dans la plupart des cas cités par M. Payen. Elle a été donnée à la dose d'une demi-once, d'un once et demie jusqu'à deux onces. L'huile de Dippel a aussi été administrée à la dose de dix, vingt, trente gouttes dans une émulsion. Elle a été appliquée pure ou mélangée d'huile d'olive sur les dartres et les boutons de la teigne. Les cas dans lesquels ce médicament a été employé sont : 1°. la teigne, et l'on a les résultats obtenus des observations constatées par MM. Delaporte et Chaussier ; 2°. les dartres scrofuleuses ; 3°. l'épilépsie : dans ce cas ce médicament a été avantageux, pris intérieurement ; dans d'autres il a été inutile ; 4°. dans les ophtalmies scrofuleuses ; 5°. dans les rhumatismes goutteux, aigus. Son administration a quelquefois donné lieu à des effets physiologiques particuliers : elle a occasioné dans quelque cas l'engorgement des glandes du cou et des aines ; elle a produit des sueurs abondantes, et quelquefois même la salivation. Ce médicament paraît être un excitant des plus énergiques. M. Ranque a fait usage avec succès de l'huile animale de Dippel sur trois teigneux, à l'Hôtel-Dieu d'Orléans, qui ont été guéris en vingt-sept jours. Pendant l'emploi du liniment, les malades n'ont eu que de légers frissons, irréguliers dans leur invasion et leur durée. *Bi-*

bliothéque médicale, *septembre* 1808. *Bulletin des sciences médicales de Paris*, *même année.*

DIPTÈRES. — Zoologie. — *Observations nouvelles.* — M. Marcel de Serres. — 1819. — Ce savant, dans ses Mémoires sur les usages du vaisseau dorsal dans les insectes, divise en plusieurs titres, sections et ordres, les animaux articulés qui font l'objet de ses observations. Le troisième ordre de la deuxième division contient les diptères, dont il fait connaître ainsi qu'il suit les différens caractères, tant extérieurs qu'intérieurs. Les caractères extérieurs sont : Gaîne non articulée, le plus souvent en trompe, renfermant un suçoir. Deux palpes à la base de la gaîne, dans un grand nombre. Des yeux composés, seulement fixés sur les côtés de la tête : un seul genre ; les diopsis, les offrant à l'extrémité d'un pédicule allongé et tentaculaire. Antennes distinctes, ordinairement fort courtes, terminées par une soie aiguë. Deux ailes nues, membraneuses, veinées, et deux balanciers dans la plupart. Ces ailes et ces balanciers disparaissent quelquefois au point qu'on n'en voit plus que les rudimens. Tête distincte du corselet, et corselet également séparé de l'abdomen, mais inarticulé. Larve apode. Les caractères intérieurs sont : Vaisseau dorsal à diamètre peu considérable et à pulsations fréquentes. Système respiratoire formé par des trachées vésiculaires, communiquant les unes avec les autres par des trachées tubulaires. Ces trachées sont mises en mouvement par des cerveaux cartilagineux, ou des espèces de côtes. Le système nerveux est composé le plus généralement par un ganglion cérébriforme peu considérable, à lobes fort rapprochés, desquels partent des nerfs optiques fort gros, en raison de l'étendue de l'œil composé des insectes de cette classe. Les nerfs qui se rendent à la trompe sont également fort considérables. Le cerveau se prolonge ensuite par deux cordons nerveux qui forment successivement un ganglion pour le corselet, deux pour la poitrine et six abdominaux, plus ou moins, selon le nombre des anneaux. Le tube intestinal est composé, le plus ordinairement, d'un œsophage allongé qui s'étend jusqu'à l'extrémité de l'abdomen; 2°. d'un estomac assez long, mais peu large, garni dès sa base de vaisseaux hépatiques assez nombreux; 3°. d'un duodénum cylindrique, revêtu aussi de vaisseaux hépatiques, mais moins larges que les précédens; 4°. d'un rectum assez court et musculeux. Les organes reproducteurs mâles sont composés de deux testicules ovales, qui vont s'ouvrir au moyen de canaux déférens dans le canal spermatique commun, où se rendent également les vésicules séminales, tantôt simples et filiformes, et tantôt ovales et bilobées. Les organes femelles sont composés de deux ovaires, divisés en un plus grand nombre de branches, lorsqu'on les examine avant la fécondation. Ces ovaires communiquent, par leurs deux canaux, avec l'oviductus commun qui s'ouvre à la vulve; les diptères qui fixent les œufs ont de plus un organe particulier destiné à sécréter une humeur gluante propre à remplir cet usage. *Mémoires du Muséum d'histoire naturelle*, tome 5, *page* 125.

DIPTOPHRACTUM AURICULATUM.—Botanique. —*Observations nouvelles.*—M. Desfontaines, *de l'Inst.*— 1819.—Cette plante, qui croit dans l'île de Java, a été apportée en France par M. Leschenault. M. Desfontaines en donne la description suivante : tiges ligneuses, jeunes rameaux cotonneux, cylindriques; feuilles alternes, sessiles, oblongues, ridées, cotonneuses en dessous, bordées de dents aiguës vers le sommet, terminées par une pointe, ordinairement un peu rétrécie sur les côtés, dans leur partie moyenne, longues de trois à six pouces, sur un à deux de largeur, tronquées obliquement à la base, dont le côté supérieur forme un lobe arrondi et saillant, qui se prolonge au delà de l'inférieur; les trois nervures longitudinales qui naissent de la base de la feuille se ramifient et forment un réseau sur ses deux surfaces. Chaque feuille est accompagnée de deux stipules : l'un intérieur a deux

lobes arrondis, du milieu desquels sort un appendice sétiforme et barbu ; l'autre orbiculaire, plus petit, a un seul
lobe également muni d'une soie placée latéralement. Fleurs
solitaires à l'extrémité des rameaux ; pédoncules courts,
soudés avec la base d'une foliole ou bractée, sessile lan-
céolée, aiguë et entière ; le diamètre de la fleur est de six
à huit lignes. Calice à cinq feuilles elliptiques, *obtuses*,
ouvertes, cotonneuses à l'extérieur. Corolle à cinq pétales
alternes avec le calice de la même longueur, insérés sous
l'ovaire, élargis en spatule vers le sommet, munis à la base
d'une petite écaille. Étamines nombreuses, filets grêles aigus, hypogynes ; anthères presque globuleuses, à deux
loges, s'ouvrant longitudinalement, attachées par la base
au sommet des filets. Style plus court que les étamines ;
cinq petits stigmates rapprochés ; un ovaire supère, velu,
obtus, à cinq côtés arrondis. Capsule épaisse, arrondie,
cotonneuse, ne s'ouvrant point, de la grosseur du pouce,
à cinq ailes obtuses et ondées, divisée intérieurement en
dix loges partagées par d'autres cloisons transversales, en
plusieurs petites loges partielles renfermant chacune une
graine. Graines brunes, ovales, parsemées de petits en-
foncemens, entourés d'un arille, attachées aux parois de la
capsule ; tégument coriace et épais ; embryon placé à la
base de la graine, accompagné d'un périsperme charnu.
L'herbier du Muséum en possède quelques individus. *Mémoires du Muséum d'histoire naturelle*, tome 5, *page* 351,
planche. 1.

DISCORBES. — Géologie. — *Observations nouvelles.*
—M. de Lamarck, *de l'Institut.*—An xii.—Les discorbes,
dit l'auteur, ne peuvent être confondues avec les nautiles
ni avec les spirolines. Ces coquilles, dont on ne connaît
que des fossiles, et que pour cette raison il conviendrait
de nommer discorbites, sont univalves, en spirale, dis-
coïdes, multiloculaires, à parois simples comme les nautiles, à tours de spire tous à découvert et bien apparens.
La discorbite vésiculaire qui a été trouvée à Grignon est

orbiculaire, discoïde, et n'a que deux millimètres et demi de largeur. *Annales du Muséum d'histoire naturelle, an* XII, *tome 5, page* 182.

DISCOSURE. — Zoologie. — *Observations nouvelles.* — M. de Lacépède. — An XII. — Le discosure est un lézard apporté de la Nouvelle-Hollande, auquel on a donné ce nom, à cause de la forme de sa queue qui ressemble à un disque. Sa peau est revêtue de petits tubercules qui la font paraître comme chagrinée; et sa queue, très-aplatie, est très-élargie auprès de son origine, ce qui contraste beaucoup avec le peu de largeur et la forme déliée de son extrémité. Il a de grands rapports avec le lézard décrit sous le nom de *lacerta platura*. *Annales du Muséum d'histoire naturelle, an* XII, *tome* 4, *page* 191.

DISPENSAIRES. — Institution. — An XI. — Ce mot s'emploie quelquefois pour désigner les lieux où l'on fait la dispensation des substances qui entrent dans les médicamens composés. C'est aussi le nom d'un établissement particulier, créé par la Société philanthropique de Paris, pour le soulagement de cette classe d'hommes laborieux qui, sans être réduits à l'indigence, ne peuvent supporter les dépenses extraordinaires d'une maladie, et répugnent à se séparer de leur famille pour entrer dans les hôpitaux. Il y a, pour les douze arrondissemens de Paris, cinq dispensaires, qui depuis l'origine ont été portés jusqu'à six : chacun de ces dispensaires a un local particulier, ou bureau de consultation, où les malades, munis d'une carte de souscripteur de la Société philanthropique, viennent recevoir les conseils des médecins et des chirurgiens, ainsi que les ordonnances sur lesquelles des pharmaciens désignés leur délivrent gratis les médicamens prescrits. Chaque dispensaire est composé d'une commission de cinq membres de la Société philanthropique, pour surveiller l'établissement, et en régler les dépenses; d'un médecin et d'un chirurgien consultans; d'un médecin et d'un chi-

rurgien ordinaires, qui ont chacun un adjoint ; d'un élève
en chirurgie ; de trois ou quatre pharmaciens, dont les
officines se trouvent à la portée des différens quartiers ; et
d'un agent chargé d'enregistrer les malades, et tenu de
résider au dispensaire même. Les médecins et les chirurgiens tiennent leur séance au bureau de consultation deux
fois par semaine, le lundi et le jeudi, depuis midi jusqu'à
deux heures. Lorsqu'un souscripteur veut faire administrer des secours à un malade, il lui remet sa carte (1), à
laquelle il joint une lettre écrite de sa main, et adressée
à l'agent du dispensaire du quartier où demeure le malade.
Ce dernier, après avoir été enregistré, reçoit les consul-
tations dans le local même du dispensaire, lorsqu'il est en
état de sortir : si, au contraire, il est obligé de garder la
chambre, l'agent en prévient le médecin ou le chirurgien,
qui alors se transporte le plus tôt possible au domicile du
malade. Dans les cas urgens, celui-ci, avant de se faire
enregistrer, peut s'adresser directement aux médecins et
chirurgiens en leur envoyant la lettre et la carte du souscripteur. Lorsqu'il est guéri, il rapporte la carte à la personne qui la lui a donnée, et qui alors peut en faire jouir
un autre malade. Tel est le régime des établissemens connus sous le nom de dispensaires. Mais Paris n'est point la
seule ville qui en possède : Londres en a douze, qui ont
même été créés avant les nôtres. Cependant, comme plusieurs personnes, entre autres le respectable Chamousset,
avaient proposé, bien avant les Anglais, la formation
d'associations qui devaient se garantir mutuellement des
secours en cas de maladie, la France peut, à juste titre,
revendiquer la première idée de ces établissemens. Marseille n'a pas tardé à avoir, comme la capitale, plusieurs
dispensaires, qui continuent à être en pleine activité, et
qui rendent les plus grands services à cette intéressante
classe d'individus peu aisés qui vivent d'un travail jour-

---

(1) Le prix annuel d'une carte, qui constitue la souscription, est de
30 francs.

nalier ou d'un très-modique revenu. On pourra se faire une idée de l'utilité des dispensaires, lorsqu'on saura que, dans l'espace de onze ans, ceux de Paris ont donné à plus de douze mille malades les soins de la médecine et de la chirurgie, soit dans leur domicile, soit aux bureaux de consultation. On ne comprend point dans ce nombre une foule d'autres malades qui sont venus réclamer de simples conseils, sans être munis de cartes d'inscription, et par conséquent sans avoir droit à la distribution gratuite des médicamens. On peut ajouter que les médecins et les chirurgiens de ces utiles établissemens ont fait jouir gratuitement un grand nombre d'enfans du bienfait de la vaccine. *Dictionnaire des sciences médicales, tome* 9, *page* 5o5.

DISSECTION (Procédé pour la).—ANATOMIE.—*Observations nouvelles.*—M. J.-P. MAYGRIER, *docteur en médecine, professeur d'anatomie et de physiologie.*—1807.— L'auteur a rempli un but vraiment essentiel et utile, celui de guider les élèves dans la dissection et la préparation de chacune des parties du corps humain pour en mieux étudier l'ensemble; mais, par-là même, l'objet en est borné à l'anatomie descriptive, sans qu'il puisse être étendu à la physiologie ou à la pathologie proprement dites. En suivant le plan tracé par l'auteur dans son ouvrage sur ce sujet, on voit d'abord que la préparation des pièces anatomiques est soumise à une suite de procédés relatifs à la structure particulière de ces pièces, et à la nécessité de les bien conserver. Les os, une fois séparés de leurs articulations, n'ont besoin que d'être dépouillés des parties molles qui les recouvrent, d'être frottés, puis macérés pendant deux ou trois jours à l'eau froide, qu'on a soin de renouveler par intervalle, et enfin séchés à l'air libre, ou mieux encore au soleil, lorsqu'on dispose d'un local convenable. On peut alors les garder pour les étudier séparément, ou pour en monter un squelette qu'on nomme artificiel, pour le distinguer du squelette naturel, dont toutes les pièces sont maintenues par des liens que la nature a disposés à cet effet. L'auteur prescrit ensuite l'administration anatomique, ou le procédé nécessaire à la préparation particulière des os, tant du crâne que de la face, et il accompagne ces détails de remarques intéressantes sur l'angle facial, sur le germe des dents, et sur quelques autres objets discutés ; les os de la colonne vertébrale, ceux du thorax et du bassin, exigent très-peu de préparation ; mais l'auteur s'attache à les décrire, pour indiquer en même temps la manière de les bien étudier. Les os des extrémités, c'est-à-dire ceux des pieds et des mains, y compris leurs appendices, ont surtout besoin d'être mis dans un rapport exact entre eux, à l'aide de liens artificiels destinés à remplacer les tégumens et les surfaces articulaires naturelles, trop promptes à se dessécher. La manière de disséquer et de préparer les muscles fait le sujet d'une seconde partie consacrée par l'auteur à l'énumération des instrumens propres à enlever avec méthode et succès les parties molles, à ouvrir les grandes cavités de la poitrine et du bas-ventre. De là il passe au mode de dissection particulier à la myologie, pour n'oublier aucun des muscles qu'on a besoin d'étudier, et surtout pour les séparer avec dextérité, de manière à conserver leur forme triangulaire, quadrilatérale, et plus ou moins régulière ou allongée, qu'ils ont dans l'exécution des mouvemens naturels. Les muscles de la cuisse et quelques autres demandent des précautions particulières auxquelles cependant il est facile de satisfaire lorsqu'on a pratiqué les opérations précédemment indiquées. Cet article est terminé par une table synoptique des muscles dont la nomenclature est chez les différens auteurs, plus ou moins compliquée, et que M. Maygrier donne en deux colonnes, l'une comprenant les noms anciens, l'autre les noms récemment adoptés par M. Chaussier. Nous ne suivrons pas M. Maygrier dans les autres détails curieux que renferme son ouvrage, ayant pour titre Manuel de l'Anatomiste. *Moniteur*, 1807, *page* 313.

DISSOLUTIONS SALINES (Diminution de volume des
sels et rupture des vaisseaux dans la cristallisation des). —
Chimie. — *Observations nouvelles.* — M. Vauquelin. —
1792. — L'auteur s'est servi de l'appareil de Monge pour
mesurer les diminutions de volume des dissolutions salines. Cet appareil consiste dans deux boules de verre placées l'une sur l'autre, et communiquant ensemble par un
tube capillaire. La boule supérieure est exactement fermée
par un autre tube étroit, ouvert dans l'atmosphère, et susceptible de se fermer exactement. On verse par le tube,
dans l'appareil, une dissolution saturée à chaud, d'un sel
quelconque, jusqu'à ce que la boule inférieure en soit remplie. On laisse cristalliser le sel ; et lorsque la dissolution
est devenue à la température de l'atmosphère, et que, par
l'agitation, elle ne cristallise plus, on remplit d'eau la boule
supérieure, ainsi qu'une portion du tube qui doit être divisée en plusieurs parties, et dont la capacité doit être connue. On marque l'endroit où la liqueur est arrêtée ; on
bouche le tube et on renverse l'appareil : par ce moyen,
la dissolution du sel qui n'a pas cristallisé, et qui est plus
lourde que l'eau pure, tombe au fond ; l'eau monte à sa
place, et dissout le sel. Lorsque la température de la dissolution est en équilibre avec celle de l'atmosphère, on
redresse l'appareil, et en examinant le tube supérieur, on
s'aperçoit si la liqueur a diminué ou augmenté de volume.
C'est par ce moyen que M. Vauquelin a vu que le nitrate
de potasse, en se dissolvant dans l'eau, opérait dans le volume total une diminution de 0,01, tandis que le sulfate
de soude, moins dissoluble, en opérait une moindre. Ces
deux expériences paraissent contredire la règle générale,
*qu'un corps augmente de volume en passant de l'état so-
lide à l'état liquide.* M. Vauquelin les répéta avec un autre
appareil ; il fit le mélange d'eau et de sel dans une cloche
au-dessus du mercure ; il remarqua un dégagement de
bulles d'air assez considérable, et une augmentation de volume. Il a donc attribué la prétendue diminution observée
dans les expériences précédentes, non à la liqueur elle-

même, mais au dégagement des bulles d'air interposées entre les molécules de l'eau avant son mélange avec les dissolutions. L'auteur, en suivant ces expériences, a remarqué aussi que, dans le moment de la cristallisation, les boules de verre se brisaient souvent. Cette rupture ne pouvait être attribuée à l'air qui n'est plus contenu dans les dissolutions salines, ainsi qu'on vient de le voir, et qui d'ailleurs avait une libre issue dans l'atmosphère. C'est donc la force d'attraction des molécules cristallines pour se mettre dans telle ou telle position, qui paraît la seule cause de ce phénomène, en faisant des cristaux autant d'arcs-boutans qui pressent les parois du vase de dedans en dehors. *Société philomathique*, 1792, *page* 25.

DISTEIRES. — ZOOLOGIE. — *Observations nouvelles.*— M. DE LACÉPÈDE, *de l'Institut.*—AN XII.—Les disteires, qui forment, parmi les serpens envoyés par M. Baudin, un quatrième genre encore inconnu des naturalistes, ont comme les aipysures et les leiosélasmes, la queue en forme de nageoires verticales ; le dessous de la queue offre une rangée d'écailles presque semblables à celles du dos, et le dessous du corps présente un rang longitudinal de petites lames relevées par deux arêtes. Dans l'espèce à laquelle on pourra donner le nom spécifique de cerclée, les écailles qui revêtent le dessus du corps et de la queue ont une strie saillante, et sont pointues. Il n'y a pas de crochets à venin ; la queue forme le huitième de la longueur totale ; une rangée de quarante-huit écailles en garantit la partie inférieure ; le dessous du corps est revêtu de trois écailles lisses placées sous la gorge, et de deux cent vingt-trois écailles doublement striées. Neuf lames, distribuées en quatre rangées, couvrent la tête ; la couleur générale est relevée par des cercles irréguliers et blanchâtres, et la longueur totale surpasse quatre-vingts centimètres. *Annales du Muséum d'histoire naturelle, tome* 4, *page* 199

DISTILLATION (Appareils divers de). — INSTRU-

MENS DE CHIMIE. — *Inventions.* — M. P. LEBON, *ingénieur
à Paris.* — AN VI. — Le procédé pour lequel l'auteur a
obtenu *un brevet de quinze ans* consiste 1°. en un mécanisme pour recueillir l'effort de la vapeur, et que l'auteur
nomme *moteur* ; 2°. en un instrument au moyen duquel ce
moteur agit pour élever l'eau ; 3°. en un appareil dans
lequel s'opère la distillation. La vapeur est conduite par
des tuyaux dans un cylindre ; et de là, après y avoir produit son effet, elle va au condenseur par d'autres tuyaux.
Le cylindre dont il vient d'être parlé est concentrique, avec
un autre cylindre dont le diamètre est moindre, et qui
n'est, en quelque sorte, que le prolongement du premier
cylindre, retourné intérieurement. L'ouverture supérieure
des premier et second cylindres est fermée par une plaque.
Le petit espace que ces deux cylindres laissent entre eux
contient du mercure, dans lequel plonge un troisième cylindre dont l'ouverture supérieure est aussi fermée par
une plaque. Cela posé, dit l'auteur, supposons que, par
la condensation de la vapeur dans le troisième cylindre,
le vide y soit fait, tandis que celle contenue dans le premier agira sur sa surface intérieure ; il est évident que,
d'un côté, le mercure cédera à la force expansive de la vapeur ; que sa surface entre le premier et le troisième cylindre s'abaissera, tandis que celle entre le second et le
troisième s'élèvera, et que ce *dénivellement* cessera lorsqu'il
fera équilibre à la force expansive de la vapeur ; que, d'un
autre côté, la vapeur, pressant sur la plaque de l'ouverture supérieure du troisième cylindre, ce troisième cylindre sera forcé de descendre, et y tendra avec un effort
proportionnel à la surface de sa plaque, et à la force expansive de la vapeur. Supposons maintenant l'inverse,
ajoute M. Lebon, c'est-à-dire que, par la condensation de
la vapeur dans le premier cylindre, le vide y soit fait,
tandis qu'elle agira dans le troisième ; il est évident que
l'effet inverse aura lieu, et que ce troisième cylindre fera,
pour remonter, un effort proportionnel à la surface de sa
plaque et à la force expansive du gaz aqueux. On recueil-

lera donc, par ce nouveau moyen, l'effort de la vapeur, avec la même facilité que dans les machines à feu ordinaires, et avec la différence qu'aucun frottement de piston contre des parois solides n'en diminuera l'effet. Tel est l'instrument passif qui reçoit l'impression du moteur. Le même instrument va devenir actif et faire monter le fluide à distiller. La formation des trois cylindres de la machine hydraulique est la même que celle des trois cylindres dont il est fait mention ci-dessus, et dans lesquels est recueilli l'effort de la vapeur. Le troisième cylindre de cette première partie de l'appareil est joint au troisième cylindre de la seconde partie par une tige, et ne peut agir sans imprimer à ce dernier le même mouvement; d'où il suit que, dans l'ascension des deux cylindres mobiles dont il s'agit ici, l'eau sera aspirée par deux tuyaux de la première partie, et l'ouverture de la soupape du second cylyndre de cette partie sera refoulée par un tuyau de la seconde et un tuyau de la première, par l'ouverture de la soupape du troisième cylindre de celle-ci; et que, dans leur descente, l'eau sera aspirée par trois tuyaux de la seconde partie, par l'ouverture de la soupape de cette dernière, et refoulée par trois autres tuyaux et l'ouverture d'une autre soupape de la même partie, pour se rendre dans le récipient de la liqueur à distiller, par le tuyau qui communique à ce même récipient. La troisième partie de l'appareil est une machine dans laquelle s'opère la distillation, et qui se compose d'un vase qui renferme le bain, dans lequel est plongé un second vase recevant le liquide à distiller; un troisième vase renferme le bain dans lequel est plongé un quatrième vase recevant le liquide distillé; un tuyau établit la communication entre les second et quatrième vases; un autre tuyau sert à l'écoulement du fluide formé par la condensation de la vapeur. Pour l'explication de l'appareil, l'auteur choisit le fluide le plus commun, et suppose qu'on ait à distiller de l'eau, que le robinet de cet appareil soit fermé, que par le moyen de la machine hydraulique, ou toute autre, les second et quatrième vases, les premier et second tuyaux de cette troisième partie de l'appareil soient remplis d'eau, et que la hauteur du second tuyau excède trente-deux pieds : cela posé, si l'on ouvre le robinet, le quatrième vase se videra, et la surface de l'eau, dans le second tuyau, s'abaissera, jusqu'à l'instant où la colonne de ce fluide fera équilibre au poids de l'atmosphère. A l'instant même, si on abaisse la température du premier bain au-dessous de celle du second, la vaporisation commencera ; ce second bain aspirera du premier le calorique, qui entraînera, sous la forme de vapeur, l'eau combinée avec lui ; mais les parois du quatrième vase faisant l'office d'un filtre imperméable à l'eau, et laissant échapper le calorique, les particules de l'eau se rapprocheront et paraîtront sous la forme fluide. Cette eau condensée tombera dans le second tuyau, et formera une pareille quantité à sortir par le grand orifice de l'appareil, puisqu'on a supposé que la colonne d'eau faisait équilibre au poids de l'atmosphère. La fourniture du fluide, faite par le second tuyau de la deuxième partie de cet appareil, étant réglée de manière qu'elle égale constamment la quantité qui est distillée, la distillation continuerait de cette manière, si la liqueur contenue dans le second vase, purgée d'air, comme quelques fluides, n'en laissait dégager. L'appareil que nous venons de décrire offre quelques-uns des nombreux moyens qu'on peut employer pour remédier à cet inconvénient, ou l'éviter ; mais avant de les donner, l'auteur fait observer que, si d'un côté la hauteur de la colonne d'eau paraît nécessiter une plus grande élévation de fluide à distiller, d'un autre côté ce désavantage est compensé par le vide dans le second vase, qui soulage du poids de l'atmosphère l'effort du moteur de la machine hydraulique. D'ailleurs, par l'excès de la hauteur du quatrième vase sur celle du second, on peut déterminer un nouveau mouvement, et former de l'appareil un simple siphon qui, sans le secours même de la machine hydraulique, élèverait des fluides, et les verserait, après les avoir distillés, par la plus courte de ses branches. Cette colonne du second tuyau n'est pas indispensable ; il est quelquefois plus avantageux de faire le vide par d'autres procédés que nous allons indiquer. Une partie du double effet de la pompe hydraulique peut être destinée à pomper les gaz qui se dégagent des fluides, la liqueur même condensée, et une partie de la vapeur dont elle pourrait, par une pression, décider la résolution en fluide ; on pourrait emprunter le même secours de la machine à vapeur. En général, on doit remarquer 1°. qu'à la même tige qui réunit le troisième cylindre de la première partie de l'appareil au troisième cylindre de la seconde, on peut adapter une pompe à vapeur, une pompe hydraulique, une pompe à gaz, à simple ou à double effet, ou même faire d'une machine à double effet une pompe à vapeur à gaz, une à vapeur et à l'eau, ou une à gaz et à eau ; 2°. que la chaudière de la machine à vapeur peut en fournir un jet, pour purger d'air à volonté la machine à distiller, et que le service inverse peut quelquefois s'emprunter de la machine à distiller pour le mouvement de la machine à vapeur. Par le moyen de l'appareil de M. Lebon, lorsque les vapeurs sont difficiles à condenser, le quatrième vase peut contenir une substance avec laquelle elle ait de la tendance à se combiner, et dont le choix pourra déterminer le degré de volatilité qui restera à la liqueur distillée. La pression de la pompe à air peut aussi déterminer la résolution en fluide des gaz susceptibles d'être condensés. L'air ambiant, par sa pression, empêche qu'il ne puisse s'exhaler la moindre partie des vapeurs, dont le ressort est maintenu dans un état de faiblesse qui ne lui permet pas de vaincre celui de l'air. Le mouvement du calorique se détermine par le froid qui l'aspire, comme par la chaleur sensible qui le refoule. Les parois des vaisseaux, d'un côté, introduisent le calorique pour le combiner avec l'eau ; d'un autre côté elles le laissent échapper pour retenir l'eau, et la faire reparaître sous la première forme. Le calorique, qui entraîne l'eau, comme les fils d'une corde l'élèvent, n'est retardé dans son mouvement, ni par

la pression de l'air, ni par la difficulté qu'il éprouve à traverser le filtre qui le dépouillerait, à la surface même
du fluide, d'une partie de l'eau qu'il aurait entraînée. La
distillation se fait à des températures extrêmement basses ;
la seule différence entre celle des bains est essentielle ; leur
élévation cesse d'être nécessaire. Des substances qui, par
leur fixité, ne paraissent pas susceptibles d'être distillées,
le deviennent maintenant. Enfin cet appareil, qui mettra
à profit les glaces dues à la rigueur des hivers, et qui sup-
pléeront aux combustibles, produit un mouvement capable
de charger les vaisseaux distillatoires, et de suffire même à
tous les besoins de ce genre d'opération. Tels sont les
avantages que des essais répétés ont offerts à M. Lebon,
et qui l'ont engagé à solliciter un brevet d'invention pour
distiller, *au moyen du vide et du froid,* par les procédés indiqués ci-dessus, qu'il a appliqués, principalement à la
fabrication des eaux-de-vie, esprits-de-vin et autres
essences ; à la formation des sels, à la purification des
huiles et autres substances ; et en général à séparer
et recueillir, des composés quelconques, leurs parties
constituantes fixes ou volatiles. (*Description des brevets
expirés, année* 1811, *t.* 1; *p.* 361, *pl.* 14.)—M. O'REILLY.
— AN IX. — Au moyen de l'appareil de M. O'Reilly, on
peut distiller l'acide sulfureux liquide ; on peut encore
l'employer avec avantage pour la distillation de l'acide muriatique oxigéné (chlore). Il est composé 1°. d'un fourneau de
distillation avec cendrier ; ce fourneau est destiné à recevoir
trois grands matras de verre ; 2°. d'une porte pour l'introduction du combustible ; 3°. d'un bain de sable placé dans
une cuve, formée de tuiles de terre cuite recourbées, et
dont les bords reposent sur le mur du fourneau ; 4°. d'un
matras de verre dans lequel on introduit les matières à
distiller ; 5°. d'un entonnoir recourbé pour l'introduction
de l'acide sulfurique ; 6°. d'un tube recourbé qui conduit
le gaz généré dans le réservoir intermédiaire ; ce tube est
luté dans un couvercle de plomb, qui s'adapte sur le col
du matras : ce couvercle est également perforé pour l'in-

troduction de l'entonnoir recourbé ; 7°. d'un réservoir intermédiaire de plomb à cinq tubulures : une de ces tubulures reçoit l'extrémité d'un tube qui descend jusqu'au
fond du réservoir, lequel étant rempli d'eau, à $\frac{2}{3}$ de sa
capacité, et traversé par le gaz acide qui se détache en
bulles à l'extrémité de ce tube ; deux autres tubes ont la
même destination ; 8°. d'un tube de sûreté, inséré dans
une autre tubulure du réservoir ; il y a en outre une tubulure dans laquelle est inséré l'orifice du tuyau qui conduit
le gaz généré dans l'intérieur du condensateur : ce tuyau
doit avoir au moins trois pouces de diamètre ; il traverse
une cloche tubulée qui surmonte le condensateur et descend jusqu'au fond ; les bulles d'air qui s'échappent de son
extrémité remontent en traversant la colonne d'eau et après
avoir éprouvé la pression considérable de la colonne : à
cet effet, on n'a qu'à augmenter la hauteur de cette colonne pour obtenir la pression qu'on voudra. L'auteur a
fait traverser un plancher, afin de donner une élévation de
douze pieds au moins. A mesure que l'eau est saturée dans
le condensateur, les bulles remontent au-dessus de la surface
de ce fluide, entrent dans le second tuyau de plomb, exactement semblable au précédent, et qui sert à saturer l'eau
dans le second condensateur. Ce second condensateur est
cerclé à des distances de quatorze à seize pouces avec de
fortes bandes de fer, assemblées par des vis, qui servent à
rapprocher les joints et à empêcher l'eau de fuir. Les cloches tubulées entrent dans une rainure faite sur le bois,
au bord supérieur, où elles sont lutées avec du ciment gras ;
ces cloches peuvent être faites avec tel verre qu'on voudra,
pourvu qu'il soit assez diaphane pour laisser distinguer les
bulles qui traversent, afin qu'on puisse reconnaître le degré
de saturation : les cercles en fer doivent être vernis. Il y
a un trou pour le robinet de décharge, par lequel on soutire la liqueur dans les cuves d'immersion. Les robinets des
condensateurs sont en plomb. On peut faire entrer le troisième tuyau dans un autre condensateur, si on le juge à
propos, ou enfin dans une très-petite cuve, pour tirer tout

le parti possible de la distillation. On aura soin de pratiquer deux ou plusieurs trous dans le plancher du laboratoire où l'on distille le gaz acide pour le passage des condensateurs. On peut établir ce laboratoire dans un appentis
ou hangar; le rez-de-chaussée peut être ouvert et doit communiquer avec l'atelier où l'on place les appareils à la vapeur, afin d'y couler les cuves d'immersion, après les avoir
chargées de toile ou de fil, et de les remplir ensuite de
la liqueur détersive. (*Annales des arts et manufactures*,
an XI, *tome* 6, *page* 29, *planche* I, *figures* I *et* 2.) — M.
STONE, *de Mesly près Charenton.* — AN X. — Il paraît que
la première idée d'employer la vapeur de l'eau bouillante
pour chauffer des chaudières d'évaporation est due à M.
de Rumfort, mais personne n'avait encore pensé à appliquer le même moyen à la distillation. M. Stone établit en
l'an x à Mesly près Charenton un superbe appareil pour la
distillation à la vapeur. La chaudière est ronde, afin d'exposer le plus de surface possible à l'action du feu. Comme
il a employé de vieux alambics qui se trouvaient dans sa
brûlerie, il a placé celui qui devait distiller les grains dans
une cuve de bois dont le diamètre est à peu près de huit
pouces de plus que l'alambic, et de manière à l'entourer
d'une nappe d'eau de quatre pouces; le tuyau de vapeur,
en partant de la chaudière-cylindre, gagne le plafond, où
il est soutenu par des agrafes; de ce tuyau partent trois em-
branchemens, d'un pouce de diamètre, qui descendent perpendiculairement tout autour. Ils entrent jusqu'au fond de
la cuve, et leurs fonctions consistent à chauffer l'eau qui
entoure l'alambic; ces tuyaux n'ont d'autres soupapes que
des clapets à charnière. Afin d'empêcher que le froid ne
frappe sur l'extrémité des tubes, avant que les fluides ne
soient échauffés, ils sont tous trois enveloppés d'une che-
mise ou second tuyau d'un plus grand diamètre que les
tuyaux à vapeur. Ce vide se remplit d'air, et, par sa propriété peu conductrice, l'air empêche la condensation su-
bite de la vapeur, dans l'extrémité de ce tube, avant qu'il
ait versé son calorique dans les masses destinées à être

distillées. La cuve de bois est surmontée d'un couvercle retenu fortement sur la cuve par des arcs-boutans qui portent contre le plafond. Deux petits tubes horizontaux entrent dans le dessus et vers le fond de la cuve ; leur objet est de retirer l'eau surabondante produite par la condensation de la vapeur ; lorsqu'en tournant le robinet supérieur on voit qu'il sort de l'eau , on en retire aussitôt en tournant le robinet inférieur. Le travail de la rectification n'est pas moins ingénieux. Un tuyau partant du conduit de vapeur sert à échauffer l'eau du bain-marie de l'alambic de rectification ; mais l'expérience ayant prouvé que la chaleur générée par la vapeur peut forcer le travail , on a adapté un globe avec une soupape de sûreté , qui cède à une expansion déterminée : les pulsations de la soupape font sonner une petite cloche , qui avertit que le travail va trop vite. Un des objets les plus intéressans de cette brûleric est la méthode employée pour extraire jusqu'à la dernière partie d'esprit ardent. Le résidu des rectifications est mêlé avec de l'eau que fournit le tuyau nourricier du cylindre à vapeur ; ainsi l'esprit ardent qui pourrait s'y trouver passe de nouveau dans le premier alambic, et s'élève avec les premières eaux faibles. Ce genre de distillation présente un grand avantage par l'économie du combustible , et, ce qui est infiniment au-dessus de cette économie , par la certitude d'avoir des esprits ardens exempts d'empyreume. (*Art du distillateur, par M. Le Normand, tome* 4 ; *p.* 307.) —E. ADAM , *de Montpellier.* — AN x. — L'appareil distillatoire pour lequel E. Adam avait obtenu un *brevet d'invention* se trouve décrit dans plusieurs ouvrages, notamment dans le Bulletin de pharmacie et dans l'Art du distillateur par M. Le Normand. Il est aussi parlé de cet appareil dans les Annales de chimie, dans les Bulletins de la Société d'encouragement, dans les Archives des découvertes, etc.; mais des inexactitudes paraissant s'être glissées dans quelques descriptions ou planches qui ont été publiées à ce sujet, nous croyons devoir nous en rapporter aux détails conte-

nus dans les observations non contredites de M. F. Adam,
frère de l'inventeur. Ces observations, qui datent de 1811
et que nous avons extraites des *Annales des arts et manufactures*, se trouvent rapportées à leur ordre chronologique
auquel nous renvoyons nos lecteurs. — *Perfectionnement.* — M. ÉDELCRANTZ. — AN XI. — Chaque distillation consiste, comme on sait, principalement en deux opérations ; la conversion de la matière à distiller en vapeurs
par le feu, et la condensation de ces mêmes vapeurs par
le froid. Pour que ce double objet soit rempli avec promptitude et sans dépense inutile de combustibles, il est nécessaire d'établir un équilibre parfait entre la chaleur va-
porante et le froid condensant, ce qui se fait en opposant
celui-ci (comme on peut le faire dans la pratique) moyen-
nant une quantité donnée d'eau d'une température fixe,
passant dans un temps déterminé par le réfrigérant. Il faut
que le feu soit réglé de manière que la quantité de vapeurs
produite ne soit ni plus ni moins grande que celle qui, dans
le même temps, peut être condensée par le froid appliqué.
Or, le manque d'attention à cette circonstance produit, surtout dans la distillation des liqueurs spiritueuses, les deux
inconvéniens suivans : 1°. si le feu est trop vif, une grande
quantité de vapeurs condensées passe du serpentin dans
l'air extérieur, ce qui occasione la perte de la matière
distillée et du combustible ; 2°. si le feu se ralentit trop, la
condensation produit un vide dans le serpentin et dans
l'alambic, lequel n'étant pas rempli dans la même proportion par de nouvelle vapeur, oblige l'air extérieur d'entrer, ce qui rend difficile la vaporisation et la condensation;
et enfin, étant forcé de sortir de nouveau, il entraîne avec
lui une partie de vapeurs, et occasione la perte de la matière distillée et du temps. Afin de remédier à ces défauts,
et de fournir en même temps un moyen simple pour indiquer
à chaque instant l'état actuel du feu, M. Édelcrantz a imaginé
l'instrument dont la description suit, qui peut être adapté à
tous les appareils distillatoires, et qui n'est qu'une application
ingénieuse de principes connus en pratique. Cet instru-

ment est ainsi composé : on se sert d'un tube de cuivre ou de
verre, en plusieurs morceaux, recourbé, et se terminant par
une boule; le bout supérieur du tube peut être attaché par le
moyen d'une vis de rappel au serpentin. Sa longueur est de
quatre pieds, et la capacité de la boule est un peu plus grande
que toute la capacité du tube. La distillation étant en train, et
les vapeurs étant condensées par le conduit et par la boule
dans le tube, ce ne sera que lorsqu'il sera rempli dans ses
deux bras que la liqueur sortira pour entrer dans le vase qui
doit la recevoir. Ces deux bras restent remplis pendant
tout le temps de la distillation, et c'est en cela que consiste
le remède aux inconvéniens dont il est parlé ci-dessus. Il
est facile de voir que si le feu devient trop vif, la vapeur
non condensée ne pourra se dissiper en s'ouvrant un passage dans l'air extérieur, avant d'avoir chassé toute la liqueur contenue dans le tube, et avoir vaincu la pression
de la colonne. Dans le second cas, l'air extérieur ne pourra
entrer pour remplir le vide occasioné par la lenteur du
feu, qu'en chassant la colonne et surmontant une pression
de la même hauteur. Or, cette colonne étant de quatre
pieds, donne une latitude assez grande, et assez de temps
aux ouvriers pour régler le feu en conséquence. Si le tube
était de verre, ils n'auraient qu'à observer le niveau de la
liqueur dans ses deux bras : l'abaissement indiquerait qu'il
faut diminuer le feu dans l'un et l'augmenter dans l'autre;
mais des tubes de cette longueur étant trop casuels, il vaut
mieux attacher un petit régulateur de verre, dont deux
bras, de trois pouces de long chacun, contiennent du mercure, lequel, en montant alternativement dans l'un ou
l'autre, indique exactement l'état du feu et des vapeurs.
Ce régulateur peut être enfermé dans un bocal ou flacon
qui le mette à l'abri de tout accident. Entre lui et le serpentin se trouve un robinet qui, au commencement, communique avec l'air extérieur; mais quand, après avoir poussé
le feu avec force, on voit les vapeurs sortir, en le tournant,
on ouvre la communication entre le serpentin et le régulateur qui commence alors ses fonctions. La boule empêche

la liqueur poussée par l'air extérieur de monter dans
l'alambic. Il est inutile de dire que le chapiteau, de quelque
forme qu'il soit, doit être bien luté, pour ne pas donner accès à l'air extérieur. (*Annales des arts et manufactures, an* XI, *tome* 14, *page* 87, *planche* 4, *figure* 1.)
—*Inventions.* — M. F. BARNE neveu, *de Nîmes* (Gard).
— AN XI. — L'appareil pour lequel il a été accordé à l'auteur un *brevet de cinq ans*, se compose d'un fourneau disposé de manière qu'en ouvrant un registre on chauffe à
volonté un cylindre. Une cucurbite ou chaudière, garnie à
sa partie inférieure d'un robinet pour l'évacuation du liquide, a une ouverture à son sommet pour en introduire
sans déranger le chapiteau; celui-ci s'ajuste exactement sur
la cucurbite, dont le tuyau, légèrement incliné, va s'unir
à un serpentin après avoir traversé longitudinalement un
réservoir cylindrique qui sert de condensateur. Le tuyau est
soudé sur les fonds de ce cylindre, et l'eau est fournie à ce
dernier par une ouverture, tandis qu'un robinet est destiné à le vider. Un petit tuyau indiquant le trop plein, sert
en même temps à faire évacuer l'eau chaude au fur et à mesure qu'on en introduit de la froide par l'ouverture. Tout
étant ainsi disposé, on remplit de vin la cucurbite, et le cylindre et le réfrigérant du serpentin avec de l'eau froide.
On chauffe d'abord modérément; il serait mieux de chauffer au bain-marie qu'à feu nu. Le registre étant ouvert, on
laisse chauffer l'eau contenue dans le cylindre, au point de
ne pouvoir plus y tenir la main; on ferme alors le registre, le vin de la cucurbite ne tarde pas à entrer en ébullition, et la distillation commence. L'on baisse le degré de
chaleur du condensateur, en y introduisant de l'eau froide,
jusqu'à ce que l'alcohol sorte au degré que l'on désire. On
l'obtient, de cette manière, en une seule opération, et
aussi promptement que les procédés ordinaires donnent
l'eau-de-vie. Si, avec cet appareil, on ne voulait faire que
de l'eau-de-vie ordinaire, il suffirait d'entretenir l'eau à
un degré de température un peu élevé. On peut substituer
au cylindre qui sert de condensateur une espèce de cucur-

bite surmontée d'un chapiteau ; et au lieu d'eau , on y met
du vin destiné à être distillé. Lorsque ce vin a acquis un
certain degré de chaleur, on le fait couler dans la chaudière d'évaporation par un robinet. On fait ainsi quelque
économie de combustible : tout le reste d'ailleurs est construit comme dans le premier appareil. Le condensateur
des vapeurs aqueuses est quelquefois un serpentin. Des améliorations ont été apportées par l'auteur à cet appareil , en
1805 ; elles consistent à donner beaucoup plus de largeur et
moins de profondeur à la chaudière , que l'on chauffe avec
la vapeur introduite dans l'espace inférieur, et à remplacer le tuyau unique des autres appareils , par plusieurs
petits tuyaux en fer-blanc dont la somme des sections
soit plus considérable que celle du tuyau employé ordinairement. (*Brevets expirés* , tome 2 , *page* 128 , *planche* 28.
Art du distillateur , *par M. Le Normand* , *tome* 2 ,
page 321.) — M. A. BARRE, *de Nîmes*. — AN XII. — Au
moyen de l'appareil pour lequel l'auteur a obtenu un *bre-*
vet de dix ans, on peut distiller des vins et des marcs de
raisin en même temps, sans que les produits se mêlent.
Avec un seul feu, cet appareil présente les ressources
d'un atelier de distillation ordinaire de quatre à cinq alambics ; il apporte aussi une très-grande économie dans le
combustible et dans le temps qu'il faut pour la distillation
d'une quantité de vin déterminée. Mais la description de ce
même appareil ne pouvant être entendue qu'à l'aide de
plusieurs planches, et étant d'ailleurs d'une étendue qui
dépasse absolument les bornes de notre ouvrage, nous
croyons devoir, par ce double motif, nous borner à indiquer cette description, qui se trouve dans le quatrième volume des brevets publiés par l'administration du Conservatoire des arts et métiers. En 1805 et en 1806 l'auteur
a obtenu des certificats de perfectionnement dont le détail est également mentionné dans l'ouvrage du Conservatoire. — M. SOLIMANI, *professeur de chimie et de physique.*
— L'appareil pour lequel l'auteur a obtenu un *brevet de*
cinq ans est propre à la distillation des vins et à la forma-

tion des esprits et des eaux-de-vie. Cette machine distillatoire renferme un double appareil ; chacun est composé,

1°. d'un fourneau ;
2°. d'une bassine à vapeurs ;
3°. de deux chaudières ;
4°. d'un appareil particulier que M. Solimani a nommé
  alcogène ;
5°. d'un condenseur ;
6°. d'une pompe.

Le fourneau a été construit de manière que la flamme,
obligée de circuler sous la bassine, où elle fait plusieurs
évolutions, rencontre de distance en distance des obstacles
qui la font tourbillonner, et raniment son activité en accé-
lérant sa vitesse : l'effet est tel, que, quoique le foyer où
repose la houille n'ait pas plus de trois décimètres, et que
la flamme du charbon-de-terre soit fort courte, elle forme
cependant un très-long ruban pour parvenir à l'extrémité
du chemin qui lui est ouvert. Toute la fumée se consume,
et l'on n'emploie que quarante centimes de combustible pour
la distillation d'un muid de vin. La largeur du canal où la
flamme circule est d'environ deux décimètres à son origine,
et va toujours en se rétrécissant. Au-dessus du fourneau,
est un massif de maçonnerie sur lequel repose une bassine
en cuivre d'une forme parallélogrammique, dont la longueur est de trois mètres, et la largeur d'un mètre et demi.
L'eau qu'elle contient à la hauteur de deux ou trois décimètres environ, s'échauffant au feu du fourneau, est bientôt réduite en vapeurs. Ces vapeurs se trouvent comprimées
par de fortes parois en maçonnerie, et par une voûte épaisse,
en pierre de taille, lesquelles recouvrent la bassine et la
chaudière qui est établie dans cette cavité. A la partie supérieure de la voûte est pratiquée une soupape de sûreté,
qui peut être chargée ou allégée à volonté, et qui sert à régler ou à constater la chaleur des vapeurs, et dont la température peut s'élever à volonté, même au-dessus de 80 de-

grés. Un niveau en verre, communiquant à l'intérieur'de la bassine, sert à marquer au dehors la hauteur de l'eau qui y est contenue. On conçoit que ces vapeurs, ainsi comprimées et fortement chauffées, doivent recevoir une quantité considérable de calorique, qui s'y entasse. La chaudière se trouve plongée dans cette atmosphère, et le vin à distiller qu'elle contient s'y vaporise promptement. Le calorique que leur transmet la vapeur de la bassine, l'enveloppant de tous côtés, agit avec une force égale et continue, et sa forme et ses dimensions favorisent encore la vaporisation. Pour que le liquide qu'elle renferme présente plus de surface à la chaleur, cette chaudière est double, ou composée de deux vaisseaux dont les fonds communiquent par un tube. Chacun de ces vaisseaux a une forme carrée, dont chaque côté a douze décimètres, sur une hauteur de cinq décimètres seulement. Ces deux vaisseaux se réunissent par leurs chapiteaux. Le collet des chaudières est cylindrique, porte trois pieds de diamètre, et présente aux vapeurs du vin un chemin facile, dans lequel leur expansion peut être aisément soutenue. La hauteur des collets dépasse l'épaisseur de la voûte seulement de la quantité nécessaire pour consolider le chapiteau, qui repose presque sur la partie supérieure de la maçonnerie. Les chaudières sont supportées au-dessus de la bassine par des barres de fer. Les vapeurs du vin, élevées des chaudières, se réunissent par les chapiteaux, et descendent par un tube dans un réservoir, où elles se rassemblent et se lavent. Il s'agissait de soumettre alors l'eau-de-vie à des opérations successives, pour lui enlever son flegme, et d'obtenir l'alcohol dans ses différens degrés de concentration. C'est à ce résultat qu'est parvenu M. Solimani, avec son appareil nommé *alcogène*. Il est composé de deux feuilles de cuivre parfaitement étamées, soudées par leurs bords, laissant entre elles un intervalle de quatre millimètres et demi, pliées de manière à former une suite de plans inclinés l'un à l'autre de 45 degrés, et renfermés dans un réservoir en bois d'une grandeur convenable. Ce réservoir est une barrique remplie d'eau. Du réservoir où les vapeurs se rendent pour s'y laver, elles passent par un gros tube, et arrivent dans la partie inférieure de l'alcogène, qui présente par sa forme, dans le volume donné, la plus grande surface possible à l'impression du liquide qui le baigne extérieurement, et aux vapeurs le plus grand espace à parcourir. Le calorique des vapeurs qui abondent dans les plans inclinés de l'alcogène, se communique bien vite à l'eau qui les enveloppe, et pour l'empêcher de trop s'échauffer, et en arrêter la température au point nécessaire à la vaporisation de l'espèce d'esprit qu'on veut obtenir, M. Solimani a adapté au milieu du réservoir un aéromètre mobile qui, mis en équilibre à 40 degrés de chaleur, peut, par le changement de température, s'élever ou s'abaisser avec elle, et introduire, au moyen d'une soupape, obéissant à son mouvement, de l'eau froide, afin de rétablir l'équilibre. Les avantages de ce nouvel appareil sont étonnans. Quatre feuilles de cuivre carrées, de cinquante centimètres de largeur, n'occupant que soixante-six centimètres de hauteur, placées dans le réservoir en bois, recouvertes d'eau, communiquant d'un côté à la chaudière, à l'aide d'un tuyau qui s'adapte à son chapiteau, de là et de l'autre côté au serpentin descendant, rectifient en seize heures six cents veltes d'eau-de-vie, et cela sans aucun travail, indépendamment de l'économie du temps, du combustible et de la main-d'œuvre. Cette forme d'appareil influe sur la qualité des esprits; ils sont infiniment plus doux, plus suaves que les autres. Le condensateur est un réfrigérant formé de six plans inclinés semblables à ceux du déflegmant. L'eau froide, amenée dans le réservoir du condensateur par un tube qui se décharge dans sa partie inférieure, s'y renouvelle sans cesse; et l'alcohol, dont la température est toujours au-dessous de celle de l'atmosphère, coule enfin au dehors, dans le baquet portatif destiné à le recevoir. Les résultats de la distillation sont rejetés dans la chaudière par un corps de pompe foulante, au moyen d'un tube recourbé; ils y arrivent chauds à 60 degrés au moins, et ne nuisent en rien à l'expansion des vapeurs; tellement, que la distillation tournant dans un cercle, et recommençant sans cesse, enlève nécessairement jusqu'aux derniers atomes de l'alcohol. Ainsi il n'y a jamais de repasse; l'analyse est entière; les résidus de la distillation passent à volonté du réservoir dans la pompe, par un robinet à siphon. L'appareil de M. Solimani distille en neuf heures de temps cinq cent treize myriagrammes de vin, use quinze myriagrammes de combustible, et les vins rendent en alcohol *trois six*, jusqu'à un sixième de leur poids. Il en résulte qu'en temps égaux, et avec une économie des deux tiers de combustible, cet appareil distille en alcohol dix-huit fois autant de vin que les appareils ordinaires en distillent en eau-de-vie; l'avantage qu'il présente est donc incontestable. (*Brevets non publiés. Art du distillateur, par M. Le Normand, t. 2, p. 46.*) — M. BÉRARD (Isaac), *du Gard.* — An xiii. — Ce distillateur a obtenu un *brevet de dix ans* pour un appareil distillatoire, dans lequel il a appliqué heureusement le principe connu en chimie, que les liquides n'entrent pas tous en ébullition au même degré de chaleur, et que les plus volatils sont ceux qui bouillent à un moindre degré de calorique. Par une raison inverse, lorsque plusieurs liquides d'une pesanteur spécifique différente sont vaporisés par l'action du calorique et passent ensemble dans une atmosphère d'une température moins élevée, froide même, les plus volatils sont ceux qui se condensent les derniers. L'appareil de l'auteur est très-simple et peu dispendieux. La chaudière ne diffère point de celles des anciennes distilleries. Le serpentin est double : l'un supérieur, plongé dans une cuve de vin; et l'autre inférieur, plongé dans une cuve pleine d'eau. Le vase intermédiaire, ou le condensateur, est une découverte digne des plus grands éloges. Ce condensateur, est formé par la réunion de trois cylindres de quinze centimètres chacun de diamètre, dont deux ont un mètre de longueur chacun, et le troisième seulement cinquante centimètres. Ce dernier cylindre réunit les deux autres à angles droits, et ils forment ensemble

rallélogramme d'un mètre de long,
ntimètres de large. Les deux extrémités
age sont hermétiquement fermées, à l'excep-
eux issues qui établissent la communication du
nsateur, soit avec la chaudière, soit avec le serpentin
périeur. L'intérieur de ces trois cylindres réunis, que
l'on ne doit considérer que comme un seul et même vase,
est divisé en treize cases, par douze diaphragmes en cuivre étamé. Chacun de ces diaphragmes porte un trou rond
dans sa partie latérale, et un trou demi-circulaire dans sa
partie inférieure. Le trou rond sert à donner passage aux
vapeurs qui circulent d'une case dans l'autre, et le trou
semi-circulaire laisse passer les flegmes qui se rendent dans
la chaudière; afin d'y subir une seconde distillation. A
l'extérieur de ce condensateur est un tuyau de trois centimètres de diamètre, qui est le prolongement du chapiteau
de la chaudière, et qui, traversant tout l'appareil à dix
centimètres au-dessus, communique avec le condensateur
par quatre tubes latéraux, dont deux servent à porter les
vapeurs directement dans les deux cases extrêmes d'un côté,
et les deux autres dans les deux cases extrêmes de l'autre
côté de l'appareil. A la jonction de ces petits tuyaux avec
le grand, sont placés deux robinets à trois ouvertures. A
l'aide de ces robinets on établit la communication soit avec
la totalité des cases, soit avec une partie seulement, et l'on
détermine par-là la force plus ou moins grande de la liqueur. Le condensateur est totalement immergé dans l'eau,
que l'on entretient constamment à quarante degrés de chaleur. Cet appareil est placé presque horizontalement dans
une baie, et n'a, dans sa totalité, que l'inclinaison suffisante pour que les flegmes qui se condensent dans les cases
puissent s'écouler dans la chaudière au fur et à mesure
qu'ils se forment. A la dernière case de l'appareil est soudé
un tube qui porte les derniers produits de la distillation
dans un serpentin plongé dans une cuve remplie de vin,
et de celui-ci dans un serpentin plongé dans une cuve
pleine d'eau, ou réfrigérant. A cet appareil infiniment in-

génieux, M. Bérard a ajouté un perfectionnement
étonne par sa simplicité et par ses résultats avantageu
pleinement convaincu que lorsque les vapeurs rencontren
quelque obstacle dans leur route, la partie la plus aqueuse
se condense avant la plus spiritueuse, et qu'il se détermine
alors, à l'aide d'un degré de calorique suffisant, une véritable analyse de ces vapeurs, il a intercepté le passage des
vapeurs de la cucurbite dans la partie supérieure du chapiteau, par un diaphragme en cuivre étamé, soudé au
chapiteau dans le sens horizontal. Ce diaphragme est percé
dans son milieu d'un trou de cinq centimètres de diamètre,
auquel est adapté un tuyau de même grosseur, et de quinze
centimètres de longueur. Ce tuyau est recouvert par un cylindre de même longueur que le tuyau, mais de sept centimètres de diamètre, de manière qu'il y ait une distance
d'un centimètre entre son fond et l'extrémité du tuyau qu'il
recouvre; et par conséquent son extrémité inférieure se
trouve suspendue à un centimètre du diaphragme. Les vapeurs qui s'élèvent dans le chapiteau ne peuvent parvenir
à son sommet qu'en passant par le tuyau. Elles frappent le
fond du cylindre, une partie s'y condense, tombe sur le
diaphragme, tandis que la partie la plus spiritueuse monte
dans la partie supérieure du chapiteau, et enfile son bec
pour se rendre dans le cylindre. Les vapeurs condensées,
à force de s'accumuler sur le diaphragme, finiraient par
remplir la partie supérieure du chapiteau et par causer
une explosion, sans un tube de trois centimètres de diamètre et de même hauteur que le premier, qui est soudé
au diaphragme à côté de lui, et dépasse au-dessous de la
même quantité qu'il s'élève au-dessus. Il est ouvert par ses
deux bouts, et l'on a pratiqué plusieurs trous sur le côté
dans sa partie supérieure. Ce tuyau est recouvert dans sa partie inférieure d'un cylindre. Lorsque les vapeurs condensées se sont accumulées sur le diaphragme au point d'arriver à un des trous pratiqués à la partie supérieure du tube
de sûreté, elles descendent dans la chaudière par le tube
pour y être distillées de nouveau. Par suite M. Bérard a

...érieure de la chaudière par un dia-
...ème manière qu'il avait coupé le cha-
...acé sur ce diaphragme trois cylindres sem-
...celui qu'il avait mis dans le chapiteau, avec un
...tube de sûreté. Cette nouvelle disposition accéléra
...a distillation, en rendit les produits plus parfaits, et faci-
lita les moyens de faire les esprits de toutes les preuves.
(*Art du distillateur, par M. Le Normand, tome 2, page 69.*)
M. Isaac Bérard a obtenu la même année un *premier
certificat de perfectionnement de dix ans* pour des améliorations apportées à son appareil distillatoire. Les additions
consistent en une caisse d'une grandeur médiocre formant
un parallélipipède, et renfermant un appareil particulier.
Cette caisse remplie d'eau s'adapte à une chaudière chargée
de vin, et est posée sur son serpentin ; elle est destinée à
recevoir les produits de la chaudière et à les transmettre
au serpentin. Il est résulté des expériences faites par les
commissaires chargés d'examiner ce nouveau procédé, que
l'appareil présenté par M. Isaac Bérard a donné, relativement à un muid ou quatre-vingt-dix veltes, la quantité de
neuf litres deux cent soixante-un millilitres d'eau-de-vie de
plus que la chaudière conduite suivant l'ancien procédé ;
que l'eau-de-vie qu'on a retirée était à la preuve de Hollande, tandis que celle de l'autre chaudière était plus faible d'un degré, ce qui porte jusqu'à vingt-cinq livres au
moins l'excédant donné par le nouvel appareil ; lequel présente encore l'avantage de fournir à volonté des eaux-de-
vie de différens titres jusqu'aux *trois cinq* et au delà, et de
donner beaucoup moins de repasse que l'ancien procédé,
puisqu'il résulte des expériences qu'elle n'a été en proportion qu'au cinquième de celle de l'autre chaudière. Cet appareil possède le grand avantage de pouvoir être transporté
et adapté à toutes les chaudières. Les commissaires ont
encore reconnu que le même appareil adapté à une chaudière de rectification, chargée d'eau-de-vie preuve de Hollande, a donné jusqu'au *trois sept* fort de huit degrés ; et
que l'ensemble des produits mélangés a donné du *trois six.*

pente, et tombe en eau-de-vie. Après que celle-ci a fini de
tomber, la vapeur qui sort de la même chaudière, se trouvant plus grossière, et donnant beaucoup plus de chaleur,
met le vin de la seconde chaudière en ébullition, et tombe
aussi en eau-de-vie. La vapeur grossière qu'on appelle *repasse*, et qui sort de la première chaudière, passe dans l'appareil de rectification et se raffine en eau-de-vie preuve de
Hollande. Quand il ne reste plus rien dans la première chaudière, on rejette la vinasse, et il ne reste plus à sortir de
la chaudière de dessus que la repasse, qui ne peut s'évaporer que par l'action du feu. De suite on ouvre le robinet
qui est adapté à la chaudière B, et qui communique à celle
A, pour y faire tomber le résidu. Alors on charge avec du
vin la chaudière B, qui se met de nouveau en ébullition
par la grande chaleur que lui donne la vapeur grossière
sortant de la chaudière A, et distille en preuve de Hollande jusqu'à la repasse, en même temps que le résidu de
la chaudière A se rectifie aussi en preuve de Hollande. Par
ce moyen, avec le même combustible, on fait au delà du
double de travail qu'avec le procédé ordinaire ; il ne faut
pas plus de main-d'œuvre ; la liqueur est meilleure, notamment celle provenant de la chaudière B, attendu qu'elle
distile sans que le feu la touche. Le tuyau qui communique de l'appareil à la chaudière, pour l'écoulement du
flegme, peut être placé indistinctement aux deux chaudières. On peut établir celle B en bois, puisqu'elle n'est pas
atteinte par le feu ; construite ainsi, elle ne peut que rendre
l'eau-de-vie meilleure, et elle l'affranchit du goût de cuivre.
Cette chaudière peut se mettre à côté de la chaudière A ; elle
fera le même effet pour la distillation sans feu, en mettant
dans cette dernière un cylindre d'une grosseur convenable.
Le 10 juin 1806, l'auteur a obtenu un *troisième certificat*,
pour quatre perfectionnemens, le premier pour le chapiteau de son appareil. Il fait descendre dans les chaudières, de
quelque construction qu'elles soient, son chapiteau de la
moitié de sa hauteur ; on le met et on le lève à volonté ;
le feu étant allumé, la chaudière se met en ébullition ; la

vapeur qui se dégage passe par les tuyaux dans le chapiteau, sort de suite par un autre tuyau, et entre dans l'appareil de rectification. Le flegme qui se sépare de la vapeur la plus spiritueuse vient retomber dans le chapiteau, conformément au premier perfectionnement de l'auteur, avec cette différence, qu'à ce dernier, la chaleur que donne la vapeur qui se dégage de la chaudière n'échauffe que la platine du chapiteau, tandis que dans celui-ci la chaleur en échauffe le dessous et le tour, de manière que cette chaleur, ou la vapeur qui sort par les tuyaux et passe dans le flegme, l'échauffe aussi, et qu'elles s'accordent ensemble pour soutenir ce flegme en ébullition afin d'activer la distillation. Le robinet qui est au bas du chapiteau sert à introduire le flegme dans la chaudière, quand il n'y a plus d'esprit, pour le jeter ensemble avec la vinasse hors de cette chaudière; on ouvre le même robinet au moyen d'une tige qui traverse le chapiteau. Un tuyau, qui entre, d'une part, dans le chapiteau, et de l'autre, dans la chaudière, sert à faire tomber le flegme dans cette chaudière. Le second perfectionnement consiste à faire chauffer le vin d'une manière plus naturelle; voici comment l'auteur s'y prend : il fait la cuve ou caisse qui contient l'appareil de rectification plus haute qu'à l'ordinaire, d'une grandeur convenable, et il place un tonneau ou caisse de cuivre ou de bois par-dessus ou par-dessous ledit appareil; puis il remplit ce tonneau ou caisse de vin pour la charge des chaudières. La chaudière étant en activité, les robinets à trois eaux sont rangés de manière à faire parcourir de tous côtés, et à volonté, la vapeur dans cet appareil, soit pour faire des esprits quelconques, soit pour faire de l'eau-de-vie à la preuve de Hollande. Cette vapeur échauffe extrêmement l'eau qui est dans la cuve ou caisse; alors l'auteur met à profit la chaleur de cette eau pour faire chauffer le vin contenu dans le tonneau ou la caisse; en sorte que quand la chauffe a fini et que le flegme et la vinasse ont été rejetés de la chaudière, il ouvre de suite le robinet, et le vin prêt à être en ébullition tombe dans la

chaudière. Cette manière, suivant l'auteur, économise
singulièrement le combustible et active le travail. Il y a
toujours un robinet qui communique d'une chaudière
à l'autre pour les charger ensemble. Le troisième perfectionnement consiste en une manière de distiller les marcs.
L'auteur en rend compte ainsi : Le dessus de la chaudière
du bas est percé de plusieurs ouvertures, que l'on ferme
par des contre-platines, lorsqu'on veut distiller des vins,
eaux - de - vie, ou esprits ; et quand on veut distiller le
marc, on lève ces contre-platines, on les remplace par
d'autres qui sont percées de plusieurs trous ; on charge de
marc la chaudière qui est dessus, par une ouverture pratiquée à côté du chapiteau, que l'on ferme à volonté ; la
chaudière d'en bas est chargée d'eau que l'on met en
ébullition ; la vapeur de cette eau passe par les trous des
contre-platines, traverse le marc et en emporte l'esprit.
Par ce moyen, et à l'aide de ses appareils, l'auteur fait,
dit-il, les preuves à volonté, jusqu'à l'esprit *trois-six*, dans
une seule opération. La chauffe finie, on peut sortir le
marc par la même ouverture, et, pour faciliter la décharge, on peut en pratiquer une dans le bas de la chaudière. Le quatrième perfectionnement est relatif au fourneau. Les chaudières, dit l'auteur, étant sur le fourneau
décrit dans mon troisième moyen de perfectionnement, le
calorique ayant circulé autour des chaudières qui sont
au - dessous par le moyen des soupapes, il continue à
circuler autour des chaudières qui sont au-dessus avant
qu'il puisse s'échapper par le tuyau de la cheminée. Par
cette construction du fourneau, on peut y placer huit
chaudières : quatre dans le bas et quatre au-dessus. Cette
nouvelle manière économise le combustible et la main
d'œuvre. Le 24 juillet 1806, M. Isaac Bérard a obtenu
un *quatrième certificat* pour avoir simplifié son appareil
distillatoire. Le moyen de simplification adopté par l'auteur consiste à mettre au-dessus du chapiteau à perfectionner un serpentin ordinaire dans lequel on fait entrer
la vapeur par le tuyau, et le robinet dit à trois eaux,

qui, après avoir parcouru ce serpentin, passe par un tuyau, entre dans un autre serpentin et tombe en esprit, toujours conformément aux inventions primitives. Le flegme qui se sépare de la vapeur la plus spiritueuse retombe dans le chapiteau et la chaudière. Si l'on veut faire de l'eau-de-vie, on tourne le robinet adapté au serpentin, la vapeur passe dans le second serpentin et tombe en eau-de-vie. Cette construction s'adapte également à une chaudière simple et au système de deux chaudières. L'auteur se sert aussi d'une caisse en place de chapiteau. Cette caisse est divisée en deux parties par une platine à laquelle on laisse une ouverture par le bas. La vapeur entre dans cette caisse, passe par l'ouverture de la platine, sort par un tuyau, et va dans son appareil de rectification; le flegme rentre dans la caisse et retombe dans la chaudière. Le 13 septembre 1806, il a été accordé à l'auteur un *cinquième certificat* pour quatre perfectionnemens. Le premier est relatif à une nouvelle construction de fourneau propre à économiser le combustible : ce moyen consiste à introduire le calorique dans la chaudière par deux ouvertures pratiquées au fond; ce calorique entre par les ouvertures des tuyaux, parcourt l'intérieur de la chaudière, et va s'échapper par la cheminée. Le perfectionnement dont il s'agit peut s'appliquer à l'appareil d'une chaudière comme à celui de plusieurs chaudières. Non-seulement il économise le combustible, mais il hâte la distillation. Le second perfectionnement est relatif à la distillation des marcs. L'auteur place deux tonneaux remplis de marc près de la chaudière chargée d'eau en ébullition; la vapeur de cette eau sort par un tuyau et pénètre dans le double-fond des tonneaux, qui supportent le marc : ce double-fond, percé de trous, laisse pénétrer la vapeur à travers le marc et fait sortir l'esprit qu'il contient; la vapeur du marc sort par le robinet d'un tuyau, entre dans un chapiteau, sort par une trompe, et se rend dans un serpentin qui entoure l'appareil de rectification. Si l'on veut faire des esprits forts, on ferme deux robinets; alors la

vapeur s'élève dans l'appareil de rectification , passe dans
la seconde chambre , et va se condenser dans le serpentin ;
le flegme qui se dépouille retombe dans la deuxième
chambre, subit une seconde rectification ; et , lorsque ce
flegme est à une certaine hauteur , il retombe dans le chapiteau pour subir une troisième rectification. L'opération
étant terminée dans le premier tonneau , elle recommence
dans l'autre , et , pendant que l'une se fait , on décharge
l'autre tonneau par l'ouverture du bas. Le troisième perfectionnement se rapporte à la fabrication des eaux-de-vie
sans appareil de rectification ni chapiteau. Dans ce procédé, pratiqué avec deux chaudières l'une sur l'autre, lorsqu'elles sont chargées de vin et en ébullition, la vapeur
de celle inférieure passant dans la supérieure , l'eau-
de-vie sort par un robinet , et va se condenser dans le serpentin qui est dans le réfrigérant. Lorsqu'il n'y a plus d'esprit dans la chaudière inférieure , on rejette la vinasse ; on
fait couler le contenu supérieur dans la chaudière inférieure , et on recharge de vin la supérieure. Dans la chaudière du dessous, il se trouve, avec la vinasse, ce qu'on appelle la repasse ou résidu. Cette repasse s'élève en vapeur,
entre dans la chaudière supérieure qui est chargée de vin,
et en fait sortir l'eau-de-vie ; on rejette derechef la vinasse
et l'on continue l'opération. Le quatrième perfectionnement consiste à distiller avec un serpentin et son réfrigérant à côté de la chaudière ; on met un robinet à trois eaux,
de manière que quand on veut faire de l'eau-de-vie, pour
activer la distillation, la vapeur de chaque chaudière va se
condenser dans les serpentins. Lorsque l'eau-de-vie est tombée, on tourne ces robinets ; la vapeur changeant de direction , va dans l'autre chaudière pour se rectifier en eau-de-
vie, et l'auteur fait faire à volonté des esprits à la chaudière
à appareil, et de l'eau-de-vie à l'autre chaudière. Faisant
alors tomber dans la chaudière le flegme qui est dans la
caisse , il obtient le même résultat ; et comme le premier
résidu qui tombe après l'esprit se trouve encore fort, M. Bérard a soin de le mettre dans un réservoir placé dans la

cuve qui contient l'appareil. Il ouvre un robinet pour faire tomber ce résidu dans la caisse ; il tourne aussi le robinet à trois eaux qui est sur le chapiteau de l'autre chaudière ; la repasse y entre , passe dans le résidu contenu dans la caisse , va se rectifier dans l'appareil , et tombe en esprit. Le 26 décembre 1811, l'auteur a obtenu un *sixième certificat* pour un dernier perfectionnement à son appareil distillatoire , à l'effet d'obtenir une distillation perpétuelle en eau-de-vie au titre du commerce , et d'un goût supérieur. La vapeur de la chaudière A , une fois rectifiée , au lieu de la faire passer dans le cylindre qui est placé dans le chauffage, on tourne le robinet à trois eaux , et on introduit, par ce moyen, cette vapeur dans la chaudière B , et ce à l'aide d'un tuyau. Cette opération doit se faire sans interruption après avoir rejeté la vinasse contenue dans la chaudière A , fermé la douille et ouvert le robinet. Cette vapeur passe dans la chaudière B , se mêle avec la vapeur du vin déjà contenue dans cette dernière , passe par le même chapiteau et le même tuyau, et coule par le même serpentin. Une fois la chaudière B vidée , on la recharge à l'aide du chauffage , et pendant le temps que l'on décharge et que l'on charge les chaudières, la distillation continue sans interruption ; mais comme la vapeur de la chaudière A s'affaiblit pendant que l'on charge la chaudière B , et qu'elle n'est bientôt qu'au titre de la repasse , ce dont il est facile de s'assurer , on tourne le robinet à trois eaux , ce qui amène , au moyen de tuyaux , la vapeur dans le liquide au fond de la chaudière B où elle se condense. On peut , si l'on veut , intercepter cette vapeur à la chaudière B ; on n'a pour cela qu'à tourner le robinet à trois eaux ; alors elle va se distiller en repasse par le serpentin. Cette repasse est utilement employée dans les distillations suivantes. Dès qu'il n'y a plus d'esprit dans la chaudière A , on continue à faire les mêmes opérations, tant pour la décharge que pour la charge des chaudières et le chauffage : cette manière d'opérer présente une grande économie de combustible et de main d'œuvre, et donne un produit considérable , bien supérieur en goût et en qualité à ce que produisaient les procédés connus. Cet appareil, facile à conduire, est à l'abri de tout danger, et enfin produit une distillation perpétuelle en eau-de-vie. Lorsque l'auteur veut faire des esprits, il change le chapiteau et le remplace par celui pour lequel il a déjà obtenu un brevet de perfectionnement. Une fois ce chapiteau placé, il ne charge de vin que la chaudière A ; la vapeur qui se dégage entre dans un cylindre ou chapiteau, et passe dans des tuyaux ; il l'arrète au robinet à trois eaux, puis l'introduit, au moyen d'un tuyau, au fond de la chaudière B, pour qu'elle se condense dans les flegmes qui s'y trouvent. La vapeur qui s'en dégage alors passe dans le chapiteau, va se rectifier dans le cylindre rectificateur ; la vapeur rectifiée sort par un tuyau, et va couler en esprit par un serpentin. L'auteur, en tournant l'un des robinets à trois eaux, introduit les flegmes dans la chaudière B, qui, en cette occasion, sert de réservoir. On peut faire servir cette même chaudière pour la fabrication des esprits de marc de raisin, en faisant à la chaudière A une ou deux ouvertures avec couvercles, afin d'y introduire le marc et de l'en sortir lorsque la chauffe est finie. (Une ouverture est toujours nécessaire, quand même on ne voudrait fabriquer que des eaux-de-vie ou esprits de vin, afin de nettoyer au besoin la lie qui se dépose au fond de cette chaudière.) Dans ce cas, on charge de vin la chaudière B, et on charge de marc la chaudière A. Une fois cette dernière chargée et l'ouverture fermée, et après y avoir versé l'eau nécessaire pour la première chauffe seulement, on la met en ébullition ; la vapeur qui se dégage échauffe le vin dans la chaudière B, met ce vin en distillation, lui fait distiller l'eau-de-vie qu'il contient et une partie de la repasse, et la vapeur du marc va se rectifier dans le cylindre rectificateur. Dès que le marc renfermé dans la chaudière A ne contient plus d'esprit, on décharge cette chaudière, puis on la recharge de suite, et l'on fait tomber sur le marc, au lieu d'eau, la repasse contenue dans la chaudière B. Le peu qui reste de ce dernier liquide se redistille avec l'esprit du marc : cette

opération est à répéter à chacune des chauffes. — *Perfec-*
tionnement. — M. Chassary, *de Montpellier.* — M. Chassary a obtenu un *brevet de dix ans* pour un appareil propre
à l'amélioration des procédés de distillation des eaux-de-
vie. Il présente un aspect majestueux ; il offre à l'extérieur
l'apparence d'une colonne assez grosse et d'une hauteur
proportionnée, laquelle est placée verticalement au-dessus
de la cucurbite, et lui sert de chapiteau. L'intérieur de la
colonne renferme quatre chapiteaux enfilés et placés l'un
sur l'autre. (*Art du distillateur*, par M. *Le Normand*,
tome 2, *page* 227.) — *Invention.* — M. Flickwier, *de*
Cette. — Ce distillateur a obtenu un *brevet de dix années*
pour un moyen d'opérer facilement, et à peu de frais, la
rectification de l'alcohol. Cet appareil ne diffère de celui de
M. Chassary que par six chapiteaux l'un sur l'autre, enveloppés par une colonne placée verticalement sur la cucurbite. (*Art du distillateur*, par M. *Le Normand*, *tome* 2,
page 228.) — M. Menard, *pharmacien à Lunel.* — Vers
le milieu de l'an XIII, M. Menard inventa un appareil pour
la distillation des vins. Cet appareil est très-simple ; il produit du 3/7 en chargeant la chaudière de vin et du 3/8 en
la chargeant d'eau-de-vie. Il fait huit chauffes de 3/6 par
vingt-quatre heures. Les produits, à temps égal, surpassant
ceux des appareils connus jusqu'alors, ont constamment
été limpides et de bon goût, et il n'y a eu tout au plus qu'une
velte de repasse. La chaudière ne diffère point des anciennes ;
la seule invention consiste dans le condensateur. Ce condensateur ou alcogène est un cylindre de cuivre de quarante-
un centimètres de diamètre et de un mètre soixante-trois
centimètres de longueur. Ces dimensions suffisent pour une
chaudière de la contenance de 4 à 5 hectolitres. Ce cylindre
est divisé intérieurement en huit cases, par sept diaphragmes
en cuivre, et est couché horizontalement, de manière que
les diaphragmes sont dans une situation verticale. Ces cases
communiquent de l'une à l'autre par un tube qui est soudé
à la partie supérieure du diaphragme, et descend jusqu'à
la partie inférieure de l'alcogène, sans la toucher. Toutes les

huit cases du condensatenr n'ont pas une égale dimension. Les deux cases extrêmes sont le double plus larges que les six intermédiaires, de manière que chacune des cases extrêmes, d'après les dimensions actuelles, sera de trois cent vingt-cinq millimètres, et chacune des six intermédiaires de cent soixante-deux millimètres. L'alcogène est entièrement renfermé dans une grande caisse ou réfrigérant, formée de forts madriers de chêne : il est supporté par quatre pieds en cuivre, qui ont de trois à quatre pouces de hauteur, afin que l'alcogène ne touche pas le fond du réfrigérant, et que, par ce moyen, l'eau dans laquelle il est plongé l'enveloppe de toutes parts. Cette caisse repose sur une maçonnerie solide. Au-dessous de l'alcogène, et dans l'espace qui existe entre lui et le fond de la caisse, sont soudés huit tuyaux, coudés presque à angles droits, à trois centimètres de distance de l'alcogène, et sortant par huit trous pratiqués au devant de la caisse. Ces huit tuyaux sont solidement mastiqués dans ces trous, afin que l'eau du réfrigérant ne s'échappe pas par ces ouvertures. Ces mêmes tuyaux, armés chacun d'un robinet simple dans leur partie antérieure à la caisse, sont soudés avec un grand tuyau qui est placé au-dessous d'eux. Ce grand tuyau est un peu incliné vers la chaudière, pour y ramener les flegmes, lorsque la distillation est terminée. A la partie supérieure du condensateur, et au-dessus de chacune des deux grandes cases, on a pratiqué un tuyau qu'on nomme *tuyau de change*, et qui se ferme par un bouchon de liége. L'extrémité de la dernière case de l'alcogène communique avec le serpentin par un tuyau qui est placé à la partie supérieure, pour recevoir les vapeurs qui s'en échappent, et qui les transmet au serpentin, afin qu'elles y soient condensées. Au-dessus de l'alcogène, et dans toute sa longueur, se trouve placé un tube qui part du chapiteau de la chaudière, et transmet les vapeurs soit dans la première, soit dans la dernière case, à l'aide d'un robinet à trois trous qui est placé presque à la naissance de ce tuyau. (*Art du distillateur*, par *M. Le Normand*,

tome 2 , page 170.) — M. Brugnière, *de Nîmes* (Gard).
— Avec l'appareil pour lequel l'auteur a obtenu un *brevet
de quinze ans*, on peut retirer, par une seule distillation ,
les esprits que les vins et eaux-de-vie peuvent fournir, aux
titres connus dans le commerce. On peut aussi conduire
cet appareil de manière que la distillation y soit ou permanente , ou à volonté , telle que celle des procédés ordinaires. Le but d'utilité qui ressort le plus de cet appareil
est celui-ci : il rejette au dehors le résidu aqueux, en même
temps qu'il fournit le produit spiritueux. La chaudière
étant chargée , le bain-marie d'évaporation et le bain
d'eau froide de liquéfaction étant remplis comme il convient , les fourneaux allumés et l'ébullition une fois établie , tant dans la chaudière que dans le bain-marie , les
vapeurs qui montent de la chaudière entrent dans le rectificateur pour arriver au serpentin. Ces vapeurs passent
assez librement dans la partie du rectificateur , sont chauffées par le bain-marie , mais trouvant dans la prolonga-
tion du rectificateur une température beaucoup moins
chaude, elles s'y condensent en partie , et il n'arrive au
serpentin que celles qui , par leur grande spirituosité , ont
pu , sans se liquéfier, résister aux températures par où
elles ont passé. Les vapeurs moins spiritueuses se condensant dans la partie du rectificateur qui est baignée d'eau
froide, le liquide qui en provient tombe sur sa base , et
coule nécessairement sur son plan incliné , retournant
vers la partie chauffée au bain-marie. Là il rencontre les
séparations qui , contrariant son cours, et le retardant singulièrement , lui donnent le temps d'arriver à une température assez haute pour entrer de nouveau en évaporation , et dès lors tout ce qu'il contient de spiritueux se dégage en vapeurs , qui , en suivant le même cours que les
premières échappées de la chaudière , sont , à leur tour ,
de nouveau exposées aux mêmes effets. Il en résulte que
le liquide qui , après cette épreuve , arrive dans la partie
du rectificateur la plus voisine de la chaudière , n'est plus
que de l'eau , et peut être rejeté au dehors par le robinet,

ou renvoyé dans la chaudière par l'autre robinet, s'il contient encore quelque spirituosité, ce qui peut bien arriver dans les premiers momens de la distillation, mais jamais après. Par ce moyen, en entretenant l'eau du bain-marie toujours bouillante, et en tempérant et rafraîchissant par l'introduction d'une eau froide et le rejet des eaux chaudes, celles des autres parties du bain, on obtient dans les portions du rectificateur, plongées dans ces mêmes parties des bains, autant de liquéfaction que l'on veut, et, par le même moyen, on parvient à faire à volonté, avec le même liquide, mis en ébullition dans la chaudière, toutes les preuves qu'il peut fournir. La permanence de la distillation peut aisément s'établir à l'aide d'un serpentin horizontal, qui traverserait toutes les eaux des bains, et qui communiquerait à la partie du rectificateur où commencent les séparations, en y faisant couler avec mesure le liquide à distiller. Il est évident qu'en l'échauffant par degrés, ce liquide arriverait aux séparations du rectificateur, où il serait vaporisé comme les autres liquides provenant de la condensation des vapeurs échappées de la chaudière, et qu'il en résulterait les mêmes effets. Cette permanence pourrait également avoir lieu, soit seulement dans l'intervalle d'une chauffe à l'autre, soit en ne faisant aucun usage de la chaudière, en fermant hermétiquement la communication avec le rectificateur, et en ne se servant que du bain-marie, qui, dans ce cas, pourrait être changé en un bain de vapeur ou de sable, ou dont l'eau pourrait être chargée de sel marin. Dans l'appareil ci-dessus décrit, la permanence de la distillation n'était indiquée que par les seules fonctions du rectificateur; une connaissance plus approfondie de la chose et l'expérience ont appris, en 1806, à M. Brugnière, qu'il devait principalement faire concourir à cette œuvre la chaudière elle-même; qu'à cet effet il devait augmenter le nombre des chaudières, en les faisant communiquer soit les unes aux autres, soit à une chaudière ou réservoir central, en les disposant de manière que l'une ou les unes reçussent constamment et alternativement le liquide à distiller , et celui revenant du rectificateur de l'appareil de l'auteur , ou de tout autre agent qui aurait les mêmes fonctions ; et qu'il fallait que les chaudières pussent dégorger le résidu à mesure que le liquide en ébullition se serait dépouillé de tout ce qu'il pourrait contenir de spiritueux. Au moyen de ces changemens , l'appareil se gouverne ainsi : Les chaudières étant chauffées , et d'abord chargées seulement jusqu'au niveau des tuyaux de communication , et le robinet du troisième tuyau étant fermé , la vapeur gagne le condensateur renfermé dans le récipient , pour arriver au serpentin , échauffe le liquide à distiller qui est contenu dans ce récipient , et arrive en liquide dans le bassiot ; dès lors , en ouvrant avec précaution le robinet du tuyau , le liquide à distiller s'introduit chaud dans les trois premières chaudières. La quatrième , ne recevant rien , finit promptement sa distillation , ce que l'on reconnaît en ouvrant le robinet du tuyau du petit serpentin qui communique à la quatrième chaudière , en fermant le robinet du troisième tuyau , et en éprouvant , à la manière accoutumée , le liquide qui découle dès lors du serpentin. La distillation de cette quatrième chaudière étant terminée , et la vinasse rejetée , on ouvre le robinet du tuyau de communication , et lorsque le liquide des autres chaudières a pris son niveau dans celle-ci , on ferme ce robinet , et l'opération recommence. A cet effet, on a soin de ne laisser introduire dans les trois chaudières , pendant le temps de l'une à l'autre décharge de la quatrième , le liquide à distiller , que vers le milieu de leur hauteur , ce qui s'opère facilement au moyen d'un régulateur en verre placé à la première chaudière ; cette manœuvre facile et simple , opérée avec intelligence , établit une distillation perpétuelle qui , sous le rapport de l'intérêt du fabricant , a , dit l'auteur, les plus grands avantages. (*Brevets non publiés.*) — M. Guy , *de l'île d'Oléron.* — L'auteur a obtenu un *brevet de cinq ans* pour un appareil distillatoire qui se compose d'une chaudière de forme tronquée , dont le diamètre supérieur est de 1 mèt. , 6ʒ3 ,

le diamètre inférieur de o mètre, 811, et la hauteur
de o mèt., 514, y compris le collet. Le fond de cette
chaudière est légèrement bombé, de manière que la
plus grande convexité est de o mèt., 54. Au centre de
ce fond est attachée une crapaudine en cuivre, dans laquelle entre la verge de l'agitateur. Le chapiteau de la
chaudière, sur laquelle il est cloué à demeure, est
de o mèt., 811 de hauteur, il a un rebord de o mèt., 135
intérieurement ; ce rebord est destiné à recueillir les
gouttes qui se condensent contre les parois. Un autre
petit chapeau est placé sur le premier, à o mèt., 379
de diamètre, et porte deux anses au moyen desquelles
on peut l'ôter et le remettre à volonté. Le bras ou
queue du chapiteau a o mèt., 893 de longueur ; sa plus
grande ouverture est de o mètre, 433 de diamètre, et
la petite un peu moins de o mètre, 108. Sa pente, sur
toute sa longueur, est de o mètre, 162. Un tuyau en
forme d'entonnoir sert à introduire l'eau nécessaire au
nettoiement du serpentin. Un autre tuyau, garni de
son entonnoir, est appelé tuyau de charge ; l'auteur appelle indicateur un petit tuyau avec robinet, dont l'objet est de faire connaître quand la chaudière est assez
chargée ; un dernier tuyau sert à la décharge, après
la distillation. Au moyen d'un agitateur dont la verge
excède de o mètre, 162 la hauteur du petit chapeau, cette
verge est maintenue en bas par la crapaudine, et en haut par
le trou pratiqué au petit chapeau. L'agitateur est garni
de quatre verges en cuivre qui ont chacune le demi-
diamètre du fond de cette chaudière, les lies ne peuvent
donc s'attacher au fond. Quatre ailes de moulin sont
placées un peu plus haut, et agitent le liquide pour
provoquer l'évaporation. Un bras de levier, qu'on peut
ôter et remettre à volonté, sert à mettre l'agitateur en
mouvement. Un serpentin à six torons, qui vont tous
en diminuant, présente au toron supérieur un orifice
triple de celui du toron inférieur, et donne 16 mèt., 883
de circonvolution. Il y a aussi une pipe de 1 mèt. 299 de dia-

mètre, et de hauteur 1 mètre, 623. Une auge en pierre
est destinée à recevoir le vin, avant de le mettre dans
la chaudière. Le fourneau se compose d'un foyer de
0 mètre, 541 de hauteur sur 0 mètre, 596 de diamètre;
d'un cendrier dont le carré d'ouverture est de 0 mèt., 189,
et placé sous la grille; d'une double porte, l'une placée dans l'intérieur de la maçonnerie, et l'autre à l'extérieur. La flamme et la fumée parcourent quatre fois
le tour de la chaudière dans des tuyaux horizontaux et
perpendiculaires, avant que de se rendre dans la cheminée. Quatre registres, dont un est fermé toutes les
heures, chauffent les parties de la chaudière, chargées
de liqueur. Enfin une boite de fer-blanc, dont l'ouverture est en demi-cercle, facilite l'introduction de l'air
froid qu'on obtient en telle quantité que l'on veut. (*Brevets expirés*, t. 3, p. 91, pl. 26.) — M. Brougnières, *de
La Rochelle* (Charente-Inférieure).—L'appareil pour lequel
l'auteur a obtenu un *brevet d'invention de cinq ans*, est construit ainsi qu'il suit. Le fourneau n'a pas de cheminée
apparente; une grille formée de deux grillons, et placée à l'extrémité de l'âtre ou sol, donne passage à l'air,
qui, sans le cendrier, anime le feu. La flamme parcourt le
fond de la chaudière, vient sortir sur le devant, où
elle rentre dans l'intérieur de la chaudière par vingt-un
tuyaux, y réchauffe le vin, et va ressortir par derrière.
Par ce moyen on concentre et on multiplie l'action du vin,
et l'on obtient par conséquent un résultat proportionnel.
Le chapiteau contient un carré de six pouces en tous sens;
il est traversé par quatre rangs de tuyaux qui se croisent,
et qui sont séparés par un vide d'environ deux lignes. Ce
carré est placé au milieu du réfrigérant plein d'eau, qui
lui-même contient le chapiteau. L'eau du réfrigérant passe
dans les tuyaux dont il s'agit, et les vapeurs du vin mis
en ébullition s'échappent en se condensant successivement
par les vides séparatifs des tuyaux. Les vapeurs se dégagent alors de leurs flegmes, vont encore se condenser dans
le premier tuyau qui joint le récipient, et enfin achè-

vent leur condensation dans le chauffe-vin et le serpentin.
A la première chauffe l'on obtient des esprits à 5 degrés
de Réaumur. L'obélisque qui tient au chapiteau est placé
sur le carré; il est comme lui couvert par l'eau du réfrigérant; cette eau passe par des tuyaux qui le traversent, et
ceux-ci opèrent une plus forte et plus active condensation,
qui donne, en fermant le robinet inférieur, de l'esprit à
10 degrés, et même à 18, en proportion du nombre des
tuyaux condensateurs. (*Brevets non publiés.*) — M. Fournier, *pharmacien à Nîmes* (Gard). — L'appareil
pour la distillation des esprits, eaux-de-vie, et principalement des marcs de raisin, qui a valu à son auteur un
brevet de cinq ans, est préférable aux anciens, en ce que
l'opération se faisant dans des vases de bois, on obtient
des esprits purs. La mobilité de cet appareil permet de le
transporter facilement et à peu de frais dans les campagnes, dans tous les lieux éloignés des fabriques d'eau-
de-vie, où il peut se trouver des matières à distiller. Le
déplacement de ces matières, outre qu'il est toujours très-
dispendieux, leur fait perdre infiniment de leur qualité.
Enfin, pouvant laisser les résidus aux propriétaires, on
obtient les matières à des prix plus modérés. Un seul
homme suffit pour le service de l'appareil dont il s'agit. Le
résultat qu'on en obtient équivaut à celui de six chaudières ordinaires. L'économie du combustible est très-sensible, en ce qu'on n'a pas besoin d'éteindre le feu. Lorsqu'un vase a terminé sa distillation, on transmet les vapeurs dans l'autre par le moyen de robinets. Pendant que
celui-ci distille à son tour, l'ouvrier a le temps de démonter et de recharger le premier, et ainsi de suite, au fur et
à mesure que l'eau chaude est prise par un tuyau de communication dans la partie supérieure du réfrigérant. On
peut encore, et à peu de frais, fixer cet appareil. Pour
cela on n'a besoin que d'une chaudière fermée; elle doit
être faite en cuivre mince, et de telle forme qu'on
voudra, pourvu qu'elle soit enveloppée entièrement par
la maçonnerie, pour ne pas perdre de chaleur. Il est

inutile de faire circuler la cheminée autour ; il suffit que le feu frappe en dessous. Cet appareil est monté sur une voiture à quatre roues : sur le derrière est une chaudière à vapeur placée dans une caisse de bois ; le foyer du fourneau se trouve sous un des coins de la chaudière. Une cheminée occupe l'angle opposé à celui du foyer. La chaleur, avant de gagner cette cheminée, est forcée, par des encloisonnemens, de circuler sous le fond de la chaudière. L'intervalle ménagé entre la chaudière et la caisse de bois est rempli de maçonnerie, pour empêcher la diffusion de la chaleur. Un niveau régulateur marque la hauteur de l'eau dans la chaudière, dans laquelle un tuyau conducteur des vapeurs aqueuses se partage en deux parties, qui se rendent dans les tonneaux qui contiennent les matières à distiller. Ces tonneaux sont cerclés en fer, recouverts, réunis l'un contre l'autre, et fixés sur les brancards de la voiture par des brides en fer qu'on sert avec des clavettes. Deux tuyaux conducteurs des esprits, et qui aboutissent à l'embouchure des serpentins, sortent de ces tonneaux : chacun de ces tuyaux est muni d'un robinet. Le réfrigérant contenant le serpentin, est posé sur l'avant-train ; au bas du réfrigérant est un tuyau de sortie des esprits : un autre tuyau, garni d'un robinet, établit la communication entre la partie supérieure du réfrigérant et la chaudière, pour restituer à celle-ci l'eau qu'elle perd par l'évaporation. Les tonneaux, la chaudière et le réfrigérant, ont chacun un tuyau de vidange. Cet appareil se démonte, pour en faciliter le transport, et empêcher les fractures ou la dégradation des pièces qui le composent. L'amélioration qu'obtient l'auteur dans les eaux-de-vie de marc distillées à la vapeur au moyen de vases de bois, lui fit trouver en 1806 des procédés de perfectionnement dans la distillation au bain-marie. Il se servit des eaux chaudes qu'on retire sans cesse du réfrigérant : à cet effet, il imagina un serpentin surmonté d'un vase cylindrique, divisé horizontalement en deux parties, dont la supérieure est dominée par un tuyau en forme de cou de cygne, qui porte ses vapeurs dans le vase inférieur. Celui-ci étant à une température moins élevée, opère une seconde rectification, d'où il résulte du *trois-six*, si on a mis de l'eau-de-vie dans l'alambic. En proportionnant les vases rectificateurs à l'alambic, on obtient du *trois-six* jusqu'à la fin de la distillation, moins la huitième partie, qui n'est que du *trois-cinq*, plus une petite quantité de flegme qui a tout au plus la valeur du vin, et qu'on conserve pour en faire une distillation particulière. Ce procédé a d'autant plus d'avantages sur tous les procédés ordinaires, qu'il n'est pas nécessaire, pour obtenir du *trois-six*, de mettre dans l'alambic du *trois-cinq*, ce qui expose les ouvriers à des accidens ; d'ailleurs, les produits n'en sont que plus considérables et de meilleure qualité. Ayant reconnu qu'il convenait mieux d'échauffer les liquides par-dessous que par les côtés, l'auteur se dispensa de faire les parois de sa chaudière en métal ; à cet effet il se servit d'un tonneau dont le fond inférieur seulement est en cuivre, et qu'il plaça immédiatement sur le foyer d'un fourneau construit en forme de volute, pour mieux distribuer la chaleur. Pour conserver l'appareil pendant qu'il n'est pas en activité, on le remplit d'une eau salée à 12 degrés. L'alambic se compose d'un tonneau en bois, cerclé en fer, dont le fond inférieur est en cuivre étamé, et pose sur un fourneau dont le foyer est en forme de volute ; ce fourneau sert d'alambic pour la rectification, et de chaudière pour la distillation à la vapeur. Au haut du tonneau est un tuyau de sortie des vapeurs ; et, afin d'en favoriser la sortie, le plan du fond supérieur du tonneau est incliné ; sur ce fond est un trou pour introduire le liquide ; au bas du tonneau est un tuyau de vidange ; la cheminée du fourneau doit s'élever au delà du tonneau. L'embouchure du serpentin qui reçoit les vapeurs venant de l'alambic, est pratiquée à la partie supérieure de la cuve servant de réfrigérant, et se rend en forme circulaire dans le premier bain-marie, ou partie supérieure du cylindre qui surmonte le serpentin. Un second bain-marie est séparé du premier par une cloison, et un tuyau en

forme de cou de cygne, conduit les vapeurs surabondantes
du bain supérieur à l'inférieur. Au premier bain est adapté
un robinet qui sert à introduire à volonté l'eau du réfrigérant pour nettoyer l'appareil, et à sa partie inférieure
en est un autre qui sert à vider ce bain dans le second; un
troisième robinet est adapté au second bain-marie pour le
vider. Les tiges des clefs de ces robinets doivent être prolongées jusque hors du réfrigérant; des supports main-
tiennent le serpentin dans le réfrigérant, et deux tuyaux
adaptés à la cuve servent, l'un à introduire l'eau froide,
l'autre à la sortie du trop plein. M. Fournier, après de
nombreuses expériences, ayant remarqué que dans la distillation, et surtout la rectification des esprits, les grandes
issues sont contraires à la condensation des vapeurs aqueuses; que les tuyaux en forme de cou de cygne, adaptés au
chapiteau de l'alambic suivant une direction oblique,
donnaient trop de facilité au flegme de passer, il remédia
en 1806 à ces inconvéniens, en faisant les tuyaux plus
étroits, en les dirigeant d'abord verticalement jusqu'à une
certaine hauteur, et les faisant ensuite gagner l'entrée des
serpentins par un retour demi-circulaire. On comprend
que, dans leur trajet jusqu'au sommet de la courbe, les
vapeurs pesantes perdant successivement de leur calorique, se trouvent condensées en liquide dans la chaudière, tandis que ces vapeurs légères ou alcoholiques, continuant à suivre le tuyau, gagnent le serpentin, où elles
sont à leur tour condensées, et donnent une liqueur plus
forte. Mais, pour l'avoir encore à un degré supérieur, l'auteur
a ménagé à la troisième circonvolution du serpentin un petit
réservoir, où toute celle qui est formée dans la partie supérieure se rend; elle tombe de là, lorsqu'on ouvre un robinet, dans une chaudière, pour être distillée de nouveau. Il
est nécessaire que l'eau du réfrigérant soit tenue à une certaine température, qu'on règle au moyen d'un réservoir d'eau
froide placé dans la partie supérieure, et d'un thermomètre
qui est en communication avec l'eau du réfrigérant, vis-à-
vis le robinet dont nous venons de parler. Les eaux froides

arrivant par le bas, y sont versées par plusieurs orifices horizontaux, afin de ne pas les mêler avec l'eau chaude, et conserver autant de fraîcheur que possible autour des circonvolutions inférieures du serpentin. Le robinet d'extraction placé vers le milieu du serpentin étant fermé, l'appareil se réduit à un petit appareil ordinaire, avec lequel on obtient de l'eau-de-vie, comme avec ce dernier. Il est nécessaire de fixer d'une manière invariable le chapiteau sur la chaudière, pour éviter les accidens qui pourraient résulter de la pression qu'exerce la vapeur. On voit que les anciens appareils distillatoires sont susceptibles de recevoir des dispositions semblables, et qu'en plaçant des robinets d'extraction à diverses hauteurs du serpentin, et en augmentant le nombre de ses circonvolutions, on peut obtenir des esprits de différentes forces. Cet appareil rectificateur se compose d'une chaudière en cuivre dont l'intérieur est étamé ; à sa partie supérieure est un chapiteau également en cuivre, et étamé dans son intérieur ; de son extrémité s'échappe un tuyau qui transporte les vapeurs dans un serpentin placé dans son réfrigérant ; au milieu de ce serpentin est un réservoir où se rendent les vapeurs condensées à sa partie supérieure ; un robinet y est adapté, ainsi qu'un tuyau, au moyen desquels on peut les faire retourner dans la chaudière, en aboutissant à un tuyau qui y est placé pour la charger. Au-desssus du réfrigérant est un réservoir d'eau froide ; un thermomètre fixé vis-à-vis le robinet d'extraction, et en dehors du réfrigérant, se trouve en communication avec l'eau de l'intérieur. A l'extrémité supérieure de la cuve est un déversoir pour les eaux chaudes. (*Brevets publiés*, 1818, *t.* 2, *p.* 278, *pl.* 63 *et* 64.) — Mademoiselle Bascou, *de Montpellier*. — Cette demoiselle a obtenu un *brevet de dix ans* pour l'invention d'un procédé qui donne du 3/6 par une seule opération où une même chauffe. Le but de mademoiselle Bascou n'a pas été de distiller par analyse, mais d'économiser le combustible, en opérant trois distillations différentes dans le même temps et sur le même fourneau. La chaudière

de son appareil est trois fois plus longue que large; elle
a une forme parallélogrammique. Au milieu de sa longueur s'élève un très-vaste chapiteau rond qui a un bec
très-large, et qui aboutit dans un serpentin immergé dans
une cuve pleine d'eau. Indépendamment du collet qui
reçoit le chapiteau, le fond supérieur de la vaste chaudière est percé de deux trous inégaux, qui reçoivent chacun une chaudière particulière, dont les bords extérieurs
sont parfaitement lutés avec les bords des collets qui les .
reçoivent; ces deux chaudières descendent dans la grande
jusqu'à trois pouces de son fond; elles sont toutes les deux
d'égale profondeur ; elles varient seulement par leur diamètre. Chacune de ces chaudières est surmontée d'un chapiteau semblable à celui de la chaudière du milieu, lequel
aboutit à un vaste serpentin immergé dans l'eau. Les cuves
de ces serpentins sont toutes les deux d'un côté du fourneau, et celle du chapiteau du milieu est placée du côté
opposé. Il est facile de concevoir que si l'on remplit aux
trois quarts les trois chaudières, en chauffant la chaudière
parallélogrammique, les deux autres s'échaufferont en même
temps, et la grande chaudière, en opérant la distillation,
servira de bain-marie aux deux autres ; il y aura donc
économie de combustible, puisque trois chaudières distilleront en même temps et par le même feu. Le but de mademoiselle Bascou a été non-seulement d'obtenir une grande
quantité de produits, mais encore de les recevoir analogues aux substances mises dans chaque chaudière. Si l'on
désigne le grand alambic par le n°. 1, le moyen par le n°. 2,
et le petit par le n°. 3 ; que l'on remplisse de vin le n°. 1,
il produira de l'eau-de-vie preuve de Hollande par la distillation; si l'on met ce produit dans le n°. 2, on obtiendra
du 3/5 ; et enfin si l'on met le résultat du n°. 2 dans l'alambic n°. 3, on aura, par la distillation, du 3/6. La grandeur
des trois chaudières, dont les deux plus petites sont étamées en dedans et en dehors, est combinée de manière
que les produits de la première sont suffisans, dans les
circonstances les moins avantageuses, pour remplir la se-

conde, et ceux de la seconde pour remplir la troisième.
Ainsi mademoiselle Bascou, par ce procédé aussi neuf
qu'ingénieux, distille du 3/6 par une seule chauffe, lorsqu'une fois l'appareil est en train, puisqu'il lui faut deux
chauffes lorsqu'elle commence pour avoir de l'eau-de-
vie et du 3/5. Elle n'emploie aucun alcogène. (*Art du dis-*
tillateur, *par M. Le Normand*, *tome 2*, *page* 223. *Brevets*
non publiés.) — M. REBOUL, *de Calvisson.* — L'appareil
pour lequel M. Reboul a obtenu un *brevet de cinq ans*, se
compose d'un foyer, d'un espace situé sous la chaudière,
lequel est parcouru par la flamme; d'une chaudière en
cuivre rouge où l'on met le vin à distiller; du chapiteau
de la chaudière en forme de cou de cygne, par où s'élève
la vapeur qui forme l'esprit; d'une petite chaudière en
cuivre recevant un tuyau ajusté au chapiteau de la chaudière où est le vin, et embranché à un petit bassin plat
suspendu au centre de la petite chaudière; la vapeur, après
avoir parcouru le tuyau et la capacité du bassin, sort par
un second tuyau, après avoir mis en ébullition le liquide
de la petite chaudière. Il existe deux petits bassins en cuivre divisés chacun en quatre cases numérotées de 1 à 8. La
vapeur, au sortir du deuxième tuyau, se répand dans la case
n°. 1, d'où elle est conduite dans la deuxième case par un
tuyau siphon; de cette case elle passe de la même manière
dans les cases 3 et 4, pour être ensuite introduite dans une
cinquième case au moyen d'un autre tuyau à siphon, d'où
elle passe successivement dans les cases 6, 7 et 8, à l'aide
d'autres tuyaux semblables. La vapeur, arrivée dans la huitième case, est reçue par un tuyau aboutissant à un serpentin, d'où elle passe dans un autre placé dans un grand
bassin rempli d'eau froide, où elle se condense, et sort
en liqueur froide au degré de 3/6 par un tuyau, et après
avoir parcouru les serpentins et le pourtour du bassin.
Pour avoir du 3/5, on remplit la petite chaudière avec
de l'eau-de-vie ordinaire dite preuve de Hollande, qui,
étant réduite en vapeur par l'ébullition provenant de la vapeur sortant de la grande chaudière qui parcourt le tuyau

ajusté au chapiteau et le bassin, sort en liqueur au degré de 3/5 par un autre tuyau. Pour avoir de l'eau-de-vie ordinaire dite preuve de Hollande, on ferme, au moyen d'un robinet, le tuyau ajusté au chapiteau de la grande chaudière; la vapeur est alors introduite dans un autre tuyau qui la conduit directement dans le premier serpentin, d'où elle sort en preuve de Hollande par le même tuyau qui fournit le 3/6. Pour économiser le temps et le combustible, l'auteur a imaginé un bassin dans lequel le vin qu'on y met est chauffé par le serpentin dont il vient d'être question; ce vin chaud est porté par un autre tuyau dans la grande chaudière. Le vin froid arrive dans ce bassin au moyen d'une pompe et d'un tuyau de conduite. Le bassin doit contenir au moins un peu plus que la grande chaudière, pour que le vin employé dans la même journée ne soit jamais froid. Le marc qui reste dans les cases des deux premiers bassins est transmis, après l'opération, dans la grande chaudière au moyen d'un tuyau à robinet, auquel communiquent autant de robinets qu'il y a de cases. Un tuyau incliné sert à verser dans la grande chaudière le marc contenu dans la petite. Deux robinets servent à établir ou interrompre la communication de la grande chaudière avec le bassin. (*Brevets expirés*, *tome* 3, *page* 250, *planche* 47.) — M. REBOUL, *de Pezenas*. — L'auteur a imaginé pour la distillation des marcs, lies de raisin et autres substances qui ne sont pas du vin proprement dit, un nouvel appareil qui se compose d'un vaste alambic rempli d'eau et qu'il place au centre de la brûlerie; autour sont de grandes cuves en bois, cerclées en fer et fermées hermétiquement. Ces cuves sont remplies de marc de raisin; à côté des cuves sont autant de réfrigérans, garnis chacun d'un serpentin. La vapeur de l'eau en ébullition échauffe le marc contenu dans les cuves, et la distillation s'opère avec beaucoup d'économie. (*Art du distillateur*, *par M. Le Normand*, *t.* 1ᵉʳ., *p.* 473.) — M. CURAUDAU, *professeur de chimie.* — L'alambic et le fourneau de l'appareil que l'auteur destine au même usage que le précédent, sont absolument construits d'après les mêmes principes que ceux pour la distillation des vins; seulement M. Curaudau a changé la forme de la chaudière dans l'endroit où la chaleur exerce la plus forte action; et, pendant l'opération, il y fait circuler une chaîne afin d'empêcher que les matières qui se déposent n'y brûlent. La partie de la chaudière qui est perpendiculaire au foyer est bombée : son élévation au-dessus du fond de la chaudière est de six pouces, et son diamètre est de trois pieds. Un morceau de fer, courbé suivant la courbure du fond de la chaudière, supporte une chaîne qui est disposée de manière à frotter le fond de la chaudière. Ce grattoir est combiné avec une tige verticale, qui, au moyen d'une force motrice quelconque, lui donne un mouvement continuel de rotation. Cette tige traverse une ouverture recouverte d'un tampon qui empêche la vapeur de s'échapper. — L'alambic, dans un second appareil du même auteur, n'a rien qui se rapproche de la forme de l'alambic de l'appareil précédent, qui est en surface, tandis que celui dont il s'agit ici est en profondeur. M. Curaudau lui a donné cette forme particulière afin d'éviter que l'eau-de-vie obtenue des marcs ne se ressentît de la mauvaise odeur qu'on lui communique par les procédés ordinaires. Il se compose d'un foyer dans la forme donnée aux autres appareils; sa porte a dix pouces de large sur neuf de haut. La chaudière a seize pouces de profondeur et trois pieds de diamètre; à son ouverture est une gorge pour recevoir le cuvier, qui a trois pieds de haut et le même diamètre que la chaudière. Dans l'intérieur du cuvier sont placés, de neuf pouces en neuf pouces, des tasseaux pour recevoir une grille en bois; chaque grille est traversée par plusieurs conduits de chaleur; il sont ordinairement au nombre de neuf, dont un au milieu. Ces conduits de chaleur sont destinés à porter les vapeurs d'eau bouillante alternativement de case en case, lesquelles vapeurs sont échangées par la partie spiritueuse contenue dans le marc. Supposant la chaudière moitié remplie d'eau, aussitôt que cette eau a acquis le

degré d'ébullition, elle traverse les conduits de chaleur, et
se répand uniformément sur toute la masse du marc contenu dans la première case; alors la partie spiritueuse ga-
zéifiée s'élève en vapeur de préférence à l'eau, et ne tarde
pas ensuite à gagner le chapiteau. Ce qui se passe à l'égard
de la première case a également lieu pour les autres, et
de cette manière l'eau-de-vie n'a aucun des goûts désagréables que lui communique la méthode usitée. Le chapiteau
est de même forme qu'aux autres appareils; deux issues
sont pratiquées pour l'air qui a traversé le fourneau; la
cheminée de ce dernier est pratiquée dans un mur extérieur : son diamètre est du tiers de l'ouverture de la porte
du foyer. Une soupape établie dans la cheminée, à la hauteur du bord de la chaudière, est destinée à arrêter le courant d'air lorsque le fourneau chauffe trop fort. (*Art du
distillateur, par M. Le Normand*, t. 1, p. 473 *et suivantes.*)
— M. Sizaire, *de Carcassonne* (Aude). — L'auteur a obtenu un *brevet d'invention de cinq ans* pour un *nouveau
procédé* propre au perfectionnement de la distillation du
vin, et à la fabrication des eaux-de-vie et esprits. Cet
appareil consiste en une chaudière, surmontée de son chapiteau; l'extrémité s'emboîte dans un serpentin plongé dans
une cuve de bois hermétiquement fermée. L'extrémité de
ce serpentin sort de la cuve et communique, au moyen du
tuyau, à un autre serpentin plongé dans une cuve ou réfrigérant, dans laquelle entre continuellement, par le bas, un
filet d'eau froide, qui fait sortir une égale quantité d'eau
chaude par le haut de cette cuve. Quand on chauffe la chaudière après y avoir mis du vin, les vapeurs sont condensées
dans leur passage et tombent en liquide. Pour obtenir à volonté tous les titres, M. Sizaire ajoute que lorsque les vapeurs
sont arrivées au sommet de la courbure du tuyau, elles ont
déjà perdu une certaine quantité de leur chaleur, et continuent d'en perdre jusqu'à la partie du serpentin; cette
perte de chaleur fait que la partie de ces vapeurs la moins
volatile et la moins spiritueuse est condensée et tombe,
en raison de son poids, par l'ouverture, dans le tuyau qui

la conduit dans le cône renversé. La portion de la vapeur échappée à cette première condensation étant refoulée par la vapeur qui s'élève de la chaudière, parcourt le serpentin, dépose dans ce chemin une nouvelle portion de sa chaleur et ce qu'elle contenait de moins volatil et condensé, puis elle tombe par l'ouverture dans le tube qui la porte, comme la première, dans le cône ou bain-marie. Ce qui reste à l'état de vapeur, après ces deux condensations, parcourt le reste du premier serpentin et est porté dans le deuxième au moyen du tuyau de raccord, où il subit une condensation complète et coule en liqueur par l'orifice; le titre de ce résultat est ordinairement au-dessus de $\frac{3}{5}$. Le robinet étant ouvert, donne lieu à deux déflegmations; ce robinet étant fermé, la première seule aura lieu, et le résultat sera de l'eau-de-vie à la preuve de Hollande. Quand ce titre est trop fort, on l'affaiblit en donnant un peu moins de vin. On affaiblit le titre de $\frac{3}{5}$ en fermant de temps en temps le robinet pour laisser tomber de la preuve de Hollande avec l'esprit, et le mettre ainsi au titre convenable. Au fond du réservoir du vin est une grille en forme d'arrosoir, servant à arrêter le passage à tous les corps étrangers dont la grosseur pourrait obstruer les tuyaux de conduite. Quand on ouvre le robinet, le vin passe du réservoir dans la cuve du serpentin supérieur. L'aréomètre à tige graduée sert à régler la hauteur du vin dans la cuve. Ce vin est chauffé par les vapeurs qu'il condense. Une demi-heure après le commencement de la distillation, la surface du vin est abaissée dans la chaudière, en proportion de la quantité d'eau-de-vie obtenue; cet abaissement, qui a lieu aussi dans le bain-marie, est indiqué par l'aréomètre. On ouvre le robinet, le vin passe de la cuve au réfrigérant dans le bain-marie; le trop plein de celui-ci se verse dans la chaudière, et le liquide est porté à une hauteur supérieure; enfin elle devient telle qu'elle donne lieu à un écoulement par un tuyau; le liquide qui s'écoule par ce tuyau n'est que de mauvais vin dépourvu d'alcohol. Un tube, recourbé en cou de cygne, est destiné à recevoir les vapeurs qui s'élèvent de la

surface du vin chauffé par le premier serpentin, et à les
conduire dans le serpentin inférieur pour y être condensées et mêlées au produit de la distillation de la chaudière.
Comme dans une brûlerie il importe d'avoir de l'eau chaude
pour rincer les futailles dans lesquelles on met l'eau-de-vie,
on pourra s'en procurer un réservoir constant en établissant
au-dessous du tuyau d'évacuation un baquet contenant un
bain-marie. (*Brevets publiés, t.* 3, *p.* 254, *pl.* 48, *fig.* 1.)—M.
LELOUIS, *de la Rochelle.*—1807. — Un *brevet d'invention de
cinq ans* a été accordé à l'auteur pour un appareil au moyen
duquel on peut extraire du vin et par une seule distillation
tout l'esprit qu'il contient, sans mélange de flegme. Ce nouvel
appareil est simple, facile à diriger, et est à la portée du brûleur le moins expérimenté. Les dépenses sont à peu près les
mêmes que pour les autres appareils, mais les résultats sont
différens. On obtient sept à huit chauffes de 90 veltes en vingt-
quatre heures, et elles donnent toutes tout l'esprit déflegmé
que contenait le vin soumis à la distillation, et propre à être
livré de suite au commerce. Le mécanisme qui fait cette séparation est facile à adapter à toutes les brûleries; vingt-quatre ou
trente francs de déboursés suffisent pour chacune des chaudières, sans rendre le service plus pénible, et sans exiger une
plus grande étendue de terrain. Cet appareil consiste en un
cendrier, un fourneau, une chaudière, deux réfrigérans,
dont le premier, qui enveloppe le bras de la chaudière, est en
même temps un vase distillatoire, et charge la chaudière à
l'aide d'un robinet; le 2e. achève la condensation. Il y a un
serpentin d'une grande dimension, plusieurs tuyaux et robinets pour remplir ou vider la pipe; une futaille couchée horizontalement pour recevoir l'alcohol; une futaille debout qui
reçoit le flegme et tous les petits accessoires des brûleries ordinaires. La forme de la chaudière est à peu près celle d'un
pâté, son diamètre en général est de 67 centimèt.; son fond,
de même dimension, est bombé en dedans de 7 centimèt.,
pour rendre l'action du feu plus forte, résister davantage
au poids du liquide, et loger dans ses angles les lies du vin,
où elles sont à l'abri des effets du calorique. Son corps cy-

lindrique a, de hauteur jusqu'à la clouure, 35 centimètres ;
son chapeau, qui est immobile, et dont la forme est à
peu près demi-sphérique et du même diamètre, a 63 centimètres du côté opposé au bras, et 20 sous ce même bras ;
il est percé de trois ouvertures. La vidange n'offre rien
de remarquable. La première des ouvertures du chapeau
est circulaire, de 33 centimètres de diamètre, et fermée
en tourtière ; elle a son bord inférieur un peu au-dessus
des clous, et est placée vers le milieu et au bord inférieur
de son diamètre. Elle sert au chargement et au nettoiement
de la chaudière, et ferme hermétiquement. La deuxième
ouverture, placée à côté, garnie d'un robinet, est destinée
à charger sur le marc, au moyen d'une pompe, sans perdre
un atome de vapeur et sans interrompre la distillation ; elle
économise du bois et du temps, sans nuire en aucune manière à l'opération. La troisième ouverture du chapeau reçoit le bras qui y est cloué et soudé hermétiquement ; elle
a 65 centimètres de diamètre de devant en arrière, et 67
centimètres de haut en bas ; elle prend sur son sommet et
finit sur l'un des côtés à 12 centimètres de son bord. Le
bras qui complète cette chaudière est un cône tronqué,
placé assez obliquement pour permettre l'écoulement de
l'alcohol dans le serpentin ; il est lutté au bec supérieur de
celui-ci ; son diamètre à cet endroit est de 18 centimètres,
et sa longueur d'un mètre trente-trois centimètres ; il est
enveloppé, dans presque toute son étendue, par le réfrigérant distillatoire, dont la contenance est égale à celle de
la chaudière, afin de la charger en entier, par le moyen
du robinet, après la chauffe finie. Ce réfrigérant ne contenant que du vin ou de l'eau-de-vie destinée à être rectifiée, et presque bouillante quand on la vide dans la chaudière, on conçoit combien il y a économie de temps et de
combustible. Il est en outre surmonté d'un chapeau auquel
est adapté un bras qui verse dans le serpentin les produits
de la distillation, que le calorique de l'alcohol sortant de
la chaudière a fait évaporer. Le robinet fermé lui fait
prendre un autre route lorsque la distillation est finie ou

approche de sa fin, afin de connaître avec certitude si elle ne contient plus d'esprit ardent. Lorsque la distillation de la chaudière est finie, l'esprit sortant de ce réfrigérant se rend par un tuyau dans la pièce debout pour se mêler avec le flegme séparé de l'alcohol : l'un et l'autre sont destinés à être distillés une seconde fois. Le fond de ce réfrigérant est soutenu par un support en bois qui a son point d'appui d'un côté sur la maçonnerie, et de l'autre sur une tringle solidement clouée à la pipe; ce réfrigérant ne gêne pas le service et offre toute solidité. Le serpentin, dont les spirales ont un mètre soixante-trois centimètres de diamètre, composant cinq tours et demi, offre un tube de seize centimètres de diamètre à son premier tour; les autres spirales sont en diminuant graduellement jusqu'au bec inférieur qui verse l'esprit condensé dans la futaille couchée horizontalement. Toutes ces pièces sont en cuivre rouge, lavées et nettoyées à chaque chauffe; le cuivre mince est préférable pour les serpentins; un tuyau soudé fortement à la fin du premier tour du serpentin, avec lequel il communique par une ouverture de six centimètres de diamètre, reçoit le flegme déjà condensé, pendant que l'esprit continue sa route pour éprouver le même sort dans les tours subséquens du serpentin. Le flegme, qui contient moins de calorique que l'esprit, et qui est, par cette raison, plus facilement condensé, de même qu'il est plus long à se mettre en ébullition, continuant de s'introduire dans ce tuyau, sort de la pipe pour se vider, à l'aide du robinet, dans la futaille debout, jusqu'à la fin de la distillation. La pipe qui contient le serpentin est d'une grande dimension, afin que la masse réfrigérante soit en proportion du besoin et de la vitesse de la distillation. Elle est soutenue par un massif de maçonnerie d'une hauteur proportionnée aux besoins. Cette maçonnerie doit être plus large en bas qu'en haut, parce que la condensation s'achevant à la partie inférieure, c'est là où il doit y avoir une plus grande masse de liquide froid; cette construction a encore pour but de faciliter le rabattage des cercles sans déranger aucune partie de l'appareil. La grande capacité de la pipe ne dispense pas d'y adapter des robinets pour dégorger l'eau chaude et y en introduire de froide. Ces derniers sont placés extérieurement à la partie inférieure, afin que l'eau froide, s'y étant introduite, n'ait pas déjà acquis une température plus élevée que celle de la source qui la fournit, et qu'elle puisse chasser celle dont la chaleur est superflue, sans se mêler avec elle. Cette pipe est foncée à sa partie supérieure, au-dessous du premier tour du serpentin, de manière à empêcher la communication de l'eau de ce premier tour avec celle des tours inférieurs. Pour alimenter cette eau d'une quantité égale à celle enlevée par l'évaporation, et donner une issue à la vapeur de l'eau des spirales inférieures, on a pratiqué dans le milieu du diamètre de ce fond une ouverture carrée de trente centimètres, avec évasement supérieur, pour y adapter un canal de même dimension et d'une hauteur égale à celle du bord supérieur de la pipe, afin de laisser sortir cette vapeur de l'eau inférieure, et de fournir de l'eau chaude au bassin supérieur quand l'évaporation la rend nécessaire. Par ce procédé simple on fournit, au premier tour du serpentin, l'eau chaude dont il a besoin pour condenser le flegme et laisser l'esprit continuer sa route en état de vapeur, et aux tours inférieurs l'eau froide qui leur est indispensable pour bien condenser ce même esprit déflegmé. Il existe des dégorgeoirs pour écouler l'eau chaude superflue dans le même temps qu'on la remplace avec l'eau froide. Dans toute son étendue, la maçonnerie a treize pouces d'épaisseur de plus que le diamètre de la chaudière, excepté à sa partie antérieure, où l'on a pratiqué un marche-pied de trente-trois centimètres de large. Le cendrier et le fourneau doivent être construits selon le combustible que l'on emploie. Immédiatement au-dessus du marche-pied, se trouve la porte du fourneau qui se ferme par une trappe en fer, et de manière à contenir le calorique dans le fourneau. La forme de ce fourneau, s'élevant en glacis, est de cinquante centimètres de diamètre au niveau des grilles, et de six centimètres de moins que la chaudière à son bord supérieur ; sa paroi postérieure est plus évasée, et divisée dans son milieu pour former la naissance d'un conduit de chaleur, ou cheminée tournante, dont la largeur sera de douze centimètres sur neuf de profondeur, également continuée en glacis. Cette paroi postérieure s'élève par une inclinaison extrêmement oblique, tandis qu'en avant elle monte presque verticalement : cette disposition est importante pour maintenir le centre du foyer vers la partie antérieure de la chaudière, et faire profiter son fond d'une très-grande partie du calorique, avant que la flamme et tous les produits de la combustion qui l'accompagnent aient gagné la cheminée tournante, où ils se consomment au profit du liquide soumis à la distillation, en chauffant également ; élevée à la hauteur de trente-un centimètres, la maçonnerie du fourneau doit avoir six centimètres de diamètre de moins que le fond de la chaudière ; les bords de ce fond y sont appliqués sur trois centimètres d'épaisseur. Dans toute leur circonférence ils y sont bien mélangés, en dessous et en dehors, pour ne laisser aucune issue au calorique, et le forcer de passer par la naissance de la cheminée tournante, qui doit lui faire parcourir toute la circonférence de la chaudière. Le surplus de la maçonnerie excédante forme le plan inférieur de la même cheminée, reçoit et supporte la maçonnerie qui forme ses parois externes. Ce plan est horizontal, et de la largeur de six pouces ; il parcourt toute la circonférence de la chaudière. Il monte verticalement jusqu'à moitié de la hauteur de la charge de la chaudière, afin que le calorique ne s'applique jamais directement au-dessous de la colonne du liquide qui le contient. Trois ouvertures de dix-huit centimètres carrés permettent le ramonage, et se ferment avec des portes en fer fondu. Ce conduit de chaleur est fermé à l'endroit où il se joint à la cheminée verticale par une cloison en briques, qui, d'un côté, empêche la flamme et tout le calorique qui l'accompagne de s'introduire dans la cheminée verticale avant d'avoir chauffé toute la circonférence de la chaudière, et de l'autre qu'il ne rentre dans

le fourneau. Il n'est pas moins important de faire parcourir au calorique toute la circonférence de la chaudière
avant de passer sur la vidange, afin d'éviter la difformité
du promontoire qu'elle forme dans le conduit : ce qui nui-
rait à sa circulation, et imprimerait une chaleur trop forte
à la petite portion de liquide qu'elle contient ; on se sert
utilement de ce promontoire à la fin de ce conduit, pour
donner une pente oblique à cette portion de son plan inférieur qui l'unit à la cheminée verticale, et rend plus libre
le passage des restes de la combustion. Le surplus de la
maçonnerie qui revêt la chaudière se continue suivant
la forme de cette dernière, et toujours en diminuant son
épaisseur, avec la seule précaution de ne point l'étendre
jusque sur son sommet, attendu qu'il y a toujours dans
cette partie assez de chaleur pour maintenir l'esprit en
état de vapeur. (*Brevets expirés*, 1820, *tome* 4, *page*
166.) — *Perfectionnemens.* — M. CARBONEL, *d'Aix.*
— 1809. — Dans la plupart des appareils distillatoires,
on redoutait une explosion, surtout vers la fin de la
distillation, en raison de la résistance qu'opposent les colonnes de vin dans les vases distillatoires contigus à la
chaudière. M. Carbonel a voulu réunir les avantages de
ces appareils et en éviter les inconvéniens. Au-dessus d'une
chaudière ordinaire, ce distillateur a établi à demeure une
seconde chaudière qui fait corps avec la première, dont
le col traverse la seconde, et se termine au-dessus en pomme
de pin percée d'une infinité de trous pour laisser sortir les
vapeurs. Cette espèce de pomme de pin est recouverte par
un vaste chapiteau presque aussi large que la chaudière,
qui reçoit en même temps les vapeurs sortant de celle-ci
et celles qui sortent de la chaudière supérieure par un
tube latéral. Les vapeurs des deux chaudières se mêlent
dans le chapiteau. Le couvercle de la chaudière inférieure
sert de fond à celle supérieure, et, par cette construction, beaucoup de matière est économisée. Le liquide
contenu dans la supérieure se trouve échauffé de deux
manières, et par le fond supérieur de la chaudière infé-

rieure, et par le col de cette dernière qui traverse le liquide. M. Carbonel a adapté un réfrigérant au double chapiteau. Le condensateur est composé de cinq cylindres ; l'ensemble de ce condensateur est formé de tubes recourbés qui établissent la communication d'un cylindre à celui qui le suit. Le dernier communique de même avec le serpentin. Il fait communiquer les trois cases de chaque cylindre par un trou semi-circulaire pratiqué au bas de chaque diaphragme. Par cette construction il diminue plusieurs petits tuyaux, et ramène les flegmes dans la chaudière s'il le juge convenable. Les cinq cylindres condensateurs sont renfermés chacun dans une baie particulière remplie d'eau, qu'on tient plus ou moins chaude, afin d'obtenir des esprits plus ou moins purs. Au-dessous du tuyau de retour est un autre tuyau qui prend sa naissance au chapiteau de la chaudière, traverse le tuyau de retour avec lequel il communique dans les deux sens par le moyen d'un robinet à trois trous, et va se rendre dans le serpentin inférieur auquel il est soudé dans sa partie supérieure. Vers le milieu de la longueur de ce tube, est soudé un autre tuyau vertical qui s'ajuste avec la partie supérieure d'un autre serpentin, séparé des deux premiers, et qui est entièrement immergé dans l'eau. Au-dessus de ce tuyau vertical, et dans sa jonction avec le long tuyau, se trouve un robinet à trois trous, au moyen duquel on établit la communication soit avec le serpentin qui est placé au-dessous, soit avec celui qui est au bout de ce tuyau. Il est à remarquer que l'eau est ici le grand mobile de la distillation ; mais comme le cylindre condensateur est divisé en cinq parties, que chacune est renfermée dans une baie particulière remplie d'eau, on peut varier la température de l'eau de ces baies, et obtenir, sans addition de liquide dans aucune case, toutes les espèces d'esprit, à volonté. On peut encore charger la chaudière supérieure avec de l'eau-de-vie, pour obtenir des esprits d'un degré supérieur. (*Art du distillateur, par M. Le Normand*, tome 2, page 201. *Annales des arts et manufactures*, 1809, tome 32, page 118, *pl.* 361.) — M. ADAM

(Zacharie), *de Montpellier* (Hérault). — 1809. — *Certificat d'addition et de changement* aux appareils distillatoires de son frère, Édouard Adam, auquel il a succédé, conjointement avec ses frères, sous la dénomination d'héritiers bénéficiaires, et en vertu de l'autorisation qu'ils en ont reçue par le traité conclu entre eux et les créanciers de la succession. (*Moniteur*, 1809, *page* 858.) — M. Derivaz. — 1810. — *Brevet de quinze ans* pour un appareil distillatoire que nous décrirons dans notre Dictionnaire annuel de 1825. — *Invention.* — M. J.-D. Bascou, *de Montpellier.* — L'appareil pour lequel l'auteur a obtenu un *brevet de cinq ans* se compose d'un fourneau, et d'une chaudière très-large en comparaison de sa hauteur ; vers sa partie supérieure elle se rétrécit. Cette ouverture est fermée par une lame de cuivre ou diaphragme bombé dans son milieu et percé dans sa circonférence de quatre trous. Trois sont surmontés par trois tubes recouverts de trois autres, ayant leurs extrémités supérieures fermées par une petite lame de cuivre, et les inférieures un peu évasées. Chacun d'eux est fixé dans la position indiquée par trois petites lames de cuivre clouées en forme de triangle, partie au diaphragme, partie à l'extrémité inférieure des tubes. La quatrième ouverture est traversée par un tube dont la partie supérieure est plus large et fermée par une lame de cuivre : ce tube se prolonge dans la chaudière. Le diaphragme sert de fond à un réservoir ou case circulaire couronnée par un réfrigérant, laquelle case a dans son milieu une ouverture très-étroite en raison de sa capacité. De cette ouverture s'élève le chapiteau ou cylindre périforme, lequel est fermé, dans sa partie inférieure la plus étroite, par un diaphragme bombé en dedans et percé dans son milieu d'un trou surmonté par un tube, et recouvert par un second, lequel est attaché à cette lame de cuivre comme les précédens. Ce cylindre est entouré, dans sa partie supérieure, d'un second réfrigérant, et surmonté, dans son milieu, d'un tube qui va joindre celui du serpentin condensateur, ou du cylindre rectificateur, ayant à son côté une douille qui sert à

charger la case du résidu de la chauffe. Le tube recourbé
va se joindre à un second armé d'un robinet ; ce dernier traverse le cylindre immédiatement par dessous le diaphragme
qui est à cette extrémité , et va se terminer dans un autre
petit tube qui est fixé à son entour par trois petites lames de
cuivre. Derrière l'insertion de ce tube, il en est placé un
troisième coudé, armé d'un robinet placé au niveau du fond
de la case, lequel a issue dans la case qui est derrière le petit tube. Du côté opposé à ces trois tubes, il en est un appelé tuyau de retour, lequel rapporte les flegmes du cylindre rectificateur dans la case du chapiteau. Le chapiteau
ou cylindre placé dans l'ouverture, y est maintenu solidement par deux tringles ou tiges en fer dont une des extrémités est en crochet et l'autre en vis. Celle à crochet se fixe
à un anneau posé au haut d'un petit piston de fer fixé au
plancher du bassin près du collet de l'ouverture ; et l'autre,
passée dans un anneau de fer fixé au corps du chapiteau, y
est maintenue au moyen d'un écrou. On procède ainsi qu'il
suit avec cet appareil. On enfonce la chaudière dans la maçonnerie jusqu'au niveau de son ouverture, reposant sur le
fourneau : étant chargée de vin déjà chaud quand il arrive
dans la capacité du chauffage à vin par le robinet de charge,
il est bientôt en ébullition par l'action immédiate du feu.
Les vapeurs qui résultent de l'ébullition de ce liquide
passent par les tubes droits , dont le nombre peut être augmenté à volonté , et vont frapper la partie supérieure des
tubes renversés ; elles reviennent ensuite au fond de la case et
s'élèvent dans sa capacité par les trois ouvertures que lui mé-
nagent les lames de cuivre. Là ces vapeurs se condensent en
partie ou en totalité par l'action du bassin réfrigérant, s'y
distillent de nouveau ou se déflegment par la chaleur du
vin en ébullition, et principalement par celle qu'abandonnent les vapeurs amenées au fond du réservoir en traversant et pénétrant, en tous sens, le liquide condensé. Le
produit de cette première rectification (car les vapeurs
sortant du liquide après l'avoir traversé sont dans un degré de spirituosité plus élevé qu'avant) passe dans la se-

conde case du cylindre par le tuyau qui repose sur ce diaphragme, lequel fait la séparation naturelle de la première
case avec cette dernière. Arrivé à l'extrémité du tube droit,
le tube qui le recouvre oblige les vapeurs alcoholiques à
descendre jusqu'au fond de cette capacité; successivement
elles s'y répandent, se condensent en tout ou en partie selon leur degré de spirituosité, de sorte que le liquide
formé par la condensation des vapeurs s'unit au calorique que lui abandonnent celles qui le traversent; est redis-
tillé par ces mêmes vapeurs, qui vont encore, en suivant la
direction du tuyau, se déflegmer dans le serpentin ou cylindre rectificateur, en le parcourant en totalité ou en partie, et enfin se condenser dans le serpentin rafraichi par le
vin ou par l'eau pour être reçues dans le récipient en preuve
de Hollande, 3/5, 3/6, 3/7, 3/8, etc. Dans le cours de ces
diverses rectifications, qui peuvent être multipliées à volonté
par un plus ou moins grand nombre de cases, les flegmes
qui reviennent du serpentin ou du cylindre rectificateur par
le tuyau de retour, en augmentant la masse de ceux qui y
sont déjà, pourraient s'y ramasser en trop grande quantité,
gêner l'effet expansif des vapeurs, produire quelques fâcheux accidens, ou ralentir leur épuration, et même la rendre nulle ou bien faible. Pour éviter ces inconvéniens, on
a établi dans la première case le tube au moyen duquel,
lorsque le liquide contenu est arrivé au niveau de ses traces
circulaires, il est conduit au fond du petit tube pour être
versé dans la chaudière; dans la seconde case, même opération, même précaution. A gauche de l'appareil sont deux
tubes courbés, placés l'un sur l'autre : on laisse continuellement ouvert celui qui est placé en bas, jusqu'à ce qu'on
n'ait à recevoir que deux à trois veltes d'esprit. Arrivé au
point énoncé de la distillation, on ferme le robinet; on la
continue, et quand la désalcoholisation du vin et celle des
flegmes de la première case est complète, ce qu'on véri-
fie en présentant une lumière aux robinets d'épreuve, on
évacue le résidu de la première case dans la chaudière, en
ouvrant le robinet, et le liquide de cette capacité, à la faveur

du tuyau de décharge. Cela fait, on remet le tampon qui le ferme ; on ouvre le robinet de charge et celui de trop plein, afin de faciliter cette charge et d'épier le moment où elle est complète. En même temps on ramène, avec le secours du tuyau armé de son robinet, les flegmes de cette case dans la première, et au moyen d'un autre robinet, placé à gauche de l'appareil, dans la chaudière. Les robinets étant fermés, on recommence la chauffe, et ainsi de suite. Cet appareil a pour but principal la rectification immédiate des vins et eaux-de-vie, c'est-à-dire le moyen d'obtenir dans une seule chauffe tout l'esprit du vin, à tout titre, depuis le plus bas jusqu'au plus élevé. Les procédés pour arriver à ce but sont des condensations et des redistillations successives, hors le feu, simultanément opérées avec la distillation à feu nu. Le mérite de cette invention est de mettre beaucoup d'activité dans l'exécution, et cela est dû au moyen employé de faire traverser les vapeurs au liquide condensé ; car par ce moyen on obtient un titre beaucoup plus élevé, on ne reçoit point de second produit, et on évite les repasses. Outre cela, le liquide se trouvant distillé au bain de vapeur, et ensuite par la chaleur de la vapeur qui sort de la chaudière et qui le traverse, est plus tôt distillé, et toute la chaleur est mise à profit, ce qui produit une grande économie de combustible ; premier objet qu'on doive se proposer dans la distillation. (*Brevets non publiés.*)
— *Observations nouvelles.* — MM. LES AUTEURS DES ANNALES DE CHIMIE. — 1811. — M. Édouard Adam, disent ces savans, s'amusait avec l'éolipyle, au mois d'août 1800, lorsque la vapeur aqueuse qui en était chassée, arrivant dans l'eau froide, porta ce liquide presqu'à l'ébullition. Frappé de ce phénomène inattendu, car il ne connaissait pas alors les moyens d'ébullition des liquides par la transmission des vapeurs, il imagina, dans le courant d'octobre de la même année, de distiller à la vapeur le marc de raisin, et le succès dépassa ses espérances. Ayant ainsi obtenu de l'eau-de-vie très-bonne, il était naturel de prévoir que le résultat serait bien plus avantageux si l'on mettait en

ébullition une quantité donnée de vin, par le calorique
des vapeurs de ce même liquide. Édouard Adam tenta
l'expérience ; et au lieu de n'avoir pour produit que de
l'eau-de-vie, il obtint de l'esprit de trois-six. Son appareil distillatoire se composait alors de l'alambic ordinaire,
de deux caisses en cuivre divisées en plusieurs cases, et
d'un serpentin ; le tout communiquant ensemble par des
tuyaux. L'alambic fut rempli de vin que l'on chauffa ;
l'on mit ce liquide et de l'eau-de-vie dans la première
caisse, et l'ébullition en fut déterminée par les vapeurs
qui sortaient de l'alambic ; celles que donnait cette caisse
venaient se condenser dans le serpentin, d'où coulait de
l'esprit trois-six et même de l'esprit trois-sept. Ce fut
avec cette machine que, le 29 mars 1801, l'auteur fit
constater sa découverte par une commission légale ; il
sollicita un brevet d'invention qui lui fut accordé le 1er.
juin suivant. C'est sous l'égide de ce brevet que l'auteur
entreprit d'exécuter en grand sa découverte. D'abord il fit
l'emploi du bois dans la distillation ; le couvercle des chaudières du premier appareil en grand fut une forte planche de chêne ; mais les vapeurs alcoholiques, en dissolvant
la résine, ramollirent tellement cette planche, qu'elle obéis-
sait à la seule pression du doigt ; il fallut avec d'autant plus
de raison y renoncer, que l'on avait à craindre le goût de
moisi quand l'appareil resterait quelques jours sans travailler. Ce changement avait été précédé d'un autre changement non moins utile. Au lieu de deux caisses divisées
en plusieurs cases, on avait fait autant de vases qu'il existait de cases distinctes, ce qui facilitait la déperdition
du calorique. M. Édouard Adam redouta long-temps cette
déperdition, qu'il supposait devoir s'opposer au *maximum*
d'effet à produire ; aussi coucha-t-il la cheminée des fourneaux sous les vases à vin, qu'il enveloppa d'une forte
maçonnerie. Cette construction rendant difficile la condensation des vapeurs, on démolit les murs de plusieurs
vases : il en résulta un tel avantage que bientôt on les démolit tous. On avait remarqué un goût désagréable au

produit obtenu après plusieurs chauffes ; ayant reconnu
que ce goût tenait à la carbonisation du tartre déposé dans
les angles que présentaient les vases à vin par leur forme
carrée, on substitua à cette forme la forme ovale, ce qui,
en évitant le dépôt de tartre , offrit encore plusieurs autres
avantages. Ces changemens valurent à M. Édouard Adam
un brevet de perfectionnement, obtenu le 25 juin 1805.
On dit que M. le comte de Rumfort est le premier qui ait
découvert l'usage de la vapeur de l'eau bouillante comme
véhicule propre à transporter la chaleur d'un lieu dans un
autre ; M. Édouard Adam fit cette découverte en même
temps que M. le comte de Rumfort, et il est le premier
qui ait appliqué ces moyens utiles à la distillation du vin.
(*Annales de chimie*, 1811, *page* 87.) — M. F. ADAM.—
1811. — Dans une lettre écrite aux rédacteurs des Au-
nales des arts et manufactures, M. F. Adam relève une
erreur qui s'est glissée dans la gravure de l'appareil distillatoire de E. Adam , son frère ; cette gravure était jointe
au mémoire de M. Le Normand sur les distilleries. Pour
prévenir toute erreur et toute omission , M. F. Adam
donne la description suivante : Cet appareil est formé de
deux parties bien distinctes par leurs formes et par les
fonctions qui leur sont attribuées. La première se compose
d'un vase de forme ovoïde , couché transversalement , et
de trois autres vases , ou œufs , placés droits et horizontalement par rapport à la chaudière. Cette première partie
de l'appareil est appelée, par M. Adam , *distillatoire* ; ce
sont autant d'alambics destinés à contenir du vin, dans de
certaines proportions ; ce vin se trouve mis en expansion
et distillé, non pas par l'action du feu, mais par l'influence de la vapeur transmise de l'alambic placé sur le
feu nu ; il y est amené très-chaud , comme dans la chaudière sur le feu , après chaque renouvellement de chauffe ;
ainsi les fonctions de ces cases , ou vases , sont évidemment
et purement distillatoires ; les vapeurs qui en proviennent ,
et qui sortent du quatrième et dernier vase, ne sont autre
chose qu'un mélange d'eau et d'alcohol réunis à l'état

volatil, et dont l'ensemble, condensé dans le serpentin ordinaire, ne produira que de l'eau-de-vie preuve de Hollande,
et des repasses. Jusque-là E. Adam avait beaucoup fait pour
les progrès de l'art de la distillation, puisqu'il avait offert le
moyen d'économiser une portion considérable de combustible, en tirant parti du calorique des premières vapeurs
pour chauffer autant de vin qu'en contient la chaudière.
Mais cet avantage n'était que le prélude d'avantages bien
plus importans encore; après ce premier pas vers une perfection inconnue jusqu'à lui, l'auteur conçut et exécuta le
moyen de rectifier cette masse énorme de vapeurs sortant
de son quatrième vase distillatoire, à l'aide du même fourneau, et dans une seule et même opération; de plus, il
voulut maîtriser cette opération au point de rectifier plus
ou moins ces mêmes vapeurs, et d'en obtenir tout le produit au titre de ce qu'on appelle dans le commerce 3/5,
3/6, 3/7 et 3/8; opération qui, avant lui, était répétée autant de fois que le brûleur désirait obtenir un titre de spirituosité plus élevé. Ce sont les instrumens à l'aide desquels il a opéré cette merveille qu'il a appelés la partie
condensatoire de son appareil, au moyen duquel il a
adopté d'autres principes et créé d'autres moyens. E. Adam
a placé son appareil rectificateur horizontalement à la
chaudière. Il s'est affranchi de tout ce que faisaient les
anciens en indiquant un chemin pour les vapeurs alcoholiques que rien ne devait contrarier, et en offrant aux
flegmes condensés une route toute particulière pour revenir vers la chaudière, quand il voulait les y ramener, afin
d'achever d'en tirer jusqu'au dernier atome d'alcohol. Il a
eu sur les anciens le merveilleux avantage d'accélérer la
distillation, parce qu'il a su contenir les flegmes dans les
cases mêmes où ils sont condensés, et les y redistiller
à l'aide du calorique des vapeurs transmises de l'appareil
distillatoire. Il obtient ainsi son produit à grands flots, tellement qu'en trois heures il extrait de cinq cent quarante-
une veltes de vin soixante-dix-sept veltes d'esprit 3/6. Il
conduit dans les alambics et vases distillatoires le vin

chaud et voisin de l'ébullition, parce que, ayant entouré
l'un de ses deux serpentins de vin au lieu d'eau, il en a
retiré cet avantage et la faculté également inappréciable
de commencer la réfrigération qui doit liquéfier les produits totalement rectifiés ; de sorte que les esprits arrivant
aux trois quarts refroidis dans le second serpentin, entouré d'eau, ce liquide n'échauffe point, et n'a pas besoin
d'être renouvelé. En rapprochant tous les points qui établissent la différence des moyens rectificateurs d'Édouard
Adam avec ceux dont les anciens ont usé, on ne pourra
disconvenir qu'ils leur étaient inconnus et qu'ils sont de
son invention. Ces moyens se réduisent à ceux-ci : 1°. Interposition horizontale de cases ou vases entre l'alambic et
le serpentin, percées à leur extrémité supérieure, pour
donner passage aux vapeurs alcoholiques que rien n'arrête
dans leur course, et percées aussi à leur extrémité inférieure, pour le retour des flegmes vers la chaudière.
2°. Tuyau de rétrogradation vers la chaudière des flegmes
condensés, communiquant avec chacune des cases par le
trou pratiqué à leur partie inférieure. Cette route est tout-
à-fait distincte du chemin que parcourent les vapeurs
alcoholiques pour parvenir au serpentin. 3°. Réfrigération
appropriée autour de la partie supérieure des cases con-
densatoires, de manière à ne forcer à la condensation que
les parties flegmatiques, sans qu'elles puissent exercer
d'influence sur les parties les plus subtiles. 4°. Tubes
plongeant dans chacune des cases rectificatrices, conducteurs des vapeurs transmises de l'appareil distillatoire, et
agens distillateurs des flegmes accumulés dans le fond de
chaque case après leur condensation. 5°. Réfrigération
par le vin à la place de l'eau, dont on s'était toujours servi,
offrant le double avantage d'utiliser ce qui reste de calorique aux vapeurs rectifiées pour le profit de la chauffe
suivante, et de conserver un degré de température capable
de refroidissement. Après ces diverses remarques, M. F.
Adam donne la description de l'appareil distillatoire. Il est
composé de six vases de forme sphérique, moins grands

que les vases distillatoires de forme ovoïde ; ces vases sont
réunis deux par deux, et entourés d'un bassin rempli et
attaché aux deux tiers de leur élévation. Ces mèmes vases
sont toujours vides au commencement de chaque chauffe ; ils
communiquent entre eux par un tube recourbé ; le premier de ces vases reçoit les vapeurs provenues des alambics et vases distillatoires. Ces vapeurs enfilent les vases
condensateurs, et déposent dans chacun d'eux leurs parties
flegmatiques, forcées d'obéir à l'influence d'une température appropriée vers l'extrémité supérieure de ces vases ;
enfin les vapeurs les plus subtiles, après avoir conservé
leur nature aériforme, à travers leur passage par tous ces
vases, sortent du sixième et dernier, pour être portées par
un tube dans le premier serpentin, enfermé dans un foudre,
hermétiqment clos et rempli de vin. Elles s'y liquéfient,
et ce liquide est porté dans un second serpentin rempli
d'eau, pour achever de s'y refroidir. M. F. Adam termine
en disant que pendant le temps que les vapeurs provenues
de l'appareil distillatoire subissent leur déflegmation à
travers les cases rectificatrices, les vapeurs alcoholiques,
entraînées avec les flegmes dans la condensation de ces
dernières, sont remises de nouveau en expansion à l'aide
de tubes plongeurs conducteurs des vapeurs, et remontent
à l'extrémité de chaque case pour y subir une nouvelle
rectification au moyen du refroidissement extérieur ; de
manière que toutes les parties spiritueuses sont extraites
dans le même temps, non-seulement de la masse principale des vapeurs sorties de la chaudière, mais encore des
portions de flegme avec lesquelles elles avaient été entraînées dans leur chute au fond des cases. C'est à ce moyen
ingénieux que se rattachent la grande célérité de l'opération, les économies de combustible et de main-d'œuvre,
ainsi qu'une plus grande quantité de produits, estimée au
sixième par tous les experts vérificateurs. Tant d'avantages
méritaient bien d'être, dit l'auteur, énumérés et appréciés,
et c'est à tort, ajoute-t-il, que M. Le Normand, dans son Mémoire sur les distilleries, en attribue l'invention à M. Bérard,

distillateur au Grand-Gallargue (Gard), qui fut breveté plus de quatre ans après M. Adam, et qu'il n'a point hésité à faire entrer en concurrence avec celui-ci. (*Annales des arts et manufactures*, 1811, tome 40, page 97.) — *Invention.* — M. Bailleul, *d'Auxerre.* — 1812. — Les avantages de l'appareil dû à l'auteur, sont, selon lui : 1°. de donner 36 degrés à l'alcohol que l'on retire de la vapeur dans la première distillation, et de le dépouiller totalement du goût de feu et d'empyreume ; 2°. de distiller dans vingt-quatre heures 6000 kilogrammes de marc de raisin, avec une très-grande économie de combustible. L'auteur prétend en outre que, par son procédé, les alcohols peuvent remplacer ceux tirés du vin même. D'après l'avis de plusieurs savans, l'appareil de M. Bailleul ne présente rien de nouveau ; seulement ce qui paraît n'avoir rien de commun avec les procédés déjà connus, c'est la manière dont il place soit le marc de raisin, soit les plantes ou les fleurs qu'il veut distiller, au dessus de la cucurbite. L'auteur a obtenu un *brevet de cinq ans*. (*Brevets non publiés.*) — M. Duroselle fils, *de Paris*. — 1813. — Pour arriver au véritable but du perfectionnement des appareils, dit M. Duroselle, il fallait baser le principe et la direction sur les principes mêmes de l'esprit de vin et du flegme. L'on sait que lorsque l'esprit se dégage du vin, il s'élève toujours verticalement en vapeurs ; qu'il entraîne avec lui une partie de vapeurs aqueuses ; que, par l'effet d'une température décroissante, elles descendent dans la partie inférieure du vase dans lequel elles sont condensées. C'est sur ces raisonnemens que se trouve basé le nouvel appareil pour lequel M. Duroselle a obtenu un *brevet d'invention de cinq ans*. Cet appareil est composé de deux cylindres surmontés d'une boule en forme d'ognon, placée verticalement sur le collet d'une chaudière ; son élévation est de huit pieds sur deux pieds de diamètre ; le cylindre inférieur a un pied de diamètre, et renferme six diaphragmes, qui se communiquent de l'un à l'autre par le moyen de différens tuyaux, soit pour l'enlèvement de l'esprit, soit

pour le retour du flegme condeusé, qui descend dans la
boule à mesure qu'il est délaissé par l'esprit. La boule
renferme un tuyau dans son intérieur, lequel reçoit les vapeurs qui s'élèvent de la chaudière ; c'est dans la boule que
s'exécute la première analyse, et que les vapeurs continuent leur marche, en s'élevant toujours verticalement
dans le premier diaphragme du cylindre, et de l'un à
l'autre, jusqu'à sa partie inférieure, où elles s'introduisent dans le serpentin ; elles sont alors parfaitement analy-
sées et purgées d'eau. La partie aqueuse qui est condensée
par l'eau contenue dans le cylindre extérieur, descend
d'un diaphragme à l'autre, en se rapprochant progressivement du calorique, jusqu'à ce qu'elle soit arrivée à la
boule, dont la capacité a trois pieds de diamètre sur deux
pieds d'élévation ; cette pièce ne peut s'accumuler que jusqu'aux deux tiers de sa capacité ; passé cette limite, le
liquide tombe dans la chaudière ; par ce moyen elle ne
peut jamais l'engorger. Le flegme vient se distiller dans
cette pièce, qui est placée à la proximité du calorique que
lui communique la chaudière, et l'esprit qui s'en dégage,
s'élevant toujours verticalement, suivant son principe naturel, se rapproche progressivement de la région la plus
tempérée de l'appareil, tandis que le flegme qui l'abandonne sur son passage descend aussi progressivement,
en se rapprochant de la région la plus chaude ; de sorte
que les deux parties, en se désunissant l'une d'avec l'autre
lorsqu'elles sont en marche, sont ramenées vers les points
principaux dont chacune a besoin suivant sa volatilité :
le flegme vers la chaleur, et l'esprit vers le tempéré ; puisque l'eau froide est jetée par le moyen d'un petit filet sur
la partie supérieure de la colonne d'eau qui entoure le
cylindre inférieur, partie où l'esprit a abandonné une portion considérable de calorique, ce qui le réduit d'environ
soixante-quinze degrés de chaleur, tandis qu'à la partie
inférieure le calorique est bien plus considérable. C'est
pour cela que l'eau du réfrigérant est toujours plus chaude
à sa partie inférieure qu'à la supérieure, attendu que l'es-

prit n'entraine pas à un si haut degré de calorique ; ce qui fait que la partie supérieure de la colonne est toujours la plus tempérée, parce qu'il y coule sans cesse un petit filet d'eau froide, qui ne peut jamais se communiquer à la partie inférieure reposant sur la surface de la boule, et dont le refroidissement ne peut pas atteindre jusqu'au flegme dont il est préservé ; résultat qu'on n'obtient pas dans les appareils dont les vases sont placés horizontalement eu égard à la chaudière et éloignés du calorique. Ainsi le flegme se trouve placé dans la partie inférieure des vases, qui est la plus tempérée dans ces sortes d'appareils, ce qui donne lieu aux inconvéniens qu'on leur impute avec juste raison, et auxquels on n'a pas encore remédié. Mais on s'apercevra, par la description de l'appareil nouveau, que ces inconvéniens n'existent plus, puisque le retour du flegme dans la chaudière ne peut pas ralentir l'ébullition, à laquelle il n'arrive que lorsqu'il a 80 degrés de chaleur. Au moyen de cet appareil on obtient le titre que l'on désire, depuis 20 jusqu'à 28 degrés, avec du vin seulement. Ce n'est que depuis 34 degrés en sus qu'on retire 2 ou 3 veltes de liquide, au titre d'environ 22 degrés ; dans les autres titres, au dessous de 44 degrés, on n'a aucun produit de flegme ; le tout est converti au titre désiré. Il n'y a aucun robinet pour intercepter telle ou telle vapeur ; ce n'est que par le moyen de la température que l'on obtient le titre que l'on veut avoir. L'expérience a prouvé à M. Duroselle qu'en mettant 4 veltes d'eau-de-vie à 21 degrés, ensemble 84 degrés, dans 100 veltes d'eau, on retire une velte à 32 degrés, 2 à 20 degrés, et une à 12 degrés ; ce qui a produit 84 degrés. Voilà ce qui constitue l'avantage de son invention ; car, si l'on charge la chaudière d'esprit à 33 degrés, on a beaucoup de peine à porter le titre à 37 degrés ; l'esprit s'enlevant, pour ainsi dire, tel qu'on l'a déposé, ce n'est que lorsque la chaudière est chargée d'un liquide depuis 12 jusqu'à 20 degrés de spirituosité que l'on obtient ce résultat. L'on peut faire dix chauffes dans l'espace de vingt-quatre heures. Cet appareil ne laisse craindre aucun accident, et présente beaucoup d'économie pour le combustible. Les pièces qui le constituent sont : 1°. la chaudière; 2°. le cylindre intérieur, ne faisant qu'un seul corps avec la boule ; 3°. le cylindre extérieur qui sert de réfrigérant ; 4°. la barrique où est logé le premier serpentin immergé dans le vin, qui s'échauffe par le passage des vapeurs; 5°. la barrique où est logé le second serpentin immergé dans l'eau ; 6°. une barrique servant de récipient ; 7°. le réservoir d'eau; 8°. un robinet fuyant de l'eau chaude du réfrigérant; 9°. un robinet fuyant de l'eau chaude du réfrigérant qui entoure la boule ; 10°. un robinet pour vider à volonté le flegme de la boule dans la chaudière ; 11°. un robinet qui signale le trop plein de la chaudière ; 12°. le robinet de vidange de la chaudière ; 13°. une ouverture fermée par une calotte et pratiquée à la chaudière pour faciliter le dépôt et la sortie du marc de raisin, lorsqu'on veut en distiller ; 14°. un robinet qui transmet le vin chaud de la première barrique dans la chaudière ; lorsqu'on veut charger il faut ouvrir le tampon de la chaudière pour lui donner de l'air; 15°. un tuyau introduisant l'eau dans l'appareil pour le nettoyer à volonté. Lorsque le tout est ainsi disposé, pour charger la chaudière du vin chaud de la barrique, on ouvre le robinet; la charge faite, on achève de remplir la barrique par du vin froid, au moyen d'une pompe placée dans le tuyau et qui introduit le vin froid dans la partie inférieure, en même temps que le vin chaud s'introduit dans l'autre tuyau qui communique dans la chaudière. Un autre robinet signale le trop plein. La charge faite, on active le feu, et dans quatre ou cinq minutes le vin est en ébullition ; les vapeurs s'élèvent verticalement dans le tuyau placé dans l'intérieur de la boule, et s'échappent à travers les petits trous qui sont à sa partie supérieure, où elles sont bientôt rabaissées par le tuyau de recouvrement. Jusqu'à la distance de deux pouces, ces vapeurs s'élèvent à travers le flegme et s'introduisent dans le premier tuyau du cylindre, et ainsi de suite de l'un à l'autre, jusqu'à celui qui est le plus élevé. Lorsque l'esprit est arrivé à l'extrémité du cylindre, il est dépouillé de toute l'aquosité qu'il contenait, et s'introduit dans le tuyau qui se présente verticalement, et qui est incliné vers le serpentin, où il est parfaitement condensé. Dès que l'esprit a parcouru les deux serpentins, dont l'inférieur est toujours immergé dans l'eau froide, qu'on a soin d'entretenir dans la barrique, la partie aqueuse, qui est condensée par la température de l'eau contenue dans le cylindre, descend d'un diaphragme à l'autre par un trou pratiqué à la partie inférieure de chacun d'eux et dans la boule. Si l'on veut vider la boule, on ouvre le robinet, et le résidu aqueux se rend dans la chaudière. Ce résidu étant en ébullition, ne refroidit pas le liquide de la chaudière, comme cela arrive dans les appareils où le même résidu vient de l'endroit le plus tempéré, ce qui est un vice irréparable. Pour arriver à obtenir dans cet appareil le titre au-dessous du trois-six, ou 33 degrés, on supprime une partie du filet d'eau froide, dans la proportion de l'infériorité du titre que l'on veut obtenir. Le distillateur connaît la spirituosité du liquide qui coule par le serpentin ; si ce liquide est trop élevé, il supprime encore un peu plus d'eau; si au contraire son titre n'est pas assez élevé, il l'augmente ; mais dans le cas où il voudrait porter son produit à 20 ou 22 degrés, il supprime tout-à-fait le filet d'eau, jusqu'à ce que son liquide commence à perdre, c'est-à-dire, jusqu'à ce qu'il ne fasse plus de globules ; alors il faut donner un petit filet d'eau en ouvrant le robinet à moitié, ou au quart, selon le besoin. Si l'on rabaissait trop la température, toutes ces vapeurs seraient condensées et le filet de la distillation ne coulerait plus ; cependant lorsque ce filet donne le titre désiré, et qu'il se soutient, on supprime l'eau ; ce n'est que lorsqu'il diminue qu'on donne un peu d'eau, et par ce moyen tout le flegme est converti en liquide de 20 ou 22 degrés; ainsi de suite dans toutes les autres preuves plus élevées et dans les proportions. L'eau froide qui s'introduit à la partie supérieure prend la place de la chaude qui suit par le robinet disposé à cet effet. Cet appareil peut être adapté à telle chaudière que l'on voudra, quelle que soit sa capacité, puisque les diaphragmes sont toujours libres, ainsi que la boule lorsqu'on le désire, ce qui n'influe en rien sur le principe de l'appareil, ni sur la marche de l'opération. (*Brevets non publiés*.) — Le même auteur a obtenu un *brevet de dix ans* pour des procédés de construction d'un appareil distillatoire servant à réduire le titre de l'esprit de vin. Il lui a été délivré en 1814 un *certificat d'additions et de perfectionnemens*. Nous donnerons des détails sur ces procédés dans notre Dictionnaire de 1823. — *Perfectionnement*. — M. Baglioni, *de Bordeaux*. — *Brevet de dix ans* pour un appareil distillatoire continu que nous décrirons dans notre Dictionnaire annuel de 1823. — *Inventions*. — M. Alègre, *de Paris*. — Le 21 février M. Alègre prit un *brevet d'invention* pour un nouvel appareil distillatoire dont voici la description. Dans un fourneau d'une construction particulière est enfermée une première chaudière en surface, surmontée d'une autre chaudière. Celle-ci est enveloppée d'un réfrigérant. Au-dessus de la chaudière supérieure est un chapiteau en forme de sphère aplatie, supporté par un collet de peu d'élévation ; c'est dans ce chapiteau que se rendent les vapeurs fournies par les deux chaudières, et il est, comme la chaudière supérieure, enveloppé d'un réfrigérant. Au-dessus de ce chapiteau s'élève une colonne en cuivre, de six à sept pieds de hauteur, et d'environ trente-trois pouces de diamètre. Cette colonne en contient une seconde plus petite qui renferme le condensateur. La colonne est surmontée de deux tuyaux en arc, qui se rendent dans une cuve d'environ dix pieds de hauteur, laquelle renferme un vaste serpentin de la même hauteur ; cette cuve est foncée par ses deux bouts. La liqueur condensée, après avoir parcouru les tours nombreux de l'immense serpentin contenu dans la cuve, coule froide dans le bassiot, ou dans la barrique placée au-dessous du bec inférieur du serpentin, et qui est destinée à la recevoir. On n'emploie pour la réfrigération ou la condensation des vapeurs que du vin ou les liqueurs mêmes destinées à être distillées ; ce n'est que dans les deux réfrigérans qui enveloppent le chapiteau et la chaudière supérieure qu'on met de l'eau. Toutes les quarante minutes, on fait une chauffe, et l'on distille en vingt-quatre heures de cent cinquante à deux cents hecto-litres de vin, ou de dix-neuf cent soixante-quinze à deux mille trois cents veltes, pour obtenir de l'eau-de-vie à 22 degrés, ou de l'esprit de 33 à 36 degrés avec le même liquide. Un seul appareil suffit. On connaît que la chauffe est finie, c'est-à-dire, que le vin est dépouillé de tout son alcohol, lorsque, après avoir ouvert le robinet du niveau supérieur de chacune des chaudières, on en ap-proche un papier enflammé sans voir brûler la vapeur qui sort par ce robinet. Avec cet appareil on n'a pas de re-passes ; et cet avantage si remarquable a été attesté par la chambre de commerce, qui a spécialement recommandé la mise en activité de l'appareil de M. Alègre. L'on n'éteint pas le feu pendant qu'on décharge et qu'on recharge l'appareil : comme cette opération dure tout au plus trois minutes, on se contente de ne pas alimenter le feu, et la distillation continue, parce que les vapeurs qui se trouvent dans l'immense serpentin ne sont pas toutes con-densées au moment où la distillation cesse. L'opération ne paraît pas interrompue, parce que le vin dont on charge les deux chaudières, étant très-chaud, rend l'interruption presque insensible. L'appareil dont il s'agit possède encore un autre avantage non moins essentiel, celui d'opérer le dédou-blement des esprits, c'est-à-dire d'obtenir avec du *trois-six* de l'eau-de-vie preuve de Hollande. Jusqu'alors (1813), en mêlant un litre d'esprit avec un litre d'eau pour faire ce dédoublement, on n'obtenait pas deux litres d'eau-de-vie : on subissait toujours une perte d'un centième du mélange ; effet qui est dû à la pénétration des liqueurs. M. Alègre, à l'aide de son appareil, a évité d'éprouver cette perte, et de plus l'eau-de-vie qui provient du dédoublement n'a pas un goût différent de celle obtenue directement. Pour ar-river à ce but, ce distillateur met ces deux corps en cou-

tact, non à l'état de liquide, mais à l'état de vapeur ; il
applique à chacun d'eux le degré de calorique qui lui est
nécessaire pour être favorisé ; et c'est dans cet état qu'il les
combine. Un seul fourneau et le nouvel appareil suffisent
pour cette opération. Quoique l'appareil distillatoire de
M. Alègre, que nous venons de décrire, soit le meilleur,
ou du moins l'un des meilleurs connus jusqu'en 1813, l'auteur l'a perfectionné en 1816 (le *brevet de perfectionnement
est de dix ans*), et il est maintenant susceptible de faire un
tiers d'ouvrage de plus qu'auparavant, sans augmenter
la quantité d'ouvriers, ni le charbon, ni aucune des
dépenses qu'exigent le premier appareil, et tous les
autres connus. Ce fait peut être prouvé, dit M. Alègre,
par des expériences auxquelles l'appareil perfectionné
que j'ai fait monter à Paris, rue du Faubourg-Saint-
Antoine, n°. 291, a été soumis. Cet appareil ne contient que quarante veltes de liquide, ou trois cents
litres, avec le vin de fécule : il distille de quatre-vingts à
quatre-vingt-dix veltes d'eau-de-vie à 22 degrés en vingt-
quatre heures ; et comme on peut effectuer trente chauffes
par jour, il peut distiller douze cents veltes, ou neuf
mille litres de vin de fécule, et le produit de ce vin sera
d'environ quatre-vingts à quatre-vingt-dix veltes d'eau-de-
vie à 22 degrés, ou de cinquante-cinq à soixante veltes
d'esprit à trente-trois degrés, ou à trente-six dans les proportions du premier produit cité. Ces différens degrés
sont obtenus à volonté. Un appareil plus grand, d'une
contenance de cent veltes, par exemple, peut distiller
trois mille veltes de vin de fécule, ou vingt-deux mille
huit cents litres, et faire avec ce vin de deux cent douze à
deux cent vingt-cinq veltes d'eau-de-vie à 22 degrés par
vingt-quatre heures. L'auteur assure que le produit serait
bien plus considérable dans le midi de la France, en opérant sur du vin de raisins. — M. CELLIER-BLUMENTHAL,
de Paris. — Un *brevet de quinze ans* a été accordé
à M. Cellier-Blumenthal, pour un appareil distillatoire continu à la vapeur, propre à la distillation des

vins, des grains et des pommes-de-terre. Cette invention est fondée sur des principes entièrement nouveaux dans l'art de la distillation. Pour opérer, il faut porter le liquide au point le plus élevé de l'appareil ; là il entre par un tube qui le divise en filets déliés, ou nappes très-minces ; il parcourt ainsi toutes les surfaces qui sont multipliées à dessein, et il arrive par petites portions dans la chaudière, dépouillé de tout ou de presque tout l'alcohol qu'il contenait. Là il fait encore un assez long circuit, et ne constitue plus que de la vinasse, qui finit par être privée du peu d'alcohol qu'elle contenait. Cette vinasse dépouillée s'écoule alors continuellement, et sa sortie est réglée d'après les quantités de vin introduites dans la partie supérieure de l'appareil : une fois l'opération commencée, rien ne peut la ralentir. Au moyen de la division du liquide et de l'action de la vapeur sans compression, cette opération se fait seule. La vapeur d'eau simple, ensuite celle de la vinasse mêlée avec plus ou moins d'alcohol, sort de la chaudière, entre dans l'appareil par sa partie inférieure ; elle y rencontre le vin sous forme de pluie, ou sous celle de filets divisés ou de nappes très-minces. Elle le chauffe d'abord, puis il se forme des vapeurs alcoholiques aux dépens d'une partie du calorique de la vapeur de l'eau, qui, en abandonnant le calorique, se trouve ramenée à l'état d'eau liquide ; elle se mêle avec le vin ou la vinasse, et prend sa direction vers la partie inférieure de l'appareil ; de là elle se rend dans la chaudière, mêlée avec la vinasse presque entièrement dépouillée. Dans cette chaudière, la vinasse sert d'elle-même de réservoir pour fournir la vapeur aqueuse, et le peu d'alcohol qu'elle peut encore contenir achève d'être enlevé au moyen des circuits ménagés dans la chaudière, et qu'elle parcourt avant de s'échapper par le robinet de décharge. La vapeur alcoholique, mêlée de plus ou moins de vapeur aqueuse, prend sa direction vers la partie supérieure de l'appareil, et rencontrant dans son chemin des surfaces moins chaudes qu'elle, l'échange se continue ; elle se dépouille de plus en plus d'eau, et lorsqu'elle en est privée au point désiré, elle se rend dans le serpentin, où, trouvant le vin d'abord chaud, puis un peu moins, et enfin froid, elle s'y condense, reparaît à l'état liquide, et forme ainsi de l'esprit à tel degré que l'on veut, suivant le refroidissement ou la multiplicité des surfaces plus ou moins chaudes qu'on lui a fait parcourir. (*Archives des découvertes et inventions*, 1820, *tome* 12, *page* 316.) Nous reviendrons sur cet appareil dans notre Dictionnaire de 1828. — M. Dérivès, *de Taillant* (Gironde). — *Brevet de dix ans* pour la construction d'une machine propre à extraire l'eau-de-vie contenue dans le marc de raisin. Nous rendrons compte de cette machine dans notre Dictionnaire de 1823. (1) — M. ***. — 1816. — L'appareil que nous allons décrire est propre à remplacer les ballons dans toutes les distillations à la cornue, où les produits de l'opération doivent être condensés comme dans la préparation des éthers, de l'acide nitrique, etc. Quelques pharmaciens ont déjà cherché à substituer au serpentin un vase condensateur moins embarrassant et d'un usage plus général. Le serpentin métallique ne peut servir à la distillation des acides; le serpentin en verre est trop coûteux et trop fragile : tous deux retiennent trop facilement l'odeur des liquides qui les ont traversés, et deviennent souvent très-difficiles à nettoyer. Il fallait donc trouver un condensateur analogue aux ballons, mais qui n'assujettît point l'opérateur à rafraîchir continuellement, et qui donnât la facilité de séparer les produits de l'opération sans mettre dans la nécessité de déluter. L'appareil suivant remplit toutes ces conditions. Il se compose d'une cuve en cuivre destinée à contenir un flacon tubulé à sa base, de la capacité de dix à douze pintes. Il faut observer seulement de proportionner le flacon à la dimension de la cuve, de manière à conserver entre ce flacon et les parois de la cuve deux pouces et demi de distance sur

---

(1) C'est ici (1814) que doit venir l'article de M. Brougnières, de la Rochelle, porté à tort en l'an XIII.

tous les points. Afin de fixer le flacon d'une manière facile,
et surtout solide, pour que l'eau dont la cuve est continuellement remplie ne puisse le soulever et diminuer son
aplomb, on pratique à la partie inférieure de la cuve, et
vers le tube du flacon, une ouverture ronde de quatre
pouces de diamètre environ (ouverture beaucoup trop
grande, mais destinée à recevoir une autre pièce). Un morceau de cuivre qui a la forme d'un plateau de balance creux ou
d'une capsule, dont l'ouverture ou le diamètre de son évasement se trouve le même que l'ouverture pratiquée à la cuve,
y est soudée de manière que la partie convexe se trouve en
dedans. Au fond et au centre de cette pièce, on pratique un
passage destiné à recevoir la tubulure. Il est facile de s'a-
percevoir dans quelle intention on pratique ce renfonce-
ment. Comme il est nécessaire que le flacon soit entouré
d'une égale quantité d'eau sur tous les points, et comme la
tubulure de ces flacons n'a tout au plus que deux à trois
pouces de longueur, cette pièce est destinée à se porter au-
devant pour la conduire à l'extrémité de la cuve par l'ouverture pratiquée dans son centre. Pour maintenir le flacon dans une position fixe, sa partie supérieure reçoit un
anneau en fer qui passe très-librement autour de son col,
c'est-à-dire, avec un demi-pouce ou un pouce de jeu. On
place au-dessous une rondelle ou valet de paille pour éviter
le contact immédiat du fer contre le verre. On soude à ce
cercle deux branches, dont les extrémités vont se fixer sur
les bords de la cuve, au moyen d'une petite pièce dans laquelle elles s'enclavent, et se trouvent arrêtées par une
clavette que l'on retire à volonté. L'ouverture inférieure
de la cuve est pratiquée à un point d'élévation qui exige
que le flacon soit porté sur une planche pour mettre sa tubulure de niveau avec elle. Cette planche est garnie de trois
petites tringles de bois, dans lesquelles le fond du flacon
se trouve encadré. Quand le flacon est en place, on assu-
jettit la planche avec une brique. Ces dispositions faites,
on lute avec un peu d'emplâtre malaxé l'ouverture de la
cuve qui reçoit la tubulure, et l'on monte l'appareil à la

manière accoutumée. On adapte à une cornue une allonge recourbée qui se rend dans le flacon destiné à condenser les vapeurs. Celui-ci, muni d'un robinet en verre, verse la liqueur dans un récipient également tubulé à sa base. Un filet d'eau froide se rend dans l'intérieur de la cuve par un entonnoir muni d'un tuyau, et l'eau échauffée par la distillation, montant à la partie supérieure de la cuve, en sort par un tuyau de décharge, pour être sans cesse remplacée par de l'eau froide. Cette cuve mérite la préférence sur les moyens employés jusqu'à ce jour, parce que la manière de rafraîchir l'appareil est constante, et n'exige pas une surveillance continue ; parce que les produits obtenus sont plus considérables en raison de la facile condensation ; parce qu'on peut se livrer en même temps à d'autres opérations. Si l'on a plusieurs distillations successives à faire, on n'a que l'allonge à luter et déluter chaque fois. Dans les pharmacies où l'emplacement ne permet pas que l'on ait un réservoir pour fournir de l'eau à volonté, on peut y suppléer en établissant, par un moyen quelconque, au-dessus de la cuve, un seau, un tonneau, une jarre, ou tout autre vase rempli d'eau, au fond duquel plonge un siphon qui se rend dans la cuve, et l'alimente d'eau froide. Pour distiller en grand de l'éther, on pourrait faire marcher deux cornues à la fois, pourvu que le flacon plongé dans la cuve fût à deux tubulures à sa partie supérieure, qui recevrait le bec de deux allonges ; mais il faudrait que ce flacon eût une capacité double, et qu'au lieu de contenir douze pintes, il pût en contenir vingt-quatre. Il en serait de même de la cuve, qui aurait besoin d'un volume d'eau plus considérable, puisqu'elle aurait le double des vapeurs à condenser. Comme l'hiver est ordinairement la saison où l'on fait provision d'éther, on pourrait, au lieu d'avoir un courant d'eau, employer de la glace, qui condenserait encore mieux les vapeurs. La lenteur avec laquelle elle se fond donnerait à l'opérateur toute sécurité sur la marche de la distillation. Cet appareil étant de métal ne peut servir à distiller les acides, ni à de grandes opérations,

parce qu'on ne trouverait pas de flacons tubulés d'une
grande capacité; mais alors on pourrait avoir recours
au condensateur conique de M. le baron de Gedda, académicien de Stockolm. (*Annales des arts et manufact.*,
t. 19, p. 92. *Journal de pharmacie*, 1816, bull. 2, p. 170.)
— *Perfectionnemens.* — MM. Tachouzin et Gounon. —
Brevet de quinze ans pour un appareil distillatoire continu à
la vapeur. Cet appareil sera décrit dans notre Dictionnaire
annuel de 1831. — M. Dombasle (Mathieu de). —*Brevet
de dix ans* pour un appareil distillatoire nommé *combineur
hydropneumatique*. Cet appareil sera décrit dans notre Dictionnaire annuel de 1826.—M. Magnan (Paul). — *Brevet
de dix ans* pour un appareil distillatoire ambulant et stable.
Nous décrirons cet appareil dans notre Dictionnaire annuel
de 1826. — *Invention.* -- M. Alleau. — 1817. — *Brevet
de cinq ans* pour un appareil propre à la distillation de l'alcohol, et qui sera décrit dans notre Dictionnaire annuel de
1822.—*Perfectionnemens.* — M. Adam.—1817.—*Brevet
de dix ans* pour un appareil distillatoire que nous décrirons
dans notre Dictionnaire annuel de 1827.—M. Brouquières.
—1817.— *Brevet de dix ans* pour un appareil distillatoire.
Description en 1827.— M. Cellier-Blumenthal. — 1817.
—Une *Médaille d'or* de première classe a été décernée à l'auteur pour son appareil distillatoire continu, par la Société
d'encouragement. — *Inventions.* — M. Le Normand, *de
Paris.* — 1818. — L'appareil inventé par ce professeur de
technologie est composé de trois pièces : la cucurbite, le
condensateur, et le réfrigérant. La chaudière a quatre pieds
de diamètre, et contient huit hectolitres de matière. Le liquide présente à l'évaporation vingt-cinq pieds carrés de
surface ; et, malgré l'absence de tout moteur mécanique,
aussitôt que les substances s'échauffent, elles sont continuellement agitées. Dès que la distillation commence,
l'air atmosphérique est chassé de l'appareil, et ne peut
plus y rentrer ; on n'a d'autres robinets à tourner que ceux
de décharge, lorsque la distillation est finie : aucun accident ne peut survenir pendant l'opération. Par ses procé-

dés, l'auteur obtient les résultats les plus satisfaisans. Il n'a point de repasses, et les résidus donnent zéro à l'aréomètre, pendant que l'esprit qui sort marque trente-neuf degrés. Cet appareil est monté en grand à Paris. (*Bulletin de la Société d'encouragement*, *juillet* 1818. *Archives des découvertes*, 1819, *page* 219.) — M. CELLIER-BLUMENTHAL. — 1818. — *Brevet de quinze ans* pour l'invention d'un appareil à distillation continue. — M. THUILLIÈRE jeune. — *Brevet de quinze ans* pour un semblable appareil. — M. PRIVAT aîné. — *Brevet de cinq ans* pour un appareil distillatoire. Ces trois appareils seront décrits dans nos Dictionnaires annuels, à l'expiration des brevets. — M. PRIVAT. — 1819. — *Brevet de cinq ans* pour un appareil destiné à la distillation continue des liquides spiritueux, des matières épaisses et fermentées, des marcs de raisin, etc. — MM. DELACHAISE et MARSAN. — *Brevet de cinq ans* pour un appareil distillatoire. — M. JULLIEN. — *Brevet de dix ans* pour un appareil propre à distiller les eaux-de-vie et les esprits. — M. VARNOD-OSVALD. — *Brevet de cinq ans* pour un appareil distillatoire. — MM. CAUMETTE et ALIEZ. — *Brevet de cinq ans* pour un semblable appareil. Ces cinq appareils seront décrits, chacun, à l'expiration des brevets dans nos Dictionnaires annuels. — *Perfectionnemens.* — M. PASTRÉ. — *Brevet de dix ans* pour des perfectionnemens apportés dans la manière de chauffer l'appareil distillatoire de feu Édouard Adam. Ces perfectionnemens seront décrits dans notre Dictionnaire annuel de 1829. — M. BARNABÉ. — *Brevet de quinze ans* pour un appareil distillatoire, dont on donnera la description à l'expiration du brevet. — M. GARLEPIED, *de Bordeaux.* — L'auteur a inventé un chapiteau de chaudière qu'il nomme *chapiteau perfectionné*, avec lequel une chaudière de soixante veltes peut faire huit chauffes par vingt-quatre heures de travail ; et, chaque fois, on obtient de l'eau-de-vie à 22 et 24 degrés, d'un goût suave et doux, sans qu'il soit nécessaire de rebrûler. Cet appareil peut consommer seize barriques de vin par jour. Il a en outre l'avantage de produire deux litres d'eau-de-vie par barrique de plus que par les anciens procédés ; d'économiser le bois, le temps et la main-d'œuvre. M. Garlepied construit une colonne portant son rafraîchissoir, qu'il nomme *colonne de rectification*, avec laquelle on obtient à la première chauffe le trois-six, et même l'esprit le plus fort que les nouveaux appareils puissent fournir. (*Archives des découvertes et inventions*, 1820, *tome* 12, *page* 319.) — M. CELLIER-BLUMENTHAL. — Une *médaille d'argent* a été décernée par le jury de l'exposition à M. Cellier-Blumenthal, en récompense de ses travaux utiles et ingénieux dans l'art de la distillation. (*Rapport du Jury*, 1819.) — M. DEROSNE. — Une semblable *médaille* a été décernée à M. Derosne, pour avoir fait connaître et adopter le charbon animal dans le rafinage des sucres, et perfectionné l'appareil distillatoire de M. Cellier-Blumenthal. (*De l'Industrie française*, *par M. de Jouy*, *page* 8.) — *Invention*. — M. ADAM. — 1820. — *Brevet de quinze ans* pour un appareil de distillation. — M. CARON. — *Brevet de dix ans* pour un semblable appareil. — M. DERODE. — *Brevet de cinq ans* pour un appareil continu. Ces trois appareils seront décrits, à l'expiration des brevets, dans nos Dictionnaires annuels. *Voyez* ALAMBIC AMBULANT, DIGESTEUR DISTILLATOIRE, EAUX-DE-VIE, ESPRITS, ÉVAPORATOIRE, et ZEMOSIMÈTRE.

DISTILLATION (Application du calorique des usines à la). — *Invention.* — M. BERNAVON, *de Beaucaire.* — 1806. — L'auteur a obtenu un *brevet de quinze ans* pour cet appareil, ou le calorique sert en même temps à la distillation et à la vaporisation. Nous le décrirons dans notre Dictionnaire annuel de 1821.

DITRICHUM MACROPHYLLUM. — BOTANIQUE. — *Observations nouvelles.* — M. H. CASSINI. — 1818. — Plante herbacée, probablement très-élevée. Tige simple, épaisse, cylindrique, striée, pubescente ; feuilles alternes, sessiles, longues d'environ un pied, larges de trois à quatre pouces, oblongues lancéolées, sinuées latéralement et irrégulièrement, de manière à former des lobes inégaux, irréguliers, larges, aigus; vertes et très-scabres ou âpres par l'effet de petits poils épars, courts, épais, coniques; la base de la feuille auriculée et décurrente sur la tige, offrant l'apparence de stipules. Calathides nombreuses, disposées en une panicule corymbiforme, terminale et composée de fleurs jaunes. Calathide incouronnée, équaliflore, piriflore, régulariflore, androgyniflore. Péricline supérieur aux fleurs, cylindracé, irrégulier, formé de squames peu nombreuses, bisériées, diffuses : les extérieures très-courtes, inégales, inappliquées; les intérieures très-longues, inégales, appliquées, squamelliformes, oblongues, coriaces, à sommet foliacé, acuminé. Clinanthe plane, garni de squamelles supérieures aux fleurs, squamiformes, terminées par un appendice subulé, membraneux. Cypsèles comprimées bilatéralement, obovales, glabres, munies d'une aigrette composée de deux longues squamellules opposées, l'une antérieure, l'autre postérieure, filiformes, épaisses, à peine barbellées. Corolle à tube hérissé de longs poils membraneux. Cette plante, de la famille des synanthérées, et de la tribu des hélianthées, section des prototypes, constitue un genre immédiatement voisin du *salmea* de M. Decandolle, et du *petrobium* de M. R. Brown, avec lesquels il doit être rangé entre le *spilanthus* et le *verbesina*. L'auteur l'a analysé dans l'Herbier de M. de Jussieu, où il est étiqueté avec doute, d'après Vahl, *conysa lobata.* Linn. *Société philomathique, avril* 1818, *page* 57.

DIVISIONS MILITAIRES. *Voyez* FRANCE (Division militaire de la).

DIX-RAIES, ou lézard scinque. — ZOOLOGIE. — *Observations nouvelles.*—M. DE LACÉPÈDE, *de l'Institut.*—AN XII. — Ce lézard, qui se rapproche du scinque huit-raies de M. Baudin, a le dessus du corps noir, avec dix raies blanchâtres, et les pates rayées longitudinalement de blan-

châtre et de noir. Le nom spécifique de dix-raies le distingue : il a le dessous du corps blanc. *Annales du Mu-*
séum d'histoire naturelle , an XII, t. 4, p. 192.

DODONÆA ANGUSTIFOLIA.—MATIÈRE MÉDICALE.—
Observations nouvelles. — M. J.-J. VIREY. — 1814. — Le
Dodonæa angustifolia est nommé aussi bois reinette à cause
de l'odeur agréable de ses feuilles; elles s'emploient pour
aromatiser certaines liqueurs des îles pour la table , et on
fait des décoctions laxatives avec son bois. Ces décoctions
ont une propriété très-convenable dans plusieurs fièvres
intermittentes aux Indes orientales et aux Antilles. On l'emploie aussi dans plusieurs officines d'Europe. *Bulletin de*
pharmacie , 1814, t. 6, p. 248.

DOLICHOTIS. (Mammifère de l'ordre des rongeurs.)—
ZOOLOGIE. — *Observations nouvelles.* — M. DESMAREST. —
1819.—L'auteur, ayant eu l'occasion de pouvoir examiner
avec soin plusieurs peaux, malheureusement incomplètes,
d'un animal quadrupède , et envoyées de Buénos-Ayres
comme provenant d'un lièvre du Brésil, a dû rechercher à
quelle espèce elles pouvaient avoir appartenu, et si cette
espèce avait été reprise par les zoologistes les plus récens.
Quoique plusieurs de ceux-ci n'en fassent pas mention, il s'est
cependant aisément aperçu que l'animal dont proviennent
ces peaux n'était autre chose que le lièvre pampa de don Félix
d'Azzara, que le docteur Shaw, dans sa Zoologie générale,
a nommé *cavia patagonicha* , qui paraît en effet se trouver
dans toute l'extrémité occidentale de l'Amérique méridionale , au Brésil et sur la terre des Patagons , et dont
plusieurs voyageurs , et même Buffon , ont parlé à tort
comme d'un lièvre proprement dit. M. Desmaret, par une
description exacte des fourrures qu'il a observées, et qui
se trouvent parfaitement concorder avec ce que dit d'Azzara,
montre aisément que le docteur Shaw a eu raison d'en faire
une espèce de *cavia* (Linn.), à cause du nombre des doigts,
qui est de quatre en avant et de trois en arrière, l'absence
presque totale de queue , et le petit nombre de mamelles,

qui n'est que de quatre, et surtout par le système dentaire. Mais comme, dans ces derniers temps, on a subdivisé ce genre *cavia* (Linn.) en quatre petits genres, il lui semble que c'est près des agoutis proprement dits que cet animal doit être placé, quoiqu'il en diffère un peu par le nombre des mamelles; aussi l'auteur paraît-il porté à admettre que la grandeur assez considérable de ses oreilles, la nature de son poil, qui est presque aussi doux que celui des lièvres, pouvant le faire considérer comme formant une sorte de passage de la famille des lièvres à celle des cavias, on pourra, surtout lorsque son système dentaire sera mieux connu, en faire le type d'un petit genre nouveau, qu'il propose de désigner sous le nom de *dolichetis*, à cause de la longueur assez considérable de ses oreilles. M. Desmarest termine son mémoire en faisant des vœux pour que cet animal, qui atteint jusqu'à deux pieds et demi de long, dont la chair est excellente, qui est facile à nourrir, et qui s'attache aisément au domicile de l'homme, soit importé et naturalisé dans nos climats, qui doivent lui convenir, puisque le cochon d'Inde, qui est introduit en Europe depuis la découverte du nouveau monde, appartient à la même famille et vient des mêmes pays. *Bulletin des sciences par la Société philomathique,* 1819, p. 40.

DONACES FOSSILES. — Géologie. — *Découverte.* — M. de Lamarck, *de l'Institut.* — 1806. — Les donaces se reconnaissent en général au premier aspect par leur forme assez particulière. Ce sont des coquilles marines, bivalves transverses, un peu aplaties, très-inéquilatérales, presque triangulaires; leur valves sont égales l'une à l'autre; elles sont lisses ou finement striées, et souvent ornées de couleurs très-agréables. M. de Lamarck donne la description de six espèces fossiles trouvées dans les environs de Paris. 1°. *Donace émoussée,* coquille qui paraît très-voisine du *donax cuneata*; néanmoins elle en diffère par son côté antérieur plus court, plus obtus, par ses stries simples, fines et transverses; enfin par son bord supérieur un peu sinué. Elle est ovale transverse, cunéiforme, aplatie, et n'offre aucune dentelure sur le bord interne et supérieur de ses valves ; elle a deux centimètres de longueur, sur vingt-huit millimètres de largeur. Ses dents cardinales sont au nombre de deux sur chaque valve ; les latérales sont presque nulles. 2°. *Donace incomplète*, petite coquille mince, lisse luisante, ovale triangulaire, transverse, ayant le côté antérieur court et arrondi, et le postérieur prolongé, se rétrécissant presque en pointe. Elle est longue de sept millimètres, et large de onze. Le bord supérieur de ses valves n'offre intérieurement aucune dentelure. A côté du crochet de chaque valve on aperçoit une petite dent rejetée en dehors, comme une petite oreillette située à la base du côté antérieur. 3°. *Donace tellinelle;* cette espèce est ovale oblongue, transverse, mince, finement striée en travers, et a à peine six millimètres de longueur, sur une largeur de neuf à dix millimètres. Ses dents cardinales sont au nombre de deux, et les latérales en sont bien écartées, surtout la postérieure. 4°. *Donace luisante;* coquille lisse et luisante, ayant son côté antérieur un peu raccourci. Sa longueur est à peine de trois millimètres sur six à sept de largeur. Elle a deux petites dents cardinales et deux dents latérales, écartées, bien distinctes. Le bord intérieur de ses valves est très-entier. 5°. *Donace lunulée*, espèce très-singulière qui approche de celle d'une lune voisine de son plein. Cette coquille est presque orbiculaire, ovoïde, oblique, fort aplatie, et son côté antérieur est court et très-obtus. Sa surface extérieure offre des stries transverses extrêmement fines, égales et serrées ; à la charnière deux dents cardinales dont une est bifide, et une dent latérale plus exprimée d'un côté que de l'autre. Le bord interne des valves est très-entier; sa longueur est de dix-neuf millimètres, et sa largeur de vingt-un. 6°. *Donace oblique;* elle a un peu plus de six millimètres de longueur sur une largeur de cinq. Sa surface paraît lisse, ses stries transversales sont à peine perceptibles. On voit à sa charnière une seule dent cardinale sur une valve, et deux très-petites sur l'autre, en outre on aperçoit quelques vestiges de dents latérales d'un côté. *Annales du Muséum d'histoire naturelle*, 1806, tome 7, page 13.

DONNAVY. (Machine à élever l'eau.) — Mécanique. — *Invention.* — M. Donnavy, *armurier-mécanicien*, à *Provins.* — 1808. — Cette invention n'est point, comme on l'a dit, due au hasard ou à une inspiration soudaine : c'est le résultat de longues méditations et de tentatives multipliées ; c'est l'ouvrage d'un homme qui joint à un génie inventif des connaissances positives, un esprit patient et calculateur, une main adroite et exercée. Ce n'est qu'après six ans d'essai que M. Donnavy est parvenu à réaliser ses idées ou du moins à en amener l'exécution au degré de perfection et de simplicité qu'il lui a donnée. Sa machine est établie dans un puits au milieu de son jardin. C'est là qu'elle a été vue à plusieurs reprises par des personnes dignes de foi, telles que le maire de Provins même, et par M. Aubert du Petit-Thouars. Ce dernier s'est rendu exprès sur les lieux ; il a vu la machine et l'inventeur, et a publié dans la *gazette de France*, du 11 juin 1808, une relation qui, d'après l'exactitude des observations et les lumières de l'observateur, peut passer pour une véritable rapport d'expert. Il ne doit exister aucun doute sur la réalité de la découverte. Il ne s'agit que de l'apprécier sous les rapports de la science. Le mécanisme est si peu compliqué, suivant l'auteur, qu'il suffirait à un enfant de le voir pour le comprendre. La seule partie visible de l'appareil consiste en un réservoir élevé de quelques pieds au-dessus du puits, et duquel descendent trois tuyaux d'inégale grosseur. Le plus gros des trois sert à l'ascension de l'eau. Un des petits sert simplement à la diriger vers sa destination. L'usage du troisième n'est pas désigné ; mais il y a lieu de croire que c'est une des pièces essentielles, et en quelque sorte l'âme de la machine. Le surplus du mécanisme est placé au fond du puits. L'eau s'élève à vingt-huit ou trente pieds au-dessus de son niveau, et alimente sans relâche un jet d'eau placé au milieu d'un bassin. Le volume d'eau fourni est environ de trois muids par heure. Le trop plein du bassin est ramené dans le puits. On ne savait pas par expérience jusqu'à quel point on pouvait augmenter la hauteur de l'ascension et le volume de l'eau élevée; mais M. Donnavy est persuadé que cette augmentation peut aller très-loin, et il ne saurait en assigner le terme. On ne voit ici aucune force étrangère employée. Point de courant; la machine est sur une eau stagnante. Point de vent; tout est renfermé. Point de poids ni de ressorts; il faudrait les remonter. Point de bras, point d'animaux, point de vapeur; tous ces moyens sont visibles, variables, bornés. On est donc forcé de conclure, tout incroyable que peut paraître ce résultat, que la machine renferme en elle-même son principe d'action, et que le mouvement une fois imprimé est entretenu par une force quelconque de réaction, que fournit l'eau même sur laquelle il opère. C'est aussi le dire de l'auteur; c'est celui des commissaires de la Société d'agriculture, sciences et arts de Provins. Depuis trois ans que cette machine est en action (1808), elle ne s'est arrêtée qu'une fois, et cela par l'engorgement d'un tuyau où des feuilles sèches avaient pénétré; inconvénient facile à prévenir. Quelques personnes ont vu là une solution du trop fameux problème du mouvement perpétuel. C'en est peut-être une heureuse approximation; mais ce qui paraît plus certain, c'est que cette machine diffère, dans ses moyens et dans ses effets, de toutes celles qui avaient été jusqu'alors exécutées ou proposées; que par conséquent c'est en effet une acquisition pour la science; qu'enfin c'est un nouveau pas fait en mécanique. Les commissaires de la Société d'agriculture ont proposé de donner à cette machine le nom de son auteur. La prétention est des plus justes; nous l'appelons donc la *donnavy*. Les applications possibles de la donnavy sont sans nombre; et, comme l'observe M. du Petit-Thouars, *l'imagination se perd dans l'énumération des services qu'on peut en attendre.* Distribuer l'eau en abon-

dance aux jardins et aux champs, l'élever sur le sommet
des montagnes, l'amener à la surface des terrains les plus
arides, partout où on pourrait la trouver dans les retraites
de la terre; la faire monter au plus haut des habitations
pour tous les usages domestiques; tirer d'un lac, d'un
étang ou d'un puits, des courans, des chutes d'eau propres à
faire agir des moulins et usines; faciliter l'établissement
des canaux de navigation et d'arrosage; dessécher les marais, trouver enfin dans son emploi mille moyens de diminuer la peine et la dépense en multipliant les produits,
ou d'entreprendre des choses que les moyens actuellement
en usage ne permettent pas de tenter : telle est la faible
esquisse des avantages que l'on entrevoit, et que le temps et
l'usage développeraient tous les jours. Quel peut être
maintenant le sort de cette découverte ? M. Donnavy a
vendu son secret à des négocians de Marseille (MM. Bru-
nel et compagnie), qui ont entrepris des desséchemens de
marais. *Moniteur*, 1808, *page* 715.

DONZELLE IMBERBE.—Zoologie.—*Observat. nouv.*
—M. Cuvier, *de l'Institut.* — 1814.—Ce petit poisson, qui
habite la Méditerranée, a été vaguement indiqué et rapporté à l'*ophidium*. Plusieurs auteurs, en suivant la classi-
fication de Rondelet, laissent l'ophidium imberbe dans le
même genre que l'ophidium barbatum, qui est la donzelle. Ce poisson, comme l'ophidium barbatum, a le corps
allongé, comprimé, diminuant par degré de hauteur en
arrière; la dorsale et l'anale s'étendant sur sa longueur et
s'unissant avec la caudale. Tous les rayons de ses nageoires
sont articulés; la peau est semblable à celle des anguilles;
la tête est courte, les ouies sont ouvertes comme dans les
poissons ordinaires, et ont sept rayons branchiostèges; de
petites dents en carde garnissent les intermaxillaires, les
mandibulaires, les palatins et l'extrémité antérieure du
vomer; l'abdomen n'occupe que le tiers de la longueur du
corps, et la troisième vertèbre porte en dessous des plaques
osseuses destinées à retenir la vessie natatoire. Cependant

la donzelle n'a point de barbillons ; sa dorsale est beaucoup plus basse ; sa couleur est jaune. *Société philomathique*, 1814, *page* 85.

DORADILLE D'ESPAGNE. (Ses propriétés.) — Matière médicale. — *Observations nouvelles.* — M. C.-F.
Cadet. — 1817. — La doradille (*asplenium cétérach*) ou scolopendre vraie des montagnes d'Andalousie, de Castille, d'Aragon, de Catalogne et de Valence, est employée depuis long-temps en médecine comme pectorale, incisive et diurétique. Ce sont les Arabes qui ont fait connaître ses propriétés et qui lui ont donné le nom de *cétérach*.
M. Morand a publié plusieurs observations sur les vertus de la doradille dans les maladies des voies urinaires et dans les coliques néphrétiques. Malgré des succès multipliés et bien constatés, la doradille, qui, sans doute, ne guérit pas toutes les maladies de la vessie, et qui n'a pas la propriété de dissoudre les calculs, fut négligée par les médecins et presque abandonnée ; cependant elle mérite l'attention des chimistes et des praticiens. M. Bouillon-Lagrange a obtenu un succès certain sur trois malades attaqués de rétention d'urine, de catarrhe de la vessie et de gravelle. *Journal de pharmacie*, 1817, *tome* 3, *page* 114.

DOREURS. (Moyens de les préserver des effets du mercure.) *Voyez* Bronze.

DOREURS. (Appareils pour les préserver des vapeurs métalliques qu'ils respirent en travaillant sur les métaux.)
Chimie. — *Invention.* — M. Brissé-Fradin. — 1814. —
— Cet appareil consiste dans une boîte en fer-blanc, cy-
lindrique ou carrée, percée en dessus et en dessous. Au trou supérieur est adapté un tube de verre recourbé, propre à mettre dans la bouche ; celui de dessous qui reste ou-
vert est plus grand, et sert à introduire du coton dont on emplit la boîte. L'appareil est pourvu de deux cordons latéraux qui servent à le fixer à la partie supérieure de la

poitrine, en leur faisant décrire une circulaire autour du corps ; il faut que cet appareil soit assez élevé pour que le tube de verre puisse facilement se placer dans la bouche. Alors l'ouvrier, qui se trouve dans une atmosphère de vapeurs malfaisantes, respire par le tube de verre, après avoir préalablement introduit une boulette de coton dans chaque narine ; l'air atmosphérique passe dans sa bouche, dépouillé des vapeurs nuisibles, qui restent dans le coton, qu'on a soin de mouiller pour plus d'efficacité. Lorsqu'on a besoin d'expirer, on jette l'air impropre, on replace sa bouche au tube, et ainsi de suite, jusqu'à ce qu'on ait fini de travailler sur les substances dont les vapeurs sont pernicieuses. Diverses expériences faites par l'auteur, et en présence d'un jury, prouvent qu'il a atteint le but qu'il se propose ; mais cet appareil ne peut convenir que pour les travaux de peu de durée, parce que son usage pourrait fatiguer par la gêne qu'on éprouve à s'en servir : ainsi dans les travaux peu durables, ce procédé peut être très-avantageux, surtout pour les personnes qui travaillent au milieu d'une atmosphère délétère, soit métallique, soit gazeuse. *Moniteur*, 1814, *page* 299. *Archives des découvertes et inventions*, 1816, tome 9, *page* 333.

DORURE A L'HUILE, en or bruni sur toutes sortes d'objets de métal verni.—Art du doreur.—M. Montcloux-Lavilleneuve, *de Paris.* — An xiii. — L'opération du premier procédé de l'auteur, pour lequel il a obtenu un *brevet de cinq ans*, consiste à appliquer un mordant sur les pièces vernies et polies. A cet effet, on réchauffe la pièce, et on la fait ressuyer dans l'étuve, afin de s'assurer qu'il n'y a pas la moindre humidité sur les parties qu'on destine à être enduites du mordant. Dans cet état parfait de siccité, on place avec précaution, et le plus également possible, tant en quantité qu'en distance, au moyen d'un petit bâton ffilé en forme de crayon, des mouches du mordant préparé. Cette opération est faite avec le plus de promptitude possible, afin que les premières gouttes mises ne prennent pas un degré de consistance qui pourrait nuire à la parfaite extension du mordant, laquelle se fait de suite, en se servant d'abord d'un petit tampon de taffetas et ensuite d'un velours qui étend le mordant et en diminue la quantité au point nécessaire. Sans cette précaution on noierait l'or en l'appliquant, et on lui ôterait le brillant qu'il obtient par l'application. Le mordant se compose d'or couleur et d'huile cuite dégraissée, mêlés en proportion égale. Le deuxième procédé consiste à ajouter deux parties de cire à une partie de vernis au mastic fait d'huile de lin dégraissée et de mastic, qu'on applique de même que le mordant ci-dessus. Lorsqu'il est frotté et étendu, on achève l'extension en l'exposant à la chaleur d'une étuve ; on applique l'or comme pour le troisième procédé, qui consiste à faire un mordant composé d'une portion de vernis blanc au carabé ou de vernis noir aussi au carabé, et de deux portions d'huile grasse ; ainsi, en supposant que la portion de vernis carabé blanc ou noir soit d'une once, la portion d'huile grasse sera de deux onces ; le tout employé sans essence, de la manière suivante : on couche le mordant au pinceau, on essuie avec un velours, et l'on met un intervalle entre l'application du mordant et celle de l'or ; l'usage seul peut enseigner le moment de siccité du mordant pour appliquer l'or. Dans cette opération, on se sert d'un coussin de peau. Sur le coussin on étale une feuille d'or battue qu'on divise en petites portions proportionnées à la dimension de la place mise en mordant ; on applique sur le mordant cette portion, par le moyen de la palette à dorer ou du bilboquet, ou d'une simple carte, suivant l'habitude de l'ouvrier. L'or une fois appliqué, on appuie dessus avec un morceau de peau bien propre, on repasse ensuite avec un velours, bien net, afin d'unir et de donner le brillant nécessaire ; on le laisse sécher dans une étuve très-douce, et on lui donne après une ou plusieurs couches de vernis gras, ayant attention de ne faire cette dernière opération que lorsque l'or est parfaitement sec, et qu'il n'est plus susceptible d'être imbibé du vernis qu'on y applique, ce qui lui ôterait son éclat. Les couches de vernis que l'on donne par-dessus l'or servent à le mettre à l'abri des frottemens et à même d'être lavé en cas de salissures de mouches ou autres inconvéniens. (*Brevets expirés*, tome 3, page 191.)

DORURE SUR BOIS. (Procédé pour la rendre plus solide.) — ART DU DOREUR. — *Perfectionnement.* — M. JANIN, *de Paris.* — AN XIII. — L'auteur a obtenu un *brevet de cinq ans* pour un nouveau procédé propre à rendre la dorure sur bois plus solide. La dorure, comme tous les arts mécaniques et de goût, est susceptible d'un fini plus ou moins précieux, suivant le temps, les soins qu'on y met et le talent des ouvriers, plus particulièrement dans la reparure. On emploie, pour la faire, des matières hétérogènes dont la combinaison exige une surveillance continuelle et une attention soutenue de la part des ouvriers ; elle peut donc être sujette à des inconvéniens lorsque cette attention cesse. Elle s'use souvent très-promptement par le frottement avec un corps humide ; elle s'écaille par le choc, quelquefois même sans choc, mais toujours par la pression, et souvent en grandes parties. Des deux premiers défauts, l'un tient à l'ignorance ou à une mauvaise économie, et l'autre peut se réparer plus ou moins facilement. La cause du troisième dépend de l'épaisseur de la feuille d'or : car, plus elle est mince, moins il faut de frottement pour l'user ; plus aussi ses pores sont faciles à traverser par un corps humide, à moins qu'il ne soit gras ; et l'humidité passe d'autant plus facilement, que l'or, réduit en feuilles aussi minces, est percé d'un plus grand nombre de trous. Il suit de là que si l'on frotte avec un corps humide, l'humidité, passant à travers les pores et les trous de l'or, se répand dans les apprêts, en soulève les molécules, qui, à leur tour, soulèvent l'or et le brisent. Si l'on continue à frotter, on ne voit bientôt plus que les apprêts. Il ne faut donc ni essuyer la dorure avec des linges humides, ni la frotter avec les mains, qui conservent toujours de l'humidité. La dorure exigeant une certaine quantité de couches, le blanc peut s'écailler entre ces mêmes couches, par la raison que, 1°. si l'on n'a pas la précaution de les employer à un même degré de chaleur, celle qui est plus froide, ne se liant pas avec celles qui précèdent, est susceptible de s'écailler; 2°. que si les différentes couches sont inégalement chargées de colle, il en résulte encore qu'elles ne se lient pas entre elles; 3°. que les apprêts de la dorure, s'appliquant sur le bois, en peuvent être séparés par plusieurs causes, par les corps gras, et par la tourmente de certains bois. Ne pouvant donc donner de nouveaux procédés pour éviter les inconvéniens qui viennent de la faute des ouvriers, on s'est attaché à détruire ceux qui viennent de la faute du bois. Pour empêcher que le bois, s'il est encore vert ou humide dans l'intérieur, ne se tourmente, on l'enduit d'une composition d'huile de lin bouillante, mêlée avec de l'essence de térébenthine; et comme cette préparation empêcherait les apprêts de la dorure de s'attacher au bois, on colle, avec une substance composée d'huile grasse et de colle de poisson ou de Flandre, de la toile fine sur toutes les parties qui doivent être dorées. Il faut avoir soin de doubler les parties appliquées sur les joints et les endroits où sont placées les chevilles; on fait ensuite tous les apprêts de la dorure, et on procède à toutes les opérations en employant de l'or plus épais. Lorsque l'ouvrage est fini, on donne deux couches de couleur à l'huile aux parties qui ne sont pas dorées; on passe sur toutes les parties dorées une composition huileuse, faite avec de l'huile de lin et de l'essence tirée à clair, qui ne donne ni vernis ni couleur à l'or; comme elle ternit un peu le bruni, il faut le polir de nouveau. Cette composition, appliquée bouillante, bouche les pores de l'or sur le mat, et pénètre au travers de ceux de l'or bruni : par ces moyens, on prévient et on empêche les défauts que l'humidité ou la séve donne au bois, et particulièrement son effet hygrométrique, puisque le bois est entouré de corps gras qui ne permettent pas aux parties aqueuses de s'évaporer; il empêche en outre l'humidité ou la sécheresse du dehors de faire gonfler ou retirer le bois, quand même les apprêts

auraient été à l'humidité ou au chaud, ce dont on peut
néanmoins préserver la dorure. *Brevets expirés*, *an* XIII,
tome 3, *page* 111.

DORURE SUR CRISTAUX. — Art du doreur. —
MM. Perdu, Patoin et Luton, *de Paris.* — An IX. —
Ces doreurs ont obtenu une *médaille de bronze* pour la perfection de leur dorure sur cristaux. (*Rapport du jury, an*
x. *Livre d'honneur, page* 289.)—M. Perdu. — An x. —
Médaille de bronze, pour la perfection de ses dorures sur
cristaux. *Livre d'honneur, page* 343.

DOUANES (Régie des). — Institutions. — 1791. —
Les douanes ont été administrées par une régie intéressée,
dont le siége était à Paris, et qui plus tard a pris le titre
d'Administration générale. Le régisseur, depuis directeur
général, et les employés du grade immédiatement inférieur,
étaient choisis et nommés par le roi. Les préposés inférieurs
étaient nommés par la régie. Le régisseur général ne pouvait
être destitué que par le roi ; il en était de même des préposés
immédiats; les autres employés pouvaient être destitués par
une délibération des régisseurs. De 1791 à 1814, il a été
apporté dans l'administration des douanes, et particulièrement dans le personnel, divers changemens et modifications ; mais les bases de l'institution n'ont point été chan-
gées. (*Loi du 15 mai 1791.*) — 1814. —L'ordonnance du
17 mai avait réuni les administrations générales des douanes
et des droits réunis, pour former une administration nouvelle, sous le titre de Direction générale des contributions
indirectes ; mais, dès 1816, ces dispositions ont été chan-
gées, et, les attributions de la direction générale des contributions indirectes ayant été restreintes à celles de l'ancienne direction générale des droits réunis, les douanes ont
été de nouveau confiées à une administration particulière,
et gérées d'après les dispositions de la loi du 15 mai 1791,
sauf quelques modifications dans le service.

DOUBLAGE DES VAISSEAUX. — Constructions ma-

RITIMES. — *Innovation.* — M. C.-L. DUCREST. — 1809. — Cette innovation consiste à remplacer l'emploi du cuivre dans le doublage des vaisseaux par celui de planches minces de bois blanc, tel que sapin, tilleul ou peuplier, en faisant préalablement bouillir ces planches dans de l'huile siccative, maintenue à la chaleur de 75 à 80 degrés. Une chaleur au-dessus de celle de l'eau bouillante altérerait la qualité du bois. L'économie que l'auteur présente par ce procédé offre une différence de 10,000 à 2,000 francs pour un grand vaisseau de commerce de 6000 pieds carrés de surface. M. Ducrest ne dit pas quelle serait la durée de son doublage, ce qu'il serait nécessaire de savoir pour en apprécier exactement l'économie. Toutefois, on peut avancer que ce doublage servira du moins à garantir les navires qu'on n'est pas dans l'usage de doubler en cuivre, s'il n'est pas propre à remplacer ce métal pour doubler de grands bâtimens. *Moniteur*, 1809, *page* 110.

DOUBLÉ EN OR ET EN ARGENT. — ÉCONOMIE INDUSTRIELLE. — M. PILLIOUD, *de Paris.* — 1819. — On a particulièrement remarqué et admiré à l'exposition la richesse et l'élégance d'une grande fontaine à thé, provenant de la manufacture de M. Pillioud, qui a obtenu une *médaille de bronze* à cette exposition. (*De l'Industrie française, par M. de Jouy, page* 129.) — M. TOURROT. — Ce fabricant a été *mentionné honorablement* par le jury de la même exposition pour ses doublés, tels qu'ustensiles de table et objets destinés à l'ornement des églises. (*Même ouvrage, même page. Livre d'honneur, page* 433.) — 1820. — La Société d'encouragement a décerné au même fabricant une *médaille d'or* pour les moyens prompts et économiques qu'il a substitués aux anciens procédés de fabrication du doublé d'or et d'argent; pour avoir atteint la perfection des fabriques anglaises, et avoir affranchi le commerce du tribut qu'il leur payait. *Société d'encouragement*, 1820, *page* 153. *Moniteur, même année, page* 1094. *Voyez* COUVERTS.

DOUBLEUR D'ÉLECTRICITÉ. — Instrumens de physique — *Perfectionnement.* — MM. Hachette et Désormes. — An xii. — Le *doubleur d'électricité,* inventé en 1789 par M. Bennet, et successivement perfectionné par MM. Darwin, Nicholson, n'a été décrit en France qu'en 1796 dans l'extrait que les rédacteurs de la Bibliothéque britannique ont donné de l'ouvrage de M. Read, concernant une suite d'expériences curieuses faites avec cet instrument sur l'électricité des gaz ayant servi à la respiration des animaux. Le mémoire de MM. Hachette et Désormes a pour objet quelques changemens utiles apportés à la forme de l'instrument, et plusieurs expériences sur une production spontanée d'électricité, que les auteurs ont déjà fait remarquer sur la pile électrique dans un mémoire lu à l'Institut en fructidor an x. On commencera par indiquer les modifications que MM. Hachette et Désormes ont faites au doubleur d'électricité. Cet instrument, fondé sur le phénomène nommé par Æpinus *influence électrique*, consiste en trois plateaux de cuivre, dont deux sont fixes et isolés, tandis que le troisième, mobile sur un axe de rotation, s'approche alternativement de chacun des premiers, manifeste une électricité contraire à celles qu'ils ont reçue, et, s'en dépouillant chaque fois qu'il vient à communiquer avec le réservoir commun, acquiert par-là, dans son influence, une énergie qui augmente l'électricité de ceux-ci. Au lieu d'attacher immédiatement des fils aux disques, comme le faisait M. Read, les auteurs du mémoire ont fait communiquer ces disques avec un électromètre renfermé à l'ordinaire dans un bocal qui le met à l'abri des agitations de l'air extérieur, et qui se trouve indépendant des mouvemens imprimés à la machine. La disposition des deux tourillons qui portent l'axe de rotation du disque mobile dans la nouvelle machine, permet à ce disque de s'approcher ou de s'éloigner de quelques millimètres des disques fixes; circonstance nécessaire pour approprier l'instrument aux divers états de l'air par rapport à sa faculté conductrice de l'électricité. Ces tourillons, maintenant isolés du disque

mobile, ne sauraient plus lui communiquer l'électricité qu'ils peuvent acquérir par le frottement. Les corrections qu'ils ont faites au doubleur 'électrique ont mis MM. Ha-,chette et Désormes en état de mieux apprécier les propriétés de cet instrument. Ils se sont d'abord assurés qu'en le faisant agir sans que les disques aient aucune communication avec des corps électrisés, il tirait de l'air seul une électricité indéfinie ; car elle pouvait s'accumuler au point d'opérer la décharge entre les fils et l'électromètre, et se reproduire ensuite de nouveau. Ils pensent, d'après les expériences répétées qu'ils ont faites à ce sujet, que si le *doubleur* était construit sur d'aussi grandes dimensions que les plateaux en verre des machines électriques ordinaires, en recouvrant, par exemple, avec des feuilles métalliques des assemblages en bois, il donnerait en très-peu de temps de fortes étincelles. Il résulte de cette conséquence importante que l'usage du doubleur, pour multiplier les faibles électricités, ne peut être sûr dès que les plateaux ont les dimensions assez grandes pour que la quantité d'électricité qu'ils peuvent acquérir immédiatement, lorsque l'instrument est isolé, soit comparable avec celle que peut leur communiquer la source à laquelle on les adapte, puisque si ces deux électricités sont contraires, elles se masqueront l'une et l'autre. Il faut donc n'employer que de très-petits plateaux dans les doubleurs destinés à constater de faibles électricités ; et cette circonstance tourne à l'avantage de l'instrument, qui devient alors extrêmement simple et facile à transporter. *Société philomathique, bulletin* 83, *page* 177.

DOUM, ou Palmier de la Thébaïde. — BOTANIQUE. — *Observations nouvelles.* — M. DELILLE. — AN x. — Parmi le petit nombre d'arbres que produit l'Égypte, on remar-que deux palmiers, dit l'auteur : l'un est le dattier, qui fournit abondamment à la nourriture des habitans ; l'autre est le *doum*, qui, en offrant aux autres végétaux un abri sur les confins du désert, a étendu le domaine des terres

cultivées. Ce n'est qu'au delà de Girgé que le doum s'est
multiplié dans le Saïd. Cet arbre, suivant Bruce, croît
aussi dans la Nubie ; ce fait a été confirmé à M. Delille
par les nègres de Sennar et de Darfour qui viennent au
Caire. Ce palmier, remarquable par ses branches bifur-
quées, était connu du temps de Théophraste ; il a été décrit avec la plus grande exactitude par cet ancien naturaliste, sous le nom de *cucifera*. M. Delille prouve évidemment que le doum de la Thébaïde est le cucifera de
Théophraste. Bruce l'avait également pensé ; mais il dit
que le noyau du fruit ressemble à celui de la pêche, ce
qui n'est pas exact, et qu'il est entouré d'une pulpe
amère, tandis qu'elle est douce et agréable au goût. Cette
erreur vient de ce qu'il avait observé le fruit avant sa maturité. M. Delille pense que le *cycas* ou *cucas* de Théophraste, espèce de palmier naturel à l'Éthiopie, est le
même que celui de la Thébaïde. Quoi qu'il en soit,
Pockocke a donné dans ses voyages un dessin et une description assez exacte du fruit du doum, qu'il nomme
palma thebaïca, et qu'il regarde comme le *cuci* ou *cucifera*
de Théophraste. Lécluse et les Bauhins en avaient aussi
parlé brièvement. Le tronc du doum a dix mètres de
hauteur sur un de circonférence ; sa surface est revêtue
d'anneaux parallèles peu saillans, larges de trois centimètres, formés par l'impression de la base du pétiole des
feuilles ; il se partage d'abord en deux branches dont les
rameaux se bifurquent graduellement jusqu'à trois ou
quatre fois, et chacune des dernières ramifications est
couronnée d'une touffe de vingt à trente feuilles palmées,
divisées jusqu'aux deux tiers, longues de deux mètres sur
un de large ; elles présentent la forme d'un éventail circulaire obliquement ouvert ; les divisions sont plissées, et
vont en se rétrécissant de la base au sommet. On remarque
entre chacune un filament qui les tenait unies avant leur
développement ; le pétiole est demi-cylindrique, creusé
en gouttière, de moitié plus court que la feuille, élargi à
la base et formant une gaîne autour du tronc. Les fleurs

sont dioïques et disposées en grappes sur un spadix partagé en longs rameaux de la grosseur du doigt. Le spathe se fend longitudinalement d'un côté lorsque les fleurs sont prêtes à s'épanouir ; le spadix est revêtu d'écailles alternes dont l'intervalle est garni de faisceaux de soie. Les mâles ont un calice à six divisions profondes : les trois extérieures sont petites, étroites, appliquées contre un pédicelle qui soutient les trois intérieures ; celles-ci sont ouvertes, un peu plus grandes et plus épaisses. Les étamines, au nombre de six, ne dépassent pas le calice; les filets sont réunis à leur base. Le calice des fleurs femelles est à six divisions presque égales ; il renferme trois ovaires supères, soudés ensemble, terminés chacun par un style surmonté d'un stigmate. Le fruit est une baie ovale couverte d'une peau mince et lisse qui entoure une pulpe jaune, d'une saveur mielleuse et aromatique, entremêlée de fibres, dont les intérieures sont très-serrées, et forment une enveloppe ligneuse autour d'une grosse amande cornée, blanchâtre, aplatie à l'une de ses extrémités, pointue à l'autre bout, où l'on remarque un enfoncement qui contient l'embryon. Le tronc du doum est composé de fibres longitudinales ; on le fend en planches dont on fait des portes dans le Saïd. Les fibres sont noires, et la moelle qui se trouve entre elles est d'une couleur jaune; les feuilles sont employées à faire des tapis, des sacs, des paniers : la pulpe du fruit est bonne à manger. Les habitans du Saïd s'en nourrissent quelquefois. On apporte au Caire un grand nombre de ces fruits qu'on y vend à bas prix. Ils ont la saveur du pain d'épices : on en fait, par infusion, un sorbet assez semblable à celui qu'on prépare avec la racine de réglisse, ou la pulpe des gousses du caroubier. Cette boisson passe pour être salutaire ; l'amande, en séchant, se durcit et devient susceptible de poli : on en fait des grains de chapelet. (*Société philomathique*, *an* x, *bulletin* 59, *page* 81.) — MM. LES MEMBRES DE LA MÊME SOCIÉTÉ. — Ces savans font observer que MM. Jussieu et Desfontaines, qui ont rendu compte à l'Institut du mé-

moire de M. Delille sur le doum, ont fait remarquer que
ce palmier a de grands rapports avec le genre chamærops,
mais qu'il en diffère, parce que son embryon est placé au
sommet de la graine, et non sur son côté. Gœrtner, qui
en a décrit le fruit, en a fait avec raison un genre nouveau, sous le nom d'hyphène; il nomme l'espèce dont il
est question dans l'article précédent, H. *coriacea.* — *Bulletin philomathique, même année, même page.*

DRACŒNAS. (Accroissement en diamètre de leur
tronc.) — BOTANIQUE. — *Observations nouvelles.* — M. DU
PETIT-THOUARS, *de l'Institut.* — 1809. — Ce n'est que
depuis les travaux de MM. Daubenton et Desfontaines
que les naturalistes ont su que les deux grandes divisions
de plantes à fleurs manifestes, les *monocotylédones* et les
dicotylédones, se distinguaient entre elles par leur organisation intérieure. Un des principaux caractères des premières, des *palmiers* surtout, qui composent la majeure
partie des plantes ligneuses de cette classe, c'est que leur
tronc ou stipe est simple, et ne reçoit plus d'accroissement
en diamètre dès qu'il est formé ; cependant plusieurs
espèces de *dracœnas*, qui appartiennent certainement à
cette série, croissent en diamètre d'une manière très-remarquable, puisque leur turion, ou premier jet, qui a tout
au plus la grosseur du pouce, devient un tronc rameux que
deux hommes peuvent à peine embrasser. D'après les observations de M. du Petit-Thouars, cette augmentation
extraordinaire provient de ce qu'il se développe, sur les
vestiges des anciennes feuilles, des rameaux, lesquels
rameaux prennent leur origine d'un *point vital* qui existe
à l'aisselle de toutes les feuilles, et qui paraît de même
nature que les bourgeons du plus grand nombre des
plantes dicotylédones ; mais il en diffère, parce qu'il n'y
a que le plus petit nombre qui fasse son évolution, attendu
qu'il faut des circonstances particulières pour la déterminer. Ce point vital est analogue à la graine, paraissant
composé comme elle de deux parties qui tendent sans

cesse, l'une à se mettre en contact avec l'air et la lumière,
l'autre à s'enfoncer dans l'humidité et les ténèbres. De la
première il résulta les feuilles, de l'autre les racines.
Il suit de là que, la feuille étant développée, les fibres qui
la composent sont continues depuis son extrémité jusqu'à
celle des racines. La réunion de ces fibres forme une couche continue circulaire qui augmente d'autant le diamètre
du tronc et des branches. *Société philomathique*, 1809,
page 428.

DRACON. — ZOOLOGIE. — *Observations nouvelles.* —
M. BROGNIART, *de l'Institut.* — AN VIII. — La langue de
cet animal est courte, mais libre à son extrémité. Il a un
goître dilatable sous la gorge. Ses hypocondres portent des
membranes latérales qui sont distinctes des pates et servent
à soutenir l'animal dans l'air. Les animaux de cette espèce
ont la plus grande analogie avec les ignames dans la forme
générale de leur corps, dans la structure de leurs parties,
et dans leurs habitudes. Les expansions membraneuses qui
forment leurs espèces d'ailes ne sont pas soutenues par des
os propres, mais par les premières côtes, qui s'écartent
du corps, et ne sont point arquées, en sorte que les ailes
ne forment point ici des membres particuliers et additionnels, pas plus que dans les chauves-souris, les oiseaux,
les poissons volans, et les autres animaux vertébrés qui
jouissent de la faculté de voler. *Recueil des savans étrangers, tome* 1, *page* 619.

DRAISIENNES. *Voyez* VÉLOCIPÈDES.

DRAPARNALDES (Nouveau genre de). — BOTANIQUE.
— *Observations nouvelles.* — M. BORY-SAINT-VINCENT. —
1808. — L'auteur donne le nom de draparnaldes (*draparnaldia*) à un genre de conferves dont les tiges cylindriques,
à entre-nœuds égaux à peu près carrés, sont chargées de
ramules également cylindriques, terminés par un prolongement transparent et ciliforme. Ces ramules sont quel-

quefois simples et épars; mais , dans la plus grande partie
de la plante , ils sont réunis en faisceaux irréguliers, très-
rameux, et ressemblant plus ou moins à de petits pinceaux.
Les gemmes des draparnaldes ne sont point encore connues ; elles offriront sans doute les plus grands rapports
avec celles des *batrachospermes* , dont ces plantes sont fort
voisines par leur port , par leur consistance , par leur
double organisation en filamens principaux et en amas de
ramules secondaires , enfin par ces appendices ciliformes
qui terminent les ramules. Ces deux genres différeront
cependant par ces mêmes ramules en faisceaux , qui ne
sont point ici réunis en verticilles réguliers disposés à
chaque articulation d'un filament axiforme , et dont les
articulations ne sont point ovoïdes, mais carrées. D'ailleurs
une tige de batrachosperme, dépouillée de ses verticilles ,
ne présenterait plus qu'une véritable *lémane* , tandis que la
draparnalde sans faisceaux serait une plante d'un genre
très-différent. La nature n'agissant jamais par sauts, mais
cherchant à dérober le genre qu'elle semble avoir voulu
créer , a surtout rapproché les batrachospermes des draparnaldes par l'espèce remarquable nommée *batrachosper-
ma tristis*. Dans la variété de cette espèce que couvrent des
verticilles bien caractérisés , ces verticilles ne se trouvent
pas garnir toutes les articulations de plusieurs individus ;
et dans d'autres l'on en distingue qui , allongeant leurs
rameaux plus d'un côté que de l'autre , présentent déjà
l'aspect de petits faisceaux qui forment le caractère de ce
nouveau genre. On connaît dans les eaux douces quatre
espèces de draparnaldes, toutes remarquables par leur élégance, leur flexibilité et leurs couleurs. Elles ont également la propriété de réunir en un corps muqueux et con-
fus tous leurs filamens quand on les ôte du liquide dans
lequel elles végètent ; elles ne tardent pas à s'y étaler mol-
lement dès qu'on les y replonge. Elles adhèrent fortement
au papier ou au verre sur lesquels on les prépare , ne
changent que peu ou point par la dessiccation, et ne passent
pas à ces teintes violettes ou jaunâtres si familières aux

conferves. C'est enfin dans leur tube que l'on commence à
observer cette substance verte qu'on retrouve désormais
dans tous les genres de conferves. Il y a quatre espèces de
draparnaldes, qui sont : *draparnaldia mutabilis*, *drapar-*
naldia hypnosa, *draparnaldia dendroidea*, *draparnaldia*
pygmæa. — *Annales du Muséum d'histoire naturelle*, 1809,
tome 12, *page* 399, *planche* 35.

DRAPS (Machines à fabriquer les). — Mécanique. —
Invention. — MM. Reynaud et Ford. — An v. — La première machine pour laquelle les auteurs ont obtenu un
brevet de dix ans, et qu'ils nomment *diable*, est destinée
à casser et à briser la laine ou matière première, et à la
préparer en plumage pour la seconde opération. Ce diable
est un cadre de cinq à six pieds de long, auquel est adapté
un cylindre de cuivre de deux pieds de diamètre et de deux
pieds six pouces de largeur, garni de dents d'acier de six lignes de longueur, et placées à six lignes de distance les unes
des autres. Ce cylindre tourne dans une caisse circulaire ayant
au-dessus un petit cylindre de sept pouces de diamètre, auquel est ajusté un éventail, agissant avec la plus grande vélocité, et destiné, par son effet, à pousser hors d'œuvre les
bourriers et autres malpropretés qui sont reçus à travers un
grillage de fer. Dans la façade de cette caisse est une ouverture par laquelle sort la laine ainsi préparée. L'autre
partie du cadre a deux rouleaux nourrisseurs garnis de
dents ; elle a en outre deux autres rouleaux revêtus d'une
étoffe qui reçoit la laine par les mains d'un enfant, va la
porter aux nourrisseurs, et de là aux cylindres. Cette méthode, suivant les auteurs, est excellente pour mélanger les
laines de diverses couleurs ; on peut, suivant eux aussi,
par ce procédé, travailler quatre cents livres de belle
laine par jour. La seconde machine se nomme *casseuse*
et *cardeuse* ; elle est destinée à perfectionner le cardage et
à étendre la laine de la largeur du drap, avec une exacte
égalité, sur un cadre disposé pour cela, lequel a douze
pieds de long et six de large, et auquel sont adaptés deux

maîtres cylindres, deux cylindres volans, et deux cylindres déchargeans ou délivrans, qui fournissent à une troisième machine que l'on nomme *cardeuse* ou *réunisseuse*. Cette mécanique a un maître cylindre, un cylindre travailleur, un nettoyant, un volant, et un délivreur ou déchargeur. La pièce se monte par elle-même autour d'un demi-cadre de quinze verges de long pour former une pièce de drap de trente verges, par une étoffe adaptée à deux cylindres, et tournant continuellement. Cette machine est alimentée par un enfant. La substance est très-également réunie par le jeu de la machine, et portée alors sur la table de trente verges de long, ou de la longueur et de la largeur de la même pièce de drap. La mécanique, appelée *formeuse de chaîne* ou *canevas*, a un cadre de six pieds de long, et de la largeur du drap; elle est construite d'un assortiment de rouleaux couvrant la moitié de ce cadre, placés près les uns des autres, une moitié dessus et l'autre dessous, et au nombre de soixante pour les deux assortimens; de manière que la laine étant passée entre eux, ces rouleaux agissent par un mouvement rétrograde. En face de ces mêmes rouleaux est une plaque de cuivre de la même largeur que ces derniers, et de six pouces d'épaisseur; elle est garnie de dents d'acier d'un pied de long, placées horizontalement à la distance de six lignes l'une de l'autre, et en demi-carré; ces dents correspondent avec les rouleaux dont il vient d'être question. Le résultat que l'on obtient de cette machine est le cardage de la laine, et sa réunion dans toute son étendue. En face des longues dents d'acier est une large pince en fer, dont la partie supérieure est convexe et la partie inférieure concave. Elle s'ouvre et se ferme perpétuellement par un mouvement uniforme, tirant la laine des longues dents, et la donnant à deux rouleaux de fer qui la conduisent à deux autres rouleaux aussi en fer : ceux-ci, par leur mouvement, parviennent à donner à la laine toute sa longueur. Cette opération est en même temps perfectionnée par d'autres petits rouleaux qui agissent avec plus de rapidité que les grands. La laine est alors dans le même état que lorsque les tisserands la canevassent à leur metier. Cette laine ainsi préparée est portée sur la table de trente verges de long, et placée sur la première couche pour former la chaîne du drap. Cela étant fait, une autre pièce de laine préparée par la machine *chaîneuse* est réunie aux autres couches pour former le tissu. A cette troisième opération succède une quatrième pour la confection de l'étoffe, fournie par la machine *piéceuse*. C'est alors qu'on fait usage d'une préparation chimique contenue dans un arrosoir pareil à ceux avec lesquels on arrose les jardins, et dont on arrose la pièce de drap, qui est en même temps placée sur un rouleau pour la mettre dans un état à pouvoir la manier ; on la met ensuite au métier ou à la machine *tisseuse*, comme il suit. Cette machine a en face une paire de rouleaux flûtés, qui, par leur jeu, tirent la pièce préparée pour la faire passer à une autre paire de rouleaux placés à six pouces des premiers, pendant que deux râteliers, composés de dents d'acier, consolident, par leur mouvement, le tissage ou canevas, au point qu'un simple brin de laine est aussi régulièrement uni entre la chaîne et le tissu que sur la surface ; et par la vapeur de la préparation chimique, mise à un certain degré de chaleur, on tient le drap dans une humidité convenable. Ce tissage est beaucoup plus fin et considérablement plus fort que celui des draps fabriqués par la manière usitée. L'étoffe passe ensuite dans une troisième paire de rouleaux qui agissent soixante fois par minute. La pièce de drap ainsi travaillée subit plusieurs fois la même opération, et est jetée ensuite dans un bassin rempli d'une préparation chimique assez semblable à la première. Les auteurs ont fait un secret de ces deux préparations. Une broche, dont la longueur est égale à celle de la largeur du drap, et construite différemment qu'aucune broche pour tout autre usage, est placée et mue horizontalement, au point que son mouvement est de cent soixante coups par minute. Cette broche porte le drap entre deux rouleaux, et sur une planche de cuivre de la

largeur de l'étoffe, qui est alors portée dans un moulin à
foulon pour être nettoyée. Ce même drap est mis ensuite
dans un moulin à nappe ou à poil, qui est construit verticalement avec un cylindre couvert de chardons, travaillant dans l'eau pour faire ressortir la nappe ou poil du drap,
ainsi qu'il est pratiqué à bras dans les autres manufactures.
Cette machine fait son opération sur toute la longueur de
la pièce de drap de trente verges dans trente minutes. Cette
pièce est mise ensuite dans les champs pour être tendue et
séchée ; puis on la porte, lorsqu'elle est sèche, dans une
machine verticale faite avec un grand cylindre garni de
soie de cochon, et avec deux rouleaux, dont l'un est revêtu
de la pièce de drap, et l'autre destiné à la recevoir, pendant
que le cylindre couvert de soie de cochon la travaille. Chaque
bout de cette pièce est attachée aux deux rouleaux ; et par le
moyen d'une très-petite quantité d'huile on donne le lustre
au drap avant qu'il soit soumis à la presse ; après cela on le
fait passer à travers deux broches flûtées pour en ôter toute
la crasse ou la poussière qui peut s'y être introduite, et pour
le rendre parfaitement poli et propre. (*Brevets non publiés.*)
— *Perfectionnement.* — M. Vigneron. — 1812. — L'auteur a perfectionné le métier à tisser les draps, pour lequel
M. Despiau avait obtenu un *brevet d'invention*; et, suc-
cesseur de ses droits, il livre maintenant au commerce à
20 francs ce qui primitivement en coûtait 60. Ce mécanisme consiste en deux ressorts en cordes tordues et tendues autour d'une espèce de moyeu en bois, qui, par un
échappement que produit le va et vient du battant, lancent
la navette alternativement, sans secousse et avec précision.
Par ce moyen, l'ouvrier, dispensé de lancer la navette avec
ses bras, peut les employer à faire agir son battant ; il peut
le maintenir parallèlement à la largeur du tissu, et employer toute sa force pour frapper et serrer la trame de sa
toile. Non-seulement les manufacturiers qui se sont servis
de ces métiers ont transmis les rapports les plus avantageux, mais encore la Société d'encouragement a nommé
des membres pour en examiner le jeu. Il est resté pour

constant que l'ouvrier, sur l'ancien métier, ne passait que vingt-huit fois la navette par minute; sur le nouveau il peut la passer quarante-trois fois. Dans l'ancien métier la résistance des marches pour fouler et ouvrir la chaîne est de vingt-sept kilogrammes; celle du nouveau n'est que de vingt-cinq. Cette différence, à l'avantage du nouveau métier, vient de ce que les marches de celui-ci sont de huit pouces plus longues. Enfin, dans l'ancien métier, l'ouvrier éprouvait beaucoup de fatigues pour passer la navette, la renvoyer, etc.; tandis que, dans le nouveau, tous ces mouvemens n'ayant pas lieu, l'ouvrier doit nécessairement travailler avec moins de peine. La Société d'encouragement a, en conséquence, donné son approbation au nouveau métier. (*Bulletin de la Société d'encouragement*, *novembre* 1812, *page* 212. *Conservatoire des arts et métiers, galerie des échantillons, modèle* n°. 276.) — *Invention.* — M. DEMAUREY. — 1815. — La première machine de l'auteur est relative au dégraissage et dégorgeage des draps, qu'on laisse, lorsqu'ils arrivent au moulin, tremper plusieurs jours dans le courant de la rivière, qu'on arrose ensuite de terre à foulon bien délayée, et qu'on bat dans la pile pendant plusieurs heures et à plusieurs reprises. Un cylindre en bois dur est garni de grosses cannelures; et, ce qui a été jugé nuisible à la toile de lin ou de coton, comme éfiloquant les fibres de l'étoffe, devient une perfection pour le drap. On peut passer et repasser à cette machine plusieurs pièces de drap cousues bout à bout, ou réunies en toile sans fin. Cette machine, simple dans sa construction, est susceptible de toute la vitesse désirable; elle sera jugée plus expéditive que les maillets dont on fait ordinairement usage. Lorsque cette opération est terminée, on procède à celle du foulage. Le procédé employé jusqu'à ce jour se rattache aux pilons et aux maillets; ils agissent par percussion; mais en raison des frottemens, une partie de la puissance motrice est paralysée. Dans sa construction, M. Demaurey conserve la forme des piles et celle des maillets, mais il ne les fait

agir que par pression en foulant sur l'étoffe ; moyen qui
se rapproche de la méthode des chapeliers pour former
leur feutre. Dans cette machine, la pesanteur des maillets
n'influe en rien sur la puissance, puisqu'ils sont en
équilibre ; les frottemens sont beaucoup moins considérables
que ceux que produisent les alluchons des machines
actuelles. Ainsi l'on pourra, dans les usines existantes,
multiplier les piles, et fouler beaucoup plus de drap à la
fois : les coups étant plus répétés, le drap s'échauffera plus
promptement, et l'opération du foulage sera plus accélérée.
Chaque paire de piles ne pouvant être mise en mouvement
sans une courroie, et une poulie adaptée à l'axe du
volant, il sera bon que cette poulie ait plusieurs gorges,
pour retarder ou augmenter au besoin la vitesse des maillets,
sans nuire à celle des autres pièces. *Société d'encouragement*,
1815, *p.* 31, *pl.* 119, *fig.* 1 et 2.

DRAPS (Machines à tondre les). — MÉCANIQUE. — *Invention*. — M. DELARCHES, *d'Amiens*. — 1790. — Dans la
tonte des draps, l'inégalité du mouvement de la main faisait
désirer vivement une amélioration, qui ne pouvait résulter
que de la substitution des machines aux opérations
manuelles. M. Delarches est le premier mécanicien qui
ait donné à la France une machine appliquée à ce genre
de travail. Elle était en activité à Amiens dès l'année 1790,
mais elle ne servait alors qu'à tondre les pannes. Cette mécanique,
mue par l'eau, pouvait tondre à la fois sept pièces de
panne avec toute la précision désirable. L'examen qui en fut
fait confirma dans l'idée qu'elle pouvait être employée à la
tonte des draps. — AN XI. — *Un encouragement de six
cents francs* a été accordé à M. Delarches; aidé de ce secours,
il a définitivement appliqué sa machine à la tonte
des draps, et cette opération s'est faite depuis au moyen
de cette invention avec une exactitude et une précision
auxquelles un ouvrier pouvait rarement assujettir le mouvement
de sa main. Voici le compte qu'ont rendu du mécanisme
dont il s'agit les commissaires qui ont été char-

gés par la Société d'encouragement d'examiner le modèle que l'auteur avait fait parvenir à cette Société. « Il nous paraît indubitable que l'usage de la machine inventée par M. Delarches procurerait une grande économie, en supposant que l'on eût à sa disposition un courant d'eau pour lui faire servir de moteur. Nous pensons qu'un seul homme pourrait surveiller au moins quatre mécaniques semblables, qui tondraient à la fois un pareil nombre de pièces de drap. En donnant aux *forces* de la machine, continuent MM. les commissaires, la même vélocité de mouvement que le tondeur communique à la force qu'il conduit, chaque mécanique, avec ses deux paires de *forces*, fera plus de travail qu'un même nombre de *forces* conduites à la main, puisque les couteaux des *forces* de la machine embrassent une longueur de vingt-sept à vingt-huit pouces, tandis que les couteaux des *forces* ordinaires n'embrassent qu'environ quinze à seize pouces, et que, d'ailleurs, le travail de celles-ci est interrompu chaque fois que le tondeur arrive à la lisière inférieure de l'étoffe, en ce qu'il est obligé de disposer une nouvelle tablée, et de transporter et replacer la *force* vers la lisière supérieure. Mais comme il pourrait y avoir de l'inconvénient à donner aux mouvemens de la machine une rapidité qui en userait trop promptement les pièces, nous supposerons que chaque mécanisme ne ferait qu'un travail double de celui d'un tondeur à la main. (*Société d'encouragement*, an x, *bulletin* 14, *page* 114.) La machine de M. Delarches ne paraît pas avoir été décrite nulle part d'une manière étendue, et nous n'avons pu nous en procurer le modèle. Mais les inventions ultérieures ayant dépassé de beaucoup en perfection et en importance celle mentionnée ici, nous ne sommes entrés dans quelques détails que pour rappeler à nos lecteurs qu'il existait des machines à tondre les draps d'origine française avant les importations de M. Douglas. — *Importation.* — M. Douglas. — An xi. — *La machine à tondre les draps et autres étoffes dans leur largeur*, importée par ce mécanicien, se compose : 1°. d'un bâti ;

2°. d'une poulie, qui, par le moyen d'une courroie, donne
à toute la machine le mouvement qu'elle reçoit d'un moteur
quelconque ; 3°. d'une seconde poulie à plusieurs gorges,
placée sur le même arbre que la précédente, et donnant
le mouvement à une troisième poulie, aussi à plusieurs gorges, communiquant le mouvement à une vis sans fin, qui le
transmet à une roue fixée sur un arbre destiné à faire avancer
deux chariots, au moyen de cordes ou de courroies ; 4°. ces
deux chariots portent chacun une paire de forces ordinaires
qui opèrent la tonte de la pièce de drap. Les chariots sont
joints l'un à l'autre par deux ressorts avec coulisses, qui
permettent de les approcher ou de les éloigner l'un de
l'autre, suivant la largeur de l'étoffe ; 5°. une vis sert à
régler la place des tranchans des forces dans l'opération ;
6°. une corde avec poids, a pour objet de ramener les
chariots à leur point de départ, chaque fois que le drap
a subi une tonte dans toute sa largeur ; 7°. l'axe d'une
roue à rochets, avec manivelle et encliquetage, sert de
treuil à deux cordes fixées chacune à l'extrémité d'un levier mobile, dont l'objet est d'élever les forces au-dessus
du drap, en soulevant un tant soit peu une planchette,
sans cependant interrompre leur action ; 8°. une quatrième
poulie communique, au moyen d'une courroie, le mouvement à une cinquième poulie, qui est ajustée sur un arbre
coudé, le long duquel sont attachées deux autres cordes
qui transmettent le mouvement à la partie tranchante des
forces, ce qui produit l'action de la tonte ; 9°. une pièce
de fer est fixée au premier chariot des forces ; elle est destinée à pousser en avant le levier en forme d'équerre brisée
à charnière, et dont l'extrémité supérieure reçoit une tringle au bout de laquelle est ajusté à demeure un petit bras
de levier, qui reçoit à charnière une tringle verticale,
vers le milieu de laquelle est fixée une petite pièce de
fer servant de support à l'axe de la roue. Au moyen de
ce mécanisme, lorsque la pièce de fer vient à pousser le
levier par le bout, la tringle descend d'une quantité suffisante pour que la corde ou courroie qui met en mouve-

ment la seconde et la troisième poulie, se détende, et pour que la vis sans fin cesse d'engrener avec la roue ; alors les chariots restent en place et la tonte est arrêtée. C'est à cet instant que la corde et le poids ramènent les chariots à leur point de départ. La pièce de fer ne doit commencer à pousser le levier que quand la première force est arrivée jusqu'au bord de la lisière, et doit cesser lorsqu'elle est prête à la toucher. *La machine à tondre les draps et étoffes dans leur longueur* se compose, comme celle ci-dessus : 1°. d'un bâti ; 2°. d'une manivelle portant sur son axe une poulie et une roue d'engrenage ; la poulie est pour imprimer le mouvement à toute la machine par un autre moteur que la manivelle, et la roue donne le mouvement à une autre roue dentée ; 3°. d'un grand arbre horizontal, qui reçoit son mouvement de la roue dentée. Cet arbre est brisé en trois endroits, où sont ajustées trois pièces de bois, qui, par leur mouvement de va et vient, font agir une des deux lames de chacune des forces ; cette lame est constamment repoussée par des ressorts à boudin, dans lesquels passent des boulons qui servent à régler la hauteur des forces au-dessus du drap ; 4°. d'un volant en fonte qui est fixé à l'extrémité de l'arbre ci-dessus ; il porte une poulie qui, au moyen d'une corde ou courroie et de deux autres poulies, imprime le mouvement aux cylindres à brosses, placés sur le drap ; 5°. d'un coussin sur lequel passe le drap pour recevoir la tonte ; 6°. d'une poulie qui communique le mouvement qu'elle reçoit de l'arbre horizontal, à une autre poulie, dont l'arbre reçoit une roue d'angle qui fait marcher un arbre vertical, lequel met à son tour en mouvement un second arbre horizontal par le moyen d'une grande roue d'engrenage. Ce second arbre horizontal porte une vis sans fin qui engrène une roue, ce qui fait mouvoir deux rouleaux formant laminoir, et destinés à enrouler le drap à mesure qu'il a reçu la tonte, et à le tenir constamment tendu. Ces deux rouleaux sont pressés l'un contre l'autre par deux ressorts qui embrassent leurs axes à chaque bout ; 7°. enfin, d'un rouleau sur lequel on en-

roule le drap avant de commencer l'opération. Au sortir
de ce rouleau, le drap est porté sur le coussin, en passant
d'abord sous les rouleaux à brosses, et de là il est conduit
sous les forces. Cette machine est composée de trois paires de forces, au moyen desquelles on peut tondre une
pièce de drap très-large, ou deux pièces à la fois de drap
étroit. La tonte d'une pièce large s'opère en trois parties;
pour cet effet, deux des trois forces sont placées sur le
devant de la machine, sur une même ligne, et touchent
chacune une des lisières; la troisième est placée sur le derrière et vis-à-vis l'intervalle que laissent entre elles les
deux premières, de sorte que les deux premières forces
tondent chacune un tiers du drap du côté des lisières, et la
troisième tond le tiers du milieu. Pour les draps étroits,
on place les deux pièces sur le rouleau autour duquel est
enroulé le drap avant l'opération, chacune dans la direction
des forces de devant, qui seules fonctionnent. Dans ce
cas, les forces de derrière sont sans action, ou bien elles
sont supprimées. M. Douglas a de plus inventé un autre
*machine à tondre, par le moyen d'une force à tranchans
parallèles,* dont l'inférieur est fixe, tandis que le supérieur,
mû par la rotation d'un axe coudé, vient croiser par-dessus d'une quantité suffisante pour opérer la tonte du drap
à mesure que celui-ci est soumis à son action. Cette machine se compose : 1°. d'un châssis porté sur quatre pieds,
formant le bâtis de la machine; 2°. de rouleaux conducteurs et régulateurs de la pièce d'étoffe; 3°. d'une manivelle motrice de la machine; 4°. d'une roue d'engrenage,
montée sur l'axe de la manivelle; 5°. d'un rouleau garni
de brosses dures, dont la fonction est de relever le duvet
du drap, afin de le mieux exposer à l'action des forces;
6°. des bielles qui communiquent le mouvement parallèle au
tranchant supérieur de la force, par le moyen des deux coudes que porte l'axe du rouleau ci-dessus; 7°. des ressorts
qui réagissent contre le dos du tranchant supérieur, pour
le ramener constamment vers le tranchant inférieur. Tout
étant ainsi disposé, on concevra facilement qu'en tournant

la manivelle, la roue d'engrenage transmettra son mouvement de rotation à un pignon que porte l'axe coudé du
rouleau à brosses. Les bielles qui lui sont unies, ainsi que
le tranchant supérieur de la force, éprouveront un mouvement de va et vient, et de croisement sur le tranchant
fixe, qui opérera la tonte du drap, dans le sens de sa longueur, à mesure que celui-ci est amené uniformément
par le jeu même de la machine. Le même mécanicien a
établi une autre machine à tondre, construite d'après les
mêmes principes que la précédente ; mais plus simple, en
ce que le tranchant supérieur de la force, au lieu d'agir
parallèlement, tourne autour d'un axe vertical fixé sur
une des extrémités du tranchant inférieur, comme dans les
ciseaux ordinaires. Un ressort tend constamment à le tenir
fermé, tandis qu'une corde attachée à l'extrémité opposée
au centre du mouvement, et passant sur des poulies de
renvoi, le tire et le lâche alternativement, lorsqu'on vient
à tourner l'axe coudé, sur lequel est fixée une manivelle.
Du reste, elle ne diffère en rien de la précédente. L'auteur a
encore construit une machine à tondre, par le moyen de
tranchans, fixés sur les rayons d'une roue verticale, formant cisaille avec un tranchant horizontal fixe. Cette machine est composée : 1°. d'un bâti ; 2°. d'une roue verticale en fonte de fer, à dix-huit rayons, armés d'autant
de tranchans ; 3°. de l'axe en fer de cette roue portant à
son autre extrémité une manivelle ; 4°. des rouleaux conducteurs du drap. Leurs axes sont munis en dehors du
bâti, de roues d'engrenage en fonte de fer, qui se transmettent le mouvement que leur communique la vis sans fin,
fixée sur l'axe de la roue verticale ; 5°. d'un rouleau
garni de brosses, dont la fonction est, comme dans les
machines précédentes, de relever le duvet du drap. Son
axe porte un petit pignon qui mène la roue d'engrenage
du rouleau conducteur de gauche. D'après cela, il est facile de concevoir le jeu de cette machine. La roue verticale venant à tourner, les tranchans dont les rayons sont
armés passent successivement et tour à tour contre le tran-

chant fixe, derrière lequel circule la pièce de drap par
le moyen des rouleaux conducteurs. Enfin, M. Douglas a
fait une dernière machine, construite d'après le même système que la précédente, mais où la roue porte-tranchans
est horizontale et opère doublement. Un axe vertical tournant sur pivot et dans un collet, porte une roue horizontale à laquelle on donne le mouvement à l'aide d'une manivelle et de deux roues d'engrenage d'angle, tandis qu'on
fait avancer le drap de côté et d'autre à volonté, également
par des manivelles fixées sur les axes des rouleaux conducteurs. M. Douglas a obtenu pour ces différentes machines
à tondre les draps dans leur largeur et dans leur longueur,
un *brevet d'invention de quinze ans. (Brevets publiés*, 1820,
t. 3, *p.* 13, *pl.* 9, 10 *et* 11. *Ann. des arts et manuf.*, *an* XII,
t. 16, *p.* 24, *pl.* 1 *et* 2. *Conserv. des arts et mét.*, *sal. des fil.*,
mod. n°. 34.) — *Invention.* —M. WATHIER, *mécanicien à
Charleville* (Ardennes). — AN XII. — Dans la machine,
pour laquelle l'auteur a obtenu un *brevet d'invention de cinq
ans*, les *forces* agissent par un mouvement continu de rotation.
Elle est disposée pour tondre les draps en travers, c'est-à-
dire de lisière à lisière. Le moteur de cette machine est composé d'une manivelle, d'une roue de trente-deux dents, et
d'une lanterne à huit fuseaux, dont l'axe coudé porte un
volant, afin d'en régulariser le mouvement. Le coude de
l'axe de la lanterne fait agir une bielle qui, transformant
le mouvement de rotation de la lanterne en mouvement os-
cillatoire, va, à son tour, à l'aide de leviers, d'axes horizontaux, pivotant sur leurs tourillons, de tringles et du
levier angulaire, faire battre les forces. D'après le nombre
des dents de la roue et des fuseaux de la lanterne, on voit que
le mouvement est accéléré dans le rapport de un à quatre.
Un des axes horizontaux porte latéralement deux tringles
parallèles sous l'une desquelles glisse, dans tout l'espace que
doivent parcourir les forces, suivant la largeur du drap, le
bout inférieur recourbé de la tringle verticale. Ce crochet
étant arrivé, échappe; alors les forces cessent de battre, bien
que le moteur continue son mouvement. Un chariot roule,

le plus juste possible, dans une rainure ; son mouvement est facilité par des galets placés en dessous et sur les côtés. La corde, qui au moyen d'un poids, tire le chariot, est placée dans une poulie, à l'extrémité de la rainure. Un tasseau en bois est fixé à queue d'aronde perpendiculairement sur le chariot ; il porte à ses deux extrémités des fourchettes en fer, dans lesquelles la branche inférieure des forces est placée. Une de ces fourchettes, l'extérieure, est garnie d'une vis de pression, qui sert à régler le frottement des forces sur le drap, concurremment avec un poids. Un levier et une vis font déverser plus ou moins les forces, c'est-à-dire qu'il les fait tondre plus ou moins ras ; le levier est fixé sur la branche inférieure des forces, et la vis appuie sur le chariot. Un crochet en fer permet aux deux branches des forces de s'ouvrir, et les empêche néanmoins de décroiser tout-à-fait. Un arc-boutant en fer est fixé verticalement dans le chariot, et conduit le bout inférieur de la tringle verticale, à mesure que le mouvement progressif des forces a lieu. C'est sur une table rembourrée que le drap est étendu successivement, et qu'il est maintenu, d'un côté, par des crochets ; il est tiré, de l'autre côté, par des vis de rappel ; la table étant supportée par quatre vis de bois, on la monte ou on la descend suivant le besoin. Des tenons sont disposés pour recevoir le bâtis d'une seconde machine, et successivement plusieurs autres. Le mouvement de toutes ces machines est porté sur une tringle horizontale en bois, soit qu'on les porte d'un côté, soit qu'on les porte d'un autre. On a soin, toutefois, que le moteur se trouve au milieu, parce qu'alors les *forces* de droite s'ouvrent pendant que celles de gauche se ferment, et il s'ensuit une espèce de compensation qui contribue à régulariser le mouvement. Le jeu progressif des *forces*, pour parcourir l'espace compris entre les lisières du drap, est déterminé par un poids qu'on augmente ou qu'on diminue à volonté ; le battement même des forces contribue à les faire avancer. Deux hommes, dont un pour tourner la roue motrice, et l'autre pour veiller aux machines et changer les draps à mesure qu'ils sont travaillés, suffisent pour mettre en activité huit machines semblables. Il est nécessaire que toutes les pièces qu'on tond en même temps soient de la même largeur, afin que, terminées dans le même espace de temps, les machines s'arrêtent l'une après l'autre toujours dans le même ordre ; ce qui facilite le travail de l'homme chargé de leur direction. Au lieu d'un homme pour tourner la roue, on peut employer un manège ou un moteur quelconque. Le travail en est plus régulier et plus économique. Depuis l'invention, le poids n'ayant pas paru aux auteurs donner aux *forces* un mouvement progressif uniforme, ils l'ont remplacé par un mécanisme dont l'effet est plus régulier, et pour lequel un *certificat de perfectionnement* leur a été délivré. (*Brevet publiés, tome 3, page 36.*) — *Perfectionnement.* — M. Leblanc-Paroissien, *de Reims.* — 1806. — Il a été accordé à l'auteur un *brevet de perfectionnement de cinq ans* pour une machine à tondre les draps. Cette machine est composée : 1°. d'un axe, garni de deux tringles, auquel le moteur communique un mouvement d'oscillation dont on règle l'étendue au moyen d'un levier traversant perpendiculairement cet axe, et arrêté sur ce dernier par deux écrous ; 2°. d'une autre tringle qui porte le mouvement oscillateur aux forces, et qui les suit dans leur mouvement progressif le long de la première tringle ; 3°. d'un mécanisme qui fait agir les forces ; 4°. des branches des deux ciseaux des forces. La première est maintenue invariablement dans une bride de fer qui fait partie du chariot ; 5°. d'un chariot qui se meut sur une barre de bois, et entre deux règles parallèles, fixées sur les côtés de cette barre. Ce mouvement est facilité par des galets en cuivre que porte le chariot en dessous et sur ses côtés ; 6°. du poids qui ramène le chariot, et par conséquent les forces à leur point de départ, aussitôt qu'elles sont parvenues auprès de la lisière ; 7°. du poids qui facilite le mouvement progressif des forces sur le drap ; 8°. des leviers au moyen desquels l'échappement se fait pour obliger les forces à rétrograder. Lorsque celles-ci sont parvenues au terme de leur course, la seconde tringle, dont le bout inférieur a la forme d'un crochet, abandonne la première, et se trouve sous le bras de l'un des leviers; elle le soulève, parce qu'alors le ressort des forces reprend toute son élasticité : un autre levier, assujetti par un fil de fer au mouvement des leviers, lâche la corde qui soutient le poids qui ramène le chariot; et celui-ci, plus pesant que le poids qui facilite le mouvement progressif des forces, ramène le chariot à sa première position ; 9°. une vis sert à mettre les forces dans la position la plus convenable pour les faire couper plus ou moins ras. (*Brevets publiés*, 1818, *tome* 2, *page* 256, *planche* 59.) — M. Place, *de Louviers*. — 1810. — L'auteur a obtenu un *brevet d'invention de cinq ans* pour un mécanisme propre à faire agir par un mouvement de rotation continu les forces des machines à tondre les draps. Ce mécanisme se compose : 1°. d'une force ; 2°. d'une romaine de pression qui donne lieu au chariot de ne pas être retenu plus à une place qu'à une autre ; 3°. d'une billette qui met la force plus ou moins en laine sur le drap ; 4°. d'un maillet en bois pareil à ceux dont on se sert à la main ; 5°. d'une poulie adaptée au chariot, et qui donne le mouvement au maillet qui fait agir la force ; 6°. d'un support, ou bout de bâti de la table, portant deux vis pour régler cette dernière ; 7°. de deux roues en cuivre de cent quatorze dents; 8°. de deux pignons en cuivre de douze dents ; 9°. d'un pignon de onze dents pour commander la chaîne de Vaucanson qui donne la tirée à la force; 10°. d'un chariot qui porte la force. Ce chariot est posé, et glisse sur une pièce latérale du bâti de la machine dont le dessus est taillé en angle saillant afin d'empêcher la malpropreté d'y séjourner ; 11°. d'un poids servant de pression au bout de la force; 12°. d'une barre de fer qui s'adapte sur la force en façon de sergent, pour y recevoir le mécanisme qui fait agir cette force ; 13°. de poulies qui mettent le mécanisme en mouvement ou qui l'arrêtent ; 14°. d'une poulie qui commande la poulie n°. 5, et qui donne le mouvement au maillet n°. 4; 15°. d'une boîte où se trouve renfermé le mécanisme. La poulie n°. 14, venant à tourner par un moteur quelconque, fait circuler la corde sans fin qui enveloppe cette poulie et celle n°. 5; et cette dernière donne à son tour le mouvement à la force, par le moyen d'un mentonnet placé excentriquement sur le côté de cette poulie. Le mouvement progressif de la force le long de la table à tondre est donné en même temps par le pignon n°. 9, dont la vitesse est réglée par les roues d'engrenage n°. 7 et les pignons n°. 8. (*Brevets non publiés.*) — *Observations nouvelles.* — LA SOCIÉTÉ D'ENCOURAGEMENT. — Les machines à tondre ont le double avantage d'économiser la main d'œuvre et de produire un travail plus régulier que celui qu'on obtient par le secours des bras. Ces machines épargnent les quatre cinquièmes de la force qu'exige le travail à la main. La première mécanique de cette espèce fut construite il y a vingt ans (1811) par M. Delarches, d'Amiens; quoique cette machine fût imparfaite, et ne pût servir qu'aux étoffes de laine commune, la Société d'encouragement accorda, en l'an XI, à cet artiste une prime de 600 francs. D'un autre côté, M. Wathier, après beaucoup d'essais et de peines, parvint à construire des machines à tondre le drap pour le compte de M. Ternaux, MM. Leblanc-Paroissien, de Reims, et Place, de la même ville, sont parvenus depuis à faire de bonnes machines à tondre. En l'an XI, M. Douglas prit un brevet d'invention pour les mêmes machines; mais c'est surtout à l'exemple et à la persévérance de MM. Ternaux frères que l'on doit le succès maintenant bien constaté de cette innovation. Nous avons aujourd'hui en France plus de quinze cents machines à tondre le drap; cependant ces mêmes machines sont encore susceptibles de perfectionnement : celles à petites forces remplissent parfaitement leur objet, mais elles ne font point assez d'ouvrage; celles à grandes forces, d'un mètre, par exemple, dont on a essayé l'usage, manquent de précision; elles ne tondent pas également ni assez près. Cette imperfection tient à la forme et à la courbure des forces, qu'on a besoin de combiner avec plus d'exactitude. (*Société d'encouragement*, 1810, *Bulletin* 14, *page* 114 ; *et Moniteur*, 1811, *page* 18.) — *Invention.* — M. Mazeline. — 1813. — La machine à tondre pour laquelle l'auteur a obtenu un *brevet d'invention de cinq ans*, se compose : 1°. d'une poulie qui reçoit la bande de cuir servant à mouvoir toute la machine, soit par un mouvement hydraulique, soit par un manége ; 2°. d'une poulie de décliquetage qui s'encliquette, ou se décliquette d'avec la poulie ci-dessus au moyen des dents de loup qui sont fixées contre ces poulies et intérieurement ; 3°. d'une douille en cuivre fixée contre la partie extérieure de la deuxième poulie servant à faire décliqueter ; 4°. d'une corde qui prend son action de la seconde poulie, et qui la transmet aux deux poulies suivantes ; 5°. d'une poulie fixée au bout de la vis sans fin ci-dessus décrite, et servant à la faire tourner ; 6°. d'une autre poulie servant de renvoi et à tendre la corde décrite sous le n°. 4 ; 7°. de deux supports en fer dans lesquels agit l'ancre de décliquetage ; 8°. d'une ancre servant à faire décliqueter la poulie n°. 2, par la levée de l'équerre décrite sous le n°. 40 ; 9°. de deux leviers ou bascules en bois, de dix-huit lignes d'épaisseur et de cinq pouces de large. Sur chacune de ces bascules est placée une bande de fer, dont une à plat, l'autre sur champ, et sur lesquelles roulent les roues du chariot n°. 21. Ces leviers servent à soulever d'environ cinq degrés et d'un seul bout la force ou ciseaux à tondre, qui, décrivant alors un plan incliné, s'en retourne seule au bout de la table et procure une économie de temps dans le travail ; 10°. de deux arbres en fer, servant au décliquetage et à l'enlèvement de la force. Celui de gauche porte à un bout une équerre qui se croche dans le mentonnet n°. 44, au milieu, et soutient un levier en fer servant à relever le poids et à faire rencliqueter toute la machine. L'arbre du bout de droite porte d'un bout l'équerre n°. 41, et de l'autre une pièce droite dans la forme de la branche de l'équerre, qui fait son effet vers la ligne horizontale ; 11°. de quatre coussinets en cuivre dans lesquels agissent

les arbres ci-dessus ; 12°. d'une branche de fer servant
à rencliqueter les équerres n°^{os}. 40 et 41 ; 13°. de leviers ou
bascules de fer ; 14°. de poids d'environ trente kilogrammes, servant à enlever les bascules n°. 9 et la force n°. 23 ;
15°. d'un boulon qui est fixé dans le bâtis n°. 35, et servant à supporter les bouts des leviers n°. 9 ; 16°. de roues
en cuivre partant du chariot n°. 21 ; 17°. d'une roue aussi
en cuivre qui est fixée sur l'axe d'une autre roue du même
métal placée dans l'intérieur de la boîte ou chariot, et
qui sert à le faire avancer en engrenant dans la chaîne
décrite n°. 38; 18°. de deux poulies montées sur une coulisse en fer servant à tenir la chaîne sous les roues ci-
dessus ; 19°. d'une vis sans fin portant d'un bout une poulie ; cette vis engrène dans une roue en cuivre qui a quarante dents ; à l'autre bout de cette vis est une nille servant
à donner le mouvement à la force par le moyen d'un cuir
qui communique au maillet ou culot ; 20°. d'une pièce de
fer tournée, placée à coulisse dans la nille de la vis sans
fin ; 21°. d'un chariot fait en forme de boîte, portant la
force et tout ce qui la fait agir ; 22°. d'une plaque de fer
trouée et passant dans la vis n°. 48 ; 23°. d'une force, de
quelque dimension qu'elle se trouve ; 24°. d'une poulie en
fer fondu servant à presser la force contre le drap ;
25°. d'une petite pièce en forme de boucle d'un bout, et
à vis et écrou de l'autre, servant à retenir la courroie
n°. 34 ; 26°. d'une pièce en fer s'appliquant sur la semelle
de la force, et retenue par le ressort n°. 27 ; cette semelle
a, d'un bout, la même force que la pièce de fer n°. 26, et
est fixée par trois boulons à écrous à la même pièce ;
27°. d'un ressort portant au bout, vers le chariot, une vis
qui sert à lever ou à descendre sur le drap le tranchant
de la semelle de la force ; 28°. d'une vis taraudée dans le
ressort ci-dessus, portée d'un bout sur le chariot ; 29°. d'un
mentonnet servant à clancher l'arbre de la roue n°. 17, et à
faire déclancher le mentonnet n°. 44, en poussant la pièce
de fer n°. 31, à son arrivée au bout de la table ; 30°. d'un
arbre en fer portant les poulies n°^{os}. 1 et 2 ; 31°. d'une pièce

à charnière servant à faire décliqueter le mentonnet n°. 44 ; 32°. d'une pièce en fer à coulisse servant à porter la poulie n°. 6 ; 33°. d'un maillet ou culot, en bois, fait de la même manière que ceux usités, excepté que le manche est percé ; 34°. d'une courroie en cuir communiquant de la nille de la vis sans fin au maillet ci-dessus ; 35°. d'un bâti en bois de quatre pouces sur cinq ; 36°. d'une table rembourrée semblable à celles dont on se sert ordinairement ; 37°. d'une pièce en fer fixée sur la semelle de la force par un boulon, et ayant une roue de cuivre n°. 16 ; 38°. d'une chaîne de Vaucanson fixée par les deux bouts aux équerres ci-dessous ; 39°. d'une équerre fixée sur les bascules du n°. 9, et à laquelle est rattachée la chaîne ci-dessus ; 40°. d'une autre équerre fixée à un bout de de l'arbre n°. 10, et qui se clanche dans le mentonnet n°. 44 ; 41°. d'une troisième équerre fixée à l'autre bout de l'arbre n°. 10, servant à lever les bascules n°. 9, et aidée de la pièce ci-dessous ; 42°. d'une pièce à charnière fixée à l'équerre ci-dessus et servant à lever les bascules n°. 9 ; 43°. d'une pièce de fer à charnière communiquant de l'équerre n°. 40 à celle n°. 41 ; 44°. d'un mentonnet servant à retenir et suspendre le poids n°. 14, et à retenir crochée et en activité toute la machine ; 45°. d'un ressort en acier servant à tenir croché sur l'équerre n°. 40 le mentonnet n°. 44, et à ramener la pièce de décliquetage n°. 31 ; 46°. d'un fil de fer communiquant de la pièce n°. 31 au mentonnet n°. 44, et servant à faire décliqueter le chariot au bout de sa course ; 47°. d'un coussinet, partie en bois ordinaire et partie en buis ; ces deux parties tournent l'une dans l'autre, et tendent à donner à la force le même jeu que lui donnerait la main ; 48°. enfin d'une pièce de fer fixée au chariot par des vis et des écrous en cuivre et servant à serrer les coussinets n°. 47. *Brevets non publiés.* *Voyez* FORCES HÉLICOÏDES et TONDEUSE.

DRAPS (Machine à lainer les). — MÉCANIQUE. —*Invention.* — MM. GRANGIER frères, *d'Annonay* (Ardèche).

— 1791. — Les auteurs ont obtenu un *brevet d'invention
de quinze ans*, pour une machine à lainer, qui consiste en
un tambour de dimensions convenables, tournant horizontalement sur son axe : la surface de ce tambour est
garnie de cardes plus ou moins fortes, ou bien de têtes
de chardon fixées sur de petites planchettes, ou entre des
lames de fer disposées à cet effet. Ce tambour, auquel on
imprime une grande vitesse, communique à son tour le
mouvement, par le moyen d'un lanterne et d'une roue
d'engrenage, à deux petits cylindres unis qu'on appelle
nourrisseurs. Ces cylindres sont placés l'un sur l'autre, de
manière que leurs points de contact sont à très-peu près
sur le même plan horizontal que l'axe du grand tambour;
on se ménage aussi le moyen de les presser plus ou moins
l'un contre l'autre, en employant des poids. Une pièce de
bois placée entre ces cylindres et le tambour, et ayant la
même longueur que ceux-ci, est fixée aux extrémités de
deux leviers, dont le point d'appui est l'axe du tambour.
Ces leviers se prolongent de quelques pieds au delà de ce
dernier, afin de pouvoir les manier et les arrêter quand il
en est besoin. On place deux tables l'une en avant de l'autre,
en arrière de la machine, dont voici la manœuvre : Après
avoir mouillé la pièce de drap, on la place sur la table de devant, du côté des cylindres nourrisseurs : on met la machine
en mouvement, et l'on engage le bout de la pièce entre les
cylindres nourrisseurs, en la dirigeant par-dessous la pièce
de bois, et ensuite par-dessus le tambour. Les chardons ou
les dents de cardes, dont le tambour est garni, attirent avec
force la pièce de drap; mais comme elle est retenue par les
cylindres, et qu'elle n'avance que proportionnellement à la
vitesse de la machine, il s'ensuit un travail très-régulier
sur toute la longueur de la pièce. L'objet de la pièce de
bois placée entre le tambour et les cylindres, sous laquelle l'étoffe passe, est de régler la pression que celle-ci
doit subir sur les dents du tambour, en l'élevant plus
ou moins avec les leviers auxquels elle est assujettie. (*Brevets publiés*, 1818, *tome* 2, *page* 114.) — *Importation*. —

M. Douglas. — An xi. — Le lainage des draps est une
façon qu'on leur donne en les tirant en longueur, soit avec
des brosses dures ou des cardes, soit avec des têtes de chardon. L'objet de cette façon est de recouvrir la corde ou le
tissu de l'étoffe mis à nu par la tonte, et de donner en
même temps une direction déterminée aux poils. Autrefois
cette façon se donnait à la main. La pièce d'étoffe étant
convenablement mouillée, passait successivement devant
un ou plusieurs ouvriers qui la frottaient le plus régulièrement possible, en tirant toujours de haut en bas, avec
des brosses ou des chardons. Cette manipulation, très-
longue, très-fatigante, et par conséquent dispendieuse,
et qui ne pouvait être régulièrement uniforme dans toute
l'étendue de la pièce, a été heureusement remplacée par la
machine inventée par M. Douglas, et pour laquelle il lui
a été accordé un *brevet d'invention de quinze ans.* Cette
machine consiste en un gros tambour horizontal ; on le
fait tourner sur lui-même avec une grande vitesse, et sa
surface, garnie de chardons, opère le travail du lainage
d'une pièce de drap, à mesure qu'elle lui est fournie régulièrement par deux cylindres sur lesquels elle se roule et
déroule alternativement. Elle est composée : 1°. d'un bâti
solidement construit en bois de chêne. La tête de droite
est double et scellée par son pied dans un massif de maçonnerie. C'est dans l'intervalle de ces deux têtes que sont
placées des roues d'engrenage. Se trouvant ainsi renfermées, elles ne sont ni embarrassantes ni exposées à des
accidens ; 2°. d'un gros tambour à chardons. Sa longueur
est de six pieds, et son diamètre de trente pouces. Il est
formé de douze fortes douelles en bois, laissant entre elles
des intervalles de trois pouces. Ces douelles sont fixées
avec des boutons par leurs extrémités et leur centre, sur
trois cercles de fonte de fer, qui composent le noyau de ce
tambour. Les chardons étant rangés à côté les uns des
autres, leurs queues sont engagées et saisies entre deux
lames de fer mince, qu'on serre fortement l'une contre
l'autre avec de la petite corde. Ces lames sont à leur tour

fixées sur les douelles, par le moyen de boulons et de verroux à ressort; 3°. de deux cylindres en bois, placés au-dessus et au-dessous du gros tambour, dans le même plan vertical. Leur diamètre est de cinq pouces. Ils portent des allonges à demeure, en toile ou drap, au bout desquelles on coud les pièces d'étoffe qu'on veut lainer ; 4°. des manchons et leviers au moyen desquels on donne ou on suspend le mouvement des cylindres ; 5°. des freins pour rendre leur mouvement plus ou moins dur; 6°. d'une cuve qu'on remplit d'eau, dans laquelle se mouille la pièce de drap roulée sur le cylindre inférieur; 7°. d'un pignon de six pouces de diamètre et de treize dents, monté sur l'axe du gros tambour; 8°. des roues d'engrenage en fer fondu, de quatre pieds de diamètre et de cent dents, montées sur les axes des deux cylindres et menées par le pignon ci-dessus; 9°. d'une poulie de mouvement, sur laquelle passe la courroie du moteur; 10°. d'une barre de bois arrondie extérieurement, qui a la faculté, par le moyen de deux vis de rappel, de se rapprocher ou de s'éloigner du bâti, ou, pour mieux dire, du tambour à chardons. La machine étant ainsi disposée, on faufile au bout des allonges que portent les cylindres en bois la pièce à lainer, qu'on roule entièrement sur le cylindre inférieur, afin qu'elle se mouille dans l'eau de la cuve. On serre le frein du cylindre inférieur, et on désengrène le manchon; ensuite on fait l'inverse relativement au cylindre supérieur, puis on met la machine en mouvement. Alors la pièce de drap, tirée par le cylindre supérieur, monte en passant contre le tambour à chardons, qu'elle embrasse en partie et qu'elle presse plus ou moins, à l'aide du frein inférieur et de la barre, qu'on règle à volonté. Toute la pièce étant passée, on la fait revenir, sans arrêter la machine, en sens inverse; et ainsi de suite, jusqu'à ce que le travail du lainage soit arrivé au degré qu'on désire. D'après les dimensions et le nombre des dents de roues d'engrenage, on voit que le tambour à chardons faisant un tour, les petits cylindres distributeurs n'en font que treize centièmes, ou à peu près un huitième ; c'est-à-dire que ceux-ci font passer deux pouces de drap, qui se trouvent brossés par douze rangées de chardons dans chaque voyage. (*Brevets publiés* , 1820 , *tome* 3, *page* 19 , *planche* 12. *Conservatoire des arts et métiers* , *salle des filatures* , *numéros* 35 , 36 *et* 37.) — *Inventions*. — M. WATHIER , *de Charleville*. — AN XII. — La machine pour laquelle M. Wathier a obtenu un *brevet de cinq ans*, consiste, 1°. en un pignon de bois composé de six ailes ; monté sur l'arbre des manivelles , et qui communique à toute la machine le mouvement qu'il reçoit lui-même de ces manivelles; 2°. en une roue en bois de soixante dents , recevant son mouvement du pignon , et montée sur le même arbre que le cylindre qui sert à faire monter le drap à mesure que l'on fait tourner les manivelles; 3°. en deux cylindres servant de conducteurs au drap ; 4°. en porte-chardons à coulisse , en forme de T , pouvant aller à volonté , en avant , en arrière , à droite et à gauche ; ces porte-chardons doivent avoir onze pieds , six pouces de long ; 5°. en une autre grande roue pareille à la première. Elle est mise en mouvement par le pignon que l'on oblige d'engrener avec elle, lorsque le drap est presque entièrement roulé sur le cylindre , en poussant l'arbre de la quantité nécessaire ; on recule au même moment le porte-chardon inférieur ; on avance le supérieur , sur lequel les chardons sont placés dans un sens inverse ; on fait tourner les manivelles ; alors le drap se déroule de dessus un cylindre pour se rouler sur l'autre. Les quatre cylindres sont creux et en bois ; ils ont une crapaudine à chaque extrémité , et sont portés chacun par deux vis à pointe en acier trempé. Deux des cylindres sont munis d'une poulie qui porte chacune un levier en forme de romaine , dont l'objet est de faire éprouver aux cylindres un frottement qui les empêche d'aller par secousses, et qui force le drap d'être toujours également tendu. (*Brev. non publiés.*) —M. MAZELINE , *de Louvier*.—AN XIII.—La machine à lainer pour laquelle l'auteur a obtenu un *brevet de dix ans*, se

compose d'un bâti en bois de chêne de 2 mètres 273 millimètres de long, sur 1 mètre 406 millimètres de large,
et 2 mètres 922 millimètres de hauteur ; d'un vilebrequin
quadruple, ou axe en fer forgé à double manivelle sur deux
plans de 2 mètres 579 millimètres de long, sur un carré de
33 millimètres, servant à faire monter et descendre les
chariots dont il va être parlé, et à éloigner et rapprocher
les quatre bascules en fer de 2 mètres 922 millimètres d'é-
paisseur, qui servent à porter ces mêmes chariots ; de
quatre châssis en fer de chacun 811 millimètres de long,
de 27 millimètres de large, et de deux millimètres d'épaisseur, qui montent les chardons portés par quatre chariots
en fer, garnis de roulettes en cuivre ; de deux bascules
en fer et à charnière, de 1 mètre 298 millimètres de long
qui font approcher ou éloigner celles dont on a parlé plus
haut ; de quatre vis en fer, servant à éloigner ou rapprocher deux cylindres en bois de chêne de 162 millimètres
de diamètre, montés sur un axe en fer de 2 mètres 273
millimètres de long, et de 40 millimètres de diamètre. Ces
cylindres approchent ou éloignent l'étoffe des chardons.
Deux autres cylindres, aussi en chêne, de 135 millimètres
de diamètre sont montés sur un axe également en fer, de
2 mètres 516 millimètres de long, et de 40 millimètres de
diamètre ; ils servent à clouer ou à déclouer l'étoffe. Deux
douilles en cuivre, garnies de dents de loup en fer font
engrener ou désengrener l'un de ces deux derniers cylindres par l'effet d'une bascule en fer de 1 mètre 298
millimètres de long sur 33 millimètres de large, et 40 millimètres d'épaisseur. Un réservoir en bois de chêne garni
de plomb, de 1 mètre 623 millimètres de long, de 486
millimètres de haut, et de 405 millimètres de large, est
placé à la partie supérieure du bâti et contient l'eau nécessaire au lainage. A ce réservoir est adapté une soupape en
cuivre au moyen de laquelle on fait couler l'eau à volonté.
Un tuyau en fer-blanc de 1 mètre 623 millimètres de long,
percé de petits trous comme un arrosoir et ayant aussi
la forme d'un T, est attenant au fond du réservoir : c'est

par ce tuyau que passe, l'eau nécessaire à l'exécution du travail. Un bâti en chêne porte une grande roue ou volant. A l'axe de cette roue, est adaptée une poulie de 486 millimètres de diamètre, destinée à faire mouvoir une autre poulie de 974 millimètres, placée au bout du vilebrequin. Deux poulies ayant cette dernière dimension en font mouvoir deux autres pareilles, adaptées aux deux derniers cylindres décrits plus haut, et au moyen de deux petites poulies (dites de renvoi) de 324 millimètres de diamètre. Deux griffes en fer font engrener ou désengrener les douilles en cuivre, et un cordage sert à faire mouvoir toutes les poulies. Enfin deux dernières poulies de 243 millimètres de diamètre sont encore adaptées à l'axe de la grande roue, et quatre charnières en fer sont ajustées, d'un bout, aux chariots qui portent les chardons, et de l'autre bout, à l'arbre à manivelle ou vilebrequin. Un seul homme, dit M. Mazeline, suffit pour mettre la machine en mouvement et la faire marcher toute la journée; et deux autres hommes étant chargés de surveiller la pièce d'étoffe, de démonter les chardons et de les retourner au besoin, on peut chaque jour opérer le lainage de deux pièces de drap de 36 à 40 aunes, en donnant à chacune dix tours de chardons, quantité plus que suffisante pour la perfection de cette main d'œuvre. (*Brevets non publiés*.) — *Perfectionnemens*. — 1806. — Les pièces que M. Mazeline a ajoutées ou perfectionnées pour rendre sa machine plus avantageuse sont : 1°. une roue à rochet, destinée à faire aller et venir les grandes bascules; 2°. un ressort retenant cette roue lorsqu'elle a sauté d'une dent; 3°. une grande bascule qui sert à faire aller et venir celles dont il est parlé dans l'article précédent, et que l'auteur désigne sur son dessein par E; 4°. un moufle dont l'objet est de tenir cette bascule par le milieu; 5°. une traverse mobile portant les courbes ou bascules E; 6°. trois chapes dans lesquelles sont des roues propres à supporter cette traverse; 7°. un bras de fer au bout duquel est une charnière et une crémaillère qui sert à faire appuyer plus ou moins le chardon sur le drap; 8°. un support de la

crémaillère ; 9°. quatre pièces formant deux petits châssis
destinés à faire monter et descendre les chariots désignés
par G ; 10°. quatre petits rouleaux en fer sur lesquels se
promènent les courbes E ; 11°. deux romaines, formant d'un
bout portion de cercle, et qui retiennent le drap lorsqu'il
monte ou descend ; 12°. un renvoi et un levier destinés à
mettre la tension à la portée de l'ouvrier ; 13°. une détente
pour faire engrener ou désengrener les moulinets désignés
par LL ; 14°. et 15°. équerre et bascule ayant les mêmes
fonctions ; 16°. deux petites colonnes et un support opérant
le même effet et supportant les bouts des deux arbres suivans ; 17°. un arbre portant à un bout un pignon de huit
dents, environ au tiers un pareil pignon, et à l'autre bout
une roue de seize dents ; 18°. un autre arbre portant un
pignon de huit dents à l'un de ses bouts, et une roue de
seize dents à l'autre bout, laquelle sert à faire tourner un des
moulinets L ; 19°. un pignon de huit dents fixé au bout du
vilebrequin ou arbre désigné par D ; 20°. deux roues de
vingt-quatre dents fixées au bout des deux moulinets LL ;
21°. deux poids destinés à faire pression sur les romaines ;
22°. une dent de loup fixée dans le vilebrequin D pour faire
sauter une dent à chaque tour de la roue à rochet. Ce perfectionnement, suivant l'auteur, présente deux avantages :
le premier est celui qui résulte du mouvement de va et
vient donné aux courbes ou bascules qui supportent les
chardons ; ce qui contribue à la perfection du travail,
parce que les chardons ne présentant qu'une très-petite
surface, sont susceptibles de rayer le drap lorsqu'ils sont
toujours dirigés sur le même train. Au moyen de la variété
à laquelle ils sont soumis par le perfectionnement, cet inconvénient n'existe plus. L'expérience a prouvé, ajoute
M. Mazeline, depuis les changemens faits à la machine,
que des chardons, même placés sans précaution, ne faisaient éprouver aucun désagrément pendant le travail. Le
second avantage se trouve dans les roues d'angle que l'auteur a introduites dans le mécanisme à la place des poulies,
attendu que plusieurs cordes destinées à faire marcher le

même objet sont susceptibles d'être plus tendues l'une que l'autre, et nécessitent plus de soin et d'entretien que des roues dentées. (*Brevets non publiés. Conservatoire des arts et métiers, dessins, tiroirs* E *et* F, n°. 19.) — — M. L.-M. FAUX, *mécanicien à Verviers* (Ourthe). — 1810. — L'auteur a obtenu un *brevet de cinq ans* pour les améliorations qu'il a apportées à la machine à lainer de M. Douglas, lesquelles améliorations consistent à faire marcher toujours dans le même sens, et d'une manière continue, la pièce de drap, au lieu de la faire passer d'abord dans un sens, ensuite dans un sens contraire. Dans la machine de M. Faux, la continuité de mouvement de la pièce d'étoffe est organisée au moyen de deux cylindres en bois cannelés, roulant l'un sur l'autre : entre ces cylindres passe la pièce de drap, dont le chef et la queue sont joints bout à bout par une couture, et offrent ainsi une pièce sans fin à l'action des chardons. Ces derniers sont portés par les barres du tambour de la machine, qui tournent dans un sens opposé à celui de l'étoffe. Des roues d'engrenage et des poulies impriment le mouvement à cette machine. Le gros tambour est formé de barres de bois sur lesquelles les chardons sont fixés comme dans les autres mécaniques du même genre. Le drap passe sur une barre mobile en bois qui sert à rapprocher le drap plus ou moins fortement du tambour dont on vient de parler, au moyen de deux vis à manivelle. Le mouvement de rotation de ce tambour s'effectue par l'action d'une courroie passant sur une poulie qui tourne sur le bout de l'axe auquel elle est fixée, et avec lequel elle est en quelque sorte identifiée par l'intermédiaire d'une boîte coulante montée carrément sur cet axe. On fait jouer cette boîte par le moyen d'un levier à fourchette, formant en même temps bascule, soit pour arrêter, soit pour faire marcher la machine. L'axe du tambour porte un pignon en fonte de treize dents, fixé en dehors du bâti. Ce pignon commande une roue d'engrenage aussi en fonte de cent trois dents. Cette roue est ajustée sur l'axe du rouleau inférieur cannelé, qui est l'un de ceux entre lesquels passe la pièce d'étoffe sans fin, sur laquelle s'exécute le lainage. Le rouleau cannelé supérieur a pour support deux pièces de bois qui lui servent aussi de collet; deux leviers à bascule servent à le lever et à le tenir désengrené lorsqu'on veut suspendre le mouvement de la pièce de drap. Ces leviers, qui sont minces, passent dans des mortaises qui se trouvent dans les montans du bâti. Cette même pièce est tendue de manière à en faire disparaître les plis, par une barre de bois qui retiendrait même la masse entière de l'étoffe dans le cas où elle serait entraînée. Le drap, en sortant des rouleaux cannelés, est écarté du tambour à chardon en glissant sur une table garnie de rouleaux à ses deux extrémités. La pièce d'étoffe, pendant son mouvement, tombe dans une bache en bois pleine d'eau, et circule dans un sens contraire à celui du tambour. Les avantages résultant de ce perfectionnement sont, 1°. d'économiser la toile, la ficelle et le temps employé pour attacher la pièce de drap par ses deux extrémités aux rouleaux supérieur et inférieur, qui se la transmettent réciproquement dans la machine de M. Douglas; 2°. de supprimer le mécanisme qui était nécessaire pour opérer ce changement de mouvement, et l'ouvrier qui était chargé de l'exécuter; 3°. de lainer, toujours sortant de l'eau, le drap avec une vitesse égale qui n'a pas lieu d'après le système de M. Douglas, attendu que le drap ne se mouille que sur le cylindre inférieur, qu'il en redescend presque égoutté, et avec une vitesse qui n'est plus en rapport avec celle du tambour à chardon; vitesse qui est elle-même sans cesse variée, soit en montant, soit en descendant par l'augmentation de volume des cylindres, occasioné par l'enroulement du drap sur lui-même. Les avantages de la machine de M. Faux sont évalués par lui à un tiers en sus de ceux qu'on obtient par la machine qui fait l'objet de ce perfectionnement. (*Brevets non publiés.*) — *Inventions.* — M. X. KUTGENS fils, *d'Aix-la-Chapelle.* — 1813. — La machine à lainer pour laquelle il a été délivré à l'auteur un *brevet d'invention de cinq ans*, se com-

pose, 1°. d'une manivelle; 2°. d'un grand tambour où sont attachées les cardes; 3°. de deux grands rouleaux qui portent le casimir ou le drap; 4°. d'un petit rouleau ambulant destiné à approcher l'étoffe des cardes; 5°. de deux roues d'engrenage pour les deux grands rouleaux; 6°. de deux clefs à vis, destinées à avancer ou à reculer le petit rouleau ambulant; 7°. de deux pinces faites pour retenir les deux grands rouleaux. L'eau, qui est amenée dans un baquet par un conduit, sert à humecter l'étoffe. Il entre en outre, dans la composition de la machine, une petite roue d'engrenage qui fait mouvoir les deux roues dont il vient d'être parlé à l'article 5, et une main qui change à volonté le mouvement de l'une de ces deux roues. Quoique la composition de cette machine ne présente rien de bien nouveau, elle paraît offrir néanmoins les avantages suivans. Il suffit, dit l'auteur, d'une seule personne de quinze ans pour la mettre en mouvement. Cette personne peut en même temps surveiller d'une manière parfaite la partie du garnissage, tandis que dans les autres machines à lainer connues, il faut un ouvrier *ad hoc* pour surveiller le même objet. L'invention de M. Kutgens diffère encore essentiellement, suivant lui, des machines ordinaires, en ce que celles-ci requièrent trois ouvriers, tandis que la sienne n'en exige absolument qu'un, et cet ouvrier fait seul la besogne de quatre qui laineraient à la main. Enfin l'on apprête sur la machine de M. Kutgens quatre pièces de drap par jour, et l'ouvrage qu'elle donne est plus régulier que celui qu'on obtient par les autres procédés. Le mécanisme de cette machine, ajoute l'auteur, est simple et d'un jeu facile; il est peu susceptible de se déranger, et il faut peu d'étude pour s'en servir; il exige peu de place, et n'est pas d'un prix élevé. (*Brevets non publiés.*) — M. Duchest.
— 1818. — L'auteur a obtenu un *brevet de dix ans* pour une machine propre à remplacer les chardons dans la fabrication du lustrage des draps. Nous décrirons cette machine à l'expiration du brevet. — MM. Taurin frères, *d'Elbeuf.* — Ces particuliers, pour un mécanisme à lainer

les draps, ont obtenu un *brevet de dix ans.* Nous donnerons la description de leur machine à l'expiration du brevet. *Moniteur,* 1818, *page* 909. *Voyez* CHARDON MÉTALLIQUE.

DRAPS (Fabrication des).—FABRIQUES ET MANUFACTURES. —*Observat. nouv.*—M. CHANORIER, *membre correspondant de l'Institut.*—AN VII.—Les laines, soit de race pure, soit de races améliorées, n'étaient employées, dans nos manufactures, qu'aux bonneteries de Ségovie, et à faire des draps de deuxième qualité réputés tels, parce que, disait-on, ils ne pouvaient être teints en laine. M. Chanorier a envoyé des toisons de Croissy à MM. Leroy et Rouy, de Sédan, qui en fabriquèrent un superbe drap bleu teint en laine; ce drap égale ceux que l'on fabrique avec les plus belles laines qui arrivent d'Espagne. Un échantillon de ce drap a été déposé à l'Institut, et constate que la partialité seule a pu pendant long-temps priver nos laines de races pure ou croisées d'être comparées à celles dites d'Espagne. (*Mémoires de l'Institut, an* VII, *tome* 2, *p.* 484.) —*Perfectionnemens.*—MM. TERNAUX.—AN IX.—La fabrication de ces manufacturiers distingués est la base d'un grand commerce; elle est variée depuis les espèces les plus communes jusqu'aux plus fines. MM. Ternaux ont obtenu une *médaille d'or* pour des draps superfins très-beaux qu'ils ont exposés. Ils sont chefs de quatre établissemens considérables où ils entretiennent de quatre à cinq mille ouvriers. (*Moniteur, an* X, *page* 4. *Livre d'honneur, page* 421.) —M. DECRETOT, *de Louviers.*—La manufacture de M. Decretot est avantageusement connue dans le commerce : on y fabrique des draps faits avec de la laine du troupeau de Rambouillet, des draps de laine française améliorée par l'alliance des mérinos avec les races indigènes, et un drap très-précieux de pinne marine. Il a été décerné à ce fabricant une *médaille d'or* par le jury de l'exposition. (*Moniteur, an* X, *page* 4. *Livre d'honneur, page* 115.) — M. LEFÈVRE, *de Paris.* —Il a été décerné à M. Lefèvre une *médaille d'argent* par le jury, pour avoir fait fabriquer de bon drap

moyen, par les aveugles des Quinze-Vingts, et pour avoir
fait filer par les mêmes de la laine au n°. 25, filature qui a
été trouvée très-bonne et très-égale. (*Moniteur, an* x. *Livre
d'honneur, p.* 267.) — M. DELARUE, *de Louviers* (Eure).
Médaille d'argent pour exposition de draps superfins de
la plus grande beauté, qui ont concouru pour la médaille
d'or. (*Monit., an* x, *p.* 5. *Liv. d'honn. p.* 124.)—M. GRAN-
DIN l'aîné, *d'Elbeuf* (Seine-Inférieure.) — *Médaille de
bronze* pour avoir exposé des draps qui soutiennent la réputation de sa fabrique. (*Moniteur, an* x , *page* 5. *Livre
d'honneur, p.* 208.)—MM. MARTEL et fils, *de Bédarieux*
(Hérault). — *Mention honorable* pour leur exposition de
draps bien fabriqués et propres à l'habillement des troupes.
(*Livre d'honneur, page* 296) — MM. J.-N.-F. LEFÈVRE,
FLAVIGNY et fils, *d'Elbeuf.* — *Mention honorable* pour
avoir fabriqué des draps avec la laine de mérinos provenant d'un troupeau formé dans leur département. (*Moniteur, an* XI , *page* 44. *Livre d'honneur, page* 174.) —
MM. TERNAUX frères. — AN x. — Ces fabricans ont exposé
des draps de la plus grande beauté ; on a surtout remarqué
deux pièces de drap de vigogne d'un très-grand effet, l'une
en couleur naturelle, et l'autre teinte en brun. Leur fabrication de Sédan n'est pas moins remarquable ; il est difficile de voir des draps noirs et blancs mieux éxécutés que
ceux qu'ils ont présentés à l'exposition. Le jury a pensé
que les travaux de MM. Ternaux méritaient les *plus grands
éloges*, et a déclaré que tous leurs produits étaient encore
plus parfaits que ceux qui en l'an IX leur ont valu la médaille
d'or. (*Rapport du jury,* 2 *vend. an* XI. *Livre d'honn., page*
422.) — MM. PASCAL, JACQUES THORON et compagnie, *de
Montolieu, près Carcassonne.* — Ces manufacturiers ont
produit des draps destinés au commerce du Levant, et
leur bonne fabrication, propre à agrandir nos relations
dans ces contrées, a fixé l'opinion du jury, qui leur a décerné une *médaille d'argent.* (*Rapport du jury , du* 2 *vendémiaire an* XI. *Livre d'honneur, page* 335.)—M. GUIBAL
jeune, *de Castres* (Tarn). — Ce fabricant a exposé un

assortiment d'étoffes de laines très-variées, du prix de deux à dix-huit francs le mètre, d'une fabrication extrêmement soignée, et appropriées à la classe moyenne et ouvrière. Il a obtenu une *médaille d'argent.* (*Rapport du jury*, *du 2 vendémiaire an* XI. *Livre d'honneur*, *page* 215.) — Madame veuve DE RECICOURT, MM. JOBERT LUCAS et compagnie, *de Reims.* — *Médaille d'argent* en commun avec MM. Lecamus et P.-M. Frontin, de Louviers, pour la fabrication d'une espèce de drap, dite *duvet de cygne.* (*Moniteur*, 1806, *page* 1385. *Livre d'honneur*, *page* 367.) — M. GRANDIN l'aîné, *d'Elbeuf.* — Les draps que ce fabricant a exposés sont de la plus belle qualité : le jury lui a décerné une *médaille d'argent.* (*Rapport du jury*, *du 2 vendémiaire an* XI. *Livre d'honneur*, *page* 208.) — M. MOREZ, *de Prades* (Pyrénées - Orientales). — La fabrication de ce manufacturier est bonne et établie à des prix modérés. Il lui a été décerné une *médaille de bronze.* (*Rapport du jury*, 2 *vendémiaire an* XI. *Livre d'honneur*, *page* 319.)— MM. MARTEL et fils, *de Bédarieux* (Hérault); et VIALÈTES, *de Montauban.* — Les draps de ces fabricans, dans les moyennes qualités, ont paru bien fabriqués au jury, qui leur a décerné une *médaille de bronze.* (*Rapport du jury*, 2 *vendémiaire an* XI. *Livre d'honneur*, *page* 296.) — MM. N.-F. LEFÈVRE, FLAVIGNY et fils, *d'Elbeuf.* — Ces fabricans, mentionnés honorablement à l'exposition de l'an IX, ont envoyé deux coupons de drap bleu : l'un en pure laine du troupeau de Rambouillet, qui a donné un résultat aussi beau que la laine d'Espagne, et l'autre fabriqué avec de la laine de métis. il leur a été décerné une *médaille de bronze* en commun. (*Rapport du jury*, *du 2 vendémiaire an* XI. *Livre d'honneur*, *page* 267.) — MM. PETOU frères et fils, *de Louviers.* — Les pièces de drap qu'ils ont présentées sont de la plus belle fabrication et d'un apprêt superbe. Leur manufacture a fait des progrès ; il existe dans leurs pièces une uniformité de perfection qui prouve une excellente administration de fabrique, et qui leur a valu une *mention honorable.* (*Rapport du*

jury, 2 *vendémiaire an* XI. *Livre d'honneur, page* 347.)—
M. PAMARD, *de Desvres* (Pas-de-Calais). — *Mention ho-*
norable pour ses gros draps en demi-largeur, qui sont
d'une bonne fabrication. (*Rapport du jury* , 2 *vendémiaire*
an XI. *Livre d'honneur, page* 334.) — M. DECRETOT, *de*
Louviers.—Ce fabricant, auquel il a été décerné en l'an IX
une *médaille d'or* pour ses draps , a été *mentionné hono-*
rablement pour l'exécution parfaite de ceux qu'il a exposés
cette année. (*Rapport du jury* , 2 *vendémiaire an* XI. *Livre*
d'honneur, page 115.)—M. ROCHARD, *d'Abbeville* (Somme).
—*Mention honorable* pour des calmoucks dont la fabrication
mérite des éloges. (*Rapport du jury* , 2 *vendémiaire an* XI.
Livre d'honneur , page 380.) — MM. LABRANCHE et TISON ,
représentant les fabricans de Lodève (Hérault). —*Mention*
honorable pour des pièces de drap propres à l'habillement
des troupes , dont les qualités ont été trouvées très-bonnes.
(*Rap. du jury* , 2 *vend. an* XI. *Livre d'honneur, page* 253.)
— MM. PÉLISSON, *de Poitiers* ; et VERNY, *d'Aubenas*
(Ardèche.). — *Mention honorable* pour avoir fabriqué
des draps moyens de bonne qualité, pour la consommation
de la classe peu aisée, et l'habillement des troupes. (*Rap-*
port du jury, 2 *vendémiaire an* XI. *Livre d'honneur* ,
page 445.) — QUINZE-VINGTS (Ateliers des). — *Cita-*
tion honorable pour les draps moyens que M. Vincent,
directeur de ces ateliers, a présentés à l'exposition. Le
jury en a trouvé la fabrication soignée. (*Livre d'honneur,*
page 364.) — LIÉGE (Maison de force de). — *Citation* au
rapport du jury, pour les draps et calmouks fabriqués
dans cette maison. Ces étoffes étaient de bonne qualité.
(*Livre d'honneur, page* 470.) — M. AUBRY-DE-LA-NOÊ ,
de Caen. — AN XI. — La Société d'agriculture et de commerce de cette ville a *mentionné honorablement* ce manufacturier, pour les perfectionnemens qu'il a apportés dans
la fabrication de ses draps et calmouks. (*Moniteur, an* XII ,
page 196.) — M. SAMUEL-PAYSANT. — La même Société
a *mentionné honorablement* ce manufacturier, pour les
améliorations qu'il a apportées, comme M. Aubry-de-la-

Noë, dans la fabrication des draps et calmouks. (*Moniteur, an* XII, *page* 196.) — *Importation.* — M. ***. — AN XII. — Le principal ingrédient pour teindre le drap en noir par la méthode hollandaise, dont M. *** est l'importateur, est une espèce d'oseille commune qui croît dans les prés et pâturages. On commence par bien savonner et laver l'étoffe ; on fait bouillir dans la chaudière une assez grande quantité d'oseille commune, pour rendre la décoction acide : plus elle le devient, plus la couleur est belle et solide ; l'on peut même retirer l'oseille déjà bouillie, et y en substituer de nouvelle. On passe ensuite la liqueur au tamis ; on y plonge le fil ou le drap, qui doit y bouillir pendant deux heures, en remuant souvent. S'il se trouve des bas parmi les pièces à teindre, il est bon de les retourner à l'envers après qu'ils sont restés pendant une heure dans le bain bouillant. On retire toutes les étoffes au bout de deux heures ; on les place dans des auges ; on lave la chaudière, et l'on y remet de l'eau, avec une demi-livre de râpures de bois de campêche par livre de fil de laine ou d'étoffes sèches. Lorsque ce nouveau bain a légèrement bouilli près de quatre heures, on y plonge les draps ou les écheveaux bien tordus, et l'on entretient au même degré cette douce ébullition ; s'il y a des bas, on les retourne deux heures après. Ce bain doit être, comme le premier, assez abondant pour qu'on puisse y remuer facilement l'étoffe, que l'on ôte au bout de quatre heures ; alors on verse un gallon de vieille urine par livre de laine, dans la liqueur bouillante préliminairement retirée du feu, en ayant l'attention de bien remuer. Quand ce mélange est refroidi, l'on y trempe pendant douze heures les écheveaux ou l'étoffe, on couvre le tout avec soin, puis on fait sécher à l'ombre; on peut ensuite laver à l'eau froide pour dissiper l'odeur qu'ils peuvent encore retenir. (*Société d'encouragement, an* XII, 4e. *bulletin, page* 86.) — M. LAPORTE. — La Société d'agriculture et de commerce de Caen a *mentionné honorablement* ce fabricant pour des droguets sortant de sa manufacture. (*Moniteur, an* XII, *page* 196.) —*Invention.*—

MM. Ternaux. — An xiii. —Les draps façon de vigogne se fabriquent en laine de Roussillon de première qualité. Pour rendre les brins de cette laine plats, on l'allonge sous les cylindres, ce qui lui donne le brillant et la douceur de la vigogne. MM. Ternaux ont imaginé d'ajouter à cet apprêt, par immersion, de la gomme arabique préparée avant cette opération, qui ne réussirait pas si l'on n'avait la précaution de laisser, lors de la tonte, le poil un peu plus élevé que sur les draps ordinaires, sauf qu'à la longue ils peluchent un peu comme la vigogne véritable. (*Description des brevets d'invention dont la durée est expirée*, 1820, *tome 3, page* 130.) — 1806. —Les draps superfins fabriqués par MM. Ternaux dans leurs diverses manufactures, vont de pair avec ce qu'il y a de plus estimé dans le commerce : leurs vigognes ont été trouvés d'une qualité supérieure. Au mérite de fabriquer parfaitement les étoffes connues, MM. Ternaux joignent celui d'en avoir composé de nouvelles, soit d'après l'exemple des étrangers, soit d'après leurs propres combinaisons. C'est ainsi qu'ils ont supplanté les fabricans anglais pour l'étoffe appelée *duvet de cygne*. Leurs *sati-drap* et *sati-vigogne* sont doux, légers, et d'un effet agréable. Ces manufacturiers, qui font à l'extérieur un commerce très-étendu, et qui emploient dans l'intérieur plusieurs milliers d'ouvriers, sont, sous tous les rapports, dignes des distinctions qu'ils ont obtenues aux expositions précédentes. (*Moniteur*, 1806, *page* 1382. *Livre d'honneur, page* 423.) *Voyez* Duvet de cygne, Sati-Drap et Sati-Vigogne. — M. Guibal jeune, *de Castres* (Tarn). — Ce fabricant obtint en l'an x une médaille d'argent pour un assortiment nombreux d'étoffes de laine auxquelles on reconnut toute la perfection que comportent les étoffes de ce genre. La fabrication de celles exposées en 1806 était aussi soignée. Le jury a déclaré M. Guibal toujours digne de la distinction qui lui a été décernée. (*Moniteur*, 1806, *page* 1395. *Livre d'honneur, page* 215.) — M. Pamard, *de Desvres* (Pas-de-Calais). — Les draps pour lesquels ce manufacturier a obtenu une mention honorable en l'an x, continuent de mériter la même distinction. (*Monit.*, 1806, p. 1385. *Livre d'hon.*, p. 334.) —ABBEVILLE (Somme) (Plusieurs manufacturiers d'), et des ANDELYS (Eure.) — Ces fabricans ont présenté des draps superfins et fins qui auraient concouru pour les médailles, si le jury n'avait pas décidé qu'il n'en serait plus accordé à ceux qui en auraient obtenu précédemment pour le même objet. (*Livre d'honneur, pages* 1 *et* 8.) — SEDAN (Ardennes) (Les fabriques de). —Les draps exposés par les fabriques de Sedan étaient capables de soutenir la comparaison avec ce que cette ville a fourni de plus parfait aux époques antérieures à 1789. Le jury a même reconnu que ces draps, si estimés pour la souplesse et l'agrément, ont encore acquis sous ces rapports. (*Livre d'honneur*, p. 408.) —Mme. V^e. DE RECICOURT, MM. JOBERT, LUCAS et compagnie, *de Reims* (Marne).—Ces manufacturiers, qui ont exposé en l'an x des draps dits *duvets de cygne*, dont la fabrication a fixé l'attention du jury, ont exposé en 1806 les mêmes produits, qui s'améliorent tous les jours, et qui auraient valu une médaille d'argent de première classe à cette compagnie si déjà elle ne l'avait obtenue aux expositions précédentes. (*Moniteur*, 1806, page 1385. *Livre d'honneur, page* 367.) — MM. PELISSON fils, *de Poitiers*; et VERNY, *d'Aubenas* (Ardèche.) — Ces fabricans, *mentionnés honorablement en l'an x*, ont mérité cette même distinction en 1806 pour les draps qu'ils ont exposés, reconnus de bonne qualité et propres, par la modicité de leur prix, à la consommation de la classe peu aisée, et à l'habillement des troupes. (*Moniteur*, 1806, *page* 1383. *Livre d'honneur, page* 340.)— MM. MARTEL et fils, *de Bédarieux* (Hérault). —Les draps moyens de la manufacture de M. Martel n'ayant pas dégénéré, ce fabricant a été déclaré toujours digne des distinctions qu'il a obtenues aux expositions précédentes. (*Moniteur*, 1806, *page* 1383. *Livre d'honneur, page* 297.) —M. C. ROCHARD, *d'Abbeville* (Somme.)—Les calmouks de ce manufacturier, mentionné honorablement en l'an x, ont prouvé à l'exposition qu'il était toujours digne de sa

réputation.(*Monit.*, 1806, *p*. 1384. *Liv. d'honneur, p.* 380.)
— M. Decrétot , *de Louviers.* — Les draps que ce fabricant a présentés à l'exposition répondent tout-à-fait , par
leur perfection , à la haute idée que le public s'est depuis
long-temps formée de sa manufacture , le *modèle de la
draperie française.* (*Moniteur* , 1806, *page* 1382. *Livre
d'honneur, page* 115.) — MM. Delarue et Lecamus , *de
Louviers* ; et Grandin , *d'Elbeuf.* — Ces fabricans , qui
avaient obtenu des médailles d'argent de première classe
aux précédentes expositions, ont exposé en 1806 des draps
parfaitement fabriqués , qui prouvent qu'ils ne cessent de
faire des efforts pour se surpasser eux-mêmes , et pour
continuer de mériter la distinction qui leur a été accordée.
(*Moniteur* , 1806 , *page* 1383. *Livre d'honneur, page* 208.)
— M. L.-F. Flavigny, *des Andelys* (Eure). — Ce fabricant, qui occupe plus de trois cents ouvriers , a exposé
des échantillons d'étoffes superfines en draps et ratine
grande largeur. (*Livre d'honneur* , *page* 8.) — Saint-
Omer (Pas-de-Calais) (la fabrique de). — *Médaille de
bronze* pour son exposition de gros draps, qui ont paru
d'une bonne fabrication. (*Livre d'honneur* , *page* 398.)
— Les manufactures de Lodève , Clermont , Saint-
Chinian , Saint-Pons , Bédarieux (Hérault), Chateau-
roux, Romorantin , Bischwillers , Beaulieu *les Loches* , Pont-en-Royans , Altendoff , Oberwesel ,
Mayence (Rhin-et-Moselle), Esch , Wiltz et Clairvaux
(Forêts). — Les draps exposés par ces fabriques ont paru
au jury mériter une *mention honorable.* Leur genre est
propre à l'habillement des troupes. (*Moniteur* , 1806 ,
p. 1385. *Livre d'honneur* , *p.* 29 , 95 , 287, 393, 398, 88 ,
385, 40, 26, 355, 457, 472, 471, 463, 477 et 460.) —
Beauvais, Cormeilles, Hauvoile, Grandvillers, Quesnoy,
Tricot (Oise), de Desvres , Fruges (Pas-de-Calais),
Foix , Mirepoix et Saint-Girons (Arriège) (Les fabriques
de). — *Mention honorable* pour les gros draps et draps
moyens exposés par ces fabriques. (*Livre d'honneur, p.* 28,
100, 142, 209, 311, 362, 395 et 436.) — M. Arnaud-Pous-

set, *de Loches* (Indre.) — *Mention honorable* pour des draps moyens qui ont de la souplesse, et sont fabriqués avec intelligence et à bas prix. (*Livre d'honneur, p. 12.*) — Vire (Calvados) (Les fabriques de). — *Mention honorable* pour les draps propres à l'habillement des troupes que ces fabriques ont exposés. *Livre d'honneur, page 449.*) — Louviers (Eure) (Les fabriques de). — *Citation* au rapport du jury pour la grande variété de draps de la plus belle qualité que ces fabriques ont exposés. (*Livre d'honneur, page 288.*) — Poitiers (Vienne) (Dépôt de mendicité de). — *Citation* au rapport du jury pour les draps moyens et autres étoffes de laine fabriquées dans cet établissement. (*Livre d'honneur, page 354.*) — Aix-la-Chapelle et Verviers (Les fabriques de). — *Citation* au rapport du jury pour les *draps sérails.* (*Livre d'honneur, pages 456 et 476.*) — Elbeuf (Seine-Inférieure.) (Les manufactures d'). — *Citation* au rapport du jury des produits de cette manufacture. La fabrication des draps a fait à Elbeuf de grands progrès. (*Livre d'honneur, page 164.*) — Ourte et la Roer (Départemens de l') — Le jury a vu avec le plus grand intérêt les draps envoyés par les nombreuses fabriques de ces contrées. (*Livre d'honneur, page 472.*) — MM. Joseph Serres, Rachon et Albrezy frères, *de Montauban*, ont présenté à l'exposition des draps croisés de très-bonne qualité, pour lesquels ces fabricans ont été *cités honorablement.* (*Moniteur*, 1806, *page* 1385. *Livre d'honneur, page 412.*) — *Invention.* — MM. Jobert, Lucas et compagnie *de Strasbourg* (Bas-Rhin). — 1807. — *Brevet de cinq années* pour l'invention d'une étoffe qu'ils nomment *drap d'hermine*, et qui est composée de laine et de coton. (*Moniteur,* 1807*, page* 348.) — *Perfectionnemens.* — Montolieu (La manufacture de). — 1808. — Les draps de cette manufacture, disent MM. Fourcroy et Desmarets, sont fabriqués avec la laine des mérinos de la bergerie de Perpignan. On est parvenu à leur donner les qualités des meilleurs draps de Sédan, excepté qu'ils sont trop forts, par conséquent moins souples. Les directeurs espèrent leur

donner plus de perfection, si l'on parvient à améliorer la
qualité de ces laines par une meilleure tenue des troupeaux.
(*Mémoires de l'Institut, classe des sciences physiques et ma-
thémathiques, premier semestre*, 1807, *page* 295. *Archives
des découvertes et inventions*, 1808, *tome* 1, *page* 315.)
— MM. TERNAUX frères. — 1810. — Ces manufacturiers
ont établi dans la ville de Louviers, déjà célèbre par la
qualité de ses draps, une fabrique où ils ont promptement
atteint et bientôt surpassé ce qu'on avait fait de plus beau
dans le pays en drap de laine, en vigogne et en pinne marine. Ces industrieux manufacturiers ont aussi fondé à
Reims une fabrique où l'on imite parfaitement l'espèce
de drap appelée *drap de Silésie*, et où on l'a même perfectionnée sous quelques rapports. Ils ont introduit dans leur
manufacture de Sedan tous les genres d'amélioration : on
y fabrique, dans les quatre établissemens qui la composent,
des draps de toutes qualités, même jusqu'à l'espèce appelée
calmouks, dont la fabrication y a été perfectionnée. MM. Ternaux emploient, pour fabriquer leurs diverses étoffes, un
nouveau genre de filature de *laine peignée* : la machine
dont ils se servent donne au fil une grande finesse et
une grande égalité, en abrégeant le temps et diminuant
le prix de la main d'œuvre. Cette machine, qui peut
être mue par l'eau, est établie dans les divers ateliers
de MM. Ternaux. On voit enfin dans leur maison d'Au-
teuil un établissement complet, à l'imitation de ceux d'Espagne, pour le triage et le lavage des laines mérinos. Le
jury des prix décennaux et l'Institut ont *mentionné très-
honorablement* ces grands manufacturiers, et ce jury a dû
regretter de n'avoir pas un second grand prix à décerner
pour les progrès éclatans de l'industrie manufacturière.
(*Rapport à l'Institut, adopté dans la séance du 20 août 1810.
Moniteur, même année, p.* 1304. *Livre d'honneur, p.* 423.)
— MM. TERNAUX père et fils. — 1819. — On a remarqué à
l'exposition des draps vigogne et demi-vigogne, et des draps
superfins des manufactures de MM. Ternaux à Louviers,
à Sedan et à Elbeuf ; les étrangers ne pourront désormais

atteindre la beauté et la solidité de ces produits. En achetant la fabrique de feu Bonvallet, qu'ils exploitent à Saint-Ouen, MM. Ternaux ont aussi perfectionné sa découverte, qui consiste à appliquer sur le drap une impression en relief imitant la broderie. Ils ont exposé des impressions de différentes couleurs exécutées dans cette manufacture sur les draps et autres étoffes de laine. Les dessins étaient très-variés et jouaient la broderie ; on peut même dire que l'imitation l'emportait sur la broderie réelle, pour la netteté et la délicatesse du dessin. Ces étoffes sont propres à faire des ameublemens très-agréables. En général, le public a pu remarquer que les établissemens ci-dessus mentionnés enchérissent de plus en plus sur la supériorité qui leur a mérité les *distinctions les plus honorables* aux expositions précédentes. M. Ternaux père, *décoré depuis long-temps de la croix de la Légion-d'Honneur*, et maintenant officier de l'ordre, a été investi par le roi du *titre de baron*, en récompense de ses nombreux succès dans divers genres de fabrication; il s'était mis hors de concours comme membre du jury. (*De l'Ind. franç.*, *par M. de Jouy, p.* 26. *Liv. d'honn.*, *p.* 424.)—M. POUPART DE NEUFLIZE et fils.—Il a été accordé à ce manufacturier une *médaille d'argent* pour avoir présenté de très-beaux draps à l'exposition. D'après le compte rendu au roi sur les nombreuses et utiles manufactures élevées ou soutenues avec succès par M. Poupart de Neuflize, et des perfectionnemens qu'il a apportés dans l'usage des machines destinées à ses fabriques, sa majesté l'a en outre décoré de la *croix de la Légion-d'Honneur*. (*Liv. d'hon.*, *p.* 358.) — M. GERDRET aîné, *de Louviers* (Eure).—Ce fabricant, auquel il a été décerné une *médaille d'or*, jouit depuis long-temps d'une réputation méritée. Ses draps, d'une qualité supérieure, sont très-estimés. (*Liv. d'hon.*, *p.* 194.)—MM. BACOT père et fils, *de Sedan* (Ardennes). — Les draps noirs présentés à l'exposition par MM. Bacot, et qui leur ont mérité la *médaille d'or*, ont été jugés de la plus grande perfection. Les draps bleus des mêmes fabricans sont également d'excellente qualité.

Le roi a conféré à M. Bacot père la *décoration de la Légion-
d'Honneur*. (*De l'Industrie française, par M. de Jouy.
Livre d'honneur, page* 19.) — MM. Riboulleau et Jour-
dain, *de Louviers* (Eure). — Ces manufacturiers ont obtenu une *médaille d'or* pour des draps superfins d'une
grande beauté. Ces produits jouissent d'une réputation
méritée et sont très-recherchés par les consommateurs.
Le roi a nommé M. Riboulleau *chevalier de la Légion-
d'Honneur*. (*De l'Industrie française, par M. de Jouy.
Livre d'honneur, page* 373.) — M. Turgis, *d'Elbeuf*
(Seine-Inférieure). — *Médaille d'argent* pour son exposition de drap parfaitement fabriqué, et tenant le premier
rang dans son genre. (*Livre d'honneur, page* 436.) —
MM. Aynard et fils, Fiard et Marion, *de Montluel*
(Ain). — Il a été exposé par ces manufacturiers de la
draperie moyenne et de la draperie commune, principalement destinées à l'habillement des troupes. On a trouvé
leurs étoffes bien fabriquées et d'un prix modéré. Il leur
a été décerné une *médaille d'argent*. La fabrique de Montluel est de la création de MM. Aynard, Fiard et Marion,
qui ont su lui donner de grands développemens. (*De l'Industrie française, par M. de Jouy (Livre d'honneur,
page* 18.) — M. Tirel fils, *de Blon*, près *Vire* (Calvados).
— Ce manufacturier a obtenu une *médaille d'argent* pour
des draps moyens bien fabriqués, et des draps communs
blancs, gris et verts, dont les prix sont modérés. (*Livre
d'honneur, page* 431.) — M. Faulquier, *de Lodève*
(Hérault). — *Médaille d'argent* pour du drap bien fabriqué et d'un prix modéré. (*Livre d'honneur, page* 170.)—
MM. Captier, *de Lodève* (Hérault) ; et Sainte-Marie
Frigard, *de Louviers* (Eure). — Les draps exposés par
ces manufacturiers, et qui leur ont valu la *médaille d'argent*, étaient très-beaux et d'une fabrication excellente.
(*Livre d'honneur, p.* 75 *et* 397.) — MM. Chauvet et fils,
de Chalabre (Aude) ; Merle, Pascal fils, et Pascal, *de
Vienne* (Isère). — Ces fabricans ont obtenu la *médaille
d'argent* à l'exposition pour du drap fort qui s'est fait re-

marquer par l'excellence de sa fabrication. (*Livre d'honneur, pages* 90 *et* 305.) — M. GUIBAL-VEAUTE fils aîné, *de Castres* (Tarn). — Ce manufacturier a exposé, pour la première fois, les produits de sa fabrication ; il a présenté des draps *doubles croisés*, couleur bleue et couleur mélangée, dont l'exécution a paru parfaite. Le jury lui a décerné une *médaille d'argent* pour sa draperie moyenne, d'une bonne qualité. (*Livre d'honneur, page* 216.)—MM. ROSE (Abraham) frères, *de Tours* (Indre-et-Loire). — *Médaille d'argent* pour les draps de qualité moyenne présentés par ces manufacturiers, dont la fabrique était nouvellement établie. Ces draps sont faits avec des laines métisses de Beauce ; ils sont bien fabriqués et de très-bonne qualité, eu égard à leur prix. MM. Rose (Abraham) ont aussi exposé de la draperie commune faite avec des laines des environs de Tours ; le jury l'a trouvée digne des mêmes éloges que la draperie moyenne. (*Livre d'honneur, page* 385.) — M. DANET, *de Beaumont-le-Roger* (Eure). —Ce fabricant, qui a obtenu une *médaille d'argent*, a exposé des draps de deux qualités ; chacune d'elles est excellente dans son espèce, et la fabrication en est très-bonne. La manufacture de M. Danet est nouvellement établie, et cependant elle est déjà reconnue pour une des meilleures. (*Livre d'honneur,* p. 110.) — MM. GODARD père et fils, *de Châteauroux* (Indre). — Une *médaille d'argent* a été décernée à ces fabricans. Leurs draps sont bien fabriqués ; ils ont donné à la contrée qu'ils habitent l'exemple d'employer dans la fabrique du drap la machine à vapeur, et ils ont fait, pour le perfectionnement de l'opération du foulage, un emploi heureux de l'eau chaude que cette machine fournit. (*Livre d'honneur, page* 200.) —M. CHAYAUX, *de Sédan* (Ardennes).— *Médaille d'argent* pour des draps noirs très-bien fabriqués et d'un prix modéré. (*Liv. d'honn.*, p. 90.)—Madame veuve LEMAÎTRE, *de Louviers* (Eure). — *Médaille d'argent* pour draps superfins fort beaux et d'excellente qualité. (*Liv. d'honn.*, p. 271.) — MM. BADIN frères, et LAMBERT, *de Vienne* (Isère).

— Ces manufacturiers ont exposé des *draps forts* qui leur
ont valu une *médaille d'argent.* Ces draps ont présenté
tous les caractères d'une bonne fabrication. (*De l'Industrie française, par M. de Jouy. Livre d'honneur, page* 19.)
—MM. FLOTTE frères, *de Saint-Chinian*; JALVI, SAISSET, et
GUIRAULT, *de Saint-Pons* (Hérault); FAGÈS, *de Carcassonne* (Aude), et OLOMBEL, *de Mazamet.* — Il a été décerné
à chacun de ces fabricans une *médaille d'argent*, le premier
pour ses draperies fines, et les autres pour des londrins,
des mahouts ou *draps sérails*, destinés au commerce du Levant. Tous ces divers produits annoncent une fabrication extrêmement soignée. (*De l'Industrie française, par
M. de Jouy. Livre d'honneur, pages* 168, 177, 238 *et* 331.)
— M. VIVIER, *de Chalabre* (Aude). — Ce manufacturier
a obtenu une *médaille de bronze* pour la bonne fabrication
de ses draps. (*Livre d'honneur, page* 450.) — M. PATTO,
de Chalabre (Aude). — *Médaille de bronze* pour des draps
remarquables par leur bonne fabrication. (*Livre d'honneur,
page* 336.) — MM. DASTIS et DUMAS, *de Lavelanet* (Arriège). — Le jury a vu avec intérêt les draps que ces fabricans ont présentés à l'exposition, et qui leur ont valu à
chacun la *médaille de bronze*; ces draps, dans le genre de
ceux d'Elbeuf, sont parfaitement fabriqués. (*Livre d'honneur, pages* 111 *et* 163.) — M. GARISSON, *de Montauban*
(Tarn-et-Garonne). — *Médaille de bronze* pour les draps
unis et draps croisés, bien fabriqués et à des prix modérés,
exposés par ce fabricant. (*Livre d'honneur, page* 188.)—
MM. CHAUSSET et AVERTON, *d'Abbeville* (Somme); et
MAURICE LOIGNON, *de Beauvais* (Oise).—*Médaille de bronze*
pour des draps fabriqués avec soin. (*Livre d'honneur,
pages* 89 *et* 301.)—MM. N. BOURDON, et PETOU, *d'Elbeuf*
(Seine-Inf.); COURBET-POULLARD, *d'Abbeville* (Somme);
QUESNÉ, MURET, *de Châteauroux* (Indre), et MARTIN, *de
Clermont.*—*Médailles de bronze* pour des draps bien fabriqués et de bonne qualité. (*Livre d'honneur, pages* 56,
102, 323 *et* 362.) — MM. ROGUES et ROGER, *d'Empher-
nel, près Vire* (Calvados). — *Médaille de bronze* pour du

drap, genre d'Elbeuf, fabriqué avec intelligence dans la fabrique que MM. Rogues et Roger viennent de fonder. (*Livre d'honneur*, page 383.) — M. L.-R. FLAVIGNY, *d'Elbeuf*. — *Médaille de bronze* pour les draps fins bien fabriqués et de bonne qualité qu'il a exposés. (*Livre d'honneur*, page 175.) — MM. ANSAULT, CHAUVAT et compagnie, *de Toucy* (Yonne); GUILLEMET, *de Nantes* (Loire-Inférieure); S. LACHAUME, *de Saint-Maixent* (Deux-Sèvres); LEFEBVRE, *de Saint-Omer* (Pas-de-Calais); et MAUBON-RUPIED, *de Nancy* (Meurthe). — *Mention honorable* pour drap commun bien fabriqué et d'un prix modéré. (*Livre d'honneur*, pages 11, 217, 254, 266 et 301.) — M. F. TOURENGIN, *de Bourges* (Cher). — La fabrique de M. Tourengin est nouvelle; elle est intéressante pour le Berri, dont elle emploie les laines. Le drap bleu que ce manufacturier a exposé est d'une bonne qualité, et lui a mérité une *mention honorable*. (*Livre d'honneur*, p. 433.) —MM. GRAND frères, *de Bédarieux* (Hérault).—*Mention honorable* pour leur draperie fine. (*Livre d'honneur*, page 207.)—MM. DEMENOU et DELAMBERT, *de Paris*; SEILLÈRES, *de Nancy* (Meurthe.) — *Mention honnorable* pour du drap tricot blanc d'une bonne fabrication. (*Livre d'honneur*, pages 128 et 410.) — L'HOSPICE DE LA MISÉRICORDE, *à Perpignan*. — *Mention honorable* pour les draps communs et d'un bon usage que cet hospice a exposés. (*Livre d'honneur*, page 345.) — MM. BRIDIER frères, *de Sedan* (Ardennes); DENIELLE, PLEY et TARTAS-BOYAVAL, *de Saint-Omer* (Pas-de-Calais). — *Mention honorable* pour leur draperie. (*Livre d'honneur*, pages 64, 129 et 420.) —MM. BERNARD-MATILLOT, BOIXOT-PALOT et compagnie; L. COMPIDOR et DURAND-DAMIEH, *de Pratz-de-Mollo* (Pyrénées-Orientales); DIDELOT-PERRIN et DIDELOT-REGNOULT, *de Vassy* (Haute-Marne); DOLLEY, *de Saint-Lo* (Manche); DORÉ, *de Dijon* (Côte-d'Or); et MAURY jeune, *de Sainte-Croix* (Arriège).—*Mention honorable* pour des draps de qualité commune, bons dans leur genre. (*Livre d'honneur*, pages 34, 45, 56, 97, 142, 151, 164 et 302.)

—MM. Allouard, *de Beaulieu* ; Jahan-l'Héritier , Renard-l'Héritier et l'Héritier-Texier, *de Château-Renaud* (Indre-et-Loire) ; A. Bastide, Couret fils aîné, Giraut, Solanet, Thedenat, et Muret, *de Saint-Geniez* ; Cresseils et Cot, *de Camarez* ; Recoulès, Salès, *de Rhodez* (Aveyron) ; Boursin, Madame veuve Cally-Grand-Vallée , *de Lizieux* (Calvados) ; MM. Carme frères, *d'Alby* (Tarn) ; Tachart-rey, *de Montauban* (Tarn-et-Garonne) ; Charmier, *de Gap* (Hautes-Alpes) ; Flandry, *de Pamiers* (Arriège) ; C. Fouquet, *de Poitiers* (Vienne) ; Sennemand , *de Limoges* (Haute-Vienne) ; et V. Charpentier, *de Saint-Aubin-du-Thennay* (Eure). — *Citation* au rapport du jury pour la bonne fabrication de leurs draps. (*Livre d'honneur, pages* 6 , 25 , 57 , 73 , 77 , 87 , 102 , 104 , 179, 238, 368, 371, 400, 411, 420 et 425.)—M. Guibal jeune, *de Castres* (Tarn). — Ce fabricant a exposé un assortiment d'étoffes de laine, dans lequel il se trouvait de la draperie moyenne. Cet assortiment a prouvé que M. Guibal était toujours digne des distinctions qu'il a obtenues aux expositions précédentes. (*Liv. d'honn.*, *p.* 215.) — *Observations nouvelles.* — Le Jury de l'exposition. — La draperie a fait des progrès véritables pendant les treize années qui se sont écoulées depuis l'exposition de 1806 jusqu'à celle de 1819. Les fabriques se sont multipliées ; des moyens d'exécution plus sûrs et plus expéditifs ont été adoptés ; les produits ont gagné en qualité, et on les a variés avec beaucoup d'art. Depuis le commencement du siècle, il s'est fait dans cette branche importante de notre industrie une amélioration du premier ordre, c'est l'introduction des machines : cette opération , qui n'était que commencée, et pour ainsi dire ébauchée en 1806, est aujourd'hui entièrement consommée. L'adoption des machines est devenue si générale, que le petit nombre d'établissemens qui sont demeurés en arrière ne pourront bientôt plus soutenir la concurrence des autres fabriques ; ils seront obligés d'adopter les mêmes moyens ou de cesser leurs travaux. On reconnaît déjà ces établissemens à la

cherté de leurs produits, et aux plaintes qu'ils font entendre sur la diminution des demandes. L'usage des machines
introduit plus d'égalité dans la fabrication ; de sorte que
la qualité des draps ne dépend plus autant de l'habileté des
fabricans, en ce qui concerne la partie mécanique du travail. Cette habileté n'a conservé toute son influence que
pour les opérations très-importantes, à la vérité, du choix
et de l'assortiment des laines, de la teinture, du dégraissage et des apprêts. Depuis long-temps il est reconnu qu'on
ne fabrique rien en Europe qui égale les draps superfins de
Sedan et de Louviers. Ceux que ces deux villes célèbres ont
présentés à l'exposition de 1819 sont de la plus grande
beauté. L'amélioration des laines a fourni le moyen d'ajouter à la souplesse du drap et à sa finesse, en même temps
que les machines ajoutaient à la régularité de la fabrication.
Tous ces draps sont d'une perfection presque uniforme, et
ne diffèrent entre eux que par des nuances peu tranchées ;
en sorte qu'il a fallu beaucoup d'attention pour assigner des
différences. On remarquera sans doute que le jury n'a pas
décerné des médailles de bronze pour des draps fabriqués à
Louviers et à Sedan : ce n'est pas qu'il ait jugé indignes d'une
telle distinction ceux de ces draps dont il n'a pas parlé ;
loin de là, il les a considérés comme étant au-dessus de la
classe marquée pour la médaille de bronze ; il a mieux aimé
les passer sous silence que de les placer dans un rang inférieur à leur mérite. La fabrique d'Elbeuf ne se borne pas à
une seule qualité de draps ; elle opère sur une échelle
étendue, de manière à fournir aux besoins d'une classe
nombreuse de consommateurs. Les draperies qu'elle a présentées à l'exposition de 1819 sont toutes, quels que soient
d'ailleurs leur destination et leur prix, remarquables par
les qualités essentielles qui caractérisent une bonne fabrication. Dans les prix supérieurs, on trouve la souplesse à un
degré qui rapproche ces draps de ceux de Louviers. On a
vu à cette exposition des draps d'Abbeville tout-à-fait dignes
de la réputation distinguée dont la draperie de cette ville
jouit depuis long-temps. Mais ce n'est plus seulement à

Louviers, à Sedan, à Abbeville et à Elbeuf, que l'on fait des draps fins; il s'est formé à Beaumont-le-Roger, dans le département de l'Eure, une manufacture dont les produits se placent au premier rang avec ceux de Louviers. On a vu se développer dans les départemens de l'Aude, de l'Hérault, du Tarn et de l'Arriège, dans ceux de l'Isère, de l'Oise, de l'Eure, du Calvados, des manufactures qui donnent des produits supérieurs en perfection aux draps qu'on faisait jadis à Elbeuf, et qui égalent quelquefois les draperies fabriquées il y a trente ans à Louviers, à Sedan et à Abbeville. La masse des produits de ces nouvelles manufactures surpassera bientôt ce qui était mis dans le commerce par les départemens de l'Ourthe et de la Roër, aujourd'hui séparés de la France, et qui ne fournissent plus à sa consommation. C'est principalement dans les départemens de l'Aude, de l'Hérault et du Tarn, que l'on fabrique les draps destinés à être exportés dans le Levant, et qui sont connus sous le nom de *londrins*, de *mahouts* ou *draps sérails*. Le Jury a vu avec une satisfaction particulière les draperies de ce genre présentées à l'exposition par les fabriques de Carcassonne, de Saint-Pons, de Saint-Chinian, de Mazamet et de Clermont (Hérault). Elles sont fabriquées avec intelligence et très-agréablement apprêtées. En joignant ainsi la fabrication, et surtout en profitant de l'introduction des machines et de .l'amélioration des laines nationales pour abaisser les prix sans altérer les qualités, ces villes ne peuvent manquer de ressaisir la faveur dont elles ont si long-temps joui dans les échelles du Levant. Le jury de 1806 ne jugea pas convenable de décerner des médailles aux manufactures de *draperies fines*; ce n'est pas qu'il méconnût l'importance de cette magnifique industrie; mais elle lui parut dans un état presque stationnaire et peu différent de celui où elle s'était montrée à l'exposition précédente. Depuis 1806, la fabrication des laines a fait, dans toutes ses parties, des progrès si considérables, qu'on peut regarder cette industrie comme ayant subi un renouvellement presque total. Le jury a cru devoir signaler ce mouvement avantageux , en décernant les distinctions qu'il était en son pouvoir de distribuer. La *draperie moyenne* forme une branche majeure de l'industrie des lainages ; ses produits sont assez variés pour satisfaire à tous les besoins ; et , par la modération de leurs prix , ils conviennent à un grand nombre de consommateurs. Le jury s'en est occupé avec un vif intérêt ; il a reconnu que les progrès de l'art de fabriquer s'y font sentir d'une manière marquée. L'influence de l'amélioration de nos laines communes , par le croisement de la race indigène des bêtes à laine avec les animaux de race pure , est très-sensible. Le jury a voulu seconder ce mouvement , en décernant plusieurs distinctions. La fabrication de la *draperie commune* fournit le vêtement nonseulement des classes pauvres ou peu aisées , mais encore de cette partie très-nombreuse de la population qui , sans être étrangère à quelque aisance , est placée immédiatement au-dessous de la classe moyenne ; elle alimente donc une consommation très-considérable. C'est dans cette partie surtout que l'application des machines et des nouveaux procédés a les résultats les plus étendus ; les modèles sont tellement répandus dans les diverses contrées de la France , qu'il n'est pas difficile de s'en procurer la connaissance. On peut prédire des succès aux établissemens qui ne tarderont pas à les adopter , et une ruine certaine à ceux qui s'obstineront à n'en pas faire usage. (*Annales de chimie et de physique*, 1820, t. 13, p. 231.) — *Invention*. — M. Gensse-Duminy et compagnie. — *Brevet de cinq ans* pour la fabrication d'une nouvelle espèce de drap , nommé *clauthse* et *clauthse double*. Nous ferons mention de cette fabrication dans notre Dictionnaire annuel de 1825.

DRAPS. *Voyez* Diable et Laine.

DRAPS (Séchoir pour les). *Voyez* Dessiccateur.

DRAPS. (Procédé pour les rendre imperméables.) — Économie industrielle. — *Invention*. — M. J.-B. Mons , *de Paris*. — An x. — Ce procédé, pour lequel l'auteur a

obtenu un *brevet de cinq ans*, consiste à faire dissoudre
sur le feu, mais sans faire bouillir, une livre de savon
blanc, de bonne qualité, dans cinquante-six pintes d'eau
de pluie ou de rivière. On fait dissoudre de la même manière et dans la même quantité d'eau deux livres d'alun. On
mêle à cette solution trois onces de colle de Flandre fondue dans une suffisante quantité d'eau, et enfin on réunit à
tout ce mélange la solution de savon. On passera lentement,
en les étendant bien, les draps dans cette liqueur chaude,
sans cependant la faire bouillir. Lorsqu'ils seront parfaitement imbibés, on les suspendra par une des lisières et on
les laissera égoutter ; on leur rendra ensuite l'apprêt par
les moyens ordinaires. Ce procédé peut aussi être employé
avec avantage pour les étoffes. *Brevets publiés*, 1818, *tome 2,
page 173. Voyez* ÉTOFFES.

DRAVANEHC *Voyez* ÉTOFFES.

DROGUETS. *Voyez* DRAPS.

DRUIDES (Monumens rappelant le culte des). — AR-
CHÉOGRAPHIE. — *Observations nouvelles.* — M. COQUEBERT.
— AN VII. — On remarque dans plusieurs pays de l'Europe des monumens formés par l'assemblage de pierres
énormes, dont deux, trois ou quatre, sont placées verticalement, et dont une, ordinairement plus grosse encore,
est posée sur les autres, soit horizontalement, soit dans
une situation un peu inclinée. Ces monumens grossiers paraissent avoir servi d'autels pour les sacrifices. Il paraît que
nos ancêtres, encore barbares, immolaient sur la pierre
supérieure des victimes de toute espèce, et jusqu'à leurs
semblables. L'espace qu'entourent les pierres dont ils sont
formés est ordinairement assez grand, assez élevé, pour
que plusieurs personnes puissent s'y tenir debout. On y
plaçait probablement ceux qui s'adressaient aux prêtres,
pour obtenir la guérison de leurs maux physiques, ou la ré-
mission de leurs fautes. Ils se croyaient guéris ou absous,

lorsqu'ils y avaient été baignés du sang des victimes. Plusieurs de ces autels se sont conservés dans les pays stériles,
éloignés des lieux habités. On en voit beaucoup dans les
bruyères de l'Irlande et du pays de Galles. Ils y portent le
nom de *crom-lech*, c'est-à-dire, *pierres inclinées* ou *pierres
devant lesquelles on s'incline*. La France en offre aussi, surtout dans les départemens de la ci-devant Bretagne, où
on les rapporte à la puissance des *fées*, et dans ceux du
ci-devant Limousin; *la pierre levée*, près de Poitiers, est
un monument de ce genre. Mais jusqu'à présent on n'en
avait pas remarqué à une petite distance de Paris; celui
dont parle M. Coquebert est situé dans les bois de la ga-
renne de Trie (Oise), sur les confins du département de
l'Eure, à six myriamètres environ de Paris en droite ligne,
et trois kilomètres de Gisors. Le lieu habité le plus voisin
est une ferme nommée *Illioré*. Cambden parle d'un monument à peu près semblable qui existait de son temps dans le
pays de Galles; il se nommait *Llech y gourez*, ce qui signifie
dans notre langue *la pierre de la ceinture*. Ne serait-ce pas
là aussi l'origine du nom d'*Ill-i-oré?* Le bourg de Trie, la
rivière de Troêne, l'abbaye de Gomer ou Gonier-Fon-
taine, situés dans le même canton, semblent aussi porter
des noms celtiques. Les pierres dont est formé l'autel de
Trie sont au nombre de quatre : trois sont placées verticalement; une beaucoup plus grosse les recouvre; elles sont
calcaires comme toutes celles du pays; le temps les a rongées,
et les a couvertes d'une croute épaisse de lichens. On n'y
remarque point l'action du ciseau; l'on n'y découvre aucun vestige d'inscription. Cet autel, si on peut lui donner
ce nom, est adossé au pied d'une colline boisée; de sorte
qu'élevé de trois mètres environ du côté qui regarde la
vallée, et où l'on peut supposer que se tenaient les specta-
teurs, il ne l'est que d'un mètre au plus du côté qui va
en montant. C'est là probablement que se plaçait le sacri-
ficateur, à qui cette disposition donnait la facilité d'exercer
son ministère et d'être vu de toute l'assemblée. Des futaies
antiques, qui ne sont aujourd'hui que de simples taillis,

prêtaient alors leur ombre à ces horribles mystères. Vingt
personnes au moins peuvent se tenir debout sous cet autel. La pierre du fond offre une particularité bien remarquable ; elle est percée de part en part , vers le milieu , d'un
trou irrégulier, large d'environ trois décimètres, par lequel
les habitans des environs sont dans l'usage, de temps immémorial, de faire passer les enfans faibles et languissans, dans
la ferme confiance que cette pratique peut leur rendre la
santé. Il ne paraît pas que cette idée superstitieuse ait été
introduite depuis l'établissement du christianisme ; il n'y
a près de là ni croix ni chapelle. C'est donc à des temps
bien plus reculés qu'il faut remonter pour en trouver l'o-
rigine. Mais ce qui est bien digne de remarque , c'est que
dans la province de Cornouailles , en Angleterre , il existe
aussi , au rapport de Borlase , des pierres percées de la
même manière , et que les habitans de cette province en
font le même usage et dans le même cas. L'identité de cette
pratique bizarre dans des lieux aussi éloignés, ne paraît pas
pouvoir être attribuée au hasard ; car pour que les hommes
se rencontrent dans des opinions absurdes et totalement
dénuées de fondement , il faut qu'ils les aient puisées à la
même source ; ce fait peut donc être regardé comme une
preuve sans replique de ce que l'on savait déjà par César ,
que la religion des Gaulois était la même que celle des
peuples de la Grande-Bretagne. *Bulletin des sciences , par
la Société philomathique , an* vii *, page* 3g *, planche* 3.

DRUSA. (Genre nouveau de la famille des ombellifères.) — Botanique. — *Observations nouvelles.* — M. Decandolle. — 1808. — Cette plante a été découverte par
M. Le Dru, botaniste de la première expédition du capi-
taine Baudin : elle diffère, de toutes les ombellifères connues , par ses feuilles exactement opposées ; cependant l'a-
natomie détaillée de son fruit ne laisse aucun doute sur la
famille à laquelle elle appartient. D'après les dispositions
des fleurs , on est tenté de confondre cette plante avec les
hydrocotiles ; et on est confirmé dans cette idée en voyant

que le caractère de fruit comprimé se trouve dans les deux
genres ; mais les hydrocotiles ont un fruit de ce genre,
parce qu'il est formé de deux graines comprimées accolées
par leur bord. La drusa a le même fruit, parce qu'il est
formé de deux graines plates appliquées par leur face. Le
spananthe, qu'on avait confondu avec les hydrocotiles, en
diffère par le même caractère ; mais la drusa se distingue
du spananthe par les sinuosités remarquables qui bordent
son fruit. Ce caractère d'avoir les graines appliquées par
leurs faces ou par leurs bords mérite toute l'attention des
botanistes. La drusa a été découverte à Ténériffe, dans la
fente humide des rochers. *Société philomathique*, 1808,
page 85.

DUGONG. — Zoologie. — *Observations nouvelles.* —
M. G. Cuvier. — 1809. — Ce poisson, tantôt rangé dans
la famille des cétacées, tantôt dans la classe des quadru-
pèdes, des vivipares ou mammifères, par plusieurs naturalistes, ayant été examiné par l'auteur, vient se ranger
définitivement à côté du lamantin, dont il diffère fort peu.
En effet, le dugong est bipède comme le lamantin ; il a de
même les pieds de devant presque en forme de nageoires,
et les mamelles sous la poitrine ; la forme de son corps est
celle d'un poisson, qui se termine par une nageoire horizontale et en forme de croissant, dans laquelle il n'y a point
de charpente osseuse ; il vient paître l'herbe au rivage
comme le lamantin, et il a reçu comme lui, dans les Indes, les mêmes noms comparatifs appliqués à celui-là dans
la mer Atlantique. Les dents mâchelières du dugong diffèrent assez de celles du lamantin, mais ce sont toujours
des dents d'herbivores : elles représentent chacune deux
cônes adossés l'un à l'autre par un de leurs côtés ; et quand
elles s'usent, leur couronne offre deux cercles contigus
et même confondus par une partie de leur circonférence. Il y a douze de ces dents en tout, dont les quatre
postérieures sont les plus grandes. Quant à l'extérieur il
est presque le même, excepté que le mufle est plus gros à

cause des défenses qu'il renferm**e**, que la queue est plus longue, et qu'elle se termine par une nageoire d'une toute autre figure. Le trou de l'oreille paraît plus gros ; tout l'animal est bleu sur le dos et blanchâtre sous le ventre. *Annales du Muséum d'histoire naturelle*, 1809, tome 13, *page* 273.

DUMONTIA. — Botanique. — *Observations nouvelles.* — M. Lamouroux. — 1813. — Cette plante à capsules isolées, éparses et minces dans la substance, dont les tiges et les rameaux sont fistuleux, appartient à l'ordre des floridées. Le petit nombre qu'on en connaît présente presque entièrement un tissu cellulaire homogène qui se décompose facilement. Les fructifications sont nombreuses et visibles à l'œil nu, et rarement les capsules se réunissent en tubercules. Les dumonties sont ornées de couleurs brillantes et très-fugaces ; la plus petite cause les altère, tant leur tissu est délicat. Elles sont toutes annuelles. *Annales du Muséum d'histoire naturelle*, 1813, tome 20, *page* 133.

DUNES du sud-ouest de la France (Plantation et fixation des). — Agriculture. — *Observations nouvelles.* — M. Bremontier, *ingénieur en chef des ponts-et-chaussées.* — 1808. — L'espace de terrain connu sous le nom de *landes de Bordeaux*, qui s'étend depuis l'embouchure de la Gironde, le long des côtes de la mer jusqu'à celle de l'Adour, et qui est composé d'un sable quartzeux et mouvant, est dépourvu de végétation dans une longueur de plus de cent quatre-vingt kilomètres, sur une profondeur moyenne de cinq kilom. Ces sables, en interceptant le cours de plusieurs ruisseaux, ont occasioné la formation des lacs qui s'étendent, presque sans interruption, derrière les dunes, et qui occupent une superficie de 4,000,000 d'ares. Les essais commencés par M. Bremontier pour fixer les dunes, interrompus et repris à différentes époques, ont enfin été poursuivis avec autant d'intelligence que d'activité, à l'aide des sommes accordées par le gouvernement; et plus de 200,000 arcs sont dans ce moment couverts de jeunes árbres. L'humidité habituelle des sables a favorisé singulièrement la végétation; et les pins, qui ne donnent de la résine qu'au bout de vingt à vingt-cinq ans dans le reste des landes, en ont produit dans les dunes au bout de quatorze ans : le chêne, l'aune, le saule, l'arbousier, le châtaigner, la vigne, les légumes, les céréales, y réussissent. L'auteur estime que la dépense totale pour la plantation et la fixation des dunes ne dépasserait pas quatre·à cinq millions, et qu'elle se trouverait même réduite à deux, en calculant les produits successifs des plantations. Le travail serait terminé au bout de quarante ans, et le revenu annuel égalerait la dépense entière. Il serait facile d'ouvrir quatre canaux pour l'écoulement des eaux contenues dans les marais, les parties les plus profondes des lacs étant assez élevées au-dessus des plus hautes marées pour fournir une pente de trois millimètres par double mètre jusqu'à la mer. La Société d'agriculture de Paris a décerné une *médaille* à l'auteur pour ses *intéressans* travaux. *Société philomathique*, 1808, *page* 195. *Journal d'économie rurale et domestique; et Moniteur, même année,* p. 1358.

DUSODILE, espèce de combustible composé. — MINÉRALOGIE. — *Observations nouvelles.* — M. CORDIER. — 1808. — Ce minéral a été rapporté, il y a environ dix ans, de Mélilli, près de Syracuse, par M. Dolomieu. Cette substance se présente en masses d'un gris verdâtre, irrégulières, compactes, mais se laissant facilement diviser en feuillets très-minces et très-cassans, quoiqu'un peu flexibles; elle brûle en répandant une odeur bitumineuse extrêmement fétide, et laisse un résidu terreux très-considérable, puisqu'il est du tiers de son poids. La pesanteur spécifique du dusodile est de 1,146. Lorsqu'on laisse macérer ce combustible dans l'eau, ses feuillets se ramollissent et deviennent un peu translucides. Ce minéral forme une couche peu épaisse entre deux bancs de pierre calcaire secondaire. M. Cordier lui a donné le nom de *dusodile. Bulletin philomathique*, 1808, *page* 219; *et Journaux des mines et de physique*, *même année.*

DUVET.—Économie domestique. —*Observations nouvelles.* — M. Parmentier. — An xii. — L'usage des duvets pour remplir les coussins et les oreillers, rendant ce produit des animaux très-utile, M. Parmentier, qui, à tant d'égards, a mérité notre reconnaissance par tant de travaux en agriculture et en économie manufacturière et domestique, a donné, dans un mémoire sur les plumes et les duvets des oiseaux, des préceptes relatifs aux précautions à prendre pour faire la récolte des duvets de canard, de cygne, d'oie, etc., afin d'obtenir ce produit d'une bonne qualité. Ce savant fait remarquer que le duvet pris sur les animaux vivans est préférable à celui qu'on enlève aux animaux après leur mort. *Annales de chimie, tome* 51, *page* 15.

DUVET DE CYGNE. — Fabriques et manufactures. —*Importation.*—MM. Ternaux.— 1806. —Cette étoffe, que l'on nomme encore *schwandong*, et qui est une espèce de drap, ne se fabriquait qu'en Angleterre. MM. Ternaux en ont importé la fabrication dans leur manufacture de Reims. Le duvet de cygne sert aux gilets; il admet plusieurs variétés. *Moniteur*, 1810, *page* 1304. *Rapport de l'Institut*, 1810.

DUVET DE CACHEMIRE (Filature du).—*Perfectionnement.* — MM. Hindenlang père et fils. — 1819. — Ces fabricans ont obtenu une *médaille d'argent* à l'exposition, pour du duvet de cachemire filé à la mécanique, avec une rare perfection. *De l'industrie française, par M. de Jouy*; *et Livre d'honneur, page* 228.

DUVET DE CHÈVRES. — Économie industrielle. — *Découverte.* — M. Mayeuvre-de-Champvieux, *de Lyon.*

1812. — L'auteur a signalé à la Société des amis du commerce et des arts de Lyon le dúvet qui croît sur les épaules et la poitrine des chèvres qui abondent dans le département, et qui peut être utilisé pour imiter les cachemires. Ce duvet paraît aux premiers jours de mars, et tombe dans les derniers jours du même mois. *Moniteur*, 18ı2, *page* 35ı.

DYNAMOMÈTRE. — Mécanique. — M. Regnier, *de Paris.* — An iii. — Avant l'invention dont nous avons à rendre compte, on avait, pour mesurer d'une manière comparable les forces relatives de l'homme dans les différens âges de la vie et dans les divers états de santé : 1°. une machine inventée en Angleterre par Graham, et perfectionnée par le docteur Desaguilliers. Cette machine, formée d'un bâti en charpente, était trop volumineuse, trop lourde pour être portative; d'ailleurs, pour soumettre à l'expérience les différentes parties du corps, il fallait plusieurs mécanismes, chacun disposé pour la partie du corps que l'on voulait éprouver; 2°. le dynamomètre de Leroy, composé d'un tube de métal de dix à douze pouces de long, posé verticalement sur un pied pareil à celui d'un flambeau, et contenant intérieurement un ressort à boudin, surmonté d'une tige graduée portant un globe. Cette tige, par la pression du doigt ou de la main, s'enfonçait plus ou moins dans le tube; alors l'échelle graduée indiquait la valeur de la pression, et conséquemment la force qu'on y avait employée. Ces moyens n'avaient pas paru suffisans aux naturalistes Buffon et Gueneau de Montbeillard, qui voulaient non-seulement estimer la force musculaire propre à un doigt ou à une main, mais encore apprécier celle de chaque membre séparément, et celle de toutes les parties du corps. Le dynamomètre de M. Regnier remplit parfaitement toutes ces conditions; il peut aussi être appliqué utilement à d'autres usages : par exemple, il est possible de s'en servir avantageusement pour juger de la force des bêtes de trait, particulièrement pour essayer et comparer la vigueur d'un

cheval relativement à un autre. Il servira à faire connaître
jusqu'à quel point le secours de roues bien faites et bien
montées favorise le mouvement d'une voiture, et quelle
est sa force d'inertie en proportion de sa charge. On apprend encore, à l'aide du dynamomètre de M. Regnier, ce
que la pente d'une montagne oppose de résistance au tirage ; il donne à juger aussi si une voiture est chargée en
proportion du nombre de chevaux qu'on doit y atteler.
Appliqué aux machines dont on cherche à connaître la
résistance, il sert à déterminer, d'une manière certaine,
la force motrice qu'on doit y adapter. Le dynamomètre
pourrait de même servir à peser les fardeaux, en remplacement de la romaine. En physique, l'instrument dont il
s'agit, convenablement disposé, deviendrait un anémomètre
propre à faire connaître la force absolue des vents ; enfin,
il ne serait pas impossible de s'en servir pour calculer le
recul des armes à feu, et par conséquent la force de la
poudre. Le dynamomètre nouveau ressemble, par sa forme
et sa grandeur, à un graphomètre ordinaire ; un ressort
ployé en ellipse, de 32 centimètres de long (12 pouces),
porte au milieu de sa longueur un demi-cercle en cuivre,
sur lequel sont gravés les degrés qui expriment la puissance avec laquelle on agit sur le ressort ; l'ensemble de
la machine, qui ne pèse qu'un kilogramme, oppose néanmoins plus de résistance qu'il n'en faut pour estimer l'action du cheval le plus robuste. Le ressort elliptique est
recouvert d'une peau, pour ne pas blesser les doigts en
le pressant fortement. Ce ressort est composé de bon acier
corroyé et trempé avec soin, puis soumis à une épreuve
plus forte que ne porte sa graduation, afin qu'il ne puisse
perdre de son élasticité par l'usage (1). Un support
d'acier, ajusté solidement à pate et à vis à l'une des
branches du ressort, maintient une plaque formant le demi-cercle et en cuivre jaune, laquelle est montée sur le

---

(1) Cette graduation s'élève environ à vingt quintaux ; mais on peut
faire des ressorts plus forts encore quand le besoin l'exige.

ressort. Sur cette plaque sont gravés deux arcs , l'un divisé
en myriagrammes, l'autre en kilogrammes. Tous ces degrés ayant été exactement évalués par des poids justes , il
en est résulté que tous les dynamomètres de ce genre peuvent être comparables entre eux : quand il existerait
quelque différence dans la force des ressorts, la division
n'en serait que plus ou moins rapprochée ; mais tous les
degrés auraient toujours la même valeur, puisqu'ils sont
l'expression des poids qui ont servi à la former. Un petit
support d'acier, ajusté comme le premier, à l'autre branche du ressort , et fendu à fourchette vers son extrémité
supérieure, reçoit librement un petit repoussoir en cuivre,
qui est maintenu dans une petite goupille en acier. Une
aiguille, aussi en acier, très-légère et élastique, est fixée
à son axe par une vis au centre du cadran ; cette aiguille
porte une petite rondelle de peau ou de drap , afin de déterminer sur le cadran un frottement doux et uniforme ,
dont l'effet est de maintenir la même aiguille à la place où
elle a été poussée. Il est à remarquer que cette aiguille est
terminée par un index double qui sert tout à la fois pour le
premier arc de division et pour le second. Le premier
arc, divisé en myriagrammes, sert pour toutes les expériences qui obligent le ressort à s'allonger suivant son
axe , comme cela arrive lorsqu'on essaie la force des reins ;
en un mot , pour toutes les épreuves qui exigent de tirer
le ressort par ses deux coudes. Le deuxième arc, divisé en
kilogrammes , est destiné pour les expériences qui compriment les deux branches du ressort, comme dans les essais
sur la force des mains. Une petite plaque de cuivre recouvre
le mécanisme pour le préserver des chocs : cette plaque
porte un arc de division dont les degrés correspondent à
ceux du premier arc de la machine ; et par le jeu d'une
petit index placé sous cette plaque, on juge de tous les
mouvemens du ressort. Une ouverture percée à la plaque
de recouvrement facilite le passage d'un petit tourne-vis,
afin de serrer ou desserrer l'aiguille. Le pivot inférieur
du levier qui repousse l'aiguille joue dans une chape

semblable à celle des aiguilles de boussole, laquelle chape
est portée par une paillette de laiton écroui. Cette paillette,
faisant ressort, peut céder à une fausse impulsion ou à un
choc, et empêcher la rupture du mécanisme et de son pivot. Le pivot supérieur du levier roule dans une crapaudine rivée sur la plaque de recouvrement, qui est supportée par de petits piliers cylindriques, et y est fixée par
trois vis. Lorsque l'on veut éprouver la force de son corps
et de ses reins, on adapte à la machine une crémaillère en
fer, rivée, sur l'empatement de laquelle on pose les pieds ;
l'on ajoute encore à l'instrument, pour la même expérience,
une poignée double en bois, portant un crochet de fer,
poignée que l'on tient dans ses deux mains. Si l'on veut
essayer la force des chevaux, on se sert d'un anneau de
fer s'ouvrant à charnière pour recevoir le coude du ressort du dynamomètre, et l'extrémité d'une corde nouée
par son extrémité apposée à un palonnier ; il en est de
même pour d'autres expériences qui exigent de fixer l'instrument à des anneaux. Soit que l'on presse le ressort de
la machine avec les mains, soit qu'on l'allonge en le tirant
par ses deux extrémités, les deux branches du ressort se
rapprochent toujours l'une de l'autre ; et à mesure qu'elles
se resserrent, le petit levier du mécanisme pousse devant
lui l'aiguille, qui s'arrête et reste fixe au point où elle a
été poussée par l'action qui agit sur le ressort. Cette disposition de l'aiguille donne à l'observateur la faculté de remarquer, après l'expérience, le résultat de l'épreuve ; au-
lieu que si l'aiguille eût été attachée au mécanisme, elle
aurait eu des mouvemens d'oscillation qui n'auraient pas
permis à l'œil de juger avec précision le point où elle
aurait été poussée. Ainsi, à chaque essai, l'on doit ramener l'aiguille vers les premiers degrés de l'arc de division,
pour qu'elle puisse montrer de nouveau le degré de force
qu'on emploîra aux expériences qui succéderont. On essaie la force musculaire des bras, ou, pour mieux dire, la
force des mains, en empoignant les deux branches du ressort le plus près possible du centre, de manière que les

bras soient un peu tendus et inclinés en bas, à peu près
à l'angle de 45 degrés. Pour essayer la force du corps,
c'est-à-dire celle des reins, on place sous les pieds
l'empatement de la crémaillère dont il a été parlé plus
haut; on passe à l'un des crans de cette crémaillère un des
coudes du ressort; l'autre coude s'attache au crochet fixé
à la poignée que l'on tient dans les mains. Dans cette position, où l'on est d'aplomb sur soi-même, on peut soulever, en se redressant et en tirant à soi le ressort avec toute
la force dont on est capable, on peut, disons-nous, soulever
un grand poids sans être exposé aux accidens qu'un effort
pourrait occasioner si on tenait une position gênée. Un
homme de moyenne force peut exercer avec ses mains une
pression de 50 kilogrammes (102 livres), et soulever, en
employant toute sa vigueur, un poids de 13 myriagrammes
(265 livres). L'avantage du dynamomètre se fait surtout
remarquer si l'on veut connaître et comparer la force des
chevaux et celle de toutes les bêtes de trait; nous avons
expliqué suffisamment ci-dessus comment on procède à
cette épreuve, au moyen d'un anneau de fer, d'une corde
et d'un palonnier. (*Voyez ci-après le perfectionnement de
l'auteur.*) Il résulte des expériences faites par l'auteur que
la force moyenne d'un cheval ordinaire, appliquée au tirage, est de 36 myriagrammes, ou 736 livres poids de
marc. Le dynamomètre de M. Regnier, employé dans des
essais relatifs au transport des fardeaux sur différens chariots, a fait juger à quelle espèce de voiture la préférence
doit être accordée; le comité central de l'artillerie, qui
s'était livré à ces essais, en a conclu que la machine
dont il s'agit est une invention digne des plus grands
éloges, et a confirmé, dans cette circonstance, ceux qu'il
avait consignés dans un rapport antérieurement adressé au
ministre de la guerre. (*Journal des mines, an* XIII, n°. 97,
p. 52. *Voyez aussi la pl. jointe à ce* n°.) — *Perfectionnement.* — 1809. — M. Regnier ayant remarqué quelques inconvéniens dans l'usage de son dynamomètre pour mesurer la force des chevaux, a imaginé, afin d'y remédier,

d'accrocher cet instrument à une corde tendue sur un arc en bois de frêne, composé de six planches posées à plat les unes sur les autres. Ces planches sont réunies d'abord par un boulon à écrou, qui passe à travers leur épaisseur, au milieu de leur longueur ; ensuite par des ficellés, de distance en distance, comme les feuilles d'acier formant les ressorts de voiture. Cet arc grand et fort est attaché derrière la tige d'un arbre qui lui sert de point d'appui, ou contre un poteau arrondi et solidement fixé en terre. Le dynamomètre est accroché d'une part à la corde de l'arc, et de l'autre au palonnier auquel est attaché le cheval. En faisant avancer l'animal dont on veut connaître la force, l'arc se tend ; l'instrument suit les mouvemens élastiques de cet arc, sans éprouver de contre-coups, et le cheval, qui sent s'ébranler l'obstacle qui s'oppose à son action, redouble d'efforts pour surmonter cette résistance. On doit faire partir le cheval doucement, sans coups de fouet, pour n'avoir que la force musculaire, et non la puissance impulsive d'un élan, qui pourrait varier en proportion de l'espace parcouru. (*Archives des découvertes et inventions*, 1810, *page* 58; *et bulletin de la Société d'encouragement*, 1817, *tome* 16, *page* 133, *planche* 156.)—*Observations nouvelles.* — LA SOCIÉTÉ D'ENCOURAGEMENT. — 1817. — M. Martin, ingénieur, s'est servi du dynamomètre pour mesurer la force d'un bateau à vapeur à remorquer, et pour appliquer la méthode de M. Hachette à la mesure de la nouvelle machine de Marly. Cet ingénieur a su doubler l'effet de l'instrument au moyen de deux poulies, et par cette disposition ingénieuse le dynamomètre, gradué à six milliers, peut faire apprécier la force d'une machine qui agirait comme un poids de douze milliers. Le procédé de M. Martin, qui triple la force du dynamomètre, n'en altère en rien l'élasticité. Cet instrument deviendra donc d'un grand secours dans les fabriques où l'on voudra connaître et comparer la puissance motrice des machines. Nous devons ajouter qu'on s'est servi du dynamomètre pour mesurer la force du sillage d'un bâtiment. M. Péron, savant naturaliste, a appliqué encore le dynamomètre à mesurer la force des sauvages de la Nouvelle-Hollande. (*Voyez* Force physique.) La Société d'encouragement, après avoir signalé les différentes expériences dont nous venons de parler, ajoute : Ces essais n'étant pas généralement connus, nous pensons, avec M. Regnier, qu'il est utile d'en répandre la connaissance, en publiant des faits propres à faire naître de nouvelles idées sur l'usage d'un instrument déjà très-connu en Europe, et qui désormais fournira des données certaines sur la force et la résistance des divers moteurs. (*Bulletin de la Société d'encouragement*, t. 16, p. 133, *pl.* 156.) — M. Regnier. — *Perfectionnement.* — 1819. — L'auteur a été *mentionné honorablement* par le jury de l'exposition pour l'utile application qu'il a faite du dynamomètre à un anémomètre fort ingénieux, destiné à faire connaître la force des vents. (*Voyez* Anémomètre.) Un instrument de ce genre a été commandé par le bureau des longitudes pour l'observatoire royal. *Livre d'honneur*, page 369.

DYNAMOMÈTRE destiné à comparer les différens degrés de force des laines. — Mécanique. — *Invention.* — M. Regnier. — 1812. — L'auteur a imaginé un dynamomètre pour apprécier les différens degrés de force des laines en fil, sur lesquelles l'art n'a encore rien fait. Les laines présentent de telles différences entre elles, les brins de quelques-unes sont si déliés qu'on ne les aperçoit presque qu'à la loupe : ces brins, plus fins qu'un cheveu, se tortillent entre les doigts. Il fallait, pour en apprécier la force, un instrument particulier ; les dynamomètres précédemment appliqués à d'autres usages ne pouvaient être utilisés dans la circonstance. Celui dont il s'agit ici se compose d'une petite planchette en bois noir, ayant dix centimètres de large sur quinze de long, et sur laquelle est tracée une échelle divisée en cinquante degrés déterminés en grammes. Cette planchette porte un mécanisme formé de deux leviers en fil de laiton, dont l'un, terminé en aiguille, fait les fonctions d'une romaine à ressort ; et l'autre, levier

à pivot, sert à tendre le brin de laine que l'on veut éprouver : les deux bras de levier, parallèles entre eux, et éloignés de cinq centimètres, sont terminés par une pince à
vis pour maintenir les brins de laine à leurs extrémités ;
par cette disposition, la laine la plus délicate ne peut être
altérée dans ses attaches. En desserrant un peu la vis, on
place une des extrémités du brin de laine dans la pince
du levier à ressort, ensuite on serre la vis. On fixe l'autre
extrémité à la pince du deuxième levier, et ainsi la laine
se trouve tendue horizontalement sur huit centimètres de
longueur. Alors, on fait agir doucement le levier à pivot,
en observant avec attention l'aiguille ; le ressort marchant
graduellement jusqu'au point où se fait la rupture, on tient
note du degré où l'aiguille est parvenue. *Société d'encouragement*, 1812, *bulletin* 101.

DYNAMOMÈTRE propre à mesurer la force du fil.
Voyez CASSE-FIL.

DYSSENTERIE DES PAYS CHAUDS.—PATHOLOGIE.
— *Observations nouvelles.* — M. PÉRON, *naturaliste.* —
AN XIII.—Cette maladie, dans les régions équatoriales, atteint avec une effrayante rapidité les Européens nouvellement arrivés dans ces contrées. En voici les causes principales observées à l'île de Timor. Cette île, dit M. Péron,
jouit d'une température constamment élevée. La chaleur
qui y règne, et qui est habituellement humide, détermine
des sueurs abondantes et continuelles, qui épuisent les personnes qu'elles atteignent. Le plus léger mouvement les
rend excessives, et le repos le plus absolu ne les suspend
pas entièrement. L'organe cutané, doublement énervé par
cette chaleur humide et par cette excrétion extraordinaire,
semble lui seul absorber tous les fluides de l'économie ; du
moins il semble lui seul servir à leur exhalation. En effet,
toutes les autres excrétions diminuent rapidement ; les urines deviennent chaque jour plus rares ; on ne mouche plus.
Les organes salivaires participent bientôt à cette espèce

d'épuisement général, il se communique à tout le système digestif. L'estomac s'affaiblit; les alimens solides lui répugnent; il n'appète plus que des fruits, des légumes et des boissons acidules. Une faiblesse générale, qui prend sa source dans l'anéantissement des forces digestives, ne permet guère d'avoir recours aux grands moyens antiphlogistiques, on est obligé de se borner à l'usage des fomentations émollientes, des demi-lavemens adoucissans, des bains tièdes, des boissons rafraîchissantes; vaines ressources : la prostration de force augmente; quelques jours encore, et la dyssenterie la plus cruelle se trouve compliquée d'une fièvre essentielle, le plus souvent putride ou maligne, ou même bilioso-putride à la fois. Le médecin, alors réduit à la médecine de symptôme, combat alternativement et sans succès les deux affections, qui tour à tour prédominent dans ce funeste état, et qui sont d'une nature essentiellement opposée. Il ne peut ainsi qu'augmenter les accidens de l'une par le traitement propre à l'autre, et toutes les ressources de son art ne peuvent soustraire à la mort une victime que tout conspire à lui livrer. Cette maladie, connue depuis long-temps et décrite par Boutins, Cleyer, Piron, Prosper Alpin, a donc fait jusqu'ici le désespoir des médecins. Mais si l'on ne peut l'attaquer avec avantage, M. Péron pense du moins qu'on peut la prévenir, et c'est dans l'hygiène des naturels du pays où elle règne qu'on en trouve le préservatif. Les habitans des climats chauds raniment la tonicité du système cutané par des bains froids répétés trois ou quatre fois par jour, et par des frictions d'huile de cocos, également renouvelées plusieurs fois dans la journée. C'est ainsi que d'une manière en quelque sorte physique ils cherchent à fermer le passage à l'humeur trop abondante de la transpiration, et ces moyens répondent efficacement aux premières indications déduites de la cause elle-même de la maladie. Mais indépendamment de l'usage des bains et des frictions oléagineuses dont on vient de parler, indépendamment encore des masticatoires, tels que le cachou, la cardamone, l'ambre gris et

des épices dont tous les alimens des habitans sont assaisonnés, ils usent abondamment d'une préparation appelée
betel, que l'on peut regarder comme le préservatif principal de la dyssenterie de ces pays. Quatre substances entrent dans la composition de cette préparation : 1°. la
feuille brûlante d'une espèce de poivrier (*piper betel.*
Linn.) qui donne son nom à leur mélange. On se sert
aussi du fruit jeune de cette plante ; 2°. une forte proportion de feuilles de tabac ; 3°. de la chaux vive dans
la proportion d'environ un quart du poids total du mélange ; 4°. de la noix d'arec (*areca caheehn.* Linn.)
dans la proportion de moitié du poids total du betel.
Cette dernière substance est tellement forte, tellement
corrosive, que la lame d'un couteau dont on s'est servi
pour couper la noix d'arec est presque entièrement
détruite au bout de vingt-quatre ou trente heures par
l'acide gallique que renferme cette noix. *Ouvrage imprimé à Paris. Moniteur, an* XIII, *page* 541.

EAU

EAU (Appareils à filtrer l'). — ÉCONOMIE INDUSTRIELLE.
—*Invention.*—MM. J. SMITH, CUCHET et D. MONTFORT. —
AN IX. — Ces appareils peuvent être en bois, en pierre ou
en terre cuite. Leur forme extérieure est cylindrique ou
conique, à base quadrangulaire ou circulaire, posant sur
un trépied en bois. A quatre ou cinq pouces du fond est
une première séparation en métal ou en grès, percée transversalement d'une multitude de petits trous comme une
écumoire. Elle est exactement lutée contre les parois extérieures de la fontaine. On place un robinet au fond du vase,
pour pouvoir retirer toute l'eau contenue dans l'espace
ménagé au-dessous de cette séparation. Un petit tuyau, de
cinq à six lignes de diamètre, descend du haut, le long des
encoignures intérieures de la fontaine, et vient aboutir
dans cet intervalle. C'est par-là que s'échappe ou arrive

l'air, lorsqu'on remplit ou qu'on vide cette capacité. On met d'abord sur cette première séparation un tissu de laine, et par-dessus une couche de grès pilé, d'environ deux pouces d'épaisseur. On forme ensuite une autre couche, d'un pied d'épaisseur, plus ou moins, selon la profondeur de la fontaine, avec un mélange de poudre grossière, de charbon de bois et de grès pilé très-fin et bien lavé. A défaut de grès on peut employer du sable fin de rivière. On a soin de comprimer fortement cette couche, afin que l'eau qui doit la traverser reste long-temps en contact avec le charbon. Par-dessus cette couche, on en met une troisième de sable ou de grès pilé, à peu près de même épaisseur, et on recouvre le tout d'un plateau ayant la forme exacte de la fontaine, parfaitement luté dans son contour. Ce plateau, en grès ou en pierre, est percé vers son milieu de trois ou quatre trous d'un pouce. On place sur chacun de ces trous des champignons en grès, dont la tige creuse est percée de petits trous ; la tête de chaque champignon est enveloppée d'une éponge. L'eau, en traversant les éponges, se débarrasse déjà des substances qui n'y sont que suspendues. On a soin de laver ces éponges de temps en temps. Un petit tuyau en plomb, semblable à celui dont il est parlé plus haut, va de ce plateau à la partie supérieure de la fontaine. Sa fonction est de donner issue à l'air contenu dans les couches de matières filtrantes, à mesure que l'eau les pénètre. Ces dispositions peuvent être modifiées de différentes manières, pour les approprier à divers usages. Tantôt, par des cloisons intérieures, l'eau est forcée, lorsqu'elle est descendue en se filtrant, de remonter au travers de nouveaux filtres ; tantôt elle descend directement jusqu'au fond de la fontaine, et puis, forcée de remonter au travers des filtres ; elle s'échappe par un robinet placé vers le milieu de cette même fontaine. Les auteurs ont obtenu un *brevet d'invention et de perfectionnement de cinq ans.* (*Brevets publiés* 1818, *tome* 2, *page* 65, *planche* 16.) — *Perfectionnemens.* — MM. VATRIN, et MULLIER. — 1811. — *Brevet de quinze ans* pour des moyens propres à filtrer et à rendre salubre l'eau des rivières et des fleuves. Les procédés des auteurs seront décrits dans notre Dictionnaire annuel de 1826. — M. Ducommun , *de Paris.* — 1814. — *Brevet de dix ans* pour la filtration de l'eau pour la boisson. Les procédés de M. Ducommun seront décrits dans notre Dictionnaire annuel de 1824. — M. Soller. — 1816. — *Brevet de dix ans* pour l'épuration de l'eau. Les procédés de M. Soller seront décrits dans notre Dictionnaire annuel de 1826. *Voyez* Bidon-filtre , Filtre bordelais , Filtre marin , Filtre portatif , Fontaine domestique et Tonneau-filtre.

EAU (Adhésion des molécules de l'). — Physique. — *Observations nouvelles.* — M. de Rumfort , *correspondant de l'Institut.* — 1806.— Les remarques souvent faites que de petits corps solides d'une gravité spécifique beaucoup plus grande que celle de l'eau surnagent à la surface de ce liquide , tels que de très-petits grains de sable , la limaille très-fine des métaux , et même de très-petites aiguilles à coudre , ont attiré l'attention des physiciens , et M. de Rumfort a fait des observations dont les résultats sont très-piquans. Dans ses expériences , où il a successivement employé dans des verres de diverses formes et grandeurs , l'eau , l'éther , le mercure , l'étain fondu , l'alcohol , l'huile essentielle de térébenthine et l'huile d'olive, il a reconnu , après avoir mis d'abord l'eau dans le verre , et y avoir ajouté une quantité donnée de l'une des autres substances , qu'une très-petite aiguille à coudre introduite horizontalement et doucement dans l'éther , était descendue jusqu'à la surface de l'eau , où elle était restée flottante ; qu'une très-petite quantité de poudre d'étain obtenue en remuant dans une boîte de bois sphérique de l'étain fondu, passée ensuite au tamis, était descendue en totalité à travers l'éther, et, une fois amenée à la surface de l'eau , y était aussi restée flottante ; qu'un très-petit globule de mercure d'un cinquième de ligne de diamètre , porté aussi

dans la couche d'éther à la même distance d'une demi-
ligne au-dessus de la surface de l'eau, y descendit et y
resta flottant, et paraissait, en le regardant du bas en
haut à travers le verre, comme suspendu dans une espèce
de sac un peu au-dessous du niveau de la surface de l'eau ;
qu'un second globule, placé comme le premier sur la surface de l'eau, ne tarda pas à se mouvoir vers le premier,
et, s'approchant par un mouvement accéléré, se précipita
dans le même sac qui devint plus long, mais que les deux
globules ne se confondirent pas ; qu'un troisième globule,
placé de même et aussi doucement, se précipita aussi vers
les autres, et qu'alors le poids de ces globules réunis ne
put se soutenir, perça le peu de pellicule formée à la
surface, et descendit alors au fond du verre. Un seul
globule d'un quart ou un tiers de ligne, posé de la même
manière dans l'éther, ne manqua jamais de percer la pellicule et de se précipiter. La viscosité de l'eau, augmentée
par la dissolution d'un peu de gomme arabique, soutint
des globules plus forts sur le liquide. Ces mêmes globules,
si on les fait tomber d'un penchant, se précipitent toujours.
La couche d'huile essentielle de térébenthine, et celle
d'huile d'olive, ont produit les mêmes résultats. Cependant les globules de mercure qui restaient sur l'eau étaient
un peu plus gros avec la couche d'huile, et les parties les
plus fines de l'étain ont surnagé sur l'huile. L'alcohol versé
sur l'eau de manière à rester en couche distincte et séparée, n'a pu supporter un peu de poudre très-fine d'étain,
qui descendit en totalité à travers la couche d'alcohol, et
ensuite à travers l'eau, sans avoir donné le moindre indice
d'avoir trouvé de la résistance en arrivant à la surface de ce
liquide. Quoique cette surface parût à la vue très-distinctement, à en juger néanmoins par la manière dont la poudre
descendait, il y a lieu de croire que l'action chimique de
l'alcohol avait détruit la résistance qui existait entre les
couches de l'éther et de l'huile. Ayant pris un verre cylindrique à pied solide, de dix pouces de hauteur et de quatorze lignes de diamètre, après avoir mis neuf pouces et

demi d'eau , et une couche d'éther de trois lignes d'épaisseur , de petits corps solides , tels qu'un petit globule de
mercure , de petits fils d'argent très-déliés et de deux à
trois lignes de longueur, et un peu de poudre d'étain, lorsque le tout fut parfaitement tranquille , M. de Rumfort
prit le verre entre ses mains, et tournant lui-même autour
de son axe , en le tenant verticalement, il s'aperçut que
tous les corps suspendus sur la surface de l'eau tournèrent
avec le verre et s'arrêtèrent ensuite avec lui ; l'eau située
au-dessous de la surface ne commença pas à tourner avec
le verre qui la contenait, et son mouvement de rotation ne
cessa pas tout à coup aussitôt que le verre eut cessé de
tourner; tout annonçait qu'il y avait une véritable pellicule
à la surface de l'eau , et que cette pellicule était attachée
aux parois du verre , de manière à être forcée de se mouvoir avec elles. Ce qui annonce véritablement l'existence
de cette pellicule, que l'on voit distinctement au microscope , c'est que, lorsqu'on la touche avec la pointe d'une
aiguille , on voit trembler tous les petits corps qu'elle supporte. Si les molécules de l'eau adhèrent fortement l'une
à l'autre , il doit nécessairement suivre de cette adhérence
la formation d'une espèce de peau à la surface de ce liquide,
et même à toutes ses surfaces , quelle que soit d'ailleurs la
mobilité de ces molécules , ou plutôt des petites masses liquides composées d'un grand nombre des mêmes molécules,
lorsqu'elles sont éloignées de la surface et qu'elles jouissent
d'une libre fluidité. L'adhérence des molécules de l'eau
entre elles est la cause de la conservation de ce liquide en
masse , elle le couvre à sa surface d'une pellicule très-
forte qui le défend contre les vents et les empêche de le
disperser. Sans cette adhérence , l'eau serait plus volatile
que l'éther, plus vagabonde que la poussière. Si l'adhérence cessait , et que la fluidité de l'eau devint parfaite ,
tous les êtres vivans périraient d'inanition , puisqu'elle
seule rend l'eau propre à être le véhicule de la nourriture
des plantes et des animaux. *Mém. de l'Institut , classe des
sciences phys. et math., 1806. Monit., même année, p. 914.*

EAU (Appareil propre à la décomposition de l'). —
INSTRUMENS DE CHIMIE. — *Invention.* — MM. SILVESTRE et
CHAPPE. — 1790. — Ces auteurs ayant reconnu par l'expérience que l'appareil dont se servent les chimistes hollandais pour obtenir la décomposition de l'eau par l'étincelle électrique présente des difficultés insurmontables,
proposent de lui substituer celui-ci. C'est un vase en cuivre de forme ovale, qui a pour support un pied creux,
dont les bords sont forés de plusieurs trous : au milieu de
la circonférence de ce vaisseau est ménagée une boîte en
cuir ; un tube de verre y est reçu à frottement. Dans ce
tube est fixée une tige de cuivre, terminée extérieurement
par un anneau, et à l'autre extrémité par une petite portion sphérique. Un bouton saillant est établi dans l'intérieur du vaisseau ; on pourrait le doubler en platine, ainsi
que la portion de sphère qui lui correspond. A l'extrémité
supérieure du vase est ajusté un robinet qui reçoit à vis
une virole de cuivre, dans laquelle est mastiqué un récipient de verre terminé par un tube, dont l'ouverture ne
doit pas passer deux lignes et demie. Un robinet est adapté
à la partie supérieure du tube ; un petit cylindre de cuivre
excède ce robinet, et remplit exactement l'ouverture du
tube jusqu'à une ligne au-dessous de la virole ; un trou
presque capillaire traverse ce cylindre dans toute sa longueur, et s'abouche avec l'ouverture du robinet ; un faible
conducteur, glissé dans l'intérieur du tube, communique
par son extrémité inférieure avec le système métallique ;
son autre extrémité forme avec la partie excédante du robinet une solution de continuité propre à effectuer l'inflam-
mation des deux gaz. Lorsqu'on veut répéter l'expérience,
il faut ménager entre le bouchon et la portion sphérique
qui termine la tige une solution de continuité de quelques
lignes, poser le pied du vase dans une cuvette contenant
l'eau parfaitement distillée, remplir de cette eau la capacité de l'appareil, en y faisant le vide par la succion ; puis,
fermant les robinets, faire communiquer à l'anneau de la
tige un cordon métallique dont l'autre extrémité est fixée

à la boule d'un excitateur. Prenant une bouteille de Leyde d'environ un pied carré de surface, il faut faire communiquer son intérieur avec le conducteur d'une machine électrique, et son extérieur avec la partie métallique de l'appareil, et lorsque cette bouteille est chargée par excès, il faut porter brusquement l'excitateur sur le conducteur; alors un bruit sourd manifeste le passage subit de la matière électrique à travers l'eau. Si après avoir répété plusieurs fois cette décharge on ouvre le robinet ajusté à l'extrémité supérieure du vase, de petites bulles de gaz se portent au sommet du récipient. On recommence la même opération jusqu'à ce qu'il se soit dégagé une quantité de fluide élastique suffisante pour en opérer la combustion d'une manière satisfaisante, ce qui a lieu par le passage d'une faible étincelle électrique excitée dans la solution de continuité du petit conducteur introduit dans l'intérieur du récipient. Il est bon d'observer qu'on ne doit pas compter sur les bulles qui se dégagent dans les premiers instans; elles sont sans doute, ajoutent les auteurs, le résultat des parties d'air atmosphérique dégagées par la commotion des parois intérieures de l'appareil, il est donc indispensable de les faire disparaître par une seconde succion; et dans l'expérience, les résidus de la combustion sont d'autant moins considérables, que l'eau contenue dans le vase métallique a éprouvé plus de commotions. On peut, avec cet appareil, répéter des expériences intéressantes sur les huiles, les différens laits, l'alcohol, et généralement sur tous les liquides qui n'ont que peu ou point d'action sur le métal. L'appareil que nous venons de décrire est d'autant plus avantageux que, construit en métal, il n'est point susceptible de se briser comme celui des chimistes hollandais, dont les tubes sont de verre. Une vingtaine de commotions d'une bouteille de Leyde d'un pied carré suffisent pour offrir un résidu égal à ceux qu'ils obtenaient en six cents commotions semblables. La manipulation de cette expérience est devenue très-facile, et ne peut qu'être agréable à ceux qui, déjà rebutés par la

difficulté de la répéter, en ont pris acte pour la révoquer
en doute et combattre une théorie qu'elle ne fonde pas,
mais qu'elle peut solidement appuyer. *Annales de chimie*,
1790, *tome* 6, *page* 121.

EAU considérée relativement à ses propriétés économiques. — ÉCONOMIE DOMESTIQUE. — *Observations nouvelles.*
— M. PARMENTIER, *de l'Institut.* — 1810. — Ce dissolvant général , dit l'auteur , s'associe, se combine si essentiellement avec la matière nutritive , que non-seulement il
augmente son effet , mais qu'il devient lui-même alimentaire : ainsi l'eau dans le pain prend de la solidité , forme
un quart , quelquefois un tiers de son poids ; dans la
bouillie ou *polenta* , elle y entre pour la moitié , de même
que dans les potages au gras et au maigre ; il est donc important que l'eau soit de bonne qualité , puisque son influence sur la santé est de tous les instans du jour et de
tous les jours de l'année. Une vérité qui n'est plus maintenant contestée, ajoute M. Parmentier, c'est que la saveur des eaux potables n'appartient pas aux matières
salines, extractives et terreuses qu'elles peuvent contenir
à leurs sources ; ces matières y sont toujours en trop petite
quantité pour manifester leur présence sur l'organe du
goût : elles deviennent seulement, dans certaines circonstances, un instrument de leur altération. Cette saveur
dépend absolument de l'air qui s'y trouve interposé : or ,
plus cet air est abondant et pur , plus l'eau réunit de qualités pour servir avantageusement à tous les usages diété-
tiques. Pour approfondir toutes les propriétés de l'eau, qui
nécessairement varient suivant les diverses formes qu'elle
est susceptible de prendre, depuis la consistance la plus
solide jusqu'à la fluidité la plus parfaite, il faudrait l'avoir
examinée dans l'état de glace, dans l'état liquide, dans
l'état vaporeux, dans l'état gazeux ; mais nous renverrons
aux ouvrages qui l'ont considérée sous ces quatre formes
distinctes , pour ne la considérer que comme la boisson
principale des hommes et des animaux. Les caractères

principaux des *eaux potables* sont : 1°. d'être claires et limpides , sans odeur et sans couleur ; 2°. d'avoir une saveur fraîche et pénétrante ; 3°. de bouillir aisément , sans se troubler ni former aucun précipité ; 4°. de dissoudre complétement le savon , et de nettoyer parfaitement le linge ; 5°. de faciliter la cuisson des légumes , des herbes et des viandes ; 6°. de ne point occasioner de dérangemens dans les organes de la digestion ; 7°. de dégager beaucoup de bulles d'air par la simple agitation dans des bouteilles ; 8°. d'extraire avec facilité et sans altération l'arome et les parties solubles des végétaux traités à l'instar des boissons théiformes et caféiformes ; 9°. de ne pas trop affaiblir la force et le montant du vin avec lequel on la mêle , toutes circonstances égales d'ailleurs ; 10°. enfin , de posséder la faculté éminemment désaltérante. Mais il s'en faut que les eaux des lacs , des étangs , des mares , des marais , possèdent les conditions ci-dessus énoncées ; cependant leur qualité plus ou moins mauvaise n'appartient pas à la substance elle-même de l'eau , qui n'est pas susceptible de varier autant qu'il y a de rivières , de fontaines , de sources et de puits , puisque , sans opérer ni combinaison ni décomposition , on peut rapprocher , assimiler toutes les eaux troubles , grisâtres , jaunâtres , d'un goût de bourbe , d'une odeur d'œufs pourris , à l'eau potable la plus parfaite. Les moyens proposés par l'auteur pour corriger la mauvaise qualité des eaux et les rendre sur-le-champ propres à servir de boisson sans aucun inconvénient pour la santé , sont : 1°. l'épuration ; 2°. l'épuration par filtration ; 3°. la désinfection et la clarification ; 4°. le mouvement ; 5°. la chaleur du feu ; 6°. l'addition du vin , du vinaigre et de l'eau-de-vie. Mais il existe quatre espèces d'eaux , qui , quoiqu'elles soient extrêmement claires et limpides , et sans aucun mauvais goût , n'en exigent pas moins quelques précautions pour en faire usage ; elles sont partout praticables. Ces eaux sont : 1°. les eaux fournies immédiatement par les neiges et les glaces fondues ; 2°. les eaux de puits ; 3°. les eaux de citernes ; 4°. enfin , les eaux des petites rivières sans mouvement. Quant à *l'épuration des eaux par résidence*, l'auteur dit : Rien de plus facile que de soustraire des eaux de rivière les matières terreuses qu'elles charrient souvent à la suite d'un orage ou après de grandes crues, et qui les rendent désagréables à la vue et au goût ; il suffit de les laisser en repos dans un vase de grès ou de faïence plus haut que large , mais à découvert, car l'action de l'air est nécessaire pour opérer et compléter cette clarification spontanée. Pour l'*épuration des eaux par filtration*, l'auteur dit : Indépendamment des fontaines sablées de terre ou de métal dont on se sert pour ce genre d'épuration, on a encore recours aux pierres désignées sous le nom de pierres à filtrer. Il y en a de plusieurs espèces ; elles sont très-poreuses, parce que le grès entre pour la plus grande partie dans leur composition ; on les creuse et on les remplit d'eau. Ce fluide s'insinue peu à peu entre leurs pores et se présente au dehors sous la forme de gouttes assez claires qui tombent dans un récipient sur lequel ces pierres sont posées. On remarque, le premier jour de l'usage de ces pierres, que l'eau qu'elles filtrent a une saveur désagréable qui dépend des substances étrangères que ce fluide a dissoutes en traversant la pierre ; aussi n'est-ce que quand l'eau qui coule n'a plus de saveur qu'on peut se permettre de l'employer comme boisson. En général les pierres à filtrer, quoique très-vantées, sont un mauvais moyen pour avoir de bonne eau ; elles sont comme tous les filtres, qui, au bout d'un certain temps, ont leurs pores tellement obstrués par le limon que l'eau dépose, qu'ils ne permettent plus le passage du fluide. C'est à cet inconvénient sans doute qu'il faut principalement attribuer la défaveur où se trouve aujourd'hui ce genre de filtration. Cependant, on doit l'avouer, tous les filtres, et les fontaines établies pour produire le même effet, ne dépouillent pas seulement les eaux du limon bourbeux qui préjudicie à leur transparence, à leur odeur et à leur saveur, ils en séparent encore l'air, spécifiquement plus léger, dont partie ne s'y trouve qu'interposée et non dissoute ; c'est cepen-

dant cette surabondance du fluide gazeux qui constitue leur
légèreté, leur *gratter*, en un mot, leur supériorité. Peut-
être existe-t-il un point de saturation au delà duquel l'eau
ne s'en charge plus. Le préjudice notable que la filtration
apporte à la qualité de l'eau, c'est qu'à force de réitérer
cette opération, on parviendrait à faire d'une eau qui serait
légère, sapide et bienfaisante, une eau fade, lourde, comparable à celle qui aurait éprouvé la chaleur de l'ébullition, ou qui proviendrait d'un puits très-profond.
M. Parmentier fait dans son mémoire l'éloge du procédé
de M. Cuchet (voyez plus haut l'article où ce procédé est
relaté), et il dit : Au moyen de ce procédé, on enlève à l'eau
l'odeur infecte qu'elle contracte lorsqu'elle n'a pas eu de
communication avec l'air, ou qu'on y a laissé séjourner
des matières végétales ou animales, odeur qu'elle ne peut
perdre que très-imparfaitement par la filtration, par le
mouvement qu'on lui imprime, ou par la chaleur qu'on lui
fait éprouver. Il faut absolument le concours d'un intermède pour l'en dépouiller; car, dans cet état putrifié, elle
pourrait porter avec elle un germe de maladie qui se déve-
lopperait tôt ou tard : c'est le charbon, dans lequel on a
découvert depuis long-temps la propriété de désinfecter
les eaux, découverte que M. Parmentier attribue aux
Égyptiens, qui ont les premiers reconnu au charbon la propriété de conserver les corps. *Les moyens de remédier sur-
le-champ à la mauvaise qualité des eaux* sont indiqués par
l'auteur, ainsi qu'il suit : Dans les années où il règne de
vives chaleurs et de fortes sécheresses, les meilleures eaux
contractent un goût de vase avec d'autant plus de promptitude et d'intensité, que naturellement elles ont une disposition à s'altérer; et c'est précisément alors que la soif
exige impérieusement une plus grande consommation
d'eau, et qu'il s'en fait une plus grande déperdition par la
transpiration, qu'elle s'affaiblit en bonté, et ne possède
presque plus la faculté désaltérante. Alors les sources qui
la fournissent ne sont plus alimentées; le lit des grandes
rivières se resserre, leur cours se ralentit; elles reçoivent

plus de matières qu'elles ne peuvent en décomposer; leurs
bords favorisent une végétation abondante de plantes de la
famille des conferves; les petites rivières tarissent, les
puits sont à sec, les citernes ne sont plus renouvelées,
l'atmosphère manque de ressort, l'air se vicie; enfin tous
les réservoirs naturels et artificiels de la boisson principale ne fournissent plus qu'une eau qui semble être toujours sur la voie de la décomposition. Que faut-il faire dans
ces momens de crise où l'atmosphère est sans ressort? Il
est impossible d'agiter l'air pour en enrichir l'eau; il faut
donc, à son défaut, le remplacer par des fluides anti-pu-
trides, dont l'extension équivaut à son effet; et ces fluides
consistent dans quelques gouttes de vin, de vinaigre ou
d'eau-de-vie. Ces différens toniques raniment les estomacs
délicats et fatigués, relèvent la fadeur des eaux, et les mettent en état d'exercer la plénitude de leurs effets sans porter atteinte aux constitutions frêles et délicates; car c'est
une règle constante que les alimens et les boissons ont
besoin d'être assaisonnés pour se digérer sans occasioner
aucun dérangement dans l'économie animale. Délayés dans
une grande masse de fluide, ces produits de la fermentation vineuse, réduits tout en surface dans l'eau, produisent
un tout autre effet que dans leur état aggrégatif; chaque
molécule aqueuse s'enrichit d'un principe qui supplée au
défaut d'air, et donne à l'eau le précieux avantage de désal-
térer, et par conséquent d'en exiger une moins grande dépense à une époque où il n'est pas facile de s'en procurer
abondamment. Ces moyens de remédier promptement à
l'insalubrité des eaux sont heureusement partout sous la
main, et aussi communs que l'eau elle-même; leurs distributions faites à propos ne seront pas d'une grande dépense.
On ne saurait donc trop recommander l'exécution de ces
mesures de salubrité publique, particulièrement dans les
contrées de l'Europe que la nature et l'art ont peu favori-
sées par de bonnes eaux potables. M. Parmentier se ré-
sume ainsi: Il ne faut aux eaux qui sont bourbeuses que
des vases plus étroits que larges, et du repos pour les dé-

barrasser du limon qui obscurcit leur transparence ; il ne
faut aux eaux croupies qui exhalent le gaz hydrogène sulfuré que du charbon mélangé de sable , pour les désinfecter et les clarifier en même temps. Enfin, il ne faut aux
eaux dures et crues de puits, de neige et de glaces, aux
eaux fades et pesantes, que du mouvement pour y introduire une surabondance d'air et les rendre plus légères ;
aux eaux qui ont le goût de marais, que la chaleur du feu
pour dissiper leur mauvais goût, en les laissant refroidir à
découvert pour reprendre de l'air au moyen du mouvement ;
à celles qui ont perdu de leur bonne qualité, à raison des circonstances locales et atmosphériques, que quelques gouttes
de vin , de vinaigre ou d'eau-de-vie pour relever leur fadeur et les rendre moins préjudiciables à la santé. *Journal
de pharmacie*, 1810 , *page* 166.

EAU et AIR. (Machine à les déplacer.) *Voyez* AIR.

EAU. (Établissement pour la clarifier , la purifier et la
distribuer dans Paris.) — *Institution*. — 1807. — L'eau
est prise dans le grand courant de la Seine , au lieu dit *le
Terrain* , par un tuyau d'aspiration , et elle est élevée dans
un grand bâtiment par un manége ; là elle est reçue dans
une rigole, se divisant en plusieurs branches, qui la portent
dans différens points de l'établissement , et la versent, par
petits filets, sur des filtres qu'elle traverse pour se clarifier
et s'épurer. Après avoir traversé les différentes couches qui
composent le filtre , l'eau s'écoule dans une autre rigole qui
la déverse , sous la forme de pluie , dans un grand réservoir
de sapin , où elle se rassemble pour être distribuée dans les
divers quartiers. Cette machine a l'avantage de prendre
l'eau au-dessus de l'Hôtel-Dieu et des principaux égouts qui
la salissent et la dénaturent. La disposition des filtres est
telle qu'ils retiennent la vase la plus fine , et dépouillent
l'eau de toutes les substances muqueuses. Ainsi filtrée, elle
est d'une extrême limpidité et parfaitement clarifiée ; elle
contient autant d'air atmosphérique que l'eau puisée dans

la Seine; elle présente moins de carbonate de chaux , et ne
contient aucune de ces substances muqueuses, putrescen-
tes, vaseuses, qui troublent l'eau de rivière, et lui communiquent une saveur marécageuse. L'établissement peut fournir par jour douze mille voies d'eau. Il est établi en hiver
des poêles pour prévenir la congélation ; et un second établissement est fondé pour éviter l'interruption du service
pendant les réparations. *Rapport de l'École de médecine,*
10 *juillet* 1807 ; *et Moniteur ,* 1810 , *page 3.*

EAU (Force dissolvante de l'). — Chimie. — *Observations nouvelles.* — M. Vauquelin. — *1792.* — Ce savant
chimiste a constaté que la force dissolvante de l'eau pure
pour le muriate de soude était moindre que celle de l'eau
chargée de sulfate de chaux ; moindre que celle de l'eau
chargée de sulfate d'alumine , et même que celle de l'eau
chargée de sulfate de potasse. *Annales de chimie ,*
1792 , *tome* 13 , *page* 86 *et suivantes. Voyez* Muriate de
soude. (Sa dissolution dans les dissolutions de divers sels
neutres.)

EAU. (Machine propre à la tirer des puits). — Mécanique. — *Invention.* — M. Charpentier, *de Paris.* —
An x. — Cette machine , pour laquelle il a été délivré à son
auteur un *brevet de cinq ans*, consiste en un bâti, en bois
de chêne , composé de quatre poteaux scellés contre la margelle du puits : ces poteaux sont assemblés, à leurs parties
supérieures , par des traverses qui servent à porter les axes
des poulies. La force motrice est appliquée à une manivelle
d'un pied. Une poulie à deux gorges angulaires, d'un pied
de rayon, est montée sur l'axe de la manivelle. Il y a une autre
poulie dans le plan vertical de la précédente, ayant comme
elle deux gorges angulaires et le même diamètre. Le mouvement est transmis de l'une à l'autre par le moyen d'une
corde ou d'une chaîne sans fin qui enveloppe deux fois les
poulies. Une poulie de renvoi correspond au milieu du puits;
elle a le même axe que la seconde poulie , et une gorge

angulaire dans laquelle passe et circule la corde qui tient les
seaux. Une autre poulie de renvoi a une chape en fer attachée
immédiatement aux seaux. Un des bouts de la corde, destiné
à faire descendre et monter les seaux, est fixé, et l'autre se
rend vide sur un rouleau. C'est par ce rouleau, retenu
par une roue à déclic, qu'on règle la longueur de la corde,
suivant que l'eau du puits varie de hauteur. Cette machine
est tournée tantôt d'un côté et tantôt de l'autre, pour faire
monter alternativement les seaux pleins d'eau. Ces seaux se
vident d'eux-mêmes au moyen d'un crochet monté à charnière sur la margelle du puits. Ce crochet saisit le seau par
une espèce d'anse en fer, fixée près du bord supérieur de
celui-ci au moment où il débouche du puits, et le fait renverser lorsqu'on continue à tourner la manivelle dans le
même sens. Ce mécanisme, qui sert à tirer l'eau des puits,
est également propre à élever des fardeaux. *Brevets publiés*,
tome 2, page 75, planche 19, fig. 1, 2, 3.

EAU. (Maximum de sa densité.)—Physique.—*Observ.
nouvelles.* — M. de Rumfort, *correspondant de l'Institut.* —1806. — M. Lefèvre-Gineau a prouvé que c'est à
quelques degrés au-dessus du point de congélation que
l'eau est à son maximum de densité : M. de Rumfort a rendu
le fait sensible par une expérience. Un thermomètre ayant
sa boule directement sous un tube suspendu par une coupe
de liége, et le tout étant plongé dans de l'eau prête à se
glacer, on touche la surface de cette eau, vis-à-vis l'ouverture du tube, avec un corps échauffé à 3 ou 4 degrés seulement; les molécules d'eau, échauffées par ce contact, descendent dans le tube et agissent sur le thermomètre. Ainsi
cette eau, un peu plus chaude, est aussi un peu plus pesante.
Cette expérience repose sur la théorie que M. de Rumfort
s'est faite touchant la manière dont la chaleur se propage
dans les liquides. Il pense que ceux-ci ne la conduisent
pas comme font les corps solides (les métaux), et que le
contact d'un corps chaud n'échauffe la masse d'un liquide
qu'autant que les molécules touchées et échauffées d'abord

s'élèvent en vertu de la légèreté qu'elles acquièrent, et laissent des molécules encore froides venir occuper leur place et s'échauffer à leur tour. Une autre expérience a prouvé qu'une portion d'eau échauffée à quatre-vingts degrés n'était separée d'un thermomètre placé au-dessus d'elle que par une lame d'eau froide de quelques lignes d'épaisseur ; pas une des molécules échauffées n'a pu descendre , et le thermomètre n'a pas monté d'un degré. (*Moniteur*, 1806, *page* 897.)

EAU. (Moyen de la préserver de la corruption.) — *Invention.* — Perinet , *ex-professeur à l'hôpital militaire d'instruction , à Paris.* — 1818. — Les recherches de ce savant avaient pour but de trouver un moyen de préserver l'eau de la corruption. Il a obtenu ce résultat en mêlant à des barriques d'eau de deux cent cinquante litres , un kilogramme et demi d'oxide noir de manganèse par barrique. Il a laissé cette eau pendant sept ans dans ces mêmes barriques , qu'il a exposées à diverses températures ; et au bout de ce temps , elle s'est trouvée limpide , inodore , et d'aussi bonne qualité qu'en commençant l'expérience. Ce fait est important , sans être absolument décisif , puisque , selon la remarque de M. Cadet , l'expérience ne s'est point faite à la mer. *Société d'encouragement*, 1818. *Bulletin* 169e., *page* 211. *Annales de chimie et de physique* , 1819, *tome* 11 , *page* 110.

EAU (Moyens pour mesurer le poids d'un pied cube d'). — Mathématiques. — *Observations nouvelles.* — MM. Hauy et Lavoisier. — An 11. — Ces savans, chargés de déterminer l'unité de poids, se sont servis d'un cylindre de cuivre jaune d'environ neuf pouces de hauteur sur autant de diamètre. Ce cylindre était creux, mais exactement fermé de toutes parts, à la réserve d'une petite ouverture circulaire située au centre de l'une des bases. Il s'agissait d'abord de mesurer exactement le volume du cylindre , et ensuite de déterminer sa pesanteur spécifique, comparée à celle de l'eau dis-

tillée, au terme de la glace, pour en conclure le poids
d'un volume cubique de cette eau, ayant pour côté le décimètre, c'est-à-dire la dixième partie du mètre ou l'unité
de mesure, environ de trois pieds onze lignes quarante-
quatre centièmes. Les dimensions du cylindre ont été prises à l'aide d'une machine imaginée et construite par
M. Fortin. Le grand avantage de cette machine est de
mettre l'observateur à portée de comparer avec beaucoup
de précision des longueurs qui ne diffèrent entre elles que
d'une très-petite quantité, ce qui s'exécute au moyen d'un
levier en forme d'équerre, dont un des bras, qui n'a qu'un
pouce de long, prend de petits mouvemens égaux aux différences entre les dimensions à comparer, tandis que l'autre bras, qui est long de dix pouces, rend sensibles ces
différences, à l'aide d'un monius qui donne les deux
centièmes de ligne, représentant les deux millièmes en
différences réelles, d'après ce qui vient d'être dit. Les commissaires, ayant pris d'abord la longueur absolue d'une règle de cuivre, qu'ils appellent *règle génératrice*, longueur
à peu près égale soit à la hauteur, soit au diamètre du
cylindre, ont comparé avec cette longueur vingt-quatre
diamètres, pris six par six sur quatre des circonférences de
la surface convexe, et dix-sept hauteurs prises, huit sur le
contour d'une des bases, huit autres sur une circonférence
située à égale distance entre la précédente et le centre, et
la dix-septième au centre même, ou dans la direction de
l'axe. Les commisaires ayant divisé la somme des longueurs
des vingt-quatre diamètres par leur nombre, ont eu le diamètre moyen du cylindre. Quant à l'estimation de la hauteur moyenne, ils ont observé que la base sur laquelle ils
opéraient était inclinée à l'axe, de manière qu'entre deux
hauteurs prises aux extrémités de l'un des diamètres de
cette base, il y avait huit centièmes de ligne de différence
en évaluation. D'après cette observation, ils ont calculé
la hauteur moyenne dans trois hypothèses différentes : la
première est celle où tous les points de la base seraient
exactement sur un même plan, incliné comme il a été

dit; dans la seconde, ils ont imaginé un plan perpendiculaire à l'axe qui, passant par le point le plus bas,
intercepterait une espèce d'onglet, qu'ils ont ensuite sous-
divisé en vingt-quatre prismes droits triangulaires tron-
qués obliquement à leur partie supérieure. Ils ont trouvé
que la hauteur moyenne de chaque prisme était celle qui
passait par le centre de gravité de la base de ce prisme,
et qu'en même temps elle était égale au tiers de la somme
des trois arêtes longitudinales, ce qui les a conduits à
une formule simple pour calculer la résultante de toutes les hauteurs, ou la hauteur moyenne du cylindre. La
troisième hypothèse était la même que pour le diamètre
moyen, c'est-à-dire qu'elle consistait à regarder la hauteur moyenne comme le quotient de la somme des dix-
sept hauteurs par leur nombre. Ces trois hypothèses ont
donné précisément le même résultat, jusqu'aux dix-mil
lièmes de ligne, accord qui semble indiquer que le cylindre moyen, trouvé par le calcul, ne diffère pas sensiblement en volume, d'avec le cylindre mesuré par l'observation. Ensuite les commissaires ont évalué la solidité du
cylindre en ligne cube. Pour déterminer plus aisément
la pesanteur spécifique du cylindre, la cavité avait été tellement proportionnée avec la partie solide, qu'il était seulement un peu plus léger que l'eau. Après avoir vissé à
l'ouverture de sa base une petite tige creuse, ils l'ont
plongée dans de l'eau de rivière bien filtrée, puis ils ont
inséré par la tige des grains de plomb, jusqu'à ce que
l'eau se trouvât au niveau d'un trait délié marqué sur la
tige. Le poids total du cylindre et de la tige était alors
égal au poids du volume d'eau déplacé, tant par le cylindre que par la partie plongée de la tige. Ils ont cherché ce
poids en pesant immédiatement le cylindre avec sa tige,
et connaissant d'ailleurs le volume du cylindre, plus celui de la partie plongée, ils ont conclu de leurs expériences le poids d'un volume d'eau filtrée égal au décimètre
cube. Ce résultat était susceptible de plusieurs corrections; il fallait d'abord en retrancher la quantité néces-

saire pour le réduire au poids d'un égal volume d'eau distillée. Il fallait de plus avoir égard à la condensation des
métaux, lorsqu'ils passent dans une température plus basse,
ce qui exigeait une double correction; car d'un côté, lors
du rapprochement fait entre les dimensions du cylindre et
la toise de l'Académie, le thermomètre de Réaumur n'é-
tait qu'à cinq degrés au-dessous de zéro, tandis que les
perches qui avaient servi à mesurer l'axe terrestre dont le
décimètre était originaire, avaient été étalonnées sur la
toise de l'Académie par une température de treize degrés. Il fallait donc ramener à l'hypothèse de cette température les dimensions du cylindre, et par conséquent les
supposer augmentées dans le rapport indiqué par la différence entre cinq et treize degrés du thermomètre. D'une
autre part, lors de la pesée du cylindre, le thermomètre
marquait cinq degrés deux dixièmes, et par conséquent
deux dixièmes de plus que lors de la comparaison des dimensions du cylindre à la toise de l'Académie, d'où il suit
que le volume du cylindre, au moment de la pesée, se
trouvait augmenté dans le rapport de la dilatation que
subit le cuivre par un changement de température d'un
cinquième de degré. Ces différentes corrections étant faites, le résultat donne, pour le poids du décimètre cube
d'eau distillée à cinq degrés deux dixièmes de Réaumur,
cent quatre-vingt-huit mille cent soixante-un grains, et
pour le pied cube six cent quarante-quatre mille quatre
cent treize grains, ou soixante-neuf livres quatorze onces
six gros treize grains. Enfin les commissaires ont évalué le
poids du décimètre cube, en le supposant placé dans le
vide, auquel cas il acquiert nécessairement une augmentation de poids égale au poids de l'air supprimé, et en
supposant de plus que le thermomètre fût au degré de la
congélation, ce qui exige au contraire une petite déduction à faire sur le résultat précédent. Ils ont cru, en conséquence, fixer provisoirement, dans cette dernière hypothèse, l'unité des poids, ou le poids du décimètre cube
d'eau distillée à dix-huit mille huit cent quarante-un grains

ou deux livres cinq gros quarante-neuf grains, et le poids
du pied cube à six cent quarante-cinq mille cent quatre-
vingts grains ou soixante-dix livres soixante grains. *Société
philomathique*, *an* II, *tome* I, *page* 39.

EAU. (Rapport de son évaporation spontanée avec l'é-
tat de l'air, connu par le thermomètre, le baromètre et
l'hygromètre.) — PHYSIQUE. — *Découverte.* — M. FLAU-
GERGUES, de Viviers, *correspondant de l'Institut.* — 1807.
— Les températures de l'air connues par le thermomètre
croissant ou décroissant en progression arithmétique, les
quantités d'eau évaporées augmentent ou diminuent en progression géométrique : elles sont en outre proportionnelles,
d'une part, à la densité de l'air, ou, ce qui est la même
chose, à la hauteur du baromètre ; d'autre part, à la différence entre le degré marqué par l'hygromètre et le degré
correspondant à l'humidité absolue. Tel est le résultat que
présente le mémoire envoyé à l'académie des sciences,
belles-lettres et arts de Lyon, par M. Flaugergues, qui
déduit de ce résultat une formule générale au moyen de
laquelle les degrés du thermomètre, du baromètre et de
l'hygromètre, étant connus, on détermine la quantité de
l'évaporation pour un temps donné. Dans une question
que l'on peut regarder comme entièrement neuve, nonob-
stant quelques expériences isolées, ou faites par d'autres
motifs, par M. de Saussure, il était impossible d'apporter
plus de méthode, de sagacité et de savoir, d'arriver à des
conclusions plus précises, de mieux traiter les parties essentielles et tous les accessoires du sujet. M. de Flaugergues a remporté *le prix proposé par l'académie de Lyon* sur
ce sujet. Son mémoire porte pour épigraphe ces deux vers
de Lucrèce :

At neque quo pacto persederit humor aquæ....
Visum est, nec rursùm quo pacto fugerit æstu.

Il remplit entièrement les conditions qui avaient été impo-
sées par le concours. *Moniteur*, 1807, *page* 1108.

EAU. (Sa congélation par l'évaporation de l'éther.) —
Physique. — *Observations nouvelles.* — M. Vogel. 1811. —
Pour opérer cette congélation, l'auteur plonge dans un
verre cylindrique de deux pouces de diamètre environ, et
rempli d'éther aux trois quarts, un tube contenant un peu
d'eau dans laquelle il place un autre petit cylindre rempli
d'éther, de manière que la petite quantité d'eau se trouve
entre deux couches d'éther. Il faut que les tubes soient munis d'un large bord afin qu'il ne tombe pas quelques gouttes
d'éther dans l'eau, ce qui empêcherait sa congélation. On
place l'appareil sur le plateau de la machine pneumatique,
et on couvre le tout du petit récipient. En faisant lentement
le vide, l'éther se volatilise, et au bout de trois minutes
l'eau est congélée en totalité. Cette expérience, dont on
doit les premières notions à M. Mayer, professeur à Got-
tingue, a été répétée plusieurs fois avec succès par l'auteur.
Bulletin de pharmacie, 1811, *tome* 3, *page* 368.

EAU. (Sa composition.) — Chimie. — *Observations nouvelles.* — MM. Fourcroy, Seguin et Vauquelin. — 1790. —
Ces chimistes, dans le but de reconnaître les quantités exactes
d'oxigène et d'hydrogène contenues dans l'eau, firent les
expériences suivantes : ils prirent des gaz oxigènes et hy-
drogènes pur obtenus, le gaz oxigène de la décomposition
du muriate sur-oxigéné de potasse (chlorate de potasse);
l'hydrogène, de la décomposition de l'eau par l'intermède
du zinc et de l'acide sulfurique faible. Ces deux gaz, lavés
à l'alcali et réduits à la température de dix degrés, à une
pression de vingt-huit pouces, furent brûlés lentement dans
l'appareil inventé par MM. Lavoisier et Meusnier. L'opération se fit sur 25582 pouces cubes d'hydrogène, et 12457 d'oxigène. Ces gaz pesaient : l'hydrogène 1039 grains 358 millè-
mes, l'oxigène 6209 grains 869 millièmes ; et donnaient un total de douze onces quatre gros quarante-neuf grains. L'eau
obtenue était de la même pesanteur spécifique que celle
de l'eau distillée ; elle ne donnait aucune trace d'acidité ;
elle pesait douze onces quatre gros quarante-cinq grains.

D'après ces résultats, MM. Fourcroy, Seguin et Vauquelin, ont conclu que dans la composition de l'eau, le poids de l'hydrogène est à celui de l'oxigène dans le rapport de 14,338 à 85,662. *Annales de chimie, tome 7, page 260 et suivantes.*

EAU. — (Sa décomposition par le charbon.) — CHIMIE. — *Observations nouvelles.* — M. TORDEUX. — 1808. — Dans une note qui se trouve à la fin des observations de M. Figuier sur les sulfures que la soude du commerce renferme, ce savant cite un exemple des explosions qui ont quelquefois lieu dans les savonneries ; il en attribue la cause au gaz hydrogène mêlé d'air atmosphérique, existant dans l'intérieur de la cuve, au-dessus de la lessive caustique, et il explique la formation de ce gaz en supposant que les sulfures que la soude brute contient dégagent une quantité d'hydrogène excédant celle nécessaire à la constitution du sulfure hydrogéné, quand on traite cette soude par l'eau. On sait en chimie que lorsqu'un sulfure alcalin est mis dans l'eau, il se fait un sulfate, et l'hydrogène mis à nu se combine au restant du soufre et de la base, pour former un sulfure hydrogéné ; on sait de plus que, dans cette expérience, il n'y a aucun dégagement de gaz si l'on opère à une température basse ; il est évident d'après cela que le gaz hydrogène qui surnage la lessive des savonniers ne provient pas de la décomposition de l'eau par le sulfure alcalin. L'auteur a été porté à attribuer la production du gaz au charbon qui se rencontre toujours dans la soude du commerce ; par une remarque qu'il a faite, il avait vu que la potasse purifiée par la chaux qui avait été long-temps en contact avec des matières végétales, et qui était fortement colorée par les matières charbonneuses qu'elle leur avait enlevées, étant mise à fondre dans un creuset, il s'en échappait beaucoup de gaz qui s'enflammait de lui-même, lorsque l'alcali était rouge de feu. Sa combustion ressemblait à celle du gaz hydrogène. L'hydrogène dont parle M. Figuier paraît avoir été produit par une cause à peu près semblable. La potasse sur laquelle M. Tordeux avait fait la première observation , outre des matières charbonneuses , contenait encore une quantité d'eau d'autant plus considérable qu'elle n'avait pas été rougie dans la dessiccation; et, les circonstances se trouvant favorables , il lui a paru que l'acide carbonique pourrait bien être déterminé à se former dans ce cas , par l'attraction résultante du charbon pour l'oxigène et de la potasse pour cet acide, et que le gaz hydrogène devait se dégager pur ou carburé. Pour s'assurer qu'il en était ainsi, il distilla dans une cornue de grès de la potasse semblable à celle dont il s'était servi dans le creuset : aussitôt que la chaleur fut suffisante pour chasser de l'eau de la potasse , il commença à se dégager un gaz qui sortit sans cesse pendant une partie de l'opération. Ce gaz était insoluble dans l'eau , il avait une faible odeur empyreumatique ; il ne troublait pas l'eau de chaux ; il était inflammable , brûlant comme un mélange de gaz hydrogène et de gaz hydrogène carburé ; il troublait l'eau de chaux après sa combustion ; mêlé avec de l'oxigène dans l'eudiomètre de Volta , il détonnait par l'étincelle électrique. Le dégagement se soutint assez long-temps à une faible chaleur ; cependant il augmenta le feu jusqu'à faire rougir le fond de la cornue ; il obtenait toujours le même produit, seulement l'hydrogène devenait plus pur. Après quelque temps , le dégagement se ralentit, le feu fut augmenté, et quand la cornue fut bien rouge, il recommença ; mais cette fois le gaz était entièrement absorbé par l'eau , et par l'eau de chaux qu'il troublait, il n'était plus inflammable , c'était de l'acide carbonique pur. Cependant, à la fin de l'opération , il laissait un résidu combustible , quand on l'agitait avec de l'eau de chaux ; ce résidu était probablement du gaz oxide de carbone. La potasse était devenue presque blanche, et la cornue était attaquée. On pourrait expliquer cette opération comme il suit : l'eau en présence du charbon et de la potasse se comporte de même que lorsqu'elle est en contact avec un sulfure , ou un phosphure alcalin ; il se forme de l'acide carbonique et un carbonate,

puisque la potasse purifiée par la chaux peut contenir à cette
température une plus grande quantité d'acide carbonique
que celle qu'elle en contient déjà ; et si, lorsque la cornue
est incandescente, il se dégage de cet acide , cela n'est peut-
être dû qu'à la combinaison de la potasse avec les terres de
la cornue , combinaison qui n'admet pas la présence de
l'acide carbonique. Enfin le gaz oxide de carbone provient
sans doute de la décomposition d'un peu d'acide par un
reste de charbon. Cette expérience a été confirmée sur de
la potasse extrêmement charbonnée et carbonatée obtenue
de la manière suivante : de l'alcohol contenant une grande
quantité de potasse en dissolution , ne faisant pas effervescence par les acides, mais très-coloré quoique clair, avait
été évaporé ; l'évaporation se faisait dans un bassin d'argent
pour avoir la potasse pure; à mesure que l'opération avan-
çait, la potasse se noircissait beaucoup , et vers la fin elle
se boursouflait en laissant dégager un gaz inflammable ;
enfin elle devint sèche et spongieuse ; on la traita par l'eau
et on évapora à siccité sans filtrer ; elle était noire comme
du charbon et faisait un peu effervescence. C'est dans cet
état que l'auteur la soumit à la distillation dans une cornue
de grès, comme il avait fait pour la potasse à la chaux : les
résultats de l'opération furent absolument semblables ;
lorsque la potasse fut retirée de la cornue, elle était blanche,
et faisait effervescence. Les mêmes résultats auraient probablement eu lieu avec de la soude purifiée par la chaux,
si elle eût été soumise aux mêmes expériences, vu la grande
ressemblance qui existe entre ces deux alcalis. Enfin les
expériences qu'a faites l'auteur l'ont convaincu que le gaz
hydrogène, soit pur, soit carburé, qui se produit dans les
savonneries , est dû à la décomposition de l'eau par le
charbon ; en effet, il n'est pas douteux que les circonstances de ces expériences ne soient extrêmement différentes de celles qui se rencontrent dans les manufactures
où on agit sur de grandes masses, où la soude employée
était plus propre à l'opération, soit qu'elle contînt plus de
charbon ou qu'il fût divisé ; enfin il existe une foule de

causes qui modifient nécessairement les résultats. *Annales de chimie*, 1808, *tome* 66, *page* 318.

EAU. (Sa dilatation.) — PHYSIQUE. — *Observations nouvelles.* — M. HAÜY, *de l'Institut.* — AN II. — Un résultat du travail de la commission des poids et mesures pour déterminer l'unité des poids, a fait naître une difficulté qui a été proposée à cette commission par des savans, et dont il peut être intéressant de publier la solution. L'unité dont il s'agit, ou le grave, est le poids du décimètre cube d'eau distillée, pesée à la température de la glace fondante et dans le vide. Ce poids répond à deux livres cinq gros quarante-neuf grains, poids de marc. D'une autre part, l'unité usuelle des mesures de capacité, ou le cadil, est une mesure égale au décimètre cubique. En conséquence, le cadil doit contenir exactement un grave d'eau distillée en supposant les conditions énoncées ci-dessus. Mais comme l'étalonnage se fait à l'air libre, et que de plus on est convenu de le faire à dix degrés de Réaumur, on ajoute, du côté de la balance où est placé le cadil rempli d'eau distillée à cette température, 1 g. 22, ou environ 23 grains, pour récompenser la perte que l'eau fait de son poids dans l'air, et o g. 53, ou dix grains, pour l'augmentation de température. Il suit de là que l'eau se distille d'environ 0,00053 de son volume, depuis le terme de sa plus grande contraction, jusqu'à dix degrés de Réaumur. Mais suivant celui-ci et Nollet, la dilatation totale de l'eau, depuis o jusqu'à 80 degrés, est 0,037 du volume, et il semble qu'en prenant le huitième de cette dilatation ou devrait avoir 0,00053, comme l'a trouvé la commission des poids et mesures, par la dilatation à dix degrés, tandis que le huitième de 0,037 est à peu près, 0,00462, quantité qui l'emporte près de neuf fois sur 0,00053. Pour concilier ces deux résultats, en apparence contradictoires, il faut remarquer que dans une latitude aussi grande que celle à laquelle s'étendent les expériences dont ils sont déduits, les dilatations de l'eau ne sont pas proportionnelles aux augmentations de chaleur, mais varient dans un plus grand rapport, en sorte que celles-ci étant supposées uniformes, les premières sont représentées par les ordonnées d'une courbe, lesquelles croissent surtout rapidement aux approches du terme de l'eau bouillante. On concevra aisément que cela doit être ainsi, en considérant que quand la distance entre les molécules s'est accrue elle-même à un certain point, par la force élastique du calorique qui intervient pour les séparer, l'affinité qui n'agit très-fortement qu'à une très-petite distance du contact doit s'affaiblir plus promptement; en sorte qu'à des quantités additionnelles égales de calorique répondent des différences toujours plus grandes relativement à la diminution de l'affinité, et par conséquent la dilatation doit augmenter par des degrés qui vont toujours en croissant. Cet effet aura lieu surtout aux approches de l'eau bouillante, où, l'affinité étant entièrement vaincue, le calorique jouit de toute sa force pour convertir l'eau en un fluide élastique capable de remplir un espace incomparablement plus grand que celui qu'elle occupait dans l'état de simple fluidité. Il résulte encore de là que ce qu'on a dit des dilatations que subit le fer pour chaque degré de Réaumur, n'a lieu sensiblement qu'à des températures où les métaux sont encore loin de la fusion, c'est-à-dire du terme auquel l'action du calorique acquiert une grande prépondérance sur l'affinité. *Société philomathique, an* II, *page* 75. *Voyez* EAU (Force expansive de l').

EAU. (Sa formation par la seule compression.) — PHYSIQUE. — *Observations nouvelles.* — M. BIOT. — AN XIII. — L'auteur est persuadé que l'on pourrait déterminer la combinaison du gaz hydrogène et du gaz oxigène, sans le secours de l'électricité, par le seul effet d'une compression très-rapide. Ce résultat lui paraissait une conséquence tellement immédiate des observations déjà faites sur la chaleur dégagée de l'air par la compression, qu'il croyait superflu de s'en assurer autrement. Cependant, sur l'invitation que lui fit M. Laplace de vérifier cette expérience, l'auteur prit une pompe de fusil à vent, dont le fond était fermé par une glace très-épaisse, afin que l'on pût observer la lumière dégagée comme à l'ordinaire par la compression. Cette pompe était en fer; elle était munie latéralement d'un robinet pour introduire des gaz, et son extrémité inférieure, du côté du piston, était entourée d'un cylindre de plomb, assez lourd pour accélérer la chute et rendre la compression plus rapide. On essaya d'abord cet appareil en y introduisant de l'air atmosphérique; mais, quoiqu'on se plaçât dans l'obscurité, on n'aperçut aucune lumière sensible, probablement parce que le mouvement violent qu'il fallait faire pour comprimer avec rapidité, empêchait de regarder dans l'intérieur de la pompe, assez directement pour y apercevoir la lueur fugitive que la compression manifeste dégageait; et que, dans d'autres expériences, il avait lui-même vue plusieurs fois. Immédiatement après cet essai, il introduisit dans l'intérieur de la pompe un mélange de gaz hydrogène et de gaz oxigène; il donna un coup de piston, aussitôt il parut une lumière extrêmement vive; il se fit une détonation très-forte; le fond de glace sauta en l'air; la virole de cuivre qui la retenait à vis fut brisée; la personne qui tenait la pompe eut la main légèrement brûlée et meurtrie par la force de l'explosion. On recommença l'expérience, en substituant au fond de glace un fond de cuivre fait d'une seule pièce et serré à vis; on introduisit dans la pompe un nouveau mélange de deux gaz. Le premier coup de piston fit entendre une explosion semblable à un fort coup de fouet; mais un second coup donné sur de nouveau gaz le fit détoner, brisa le corps de pompe, ou plutôt le déchira avec une violente explosion. D'après ces phénomènes, il ne pouvait rester aucun doute sur la combinaison des deux gaz, puisqu'on sait que c'est elle qui produit la détonation par l'immense quantité de chaleur qui se dégage quand ils passent à l'état liquide; chaleur qui suffit pour les réduire aussitôt en vapeurs, et leur donner dans cet état une excessive dilatation. On ne crut donc pas nécessaire de

répéter plus long-temps cette expérience, qui n'est pas
sans danger. La théorie de ces phénomènes est extrêmement simple. Une compression rapide force le gaz à abandonner une très-grande quantité de chaleur, qui, ne pouvant se dissiper tout à coup, élève momentanément leur
température, et suffit pour les enflammer dans cet état de
compression. On trouve donc ainsi dans ces deux gaz tous
les élémens nécessaires pour les combiner, indépendamment de l'étincelle électrique ou du feu extérieur. On
pourrait probablement former de la même manière, sans
aucun agent étranger, toutes les combinaisons gazeuses qui
demandent une élévation de température. Cette identité
de résultats m'a fait naître, dit l'auteur, une idée que je
soumets aux physiciens. On sait, et M. Berthollet l'a fait
voir dans sa Statique chimique, que l'électricité, en
traversant les corps, opère sur leurs molécules une véritable compression. Cet effet se produit avec une vitesse
prodigieuse, comme on peut le prouver par une infinité
d'expériences : or, l'électricité ayant une pareille vitesse,
il est impossible qu'elle ne dégage pas de la lumière, de
l'air, puisque nous parvenons bien à en dégager par une
impression beaucoup moins rapide. Nous sommes aussi
conduits à voir dans l'étincelle électrique un résultat purement mécanique de la compression. Si nous comparons
maintenant ce qui se passe dans la pompe de compression
et dans l'eudiomètre de Volta, l'analogie est complète. Seulement, dans le premier cas, nous sommes obligés de renfermer l'air, parce que la vitesse que nous pouvons donner
au piston est limitée; au lieu qu'en employant l'électricité, les particules se trouvent comprimées avec une vitesse si grande, qu'elles ne peuvent jamais reculer assez
vite pour se soustraire à son effort : alors la compression
peut se faire aussi-bien dans l'air libre, ainsi que le dégagement de lumière ou l'étincelle qui en est la conséquence. Mais cet effet est local ; et si ces gaz, n'étant point
susceptibles de se combiner, reviennent après chaque explosion à leurs dimensions primitives, ils reprennent aussi-

fût dans cette dilatation toute la chaleur qu'ils avaient d'abord dégagée ; de sorte qu'il n'en peut résulter dans leur constitution aucun changement durable. Et cela explique pourquoi l'on n'a jamais aperçu d'altération dans les gaz bien purs et non mélangés, lorsqu'on les a soumis à l'action de l'étincelle électrique. Cette lumière, que l'électricité dégage des gaz par la compression, elle la dégagerait encore des gaz plus raréfiés ; et, à cause de son extrême vitesse, elle doit la dégager des vapeurs mêmes, lorsque l'on opère sous les récipiens de la machine pneumatique, ou dans le vide de Tarrialli ; car nous ne pouvons jamais former un vide parfait avec nos machines, et dans le tube même du baromètre, il se trouve toujours du mercure en vapeurs. Ces vapeurs, quoique très-rares, contiennent encore une très-grande quantité de calorique, que l'électricité doit dégager sur son passage par la compression ; mais l'augmentation instantanée d'élasticité qui en résulte, ne peut devenir sensible, à cause du peu de densité du milieu ; au lieu qu'elle devient sensible dans l'air plus dense, comme on le voit dans l'instrument appelé *thermomètre de Kninersley*. Les considérations que l'auteur vient d'exposer lui paraissent indiquer avec quelque vraisemblance que le phénomène appelé étincelle électrique est dû à la lumière qui se dégage de l'air par la compression lors du passage de l'électricté ; en sorte que ce phénomène est purement mécanique, et ne renferme rien d'électrique en soi. Tel est l'idée qu'il soumet au jugement des physiciens : si elle est vraie, elle tend à diminuer considérablement le nombre des hypothèses que l'on a déjà faites et que l'on pourrait faire sur la nature de l'électricité ; c'est pourquoi il a cru devoir la présenter à leurs réflexions. *Société philomathique, an* XIII, *bulletin* 93 *, page* 259.   •

EAU. (Sa phosphorescence.) — PHYSIQUE. — *Observations nouvelles.* — M. DESSAIGNE. — 1809. — L'auteur, dans ses recherches sur la phosphorescence, ayant été forcé de reconnaître l'eau comme la cause principale de cette

propriété lumineuse, a soumis ce liquide, dans la vue de
savoir de quelle manière il pouvait concourir à la production de ce phénomène, à une forte compression dans des
tubes de cristal très-épais, et l'a trouvé lumineux au moment du choc. Sa lumière est semblable, dans son intensité et dans sa couleur, à celle qui est produite dans la
combustion des gaz hydrogène et oxigène dans l'eudiomètre de Volta. Les autres liquides, tous les solides, et
tous les gaz, ont presque tous offert le même résultat.
Société philomathique, 1810, *page* 101. *Voyez* PHOS-
PHORESCENCE.

EAU. (Son action sur la neutralité des acétates, tar-
trates, oxalates, citrates et borates alcalins.) — CHIMIE. —
Observations nouvelles. — M. MEYRAC fils. — 1817. —
M. Chevreul a observé qu'ayant uni de la potasse dissoute
dans un peu d'eau, environ une fois et demie plus d'acide
butirique qu'il n'en fallait pour la neutraliser, il avait
obtenu un liquide dont l'action, sur un papier de tournesol, se bornait à le faire passer au pourpre. Il a conclu
de là que la potasse ou butirate de potasse neutre attirait
plus fortement la quantité d'acide en excès, que cette
quantité n'était attirée par l'alcali de tournesol; et ce qui
l'a confirmé dans cette opinion, c'est que la solution de
butirate avec son excès d'acide ne décompose pas à la
température ordinaire des cristaux de carbonate de potasse
qu'on jetait dedans; mais ce qui prouve maintenant l'influence de l'eau sur ce résultat, c'est qu'en ajoutant suffisamment de ce liquide au butirate, la liqueur acquérait la
propriété de rougir fortement le tournesol, parce qu'alors
l'action de la potasse ou du butirate neutre sur l'excès d'a-
cide, affaiblie par l'action de l'eau, ne s'exerçait plus avec
une intensité suffisante pour s'opposer à ce que l'acide butirique s'emparât de tout l'alcali du tournesol. Il a observé
de plus que la liqueur étendue décomposerait avec effervescence le carbonate de potasse cristallisé; l'acide acétique combiné aux bases alcalines, a donné à M. Meyrac les

mêmes résultats. Il a pris une dissolution concentrée de
potasse, il y a versé de l'acide acétique; un papier rouge
de tournesol ayant été plongé dans cette combinaison, a
passé au bleu; en ajoutant de l'eau à cette dissolution, le
papier est redevenu rouge. Ce fait est analogue à l'observation de M. Chevreul sur les butirates. Les acides ci-
trique et oxalique jouissent des mêmes propriétés. Les dissolutions de citrates et oxalates alcalins font passer au rouge
le papier bleu de tournesol; et lorsque ces mêmes dissolutions sont concentrées, le papier rouge devient bleu. Il
en est de même lorsque ces sels sont mêlés au muriate et
au nitrate de potasse. M. Meyrac a versé, dans une dissolution concentrée de potasse de l'acide borique; il a obtenu un sel qui faisait passer au rouge le papier de tournesol. En étendant cette dissolution, la liqueur est devenue alcaline; et le papier, rougi primitivement, est
devenu bleu; cette dissolution mise dans une eau légèrement acide la sature. Si on traite une dissolution concentrée d'acide tartarique par la potasse, on obtient un sel
qui fait passer au bleu le papier de tournesol rougi. Si on
ajoute dans cette dissolution une certaine quantité d'eau, la
liqueur aquiert des propriétés acides, et rougit le tournesol. Ce qui a paru plus remarquable à M. Meyrac, c'est
qu'en traitant ce tartrate de potasse par le quart de son
poids d'acide borique, ces propriétés restent les mêmes:
il donne des signes alcalins quand il est concentré, et acides
quand il est combiné avec une grande quantité d'eau. Si on
traite le borate de potasse par le sixième de son poids d'acide
tartarique, on obtient un composé jouissant des propriétés des borates. Ce sel cristallise en rhomboïdes; l'eau, par
sa distillation avec lui, ne peut lui enlever la plus petite
quantité d'acide borique lorsqu'on ne met qu'un sixième
d'acide tartarique. Le sulfate neutre de soude, évaporé
dans une eau colorée par la teinture de tournesol, ne lui a
fait éprouver aucune altération, et a donné une poudre
bleue qui a passé au rouge par l'addition de quelques
gouttes d'une dissolution neutre de nitrate de potasse. Ce sel,

par sa concentration, a donné des caractères acides qu'il a perdus par l'addition de l'eau. *Société philomathique*, 1817, *page* 76.

EAU. (Son évaporation par l'air chaud.) — ÉCONOMIE INDUSTRIELLE.—*Découvertes*.—M. CURAUDAU. — 1811.—Parmi les différens moyens qu'on a mis en pratique, ou qu'on a indiqués pour concentrer le suc de raisin, les uns ayant l'inconvénient de l'altérer pendant sa concentration, et les autres étant beaucoup trop coûteux, ou n'étant pas assez simples pour qu'on puisse retirer quelque avantage de leur adoption, l'auteur a pensé qu'un procédé qui serait exempt de tous les inconvéniens attachés aux procédés connus, et qui aurait en même temps l'avantage d'être économique et simple, serait d'autant mieux accueilli qu'il concourrait puissamment à faire prospérer les fabriques de sirop de raisin. Le procédé qui va être décrit est fondé sur le principe bien connu que l'air, par exemple, à une température de dix degrés au-dessus de zéro, et qui serait saturé d'humidité, acquiert de nouveau la propriété de dissoudre de l'eau suivant les divers degrés de chaleur qu'on lui fait successivement éprouver. Pour appliquer le principe ci-dessus à l'évaporation des liquides, il faut : 1°. échauffer à peu de frais un grand volume d'air; 2°. opérer le renouvellement de l'air à mesure que son action dissolvante et dessiccative est épuisée; 3°. donner la plus grande surface possible aux liquides destinés à être concentrés; 4°. ne recourir à aucun moyen mécanique ni à aucune manipulation coûteuse, soit pour porter le liquide au degré de concentration désirable, soit pour le recueillir à mesure qu'il arrive à son dernier terme d'évaporation. Pour bien entendre la description de l'appareil de M. Curaudau, il suffit de se représenter un local carré de cinq mètres de côté, sur quinze mètres de hauteur, dans toute la largeur de ce local; à sept centimètres environ de distance, sont suspendues des toiles imprégnées du liquide qu'on destine à être évaporé; au bas de chaque toile, suivant la ligne parallèle de leur suspension, sont de petites gouttières, sensiblement inclinées, pour porter dans un réservoir commun le liquide qu'y laissent égoutter les toiles qui sont au-dessus. Il faut de même se représenter que dans le haut du local est un réservoir du liquide à évaporer, lequel est mis en communication avec une série de conduits, placés sur une ligne parallèle aux toiles suspendues : dans chaque conduit il y a une suffisante quantité de petits siphons destinés à mouiller les toiles dans une proportion telle que l'évaporation qui s'opère permette de recueillir au degré de concentration convenable le liquide qui s'égoutte au bas des toiles. Lorsque le tout est ainsi disposé, il ne s'agit plus que d'échauffer l'air du séchoir, ce qu'on obtient en mettant ce local en communication avec un courant d'air chaud à quarante degrés au-dessus de zéro, et dont on règle le volume et la vitesse suivant la plus ou moins prompte évaporation qu'on veut obtenir. L'appareil ventilateur de l'auteur peut être appliqué avec beaucoup d'avantage, puisque avec peu de combustible on parvient à échauffer un volume d'air considérable, et que, sans recourir à aucun moyen mécanique, on peut augmenter ou diminuer à volonté le volume ou la vitesse de l'air échauffé qu'on introduit dans le séchoir. M. Curaudau annonce avoir la certitude que dans le foyer d'un poêle ventilateur de grande dimension on ne peut brûler que deux cents kilogrammes de houille en vingt-quatre heures; en second lieu que la chaleur développée pendant ces vingt-quatre heures suffit pour sécher douze cents pièces de toile contenant chacune quatre kilogrammes d'eau, ce qui donne une évaporation de quatre mille huit cents kilogrammes d'eau. Or, comme une dessiccation presque absolue de ces toiles n'a pu produire qu'une partie de l'effet qu'on aurait obtenu si l'air chaud eût agi sur des toiles constamment mouillées, ce n'est point exagérer le produit que de fixer à cinq mille kilogrammes le poids de l'eau qu'on évaporerait dans un séchoir où l'on entretiendrait une humidité permanente. Si l'on compare main-

tenant ce résultat avec ceux que l'on obtient à la faveur
des procédés que l'on regarde comme les plus avantageux, on trouvera que, pour évaporer cinq mille kilogrammes d'eau d'après ces mêmes procédés, on consom-
mera pour soixante-quinze francs de combustible, tandis
que, d'après le moyen de M. Curaudau, cette dépense ne
s'élèverait qu'à dix francs. Ce procédé peut être utilement
employé dans les salpêtreries où l'on a tant d'eau à évaporer, et où l'on a employé jusqu'alors des moyens peu
prompts et très-dispendieux ; il convient aussi aux salines,
qui, par analogie, peuvent être comparées aux salpêtreries, tant par rapport aux résultats que pour ce qui est
des moyens d'évaporation par l'action du feu. En mettant
à contribution la propriété qu'a l'air chaud d'opérer prompt-
tement la dessiccation des substances humides soumises à
son action, il est nécessaire, pour obtenir tout l'effet qu'offre
un aussi puissant moyen, que de nouvel air chaud expulse
du séchoir celui qui perd successivement sa propriété dessiccative. Pour cela, on pratique dans la partie supérieure
du séchoir un nombre tel de petites ouvertures, que l'air
humide qui doit être expulsé n'oppose aucune résistance
au nouvel air chaud qui est destiné à le remplacer. Une
autre observation qu'il importe de faire, c'est que l'état
plus ou moins hygrométrique de l'atmosphère, l'affinité
plus ou moins grande de l'eau pour la substance qu'elle
tient en dissolution, et enfin les différens degrés de concentration où l'on voudra porter les liquides, sont autant
de causes qui concourront à rendre variables les quantités
d'eau évaporées dans des temps égaux. A l'égard des toiles
destinées à augmenter la surface du liquide qu'on veut
concentrer, elles doivent être d'un tissu peu serré, et de
la plus basse qualité. Il importe aussi, pour la préparation
du sirop de raisin, que ces toiles soient propres, et ne
contiennent plus aucune partie colorante ; blanchies convenablement elles ne peuvent communiquer au sirop aucun goût étranger, et elles acquièrent la propriété d'être
uniformément perméables à l'eau, propriété dont dépend

le succès de l'opération. Pour régler le degré de concentration auquel on veut porter un liquide quelconque, il
faut faire en sorte que la quantité du liquide qui coule du
réservoir sur la toile soit dans un rapport tel, que lorsqu'il
arrive au bas de cette même toile, il ait juste le degré
qu'on veut obtenir. Cette partie de l'opération s'effectue
à l'aide de la faculté que l'on a de diminuer ou d'augmenter
l'écoulement du liquide, suivant le plus ou moins de concentration auquel le sirop ou la dissolution saline doivent
arriver au bas de la toile. (*Annales des arts et manufactures*, 1811, *tome* 40, *page* 88.) — *Observations nouvelles.* — M. CLÉMENT. — On peut déduire aisément de la
théorie de la chaleur dans l'état où elle se trouve actuellement, que la vapeur d'eau contient essentiellement la même
quantité de calorique latent, quand sa densité est la même,
quelle que soit d'ailleurs sa température ; c'est-à-dire, par
exemple, que la vapeur d'eau qui se forme à cent degrés
sous la pression de l'atmosphère, contient la même quantité de calorique latent que si elle était mêlée à de l'air
atmosphérique à une température bien inférieure, pourvu
que sa densité soit supposée la même. On est conduit également à ce théorème, ajoute M. Clément, par l'expérience directe. Si l'on fait arriver dans le calorimètre de
glace une quantité donnée de vapeur d'eau à cent degrés
éprouvant la pression de l'atmosphère, la quantité de glace
fondue est égale à sept fois et demie le poids de la vapeur,
c'est-à-dire que le calorique apporté par la vapeur peut
être exprimé par $7,5 + 75° = 562°, 5$. En faisant traverser le calorimètre par des quantités de vapeurs égales à la
première, mêlées à de l'air à différentes températures,
à quarante, cinquante ou soixante degrés, par exemple, on
trouve que, déduction faite de l'action de l'air chaud, et
ayant d'ailleurs égard à la différence de température, la
quantité de glace fondue est sensiblement la même que si
la vapeur était pure ; par conséquent il est bien certain,
selon l'auteur, que l'air ne contribue pas à l'état élastique
de la vapeur, et que son existence suppose essentielle-

ment l'emploi d'une quantité de calorique latent bien déterminée et invariable. De là il suit que, dans les évapora-
tions spontanées ou artificielles, le calorique absorbé par
l'eau pour devenir vapeur est toujours le même, et qu'il
n'y a vraiment de différence que dans la quantité de celui
qui forme la température de la vapeur; différence qui doit
être ordinairement assez peu importante, puisqu'à son
maximum, qui ne se présente jamais, elle ne peut être que
de cent degrés, quand le calorique total essentiel à la vapeur d'eau pure sous l'atmosphère est égal à cinq cent
soixante-deux degrés. C'est une vérité encore bien certaine,
que les combustibles ont une puissance calorifique déterminée, et que l'on ne peut outre-passer dans l'ordre actuel
des choses : par exemple, le charbon de bois dégage par
sa combustion une quantité de calorique capable de fondre
environ quatre-vingt-quatorze fois son poids de glace, ou
de vaporiser treize fois son poids d'eau, d'abord à o°; on
ne connaît pas si exactement la puissance calorifique des
autres combustibles employés ordinairement; mais on
sait cependant que la houille de première qualité ne dégage
pas plus de calorique que n'en absorbe un poids de vapeur décuple du sien. Ainsi on doit conclure des principes ci-dessus établis par M. Clément, que le *maximum*
théorique de la puissance de la houille est de convertir en
vapeur à cent degrés sous la pression atmosphérique, dix
fois son poids d'eau à o°, et que si la vapeur, au lieu d'avoir
cent degrés de température, était mêlée à de l'air qui
n'aurait comme elle que cinquante degrés, le calorique
dégagé par la combustion d'une partie de houille suffirait
pour constituer environ onze parties de vapeur, en supposant toutefois que le calorique nécessaire à la température de l'air ne fait pas partie de celui dégagé par la
houille, mais qu'il a été fourni par une autre source. On
est bien éloigné d'un résultat aussi avantageux dans la pratique; on n'utilise pas tout le calorique qui se développe
dans les foyers; une grande partie échappe à l'objet qu'on
se propose. En suivant le procédé le plus ordinaire, celui

des chaudières, à peine obtient-on cinq parties de vapeur
pour une de houille brûlée; le plus souvent on n'en obtient
pas quatre parties. En appliquant le calorique des combustibles à de l'air, pour le faire céder ensuite par celui-
ci à de grandes surfaces humides qu'on lui fait parcourir,
on peut en espérer un meilleur emploi; mais cependant,
outre quelques inconvéniens qui sont communs à ce procédé comme à l'autre, celui-ci en présente de particuliers
qui sont assez considérables. Par exemple, on est souvent
obligé, par la nature même des opérations, de donner au
liquide en évaporation une température assez élevée, que
l'air chaud doit conserver en s'échappant, et par conséquent une assez grande quantité de calorique est appliquée
inutilement à produire cette haute température de l'air
et de la vapeur même. Aussi est-il rare d'obtenir dans les
meilleurs évaporatoires par l'air chaud six kilogrammes
de vapeurs pour un kilogramme de houille, au lieu de dix
ou onze kilogrammes que pourrait constituer le calorique
dégagé. Voilà à quoi se borne toute l'efficacité de procédé
de l'air chaud, employé si souvent dans une infinité
d'arts; on s'en sert avec avantage dans les alunières de
l'Istrie; on peut en lire la description dans l'ouvrage de
M. Socquet, de Turin, sur le calorique. Il y a beaucoup
de sécheries qui ne sont rien autre chose que ce procédé.
M. Champy fils l'a employé depuis quelques années pour
la poudre à canon; et tout récemment encore, au mois
d'octobre 1810, on l'a indiqué dans les Annales de chimie,
pour l'évaporation du sirop de raisin : ainsi on peut bien
conclure avec assurance que l'air chaud n'est pas pour l'é-
vaporation un agent plus nouveau que merveilleux. Cependant on annonce dans les Annales des arts et manufactures, n°. 118, dit en terminant ici l'auteur, que
M. Curaudau est parvenu à évaporer, par le moyen de
l'air chaud, cinq mille kilogrammes d'eau avec deux cents
kilogrammes de houille. Ce résultat admirable est non-
seulement quatre fois plus avantageux que tout ce que l'on
a fait de mieux jusqu'ici (1811), mais il excède de beau-

coup, selon M. Clément, tout ce qu'il était possible d'espérer théoriquement. Le charbon de terre semblerait avoir donné à M. Curaudau deux fois et demie plus de calorique utilisé qu'il n'en peut dégager en brûlant dans le calorimètre, dans cet instrument destiné à ne rien laisser échapper, à recueillir complétement tout le calorique qui peut résulter de la combustion. (*Annales de chimie*, 1811, *tome* 79, *page* 84.) — M. CURAUDAU. — En répondant aux observations précédentes, l'auteur s'exprime ainsi :
« Les calculs que M. Clément a déduits de la théorie
» de la chaleur, pour appuyer son raisonnement, ne
» sont pas applicables au procédé de l'évaporation ; il se
» trompe considérablement lorsqu'il assimile l'action réu-
» nie de l'air et du calorique sur un liquide, surtout
» réduit en surface, à l'action simple et immédiate de la
» chaleur sur un liquide en masse .» M. Curaudau a cru
devoir faire connaître les raisons qui l'empêchent de par-
tager l'opinion de M. Clément. Il pourrait, dit-il, à la
rigueur, ne compter l'emploi d'une chaleur artificielle dans
son évaporatoire que comme un agent destiné à augmenter la légèreté spécifique de l'air, et par ce moyen devant
opérer dans le séchoir une circulation d'air aussi rapide
que si elle était produite à la faveur d'un ventilateur mû
par des chevaux, ainsi que l'a proposé M. Clément. D'a-
près cette explication, l'auteur a donc eu pour but de faire
servir la chaleur à deux usages différens : le premier, c'est
d'imprimer à l'air devenu moins dense une circulation
rapide que favorise et entretient, suivant lui, l'introduction de l'air extérieur dans le séchoir, à mesure que s'en
évacue l'air saturé d'humidité; le second usage, c'est d'augmenter la propriété dissolvante de l'air, et d'opérer par
conséquent une évaporation beaucoup plus prompte et
plus abondante que ne peut le faire de l'air à une température inférieure. « Ainsi, dit M. Curaudau, je mets à
» profit toute l'action siccative ou dissolvante du calorique
» développé par mon appareil ventilateur ; et, de l'autre,
» je tire parti d'un moyen dont M. Clément lui-même (sans

» recourir à une chaleur artificielle) a vanté l'efficacité,
» mais qui, pour être mis en pratique, exige l'emploi de
» plusieurs chevaux, tandis qu'en y substituant la puis-
» sance du calorique, je dépense moins et j'ajoute en même
» temps à l'effet qu'on se propose d'obtenir. (*Annales de
chimie*, 1811, *tome* 79, *page* 109.) — MM. les rédacteurs des Annales de chimie. — C'est une vérité déjà
ancienne, disent ces savans, que l'eau, en devenant vapeur, absorbe une grande quantité de calorique, quelle
que soit la température à laquelle cette vapeur se forme.
On est même à peu près d'accord sur cette quantité de
calorique absorbée. M. Clément l'a évaluée à 462°, 5, d'a-
près des expériences qu'il a faites avec M. Desormes. Il a
de plus annoncé que l'expérience avait confirmé ce que la
théorie portait à croire sur la similitude parfaite de la vapeur pure et de la vapeur mêlée à l'air. De là il résulte
que la production de la vapeur nécessite une quantité constante de calorique. M. Curaudau prétend qu'en réduisant
un liquide en *surface*, il y a une grande économie de
calorique à espérer, et il paraît même croire que le calorique des combustibles qu'il emploie n'est pas immédiatement nécessaire à la vaporisation; cependant, ajoutent
les mêmes savans, rien n'est plus certain que sans calorique, ou sans celui que pourraient fournir l'air et les corps
voisins, il ne se formerait pas un atome de vapeur. Ils
croient avec M. Clément que le résultat annoncé par
M. Curaudau, savoir, qu'une partie de houille a déterminé
la vaporisation de vingt-cinq parties d'eau, est impossible,
puisqu'une partie du même combustible n'en peut vaporiser théoriquement que neuf ou dix parties. *Annales de
chimie*, 1811, *tome* 79, *page* 111.

EAU. (Son mouvement dans les tubes capillaires.) —
Physique. — *Observations nouvelles.* — M. Girard. — 1814.
— Si l'on appelle *g* la gravité, D le diamètre d'un tuyau
cylindrique implanté dans la paroi d'un réservoir entretenu
constamment plein, *h* la différence de niveau entre la sur-

face de l'eau du réservoir et le centre de l'orifice inférieur du tuyau, l la longueur développée de ce tuyau, u la vitesse uniforme avec laquelle l'eau s'écoule, enfin a et b deux coefficiens qui doivent être déterminés par l'observation ; on sait que les conditions du mouvement linéaire et uniforme de l'eau dans le tuyau sont données par la formule générale :

$$\frac{g\,D\,h}{4\,l\,u} = a + b\,u.$$

M. Girard a rendu compte à la première classe de l'Institut, des expériences qu'il a faites sur le mouvement de l'eau dans des tubes capillaires de cuivre de 2 et 3 millimètres d'ouverture, sous des pressions d'eau qui ont varié depuis 5 jusqu'à 35 centimètres. En appliquant à ces expériences la formule générale qui vient d'être rapportée, on trouve, 1°. que sous une charge quelconque, lorsque le tube capillaire est parvenu à une certaine longueur, le terme proportionnel au carré de la vitesse disparaît de la formule générale ; de sorte qu'elle se réduit à celle-ci :

$$\frac{g\,D\,h}{4\,l\,u} = a,$$

laquelle exprime, comme il est aisé de s'en assurer, les conditions de l'uniformité du mouvement *linéaire* le plus simple ; 2°. que dans tous les cas où les conditions du mouvement sont exprimées par cette formule, les variations de la température de l'eau exercent sur la vitesse d'écoulement de l'eau dans le tube une très-grande influence, de telle sorte que la charge d'eau, la longueur et le diamètre du tube restant les mêmes, la vitesse qui est exprimée par 10 à 0 degrés de température est exprimée par 42 à 85 degrés du thermomètre centigrade ; 3°. que dans tous les cas où la formule

$$\frac{g\,D\,h}{4\,l\,u} = a$$

ne satisfait point aux observations, c'est-à-dire, lorsque la longueur du tube est au-dessous d'une certaine limite, lès variations de la température n'exercent qu'une légère influence sur la vitesse d'écoulement ; tellement que cette vitesse , par un ajutage de 55 millimètres de longueur à 5 degrés de température , étant représentée par 10 , elle est représentée par 12 à 87 degrés , toutes les autres , circ-constances de l'observation étant les mêmes ; 4°. qu'à températures égales, l'expression

$$\frac{g\, D\, h}{4\, l\, u} = a$$

décroît avec le diamètre du tube mis en expérience; 5°. que l'influence de la température sur les vitesses d'écoulement suit la même loi dans des tubes capillaires d'un diamètre inégal , c'est-à-dire que les différences successives de l'ex-pression

$$\frac{g\, D\, h}{4\, l\, u} = a$$

deviennent d'autant moindres , pour les différences égales de température , que la température est plus élevée; 6°. que cette loi se manifeste avec d'autant plus de régularité que les observations ont lieu sur des tubes d'un diamètre plus petit, ou, ce qui revient au même , que la *linéarité du mouvement est plus parfaite;* 7°. que les valeurs du terme

$$\frac{g\, D\, h}{4\, l\, u} = a,$$

calculées dans les mêmes circonstances pour deux tubes de diamètres inégaux , diffèrent d'autant plus entre elles que la température est plus basse, et que ces valeurs paraissent tendre à devenir identiques à mesure que la température s'élève , de manière que si leur différence est représentée par 6 à 0 degrés de température , elle n'est plus représentée que par 1 lorsque la température approche de 80 degrés ; 8°. enfin , que la température, qui joue un si grand rôle dans les phénomènes de l'écoulement uniforme de l'eau par des tubes capillaires , n'exerce sur cet écoulement qu'une influence presque insensible lorsqu'il a lieu dans des tuyaux de conduite ordinaires , dont les diamètres sont

hors des limites de la capillarité. *Société philomathique*,
1815, *page* 57.

EAU ANTI-APOPLECTIQUE. — Matière médicale.
— *Observations nouvelles.* — M. C.-L. Cadet. — 1811.—
Pendant plusieurs années les jacobins de la ville de Rouen
ont eu le privilége de composer et de vendre un élixir
qu'ils appelaient *eau anti-apoplectique*. Ils avaient un grand
débit de ce remède dont la formule n'a été connue que depuis peu (1811). Un imprimé qu'ils joignaient aux bouteilles de leur eau, marqué du sceau de leur couvent, était
signé de la main du supérieur, et annonçait que cet *arcane*
avait les propriétés suivantes : il rappelait à la vie les personnes frappées d'apoplexie, de léthargie, de catharre
suffocant ; il guérissait les fièvres tierces et double-tierces;
il soulageait les maux de dents, les coliques violentes ; il
convenait aux femmes en travail d'enfant, à celles qui
éprouvaient des retards de règles ; enfin, il rétablissait les
estomacs délabrés, terminait les indigestions, abrégeait les
convalescences, et fortifiait les personnes faibles. Si le grand
débit d'un remède était un sûr garant de son efficacité, on
devrait une grande confiance à l'eau des jacobins; mais, sans
rien préjuger sur ses propriétés que les médecins seuls
peuvent constater. En voici la recette :

$\mathrecipe{}$ Santal rouge pulvérisé. . . . . ℥ vj

———— blanc. . . . . } ãã . . . ℥ v
———— citrin. . . . . }

Semences d'anis . . . . . . } ãã . . . ℥ j
Baies de genièvre . . . . . }

Cannelle. . . . . ℥ j ℥ v

Macis . . . .)
Réglisse. . . . . |
Galanga. . . . . } ãã . . . ℥ ß
Impératoire . . . . |
Girofle. . . . .)

Semence d'angélique. . . .   ⎫

Contra yerva . . . .   ⎬   āā . . .   ℥ v

Poudre de vipère . , . . . ⎭

Alcohol rectifié. . . . . , ... , ℔ vij

On fait digérer pendant un mois, on filtre la liqueur et on la conserve dans des bouteilles soigneusement bouchées. La dose est d'une ou deux cuillerées à bouche, soit pures, soit mêlées à une infusion légère de sauge. Quand on jugeait à propos d'en prescrire aux malades l'usage habituel, on étendait l'élixir avec deux tiers de bon vin vieux sucré, et l'on en faisait boire un petit verre matin et soir. *Bulletin de pharmacie*, 1811, *tome* 3, *page* 45.

EAU ANTI-VÉNÉRIENNE (Analyse de l'). — Chimie. — *Observations nouvelles.* — M. Vitalis. — 1810. — Ce chimiste a analysé une liqueur vendue par M. Carpentier, officier de santé à Rouen, sous le nom d'eau anti-vénérienne, et il a trouvé que cette liqueur contient une matière extractive végétale, de l'alcohol, de l'acide muriatique, du nitrate de potasse, du muriate de potasse, un arome qui paraît être celui du camphre et de l'anis. En réfléchissant sur ces principes, M. Vitalis a cru devoir la recomposer comme il suit :

Décoction de salsepareille à quatre degrés de l'aréomètre, une pinte.
Alcohol muriatique du Codex, 4 gros.
Eau-de-vie camphrée, 2 gros.
Huile volatile d'anis, quelques gouttes.
Nitrate de potasse, 3 gros.

Une liqueur ainsi composée offre tous les caractères de la liqueur anti-vénérienne soumise à l'examen : elle en diffère cependant beaucoup par la modicité du prix, comparé à celui de la liqueur anti-vénérienne, qui coûte vingt-cinq francs la bouteille. On assure que l'auteur s'en sert surtout dans le traitement de la blennorrhagie , à la dose d'une cuillerée prise deux ou trois fois par jour. A la suite de cette analyse, M. Vitalis rapporte une formule ayant de l'analogie avec la précédente, et conseillée par quelques praticiens également dans la blennorrhagie ; la voici :

Eau de menthe ou de mélisse , 12 onces.
Sirop diacode , une once.
Sirop de nerprun , une once.
Alcohol muriatique du Codex , un demi-gros.
Eau-de-vie camphrée , un gros.

Bulletin de pharmacie, 1810 , *page* 39.

EAU CORDIALE. — PHARMACIE. — *Observ. nouv.* — M. C.-L. CADET. — 1809. — M. Cadet tient d'un élève en pharmacie , qui a demeuré chez Coladon , la recette suivante pour la fameuse *eau cordiale.* La voici : on enlève le zeste de plusieurs citrons, on les fait infuser dans l'eau-de-vie , et on distille au bain-marie : on ajoute à l'esprit de citron quelques gouttes de teinture d'ambre et de musc; on édulcore avec le sirop de sucre très-blanc. Coladon, qui en est l'inventeur, a des proportions si justes dans sa liqueur, qu'on ne peut distinguer l'ambre ni le musc, et que le citron qui domine est cependant très-étendu. Quand on veut vieillir cette eau, il faut la frapper quelque temps de glace. *Bulletin de pharmacie*, 1809, *page* 234.

EAU COSMÉTIQUE. — ART DU DISTILLATEUR. — *Per-* *fectionnement.* — MM. LAUGIER père et fils , *de Paris.* — 1816. — *Brevet de cinq ans* pour la composition d'une eau cosmétique , dite eau *régénératrice.* Nous donnerons la composition de cette eau dans notre Dictionnaire annuel de 1821.

EAU DE COLOGNE. — ART DU DISTILLATEUR. — *Ob-* *servations nouvelles.* — M. C.-L. CADET. — 1809. — Ce chimiste, après avoir examiné une partie des eaux qui se

fabriquent à Cologne, a trouvé que les meilleures sont
celles pour lesquelles on emploie le procédé suivant :

Huile essentielle de néroli. . . . . ⎫
        de cédra . . . . . ⎪
        d'orange . . . . . ⎬ gouttes xij
        de citron. . . . . ⎪
        de bergamotte . . ⎪
        de romarin . . . ⎭

Semences de petit cardamum. . . . . . . ℥ j
Alcohol . . . . pinte j

On distille au bain-marie, et on retire trois demi-setiers
d'esprit. (*Bulletin de pharmacie*, 1809, *page* 143.) — *Perfectionnemens*. — M. SUIREAU-DUROCHEREAU, *de Paris*. —
1811. — L'auteur a obtenu un *brevet d'invention de cinq
ans* pour une eau dite de Cologne, composée ainsi qu'il
suit :

Esprit 3/6 blanc fin sans goût, pour huit pintes ou sept
  litres il faut :

		once	gros.
Essence de Portugal.	1	once	3 gros.
de bergamotte	1		5
de citron au zeste. . .	1		0
de néroli fin	1		2
de néroli petits grains.	1		4
de romarin.	1		0
de lavande	1		0
Eau de rose	1		6
de jasmin.	1		5
de fleur d'oranger. . . .	1		7

Il faut bien mélanger et agiter le tout, le passer deux fois
au filtrage de quatre papiers, et le laisser reposer quinze
jours ; soumettre ensuite le tout deux fois à la distillation,
et le laisser dix-huit mois en flacon dans un endroit tempéré. Cette eau doit porter de trente à trente-trois degrés.

(*Brevets non publiés.*) — MM. Laugier père et fils, *de Paris.* — 1812. — *Brevet de cinq ans* pour une nouvelle eau de Cologne qui se compose, 1°. de soixante-dix litres d'alcohol aqueux, que l'on réitère plusieurs fois par la distillation au bain-marie, en y employant par parties égales, jusqu'à la concurrence de quarante kilogrammes d'écorce de bergamotte de 3/6, et cela par les procédés de Baumé, perfectionnés par M. Chaptal; 2°. soixante-dix litres du même alcohol, que l'on réitère, comme il vient d'être dit, avec quarante kilogrammes d'écorce de citron, pour produire trente-cinq litres d'alcohol de citron à 3/6; 3°. trente litres du même alcohol, avec vingt kilogrammes d'écorce d'orange de Portugal, pour produire quinze litres à 3/6; 4°. trente litres du même alcohol, avec soixante-quinze kilogrammes de feuilles de romarin fraîches, réduits à dix litres à 3/6; 5°. quinze litres, toujours de la même liqueur, avec soixante-quinze kilogrammes de fleur d'oranger fraîche, pour être réduits à cinq litres à 3/6. Toutes ces quantités, ainsi réduites par la distillation, et convenablement mélangées, produisent l'eau de Cologne de MM. Laugier. (*Brevets non publiés.*) — M. Ch.-J.-B. Vauquelin, *chimiste et droguiste à Rouen.* — La nouvelle eau de Cologne pour laquelle il a été accordé à l'auteur un *brevet de cinq ans*, est composée comme il suit :

Fleurs de lavande récentes.	℥ iv
Sommités d'absinthe récentes	℥ ij
d'hysope récentes.	℥ j
de marjolaine récentes	℥ ij
Graine d'anis	℥ j
Baies de genièvre	℥ j
Semences de fenouille.	℥ j
de carvi.	ℨ x
de cumin.	ℨ x
de cardamum mineur	℥ ij
Cannelle fine.	℥ ij
Muscades saines	℥ ij

Girofle . . . . ℥ j

Sommités de serpolet récentes. . . . . . . ℥ ij

Racine sèche d'angélique de Bohème. . . . ℥ iv

On fait subir à chaque substance la préparation qui lui convient, on met le tout ensemble, dans un bain-marie, et on verse par-dessus :

Esprit-de-vin-rectifié . . . . ℔ xxxviij

On laisse infuser quarante-huit heures. On procède ensuite à la distillation au bain-marie pour en retirer tout l'esprit. Cette liqueur obtenue, on ajoute, puis mélange avec soin et selon les principes de l'art, les huiles essentielles suivantes, bien nouvelles et bien pures, de même que l'esprit de romarin, et l'eau de mélisse composée par soi-même et sans économie, dont les proportions sont ci-après indiquées :

Eau de mélisse composée. . . . . . . ℔ v

Esprit de romarin. . . . . ℔ viij

Néroli . . . . ℥ vj

Essence de citron . . . . ℥ j

　　　　de cédrat. . . . . ℥ j

　　　　de bergamote. . . . . ℥ x

Le tout mélangé, comme on l'a dit plus haut, et rectifié, toujours au bain-marie, à un feu très-modéré. (*Brevets non publiés.*) — M. PLÉNEY, *de Saint-Étienne* (Loire). — 1813. — L'auteur emploie dans la composition de son eau cosmétique, pour laquelle il lui a été accordé un *brevet de cinq ans*, les substances dont la dénomination et les proportions sont ci-après établies :

kilog.

Esprit-de-vin de 32 à 33 degrés. . . . 24,0000

Essence de néroli 0,0146

　　　　de citron 0,0440

　　　　de bergamote 0,0146

　　　　de cédrat 0,0146

	kilog.
Eau de la reine d'Hongrie.	0,0440
de lavande . . . . : .	0,0097
de vulnéraire.	0,0110
de romarin.	0,0072

En commençant l'opération, on met l'eau de romarin dans un verre que l'on ne couvre point. On met ensuite l'esprit-de-vin, bien épuré, dans une dame-jeanne, puis on verse successivement les essences dans l'esprit-de-vin, en ayant soin de bien agiter la liqueur à chaque nouvelle essence que l'on y jette. Lorsque cette opération est terminée, on bouche hermétiquement la dame-jeanne, et on l'expose quarante-huit heures à une chaleur modérée. On transfère, après ce temps écoulé, la même dame-jeanne dans un endroit où il n'y ait point de feu, et on l'y laisse encore vingt-quatre heures, ensuite on passe la liqueur à travers un filtre de papier gris pour la bien débarrasser des parties huileuses. On répète cette opération jusqu'à ce qu'elle en soit entièrement dépouillée, et elle est prête alors à mettre en rouleau. (*Brevets non publiés.*) — M. SUIREAU-DUROCHEREAU. — 1816. — *Brevet de cinq ans* pour une eau de Cologne perfectionnée, qui sera décrite dans notre Dictionnaire annuel de 1821. — MM. LAUGIER père et fils, *de Paris.* — *Brevet de cinq ans* pour la composition d'une eau de Cologne. Nous décrirons le procédé des auteurs dans notre Dictionnaire annuel de 1821.

EAU DE COLOGNE BALSAMÉE. — ART DU DISTILLATEUR.—*Perfectionnement.* — M. FABRÉ. — 1817. — *Brevet de cinq ans* pour la composition d'une eau de Cologne balsamée, ou *eau cosmétique des Templiers.* Les procédés de l'auteur seront décrits dans notre Dictionnaire annuel de 1822.

EAU DE FLEURS D'ORANGER. — CHIMIE. — *Observations nouvelles.* — M. P.-F.-G. BOULLAY, *phar-*

macien à Paris. — 1809. — L'eau distillée sur les fleurs
d'oranger, pour s'emparer des principes volatils qu'elles
contiennent, acquiert un arome et une saveur amère
très-agréable. La médecine en fait un usage extrêmement
fréquent, et ce médicament a le double avantage de flatter
le goût et d'être employé avec efficacité dans un très-grand
nombre de cas. L'eau de fleurs d'oranger offre souvent
de grandes différences qui doivent faire varier son action
sur l'économie animale. Celle de Malte ou de Provence
est très-odorante, mais d'une âcreté désagréable. Celle distillée à Paris est d'une odeur moins forte, mais plus suave;
elle est généralement préférée; elle varie encore suivant
l'état de l'atmosphère pendant le développent de la fleur :
ainsi, lorsque la saison a été chaude et sèche, elle est plus
aromatique, plus riche en principes volatils; si, au contraire, la saison a été pluvieuse et froide, les fleurs d'o-
ranger sont plus chargées de matière muqueuse et albumineuse dans lesquelles le carbone abonde, et il semble
que l'absence d'une certaine intensité de calorique et de
lumière ait nui au développement complet des principes
immédiats où l'hydrogène domine. Dans ce cas, l'eau de
fleurs d'oranger, moins chargée d'huile volatile, est, malgré le soin apporté à sa préparation, trouble, très-altéra-
ble, et contient les élémens d'une fermentation acéteuse,
dont le principal produit ne tarde pas à se manifester.
D'autres fois, l'eau distillée de fleurs d'oranger a une odeur
et une saveur empyreumatiques, vulgairement nommées
goût de feu, dont elle n'est pas complétement dépouillée
au bout de cinq à six mois. L'auteur s'est aperçu d'un troisième inconvénient qui ne paraît pas avoir été observé;
c'est qu'au moment même où elle vient d'être faite, elle
est souvent acide, avant qu'aucune fermentation ait pu
transformer en vinaigre l'espèce de mucilage qui cause son
opacité. Ayant voulu s'assurer de la nature de cet acide,
et s'il existait tout formé dans la fleur à l'état libre ou combiné, il a cherché un moyen constant pour obtenir cette
liqueur à la fois transparente, privée d'acidité, ou des ma-

tériaux propres à en augmenter la proportion. Pour obvier
à l'inconvénient d'une eau de fleurs d'oranger trouble et
laiteuse, M. Botentuit, pharmacien à Rouen , a communiqué à M. Boullay un moyen précieux par sa simplicité,
à l'aide duquel il se la procure d'une transparence parfaite. Au lieu de plonger les fleurs dans l'eau froide et
d'amener graduellement à la température convenable pour
distiller, M. Botentuit verse l'eau bouillante sur les fleurs,
et procède de suite à la distillation : ce moyen, répété par
comparaison avec la méthode ordinaire, a présenté à l'auteur une différence et un avantage réels. Le mauvais goût
et l'odeur d'empyreume sont surtout remarquables, si on
a opéré sur des masses très-considérables. La première
portion d'eau distillée est ordinairement suave ; mais à
mesure que l'action du feu se prolonge, le produit devient de plus en plus désagréable. Le contraire arrive en
n'agissant que sur quelques livres de fleurs , et si la distillation a été rapide. Il est donc important de multiplier les
opérations pour éviter la réaction que la chaleur détermine à la longue. C'est ici comme pour le sucre, le sirop
de raisin , le suc de groseille , et la plupart des autres produits végétaux pour lesquels l'action brusque du calorique est beaucoup moins dangereuse que cette même action
ménagée et prolongée. La fleur d'oranger est quelquefois
acide au moment même où elle arrive dans le récipient.
L'huile essentielle de fleurs d'oranger rougit toujours plus
ou moins la teinture de tournesol. Son action sur les couleurs bleues est d'autant plus marquée, qu'il y a plus long-
temps que l'opération est commencée. La fleur d'oranger
contient donc un acide volatil ; c'est ce qui a engagé l'auteur à faire les expériences suivantes pour s'assurer de la
nature de cet acide , et en quel état il existe dans ce végétal : 1°. De la fleur d'oranger entière plongée quelques
instans dans la teinture de tournesol n'a occasioné aucun
changement. L'infusum aqueux ou alcoholique de ces
fleurs entières, ou de leurs parties séparées, l'a rougie fortement; 2°. d'une livre de fleurs complètes mises à dis-

tiller avec six livres d'eau, on a retiré une livre d'eau très-aromatique, sans action sur le tournesol, lorsque l'huile volatile qui la surnageait en avait été séparée ; une livre d'eau moins odorante, moins agréable, sans apparence d'huile volatile, rougissant sensiblement la teinture bleue ; enfin une troisième livre de produit, d'une odeur désagréable et beaucoup plus acide que la seconde ; 3°. une livre de pétales séparés des autres parties de la fleur et distillés seuls de la même manière, a fourni une eau distillée, généralement plus suave, et dont la troisième livre était encore fort bonne ; 4°. le calice et les organes de la fructification distillés seuls ont donné de l'eau de fleurs d'oranger moins agréables que dans les deux expériences précédentes et d'une odeur comme vireuse. Le décoctum resté dans l'alambic, après ces trois distillations, a laissé sur le filtre des débris de fleurs, de l'albumine végétale et de la poussière fécondante préalablement suspendue dans la masse des deuxième et quatrième résidus. Ces trois décoctions étaient également jaunes et amères ; ce qui prouve que le pollen n'est pas le seul principe coloré de ces fleurs. Ces trois liqueurs rougissaient fortement la teinture du tournesol. Par une nouvelle distillation, on en a retiré une liqueur acide dont la saturation par la potasse et l'évaporation a donné lieu à une petite quantité de terre foliée. L'oxalate d'ammoniaque, versé dans ces décoctums, y démontre une assez grande quantité de chaux. Les nitrates de baryte, de plomb, d'argent et de mercure, n'y indiquent aucune trace d'acides sulfurique, muriatique ou malique, combinés à la chaux de préférence à l'acide acétique. L'acétate de plomb précipite la partie colorante sous forme de flocons jaunes verdâtres ; un excès d'acide acétique détruit la couleur et le précipité. Les sulfate, nitrate et muriate de cuivre, verdissent ces décoctions sans en troubler la transparence ; le sulfate de fer fonce un peu leur couleur. L'alcohol à quarante degrés, mêlé au décoctum, s'empare de la couleur jaune et sépare une matière gommeuse peu abondante. L'évaporation de cet alcohol

donne pour résidu une espèce d'extrait extrêmement amer,
composé de la partie colorante altérée, et d'acétate de
chaux. L'éther sulfurique agité dans ces décoctums s'empare de la gomme, l'enveloppe et l'entraîne à la surface
du liquide; il n'a pas agi sur la partie colorante. On voit
par ce qui précède, 1°. que l'eau de fleurs d'oranger préparée avec les seuls pétales est préférable, moins susceptible d'altération et d'une meilleure odeur; 2°. qu'il ne
faut jamais retirer au delà de deux livres d'eau pour chaque livre de fleurs entières, et de trois livres quand on ne
s'est servi que des pétales; 3°. que la fleur d'oranger contient, outre l'huile volatile qui est son principal produit,
de l'acétate de chaux, de l'acide acétique en excès, de l'albumine, un principe jaune amer soluble dans l'alcohol et
dans l'eau, insoluble dans l'éther, et une matière gommeuse; 4°. que l'acide acétique, devenu libre par l'action
de l'eau ou de la chaleur, n'est point sensible lorsqu'on n'a
fait éprouver aucune altération aux substances qui l'accompagnent, ni mécaniquement, ni chimiquement; 5°. qu'il
serait utile de saturer l'acide dans l'appareil distillatoire, à
mesure qu'il se met à nu, sans nuire aux autres produits
volatils. Parmi différentes bases employées à cet effet, le
carbonate alcalinule de potasse (sel de tartre) réussit,
mais il altère l'huile volatile, la saponifie, passe en partie
avec elle et la rend laiteuse. Le carbonate de soude agit encore sur l'huile, beaucoup moins cependant que le premier sel. La magnésie, surtout privée d'acide carbonique,
dans la proportion d'un gros pour chaque livre de fleurs
d'oranger, a paru préférable. Au moyen de cette terre alcaline, et de cette précaution indiquée de verser de l'eau
bouillante et d'opérer sur de petites masses, on aura constamment l'eau de fleurs d'oranger exempte de mauvaise
odeur, d'une limpidité parfaite, sans aucune trace d'acide,
et sans que la couche d'huile qui la recouvre ait éprouvé
d'altération. (*Bulletin de pharmacie*, 1809, *page* 337.)
— M. C.-L. CADET. — Une personne prit, par le conseil de son médecin, de l'eau de fleurs d'oranger distillée

pour dissiper une légère affection spasmodique. Une heure après, au lieu d'éprouver du soulagement, elle eut tous les symptômes d'un empoisonnement. Un pharmacien ayant été chargé d'examiner cette eau, y reconnut la présence d'une quantité assez considérable de cuivre Le commissaire de police, averti de ce fait, prit les informations convenables, et s'assura que la malveillance n'avait aucune part à cet accident. Le conseil de salubrité consulté fit un nouvel examen de l'eau de fleurs d'oranger qu'il trouva acide et chargée d'une quantité d'acétate de cuivre qu'on peut évaluer à trois grains par litre. Il fit observer que l'eau de fleurs d'oranger gardée plusieurs mois dans un lieu où règne une température douce devient presque toujours acide, qu'il s'y forme du vinaigre ; et comme on a l'habitude, surtout dans les provinces méridionales, de conserver cette eau dans des estagnons de cuivre non étamés ou mal étamés, l'acide agissant sur le métal forme de l'acétate de cuivre, dont la plus grande partie reste en dissolution dans le liquide à la faveur d'un léger excès d'acide. Il serait donc très-important de défendre l'usage des estagnons aux distillateurs d'eau de fleurs d'oranger. Ceux qui veulent remédier à l'altération de leur eau, déjà acide, peuvent saturer cet acide avec une base alcaline ou terreuse, et redistiller leur eau de fleurs d'oranger à un feu doux. Quelques distillateurs provençaux envoient de l'eau de fleurs d'oranger qui n'offre pas cet inconvénient, mais qui n'en est pas meilleure pour cela. Ils la préparent simplement en agitant avec de l'eau distillée une petite quantité de néroli ou huile essentielle de fleurs d'oranger. Cette eau a bien l'odeur, mais non la saveur de l'eau distillée sur les fleurs. Elle ne devient pas acide ; mais si on la garde quelque temps dans son parfait repos, l'huile essentielle s'en sépare peu à peu, et l'eau n'a plus les propriétés qui la font rechercher. Les pharmaciens et les parfumeurs ont donc un grand intérêt à préparer eux-mêmes leur eau de fleurs d'oranger, et à la garder dans des bouteilles de verre.
Bulletin de pharmacie, 1809, *page* 427.

EAU DE LA MER (Phosphorescence de l'). —
Physiologie. — *Observations nouvelles.* — M. Suriray,
médecin au Havre. — 1812. — Depuis long-temps les physiciens s'occupent de la phosphorescence des eaux de la
mer. Feu M. Péron, peu de temps avant sa mort, avait
donné un travail fort complet sur cette matière. M. Suriray s'est livré au même genre d'observation et a décrit un
des animaux lumineux qui paraissent produire ce phénomène : il est globuleux, grand comme la tête d'une épingle
et tellement abondant qu'il forme quelquefois une croûte
épaisse à la surface de l'eau ; c'est probablement une espèce
voisine des béroës. Outre sa phosphorescence spontanée,
il luit encore quand on l'irrite, et même quand on l'écrase.
Moniteur, 1812, *page* 115. *Voyez* Substances phospho-
rescentes.

EAU DE L'AMNIOS de femme et de vache (Analyse
de l').—Chimie.—*Observ. nouv.*—MM. Buniva et Vauquelin. — An viii. — L'eau de l'amnios de la femme et celle de
l'amnios de la vache ont été soumises par MM. Buniva et
Vauquelin à l'analyse chimique; ils croyaient y trouver plusieurs points de ressemblance ; mais ayant reconnu que
cette identité n'existait pas, ils ont dû employer une méthode particulière pour chacune de ces liqueurs. Les propriétés de l'eau de l'amnios de la femme ont présenté une
odeur douce et fade comme celles de tous les liquides
blancs des animaux ; une saveur légèrement salée ; une
couleur blanche un peu laiteuse. La lactescence de cette
liqueur est due à une matière caséiforme qui y est suspendue, car on peut l'obtenir claire et transparente par la filtration. C'est cette espèce de matière caseuse qui se dépose
à la longue sur le corps du fœtus et particulièrement sous
les aisselles, derrière les oreilles et dans les aines, où elle
forme des amas quelquefois assez considérables. Sa pesanteur spécifique est comme 1,005. L'agitation y produit une
écume considérable. La chaleur lui fait prendre une opacité
assez analogue à celle du lait étendu de beaucoup d'eau ;

elle y développe l'odeur du blanc d'œuf cuit. Elle verdit d'une manière marquée la teinture de violette, et rougit légèrement la teinture de tournesol. La potasse y produit un précipité floconneux de matière animale qui semblerait y être dissoute par un acide léger ; les acides ne font que l'éclaircir. L'alcohol y occasione un précipité floconneux, qui, rassemblé et séché, devient cassant et transparent comme de la colle forte. L'infusion de noix de galle y forme un précipité brun abondant. Le nitrate d'argent y produit un précipité blanc, insoluble dans l'acide nitrique. Ces phénomènes font penser que cette liqueur contient : une matière albumineuse, semblable à celle du sang, et qui semblerait y être dissoute par un acide léger ; un sel muriatique qui peut être celui de soude ; une petite quantité de matière alcaline. Les auteurs n'assurent pas qu'elle contienne véritablement de l'acide, bien qu'elle se comporte comme si elle en contenait. Pendant son évaporation, elle devient légèrement laiteuse ; il se forme à sa surface une pellicule transparente. Elle laisse un résidu dont le poids est au plus des 0,012 de sa masse. Le lavage de ce résidu a donné par l'évaporation des cristaux de muriate et de carbonate de soude. La matière animale lessivée a répandu, en brûlant, une odeur fétide et ammoniacale à peu près semblable à celle de la corne, a laissé quelques cendres composées de carbonate de soude, de phosphate et de carbonate de chaux. Ces expériences prouvent que l'eau de l'amnios de femme ne contient qu'une très-petite quantité de matière saline et animale, dissoute dans une grande masse d'eau, et que ces substances sont l'albumine, la soude, le muriate de soude et le phosphate de chaux. Conservée dans une bouteille, cette eau subit au bout de quelque temps une décomposition suite d'une fermentation putride, perd sa transparence, et dépose une matière blanche qui ressemble à du fromage. Il se développe alors un peu d'ammoniaque, mais sans gaz ni odeur. La matière caséiforme qui se dépose sur le corps des fœtus est blanche et brillante, douce au toucher, et a l'aspect d'un savou préparé nouvellement ; elle est insoluble dans l'eau. L'alcohol n'a aucune action sur elle, les huiles ne s'y unissent pas. Les alcalis caustiques en dissolvent une partie avec laquelle ils forment un savon; elle décrépite sur les charbons, dessèche, noircit et répand une odeur empyreumatique. En se déposant sur le corps des fœtus, elle modère les actions de la peau, empêche qu'elle ne se macère pendant le séjour de l'enfant dans l'utérus et favorise l'accouchement. *L'eau de l'amnios de la vache* diffère de celle de la femme par une couleur rouge fauve, une saveur acide mêlée d'amertume, une odeur analogue à certains extraits de végétaux, une pesanteur spécifique égale à 1,028, et par une viscosité qui approche de celle d'une dissolution de gomme. Elle rougit fortement la teinture de tournesol; elle précipite abondamment le muriate de baryte; l'alcohol en sépare une matière rougeâtre très-abondante. Soumise à l'évaporation, elle forme une écume épaisse, facile à séparer, dans laquelle on voit, lorsqu'elle est refroidie, des cristaux blancs et un peu acides; elle fournit une matière jaune, épaisse et visqueuse, comme une espèce de miel commun. Traitée avec l'alcohol bouillant, cette matière lui fournit un acide qui cristallise en refroidissant. En la faisant bouillir à plusieurs reprises, avec une quantité d'alcohol on la débarrasse de son acide; on peut encore l'obtenir en faisant réduire la liqueur au quart de son volume. Cet acide retiré, si on pousse l'évaporation jusqu'à ce que la liqueur ait acquis une consistance de sirop, il s'y forme de gros cristaux transparens, très-solubles dans l'eau et d'une saveur amère; ce sel est du sulfate de soude. La matière animale extractiforme qui accompagne les sels dans la liqueur a paru aux auteurs d'une nature particulière, elle a une couleur rouge brune, une saveur singulière difficile à décrire; elle est très-soluble dans l'eau, insoluble dans l'alcohol, qui la sépare même de l'eau. Cette propriété est celle de donner à l'eau de la viscosité, et la faculté de mousser par l'agitation, semble la rapprocher des substances muqueuses; mais elle diffère des mucilages en ce qu'elle ne se convertit pas en gelée et qu'elle ne se combine point au tanin. L'ammoniaque , l'acide prussique et l'huile empyreumatique, ne permettent pas d'ailleurs de la regarder comme un mucilage végétal. Exposée au feu, elle se gonfle , répand une odeur de mucilage brûlé , ensuite celle d'une huile empyreumatique et ammoniacale; enfin une odeur d'acide prussique se fait fortement sentir. Après s'être enflammée, cette matière laisse un charbon très-volumineux qui s'incinère facilement; la cendre qu'il fournit est très-légère et d'un beau blanc; elle se dissout sans effervescence dans les acides; elle est formée de phosphate de magnésie et de très-peu de phosphate de chaux. L'acide nitrique la décompose , mais elle ne forme pas d'acide végétal , et il se forme pendant l'action de l'acide nitrique sur ce corps , de l'acide carbonique et du gaz azote mêlé de gaz nitreux. L'acide de l'eau de l'amnios de vache considéré dans la nature de ses élémens doit être rangé dans la classe des acides animaux, puisque, comme eux, il contient de l'azote ; on pourrait, disent les auteurs, donner à cet acide le nom d'*acide amniotique. Annales de chimie* , tome 33 , *page* 269. *Société philomathique , an* VIII, *page* 102.

EAU DE LA SEINE. (Son élévation à Marly.) — MÉCANIQUE. — *Observations nouvelles.* —MM. CARNOT , POISSON et PRONY. — 1814. —Il résulte du rapport de ces savans à l'Institut, que M. Brunet est le premier qui ait établi un appareil permanent, propre à élever l'eau en un seul jet, du niveau de la Seine jusqu'à l'aqueduc qui la conduit ensuite de Marly à Versailles, c'est-à-dire , à une hauteur d'environ 160 mètres. En théorie , l'élévation de l'eau à toutes les hauteurs est possible au moyen d'une pompe foulante , et en employant une force suffisante ; mais dans la pratique , il faut trouver des tuyaux capables de résister, sans se briser , aux pressions et aux chocs qu'ils éprouvent. Quand la colonne fluide est en repos , la pression qu'elle exerce en chaque point est proportionnelle à sa hauteur au-dessus de ce point, de sorte que dans

le cas d'une élévation de 160 mètres, elle est énorme à la
partie inférieure du canal de conduite. Cependant ce n'est
pas en cela que consiste la plus grande difficulté, et l'on
trouve aisément des tuyaux assez forts, et surtout assez bien
fabriqués pour supporter une semblable charge : ce qui
fait cette difficulté, c'est principalement l'intermittence du
jet, qui produit une suite de chocs dus au retour de la
colonne fluide sur elle-même, et à ses changemens brusques de vitesse, lesquels chocs, en se répétant continuellement, finissent par rompre les tuyaux les plus forts qu'on
puisse employer. Le problème qu'on avait à résoudre à
Marly consistait donc à éviter toute intermittence et à
produire un jet aussi continu qu'il était possible; et c'est
à quoi M. Brunet est parvenu, en faisant usage d'un réservoir d'air, ainsi qu'on l'avait déjà pratiqué en de semblables occasions ; mais, dans la circonstance présente,
ce moyen a des inconvéniens graves que l'expérience n'a
pas tardé à manifester, et qui ont forcé de l'abandonner
pour en employer un autre. MM. Cécile et Martin, chargés de l'élévation de l'eau à Marly, ont entièrement supprimé le réservoir d'air ; ils ont fait simplement usage d'un
système de pompes, arrangées de manière que les pistons
de la moitié d'entre elles s'abaissent, tandis que ceux de
l'autre moitié s'élèvent : la vitesse de l'eau dans le canal
particulier à chaque pompe est variable et intermittente ;
mais ces canaux se réunissent, très-près de leur origine, en
un seul tuyau de conduite qui se continue sans interruption jusqu'à l'aquéduc, et dans lequel la vitesse de l'eau
est à peu près constante ; d'où il résulte que dans ce long
tuyau, la colonne fluide n'a plus de retours sur elle-même,
et n'exerce plus que de très-légers chocs sur les parois
qui la contiennent. On ne peut pas indiquer ici le mécanisme ingénieux que MM. Cécile et Martin ont employé
pour transmettre le mouvement à leur système de pompes,
non plus que tous les autres détails de l'exécution de la
machine, qui ont mérité l'attention des praticiens; on fera
seulement connaître le produit effectif obtenu de la machine

provisoire, et le produit présumé de celle qu'on se propo-
sait d'établir définitivement. L'eau, d'après la disposition
de la machine provisoire, est poussée dans le grand tuyau
de conduite par quatre pompes qui jouent comme on vient
de le dire. Le mouvement leur est transmis au moyen d'une
des roues de la vieille machine ; elles fournissent ainsi au
bassin de l'aquéduc cinq pouces de fontainier par chaque
tour de roue. Le jour de la visite des commissaires de
l'Institut, la roue faisait un tour en 14 secondes, ou à peu
près quatre tours par minute ; et, par conséquent, la machine devait produire, et produisait en effet, un peu plus
de vingt pouces de fontainier. Dans le projet définitif, l'eau
doit être poussée par douze pompes au lieu de quatre ; et
MM. Cécile et Martin évaluent leur produit à plus de 75
pouces, ce qui surpasse d'un quart la quantité d'eau de-
mandée par le gouvernement pour le service de Versailles.
Il faut observer aussi que cette machine, composée d'un
système de pompes alternatives, a d'ailleurs l'avantage d'être
indépendante du moteur que l'on préférera d'employer.
Elle peut également être mise en mouvement par la chute
d'eau de la Seine, au moyen d'une ou plusieurs roues,
ou par une pompe à feu, qu'on paraît vouloir appliquer
à cet usage. *Société philomathique*, 1815, *page* 8.

EAU DE MER (Appareil propre à la distillation de l').
— INSTRUMENS DE CHIMIE. — *Perfectionnement.* —M. CLÉ-
MENT — 1817. — L'idée d'employer la distillation pour
rendre l'eau de mer potable est très-ancienne, et a dû en
effet se présenter à l'esprit d'un grand nombre de personnes. M. Freycinet, lors d'une nouvelle expédition scienti-
fique chargée de faire le tour du monde, conçut le projet
d'avoir à son bord un appareil distillatoire qui pût suffire
amplement aux besoins et même à l'agrément de l'équipage,
et chargea M. Clément de s'en occuper. Cet appareil se
compose d'un foyer destiné au charbon-de-terre ou au bois,
d'un alambic, ou plutôt d'une petite chaudière à vapeur et
de deux condensateurs. Le foyer est fumivore ; l'avantage

· de ces foyers est non-seulement de compléter la combustion et d'éviter la fumée, mais encore, toutes choses égales d'ailleurs, d'avoir un tirage plus fort que celui des foyers ordinaires. Ces fourneaux sont semblables aux fourneaux à réverbères, et la chaudière remplace le réverbère de ceux-ci. Étant éloignée du foyer et ne recevant pas directement la chaleur, cette chaudière ne l'utilise pas moins, et le chauffage est plus économique. L'alambic est une chaudière cylindrique, dans laquelle se trouvent deux diaphragmes percés de mille trous et posés horizontalement à une certaine distance l'un de l'autre. La destination de ces diaphragmes est de rompre les mouvemens de l'eau en distillation qui seront produits par l'oscillation du bâtiment. Pour éviter la perte de la chaleur qui aurait lieu par le refroidissement qui se fait pendant le vidage et le remplissage de la chaudière, on peut appliquer à cet alambic le principe de la continuité dont on a de si heureux modèles dans les arts mécaniques et dans quelques arts chimiques. On pourrait disposer dans l'intérieur de la chaudière une spirale dont l'origine au centre recevrait l'eau salée qui entrerait dans l'alambic, et dont la fin, correspondant à la vidange, ne permettrait l'issue de l'eau de mer qu'après un long circuit, pendant lequel elle aurait le temps de se condenser au degré qu'elle doit avoir pour être évacuée, c'est-à-dire celui de la saturation. Cette disposition aurait encore l'avantage de diminuer l'agitation de l'eau dans la chaudière ; mais elle n'est guère praticable pour de petites dimensions, parce qu'alors on serait obligé de rendre le pas de la spirale très-étroit, et que la viscosité de l'eau de mer pourrait la faire monter en mousse jusque dans le condensateur. Cette disposition convenable pour un travail continu n'est pas indispensable au succès de l'opération, et l'économie qu'elle y apporte n'est pas d'une si grande importance que l'on ne puisse la négliger. Le couvercle de l'alambic, qui est un peu bombé pour plus de solidité, est percé de trois ouvertures, dont l'une est placée au centre. Celle-ci porte un tuyau qui traverse les diaphragmes et descend jusqu'au fond pour y verser l'eau de mer déjà échauffée par la condensation de l'eau distillée. Les deux autres ouvertures portent deux tuyaux qui conduisent la vapeur dans les condensateurs. Ceux-ci sont des serpentins ordinaires en étain, plongés dans l'eau de mer entretenue froide par un courant continuel qui s'établit du fond du condensateur vers le haut. Le cinquième environ de ce courant se rend dans la chaudière pour fournir à la distillation; une autre portion se verse dans un réservoir d'où les pompes du vaisseau l'évacuent avec l'eau qu'il laisse ordinairement pénétrer. L'eau salée qui sort de la chaudière se rend dans le même réservoir, et en est de même enlevée. Les dimensions de l'appareil, et qui sont le résultat des lois de la chaleur et de l'hydraulique, sont : grille, largeur $0^m,35$, longueur $0^m,50$; capacité du foyer 50 litres; issue de la flamme vers la chaudière 4 décimètres carrés; continuation de ce canal sous la chaudière et autour, $0^m,60$ carrés; section de la cheminée, 1 mètre carré; diamètre de la chaudière $0^m,80$; hauteur $0^m,50$; diamètre des ouvertures et des tuyaux pour l'issue de la vapeur $0^m,04$; surface des serpentins, chacun $0^m,60$ carrés. L'essai de cet appareil a fait voir que la combustion de 7 litres de charbon-de-terre, pesant 5 kil., 6, produisait 38 litres d'eau distillée par heure; ainsi le rapport des poids du charbon brûlé et de l'eau obtenue est de $\frac{100}{678}$; celui des volumes de $\frac{100}{544}$. L'eau distillée s'est trouvée chargée d'une odeur empyreumatique que l'on a regardée comme en partie accidentelle, qui pouvait provenir de quelques malpropretés laissées dans l'alambic par les ouvriers. L'eau de Seine distillée dans cet alambic a donné un produit semblable, ce qui prouve que la mauvaise odeur ne tenait pas à l'eau de la mer. D'ailleurs on sait que toute eau distillée acquiert une odeur de feu, qui se dissipe après un certain temps d'exposition à l'air. La dépense nécessaire pour se procurer de l'eau ainsi distillée ne donne qu'une augmentation de $0,50^c$. par mille litres d'eau, qui se compense et au delà si l'on considère l'embarras de l'embarcation des barriques d'eau douce pour quatre mois. *Annales de chimie et de physique*, *tome* 4, *page* 225.

EAU DE MER. (Sa distillation.) — Économie industrielle.—*Perfectionnement.*—M.***.—1818.—D'après des ordres donnés, on a distillé de l'eau de mer ; ces distillations eurent lieu sans mélange d'aucune substance ; le liquide qui en est résulté dissout le savon et cuit les légumes ; éprouvé à l'aréomètre, comparativement avec l'eau de source distillée, il n'a présenté aucune différence ; mais au sortir de l'alambic, l'eau de mer avait toujours un goût d'empyreume et une odeur assez forte que la commission de Toulon a appelée odeur de marine, et celle de Rochefort odeur de marécage. On a pensé qu'elle pouvait provenir du fait même de la distillation plutôt que d'une propriété particulière à l'eau de mer : l'expérience a justifié cette présomption ; l'eau douce, distillée dans un appareil de verre, a contracté le même goût et la même odeur. Les filtres à charbon n'en purgent immédiatement ni l'un ni l'autre de ces deux liquides ; mais, exposée à l'air libre, l'eau de mer distillée perd promptement cette qualité désagréable, et dès lors elle ne diffère plus de l'eau douce puisée à la source la plus pure. Les analyses chimiques ont succédé aux épreuves dont on vient de rendre compte. Tous les réactifs ont été employés. Presque aucun de ces réactifs connus n'a produit le moindre changement dans l'eau de mer distillée ; résultat inouï dans les eaux naturellement douces, et qui passent pour les plus pures. Les qualités chimiques de cette eau étant ainsi très-déterminées, il ne restait plus qu'à constater ses effets sur les individus. Il résulte des rapports qui ont été faits que l'eau de la mer distillée peut, sans nuire à la santé, être employée en boisson et aux autres besoins de la vie, au moins pendant un mois, et même l'on pourrait sans danger en faire un usage habituel. Elle sera préférable à la boisson que fournissent les mares fangeuses des landes bordelaises, et les eaux saumâtres des puits creusés sur les bords de la Médi-

terranée. On a remarqué que, sur les bords les plus stériles de la mer, la nature a répandu la nombreuse famille
des bruyères; que les vagues déposent de longues zones de
goëmons et de varechs et d'autres algues que la plus simple préparation rend propres à devenir d'excellens combustibles. La cendre de ces *fucus* est très-riche en alcali minéral ; ainsi la distillation des eaux de la mer, loin d'être coûteuse pour les habitans des côtes maritimes, peut fournir
à chaque ménage un bénéfice, outre l'inappréciable avantage de leur donner en abondance un fluide d'un besoin
journalier indispensable. (*Moniteur*, 1818, *page* 672.)—
Découverte.—M. NICOLE, *pharmacien à Dieppe.*—1820.—
Ce pharmacien est parvenu à faire disparaitre l'odeur empyreumatique que conserve l'eau de mer après la distillation,
au moyen d'un filtre chargé d'une couche de charbon que
la vapeur traverse dans son ascension. Les détails de son
procédé sont exposés dans un Mémoire manuscrit déposé
à la Société de médecine de Dieppe. *Revue encyclopé-
dique.*

EAU DE MER. (Son emploi au blanchissage.) — CHI-
MIE. — *Observations nouvelles.* — M. ***. — AN XII. —
L'Océan peut être considéré comme renfermant une portion de tout ce que l'eau est susceptible de contenir ou de
dissoudre, et ses eaux fournissent en conséquence différens
résultats à l'analyse, suivant la profondeur et la latitude où
on les retire. Quelque variée que soit la composition de
l'eau de mer, elle contient toujours cependant de la soude,
de la magnésie et de la chaux, en proportions assez fortes
pour que leur présence soit facilement reconnue. La soude
est la plus abondante; vient ensuite la magnésie, et enfin
la chaux. La matière alcaline si abondamment répandue
dans l'Océan, y exerce comme à l'ordinaire son action neu-
tralisante, selon les mêmes lois qui se manifestent dans les
laboratoires ou les ateliers. Les acides que l'on trouve ordinairement dans l'Océan sont le sulfurique, le nitrique
et le muriatique. Le premier n'y existe probablement qu'en

petite quantité, car en certaines circonstances on a trouvé
du sulfate de chaux, quoique, d'après la loi des affinités,
on eût dû s'attendre à trouver du sulfate de soude. L'é-
norme quantité de matières animales qui sont dans la mer
semble prouver qu'en certain cas, surtout le long des côtes
et des marais salans où l'eau est stagnante et s'échauffe
beaucoup, la putréfaction doit générer de l'acide nitrique,
et que celui-ci doit se mêler en partie à l'eau qui l'avoisine, et ne pas s'élever tout entier en vapeur. La quantité
de cet acide est si considérable dans quelques boissons où
l'on travaille le sel, qu'il en adhère toujours une portion au
muriate de soude, ou sel commun dont il vicie la qualité. Cet effet est quelquefois si sensible, que Neumann a
observé que l'eau de mer contient souvent une matière ni-
treuse qui agit sur l'or, ce que l'acide muriatique ne saurait faire sans la combinaison de l'acide nitrique. Quant
à l'acide muriatique, soit que, suivant l'opinion des anciens chimistes ce ne soit qu'un composé d'acide sulfurique et d'acide nitreux ; soit que, comme le pensent quelques chimistes modernes, ce soit une combinaison sulfurique et d'hydrogène, il est évident qu'il existe dans la mer
en très-grande quantité. On peut conclure que l'eau de
mer contient toujours de l'acide muriatique, souvent de
l'acide nitrique, et quelquefois de l'acide sulfurique. Il y
a donc dans l'Océan trois acides et autant d'alcalis prédo-
minans. Ces substances, par l'intermède de l'eau, sont li-
quéfiées et mises en état d'agir les unes sur les autres. En
conséquence, la soude, comme le plus fort alcali, attaque
et neutralise les acides dans l'ordre de l'affinité chimique,
et forme du sulfate, du nitrate et du muriate de soude. Mais
comme les deux premiers sont en très-petite quantité, le muriate de soude forme le composé principal. Quand il y a dans
l'eau plus d'acide que la soude n'en peut neutraliser, cette
partie est attirée par les deux terres, et forme des sulfates,
des nitrates et des muriates de chaux et de magnésie.
Ces sels à bases terreuses, où l'acide muriatique est beaucoup plus abondant que les deux autres, constituent les

différentes qualités du sel que les fabricans livrent au commerce. Ces terres salées attirent l'eau si puissamment, qu'il est difficile, ou plutôt impossible, de les faire cristalliser. Quand les chimistes disent sel marin, ils entendent le muriate de soude pure. Cependant ce composé neutre se trouve rarement à l'état de pureté, peut-être même n'en a-t-on jamais obtenu. L'expérience montre qu'il est toujours mêlé avec une plus ou moins grande quantité de sels déliquescens à bases terreuses. Ces derniers sont si abondans dans certaines espèces de sel, qu'ils le rendent incapable de conserver les matières animales. Le bœuf, le porc même, ne sont pas exempts de corruption avec un sel aussi impur. Il faut alors lui faire subir une préparation pour le débarrasser des matières qui nuisent à son action bienfaisante : faute de ce soin, il y a du sel qui, quoique d'une belle apparence, ne possède qu'à un faible degré le pouvoir antiseptique; il n'est bon qu'autant que le muriate de soude contient moins de sels magnésien et calcaire. C'est à cause de ces substances étrangères et nuisibles, que sir John Tringle trouva, dans ses expériences, que le sel commun dont il faisait usage, au lieu de prévenir la corruption de la viande, ne faisait qu'en hâter la putréfaction. Il faisait ses essais sur du sel blanc, tel que celui dont on se sert sur les tables, et qui, comme on sait, abonde en sels terreux dont l'eau de mer est chargée. Il y a dans l'eau de mer un déficit de sel alcalin, qui est une des substances les plus éminemment détersives. Les acides unis à la chaux et à la magnésie étant plus fortement attirés par l'alcali du savon, abandonnent les terres qui tombent au fond, tandis que l'huile du savon, n'étant plus en combinaison, s'élève à la surface. L'alcali du savon ainsi neutralisé par l'acide de l'eau ne peut être d'aucun service. La base du savon dur est la soude; la matière alcaline du savon mou est la potasse ; ceci a lieu parce que le premier tend à s'affermir, et le deuxième à se dilater à l'air. La raison pour laquelle on mêle de l'huile, de la térébenthine, et du suif avec de la potasse, est que ce sel est trop corrosif pour être manié seul. La potasse est si caustique, qu'elle détruirait la peau et la chair, et même les linges, si l'on n'y faisait une grande attention. Il n'en est pas de même de la soude, qui, jointe à l'acide carbonique, peut se dissoudre dans l'eau sans exercer aucun effet caustique sur les doigts de la personne qui en fait usage. Au moyen de cette qualité, le carbonate de soude peut servir à former de bonnes lessives, et alcaliser ou adoucir l'eau de mer pour la rendre propre au blanchissage. Le professeur Home a vérifié, dans ses expériences sur le blanchîment, que ni le sel marin, ni aucun autre des sels parfaitement neutres, composé d'un acide et d'un alcali, ne donnent aucune dureté à l'eau; que les espèces ordinaires de sel marin ne rendent l'eau dure que par les sels hétérogènes dont elles sont accompagnées, et que les sels alcalins adoucissent l'eau en précipitant la terre des sels à base terreuse, et en neutralisant leurs acides. On voit que l'eau de mer, outre un sel neutre parfait, contient une quantité de matières salines à base terreuse, à qui elle doit sa dureté ou sa propriété de décomposer le savon. Mais le carbonate de soude décompose ces sels terreux, et forme respectivement avec leurs acides des sels neutres parfaits; alors l'eau devient douce et propre au blanchissage. Le carbonate de soude jeté dans l'eau de mer la trouble sur-le-champ, parce que la chaux et la magnésie deviennent laiteuses à l'instant, en abandonnant sur-le-champ leurs portions respectives. Pour que l'eau devienne propre au blanchissage, il faut y ajouter assez de soude, non-seulement pour opérer la précipitation complète de ces terres, mais encore pour rendre l'eau assez lixivielle ou alcaline. On pourrait douter si l'eau doit ou non être décantée, quand la chaux et la magnésie sont complétement précipitées. Mais on a acquis la conviction que du linge sale peut être blanchi dans de l'eau de mer qui contient toute la proportion de terre précipitée répandue dans sa masse; il y a même lieu de croire que toutes ces particules blanches et impalpables qui adhèrent au linge porté sur le corps, ne peuvent être que saines et avantageuses; en effet, les chemises et autres linges se trouveront ainsi susceptibles de neutraliser une partie de l'acide, et souvent de la matière nuisible, qui se forment par la sueur et autres sécrétions de la peau. Ainsi la présence de ces terres précipitées peut être utile, et elle n'entraine aucun danger, puisqu'elles sont à l'état du carbonate, ayant emprunté de l'air fixe à la soude. Enfin les conséquences que l'on peut tirer de ces développemens sont : que les substances alcalines, telles que la magnésie, et surtout la chaux et la soude, existent en grande quantité dans l'Océan, pour y neutraliser les effets des acides sulfurique et muriatique qui y abondent, et qui rendraient la mer inhabitable; que quand ces acides sont imparfaitement saturés, comme il arrive quand ils sont unis à la magnésie et à la chaux, ils décomposent le savon et le rendent incapable de servir au blanchissage; que si l'on ajoute de la soude à l'eau de l'Océan en proportion suffisante, les terres se précipiteront et les acides seront neutralisés; qu'alors le linge sale pourra s'y laver, et qu'ainsi les marins pourront se blanchir sans savon et sans eau fraîche; que l'on doit en conséquence faire provision sur les vaisseaux de la quantité de soude nécessaire, et en distribuer aux équipages les jours de blanchissage; que c'est un moyen assuré de prévenir la saleté et l'infection qui naissent de la malpropreté des vêtemens, des lits et des couches quand il vient des enfans au monde dans la traversée; avantage qui préservera des fièvres et des dyssenteries; et, en outre, qu'il faudra moins de place sur les bâtimens pour les tonneaux d'eau fraîche. *Moniteur, an* XII, *page* 352.

EAU DE SAINT-ROMAIN (Analyse de l'). —CHIMIE. —*Observations nouvelles.* —M. CHARPENTIER, *pharmacien à Valenciennes.* — 1819. — Cette eau, très-limpide lorsqu'elle est en repos, laisse apercevoir, en l'agitant, un léger dépôt floconneux et grisâtre. Sa saveur est salée et légèrement amère. Elle n'a pas d'odeur particulière. Le sirop violat, la teinture de tournesol, le papier teint par

cette matière colorante, et la teinture de curcuma , n'éprouvent aucune altération par leur mélange avec cette eau. Ce
chimiste a fait évaporer, dans une bassine d'argent, à une
douce chaleur, 1 kilogramme 192 grammes d'eau de Saint-
Romain ; à mesure que cette eau s'évaporait, elle laissait
une légère trace grisâtre sur les parois du vaisseau , et perdait, quoique faiblement, sa transparence. Lorsque environ
la moitié fut évaporée, on transvasa le reste de la liqueur
dans une grande capsule de verre, qu'on plaça à l'étuve,
ayant eu soin préalablement d'y ajouter le léger dépôt formé
sur les parois de la bassine, qu'on avait soigneusement enlevé à l'aide d'un peu d'eau chaude distillée ; on a terminé
ainsi l'évoporation, en remarquant que le dépôt augmentait de plus en plus, et qu'il se formait une pellicule,
d'abord très-mince, mais qui a continué à s'épaissir jusqu'à la fin. On a obtenu pour résidu une masse saline d'un
blanc sale , qui, enlevée et desséchée soigneusement, pesait
228 décigrammes. L'auteur l'a successivement analysée par
le moyen de l'alcohol, de l'eau froide, de l'acide acétique
et de l'acide muriatique. 1o. Il a réduit en poudre les 228
décigrammes, et il les a mis dans un matras avec quatre
fois leur poids d'alcohol à 37 + o, qu'il a fait légèrement
chauffer ; il a laissé ce mélange en macération, en ayant
soin de l'agiter de temps en temps. Douze heures après,
l'alcohol n'ayant pas sensiblement changé de couleur, on le
sépara par la filtration ; le résidu, desséché à une douce
chaleur, pesait 226 décigrammes et demi ; l'alcohol lui a
donc enlevé 159 milligrammes : on a mis à évaporer cet alcohol dans une capsule de verre, à une chaleur modérée,
et il n'a pas tardé à prendre une couleur jaune qui s'est
foncée de plus en plus jusqu'à la fin de l'évaporation, et
a laissé pour résultat un sel jaune-brun, attirant très-
sensiblement l'humidité de l'air ; il avait une saveur amère
et très-désagréable ; l'acide sulfurique en a dégagé quelques vapeurs d'acide muriatique ; sa solution par l'eau distillée a blanchi quoique très-faiblement par l'acide oxalique.
Il n'est pas étonnant que ce précipité ait été très-faible,

TOME V.

en considérant la petite quantité de sel qu'on a eue à employer; l'eau de chaux et l'ammoniaque liquide ne produisirent aucun changement. D'après tous ces caractères, on est donc assuré que le sel enlevé par l'alcohol est du muriate de chaux. 2°. Le résidu sur lequel l'alcohol n'avait pas agi, et qui pesait 226 décigrammes et demi, a été mis dans 156 grammes d'eau distillée froide; on a laissé ce mélange en digestion, et vingt-quatre heures après la liqueur avait acquis une légère couleur jáunâtre; on a filtré, et le résidu bien desséché n'a plus pesé que 9 décigrammes : ce qui prouve qu'il avait perdu 217 décigrammes et demi. Cette solution aqueuse a été évaporée à une douce chaleur, et lorsqu'elle fut réduite à 217 décigrammes, on l'a versée sur une assiette de porcelaine qu'on a laissée en repos dans un lieu frais et à l'abri de la poussière : vingt-quatre heures après, cette solution s'était convertie en un sel cristallisé en prismes à six pans cannelés, d'une saveur fraîche et salée, très-soluble dans l'eau, s'effleurissant très-promptement à l'air, n'éprouvant aucun changement lorsqu'on versait dessus de l'acide sulfurique : cette dernière propriété dénote l'absence des nitrates, des muriates et des carbonates; la solution de baryte y a démontré la présence de l'acide sulfurique; l'eau de chaux et l'ammoniaque liquide n'ont rien indiqué. Ces diverses propriétés ont fait reconnaitre ce sel pour du sulfate de soude. 3°. Le résidu échappé à l'action de l'alcohol et de l'eau froide ne pesait plus que 9 décigrammes; il a été mis dans 8 grammes d'acide acétique faible (vinaigre distillé); au moment du contact, il s'est manifesté une légère effervescence : on a agité le mélange de temps en temps, et dix-huit heures après on a filtré; le résidu bien sec ne pesait que 106 milligrammes. Le sel qu'on obtient de la dissolution acétique a été reconnu par les réactifs convenables pour être de l'acétate de chaux. 4°. Ayant versé de l'acide muriatique sur le résidu du poids de 106 milligrammes, il y eut aussitôt un léger dégagement d'acide carbonique. Les essais faits sur cette dissolution ne laissèrent aucun doute sur l'existence du fer dans l'eau de Saint-Romain. Il résulte des expériences rapportées ci-dessus que 1 kilogramme 192 grammes de cette eau contient 159 milligrammes de muriate de chaux, 226 décigrammes et demi de sulfate de soude, 8 décigrammes de carbonate de chaux, environ 103 milligr. de fer probablement à l'état de carbonate. D'après la composition de cette même eau, on serait porté à croire que M. Saint-Romain la compose lui-même, ajoutant sans doute à de l'eau de fontaine une certaine quantité de sulfate de soude. Chaque bouteille contient 48 gr. de ce sulfate non privé de son eau de cristallisation; ce qui autorise à penser que l'eau dont il s'agit se compose, au moins sous le rapport du sulfate de soude, parce qu'il n'y a pas d'eau minérale qui recèle ce sel en aussi grande quantité. M. Charpentier dit n'avoir point eu en vue de déprécier l'eau de Saint-Romain, que l'on doit considérer comme une eau minérale purgative; son seul but, en l'analysant, a été de la réduire à sa juste valeur, en faisant connaître qu'elle n'était pas composée de trente-trois plantes, comme l'assure M. de Saint-Romain, mais seulement de quatre sels. *Bulletin de pharmacie*, 1809, *p.* 492.

EAU DE SELTZ ARTIFICIELLE (Composition d'une). — PHARMACIE. — *Observations nouvelles.* — M. C.-L. CADET. — 1811. — On a publié plusieurs procédés pour composer une eau de Seltz artificielle; tous exigent des appareils pneumatiques, et supposent une certaine habitude pour ces sortes d'opérations. On propose donc la méthode suivante, comme la plus simple et à la portée de tout le monde, en ce qu'elle n'exige point de connaissances chimiques. On met un quart d'eau pure dans une bouteille de verre, avec une once de marbre pulvérisé, ou, à son défaut, une once de craie blanche, et une once d'acide tartareux cristallisé. Après avoir bien bouché la bouteille, on la laisse reposer pendant deux jours en la remuant de temps en temps. Dès que l'eau a pris un goût acidule piquant, qu'elle mousse étant versée dans un verre, et que par conséquent elle est saturée d'acide carbonique, on décante le fluide clair pour le verser dans une bouteille de même capacité d'un quart d'eau, et dans laquelle on a mis auparavant dix grains de carbonate de soude et cinquante grains de sel marin. On bouche la bouteille, on remue bien le tout jusqu'à ce que les sels soient entièrement dissous, et l'on obtient une eau qui égale celle de Seltz, et qu'on peut préparer soi-même. L'auteur, après avoir rapporté ce procédé qu'il a extrait des Annales des arts et manufactures, fait observer qu'à la rigueur il peut réussir dans un besoin urgent, et, lorsqu'on est dépourvu de tout autre moyen de se procurer du gaz acide carbonique; mais nos lecteurs sentiront que l'emploi de l'acide tartareux cristallisé n'est pas éco-nomique; qu'il faut agir à une très-basse température, si l'on veut que l'eau retienne une suffisante quantité d'acide carbonique; qu'en aucun cas elle ne peut en être autant sa-turée que l'eau de Seltz naturelle. *Bulletin de pharmacie*, 1811, *tome* 3, *page* 427.

EAU-DE-VIE. (Procédé pour l'extraire des raisins secs.) — ART DU DISTILLATEUR. — *Importation.* — M. J. NAZO, *de Marseille.* — AN XI. — Ce procédé, pour lequel l'au-teur a obtenu un *brevet de dix ans*, consiste, 1°. à bien pé-trir et à bien écraser les grains de raisins secs après en avoir ôté tout le bois; 2°. à les jeter dans des vaisseaux après les avoir réduits en marmelade, et en y ajoutant de l'eau dans la proportion suivante, savoir : dans le temps chaud, au-tant de poids d'eau que de raisins; dans le temps le plus frais, cent cinquante livres d'eau pour cent livres de raisins en marmelade, graduant la dose suivant la température, afin d'avoir une fermentation lente, égale et surtout sans acide; 3°. à agiter ce mélange deux fois par jour, en ayant soin à chaque fois de ramasser les pepins avec une écu-moire pour éviter que l'âpreté qu'ils renferment ne donne un mauvais goût à la liqueur. Les vaisseaux qui contiennent la liqueur en fermentation doivent être couverts dans les temps frais, et découverts dans les temps chauds : ce procédé

doit être ainsi continué jusqu'à ce que la fermentation soit
bien opérée. Cette observation est bien importante ; car
trois jours trop tôt ou trois jours trop tard on n'obtiendrait
que la moitié d'eau-de-vie qu'on aurait recueillie en saisis-
sant le moment à propos, et l'eau-de-vie serait de mauvaise
qualité. Ce moment doit être saisi alors que le liquide en
fermentation donne au goût la force du vin avec de l'amertume. Cette fermentation se fait ordinairement en été en
quinze ou vingt jours, et souvent en hiver il faut le double de temps suivant la température. Le goût devant décider le distillateur, il doit plusieurs fois éprouver la liqueur.
Cette matière saisie au moment favorable est jetée dans
l'alambic qui, suivant sa forme et les soins qu'on apporte à
la distillation, donne plus ou moins promptement l'esprit
que doit produire la matière. *Brevets non publiés.*

EAU-DE-VIE d'arbouse et de ronce. (Procédés pour
l'obtenir.) — ART DU DISTILLATEUR. — *Découverte.* —
M. J. MOJON, *de Gênes.* — 1811. — Pour obtenir des
eaux-de-vie *d'arbouse et de ronce*, M. Mojon fit fermenter 400 kilogrammes de fruits de la ronce, dont il tira
200 kilogrammes d'une liqueur vineuse, très-analogue au
vin rouge, à cela près d'un arrière-goût du fruit qui l'a-
vait produite. Cette liqueur étant distillée a donné 34 kilogrammes d'eau-de-vie de bonne qualité. Plus tard, ayant
répété cette expérience sur 160 kilogrammes du fruit de
l'arbousier, il en obtint 14 kilogrammes d'excellente eau-
de-vie. Cette opération ne doit se faire qu'après la parfaite
maturité de ce fruit, qui est en décembre. Voici le procédé que M. Mojon a employé, tant pour la fermentation
que pour la distillation. Le fruit étant placé dans une tine,
on le foule fortement avec les pieds, et, lorsqu'il est
exprimé, on le jette dans une cuve, et on en introduit
une nouvelle quantité dans la tine, pour la fouler de la
même manière, jusqu'à ce que tout ce fruit soit entièrement écrasé; ensuite on le laisse fermenter. Pour l'arbouse,
qui est un fruit très-charnu, et qui n'a pas suffisamment de

suc pour une fermentation complète, il faut jeter dans la cuve un volume d'eau bouillante presque égal à celui du fruit, et bien remuer le marc jusqu'à ce qu'il soit délayé; il faut que la cuve soit placée dans une température de douze à quatorze degrés du thermomètre de Réaumur. Cette fermentation se ferait très-bien dans une étable, et à défaut de ce local on se procurera le degré de chaleur nécessaire en entourant la cuve de tan ou de fumier en putréfaction; on peut encore placer une poêle dessous. Il conviendra aussi de la couvrir d'une grosse toile pour la garantir de la fraîcheur de l'atmosphère. Pour les fruits de la ronce, comme ils contiennent du suc en abondance, ils n'ont besoin ni d'eau bouillante ni de chaleur artificielle; il suffit qu'ils soient bien foulés. Lorsqu'on a pris toutes les précautions convenables, la fermentation se manifeste par de petites bulles de gaz acide carbonique qui s'élèvent à la surface du liquide : peu à peu la masse se gonfle, augmente de volume, se couvre d'une croûte épaisse et s'échauffe; quelques jours après la masse s'abaisse et se réduit à son premier volume : la liqueur s'éclaircit, acquiert l'odeur et le goût du vin, et la fermentation est presque achevée. La fermentation des arbouses ne s'opère que dans seize à vingt jours. La longueur de sa durée provient du principe sucré que renferment les fruits, du moût épais qui en résulte, et de la fraîcheur de l'atmosphère; elle est en raison inverse de la masse du fruit. Aussitôt après la fermentation, on fait écouler la liqueur vineuse que peut fournir la cuve, et il n'y reste pour résidu que la croûte qui se réunit au dépôt. Le marc reste imprégné de liqueur, et en retient une quantité assez considérable qu'on peut extraire en le soumettant au pressoir. Si on a employé cent parties de fruit d'arbousier et autant d'eau, on obtiendra cent vingt parties environ de liqueur vineuse. La liqueur tirée, on la verse dans un alambic de cuivre étamé, large, peu élevé; son chapiteau doit être très-évasé et de même diamètre que le fond; on passe ensuite à la distillation, qui se continue jusqu'à ce que la liqueur qui

passe ne soit plus inflammable. La distillation bien réglée
et le feu bien ménagé, on obtient de l'eau-de-vie d'une
très-bonne qualité, sans aucun goût d'empyreume et analogue à celle qu'on tire du vin. On peut aussi tirer de cette
eau-de-vie de l'alcohol en la distillant de nouveau à un feu
modéré, ou mieux au bain-marie. La fermentation des fruits
de l'arbousier n'ayant lieu qu'après la récolte des vins, on
peut y employer les cuves et ustensiles qui ont servi pour
les vins : 100 myriagrammes du fruit d'arbousier ayant
produit 10 myriagrammes ou 100 kilogrammes d'eau-de-
vie, cette liqueur ne reviendrait, d'après les calculs qu'en
a faits M. Mojon, qu'à quatre-vingt-cinq centimes le kilogramme, tandis que le prix ordinaire de l'eau-de-vie est
d'un franc cinquante centimes le kilogramme, ce qui fait un
bénéfice de soixante-cinq pour cent. Ainsi, en outre de cette
différence de prix, il est important d'utiliser un produit indigène, et de ménager le vin et le raisin pour des usages
plus essentiels. L'arbousier est un abrisseau de quatre à
cinq pieds de haut, qui croît en France par cantonnemens
peu étendus sur les montagnes qui bordent le golfe de
Gênes, ainsi que près de Bayonne et de la Rochelle. (*Société d'encouragement*, 1811, *bulletin* 88, *page* 264. *Bulletin de pharmacie*, 1814, *tome* 6, *page* 34.) — M. J.-B.
Relivi, *de Livourne.*—1812.—L'auteur dit avoir reconnu
que sans aider le fruit de l'arbousier de la proportion de fluide
nécessaire selon la quantité et la maturité du même fruit,
et sans le faire cuire jusqu'à un point déterminé, on ne
pouvait pas en obtenir cette fermentation qui doit être portée à un certain degré de précision : autrement on obtiendrait plutôt du vinaigre, ajoute M. Relivi, que de l'esprit.
Les expériences qu'il a faites lui ont fait connaître la nécessité du procédé qui suit. Lorsqu'on a cueilli les arbouses,
et qu'on les a transportées à la fabrique, il faut attendre
qu'elles soient parfaitement mûres. On en prend alors
environ 800 kilogrammes, que l'on met dans un grand
chaudron de cuivre bien étamé, d'un mètre de diamètre,
et d'un mètre et demi de profondeur. On jette ensuite dans

ce vase un poids égal d'eau et on fait bouillir le tout jusqu'à ce que les arbouses soient portées à une parfaite macération. On les vide alors dans un autre vase en bois
quelconque, en ayant soin d'y laisser le vide nécessaire à
la fermentation. Celle-ci commence à s'opérer aussitôt que
la matière est bien refroidie, et continue pendant huit,
dix ou douze jours, selon la saison et la nature du lieu où
les vases sont placés, l'air ayant une grande influence sur
cette fermentation qu'il peut accélérer ou ralentir. Lorsque cette dernière a cessé, on débouche le trou que l'on a
ménagé au fond du vase de bois pour y faire passer la
liqueur, en ayant l'attention d'éviter qu'il ne s'échappe avec
elle aucune des parties visqueuses ou étrangères qui ont
monté à la surface du vase ; autrement il se formerait une
seconde fermentation. On met cette liqueur, ainsi obtenue,
dans un alambic ; on la fait bouillir, et on en extrait la
partie spiritueuse dont la force est de vingt degrés. On
commence alors une seconde distillation au moyen de laquelle on obtient l'esprit ou eau-de-vie dépouillé de flegme.
L'auteur fait remarquer ici que comme les arbouses parviennent bientôt à leur maturité, il serait impossible d'en
distiller une grande quantité pendant qu'elles sont fraîches ;
il faut donc, à mesure qu'elles atteignent cette maturité à
la fabrique, les jeter dans les chaudrons pour en obtenir
la macération, ainsi qu'il a été dit plus haut ; on les presse
ensuite, et on les réduit à la consistance de sirop. On
garde ce sirop jusqu'à ce que l'on puisse le mettre dans les
vases de bois pour y subir la fermentation ; on y ajoute
l'eau nécessaire, et on continue l'opération de la manière
précédemment indiquée. *Brevets non publiés.*

EAU-DE-VIE de baies de pommes-de-terre (Fabrication de l'). — ÉCONOMIE INDUSTRIELLE. — *Découverte.* —
M. DOMBASLE. — 1818. — On récolte les baies de pommes-
de-terre dans leur parfaite maturité, on les écrase soigneusement, au moyen des cylindres dont se servent les distillateurs pour broyer les pommes-de-terre cuites. La pulpe

des baies est mise dans des cuviers, et abandonnée à la fermentation spontanée; lorsqu'elle est terminée on distille. On
obtient ordinairement, en eau-de-vie à 19 degrés, un hectolitre pour ving-quatre hectolitres de baies non écrasées.
Cette eau-de-vie est d'assez bon goût. (*Journal de pharmacie*, 1818, *tome* 4, *page* 165.) — *Observations nouvelles.* — M. FORMEY. — Deux propriétaires distillateurs à
Saint-Dizier ont essayé, dit M. Formey, de faire de l'eau-
de-vie avec des baies de pommes-de-terre; et, pour ce, en
ont fait l'acquisition d'une assez grande quantité qu'ils ont
mise en fermentation. L'un d'eux, dans l'espoir d'en tirer un
produit plus avantageux, les avait mélangées avec à peu près
pareille quantité de rafles de raisin. La distillation de cette
matière a produit une liqueur alcoholique portant 19 degrés,
mais exhalant une odeur fortement empyreumatique et tout-
à-fait désagréable au goût; ce qui ne permet pas de la placer
dans le commerce. Embarrassés de pouvoir enlever à cette
liqueur la mauvaise odeur dont elle se trouve imprégnée, et
après bien des essais et des peines inutiles, ces deux distillateurs ont remis à M. Formey une certaine quantité de leur
liquide pour être rectifié et rendu propre au commerce, et
qui, à la suite de plusieurs tentatives, propose, pour cent
litres d'eau-de-vie de baies de pommes-de-terre, de prendre
deux livres d'espèces aromatiques du code pharmaceutique
de Parmentier, page 139; de faire macérer ensemble dans
une feuillette, pendant trois ou quatre jours, en ayant soin
de remuer plusieurs fois pendant les deux premiers. D'un
autre côté, de mettre dans un muid douze livres de charbon végétal concassé, et d'y transvaser l'eau-de-vie légèrement aromatisée. On lave ensuite la feuillette avec dix
pintes d'eau commune que l'on passe sur les plantes, qu'on
exprime à travers un linge, et on verse cette eau avec qua-
tre-vingt-quatre autres pintes d'eau dans le tonneau contenant déjà l'alcohol et le charbon. On met le tout ensemble
en macération l'espace de trente à trente-six heures, pendant lesquelles on brasse plusieurs fois le muid. Cela fait,
on filtre sur une quantité suffisante de chaux éteinte à l'air,

ainsi que dix pintes de nouvelle eau avec laquelle on aura lavé le charbon. Le volume produit sera de deux cents pintes de liqueur, qui, distillée au bain-marie, ou à feu nu, donnera en résultat, avec une perte peu importante, la même quantité de cent pintes d'alcohol à dix-neuf degrés et dégagé de cet arome si tenace. Le charbon nettoyé peut servir à plusieurs opérations de ce genre, et ce moyen est susceptible d'enlever à tout l'alcohol la mauvaise odeur dont il pourrait être imprégné. (*Journal de pharmacie*, 1818, *tome* 4, *page* 168.) — M. VIREY. — L'auteur croit plus rationnel de ne mettre les espèces aromatiques dans l'eau-de-vie qu'après qu'on l'aurait filtrée sur la chaux éteinte, et de distiller à l'ordinaire. De plus, les baies de genièvre, ou quelque autre aromate, comme des semences d'ombellifères, anis, fenouil, etc., seraient sans doute plus convenables que des espèces aromatiques du code pharmaceutique, pour déguiser l'odeur des baies de pomme-de-terre. En outre les eaux-de-vie passées sur une trop grande quantité de chaux conservent après la distillation quelque âcreté, ce qu'il est facile d'éviter en mettant un peu de vinaigre ou de vin commun acidule dans le liquide avant la distillation, pour neutraliser ce qui pourrait être entraîné de chaux à la distillation. Il conviendrait de distiller le suc des baies de pommes-de-terre, privé du parenchyme de ces fruits, pour éviter autant que possible l'empyreume, lorsque ce parenchyme se brûle au fond des alambics, ou en ce cas on préférerait de distiller à la vapeur. *Journal de pharmacie*, 1818, *tome* 4, *page* 170.

EAU-DE-VIE de marc de raisin. — ART DU DISTILLATEUR. — *Observations nouvelles.* — M. LENORMAND, *professeur de technologie.* — 1817. — Les marcs de raisins, quelque soin qu'on prenne pour extraire, par l'action du pressoir, tout le vin qu'ils peuvent laisser échapper, en retiennent toujours une certaine quantité ; ces marcs ne peuvent donner de l'alcohol, qu'autant qu'on leur a fait subir une préparation particulière. Dès qu'on a exprimé par le pressoir tout le vin que la vendange a pu donner, on divise la masse qui reste sur le pressoir, et on l'émiette autant qu'il est possible. Les instrumens dont on se sert pour cette opération sont des pelles et des crochets de fer. On porte ensuite ce marc dans de grandes cuves de bois, pour le soumettre à la fermentation de la manière suivante : On jette quelques seaux d'eau sur le marc, et il ne tarde pas à s'y établir une fermentation vineuse occasionée par la matière sucrée que l'action du pressoir n'a pas entièrement détachée des baies du fruit. Peu à peu la chaleur augmente, et son augmentation décide de la quantité d'eau qu'on doit ajouter chaque jour afin que la fermentation vineuse ne passe pas à la fermentation acide. Si l'on ajoutait une trop grande quantité d'eau, le marc serait noyé, la partie sucrée serait trop divisée, et la juste proportion qui doit exister entre l'une et l'autre étant rompue, la fermentation putride se manifesterait presque aussitôt. La cuve doit être parfaitement couverte pendant la fermentation, afin que les gaz acide carbonique et hydrogène qui se dégagent ne s'échappent pas et puissent, l'un et l'autre, contribuer à mettre en mouvement la matière sucrée, qui est la vraie base de l'alcohol. On n'a pas à craindre ici que ces gaz s'accumulent au point d'exposer à quelques dangers ; il ne s'en dégage pas une aussi grande quantité que dans la fermentation tumultueuse de la vendange, et la quantité qui se dégage est essentiellement nécessaire pour opérer dans le marc la fermentation vineuse. L'odeur de cette masse, et le degré de chaleur qu'elle produit, indiquent au distillateur le moment où cette fermentation est à son plus haut période, et il saisit ce terme pour jeter le marc dans l'alambic. La quantité d'eau dont on doit arroser le marc, et le temps que doit durer la fermentation, ne sauraient être fixés. La quantité plus ou moins grande de marc, sa meilleure ou sa moindre qualité, la température plus ou moins élevée de la saison, l'espace vide entre le couvercle de la cuve et le marc plus ou moins considérable, occasionent des différences que le distillateur seul peut bien saisir. Il est bon d'observer que pour ne pas découvrir la cuve afin d'y jeter de l'eau chaque jour, quelques distillateurs soigneux, dans la vue de conserver dans l'intérieur toute la quantité de gaz dont elle est remplie, pratiquent dans le couvercle un passage pour le bec d'un entonnoir, dont le bout est fait en forme d'arrosoir, percé de petits trous, et répandent ainsi l'eau sur le marc sans découvrir la cuve. Ils ont soin alors de pratiquer, au côté de la cuve, une petite porte un peu au-dessus du marc, afin de pouvoir y passer le bras, juger ainsi de la chaleur de la matière en fermentation, et connaître, par l'odeur, si elle est au point qu'ils le désirent. Cette porte se referme de suite et ne laisse sortir qu'une petite quantité de gaz. Cette substance, ainsi préparée, se distille de la même manière qu'on distille le vin. On obtient d'abord une liqueur blanchâtre peu chargée d'alcohol, que les bouilleurs nomment blanquette, lorsqu'ils ont distillé tout leur marc, ou qu'ils ont assez de blanquette pour charger un alambic, ils distillent la blanquette, et de cette seconde distillation, ils retirent l'eau-de-vie de marc, qui donne de 22 à 24 degrés à l'aréomètre de Baumé. Quatre-vingt-cinq hectolitres de marc, non compris l'eau qu'on y ajoute pour la fermentation ou la distillation, donnent un hectolitre d'eau-de-vie. Ces eaux-de-vie ont un goût âcre, fort, et leur odeur est désagréable; la grappe fermentée est le principe du goût acerbe et austère; la partie résineuse colorante adhérente à la pellicule du raisin, est celui du goût âcre; l'odeur empyreumatique qu'elles exhalent provient de ces deux causes réunies et de l'huile formée par les pepins brûlés contre les parois de l'alambic pendant la distillation. Avant que l'on connût les véritables produits de la distillation qui procurent le goût d'empyreume, l'on présuma avec raison que ce sont les substances mucilagineuses qui se trouvent dans le liquide, qui, contractant ce goût de brûlé, le communiquent aux esprits. Ces substances contractent ce goût, disait-on, parce qu'elles s'accumulent sur le fond de la chaudière, y reçoivent une chaleur plus élevée que celle qui est nécessaire pour donner l'ébullition au liquide, s'y torréfient et dégagent beaucoup d'huile essentielle qui, se combinant avec l'alcohol, par le moyen du calorique, devient empyreumatique. Voilà où en était la science : on avait entrevu la vérité, mais on manquait de moyens pour la saisir ; on ne connaissait pas encore les véritables causes immédiates. Cette huile, s'élevant avec l'esprit ardent, l'aide puissamment à corroder le cuivre de l'alambic ; de là vient qu'un de ces alambics en repos, paraît tout vert dans son intérieur ; que les parties supérieures, le dôme, le chapiteau, s'amincissent et qu'alors, vus à travers le jour, ils sont criblés de petits trous ; de là vient enfin qu'il faut du cuivre épais pour les serpentins, parce que le filet d'eau-de-vie y creuse son chemin et forme une rigole. On est convaincu de cette vérité si l'on observe avec quelque attention les secondes eaux, nommées *repasses* qui sont troubles parce qu'elles contiennent beaucoup d'huile que l'esprit ardent délayé d'eau ne peut dissoudre. Cette repasse se joint au vin de la distillation suivante, et augmente ainsi l'âcreté de l'eau-de-vie. C'est à cette huile essentielle et grossière du vin que sont dus les effets pernicieux de ces eaux-de-vie. Après diverses expériences, M. Lenormand conclut qu'il paraît incontestable que les substances qui, jusqu'à ce jour, (1817) avaient donné de l'eau-de-vie de mauvais goût et imprégnée de qualités délétères, peuvent, à l'aide de quelques précautions préliminaires, être traitées en grand et donner de l'eau-de-vie dégagée de tout ce qui pouvait la rendre désagréable au goût et nuisible à la santé. Voici la manière dont les distillateurs doivent opérer : Quelles que soient les substances qu'ils mettent en fermentation, il faut qu'ils placent dans la cuve des paniers remplis de pierres calcaires ou de craie, pour absorber l'acide acétique qui se forme pendant la fermentation, laquelle deviendra plus active en raison de l'absence de cet acide. Lorsque la fermentation vineuse sera portée à son plus haut période, ils mettront le liquide dans des futailles bien bouchées, qu'ils laisseront en repos jusqu'à ce que la liqueur soit bien clarifiée. Alors ils soutireront le clair et distilleront au bain-marie, ou mieux au bain de vapeur à la manière de Solimani. On ne doit jamais distiller la liqueur qui aurait un peu poussé à l'aigre; il est nécessaire de la débarrasser de cette pointe d'acide, dont on s'emparera au moyen de la craie que l'on placera dans des paniers qui seront plongés dans le liquide après l'avoir versé dans la cuve ou dans des tonneaux défoncés. « J'ai déjà répété cent fois, dit » l'abbé Rozier, que la partie sucrée forme l'esprit ar- » dent. D'après ce principe reconnu de tous les chimistes » et de tous les physiciens, il est aisé de conclure que l'art » peut enrichir les petites eaux-de-vie, et leur fournir plus » d'esprit; il suffit donc d'ajouter une substance sucrée à » ce marc mis en fermentation. Je ne dis pas d'y ajouter » du sucre, il est trop cher; de la mélasse ou sirop de » sucre, elle augmente les mauvaises qualités de l'eau- » de-vie, quoiqu'elle en produise davantage : le miel » commun est la substance qui m'a toujours le mieux » réussi. Sur un marc qui aura fourni vingt à vingt-cinq » barriques de deux cent vingt à deux cent trente pintes, » mesure de Paris, on met une livre de miel par barrique; » on peut même doubler la dose. Ainsi, avant de jeter la » première eau sur le marc, on délaie le miel dans cette » eau qui doit être fluide, et après l'avoir distribuée on » ramène avec des fourches le marc qui est en dessous, afin » que l'eau miellée le mouille parfaitement; la fermenta- » tion ne tarde pas à paraître et se soutient vive et bien » décidée. Un tel vin gagnera beaucoup en esprit pendant » tout l'hiver, ce qui est prouvé par une expérience de » plus de vingt ans. » Une autorité pareille ne peut être révoquée en doute, d'autant qu'elle est basée sur le principe de la chimie. Mais M. Lenormand fait observer que l'abbé Rozier, en prescrivant la mélasse, lui attribuait des propriétés qu'elle n'a pas; non-seulement il en conseille l'usage, mais il recommande plus particulièrement encore le sirop ou la conserve de raisin, préparés d'après la méthode de Parmentier; une livre de sucre ou sirop de raisin remplace une livre de miel, et une livre de conserve remplace quatre livres de sirop de raisin ; le distillateur qui usera de ces moyens y trouvera un grand bénéfice, et sa dépense sera placée à un intérêt très-élevé. (*Art du distillateur*, *par M. Lenormand*, *tome* 1, *pages* 366, 439 *et suivantes.*) — M. AUBERGIER, *pharmacien à Clermont-Ferrand.* — 1820. — On avait pensé jusqu'à présent que l'odeur et le goût âcre et pénétrant des eaux-de-vie de marc de raisin étaient dus à une huile qui, suivant quelques-uns, se formait pendant la distillation, et qui, suivant d'autres, existait toute formée dans les pepins du raisin. D'après les observations de M. Aubergier, cette huile aurait son siége dans la pellicule même du fruit, et les faits qu'il rapporte rendent son opinion vraisemblable. Les pepins seuls distillés avec l'alcohol ou avec l'eau ont donné une liqueur d'une saveur d'amandes très-agréable. La grappe distillée n'a produit qu'une liqueur très-légèrement alcoholisée, n'ayant ni la saveur ni l'odeur de l'eau-de-vie de marc. Mais l'enveloppe des grains de raisin, séparée des pepins et de la grappe, soumise seule à la fermentation et distillée ensuite, a donné une eau-de-vie tout-à-fait semblable à celle de marc. Ainsi il paraît démontré par ces expériences, que c'est dans la pellicule du raisin que réside l'huile qui communique à l'eau-de-vie de marc ses mauvaises qualités. L'auteur a obtenu cette huile en rectifiant de l'eau-de-vie de marc à une chaleur modérée. Les premières portions d'alcohol qu'il recueillit avaient beaucoup moins d'âcreté que les suivantes : après avoir été rectifiées une seconde fois, elles en étaient presque entièrement exemptes ; cependant des rectifications multipliées ne purent leur donner une saveur aussi agréable qu'à l'alcohol retiré du vin. Les dernières portions de liquide de chaque opération réunies ensemble et distillées donnèrent d'abord de l'alcohol qui ne se troublait pas avec l'eau, et qui contenait peu d'huile ; la portion qu'on obtint ensuite était transparente, mais elle se troublait lorsqu'on la mêlait avec l'eau : enfin la troisième portion qui

resta laiteuse jusqu'à la fin de l'opération, avait à sa surface
une légère couche d'huile quoiqu'elle marquât 23 degrés à
l'aréomètre de Baumé. En réunissant ce dernier produit
au second, et leur ajoutant une quantité d'eau convenable
pour les ramener à quinze degrés de Baumé, la liqueur
devint aussitôt très-opaque, et un quart d'heure après elle
fut recouverte d'une assez grande quantité d'huile. Cent
cinquante litres d'eau-de-vie en ont produit plus de trente-
deux grammes. Cette huile a les caractères suivans : elle
est très-limpide et sans couleur au moment où on la sépare
de l'alcohol, mais la lumière lui fait prendre, quelques instans après, une teinture légèrement citrine. Sa fluidité est
très-grande ; son odeur est pénétrante et sa saveur très-
âcre et insupportable. Soumise à la distillation, les premières portions qui se volatilisent conservent leur arome ;
mais le produit ne tarde pas à contracter une odeur empyreumatique, ce qui fait soupçonner à M. Aubergier
qu'elle pourrait bien contenir une partie, à la vérité petite,
d'huile fixe propre au pepin du raisin. La liqueur contenue dans la cornue prend en même temps une couleur
citrine qui s'augmente pendant l'opération, et laisse à la
fin un charbon très-léger et peu considérable. Elle se combine à l'eau dans la proportion d'un millième, et lui communique son odeur et son âcreté ; elle dissout le soufre
lorsqu'elle est en ébullition, et le laisse précipiter par le
refroidissement ; enfin, avec les alcalis elle forme des sa-
vonnules. Cette huile est si âcre et si pénétrante, qu'il
n'en faut qu'une seule goutte pour infecter cent litres de
la meilleure eau-de-vie. L'auteur conclut de ces observations que l'eau-de-vie d'Andaye et de Cognac est supérieure aux autres, par cela seul qu'elle est le produit de
la distillation d'un vin blanc qui, n'ayant pas fermenté sous
la grappe, n'a pu se charger de l'huile contenue dans
la peau du raisin ; il s'est en effet assuré que du moût tiré
d'une cuve avant que sa fermentation fût commencée donne
une eau-de-vie de meilleure qualité que celle provenant du
même moût laissé en contact avec la pellicule, les pepins

masse prenne la température de douze à quinze degrés de Réaumur, et l'on y ajoute sept à huit onces de bonne eau-de-vie. La cuve à fermentation doit être placée dans un cellier, ou dans une pièce quelconque fermée, où la température soit entretenue, par le moyen d'un poêle, à quinze ou dix-huit degrés. On laisse le mélange tranquille. Il faut que la cuve soit assez grande pour que la masse puisse s'élever au moins de six à sept pouces sans déborder. Si, malgré cette précaution elle déborde, il faut en ôter un peu, que l'on remet lorsque la masse commence à s'affaisser. Alors on recouvre la cuve, et on laisse la fermentation s'achever tranquillement : elle dure ordinairement cinq à six jours ; on connaît qu'elle est terminée, lorsqu'en découvrant la cuve on ne voit qu'un liquide clair, et que les pommes-de-terre sont tombées au fond de la cuve : on décante, on presse le marc, et l'on distille. Cette distillation se fait à la vapeur avec un alambic en bois ou en cuivre, construit d'après les procédés de Rumfort. Le produit de cette première distillation est cohobé. Lorsque la fermentation a été bonne, on peut s'attendre à obtenir, par quintal de pommes-de-terre employé, cinq à six pintes d'eau-de-vie à vingt degrés. Cette eau-de-vie conservée quelques mois dans des barils ou tonneaux neufs, ensuite légèrement caramelée comme les autres eaux-de-vie, pourrait entrer en concurrence avec les eaux-de-vie de vin, de qualité ordinaire. Les résidus de la distillation sont employés à la nourriture du bétail, qui prend avec plaisir ces résidus délayés, lesquels donnent beaucoup de lait aux vaches. Chaque mouton consomme environ cinq pintes par jour de cette bouillie, moitié le matin, moitié le soir. On fait moudre toutes les semaines la quantité d'orge nécessaire à la fermentation. (*Journal de pharmacie*, 1817, *tome* 3, *page* 278.) — *Perfectionnement.* — M. Clément. — 1819. — *Médaille de bronze* pour avoir perfectionné le procédé par lequel on retire l'eau-de-vie de la fécule de pomme-de-terre. Il a présenté à l'exposition d'excellente eau-de-vie tirée de cette fécule, et de très-bonne anisette faite avec cette même eau-de-vie. *de l'Indust. franç.*, par *M. de Jouy, p.* 177. *Liv. d'hon., p.* 94.

EAU D'ISPAHAN. — Art du distillateur. — *Invention.* — MM. Laugier père et fils, *de Paris.* — 1812. — *Brevet de cinq ans* pour la composition de cette eau, dans laquelle il entre les substances suivantes, et dans les proportions que l'on va indiquer.

Essence d'orange de Portugal, 1 kilogramme.
Essence de romarin, 100 grammes.
Essence de menthe, 40 grammes.
Huile de girofle, 70 grammes.
Néroly fin ou essence de fleur d'orange, 70 grammes.
Esprit-de-vin, 72 litres.

Brevets non publiés.

EAU DITE DES ALPES. — Art du distillateur. — *Invention.* — M. Liautaud, *parfumeur à Paris.* — 1812. — Il a été délivré un *brevet d'invention de cinq ans* à l'auteur pour une eau dite des Alpes, qui se compose d'esprit-de-vin à trente-six degrés, et des huiles essentielles de fleurs d'oranger, d'absinthe de Portugal, de cédrat, de bergamote, de citron et de girofle. L'auteur fait un secret des proportions qu'il emploie. *Brevets non publiés.*

EAU DITE DES ROSIÈRES. — Art du distillateur. — *Invention.* — M. Briard. — 1817. — *Brevets de cinq ans* pour la composition d'une eau dite des rosières. Nous donnerons la composition de cette eau dans notre Dictionnaire annuel de 1822.

EAU ÉTHÉRÉE CAMPHRÉE (Préparation d'une). — Pharmacie. — *Perfectionnemens.* — M. Planche, *pharmacien à Paris.* — 1811. — L'auteur a reconnu, après un assez grand nombre d'expériences, qu'on pouvait, à l'aide d'un procédé fort simple, obtenir une combinaison parfaite d'eau d'éther et de camphre, et que cette dernière substance, surtout, s'y dissolvait dans une proportion beaucoup plus considérable que par les moyens connus. Il nomme cette préparation *eau éthérée camphrée*. En voici la formule :

℞ Camphre purifié. . . . .   ℥ ß
   Éther sulfurique très-rectifié. .   ℥ j ß
   Eau distillée. . . . .   ℔ j ℥ xiv

On met dans un flacon de cristal le camphre et l'éther sulfurique, on agite pour aider la solution ; d'autre part, on pèse vingt-huit onces d'eau distillée dans un bocal à goulot renversé, d'une pinte de capacité, tubulé à sa base et muni d'un robinet de cristal. On y verse l'éther camphré ; on ferme de suite le bocal avec un bouchon de liége, traversé par un tube de verre d'une demi-ligne de diamètre, de façon qu'il n'excède pas la surface plongeante du bouchon. La partie supérieure du tube s'élève à environ trois centimètres au-dessus du goulot. On ferme très-exactement cette extrémité par un petit cylindre de liége, qu'on recouvre de lut gras. On lute avec le plus grand soin le goulot du bocal et son bouchon ; on agite la liqueur trois ou quatre fois dans l'espace de deux heures, et l'eau éthérée camphrée est préparée. Lorsqu'on a besoin de cette composition, on débouche légèrement le tube, on ouvre le robinet et on reçoit la liqueur dans un flacon. Elle est limpide comme l'eau distillée, d'une odeur et d'une saveur mixte de camphre et d'éther ; elle se mêle aux sirops et aux eaux distillées sans les troubler. Chaque once d'eau éthérée camphrée contient environ huit grains de camphre et dix-huit à vingt grains d'éther. Pour conserver à cette eau, qui peut devenir officinale, toute sa force, il est bon qu'elle soit surnagée d'un peu d'éther camphré dans le flacon où elle se prépare. Avant de publier la formule de cette eau, l'auteur a prié M. le professeur Chaussier de lui donner son avis, tant sur le mode de préparation qu'il propose, que sur les différens cas où il pourrait être avantageux d'employer le médicament qui en résulte. Voici l'extrait de la réponse de ce savant professeur. « J'ai

» trouvé, comme vous l'annoncez, monsieur, que la so-
» lution du camphre par l'éther sulfurique se mêle très-
» bien avec l'eau, qu'elle n'en altère pas la limpidité, ni la
» couleur ; qu'elle lui donne une saveur mixte d'éther et
» de camphre qui est bien moins désagréable que la sim-
» ple solution ou suspension du camphre, par le moyen
» d'un mucilage, ou du jaune d'œuf, comme on le fait
» ordinairement ; ainsi, sous ce premier point de vue,
» votre solution présente des avantages sur les divers pro-
» cédés connus et usités. D'autre part, comme le médecin
» est souvent obligé d'associer le camphre à l'éther dans
» le traitement de diverses maladies, votre solution four-
» nit un moyen plus sûr dans ses effets, moins désagréable
» pour les malades ; elle me paraît donc mériter d'être
» connue, d'être inscrite au nombre des préparations offi-
» cinales, et je n'hésiterai pas à la placer dans le nouveau
» *Codex medicamentarius*, qui, je l'espère, sera en état
» de paraître dans le courant de l'année. Quoique la quan-
» tité d'éther sulfurique que vous indiquez dans votre
» formule, soit bien suffisante pour tenir le camphre en
» solution, cependant comme l'éther n'est pas toujours
» aussi rectifié que celui que vous avez employé, je
» pense qu'il conviendrait d'en augmenter un peu la quan-
» tité, parce qu'avec le temps la saturation devient plus
» grande. J'ai aussi remarqué que les potions préparées
» avec l'eau éthérée camphrée doivent être conservées
» dans des fioles bien bouchées, parce que sans cette pré-
» caution, l'éther s'évapore et abandonne les molécules
» de camphre qui viennent nager à la surface de la liqueur
» en forme de paillettes minces et brillantes. J'ai prescrit
» l'usage de votre eau, sous forme de potion, à différens
» malades qui avaient des affections adynamiques compli-
» quées d'ataxie ou symptômes nerveux. Elle m'a paru
» aussi très-convenable dans l'éclampsie ou les convul-
» sions accidentelles, qui surviennent quelquefois pen-
» dant ou peu après l'accouchement. Dans ce cas, j'ai fait
» prendre l'eau éthérée camphrée par cuillerée, pure ou

et la grappe, pendant tout le temps de la fermentation. Il
conclut en conséquence que l'on augmenterait la valeur des
eaux-de-vies en suivant ce procédé de fabrication. Il est
même parvenu à retirer du marc de l'eau-de-vie de très-
bonne qualité en faisant passer successivement de l'eau sur
du marc pressé jusqu'à ce qu'elle fût assez chargée de principes alcoholiques pour être distillée. Comme l'eau n'avait
pu enlever au marc toute sa partie vineuse, il a été distillé et
on a obtenu une eau-de-vie pareille aux eaux-de-vie de marc
ordinaires. M. Aubergier remarque que les alcohols qu'on
retire de divers fruits doivent leur odeur et leur saveur
particulières, à un principe volatil huileux qui se trouve
ordinairement à la surface de chaque fruit, et qu'en enlevant cette surface, ils seraient tous à peu près semblables :
qu'ainsi, en dépouillant les pommes, les poires, les prunes,
les abricots, les pêches et l'orge même de leur enveloppe ;
on en retirerait des eaux-de-vie presqu'entièrement dégagées de la saveur particulière à chaque fruit. *Annales de
chimie et de physique*, 1820, t. 14, p. 210.

EAU-DE-VIE de pommes-de-terre.—ART DU DISTIL-
LATEUR. — *Observations nouvelles.* — M. MOZARD. —
AN VIII. — L'auteur fait connaître le procédé employé
aux États-Unis pour obtenir plus facilement et à moins de
frais l'esprit que l'on tire des pommes-de-terre ; il consiste
à faire cuire les pommes-de-terre avec de l'eau jusqu'à
ce qu'elles soient réduites en bouillie claire, à les délayer ensuite dans l'eau bouillante, et à passer la liqueur.
On ajoute de la levûre de bière et on laisse fermenter
pendant environ quinze jours, ensuite on distille à l'ordinaire. L'esprit qu'on obtient a une agréable odeur de
framboise, n'a aucun goût d'empyreume, et la partie
qui sort la dernière de l'alambic est aussi agréable que
la première. (*Moniteur, an VIII, p. 1127.*)— *Perfectionnement.* —M. RÉSAT. — AN XIII. — Le procédé que l'auteur emploie pour purifier ces sortes d'eaux-de-vie de leur
odeur empyreumatique, consiste à verser dans cinquante

kilogrammes d'eau-de-vie de mauvais goût, par exemple,
cinq hectogrammes d'acide sulfurique. Après avoir remué
le mélange, il le laisse reposer pendant vingt heures, et
le distille ensuite. (*Annales de chimie*, an XIII, *tome 55*,
page 6o.) — M. C.-L. CADET. — 1816. — Ce chimiste a converti la pomme-de-terre cuite à la vapeur, en matière sucrée, en la traitant par le procédé de
M. Kirchof. A cette matière sucrée délayée dans l'eau, il
a ajouté un peu de levûre de boulanger ; la fermentation
s'est bien établie, et quand le liquide n'a plus paru sucré
et a commencé à tourner à l'aigre, on l'a distillé pour en
retirer l'esprit-de-vin. Quatre kilogrammes de pommes-de-
terre ont produit deux cent huit grammes (six onces et
demie) d'alcohol à dix-huit degrés. M. Cadet croit qu'en
opérant en grand on obtiendrait un produit beaucoup plus
avantageux. (*Annales de chimie et de physique*, *tome 3*,
page 273. *Journal de pharmacie*, 1816, *page* 371.) —
Observations nouvelles. — LE MÊME — 1817. — Une
Française, établie à Vienne en Autriche, a formé une
distillerie d'eau-de-vie de pommes-de-terre, et a
obtenu une eau-de-vie à vingt degrés de Réaumur, dont
la saveur est franche et qui n'a aucun goût d'empyreume.
Comme cette opération est à la portée de tous les cultivateurs, qu'elle est facile et très-lucrative, M. Cadet a cru
utile d'en donner une connaissance exacte. On prend cent
livres de pommes-de-terre, bien lavées, cuites à la vapeur et écrasées sous un rouleau. D'un autre côté on prépare quatre livres de drèche (orge germée, séchée et
moulue au moulin). On commence par délayer l'orge dans
un peu d'eau tiède : on jette cette orge dans la cuve destinée à la fermentation, on jette par-dessus vingt-cinq
livres d'eau bouillante, et l'on agite cette eau ; on y jette
ensuite les pommes-de-terre écrasées, et l'on brasse le tout
avec des râbles de bois, jusqu'à ce que la division paraisse
complète. On délaye sur-le-champ six à huit onces de
levûre de bière dans environ deux cent vingt-cinq livres
d'eau plus ou moins froide, de manière à ce que toute la

» seulement mélangée avec un peu de sucre ou de sirop.
» L'éther camphré, c'est-à-dire la solution du camphre
» par l'éther, me paraît aussi devoir être très-utile en
» frictions, dans quelques cas de douleurs nerveuses et
» rhumatismales, surtout dans ces affections opiniâtres
» que l'on désigne ordinairement sous le nom de sciati-
» ques; mais je n'ai pas encore eu occasion d'en faire
» usage; le temps et l'expérience peuvent seuls en confir-
» mer les avantages, etc. » *Bulletin de pharmacie* } 1811,
page 74.

EAU OXIGÉNÉE. (Sa formation.) — Chimie. — *Découverte.* — M. Thénard, *de l'Institut.* — 1818. — L'auteur a
fait voir dans ses premières recherches sur les acides oxigénés, qu'en mettant de l'acide d'argent en contact avec de
l'acide hydrochlorique oxigéné, tout l'oxigène de celui-ci
se dégageait à l'instant même, et qu'au contraire il restait
tout entier dans la liqueur, lorsque, au lieu d'oxide
d'argent, on employait cet oxide uni aux acides sulfurique,
nitrique, fluorique, phosphorique, etc., etc. On peut donc
en tirer la conséquence, que l'oxigène peut s'unir aux
acides par l'intermède de l'eau, et qu'il ne s'unit point
à l'eau seule; car si cette dernière union eût été possible,
pourquoi ne se serait-elle pas faite à mesure que l'acide
hydrochlorique eût été détruit par l'oxide d'argent? Mais
il est évident que cette manière de raisonner ne peut plus
être exacte depuis que M. Thénard a démontré que l'oxide
d'argent, l'argent et beaucoup d'autres substances ont
la propriété de produire des altérations chimiques par une
action purement physique. Pour s'assurer donc, si l'eau
seule ne serait pas susceptible de s'oxigéner, l'auteur a pris
de l'acide hydrochlorique oxigéné, il y a mis peu à peu de
l'acide d'argent, de manière que l'acide fût complétement
détruit, sans que pour cela il y eût excès d'oxide : chaque
fois qu'il mettait de l'oxide, il se produisait une effervescence très-sensible, et, en dernier résultat, la liqueur filtrée, c'est-à-dire l'eau, ne retenait point d'oxigène. L'au-

teur tenta ensuite l'oxigénation de l'eau par l'acide sulfurique oxigéné et l'eau de baryte. A cet effet il versa peu à
peu de l'eau de baryte dans de l'acide sulfurique oxigéné,
en ayant soin d'agiter constamment la liqueur. Lorsqu'il
approcha du point de saturation, il remarqua que l'effervescence, qui jusque-là n'avait point été sensible, devenait
assez vive, et que le sulfate de baryte se précipitait alors
en flocons. En ahevant la saturation et en filtrant, il obtint
une liqueur qui ne contenait ni acide sulfurique ni baryte;
du moins elle ne précipitait ni par le nitrate de baryte, ni
par l'acide sulfurique; cependant elle renfermait beaucoup
d'oxigène. Évaporée jusqu'à siccité, elle ne laissait qu'un résidu à peine appréciable, qui n'avait probablement aucune
influence sur l'oxigénation du liquide. L'eau paraît donc
capable de pouvoir être oxigénée, et M. Thénard sait déjà
(1818) qu'elle peut prendre plus de six fois son volume d'oxigène. L'eau oxigénée placée dans le vide n'abandonne pas
l'oxigène qu'elle contient, et se distille à la température
ordinaire sans éprouver d'altération, tandis qu'elle le laisse
dégager tout entier à la température de 100 degrés, mise en
contact avec l'oxide d'argent; elle le réduit tout à coup en
se désoxigénant elle-même, de sorte que l'effervescence
est très-considérable. L'argent à l'état métallique la dés-
oxigène presque aussi bien qu'à l'état d'oxide : il en est
de même de l'oxide pur de plomb. L'eau de baryte, l'eau
de strontiane et l'eau de chaux forment avec elle une
foule de paillettes comparables à celles qui se produisent
par le mélange de l'oxide oxigéné et de ces dissolutions
alcalines. L'eau oxigénée possède d'ailleurs beaucoup d'autres propriétés que l'auteur fera connaître par la suite.
Après avoir reconnu que l'eau était susceptible de s'oxigéner, M. Thénard recherche s'il existe des acides réellement oxigénés. L'eau oxigénée abandonne beaucoup plus
facilement son oxigène lorsqu'elle est pure, que lorsqu'elle
contient un peu d'acide, tel que l'acide phosphorique,
l'acide fluorique, l'acide sulfurique, l'acide hydrochlorique, l'acide arsenique, l'acide oxalique, etc., etc. En

effet, que l'on prenne de l'eau oxigénée, qu'on la chauffe au point d'en dégager beaucoup de gaz oxigène, et qu'on y ajoute un peu de l'un de ces acides qui pourront être chauffés d'avance, et à l'instant même le dégagement de gaz cessera. Les acides sulfurique, phosphorique, oxalique, fluorique, peuvent même être chauffés pendant plus d'une heure sans perdre, à beaucoup près, tout l'oxigène qu'ils contiennent : ainsi leur présence dans l'eau oxigénée augmente donc l'affinité du liquide pour l'oxigène. (*Mémoires de l'Institut*, 1818, *classe des sciences physiques et mathématiques*, *page* 385. *Société philomathique*, *même année*, *page* 172. *Annales de chimie et de physique*, 1819, *tome* 11, *page* 85.) — *Observations nouvelles.* — LE MÊME. — 1819. — Comme la préparation de l'eau oxigénée exige quelques précautions sans lesquelles on ne réussit qu'imparfaitement, il faut, 1°. se procurer du nitrate de baryte bien pur, exempt de fer et de manganèse : le plus sûr moyen d'y parvenir est de dissoudre le nitrate dans l'eau, d'y ajouter un petit excès d'eau de baryte, de filtrer la liqueur et de la faire cristalliser ; 2°. décomposer le nitrate par la chaleur pour en extraire la baryte. Pour cette décomposition on doit se servir d'une cornue de porcelaine bien blanche. L'opération peut avoir lieu sur quatre à cinq livres de nitrate à la fois : elle dure environ trois heures. La baryte qui en provient est, à la vérité, unie à une quantité assez forte de silice et d'alumine ; mais du moins il ne s'y trouve que des traces de manganèse et de fer, et c'est un point essentiel ; 3°. lorsque la baryte est réduite, au moyen d'un couteau, on la place dans un tube de verre luté. Ce tube peut être assez long et d'un diamètre assez large pour contenir de un kilogramme à un kilogramme et demi de matière. On l'entoure de feu, de manière à le faire rougir légèrement, et l'on y fait arriver un courant de gaz oxigène sec. Quelque rapide que soit le courant, le gaz est complétement absorbé, si bien que, quand le gaz se dégage par le petit tube qui doit faire suite à celui qui contient la base, on peut en conclure que le deutoxide de

barium est fait : il est bon pourtant de soutenir encore le
courant pendant sept à huit minutes. Le tube étant en
grande partie refroidi, on en retire le deutoxide, et on le
conserve dans un flacon bouché : il est blanc-gris; 4°. on
prend, d'une part, une certaine quantité d'eau (deux décilitres) on y ajoute assez d'acide hydrochlorique pur et
fumant pour dissoudre environ quinze grammes de baryte :
la liqueur acide est versée dans un verre à pied, et le
verre entouré de glaces, que l'on renouvelle à mesure
qu'elle fond. D'autre part, on prend douze grammes de
deutoxide; on les humecte à peine, et on les broie successivement dans un mortier d'agate ou de verre. A mesure qu'on les met en pâte fine, on les enlève avec un
couteau de buis, et on les verse dans la liqueur : bientôt
ils s'y dissolvent sans effervescence, surtout par l'agitation.
Lorsque la dissolution est opérée, tout en la remuant avec
une baguette de verre, l'on y fait tomber de l'acide sulfurique pur et concentré, goutte à goutte, jusqu'à ce qu'il
y en ait un léger extrait, ce que l'on reconnaît par la
propriété qu'a le sulfate de baryte qui se forme tout à
coup, de se déposer facilement en flocons. Alors on dissout, comme la première fois, une nouvelle quantité de
deutoxide dans la liqueur, et de nouveau on en précipite
la baryte par l'acide sulfurique. Le deutoxide est toujours
facile à distinguer du sulfate. Il est important de mettre
de l'acide sulfurique pour précipiter toute la baryte, et de
ne pas en mettre trop : si l'on n'en mettait pas assez, la
liqueur filtrerait trouble et lentement : si l'on en mettait
trop, la filtration se ferait aussi très-mal. En atteignant le
point convenable, la filtration se fait avec la plus grande
facilité. Lorsqu'elle est faite, il faut verser sur le filtre
une petite quantité d'eau ordinaire que l'on réunit
à la liqueur primitive : de cette manière, celle-ci ne
change pas sensiblement de volume; puis, pour ne rien
perdre, il est nécessaire d'étendre le filtre égoutté sur un
plan de verre, d'enlever la matière, de la délayer dans
une nouvelle quantité d'eau toujours très-petite, et de

filtrer le tout. Les eaux que l'on obtiendra ainsi seront peu chargées ; l'on s'en servira pour laver les filtres suivans. Cette opération terminée, l'on en fait une toute semblable, c'est-à-dire, que l'on dissout du deutoxide de barium dans la liqueur, qu'on y ajoute de l'acide sulfurique pour en précipiter la baryte, etc., et que l'on ne filtre qu'après avoir fait deux dissolutions et deux précipitations. C'est sur ce nouveau filtre que l'on verse les eaux de lavage de l'opération précédente, après que l'on en a obtenu de nouvelles avec la matière du nouveau filtre égoutté. La seconde opération est suivie d'une troisième, la troisième d'une quatrième, et ainsi de suite, jusqu'à ce que la liqueur soit assez chargée d'oxigène. En employant la quantité d'acide hydrochlorique indiquée, on peut traiter de quatre-vingt-dix à cent grammes de deutoxide de barium : il en résulte une liqueur chargée de ving-cinq à trente fois son volume d'oxigène. Si l'on voulait l'oxigéner davantage, il faudrait y ajouter de l'acide hydrochlorique. Par ce moyen, l'auteur est parvenu plusieurs fois à charger la liqueur de cent vingt-cinq volumes d'oxigène : seulement il l'acidifiait de suite assez pour pouvoir y dissoudre trente grammes de deutoxide, en ayant soin d'ailleurs de maintenir l'acidité à tel point qu'à la fin de l'opération il pouvait encore dissoudre une vingtaine de grammes de deutoxide sans l'intermède de l'acide sulfurique ; mais il a reconnu que quand la liqueur renfermait à peu près cinquante volumes d'oxigène, elle laissait dégager assez de gaz, du jour au lendemain, pour qu'il n'y eût point d'avantage à continuer de l'oxigéner par le deutoxide ; 5°. lorsque la liqueur est oxigénée au point que l'on désire, on la sur-sature de deutoxide en la tenant toujours dans la glace. Bientôt il s'en sépare d'abondans flocons de silice et d'alumine, ordinairement colorés en jaune-brun par un peu d'oxide de fer et d'oxide de manganèse. Le tout doit être promptement jeté sur une toile; on y enveloppe la matière, et on finit par l'y comprimer fortement. Il faut que cette opération soit faite promptement, car quoiqu'il n'y ait que

peu d'oxide de manganèse, il suffit pour produire un dégagement assez considérable d'oxigène ; 6°. comme dans la liqueur filtrée à travers la toile, il serait possible qu'il restât
encore un peu de silice, de fer, de manganèse, et qu'il
est nécessaire de précipiter toutes ces matières, on reprend
la liqueur et on ajoute en l'agitant, toujours entourée de
glace, de l'eau de baryte goutte à goutte. Si la baryte,
étant en excès légèrement sensible au papier, il ne se
produit point de précipité, c'est une preuve que tout
l'oxide de fer et tout l'oxide de manganèse sont séparés.
S'ils ne l'avaient point été complétement dans l'opération
précédente, ils le seraient dans celle-ci. A peine le se-
raient-ils qu'il faudrait de suite verser la liqueur sur plusieurs filtres (deux ou trois) : l'oxide de manganèse en
dégage tant de gaz qu'on ne saurait l'isoler trop vite.
Quelquefois même on est obligé d'employer les filtres doubles, parce que le gaz, soulevant le papier, déchire ceux
qui sont simples. Quelquefois aussi, pour éviter les pertes,
il faut remettre sur un autre filtre les petites portions de
liqueurs qui restent sur les filtres primitivement employés.
D'ailleurs tous les filtres doivent être comprimés dans une
toile pour les égoutter. Ceux qui contiennent des quantités
notables d'oxide de manganèse l'échauffent au point de
brûler la main ; 7°. la liqueur ne contenant plus que de
l'acide hydrochlorique, de l'eau et de l'oxigène, est remise dans le même vase, et maintenue à zéro, comme à
l'ordinaire, par de la glace. Dans cet état, l'on y verse
peu à peu, en l'agitant, du sulfate d'argent pur que l'on
se procure au moyen de l'oxide d'argent et de l'acide
sulfurique. Il est indispensable que le sulfate ne contienne point d'oxide libre. Le sulfate est décomposé par
l'acide hydrochlorique, et de cette composition résulte
de l'eau, du chlorure d'argent qui se précipite et de l'a-
cide sulfurique qui remplace l'acide hydrochlorique. Quand
la quantité de sulfate d'argent est assez grande pour que
la décomposition de l'acide hydrochlorique soit complète,
la liqueur devient limpide tout à coup ; jusque-là elle reste

trouble. S'il faut qu'il n'y reste point d'acide hydrochlorique, il est nécessaire d'ailleurs qu'elle ne contienne point
un excès de sulfate d'argent : on l'éprouvera successivement par le nitrate d'argent et par l'acide muriatique.
Dès que la liqueur est bien préparée, on la jette sur un
filtre qu'on laisse égoutter, et que l'on comprime dans
une toile. Le liquide provenant de la compression est
versé sur un nouveau filtre, parce qu'il est un peu trouble ; 8°. les opérations précédentes ont pour objet d'obtenir une liqueur composée d'eau, d'oxigène et d'acide
sulfurique. Pour en séparer cet acide, on la verse dans
un mortier de verre entouré de glace, et l'on y ajoute
peu à peu de la baryte éteinte, bien délitée et bien broyée ;
on la broie de nouveau dans le même mortier, et lorsqu'on
juge qu'elle est unie à l'acide, on en ajoute une autre
partie, etc. Enfin, lorsque la liqueur fait à peine virer
au rouge le papier de tournesol, on la filtre ; on comprime le filtre dans une toile ; puis, après avoir réuni
les deux liqueurs, on les agite et l'on en achève en même
temps la saturation par de l'eau de baryte. Il faut même
verser un très-petit excès de baryte pour achever de séparer les traces de fer, et surtout de manganèse, que la
liqueur pourrait encore contenir ; bien entendu que la
filtration devra être faite aussitôt après, en prenant les
précautions ci-dessus indiquées. L'excès de baryte sera
ensuite précipité par quelques gouttes d'acide sulfurique
faible, et l'on aura soin que la liqueur contienne plutôt
un peu d'acide qu'un peu de base : celle-ci tend à dégager l'oxigène, tandis que l'autre rend la combinaison plus
stable ; 9°. enfin on met dans un verre à pied la liqueur
très-claire, on doit la regarder comme de l'eau oxigénée
étendue d'eau pure ; le verre se place dans une large capsule aux deux tiers pleine d'acide sulfurique concentré :
l'appareil sera introduit sous la cloche pneumatique, et
l'on fera le vide. L'eau pure ayant beaucoup plus de tension que l'eau oxigénée, elle vaporisera bien plus rapidement, de telle sorte, par exemple, qu'au bout de deux

jours la liqueur contiendra peut-être deux cent cinquante
fois son volume d'oxigène. Il faut en outre agiter l'acide
de temps en temps. Il arrive quelquefois que, sur la fin
de l'évaporation, la liqueur laisse dégager un peu de gaz.
Ce dégagement est dû, sans doute, à des traces de matière étrangère qui reste dans la liqueur : on l'arrête par
l'addition de deux à trois gouttes d'acide sulfurique extrêmement faible. Quelquefois aussi la liqueur laisse déposer quelques flocons blanchâtres de silice. Il est bon de
les séparer. La décantation, au moyen d'une pipette très-
pointue, réussit bien; on perd à peine de la liqueur. Tant
que la liqueur n'est pas concentrée, l'évaporation a lieu
tranquillement; mais lorsque l'eau oxigénée ne contient
presque plus d'eau, il se produit souvent des bulles qui
ne crèvent que difficilement. Au premier abord, on croi-
rait qu'il se dégage beaucoup de gaz oxigène; cependant
il n'en est rien. On reconnaît que la liqueur est concentrée
le plus possible lorsqu'elle donne quatre cent soixante-
quinze fois son volume de gaz, sous la pression de $0^m,76$
et à la température de quatorze degrés. Cette épreuve se
fait promptement en prenant une petite pipette, marquant
sur la tige un trait, la remplissant de liqueur jusqu'à ce
trait, étendant de douze volumes d'eau cette liqueur qui,
dans les expériences faites par l'auteur, était toujours de
cinq centièmes de centilitres, et décomposant par l'oxide
de manganèse une quantité déterminée de cette même liqueur ainsi étendue. Cette dernière expérience consiste à
prendre un tube de verre fermé à la lampe par un bout,
long de quinze à seize pouces, large de sept à huit lignes,
à le remplir de mercure à un pouce près, à le renverser,
à y introduire la portion de liqueur étendue, sur laquelle
l'analyse doit être faite, en se servant pour cela d'une pipette
dont la capacité est connue; en remplissant ensuite exactement le tube avec de l'eau qui servira à laver la pipette, ou
bien en partie avec du mercure; en bouchant le tube avec
un obturateur enduit de suif, en le retournant et en y faisant
passer un peu d'oxide de manganèse délayée dans l'eau.

L'oxigène se dégagera à l'instant; il s'agira ensuite de fermer le tube avec la main, de l'agiter en divers sens pour multiplier les points de contact entre la liqueur et l'oxide, et de mesurer le gaz. (*Annales de chimie et de physique*, 1819, *tome* 11, *page* 208.) — L'auteur, dans de nouvelles expériences, étant parvenu à saturer l'eau d'oxigène, a observé que la quantité qu'elle se trouve en contenir alors, est de six cent dix-sept fois son volume, ou le double de celle qui lui est propre. Dans cet état de saturation, elle possède des propriétés toutes particulières; les plus remarquables sont les suivantes. Sa densité est de 1,453 ; aussi lorsqu'on en verse dans de l'eau non-oxigénée, la voit-on, dit M. Thénard, couler à travers ce liquide comme une sorte de sirop, quoiqu'elle y soit très-soluble. Elle attaque l'épiderme presque tout à coup, le blanchit, et produit des picotemens dont la durée varie en raison de la couche de liqueur qu'on a appliquée sur la peau : si cette couche était trop épaisse, ou si elle était renouvelée, la peau elle-même serait attaquée et détruite ; appliquée sur la langue, elle la blanchit aussi, épaissit la salive, et produit sur le goût une sensation difficile à expliquer, mais qui se rapproche de celle de l'émétique. Son action sur l'oxide d'argent est des plus violentes : en effet, chaque goutte de liquide que l'on fait tomber sur l'oxide d'argent sec, produit une véritable explosion, et il se développe tant de chaleur, que, dans l'obscurité, il y a en même temps dégagement de lumière très-sensible. Outre l'oxide d'argent, il y a beaucoup d'autres oxides qui agissent avec violence sur l'eau oxigénée : tels sont le péroxide de manganèse, celui de cobalt, les oxides de plomb, de platine, de palladium, d'or, d'irridium, etc., etc. Nombre de métaux très-divisés donnent lieu au même phénomène. L'auteur cite seulement l'argent, le platine, l'or, l'osmium, l'iridium, le rhodium et le palladium. Dans tous les cas précédens c'est toujours l'oxigène ajouté à l'eau qui se dégage, et quelquefois aussi celui de l'oxide; mais, dans d'autres, une partie d'oxigène se combine au métal même.

. C'est ce que présentent l'arsenic, le molybdène, le tung-
stène, le sélénium. Les métaux s'acidifient, souvent même
avec production de lumière. L'auteur a eu de nouveau,
ajoute-t-il, l'occasion de reconnaître bien évidemment que
les acides rendent l'eau oxigénée plus stable. L'or très-divisé
agit avec une grande force sur l'eau oxigénée pure ; et cependant il est sans action sur celle qui contient un peu d'acide
sulfurique. *Bulletin des sciences, par la Société philoma-
thique*, 1819, *page* 59.

EAU OXIGÉNÉE. (Son emploi pour la restauration
des dessins.) — ÉCONOMIE INDUSTRIELLE. — *Découverte.*
M. THÉNARD, *de l'Inst.*—1820.—L'altération du blanc de
plomb causant souvent des taches aux dessins, M. Thénard,
consulté par le possesseur d'un dessin de Raphaël, dessin
qui était endommagé de taches noires, se rappela que lors
de sa découverte de l'eau oxigénée, elle avait la propriété
de convertir instantanément le sulfure noir de plomb en
sulfate, qui est blanc. Le succès justifia cette observation,
et quelques coups d'un pinceau trempé dans de l'eau faiblement oxigénée enleva toutes les taches comme par en-
chantement. *Annales de chimie et de physique*, 1820, *tome*
14, *page* 221. *Société d'encouragement*, *même année*,
page 210.

EAU propre à détruire les insectes. — ÉCONOMIE DOMES-
TIQUE. — M. TATIN, *grainetier.* — 1793. — Cette eau,
qui a la propriété de faire périr les chenilles, les pucerons,
les punaises, les fourmis, etc., se prépare de la manière
suivante :

Savon noir, une livre douze onces.
Fleur de soufre, une livre douze onces.
Champignons des bois ou autres, deux livres.
Eau courante ou de pluie, soixante pintes.

Mettez-en trente pintes dans un tonneau, délayez-y le savon noir, ajoutez les champignons, après les avoir écrasés

légèrement. D'autre part, faites bouillir dans une chaudière le reste de l'eau, et mettez tout le soufre dans une toile claire qu'on liera avec une ficelle. Ayez soin de faire plonger le sachet contenant le soufre ; continuez l'ébullition pendant 20 minutes ; versez l'eau sortant du feu dans le tonneau contenant l'eau de savon et les champignons ; remuez un instant avec un bâton et fermez ce tonneau. Agitez chaque jour le mélange, jusqu'à ce qu'il acquière le plus haut degré de fétidité. (L'expérience a prouvé que cette composition agit mieux quand elle est préparée plus anciennement.) Pour les plantes rongées par les insectes, il suffit de les arroser ou d'immerger les branches dans cette eau. On peut se servir aussi avec avantage d'une seringue à injection, dont la canule diffère de celle employée ordinairement, en ce qu'elle se termine par une tête large d'un pouce, percée à sa partie horizontale de trous plus ou moins grands, selon les plantes qu'on veut injecter. Cette eau peut servir encore à détruire les fourmilières qui, suivant leur grandeur, exigent 2, 4, 6, 8 pintes de la composition. Le marc de cette préparation doit être enterré ; les animaux qui en mangeraient seraient empoisonnés. On y ajoute aussi, si l'on veut, deux onces de noix vomique sur la quantité ; cette addition rend plus active encore la liqueur. *Annales de chimie*, t. 17, p. 212 *et suivantes.*

EAU RÉGALE ET D'ANTIMOINE (Réaction de l').

— CHIMIE. — *Observations nouvelles.* — M. ROBIQUET. — 1817. — Le beurre d'antimoine, substance qu'on a reconnue être une combinaison de chlore et d'antimoine, se préparait en soumettant à l'action de la chaleur un mélange d'antimoine ou de sulfure d'antimoine, avec une proportion relative de sublimé corrosif. M. Robiquet a trouvé le moyen de remédier aux inconvéniens du procédé en opérant de la manière suivante. Lorsque la dissolution de l'antimoine se fait lentement, on obtient un surchlorure qui peut être amené, par l'évaporation, à la consistance presque sirupeuse, mais qui ne se sublime pas. On la ramène à l'état de chlorure en agitant sa dissolution à froid avec de l'antimoine très-divisé. Cette addition de métal doit se faire avec précaution, car il se dissout si promptement et en si grande quantité, que la chaleur qui se développe pourrait briser le vase. Si, au contraire, la dissolution est prompte et tumultueuse, soit que le mélange des acides ait été fait long-temps à l'avance, soit que l'acide nitrique se trouve en proportion surabondante, soit parce que le métal a été trop divisé, il se dégage une chaleur excessive, et qui est telle, que la majeure partie du chlore est entraînée avec le gaz nitreux. Le chlorure qui se forme est en partie décomposé par l'acide nitrique, et à la fin de l'opération il se manifeste des soubresauts si violens, qu'on est obligé d'interrompre la distillation. On remédie à cet inconvénient en ajoutant un peu d'acide hydrochlorique à la dissolution avant de l'évaporer, et en l'agitant pendant quelques instans avec de l'antimoine très-divisé. *Annales de chimie et de physique*, 1817, *tome* 4, *page* 165. *Archives des découvertes et inventions*, 1819, *page* 124. *Voyez*, pour plus de détails, le mot ANTIMOINE.

EAUX (Cause de la diminution progressive des). — PHYSIQUE.—*Observ. nouv.*—M. CADET-DE-VAUX.—AN VII. — Ce savant établit que la diminution progressive des eaux qui se fait sentir dans diverses contrées doit être attribuée aux abattis considérables de bois. Les nombreuses sources des côteaux nord, dit-il en parlant de la vallée de Montmorency, taries maintenant en grande partie, n'alimentent plus les ruisseaux dont elle fut coupée; celles même destinées à la boisson de ses habitans suspendent par intervalles leurs tributs; les bestiaux vont chercher au loin l'eau, qui jadis se trouvait sous leur pas; enfin les puits se dessèchent; et le cerisier, l'ornement de notre vallée, qui, sur notre sol ne demande que l'eau pour engrais, ne jouira bientôt plus de cette humidité bienfaisante à aquelle ne peut suppléer l'industrie du propriétaire. Aussi le volume et l'étendue des eaux de Montmorency sont-ils considéra-

blement diminués; il ne subsisteront bientôt plus sur les
côteaux sud, couronnés par les forêts de Montmorency et
de Saint-Prix qui les alimentent encore. Qu'on vende ses
bois, ils seront bientôt abattus, et l'on n'aura ni bois, ni
sources, ni ruisseaux, ni étang, ni poisson, ni moulin; et
en place de tout cela, on conquerra quelques hectares
d'un sol bien aride. Bagnières, Plombières, cernés de
forêts, avaient des saisons de pluies régulières; on les a
abattues, et on n'y connaît plus que torrens et lavanges.
Combien donc est coupable celui qui sacrifie à des spécula-
tions d'intérêt la prospérité de toute une contrée, qui la
frappe à jamais de stérilité pour une coupe de bois! Si l'on ne
remédiait pas à la dévastation des forêts, à la dégradation
partielle des bois, cette France si orgueilleuse de sa fécondité et de sa population, deviendrait stérile et dépeuplée: Cet
anathème étonne; mais la Phénicie et cent autres provinces
de l'Asie et de l'Afrique, que l'histoire nous dit avoir été
les greniers de l'Europe au temps de sa barbarie, et qui
étaient alors fertiles et peuplées, ne sont-elles pas aujour-
d'hui d'affreux déserts? les cent lieues d'un sol brûlant
et aride que parcourt à présent le voyageur, sans y trouver
une goutte d'eau, étaient, il y a mille ans, arrosées de ruis-
saux et de rivières qui y entretenaient la fécondité. M. de
Choiseul Gouffier a inutilement cherché dans la Troade
le fleuve Scamandre : le lit en était dès long-temps desséché; mais aussi dès long-temps les forêts du mont Ida,
où il prenait naissance, étaient abattues. Il n'y a de grands
amas d'eau que là où il y a de grandes forêts; témoin les
Alpes, les Pyrénées, l'Amérique septentrionale; et il n'y
a de fertilité que là où le sol jouit du bienfait de l'humidité. La Normandie ne perd rien de son ancienne fécondité, parce que chaque habitation rurale est assise au milieu d'une petite forêt qui en ferme l'enceinte. On s'occupe
de multiplier les canaux; mais point de canaux sans rivières; point de rivières sans ruisseaux; point de ruisseaux
sans sources; point de sources sans montagnes couronnées
de forêts. Ce sont les arbres qui font circuler l'eau de l'at-

mosphère à la terre ; c'est goutte à goutte que la nature reprend les flots d'eau vaporisée , dont , dans sa prodigalité , elle a inondé l'atmosphère. Imitons-la , et sachons qu'un arbre de dix ans soutire le matin du météore aqueux vingt à trente livres d'eau qu'il distille sur la terre, sans compter la quantité infiniment plus considérable qu'il en absorbe par la force de succion de ses branches et de ses feuilles. Ce n'est que sur les soins de l'administration forestière que la France peut se reposer pour la conservation des bois qu'elle possède encore et pour en augmenter la masse. On appelle donc sa surveillance et son activité sur une partie aussi essentielle pour l'agriculture, qui ne tire sa véritable prospérité que de l'heureuse influence des forêts ; on l'appelle sur l'abondance des eaux, aussi nécessaires à la fertilisation du sol qu'aux besoins des hommes et des animaux de toute espèce. *Moniteur*, AN VII , *page* 101.

EAUX. (Détermination d'une nouvelle unité de mesure pour leur distribution , adaptée au système métrique français.) — MATHÉMATIQUES. — *Découverte.* — M. PRONY. — 1816. — Sur l'invitation qui fut faite à M. Prony de présenter des vues sur la détermination d'une nouvelle unité de mesure applicable à la distribution des eaux, et propre à remplacer celle qui est connue sous le nom de *pouce de fontainier*, il se livra à diverses expériences pour parvenir à sa détermination , et avec d'autant plus de soin que cette nouvelle unité devait être adaptée au système métrique décimal. L'auteur , dans des considérations générales , s'exprime ainsi : Lorsque les travaux nécessaires pour amener les eaux dans une ville ont été exécutés, et qu'on a construit les châteaux d'eau et les bassins dans lesquels ces eaux doivent être recueillies , il reste à se procurer les moyens les plus sûrs et les plus commodes de répartir ces eaux aux différens quartiers et à leurs habitans dans des proportions données. Cette répartition se réduit toujours à faire arriver, à différens points de la surface du sol de la ville , des quantités d'eau

déterminées, pendant des temps pareillement déterminés,
avec la condition que les mêmes fournitures d'eau seront
reproduites à chaque renouvellement des mêmes périodes
de temps. On satisfait à ces conditions, soit par des écoulemens d'eau continus, soit par des remplissages de réservoirs, faits à des époques fixes, et l'on voit que la notion
de mesure, quand il s'agit de la distribution des eaux, se
compose de l'idée d'un certain volume de fluide et de celle
du temps pendant lequel ce fluide peut s'échapper d'un
réservoir, par un mode déterminé d'écoulement. L'usage
constant de tous les peuples qui ont été dans la nécessité
de donner de l'eau par concessions a été d'avoir un type
de mesure de cette espèce, résultant de la combinaison
des idées *de temps* et *de volume*, et qui, par-là, diffère
notablement des autres unités relatives, soit à l'étendue,
soit aux monnaies et aux poids. L'usage constamment
suivi a été de rendre l'eau stagnante dans un bassin ou
réservoir, et le type ou unité de concession d'eau est
donné par un orifice circulaire pratiqué à la paroi plane et
verticale de ce bassin. Ainsi, lorsqu'on est convenu de la
relation entre un certain volume d'eau et la durée de son
écoulement, relation qui constitue l'unité de distribution
de l'eau, on a, pour l'obtenir, trois choses à déterminer,
savoir : le diamètre de l'orifice circulaire à percer dans une
paroi plane et verticale; la charge d'eau constante sur le
centre de cet orifice; et la longueur de l'ajutage. Le pouce
d'eau, ou pouce de fontainier, considéré quant au moyen
mécanique de l'obtenir immédiatement, est la quantité
d'eau que fournit un orifice circulaire d'un pouce de diamètre, percé dans une paroi verticale, avec une charge
d'eau de sept lignes sur le centre, ou d'une ligne sur le
sommet ou point culminant de l'orifice. Un premier vice
très-grave de ce type de mesure est de laisser la longueur
de l'ajutage ou l'épaisseur de la paroi absolument indéter-
minée ; ainsi, en perçant les trous d'un pouce de diamètre dans une planche de métal de deux ou trois lignes
d'épaisseur, ou dans une planche de bois de douze à quinze

lignes, on doit avoir, et l'ou a en effet des produits différens. Un autre vice non moins fâcheux est la petitesse de la charge, soit sur le centre, soit sur le point culminant, qu'il est presque impossible de régler à sa juste valeur, et qui cependant, pour peu qu'elle soit altérée, influe sensiblement sur le produit. Ce produit étant à peu près de quatorze pintes par minutes, et la pinte contenant environ quarante huit pouces cubes, on est assez généralement convenu de faire du pouce d'eau une mesure purement nominale, de six cent soixante-douze pouces cubes par minute, équivalant à cinq cent soixante pieds cubes ou dix-neuf mètres deux centimètres cubes, en vingt-quatre heures. Maintenant, pour parvenir à trouver sa nouvelle unité de distribution, l'auteur a imaginé un appareil dont voici la description : Un réservoir de plomb, enfermé dans une auge de bois, a dix à onze décimètres de profondeur, sur deux ou trois mètres de dimension horizontale dans un sens, et un mètre dans l'autre sens. L'espace intérieur de ce réservoir est divisé en trois parties, par deux cloisons perpendiculaires à la face la plus large, et qui s'élèvent jusqu'à un décimètre, environ, au-dessous de son bord supérieur, de manière que lorsque l'eau n'est qu'à trois ou quatre centimètres de ce bord, elle se répand dans la partie supérieure de ce réservoir, comme s'il n'y avait pas de cloisons. L'espace du milieu, borné de deux côtés par ces cloisons, doit avoir au moins un mètre dans toutes les dimensions. Il n'est pas absolument nécessaire que les deux autres espaces soient aussi grands que celui du milieu ; mais ils doivent être égaux entre eux. Sur une des faces de l'espace du milieu, qui fait partie de la grande face du réservoir, la paroi de plomb est remplacée par une planche de cuivre de huit à dix centimètres de largeur, et d'une hauteur égale à celle du réservoir, percée de plusieurs trous auxquels s'adaptent les pièces servant aux écoulemens, et dont les centres sont dans une même verticale. Ceux de ces trous dont on ne fait pas usage pour les expériences sont bouchés par des plaques de cuivre, serrées avec des vis, et rendues parfaitement étanches au moyen de cuirs gras, placés entre ces plaques et la planche de cuivre. A celui de ces trous qui est employé pour l'expérience, s'adapte une plaque particulière, qui est disposée ou pour l'écoulement, en mince paroi, ou pour recevoir un ajutage. Le réservoir étant supposé plein d'eau jusque vers son bord supérieur, deux flotteurs ou caisses prismatiques, supportés par cette eau, se trouvent enfoncés dans les espaces latéraux, c'est-à-dire situés de part et d'autre de l'espace du milieu auquel correspondent les orifices. Ces flotteurs sont unis entre eux par une barre horizontale fixée à leurs parties supérieures, et se meuvent ainsi, comme s'ils ne formaient qu'un seul corps ; des verges verticales suspendues aux extrémités de cette barre horizontale servent à supporter, par leurs extrémités inférieures, un bassin placé au-dessous du grand réservoir, et dont la capacité intérieure doit être un peu plus grande que la somme des parties des volumes des deux flotteurs, qui peuvent être immergés par suite de l'écoulement. On voit que les deux flotteurs et le bassin inférieur forment un système général supporté par l'eau du réservoir, et d'un poids précisément égal au poids de l'eau déplacée par les flotteurs. Si donc, lorsqu'on opère l'écoulement dans une expérience, on fait entrer dans le bassin inférieur l'eau écoulée, à mesure qu'elle s'écoule, le système flottant, dont le poids s'augmente à chaque instant de celui de l'eau écoulée dans ce même instant, doit augmenter son déplacement d'un volume précisément égal à celui de cette eau, et, par conséquent, tenir constamment au même niveau la surface du fluide dans le réservoir. Ainsi voilà un moyen très-sûr de faire des expériences d'écoulement sous une charge constante, sans renouveler l'eau dans le réservoir ; et en faisant les espaces latéraux d'environ un mètre cube, on peut faire écouler plus d'un mètre cube et demi d'eau, quantité beaucoup plus considérable que celle sur laquelle on opère dans les appareils ordinaires. Il est extrêmement commode et avantageux de

se trouver ainsi dispensé d'avoir un réservoir auxiliaire,
ou un moyen quelconque de fourniture d'eau, pour remplacer celle que dépense le réservoir d'expérience ; mais
les principales propriétés de cet appareil sont la rigoureuse
conservation du niveau de l'eau, et le calme de la masse
en écoulement : c'est pour obtenir complétement ce dernier avantage, que l'auteur fait immerger les flotteurs
dans des espaces isolés du prisme d'eau qui fournit à
l'écoulement, et il n'est pas douteux que cette circonstance,
jointe à la lenteur et à la continuité de l'enfoncement des
flotteurs, ne remplisse très-bien la condition. Quant à la
conservation du niveau de l'eau, on s'en assure par le
moyen du siphon qui communique avec l'intérieur de la
masse fluide. M. Prony a employé, concurremment avec
ce siphon, un autre instrument propre à indiquer et à
mesurer les plus petites variations de hauteur. Cet instrument est composé d'un petit flotteur suspendu à un fil qui
s'enroule sur une poulie ; l'axe de cette poulie porte à son
extrémité une aiguille qui se meut sur un cadran fixe et
divisé, et le rapport du diamètre de la poulie à celui du
cadran est tel que le mouvement vertical du flotteur est
indiqué et mesuré à la précision de $\frac{1}{10}$ de millimètre. Un
autre instrument sert à mesurer la hauteur précise de
l'eau au-dessus du centre de l'orifice, par l'emploi d'une
pointe d'ivoire mise en contact avec son image réfléchie
par la surface du fluide ; procédé analogue à celui dont on
se sert pour faire arriver le mercure au zéro de la division
des baromètres portatifs. Enfin cet appareil fournit un
moyen très-sûr, et le seul peut-être que l'art possède,
pour obtenir un mouvement rigoureusement uniforme
jusque dans les plus petites sous-divisions du temps, et
on aura ce mouvement en rendant les flotteurs exactement
prismatiques. L'auteur a fait beaucoup d'expériences avec
l'appareil que l'on vient de décrire, et qui sont relatives à
la nouvelle unité de distribution d'eau, qui doit représenter un volume de dix mètres cubes de fluide écoulé
uniformément pendant vingt-quatre heures. L'orifice qui

donne l'once romaine moderne étant à peu près de dix-
neuf millimètres, et cette dimension étant reconnue bonne
par une très-longue expérience, M. Prony s'est donné
à priori, un diamètre d'orifice qui, à la condition de contenir un nombre exact de centimètres, réunit celle de s'approcher le plus possible du diamètre de l'orifice romain ;
cette double condition est remplie par une longueur de
deux centimètres ou vingt millimètres ; et pour déterminer la charge sur le centre, en évitant un des graves inconvéniens du pouce de fontainier, l'auteur s'est déterminé à
disposer son appareil fondamental de jaugeage, de manière
à lui faire donner une double unité de distribution, c'est-
à-dire vingt mètres en vingt-quatre heures. Il lui a été
facile de s'assurer qu'une charge de cinq centimètres sur
le centre de cet orifice de deux centimètres, donnerait un
produit assez peu différent de vingt mètres cubes en vingt-
quatre heures, ou o lit. 23,148 en une seconde. D'après
de nombreuses expériences tant avec l'eau de puits qu'a-
vec celle de la Seine, M. Prony a reconnu que la longueur
de l'ajutage devait être de dix-sept millimètres ; ainsi, en
dernier résultat, le double de l'unité de distribution d'eau
sera donné dans l'appareil de jauge, par un orifice circulaire d'un centimètre de rayon, chargé sur son centre de
cinq centimètres d'eau, l'écoulement ayant lieu par un
ajutage de dix-sept millimètres de longueur. Il faut donner
très-exactement la mesure prescrite au diamètre de l'orifice, sur la paroi extérieure du bordage, où l'arête du
contour doit être bien nette et vive, et émousser ou ar-
rondir tant soit peu l'arête de la circonférence de l'orifice
sur la paroi intérieure. On mettra le plus grand soin à ce
que l'intérieur de l'ajutage soit parfaitement lisse, sans
bavures ni aspérités. Quant au nom à imposer à cette
nouvelle unité, l'auteur pense que celui de *Module d'eau*
est le plus aisé à prononcer comme le plus significatif.
Mémoires de l'Institut, 1817, *tome* 2, *page* 4og.

EAUX. (Leur désinfection au moyen du charbon.) —

CHIMIE. — *Découvertes*. — M. SMITH , *de Paris*. — AN IX.
— Ce procédé consiste dans un filtre particulier et dans
l'emploi de la propriété du charbon ; mais le charbon de
tous les bois n'est pas également propre à cet usage , et le
meilleur a encore besoin d'être préparé ; on le mêle avec
quelques substances que l'auteur n'a pas encore fait connaître. L'expérience en a été faite au jardin des plantes, en présence des professeurs et de quelques savans. Des eaux d'é-
goût , d'autres qui avaient servi à macérer des cadavres , et
qui répandaient une infection insupportable , ayant été versées sur le filtre , ont passé limpides , sans odeur et très-
bonnes à boire. (*Bull. des sciences , par la Société philom.
an* IX, *p.* 173.) — M. CUCHET. — 1810. — L'auteur, associé
de M. Smith , avant d'employer le charbon comme moyen
de désinfecter les eaux , le soumet à une opération préala-
ble qui consiste à le calciner pour en séparer les fluides élastiques , et principalement l'hydrogène carboné qu'il contient. On embrase le charbon , et on l'éteint brusquement
avec un étouffoir semblable à celui dont se sert le boulanger ; on le broie grossièrement. A l'égard du sable , il n'exige
qu'une simple lotion pour en séparer la terre calcaire et ar-
gileuse qu'il contient presque toujours. Ces deux opérations préliminaires étant terminées, on procède au mélange
dans la proportion de deux parties de charbon sur une de
sable , et voici de quelle manière on en fait l'application :
on prend un tonneau plus ou moins grand , on le place
sur l'un de ses fonds , on pratique à la partie inférieure
une chantepleure fermée avec un bouchon en paille ; on
ouvre ensuite le fond supérieur ; vers le milieu du tonneau
on établit ou l'on fixe un cerceau ou des supports en bois ,
de manière à placer dessus un faux fond, aussi en bois, percé
de petits trous ; on met sur ce fond une couche de gros sable , ensuite du sable fin , puis une couche de charbon concassé recouverte de sable. On remplit le tonneau d'eau et
on laisse filtrer ; il est à propos que l'eau coule continuellement et par petits filets en forme de pluie. Pour simplifier l'opération , surtout lorsqu'il s'agit d'opérer en grand ,

on place sur les chantiers la quantité de pipes d'eau-de-
vie ou de tonneaux de la plus grande capacité dont on
peut disposer ; on met dans chaque le mélange de charbon et de sable, en sorte qu'il y en ait un sixième ; à deux
pouces du fond, on pratique une chantepleure qu'on peut
ouvrir et fermer à volonté. Les choses ainsi disposées, on
remplit le tonneau de l'eau qu'on a dessein de désinfecter,
et vingt-quatre heures après le mélange, on ouvre la
chantepleure, avec la précaution de rejeter la première eau
qui passe, attendu qu'elle est toujours un peu trouble,
comme le sable employé dans nos fontaines, pour filtrer
l'eau dans l'intérieur de nos ménages, ne peut servir avec
succès pendant quelque temps sans être renouvelé, ou au
moins sans être lavé à diverses reprises, pour le priver des
substances terreuses que l'eau y dépose insensiblement, et
qui, lorsqu'elles sont accumulées jusqu'à un certain point,
s'opposent non-seulement à la filtration et la rendent incomplète, mais communiquent encore au liquide un goût
d'autant plus désagréable qu'elles y ont séjourné un peu
plus long-temps ; il n'est point douteux aussi qu'il ne faille
user de la même précaution relativement au mélange de sable et de charbon employé à la désinfection des eaux ; et
quand on s'aperçoit qu'il n'agit plus avec la même efficacité,
il faut le nettoyer, à force de lavage, du limon qui peut recouvrir sa surface, et même le renouveler. Mais ce n'est pas
le tout d'avoir dépouillé l'eau de la mauvaise odeur et des
matières hétérogènes qu'elle tenait suspendues ; malgré ces
sages et prudentes précautions on ne possède pas encore le
caractère d'une bonne eau potable : il faut lui restituer l'air
qu'elle a perdu par la filtration ; on y parvient en mettant
l'eau en expansion, en l'enlevant au moyen d'une pompe
dans un grand réservoir, et la faisant tomber éparpillée en
jets, en pluie, en gerbes, en bouillon, en cascade, dans
un autre réservoir où on va la puiser. C'est par ce moyen
que M. Cuchet a répondu complétement au reproche qu'on
lui faisait de la fadeur de ses eaux, et il faut convenir, dit
M. Parmentier, qu'il a remédié à ce défaut de manière à ne

plus mériter aujourd'hui, pour son utile établissement, que des encouragemens et des éloges. Après avoir rendu à l'eau son état inodore, la transparence et la surabondance d'air qui constituent la salubrité, au moyen du charbon, du sable et du mouvement, il faut que les vaisseaux dans lesquels on la tient en réserve jusqu'au moment d'en faire usage ne soient pas remplis, ni hermétiquement fermés ; il faut de plus pratiquer toujours à leur partie supérieure une ouverture, parce que l'expérience a appris que tout corps qui nage dans un fluide acqueux ne s'en dégage avec promptitude qu'autant que ce fluide communique librement avec l'air extérieur, et que, quand il fait chaud, les eaux ne tardent pas à perdre de leurs bonnes qualités par la stagnation. On doit donc se garder de les remplir, et faire en sorte qu'elles puissent ballotter en chemin, et ne les fermer qu'avec un linge clair, qui, laissant tamiser l'air, permettra à l'eau d'en reprendre à mesure qu'elle le perd. Il faut s'occuper de lui conserver cet état pendant un certain temps ; le moyen le plus efficace, c'est de la tenir dans des tonneaux dont la surface intérieure des douves aurait été préalablement charbonnée à un pouce de profondeur du bois, afin de n'en rien extraire. Ce moyen est encore une heureuse application de la connaissance de l'effet du charbon sur les eaux gâtées, et peut, dans les voyages de long cours, les préserver de tous les genres d'altération auxquels elles sont exposées en mer. *Bulletin de pharmacie*, 1810, *page* 171. *Voyez* EAU (appareils à filtrer l').

EAUX (Machines à élever les). — MÉCANIQUE. — *Inventions.* — M. DUMOUTIER, *de Paris.* — AN XIII. — La machine pour laquelle l'auteur a obtenu un *brevet d'invention de cinq ans* se compose, 1°. d'un arbre porteur d'une manivelle et d'une poulie à gorge aiguë qui entraîne une corde dans son mouvement. Le diamètre de cette poulie doit être de huit pouces, à compter du fond de la gorge ; 2°. d'une potence en fer servant de support à tout le mécanisme ; 3°. de deux poulies placées sur un même arbre et accouplées dans une cage en fer fixée à la potence, au moyen d'un fort boulon. Leur diamètre peut être de seize à vingt pouces; 4°. de deux mains en fer, réunies à charnière à l'extrémité de l'arbre fixé à la potence : ces mains ont ensemble la figure d'un compas dout les branches s'ouvrent alternativement pour conduire le seau dans le vase ou réservoir destiné à le recevoir. Ces mains ont chacune à leur extrémité inférieure une entaille qui reçoit une petite poulie sur laquelle passe la corde; 5°. d'une chaîne attachée à l'extrémité de la corde; elle porte une main qui reçoit l'anse du seau; 6°. d'une calotte conique en tôle, dans laquelle la corde est enfilée; on peut la faire monter à volonté en développant une partie de la corde qu'on a pelotonnée à l'endroit et au-dessus du nœud, et en roulant cette partie au-dessus dudit nœud pour l'alonger. De cette manière, on peut déterminer l'endroit où le seau doit verser. Cette calotte garantit en même temps le nœud qu'elle recouvre, et l'empêche aussi de se défaire; 7°. d'un seau à bascule auquel sont fixées deux anses réunies par une tringle qui, au moyen d'un crochet, oblige le seau de verser lorsqu'il est arrivé au point déterminé. (*Brevets publiés*, *tome* 3, *page* 193, *planche* 36.) — M. BERGEAUD. — 1806. — Les deux machines pour lesquelles M. Bergeaud a obtenu un *brevet d'invention de dix ans* sont destinées à élever les eaux dans diverses circonstances. La première peut être employée à élever l'eau des puits, au moyen d'un chapelet à petits pots; son usage peut varier suivant les localités, et un seul homme ou un cheval suffit pour la diriger. La deuxième machine est destinée à élever l'eau à telle hauteur que l'on jugera à propos au moyen de deux seaux montant et descendant alternativement avec rapidité, se remplissant et se vidant par un effet inhérent à la machine, qui est susceptible d'être dirigée par un seul homme. S'il nous parvient des détails sur ces machines et sur les accessoires annoncés par l'auteur, nous nous empresserons de les consigner dans l'un de nos prochains Dictionnaires annuels. (*Brevets non publiés.*) — M. FORIR, *de Liége.* —

1807. —Les procédés employés par l'auteur pour élever
d'une mine l'eau , le minerai ou le charbon, et pour lesquels il a obtenu un *brevet de dix années*, consistent :
en une machine qui se compose, 1°. d'un corps de pompe
qui fournit l'eau à un déversoir ; ce déversoir, au moyen
d'une vanne, communique l'eau à une roue à bacs qui fait
tourner des roues d'engrenage par le pignon qui est adapté
à l'axe de la roue à bacs et au moyen d'un volant. Ces
mêmes roues s'engrènent à volonté dans la roue d'un tambour ; 2°. d'un frein pour arrêter le tambour à volonté ;
3°. de leviers qui servent à faire engrener et désengrener
les roues dans le pignon de la roue à bacs et dans la roue
du tambour ; à l'aide de ces leviers , on tourne et on dé-
tourne le tambour à volonté ; 4°. de treuils qui supportent
les cordes du tambour et qui sont adaptés aux paniers qui
montent le minerai ; 5°. de molettes qui suspendent les
cordes qui montent le minerai ; 6°. d'un conduit pour les
eaux qui se rendent dans le réservoir , lequel conduit se
ferme à volonté par la vanne; 7°. de plusieurs autres vannes
pour le déversoir de la deuxième extraction, et dont l'effet
est le même pour la mise en activité ; la première vanne
se ferme avant d'ouvrir les autres; 8°. d'un corps de pompe
qui extrait à volonté ; et à cet égard l'auteur observe qu'il
suffit de dix à douze heures pour extraire ce qu'on appelle
vulgairement la paillette'; alors la machine , par un changement très-facile , peut extraire le double d'eau en y adaptant l'attirail du second corps de pompe et en décrochant
le premier qui fournit l'eau au réservoir. Cette dernière
manœuvre ne s'exécute que lorsqu'il se trouve une quantité d'eau capable de submerger la houillère. Ainsi , ajoute
l'auteur, les travaux d'exploitation ne sont nullement
suspendus ; 9°. enfin , d'un guide qui suspend les
corps de pompe. (*Brevets non publiés.*)—M. Néret.
— 1808. — *Un Brevet de quinze ans* a été délivré à
l'auteur pour une machine propre à élever les eaux.
Cette machine sera décrite dans notre Dictionnaire
annuel de 1823. — M. Cagniard-Latour , *de Paris.*

—1809. — La machine pour laquelle l'auteur a obtenu un *brevet de cinq ans* consiste dans une roue à augets qui est plongée sous l'eau chaude ; elle fait tourner par engrenage une vis d'Archimède, laquelle, plongée presque entièrement dans l'eau froide, aboutit sous une espèce de cloche où est son pivot. Au sommet de la cloche, est un tuyau recourbé dont l'extrémité communique avec un sommier plongé dans l'eau chaude, immédiatement au-dessous de la roue. Au sommier est une ouverture disposée pour verser l'air dans les augets. Pour mettre la machine en action, on fait tourner la vis jusqu'à ce que l'air atmosphérique qu'elle puise à la superficie de l'eau soit arrivé sous la cloche, ait passé delà au sommier et rempli la moitié des augets de la roue ; alors on abandonne la machine à son mouvement. Si les deux liquides sont de même température, il y a équilibre ; dans le cas contraire, l'action de la roue devenant plus puissante que la résistance de la vis, à cause de la dilatation de l'air, la machine continue de tourner et de faire tourner par engrenage une seconde vis d'Archimède disposée comme la première, si ce n'est qu'au lieu d'être plongée dans l'eau, elle l'est dans le mercure dont est rempli le tuyau, et qu'à la superficie du mercure elle puise, au lieu d'air, l'eau contenue dans un vase. Cette eau arrive dans l'espace du tuyau et monte dans un conduit à une hauteur déterminée par la pression du mercure. La chaleur de l'air qui fait mouvoir une seconde roue à augets est plongée, comme la première, sous l'eau chaude, mais enfermée dans un vase cylindrique où l'on fait le vide. Un serpentin a son extrémité inférieure adaptée au vase. Un tuyau est fixé d'une part à l'orifice supérieur du serpentin, et de l'autre dans le vase rempli de mercure. Suivant le principe de la première vis, à mesure qu'on tourne celle qui est dans le tuyau, l'air de l'appareil sort par dessous le mercure qui monte de plus en plus dans le tuyau jusqu'à ce que l'eau soit en ébullition, ce qui fait tourner la première roue. Son mouvement est transmis au dehors par un tuyau dans lequel descend verticalement l'arbre d'une roue d'engrenage. Cet arbre, appuyé sur un pivot, tourne en même temps qu'une cuvette à mercure y adaptée, dans laquelle plonge le tuyau pour empêcher l'air de rentrer lorsqu'on fait le vide. Un renflement pratiqué dans le haut de l'arbre bouche à volonté l'orifice supérieur du tuyau. Une roue d'engrenage fixée au bas de l'arbre est destinée à faire mouvoir une vis, pour aspirer l'eau. Cette dernière vis n'est autre chose que la vis à faire le vide, ci-dessus décrite, si ce n'est que la partie supérieure du tuyau est terminée par un tuyau recourbé dans l'eau que l'on veut monter. Cette eau, une fois arrivée dans la vis, sort par-dessous le mercure et vient nager à sa surface. (*Brevets non publiés.*) — M. ***. — 1812. — La machine de l'auteur est simple et peu coûteuse; le jeu s'en fait sans interruption. Elle consiste en une double caisse en bois avec quatre soupapes; dans cette caisse est un piston mis en mouvement par un levier à bras ou par un mécanisme quelconque. Les bras de fer sur lesquels est fixé le piston se meuvent dans une emboîture du même métal et ferment tout passage à l'eau. Il y a une boîte de cuir ou de toile, qui forme l'outre lorsque le piston monte, et qui se plie comme une lanterne de papier lorsque le piston descend. Cette boîte sert à empêcher le passage de l'eau et de l'air à côté des bras du piston. Cette machine peut servir de soufflet dans les forges ou autres établissemens. On peut aisément l'employer pour produire un jet d'eau. Une machine semblable qui n'aurait que quatre pieds de long, et sept pouces de largeur et de hauteur, serait un objet portatif dont on pourrait se servir comme d'une machine à vapeur dans les lieux étroits. (*Annales des arts et manufactures*, 1812, *tome* 49, *page* 261, *planche* 603.) — *Perfectionnement.* — MM. Lacroix et Peulvay. — 1818. — MM. Prony, Charles et Girard, furent nommés par l'Institut pour examiner le modèle d'une machine propre à élever les eaux par l'action combinée du poids de l'atmosphère sur la surface du réservoir inférieur, et le refoulement de cette eau dans un tuyau ascendant, implanté sur une es-

pèce de réservoir intermédiaire, rempli en vertu du vide
que le même mécanisme y opère. Les commissaires, après
avoir expliqué comment on a suppléé aux pistons, aux
clapets et aux soupapes ordinaires, donnent la description
de toutes les parties de cette machine et les moyens qui la
mettent en jeu, d'où ils concluent qu'elle se réduit à une
espèce de roue garnie d'un certain nombre d'ailes susceptibles de s'ouvrir pour former successivement autant de
cloisons dans le coursier qu'elles parcourent. L'idée de
cette espèce de pompe leur paraît avoir beaucoup d'analogie avec une idée que Conté avait mise à exécution douze
ans avant son départ pour l'Égypte. Il leur paraît même
que la machine de Conté était un peu plus simple ; ce qui
n'empêche pas que le nouveau modèle ne prouve des artistes habiles et intelligens. Si l'idée n'est pas aussi nouvelle qu'ils en paraissent persuadés, il n'en est pas moins
vrai de dire que leur pompe aspirante et foulante peut,
dans certains cas, être substituée avec avantage aux pompes
ordinaires, et que les auteurs ont donné une preuve de
talens qui méritent d'être encouragés. Les commissaires
ajoutent que l'on trouve dans la description des machines de
Servière celle d'un appareil exécuté chez M. Lenoir, et dans
lequel il est aisé de reconnaître une analogie sensible avec
les machines de Conté et de MM. Lacroix et Peulvay.
(*Mém. de l'Inst., sciences phys. et math.*, 1818, *tome* 3, *p.*
45.)—M. NAVIER.—*Observ. nouv.*—1818.—Dans un mémoire lu à l'Institut, M. Navier se propose de déterminer
le rapport entre la force motrice et l'effet produit dans les
machines de rotation employées pour élever l'eau. Le
principe de la conservation des forces vives donne une relation mathématique entre les quatre espèces qui restent à
considérer dans le problème, quand on néglige le frottement et la cohésion de l'eau, qui sont peu de chose. Ce
principe, découvert par Huyghens, fut élevé par J. Bernouilli au nombre des lois fondamentales de la dynamique;
Daniel en fit d'heureuses applications, et Borda s'en servit
avec beaucoup de succès pour le calcul de plusieurs ma-

chines dont l'eau était le moteur. Dans celles que considère
M. Navier, c'est l'eau qui est élevée par un moteur étranger
quelconque. On doit à Borda la première élévation exacte
des forces vives perdues, mais il ne l'a donnée que dans
des cas particuliers. C'est à M. Carnot que l'on doit la loi
générale qu'il a renfermée dans le théorème suivant : « Dans
tout système de corps en mouvement qui passe d'une
situation à une autre, la somme des quantités d'action qui
ont été dans cet intervalle imprimées par toutes les forces,
est toujours numériquement égale à la moitié de la somme
des forces vives, acquises dans le même intervalle par les divers corps du système, plus la moitié des forces vives perdues par l'effet des changemens brusques de vitesse, s'il y
a eu de tels changemens. » Les roues à élever l'eau se divisent en trois classes, selon que l'axe de rotation est horizontal, vertical ou incliné. Dans la roue à godets, il y
a force vive acquise par l'eau à l'instant où elle est puisée,
et force perdue à l'instant où elle est déversée. De la loi
ci-dessus on tire le rapport de la force motrice à l'effet
de la machine ; et par une simple différenciation, on obtient la vitesse qui donne le rapport le plus avantageux.
Dans la roue à tympan, il n'y a pas de force perdue ; cette
roue est plus avantageuse que la précédente. M. Navier
entre dans de grands détails sur la pompe spirale, formée
par un tuyau de grosseur constante ou variable, plié en
hélice sur un cône dont l'axe est horizontal. Cette machine
ingénieuse a l'avantage très-précieux de donner un effet
utile d'autant plus grand, qu'il s'agit d'élever l'eau à une plus
grande hauteur. Le calcul de M. Navier détermine à quelle
hauteur cet avantage commence à être bien sensible. Si l'on
fixe à un arc vertical un siphon incliné de manière à monter en sens contraire du mouvement de rotation, le bout
inférieur étant plongé dans l'eau, l'eau s'élèvera par l'effet
de la rotation. L'auteur calcule l'effet d'une machine formée de deux paraboloïdes tournant ensemble sur le même
axe vertical, et réunis l'un à l'autre par des cloisons inclinées. Les vis d'Archimède composent la classe dont l'axe

est incliné. Daniel Bernouilli s'est occupé de leur théorie, mais il ne l'a pas épuisée comme M. Navier l'a fait. Pour le cas où un tuyau de diamètre constant, plié en spirale sur un cylindre dont l'axe est incliné, se remplit alternativement d'eau et d'air, il démontre d'une manière simple et élégante que la surface de l'eau doit être un paraboloïde, ayant pour un de ses diamètres l'axe du cylindre, et pour plan tangent, à l'extrémité du diamètre, la surface de l'eau tranquille. Pour la vis ordinaire, formée par les révolutions d'une face gauche, à pente constante dans un cylindre circulaire, après avoir cherché les quantités d'eau contenues dans chaque tour de la vis, il dresse des tables pour abréger les calculs nécessaires, suivant que les vis sont plus ou moins contournées, et leurs axes plus ou moins inclinés. MM. Prony, Fourier et Dupin, commissaires chargés, par l'Institut, d'examiner le mémoire de M. Navier, disent que ce travail paraît être du nombre de ceux que l'académie doit le plus encourager par ses suffrages. Étendre par une marche uniforme les moyens théoriques d'apprécier les effets des machines, c'est resserrer de plus en plus le cercle de l'empirisme, c'est fournir aux artistes des moyens généraux de se rendre compte des avantages et des désavantages qu'ils doivent espérer ou craindre de leurs inventions. En conséquence, l'académie a arrêté que le mémoire de M. Navier serait imprimé dans le recueil des Savans étrangers. (*Mémoires de l'Institut, sciences physique et mathématiques,* 1818, tome 3, page 6.) *Voyez* à la table les machines ou procédés connus sous diverses dénominations, et qui sont appliqués à l'élévation des eaux.

EAUX COURANTES (Jaugeage des). — MATHÉMATIQUES. — *Observations nouvelles.* — M. PRONY, *de l'Institut.* — AN X. — A l'époque où le gouvernement s'occupait sérieusement d'ouvrir la communication entre l'Escaut et la Somme par le canal de Saint-Quentin, il s'entoura de toutes les lumières pour l'examen des projets. Ce fut prin-

cipalement aux talens infatigables de M. Prony que l'on
dut la rectification des erreurs inhérentes à la méthode du
jaugeage des eaux , erreurs que la pratique avait accrédi-
tées. Ce savant fut chargé par l'assemblée des ponts et
chaussées de faire la vérification de toutes les jauges des
eaux dont on peut disposer pour alimenter le bassin de
partage du canal de jonction de la Somme à l'Escaut,
près Saint-Quentin. Il ne se borna point à exécuter les
calculs arithmétiques demandés ; M. Prony crut devoir
soumettre à l'assemblée quelques réflexions sur les théories et les méthodes relatives à la mesure des eaux courantes . Les conséquences qu'on tire des opérations faites
d'après ces méthodes sont d'une si haute importance , les
erreurs peuvent avoir des suites si funestes , qu'on ne saurait jeter trop de lumières sur un sujet où l'on ne peut se
dissimuler qu'il y a encore bien des connaissances à acquérir et des incertitudes à lever. La théorie du mouvement,
prise dans l'acception la plus générale , était inconnue aux
anciens , dont la science en mécanique se réduisait, à peu
de chose près , aux propositions sur l'équilibre des corps
solides et fluides démontrées par Archimède , qui contient
les bases de l'hydrostatique , ou statique des fluides , mais
on n'y trouve rien sur leurs mouvemens. Il en est ainsi de
beaucoup d'autres auteurs de cette époque cités par
M. Prony. C'est depuis un siècle et demi seulement que
Toricelli, appliquant aux phénomènes de l'écoulement des
fluides par de petits orifices , les lois du mouvement des
graves , découvertes par Galilée , son maître , fit connaître
le premier les rapports entre les abaissemens de ces orifices au-dessous de la surface supérieure du fluide , et les
vitesses d'écoulement. Il jeta ainsi les fondemens de l'hy-
drodynamique ou dynamique des fluides. L'examen de la
règle donnée par Toricelli , pour les petits orifices , appliquée à ceux d'une grandeur quelconque , prouva son insuffisance , et on ne tarda pas à reconnaître que la *proportionnalité* des vitesses aux racines carrées des hauteurs de
charge d'eau , était sensiblement altérée dans ces derniers

orifices, et ne donnait pas l'exactitude dont la pratique avait besoin. La géométrie des anciens, la seule que connussent Galilée et Toricelli, était insuffisante pour résoudre le problème de l'écoulement d'un fluide dans le cas le plus général, problème qui appartient essentiellement au calcul intégral. Les difficultés de l'intégration, dans le cas du mouvement, sont telles, que la pratique n'a pas encore pu tirer parti des résultats les plus généraux auxquels ces géomètres sont parvenus ; et lorsqu'il s'est agi des questions dont la solution pouvait intéresser l'hydraulique appliquée, on s'est vu forcé, pour en rendre l'analyse possible, d'y introduire certaines hypothèses ou conditions dont on ne peut se dissimuler l'inexactitude, et qui, suivant différens cas, s'écartera plus ou moins de la nature. Les cas qu'il s'agit d'examiner ici sont ceux de l'écoulement de l'eau par des orifices horizontaux et verticaux, dont les périmètres ont tous les points situés dans un même plan. MM. Bernouilli et d'Alembert ont donné, l'un par le principe des forces vives, l'autre par le principe général du mouvement, deux solutions du problème de l'écoulement de l'eau qui s'échappe d'un orifice horizontal. Ces solutions conduisent à la même formule, et ont été adoptées depuis par tous les auteurs qui ont traité de l'hydraulique rationnelle et appliquée. On y suppose que toutes les molécules comprises dans une section quelconque horizontale de la masse fluide, se meuvent dans des directions verticales et avec des vitesses égales : cette hypothèse donne sur-le-champ l'équation différentielle du mouvement d'une tranche ; et après avoir intégré dans toute l'étendue du système, on obtient aisément la vitesse de l'orifice, la pression d'une tranche quelconque, etc. Passant au cas d'un orifice vertical, on y suppose toujours qu'au-dessus de cet orifice, les molécules renfermées dans chaque tranche horizontale se meuvent verticalement et avec des vitesses égales, et on ajoute à cette supposition celle de considérer la vitesse d'une molécule renfermée dans le plan de l'orifice, comme proportionnelle à la racine carrée de sa distance verticale à la surface supérieure du fluide. La formule déduite de ces considérations, et appliquée à un orifice parallélogrammique, est précisément celle dont on s'est servi, en y faisant une correction relative à la·*contraction de la veine fluide* pour calculer le produit des eaux qui doivent alimenter le canal de Saint-Quentin ; et il est bien important d'examiner l'influence que peuvent avoir sur les valeurs trouvées, les hypothèses ou conditions introduites dans l'analyse du problème. On voit d'abord que la verticalité du mouvement des molécules d'une même tranche horizontale, et le parallélisme de leurs directions, ne peuvent, soit pour l'orifice horizontal, soit pour le vertical, avoir lieu dans les tranches qui avoisinent cet orifice. Le raisonnement et l'expérience ont prouvé qu'il y avait, vers la partie inférieure de la masse fluide, une convergence très-sensible de direction, et qu'en général il fallait y distinguer une section *d'eau vive* où cette convergence a lieu, et une section *d'eau sensiblement stagnante* qui enveloppe celle *d'eau vive*. Il est évident, d'après ces faits, que si l'orifice, soit vertical, soit horizontal, n'est qu'à une petite distance de la surface supérieure du fluide, les phénomènes réels du mouvement diffèrent sensiblement de ceux sur lesquels la formule d'écoulement est établie. Les molécules d'une même tranche, au lieu de descendre verticalement et avec des vitesses égales, suivent des courbes plus ou moins inclinées, et se meuvent avec des vitesses inégales : la surface supérieure du fluide a une tendance à se *déniveler*, et dans beaucoup de cas il s'y forme effectivement un *entonnoir* ou *cavité conoïde*. Il est donc indispensable, si on ne veut pas mettre une trop grande discordance entre les phénomènes réels du mouvement et ceux introduits dans les formules, d'avoir sur l'orifice, soit vertical, soit horizontal, une charge d'eau assez grande pour que les convergences de directions et les variations de vitesses, dont cette formule ne tient aucun compte, n'aient lieu que dans une petite partie de la hauteur de la masse fluide. Cette condition, indistinctement applicable à un

orifice vertical et à un horizontal, est bien plus indispensable encore pour le premier que pour le second. En effet,
la formule qui se rapporte à l'orifice vertical renferme,
outre la supposition connue sous le nom d'*hypothèse du
parallélisme des tranches*, celle de la *proportionnalité* des
vitesses horizontales dans le plan de l'orifice aux racines
carrées des distances des molécules animées de ces vitesses,
à la surface supérieure du fluide. Cette supposition, qui
ajoute une nouvelle cause d'incertitude à celles ci-dessus
mentionnées, est principalement erronée lorsque le sommet de l'orifice se trouve à la surface supérieure du fluide,
ou en est peu distant. Il est évident que dans ces cas, la
formule ne serait exacte et applicable qu'autant que la
vitesse à la surface deviendrait nulle ou insensible ; et il
s'en faut beaucoup qu'un pareil résultat soit conforme
à l'expérience. Les formules que l'auteur vient d'examiner
doivent donc être, dit-il, considérées seulement comme
des règles empiriques dont il faut faire usage avec beaucoup de précaution et de circonspection. On s'abuserait
si on croyait les délivrer des imperfections qu'elles offrent,
par les corrections relatives à la *contraction de la veine
fluide*, car ces corrections se réduisent à diminuer, dans
de certains rapports, les valeurs numériques des fonctions
qui entrent dans les équations, sans en changer ni la nature
ni la forme, et sans rien leur ôter, par conséquent, des
vices radicaux qui leur sont inhérens et qui tiennent à
leur composition. M. Prony n'a encore parlé que des anomalies qui dérivent de la charge d'eau sur l'orifice ; mais
il en est d'autres dépendantes de circonstances qui ont
toujours lieu lorsqu'on mesure les eaux courantes, en formant des *barrages* avec *pertuis*, et qui tiennent au mouvement des eaux en amont de ces barrages. La théorie qui
conduit aux formules en usage suppose rigoureusement
que toutes les forces horizontales qui sollicitent une molécule quelconque située au-dessus de l'orifice, se font équilibre ; et il n'est pas douteux qu'un courant établi au travers
de la masse fluide est une cause perturbatrice qui contri-

bue à augmenter les erreurs des formules. L'établissement
du calme, ou au moins d'une stagnation sensible en amont
du barrage, est donc une nouvelle condition à ajouter à
celle d'une hauteur d'eau suffisante sur le pertuis d'écoulement, et il est nécessaire d'y réunir encore celle de rendre l'écoulement en aval du pertuis parfaitement libre ; de
sorte que ni la vitesse ni la contraction ne soient point gê-
nées par la pression de l'eau inférieure. Il est hors de
doute qu'en ajoutant cette cause d'incertitude à toutes les
précédentes, on serait dans l'impossibilité d'établir des
règles de calcul sur lesquelles on pût compter ; et avant
de parler des moyens d'obtenir ces conditions, l'auteur
examine les formules elles-mêmes, et leurs usages relativement aux différens cas auxquels on les applique, et
donne les méthodes les plus expéditives pour les calculer.
On suppose dans tout ce qui suit que la hauteur d'eau,
au-dessus de l'orifice, est devenue constante, de telle sorte
que le produit du courant est exactement représenté par
celui de l'orifice. Dans ce cas, la formule d'écoulement par
un orifice horizontal est, en prenant le *mètre* pour unité
linéaire et faisant :

$q =$ le volume d'eau écoulé pendant l'unité de temps,

$h =$ la hauteur de l'eau au-dessus de l'orifice horizontal,

$\alpha =$ l'aire de la surface supérieure du fluide,

$\omega =$ l'aire de l'orifice,

$g =$ la vitesse communiquée à un grave par la pesanteur
au bout de l'unité de temps $= 9^m, 809$, la seconde
ou la 86400e. partie du jour moyen ; étant l'unité de
temps

$$ q = \omega \sqrt{\left(\frac{2\,g\,h\,a^2}{a^2 - \omega^2} \right)}. $$

L'auteur n'a dans son *architecture hydraulique* qu'un terme
de la forme e^z, qui entre dans l'expression de la vitesse à
l'orifice, devient négligeable après un temps d'écoulement

très-court, et qu'alors la vitesse, parvenant à son *maximum*, prenait la valeur constante

$$\sqrt{\left(\frac{2 g h a^2}{a^2 - \omega^2}\right)};$$

mais dans le cas dont il s'agit ici, cette valeur se simplifie encore; car l'aire a étant égale à la surface supérieure de la partie du fluide qui est stagnante en amont du pertuis, et l'air de ce pertuis n'étant qu'une partie extrêmement petite de cette surface, la fraction

$$\frac{a^2}{a^2 - \omega^2}$$

ne diffère de l'unité que d'une quantité négligeable; au moyen de quoi le produit, pendant l'unité de temps, devient

$$q = \omega \sqrt{(2 g h)},$$

et son élévation se fait par la règle simple de Toricelli. Le calcul par les orifices horizontaux aura donc, lorsqu'on pourra employer de pareils orifices, les avantages réunis de renfermer moins d'hypothèses arbitraires dans les considérations théoriques, que celui par les orifices verticaux, ce qui en rend les résultats plus certains; et d'être en même temps plus expéditif et plus commode. Mais un orifice horizontal ne jouira de ces propriétés qu'autant qu'on pourra l'adapter à un point du courant où il existera une chute égale à une fois et demie ou deux fois son diamètre, de telle manière que la plus grande contraction de la veine fluide ait lieu au-dessus de la surface de l'eau du canal inférieur. Lorsqu'on ne trouvera pas une pareille chute, il sera convenable d'employer un orifice vertical en forme de parallélogramme rectangle, dont deux côtés soient horizontaux et deux autres verticaux; et voici comment on peut disposer la formule du calcul du produit par cet orifice, de manière à le rendre presque aussi simple que celui qu'on ferait par la formule déduite du principe de Toricelli. Si on fait

$\omega = $ l'aire de l'orifice.

$a = $ la hauteur de cet orifice.

$b = $ sa base.

$\left.\begin{array}{l} \\ \\ \\ \end{array}\right\}$ $\omega = a\,b$

$h = $ la hauteur de l'eau au-dessus de son sommet.

$\left.\begin{array}{l} \\ \\ \end{array}\right\}$ $k = \dfrac{h + h_{\prime}}{2}$

$k = $ la hauteur de l'eau au-dessus de son centre.

$k = h + \frac{1}{2}a$

$h_{\prime} = $ la hauteur de l'eau au-dessus de sa base.

$k = h_{\prime} - \frac{1}{2}a$

$g = 9^{\mathrm{m}}, 809$, la seconde étant l'unité de temps.

$q = $ le produit de l'écoulement pendant une seconde.

$Q = $ le produit pendant un jour, ou 86400 secondes.

Le produit pendant une seconde, se calcule d'après Bélidor, Bossut, l'auteur, etc., par la formule.

$$q = \frac{2}{3} b \left(h_{\prime}^{\frac{3}{2}} - h^{\frac{3}{2}} \right) \sqrt{(2\,g)};$$

mais cette équation peut se mettre sous la forme

$$q = \frac{2}{3} b \left\{ \left(k + \frac{a}{2} \right)^{\frac{3}{2}} - \left(k - \frac{a}{2} \right)^{\frac{3}{2}} \right\} \sqrt{(2\,g)}$$

qui se change en

$$q = \frac{2}{3} b k \left\{ \left(1 + \frac{a}{2\,k} \right)^{\frac{3}{2}} - \left(1 - \frac{a}{2\,k} \right)^{\frac{3}{2}} \right\} \sqrt{(2\,g\,k)}$$

ou en

$$q = \frac{1}{2} \frac{k}{a} \left\{ \left(1 + \frac{a}{2\,k} \right)^{\frac{3}{2}} - \left(1 - \frac{a}{2\,k} \right)^{\frac{3}{2}} \right\} \omega \sqrt{(2\,g\,k)}$$

et faisant pour abréger

$$\frac{2}{3} \cdot \frac{k}{a} \left\{ \left(1 + \frac{a}{2\,k} \right)^{\frac{3}{2}} - \left(1 - \frac{a}{2\,k} \right)^{\frac{3}{2}} \right\} = A$$

on a pour la valeur du produit par seconde

$$q = A \, \omega \sqrt{(2\,g\,k)},$$

et pour celle du produit dans un jour, ou 86400 secondes,

$$Q = 86400 \cdot A \, \omega \sqrt{(2\,g\,k)}.$$

La valeur du produit par seconde, est composée de deux facteurs, dont l'un $\omega \sqrt{(2gk)}$ est précisément le terme unique donné par la formule de Toricelli, en prenant pour hauteur de la charge d'eau celle qui a lieu au-dessus du centre de figure de l'orifice. L'autre facteur A dépend du rapport entre cette hauteur de la charge d'eau et celle de l'orifice, et son calcul semble laborieux au premier coup d'œil ; mais il a la propriété remarquable de ne pouvoir varier que dans des limites très-resserrées ; car il devient égal à l'unité lorsqu'on suppose la hauteur de l'eau infinie par rapport à celle de l'orifice et à 0, 94281 lorsque la hauteur de l'eau au-dessus du sommet de l'orifice est nulle. Les variations de ce facteur A sont donc pour toutes les valeurs (applicables à la question que l'on traite) dont il est susceptible, renfermées dans l'étendue de $\frac{6}{100}$ d'u-nité à très-peu près; et on peut, au moyen de la table I qui contient onze de ces valeurs depuis 1 jusqu'à 0, 94, s'é-pargner, dans tous les cas, la peine de calculer ce terme; il suffira, après avoir calculé le nombre qui répond au terme déduit de la formule de Toricelli, de prendre dans cette table celui qui se trouve vis-à-vis le rapport de a à k, éva-lué seulement en dixièmes d'unité, et de multiplier ces deux nombres l'un par l'autre. M. Prony a mis les loga-rithmes à côté des nombres naturels, et pour mettre à profit un des grands avantages de notre nouveau système métrique, il faut se servir des tables de logarithmes, tant pour ces calculs que pour beaucoup d'autres, dans lesquels on n'emploie plus, comme précédemment, la numération duodécimale, qui rendait l'usage des logarithmes un peu embarrassant. Voici un modèle de calcul pour l'évaluation

du produit en mètres cubes pendant vingt-quatre heures,
ou 86400 secondes.

$$\text{Données} \begin{cases} a = 0,327 \\ b = 1,024 \\ h = 0,654 \\ h_{,} = 0,981 \end{cases} \begin{array}{c} \text{d'où} \\ \text{l'on} \\ \text{conclut} \end{array} \begin{cases} k = h + \tfrac{1}{2} a = 0,8175 \\ \omega = ab = 0,334848 \\ \dfrac{a}{2k} = 0,2; \ A = 0,99832. \end{cases}$$

Calcul du produit.

$$\log. \ \omega = \overline{1},524848$$

$$\tfrac{1}{2} \log. \ k = 1,956244$$

$$\log. \ A = 1,999270$$

$$\text{Log. } [\, 86400 \sqrt{(2g)}\,] = 5,5822838$$

$$\log. \ Q = 5,063200$$

$$Q = \ \ \ 115665 \qquad (1)$$

Ainsi le produit théorique en vingt-quatre heures est de
115665 mètres cubes. Lorsqu'on a fait le calcul par la
méthode précédente, il est bon de le vérifier, en mettant
la valeur du produit *q* sous une autre forme. L'auteur emploie pour cela la formule primitive

$$q = \tfrac{2}{3} b \left(h_{,}^{\frac{3}{2}} - h^{\frac{3}{2}} \right) \sqrt{(2g)};$$

Mais après en avoir rendu le calcul encore plus simple que
celui de la formule précédente, au moyen d'une table où
on trouve les puissances $\tfrac{3}{2}$ des nombres de 10ᵉ. en 10ᵉ. d'u-
nité, depuis 1 jusqu'à 300, ce qui suffit pour la presque
totalité des cas qu'offre la pratique, en prenant les mêmes
donées que ci-dessus, on a,

---

(1) Log. A se trouve dans la table 1, et log. [86400 . $\sqrt{(2g)}$] est
un log. constant, calculé une fois pour toutes, et qui se trouve dans la
table 3. On observera de plus que le trait horizontal au-dessus de la
caractéristique indique qu'elle est négative, la partie décimale du logarithme demeurant positive. *Voy.* pour les tables les Ann. des arts et manuf.

$$h_{,}^{\frac{1}{2}} = 0,971636$$
$$h^{\frac{2}{3}} = 0,528891$$
$$h_{,}^{\frac{1}{2}} - h^{\frac{2}{3}} = 0,442745$$
$$\log. \ h_{,}^{\frac{1}{2}} - h^{\frac{2}{3}} = \overline{1},646154$$
$$\log. \ b = 0,010300$$
$$\log. \left[\tfrac{2}{3} \, 86400 \, \sqrt{(2\,g)} \right] = 5,406747$$
$$\log. \ Q = 5,063201$$
$$Q = \quad 115665 \qquad (1)$$

Le produit est encore de 115665 mètres cubes en vingt-quatre heures, comme on l'a trouvé par le premier calcul, et il ne reste plus à faire à ce résultat théorique que les corrections dont il va être question, et qui sont nécessaires pour en déduire le produit effectif. Si ces corrections se réduisent à multiplier le produit théorique par un facteur constant, il sera inutile de calculer celui-ci séparément, et on aura immédiatement l'écoulement effectif en comprenant le logarithme du facteur dans le logarithme constant. L'auteur s'est assuré par l'expérience qu'au moyen de types de calcul qu'il a disposés, et des tables qu'il y a jointes, le temps des opérations arithmétiques était réduit au quart. Il serait bien à désirer, ajoute M. Prony, que les ingénieurs, et en général tous les hommes qui ont à mesurer et à calculer, prissent définitivement et sans retour, le parti de rapporter au mètre seul toutes les mesures de dimension; la diversité des unités linéaires, superficielles et cubiques qu'on emploie souvent dans la même phrase, forme une bigarrure choquante, et il est surtout étonnant qu'on se serve encore du *pouce de fontainier*.

---

(1) Le log. $\left[\tfrac{2}{3} \, 86400 \, \sqrt{(2\,g)} \right]$ est constant, et il se calcule une fois pour toutes. Il se trouve dans la table à la suite du mémoire.

Cette mesure, qui n'a en sa faveur que son ancienneté, instituée principalement pour les produits d'eau destinés à la consommation individuelle des habitans d'une ville ou d'un pays, et appliquée fort mal à propos aux produits d'eau destinés à la navigation, offre peut-être le plus vicieux de tous les modes d'évaluation, contre lequel les hommes instruits se sont prononcés long-temps avant l'établissement du nouveau système métrique. Les fontainiers ont pu en conserver l'usage pour mesurer de petits filets d'eau, parce qu'il fournit un moyen de jauger extrêmement commode. Après avoir barré le ruisseau, on perce dans une planche mince qui fait partie du barrage, des trous circulaires d'un pouce de diamètre, dont tous les centres sont sur la même ligne horizontale, en nombre suffisant pour que l'eau, parvenue à une élévation constante en amont du barrage, ait sa surface supérieure à sept lignes au-dessus des centres des trous. Lorsque cette condition est remplie, on dit que le ruisseau fournit un nombre de pouces d'eau égal à celui des trous percés dans la planche. Cette méthode a plusieurs défauts, parmi lesquels on peut distinguer l'extrême difficulté de s'assurer que la charge d'eau est précisement d'une ligne au-dessus des bords supérieurs des orifices ; l'adhésion et la viscosité font courber la surface du fluide à sa rencontre avec la paroi intérieure du barrage ; la plus petite fluctuation fait varier le niveau de l'eau, etc.; et ces incertitudes sur la hauteur au-dessus du centre, portant sur des quantités qui sont une partie notable de cette hauteur, il doit en résulter une incertitude proportionnée sur le produit, à laquelle il faut ajouter celle provenant du plus ou moins d'épaisseur de la paroi. Aussi les hydraulistes ont-ils beaucoup varié sur le produit du *pouce d'eau* évalué par les uns à treize pintes et demi en une minute, et par les autres à quatorze pintes ; et on peut observer de plus que la mesure elle-même a été un objet de contestation ; il paraît cependant que, d'après les étalons les plus authentiques, elle est de quarante-six pouces cubes neuf dixièmes à très-peu près. Si le pouce de fontainier est une mesure défectueuse, même en profitant de la commodité de la méthode par laquelle on l'évalue immédiatement, à plus forte raison doit-on l'exclure quand il s'agit d'exprimer des produits d'eau évalués par d'autres méthodes. C'est alors une grande inconséquence de ne pas se servir des mesures cubiques qui se rapportent aux mesures linéaires qu'on a employées; et on ne justifie point cette inconséquence en disant qu'on fait abstraction du produit effectif d'un orifice de douze lignes de diamètre, et que le pouce d'eau n'est considéré que comme une mesure de convention. La convention la plus naturelle et la plus simple est, quand on mesure en mètres linéaires, d'exprimer les surfaces en mètres carrés, et les volumes en mètres cubes; on obtient par-là les avantages réunis de la clarté de l'énonciation et de la facilité du calcul. Passant aux considérations relatives à la contraction de la veine fluide, l'auteur s'exprime ainsi : Les formules qui se rapportent à l'écoulement par un orifice soit horizontal, soit vertical, ainsi qu'on a pu le remarquer, sont établies dans l'hypothèse que toutes les molécules fluides comprises dans une tranche horizontale quelconque, située au-dessus de l'orifice, se meuvent verticalement et avec des vitesses égales; on sait de plus, et par le raisonnement et par l'expérience, que ni l'un ni l'autre de ces deux mouvemens ne peut avoir lieu pour les tranches qui avoisinent l'orifice, dans lesquelles les molécules ont en même temps convergence de direction et inégalité de vitesse. C'est par ces deux circonstances et par la viscosité du fluide qu'on explique la forme conoïde qu'affecte le jet à la sortie de l'orifice. Les géomètres ont fait des tentatives plus ou moins ingénieuses pour résoudre le problème de l'écoulement, en ayant égard à ces divers phénomènes; mais la pratique n'a encore retiré aucun fruit de leurs recherches : le seul moyen qu'on ait de faire entrer dans le calcul la contraction de la veine fluide, consiste à évaluer la dépense dans l'hypothèse du *parallélisme des tranches,* et à diminuer le résultat dans le rapport de l'orifice réel à l'orifice ou section contractée. Cette correction, tout empirique qu'elle est, serait très-suffisante pour les praticiens, si le coefficient par lequel il faut multiplier le produit réel était ou constant ou aisément assignable dans tous les cas ; mais on est bien loin de jouir de cet avantage ; car d'une part, les expériences connues et authentiques sur la contraction ne se rapportant qu'à des orifices extrêmement petits par rapport à la charge d'eau et aux dimensions des vases ou des réservoirs, on ne peut en tirer que des conclusions très-incertaines pour les questions dont il s'agit ici ; et d'une autre part, les expériences mêmes faites sur ces petits orifices offrent des variétés dans leurs résultats, dont on n'a pas encore rendu raison d'une manière satisfaisante. Newton et Bossut ont établi des calculs et fait des expériences ; mais les uns et les autres se rapportent à des orifices percés dans une paroi très-mince. En général, le déchet qui a lieu à travers un orifice percé dans une mince paroi, demeure le même si on adapte à l'orifice un ajutage dont la longueur soit égale à la distance de cet orifice, à la section de plus grande contraction, et dont la paroi ait la forme conoïde affectée dans cet intervalle par le fluide. Mais si à la suite de cet ajutage on place un tuyau cylindrique d'un diamètre égal à celui de l'orifice, supposé circulaire, ou un tuyau conique, ou enfin un tuyau en partie cylindrique et en partie conique, les longueurs et l'évasement n'excédant pas certaines limites, la dépense dans un temps donné augmente et peut surpasser le double de celle qui se fait par une mince paroi. Cette augmentation de dépense varie avec les proportions des ajutages, qui comportent un *maximum* et un *minimum*. Cet écoulement par les ajutages a offert un phénomème curieux et remarquable. Si on fait la plus légère ouverture près de l'endroit où est la contraction de la veine, l'augmentation de dépense n'a pas lieu ; et en adaptant un tuyau additionnel, des siphons dont les branches inférieures trempent dans l'eau ou le mercure, il y a aspiration dans chacune de ces

branches, qui diminue à mesure que le siphon est plus
éloigné de la section de plus grande contraction. Enfin, la
différence entre la dépense par un orifice percé dans une
mince paroi et celle par un tuyau additionnel, n'a pas lieu
dans le vide. On voit, par ces divers phénomènes, que le
poids de l'atmosphère a une influence totale ou presque
totale sur l'excès du produit des tuyaux additionnels. Un
habile physicien, J.-B. Venturi, a essayé de lier les faits
que l'on vient de rapporter à un principe ou fait primitif,
savoir : si l'on introduit un filet d'eau, avec une certaine
vitesse, dans un vase ou réservoir rempli d'un fluide stag-
nant à la surface duquel il s'échappe, en suivant la direction d'un canal curviligne, ouvert dans toute sa longueur,
ce filet entraînera avec lui et fera sortir du vase le fluide
qui y est contenu, de manière qu'au bout d'un certain
temps il n'en restera que la portion comprise entre le
fond du vase et la partie inférieure à l'ouverture par laquelle entre ce filet. Venturi a nommé cet effet *communication latérale du mouvement dans les fluides*. Il ne donne
aucune explication du principe, et conclut même de ses
expériences que l'attraction réciproque des molécules est
suffisante pour en rendre raison. Il est manifeste, par l'exposé précédent, qui offre, à peu de chose près, le som-
maire de toutes nos connaissances actuelles sur l'écoulement de l'eau par des orifices, que rien de ce qui a été
publié sur la contraction de la veine fluide ne peut être
appliqué avec certitude à la correction des produits théoriques par les orifices employés pour les jaugeages des
courans d'eau. Il est donc indispensable d'employer pour
faire ces jaugeages des méthodes et des appareils qui fournissent immédiatement toutes les données du calcul des
produits effectifs. On a proposé, pour avoir le produit
d'un courant, de déterminer la vitesse moyenne d'une
section transversale dont on connaîtrait exactement la
surface ; et ce moyen, qui a l'avantage d'être simple, commode et expéditif, a été souvent mis en pratique ; mais,
suivant l'auteur, ce procédé n'est utile que comme objet

d'expérience et de comparaison, et ne peut dispenser de faire recourir à d'autres procédés qui, plus compliqués en apparence, présenteront peut-être moins de causes d'incertitude, lorsqu'on les emploiera avec les précautions convenables. La première condition à obtenir est celle de la stagnation du fluide au-dessus du barrage auquel le pertuis est adapté. Cette stagnation aura sensiblement lieu lorsqu'il existera, en amont du barrage, une masse d'eau très-considérable, en comparaison de la section d'eau vive du courant; dans le cas contraire, on construira un petit batardeau à trente ou quarante mètres du pertuis, et même à une plus grande distance, si on le juge convenable. Deux fossés ou tranchées latérales seront creusés de chaque côté du canal pour conduire l'eau de l'amont à l'aval du batardeau; et les directions de ces tranchées seront à angle droit sur celle du canal, tant à leur origine qu'à leur extrémité. On conçoit aisément que les rigoles par lesquelles le courant passera d'un côté à l'autre du batardeau, et l'opposition directe des deux affluens en aval du batardeau, doivent détruire en presque totalité le mouvement que la section d'eau vive tendrait à propager dans la masse fluide comprise entre le batardeau et le pertuis d'écoulement. Cette première construction et celle du barrage auquel le pertuis est adapté étant achevées, il faut attendre que le fluide soit parvenu entre le batardeau et le pertuis, à une hauteur constante; et, tant pour aider dans l'observation et la détermination de cette hauteur, que pour un autre but, il est à propos d'avoir un moyen très-précis de mesurer les variations de hauteur du fluide. L'auteur se sert à cet effet d'un canal ou tuyau de bois recourbé, dont une partie horizontale sera enterrée sur le bord du rivage et communiquera avec l'eau, par son extrémité ouverte, entre le batardeau et le pertuis; l'autre partie verticale servira à indiquer et à mesurer la hauteur du fluide, au moyen d'un flotteur qui y sera plongé, et qui portera une tige dont l'extrémité répondra aux graduations d'une échelle tracée sur une rè-

gle verticale. Il s'agit maintenant de déterminer la forme
du barrage et du pertuis. L'auteur a déjà dit que lorsqu'on aurait une chute suffisante, on trouverait de l'avantage à faire couler l'eau par un pertuis ou orifice horizontal. Cet orifice, qui doit être circulaire, sera pratiqué
au centre d'un plancher parallélogrammique porté sur
quatre traverses, soutenues elles-mêmes par quatre piquets
ou petits pieux plantés aux angles; le barrage sera fait
d'ailleurs avec toutes les précautions nécessaires pour le
rendre solide et étanche. L'élévation du pertuis horizontal
au-dessus du lit du courant inférieur permettra de faire
une mesure immédiate et précise de la section contractée.
Il faudra tenir note exacte du diamètre de cette section
et de sa distance au pertuis. Enfin, pour déduire d'une
observation directe la vitesse d'écoulement par le pertuis,
on fixera dans le plan de ce pertuis l'extrémité d'un tuyau
de tôle ou de fer-blanc recourbé, ayant un ou deux centimètres de rayon, dont l'autre extrémité, fixée à un piquet planté en aval du barrage, portera un tube de verre
dans lequel on verra l'extrémité de la colonne du fluide
refoulée par l'eau qui agit sur l'autre extrémité de la même
colonne. Lorsqu'on n'aura pas une chute telle qu'entre
le pertuis horizontal et le lit inférieur du courant il y ait
une distance égale à environ deux fois le diamètre du
pertuis, il sera convenable de faire couler l'eau à travers
un orifice vertical, auquel il faudra donner la forme d'un
parallélogramme rectangle à base horizontale; mais comme,
dans ce dernier cas, la forme de la paroi intérieure de la
partie du canal qui avoisine le pertuis en amont du barrage influe sensiblement sur la figure conoïde que le
fluide affecte à la sortie du pertuis, il faudra, pour rendre
les observations aussi comparables que possible, donner de
la régularité et une forme constante à cette paroi intérieure.
C'est à quoi l'on parviendra en adoptant deux parois factices en planches qui auront leur origine aux deux côtés
verticaux du pertuis, et se termineront contre le rivage.
La base du pertuis sera élevée de quelques centimètres au-

dessus d'un petit radier que l'on pratiquera en aval du barrage, de manière qu'on puisse mesurer exactement et commodément la section contractée, tant dans le sens vertical que dans celui horizontal. On fera dans ce cas, comme dans celui du pertuis horizontal, l'observation immédiate de la vitesse par le tube de Pitot; mais il faudra ici employer deux tuyaux ayant leurs extrémités inférieures l'une au sommet, et l'autre à la base de l'orifice; les extrémités supérieures, munies de tubes de verre, seront, comme précédemment, soutenues par un piquet planté en aval du barrage. Outre tous ces moyens de connaître la vitesse moyenne de l'eau à l'orifice, qui se serviront réciproquement de vérification et de comprobation, l'auteur en propose un dernier qui lui paraît préférable, et qui, pour peu que les localités s'y prêtent, pourra les suppléer et être employé exclusivement. Il a l'avantage de s'appliquer indistinctement à un orifice quelconque, sans qu'on soit obligé de connaître ni la forme ni les dimensions de cet orifice, ni la hauteur de l'eau au-dessus de ses diverses parties, et de n'exiger que des calculs infiniment simples. On adaptera de petites vannes susceptibles d'être fermées instantanément aux extrémités aval des tranchées ou rigoles qui conduisent l'eau du courant d'un côté à l'autre du batardeau : d'autres rigoles, qui communiqueront avec celles-ci, pourront amener l'eau en aval du barrage où se trouve le pertuis ; et cette communication sera ouverte ou interceptée par de petites vannes placées à côté des précédentes. On établira de plus, le long et sur les bords de la partie du canal, comprise entre le batardeau et le pertuis, une suite de planches posées horizontalement et de champ, et clouées contre des piquets : il sera bon de glaiser ou de garnir de terre battue le derrière de ces planches; on les placera de manière que lorsque l'eau sera parvenue à une élévation constante, leur arête supérieure se trouve à peu près à fleur d'eau, et que la paroi du lit du canal soit sur quatre ou cinq décimètres de hauteur, à partir du niveau de l'eau, composée de plans verticaux,

ses sections horizontales devant être, dans cet espace, égales entre elles et faciles à mesurer. Toutes ces dispositions
achevées, et la charge d'eau sur l'orifice étant parvenue à
un état constant, on fermera subitement les vannes qui
conduisent l'eau du courant d'un côté à l'autre du batardeau. Cette fermeture instantanée pourra s'opérer au moyen
de poids dont on chargera les queues des vannes, qui seront tenues élevées par des arrêts susceptibles d'être enle-
vés d'un coup de marteau à un signal donné ; on laissera
alors couler cette eau dans le lit inférieur du ruisseau, en
levant les petites vannes qui ferment la rigole conduisant
à ce lit inférieur. Le fluide contenu entre ce batardeau
et le barrage du pertuis, qui continuera à s'échapper par
ce pertuis, commencera aussitôt à baisser ; mais avec un
compteur à secondes, et les tuyaux recourbés ou siphons
dont il a été question, munis de flotteurs et d'échelles divisées avec verniers, on observera le temps que les extrémités des tiges des flotteurs emploient pour parvenir aux
différentes divisions des échelles. M. Prony pense qu'on
obtiendrait une grande précision en adaptant à chaque
flotteur deux tiges qui couleraient dans des anneaux fixés
à une planche verticale : les sommets de ces deux tiges seraient unis par une traverse horizontale ; on attacherait à
cette traverse un petit ressort très-faible, avec une pointe
à son extrémité, qu'on pourrait, avec le plus léger effort,
faire appuyer contre une bande de papier collée sur la
planche, de manière qu'elle y marquât un petit point. L'observateur occupé à compter les secondes n'aurait qu'à
presser le ressort à chaque cinquième ou dixième seconde,
et mesurerait ainsi à loisir les distances entre les points
qu'il aurait marqués. Soient $t_{,}$ et $t_{,,}$ les deux premiers
temps observés, à compter de l'instant où les vannes ont
été subitement fermées, $z_{,}$ et $z_{,,}$ les abaissemens correspondans, t et z un temps et un abaissement quelconques
(z commençant à zéro lorsque $t = 0$) on aura, par la méthode d'interpolation, les relations suivantes entre t et z :

$$z = \frac{t}{t_{,,} - t} \left(\frac{t_{,,} - t}{t_{,}} z_{,} - \frac{t_{,} - t}{t_{,,}} z_{,,} \right);$$

d'où l'on déduit par la différenciation,

$$\frac{d z}{d t} = \frac{(t_{,,} - 2 t) z_{,}}{(t_{,,} - t_{,}) t_{,}} - \frac{(t_{,} - 2 t) z_{,}}{(t_{,,} - t_{,}) t_{,,}}.$$

Mais v étant la vitesse moyenne à l'orifice, ω l'aire de cet orifice, et S l'aire de la section horizontale de la partie du canal comprise entre le batardeau et le barrage du pertuis, $v\omega\, dt$ est le prisme élémentaire de fluide qui s'échappe de l'orifice ω pendant l'instant dt, et qui est égal au prisme S dz dépensé par le réservoir pendant le même instant dt. On a donc à cet instant

$$v = \frac{S}{\omega} \cdot \frac{d z}{d t}$$

Substituant, dans cette équation, pour $\frac{dz}{dt}$ sa valeur ci-dessus, et faisant $t = 0$, on a pour calculer la vitesse moyenne à l'orifice, à l'instant où les vannes de communication entre le ruisseau en amont du batardeau et le réservoir en aval ont été fermées, l'équation

$$v = \frac{S}{\omega} \cdot \frac{t_{,,} \,2\, z_{,} - t_{,} \,2\, z_{,,}}{t_{,,} - t_{,}) t_{,,} t_{,}};$$

d'où on déduit aisément le produit q du courant, pendant l'unité de temps, qui a pour valeur

$$q = \frac{t_{,,} \cdot z_{,} - t_{,} \,2\, z_{,,}}{t_{,,} - t_{,}) t_{,,} t_{,}} \,S;$$

équation dans laquelle les quantités relatives à l'orifice d'écoulement à la charge d'eau sur cet orifice, etc., n'entrent point. Il est facile de s'arranger de manière que $t_{,,} = 2 t_{,}$; alors le calcul devient encore plus simple, et on a, en faisant $t_{,} = \tau$,

$$q = \frac{2\, z_{,} - z_{,,}}{\tau} \,S.$$

L'auteur n'emploie que deux observations de temps et

d'abaissement, et il pense qu'elles suffiraient communément; car, par la nature du phénomène, les différences secondes des quantités observées doivent être peu variables.
Mais comme, pour assurer et vérifier l'exactitude des résultats, il est bon de faire le plus d'observations qu'on
pourra, et de les faire servir de comprobation réciproque
les unes aux autres, M. Prony donne une suite de formules dont les calculs sont extrêmement faciles, et qui
s'appliquent à un nombre quelconque de temps et d'abaissemens observés; il les a déduites des formules générales
d'interpolation publiées dans ses Leçons d'analyse. On
compte zéro temps à l'instant ou la communication est
interceptée entre le ruisseau en amont du batardeau et
l'eau contenue entre le batardeau et le barrage du pertuis;
et depuis zéro temps jusqu'aux temps successifs τ, 2τ, 3τ,
etc. $n\tau$, les abaissemens correspondans de l'eau ou du flotteur sont $z_{,}$, $z_{,,}$ $z_{,,,}$ etc. z_n, rapportés à une même origine,
avec la condition que le plus grand abaissement, ou z_n,
n'excède pas la hauteur sur laquelle on a rendu le lit du
courant prismatique. Ces quantités étant observées très-
exactement, on a la quantité q d'eau fournie par le ruisseau
pendant l'unité de temps, par l'une quelconque des équations suivantes dans lesquelles S a la même signification que
ci-dessus. En employant :

$\mathrm{I^{re}}$. Observ. $q = \dfrac{1}{\tau} . z_{,} S$

2e. $\quad q = \dfrac{1}{\tau}\left(2\,z_{,} - \dfrac{1}{2}\,z\right)S$

3e. $\quad q = \dfrac{1}{\tau}\left(3\,z_{,} - 3\,\dfrac{z_{,,}}{2} + \dfrac{z_{,,,}}{3}\right)S$

4^{e}. $\quad q = \dfrac{1}{\tau}\left(4\,z_{,} - 6\dfrac{z_{,,}}{2} + 4\,\dfrac{z_{,,,}}{3} - \dfrac{z_{\mathrm{iv}}}{4}\right)S$

5^{e}. $\quad q = \dfrac{1}{\tau}\left(5z_{,} - 10\dfrac{z_{,,}}{2} + 10\,\dfrac{z_{,,,}}{3} - 5\,\dfrac{z_{\mathrm{iv}}}{4} + \dfrac{z_{\mathrm{v}}}{5}\right)S$

6e. $\quad q = \dfrac{1}{\tau}\left(6z_{,} - 15\dfrac{z_{,,}}{2} + 20\,\dfrac{z_{,,,}}{3} - 15\,\dfrac{z_{\mathrm{iv}}}{4} + \right.$

$\left. 6\,\dfrac{z_{\mathrm{v}}}{5} - \dfrac{z_{\mathrm{vi}}}{6}\right)S \qquad$ etc. etc.

L'auteur croit devoir donner la règle générale d'après laquelle ces équations sont formées, qui est remarquable par sa simplicité en même temps qu'elle est curieuse. Toutes les valeurs de q ont un facteur commun $\frac{s}{\tau}$, et pour former l'autre facteur, en supposant qu'on ait observé un nombre n d'abaissemens, développez par la règle du binôme la quantité $1-(1-z)^n$; changez, dans le développement, les exposans de puissances en accens de mêmes numéros (c'est-à-dire, z en $z_{,}$, z^2 en $z_{,,}$, etc., et z^n en z_n), et divisez respectivement les termes qui contiennent $z_{,}$ $z_{,,}$ $z_{,,,}$, etc., z_n par la suite des nombres naturels 1, 2, 3, etc., n. On aura ainsi pour la valeur de q, déduite d'un nombre n d'abaissemens observés,

$$ q = \frac{1}{\tau}\left(n\,z_{,} - \frac{n(n-1)}{1.2}\cdot\frac{z_{,,}}{2} + \frac{n(n-1)(n-2)}{1.2.3}\cdot \frac{z_{,,,}}{3} - \text{etc.} \pm \frac{z'_{n}}{n}\right) S $$

et on ne verra peut-être pas sans intérêt des résultats d'analyse élevée fournir des règles de pratique très-simples pour des objets d'une grande utilité. Lorsque les observations seront bien faites, ce qu'on vérifiera en examinant si les différences premières et secondes ont une marche régulière, l'une quelconque des équations ci-dessus doit donner la valeur de q avec de très-petites anomalies. Il est à remarquer toutefois que la première équation fournira toujours un résultat un peu faible, puisque, n'employant qu'une seule observation, elle suppose que la surface supérieure du fluide s'abaisse avec la vitesse uniforme $\frac{z_{,}}{\tau}$, tandis que cet abaissement a lieu d'un mouvement retardé, dans lequel la vitesse réelle, qui rés out le problème, est plus grande que $\frac{z_{,}}{\tau}$, celle-ci étant à peu près moyenne entre celles qui ont lieu au commencement et à la fin de τ: Ce résultat sera cependant peu erroné, lorsqu'il ne sera que d'un petit nombre de secondes. Quant aux deuxième, troisième, etc., équations, comme elles emploient plusieurs observations, la variation du mouvement y est introduite par cette circonstance; et si les deux premières observations sont bien exactes, la deuxième équation doit donner, dès l'abord, le véritable produit du ruisseau; car, ainsi que l'auteur l'a déjà observé, les différences secondes des abaissemens doivent, par la nature du phénomène, être ou constantes ou très-petites; il n'en sera pas moins extrêmement utile d'examiner si les troisième, quatrième, etc., équations s'accordent avec la première. Ainsi, voilà une méthode pour obtenir le produit d'un courant d'eau, par le fait, qui dispense de recourir à aucune hypothèse, tant sur la loi de l'écoulement par un orifice, soit vertical, soit horizontal, que sur la contraction de la veine fluide, etc., pour laquelle on n'a aucun besoin de connaître la forme de l'orifice, de mesurer ses dimensions et la hauteur de l'eau au-dessus de cet orifice, etc. La section horizontale S du bassin est substituée très-avantageusement à l'aire de l'orifice, en ce que, vu la grandeur de cette section, les erreurs sur son évaluation influent infiniment moins sur le résultat que les erreurs sur l'évaluation de l'aire de l'orifice. Les moyens que l'auteur propose pour mesurer les abaissemens du fluide sont bien plus précis que ceux qu'on emploie ordinairement pour mesurer la hauteur de l'eau au-dessus du sommet ou de la base de l'orifice. Les calculs des produits sont beaucoup plus simples que ceux employés pour les écoulemens par les orifices; les diverses observations se servent de comprobation réciproque. Les procédés de cette méthode n'ont rien, dans les constructions qu'ils exigent, qu'on ne puisse faire exécuter, dans chaque pays, par les ouvriers qui s'occupent des arts tenant aux besoins de première nécessité. Les moyens que l'auteur a décrits exigent, dit-il, à la vérité, un peu plus de soin, de temps et de dépense que ceux ordinairement employés; mais leurs résultats sont bien plus certains, et leur objet est d'une si haute importance, qu'on ne doit point regarder à une légère augmentation de frais, de pré-

cautions et de travail, lorsqu'elle assure la connaissance
de la vérité ; d'ailleurs, tous les bois employés pour
le jaugeage d'un ruisseau peuvent ou servir au jaugeage de plusieurs autres ruisseaux, ou être repris aux
conditions d'usage ; et en définitive, il ne faut pas perdre
de vue qu'une méthode aisée et rigoureuse, qui fournit
dès l'abord un résultat certain, est presque toujours plus
économique que les méthodes imparfaites et peu sûres,
dont on ne tire, après des vérifications réitérées et très-
dispendieuses par leur répétition, que des données fausses
ou incertaines. Cependant on se ferait une idée très-erronée
de la méthode de jaugeage proposée par l'auteur, si on la
regardait comme essentiellement plus coûteuse et plus pénible que les méthodes ordinaires : il a voulu donner les
détails des dispositions à faire pour cette opération, de manière à n'omettre aucune des précautions à prendre dans
les cas les plus extraordinaires ; mais les circonstances où
toutes ces préparations deviennent nécessaires sont si rares,
qu'on doit presque les regarder comme n'existant pas quant
aux applications pratiques ; en sorte qu'on pourra, dans les
cas ordinaires, réduire l'opération au plus grand degré de
simplicité et d'économie. En effet, lorsque les grandes
vannes seront fermées, et que l'eau s'écoulera par le pertuis pratiqué au barrage inférieur, on pourra, en général,
laisser les petites vannes fermées, sans craindre que, pendant la durée de l'expérience, l'eau s'élève dans le lit du
ruisseau en amont du batardeau, à une hauteur telle qu'il
en résulte des inconvéniens quelconques. En effet, ces observations ne se faisant pas à l'époque où les ruisseaux se
débordent ou sont près de se déborder, si on donne au
batardeau la hauteur convenable, l'eau pourra s'élever
d'une certaine quantité dans le lit supérieur ; et comme
cette élévation sera beaucoup plus lente que l'abaissement
du fluide qui, dans la retenue en aval du batardeau, s'é-
coule par le pertuis de cette retenue, sans se renouveler,
le temps nécessaire pour observer les abaissemens successifs qui doivent donner le produit du ruisseau sera très-

petit en comparaison de celui que le ruisseau barré em-
ploierait à surmonter le barrage et ses rives. Ainsi les petites vannes, qui ne seraient utiles que dans des circonstances infiniment rares, seront supprimées dans tous les
cas habituels, et on supprimera aussi, par conséquent, la
rigole qui conduit l'eau de l'amont du batardeau à l'aval
du barrage du pertuis. Cette simplification importante
fait déjà disparaître la principale difficulté de l'opération;
l'ingénieur n'a plus qu'à travailler dans le lit du ruisseau,
où il peut encore réduire considérablement la dépense de
ses dispositions par les moyens suivans : M Prony a dit
qu'il fallait, pour donner de la régularité à la paroi de
la partie du ruisseau comprise entre le batardeau et le
barrage du pertuis, adapter à cette paroi un bordage de
planches qui rendît le lit prismatique sur quatre ou cinq
décimètres de hauteur. Cette disposition n'a pour but que
de donner une base constante aux différens prismes d'eau
écoulés correspondant aux différens temps de l'écoulement,
ce qui abrège le calcul de leurs volumes : mais ce n'est là
qu'une chose de pure commodité; et si on parvient, d'une
manière quelconque, à connaître le nombre des mètres
cubes d'eau écoulés depuis l'abaissement des grandes vannes
jusqu'à un instant quelconque de la durée de l'expérience,
on en déduira également le produit du ruisseau, quelle que
soit la forme de la paroi du réservoir, en introduisant dans
les formules quelques légers changemens qui vont être indiqués ci-après. Or, ces nombres de mètres cubes se dé-
duisent d'une opération très-familière aux ingénieurs, et
qui consiste à faire des profils transversaux du réservoir
ou de la retenue, assez rapprochés pour qu'on puisse, par
les règles de la mesure des solides, en déduire les volumes
demandés. La ligne à *fleur d'eau* correspondante à la hauteur à laquelle l'eau cesse de s'élever en amont du pertuis,
avant que la grande vanne soit fermée, sera marquée sur
tous ces profils, et c'est à partir de cette ligne que se comp-
teront tous les volumes d'eau écoulés pendant différens
temps. Voilà donc les rigoles ou fossés, et le bordage en

planches, c'est-à-dire la portion la plus considérable de la fourniture des matériaux et du travail de main-d'œuvre supprimés, sans nuire en aucune manière au but qu'on se propose : mais cette économie n'est pas la seule ; et puis-qu'on évite la partie de la dépense qui, proportionnelle à la longueur du réservoir formé entre le batardeau et le barrage du pertuis, pourrait gêner dans l'étendue à donner au réservoir, il n'y aura plus d'inconvéniens, ou du moins il y en aura très-rarement, à mettre le batardeau et les grandes vannes à une distance assez considérable du bar-rage du pertuis pour que le réservoir compris entre ce batardeau et ce barrage contienne une telle masse d'eau que le mouvement dû à l'affluence de l'eau du lit supérieur du ruisseau ne trouble pas sensiblement les phénomènes de l'écoulement : dès lors le batardeau et les rigoles cou-dées qui conduisent l'eau de l'amont à l'aval de ce batar-deau deviennent inutiles, et les deux grandes vannes peu-vent être remplacées par une seule, établie en travers du ruisseau à la place du batardeau, et disposée, comme les grandes vannes, pour pouvoir être fermée instantanément. L'augmentation de l'étendue du réservoir qu'on forme au-dessus du barrage a un avantage important, celui de don-ner plus de durée à l'écoulement, par le pertuis, de l'eau isolée en amont de ce pertuis, et de fournir par-là des ré-sultats d'observations plus certains, et d'où on déduit le produit du ruisseau d'une manière plus précise. D'après ces simplifications, voici ultérieurement à quoi se réduit la méthode de l'auteur, pour jauger le produit des ruisseaux, considéré quant à la presque totalité des cas auxquels on aura à l'appliquer. Il faut choisir une partie du lit du ruis-seau dont on puisse prendre commodément plusieurs pro-fils en travers, la distance ou longueur comprise entre les deux sections extrêmes étant de 100, 200, etc., mètres, au-tant que les localités le permettront. Si l'on établit au point le plus bas de cette longueur un barrage avec un pertuis d'écoulement, et au point le plus haut une vanne disposée de manière qu'on puisse la fermer instantanément, cette vanne, étant maintenue à une ouverture fixe, demeurera levée jusqu'à ce que l'eau ait acquis une hauteur constante en amont du barrage, ce dont on s'assurera en examinant si les flotteurs sont parfaitement stationnaires. Lorsque cette condition sera obtenue, on fermera instantanément la vanne, de manière que l'eau s'écoule par le pertuis qui est à l'autre extrémité du réservoir, sans se renouveler dans ce réservoir. On observera alors au moyen des flotteurs, les temps correspondans à différens abaissemens de l'eau. On fera, avant ou après l'observation des abaissemens successifs de l'eau dans le réservoir, un nombre suffisant de profils en travers du ruisseau, pour évaluer avec exactitude, par les méthodes connues du toisé des solides, les volumes d'eau écoulés qui correspondent à chacun des abaissemens; et il faudra, par conséquent, tracer sur chacun de ces profils la ligne de plus grande hauteur à laquelle l'eau s'est élevée en amont du pertuis. D'après toutes ces données, on calculera le produit du ruisseau pendant une seconde de la manière suivante : soient,

Les temps observés en secondes.	Les volumes d'eau écoulés pendant ces temps.
0.	 0
τ.	. . . . $q_{\prime}$
2 τ.	. . . . $q_{\prime\prime}$
3 τ.	. . . . $q_{\prime\prime\prime}$
4 τ.	. . . . q_{iv}
etc.	. . . . etc.
n τ.	. . . . $q^{(n)}$

Le volume q d'eau fournie par le ruisseau pendant l'unité de temps se calculera par l'une des équations :

Pour une observ. $q = \frac{1}{\tau} q_{\prime}$

Pour deux $q = \frac{1}{\tau} \left(2 q_{\prime} - \frac{q_{\prime\prime}}{2} \right)$

Pour trois $q = \frac{1}{\tau} \left(3 q_{\prime} - 3 \frac{q_{\prime\prime}}{2} + \frac{q_{\prime\prime\prime}}{3} \right)$,

Pour n observ. $q = \frac{1}{\tau}\Big(n\, q_{,} \; - \; \frac{n\,(n-1)}{1\,.\,2} \,.\, \frac{q_{//}}{2} + \frac{n\,(n-1)\,(n-2)}{1\,.\,2\,.\,3} \,.$

$$\frac{q_{///}}{3} \; - \; \text{etc.} \; \overline{\mp} \; \frac{q^{(n)}}{n} \Big)\,.$$

Les quantités $q_{,}$, $q_{,,}$, etc. , sont respectivement multipliées par les coefficiens du binôme , et divisées par la suite des nombres naturels 1 , 2 , 3 , etc., n. Ainsi ces équations sont précisément de même forme que celles données ci-dessus , et n'ont pas besoin d'une plus ample explication. L'auteur termine par un procédé très-direct pour obtenir, *par le fait* , le produit d'un courant , et qui consiste à re-cueillir immédiatement ce produit dans des récipiens de capacités données. Il faut, si la quantité d'eau est assez pe-tite pour qu'on puisse la recevoir dans des vases mobiles , profiter d'une chute, ou en pratiquer une qui permette de placer ces vases au-dessous d'un orifice , ou de la section extrême du lit supérieur , et de les substituer instantané-ment les uns aux autres. On peut aussi faire couler l'eau qui s'échappe par cet orifice , dans une cuve ou vaste ré-cipient placé à côté du ruisseau à une hauteur telle que l'eau puisse y affluer ; autrement on ferait un barrage au bas de la chute, et on élèverait dans un grand récipient, par des machines hydrauliques , toute l'eau fournie par le ruis-seau pendant un temps donné. L'auteur conseille de ne point négliger les vérifications que ces moyens peuvent fournir dans quelques circonstances , bien que ceux pré-cédemment indiqués soient aussi directs et même plus économiques. Un des grands avantages de la méthode de M. Prony , celui d'avoir pour récipient ou bassin le lit même du ruisseau , présente seul de si puissans motifs de préférence , qu'il serait inutile d'entrer , à cet égard, dans de plus grands détails. Il observe enfin que les portes d'écluses , garnies de ventelles , fournissent un excellent moyen de faire des observations sur les lois de l'écoule-ment des fluides par des pertuis. On peut, en ouvrant la ventelle d'une porte d'amont , placée à l'extrémité d'une très-grande retenue , introduire dans le sas une quantité d'eau considérable, et dont on aura la mesure exacte sans que la retenue baisse sensiblement, et par conséquent sous une charge constante. On peut aussi, au moyen de dispositions aisées et peu dispendieuses, faire servir les écluses aux expériences sur les écoulemens par des orifices horizontaux ; ces recherches et leurs combinaisons produiront des résultats très-utiles. *Annales des arts et manufactures ,'an x , tome 9 , page* 192.

EAUX-DE-VIE (Distillation des). — ART DU DISTIL-LATEUR. — *Perfectionnement.* — M. NAZO. — 1815. — *Brevet de dix ans* pour la fabrication des eaux-de-vie avec des fruits du Levant. Les procédés de M. Nazo seront décrits dans notre Dictionnaire annuel de 1825. — MM. FABRE frères. — *Brevet de dix ans* pour la distillation des eaux-de-vie. Nous décrirons les procédés des auteurs dans le même Dictionnaire annuel. — M. MENDÈS. — 1816. — *Brevet de dix ans* pour la fabrication des eaux-de-vie sans vin. Les procédés de l'auteur seront décrits dans notre Dictionnaire annuel. 1826. — M. TRÉGAN. — *Brevet de cinq ans* pour des eaux-de-vie de prunes sèches sans vin. Les procédés de M. Trégan seront décrits dans notre Dictionnaire annuel de 1821. *Voyez* DISTILLATION.

EAUX DES MERS qui baignent les côtes de France (Analyse des). — CHIMIE. — *Observations nouvelles.* — MM. BOUILLON-LAGRANGE et VOGEL. — 1813. — Les auteurs n'entreprennent point d'expliquer les phénomènes physiques qu'offre la mer ; ils renvoient, pour les connaître, à ceux qui les ont le mieux observés, et ils citent particulièrement Euler, Daniel Bernouilli et Maclaurin. Ainsi les causes de ce mouvement journalier et périodique qu'on nomme flux et reflux ou marée, de cette lumière qui brille à sa surface frappée par la rame du matelot, de cette salure plus considérable sous la ligne que dans le nord, ne sont pas l'objet des recherches de MM. Bouillon-Lagrange et Vogel ; ils n'indiquent qu'en passant les divers moyens employés pour dessaler l'eau de la mer, par Appleby, Rouelle, Poissonnier aîné, Hirwing, Macquer, Monnet, et celui qu'a publié M. Rochon, dans le tome 76 du Journal de physique. Leur unique but étant de considérer l'eau qui baigne les côtes de la France sous le point de vue chimique et médical, ils rapportent seulement les analyses de l'eau de quelques mers par les chimistes qui les ont précédés. Bergman a retiré de deux pintes trois quarts d'eau des Canaries :

Muriate de soude. . . . . 2 onces 433 grains.
Muriate de magnésie. . . »   38
Sélénite. . . . . »   45

Quarante livres d'eau de la Manche, prise à Dieppe, anlaysées par Lavoisier, lui ont fourni :

	ouces.	gros.	grains.
Chaux et sulfate de chaux. . . .	»	1	56
Muriate de soude.	8	6	32
Sel de Glaubert et sel d'Epsom. .	»	4	»
Muriate de magnesie.	1	»	»
Muriate de chaux et de magnesie.	1	5	10
	12	1	26

Trois chimistes se sont exercés à différentes époques sur les eaux de la mer Baltique, prises à des latitudes à peu près égales. Un seul d'entre eux, M. Lischtenberg, a obtenu des résultats qui se rapprochent de ceux que l'eau de la Manche a fournis aux auteurs du mémoire. L'eau de la mer Morte, soumise à l'analyse, a présenté une pesanteur spécifique de 1,245. Cent parties de cette eau ont donné :

Muriate de magnésie. , ... 24   20
Muriate de chaux. 10   60
Muriate de soude. 7   80
                        Total. . . . 42   80

La pesanteur spécifique de l'eau de la mer, à une température moyenne, peut être fixée à 1,0289. Quoique les trois mers dont on a fait l'analyse de l'eau communiquent entre elles, on a supposé une différence par rapport au degré de latitude, et on était tenté de croire que si ces eaux ne différaient pas par la nature des sels, elles pouvaient varier du moins par la quantité des matières salines tenues en dissolution. L'eau qui a servi à l'expérience a été prise à la surface de la mer un jour calme; et dans la même expérience, l'eau prise près les Canaries, à une grande profondeur, et analysée par Bergman, contient une plus grande quantité de sels que l'eau prise à la surface. L'eau de la Méditerranée a été prise à quelques lieues de Marseille; l'eau de l'Océan atlantique l'a été au golfe de Gascogne; l'eau de la Manche a été puisée au Havre, à sept lieues du rivage, et à Dieppe à deux lieues en pleine mer. Toutes ces eaux ayant d'abord été examinées par les réactifs, avec l'oxalate d'ammoniaque on a obtenu un précipité léger, très-peu abondant. La potasse et la potasse carbonée précipitent cette eau; l'ammoniaque y forme un précipité très-abondant; et si l'on ajoute un excès d'ammoniaque, la liqueur filtrée laisse encore déposer un précipité blanc, à l'aide de la potasse pure. Le précipité obtenu par la potasse est entièrement soluble dans l'acide sulfurique. Le muriate de baryte et l'acetate de plomb occasionent des précipités abondans, insolubles dans l'acide nitrique. Quoiqu'il soit très-probable que l'eau de la mer contienne un peu de matière animale, appelée par les médecins *matière bitumineuse*, la teinture de noix de galle, ni l'acide oximuriatique n'ont pu amener aucun changement sensible dans deux litres d'eau. Le carbonate de potasse neutre ne forme pas de précipité dans l'eau de mer; mais si l'on porte le mélange à l'ébullition, il se dépose une poudre blanche entièrement soluble dans l'acide sulfurique, avec effervescence. L'eau de mer n'altère pas sensiblement la couleur du sirop de violettes. Une grande quantité de cette eau fait passer au rouge la teinture de

tournesol , mais on peut lui rendre sa teinte bleue en
portant la liqueur à l'ébullition. L'eau de mer verdit le
sirop de nerprun ; ce changement peut être attribué à l'action de sels terreux sur ce réactif. Quoique la nature des
sels contenus dans l'eau de mer puisse être reconnue en
quelque sorte par ces expériences préliminaires , les auteurs ont cru devoir porter une attention particulière à
déterminer les quantités des matières salines par l'analyse.
On a introduit mille grammes de chacune des eaux de mer
spécifiées ci-dessus dans une cornue munie d'un tube recourbé , qui plongeait dans l'eau de chaux ; il se dégagea
d'abord l'air contenu dans l'appareil , et une autre portion
d'air existant dans l'eau de mer ; ensuite il passa du gaz
acide carbonique , mais ce gaz ne se dégage que lorsque
l'eau est en ébullition ; il se forme alors un carbonate de
chaux dont le poids s'est trouvé de cinquante centigrammes;
cette quantité de carbonate de chaux porte à vingt-huit
centigrammes le gaz carbonique. On remplaça ensuite le
tube ainsi que le flacon qui contenaient l'eau de chaux, par
un récipient de verre , et on a continué la distillation jusqu'à ce qu'on ait obtenu un demi-litre de liqueur. Le produit distillé de chaque litre fut troublé par le nitrate d'argent et l'acétate de plomb. Ce composé neutre ne contenait
ni muriate de chaux, ni muriate de magnésie ; car la plus
petite quantité de ces deux sels a la propriété de verdir
le sirop de nerprun , ce qui n'avait pas lieu avec ce produit, et ce qui paraît prouver qu'une quantité de muriate
de soude se volatilise par la distillation. Il se forme aussi un
dépôt par le refroidissement, qui ne se compose que des carbonates terreux dont il sera parlé. On acheva l'évaporation
de l'eau dans un poêlon d'argent , et l'on desséch a le résidu des quatre distillations à la température de l'eau
bouillante, et le résultat fut :

Eau de la Manche,	36 gram.
de l'Océan atlantique,	38
de la Méditerranée ,	41

Cent grammes de ces différens sels, exposés pendant trois jours à l'air, se sont humectés, et leur poids s'est trouvé chacun de cent seize grammes, poids qui augmente encore par une plus longue exposition. On traita le résidu salin à plusieurs reprises, par de l'alcohol à trente-huit degrés, afin de dissoudre les sels déliquescens ; ce lavage par l'alcohol a paru suffisant lorsque la liqueur alcoholique ne fut plus troublée par la potasse, ce qui indique l'absence totale des sels terreux déliquescens. On fait observer qu'il ne faut pas employer de l'alcohol bouillant ; il a l'inconvénient de dissoudre une grande quantité de muriate de soude, dont une partie cristallise à la vérité par le refroidissement. Il faut de plus que ces sels soient réduits en poudre fine ; sans cette précaution, on courrait les risques d'y laisser un peu de sels déliquescens que l'alcohol ne pourrait attaquer. On fit évaporer les divers liquides alcoholiques jusqu'à siccité ; on exposa la matière sèche à l'air, et au bout de quelques jours elle était tombée en déliquescence. Alors on en sépara deux décigrammes de muriate de soude, que l'on a réunis à la totalité du muriate du soude ; on évapora de nouveau les liquides jusqu'à siccité, et l'on termina la dessication à la température de l'eau bouillante. Les matières desséchées ayant été pesées, elles donnèrent :

gram,

Eau de Dieppe, muriate de magnésie 7
    du Havre,   id.   7
    de Bayonne,   id.   6,5
    de Marseille,   id.   7,3

Ces différens sels ont donné par la potasse 1 gramme $\frac{2}{10}$ jusqu'à 1 gramme $\frac{6}{10}$ de magnésie. La petite quantité de magnésie obtenue est une preuve que le muriate contenait beaucoup trop d'eau ; il serait donc plus exact de déterminer sa quantité d'après le poids de la magnésie lavée et calcinée, ce qui indiquerait, d'après de nouveaux essais, pour l'eau de la Manche et pour l'eau de l'Océan 3,50 de muriate de magnésie, et pour l'eau de la Méditerranée 5,25.

Lorsque le résidu de l'évaporation d'un kilogramme d'eau a été ainsi épuisé par l'alcohol et desséché , il n'attire plus l'humidité de l'air. Ce sel dissous par l'alcohol ne contient pas de muriate de chaux ; ce dernier forme même un précipité dans l'eau de la mer réduite au sixième de son volume. Le sel dissous par l'alcohol n'est que du muriate de magnésie ; il est la seule cause de la déliquescence du sel marin. Enfin les auteurs concluent , d'après toutes leurs expériences, qu'une petite quantité de muriate de soude contenue dans l'eau de mer est entraînée lorsqu'on la distille , ce qui explique facilement pourquoi l'on trouve à une certaine distance de la mer du muriate de soude sur les végétaux ; que l'eau de la mer ne contient pas de muriate de chaux , ni de sulfate de soude ; que le muriate de magnésie est le seul sel déliquescent existant dans l'eau de la mer , d'où provient la propriété qu'a le muriate de soude impur de s'humecter au contact de l'air ; que l'eau de la Manche contient un peu plus d'acide carbonique que celle de la Méditerranée , ce qui est dû vraisemblablement à sa température inférieure. L'analyse de ces eaux a donné pour mille grammes d'eau de la Manche , par l'évaporation :

grammes.

Matière saline. 36
Gaze acide carbonique 0,23
Muriate de soude. 25,10
    id. de magnésie. 3,50
Sulfate de magnésie. 5,78
Carbonate de chaux et de magnésie. . . . 0,20
Sulfate de chaux. 0,15

Le même poids d'eau de la mer Atlantique a donné trente-huit grammes de matières salines , et pour les autres substances les mêmes quantités que l'eau de la Manche. Le même poids d'eau de la Méditerranée a donné grammes.

Matière saline. 41

Gaz-acide carbonique. 0,11

Muriate de soude. 25,10

Muriate de magnésie. 5,25

Sulfate de magnésie. 6,25

Carbonate de chaux et magnésie 0,15

Sulfate de chaux et magnésie. 0,15

Dans cette dernière partie de leur mémoire, MM. Lagrange et Vogel examinent les avantages que l'art de guérir peut retirer de l'emploi de l'eau de la mer, dont l'utilité a été reconnue par les anciens et vantée par les modernes, soit à l'intérieur, soit à l'extérieur; et comme dans plusieurs circonstances il pourrait être nécessaire de suppléer à l'eau de la mer naturelle, ils proposent de former une eau artificielle, conforme à leur analyse, pour être employée dans les mêmes cas que l'eau naturelle, dans les proportions suivantes :

Eau pure. . . . . 1 lit. gram.

Muriate de soude. 24

Sulfate de magnésie 6

Muriate de magnésie, ... 4

Sulfate de chaux. . . . . . .⎫

Carbonate de magnésie. . . .⎬ ãã. . . 15 centig.

Carbonate de chaux. . . . . .⎭

On met toutes ces substances dans l'eau, et l'on y fait passer un courant d'acide carbonique, jusqu'à ce que les deux carbonates terreux soient dissous. *Bulletin de pharmacie*, 1813, *tome 5, page* 505.

EAUX MINÉRALES ACIDULES. (Appareil de compresssion pour leur préparation.) — INSTRUMENS DE CHIMIE. — *Invention.* — M. PLANCHE. — 1810. — Cet appareil se compose d'un vase cylindrique, en cuivre poli, étamé intérieurement en étain fin, et portant à sa base un robinet à vis. On a soudé dans l'intérieur de ce vase, à un centimètre environ au-dessus du robinet, une espèce de diaphragme ou double fond également étamé, et percé de plusieurs trous très-rapprochés, à la manière d'un crible. Un autre trou plus large, pratiqué au centre de ce double fond, donne passage au canal de verre ou d'étain fin, ouvert par les deux bouts, et traversant le vase perpendiculairement jusqu'à une ligne ou environ du premier fond. A l'une des extrémités de ce canal on a fixé un robinet qui s'ajuste à vis à la partie supérieure et centrale du cylindre, et de l'autre avec une pompe foulante à double soupape, de manière à établir la communication de la pompe avec le reste de l'appareil. Sur la voûte du cylindre, à trois centimètres du robinet, on a vissé un ajutage également à robinet. Lorsqu'on veut charger l'eau d'acide carbonique, il faut, avant tout, évacuer l'air atmosphérique du cylindre. On remplit en conséquence ce vaisseau avec de l'eau pure, et l'on y visse le robinet, pour faciliter le jeu de la pompe et la condensation du gaz, et permettre de brasser l'eau à mesure qu'elle se sature : on fait écouler un huitième environ de ce liquide ; mais comme l'écoulement ne peut avoir lieu sans une pression quelconque, on remplace l'air extérieur par du gaz acide carbonique, au moyen d'un ajutage à robinet auquel s'adapte une vessie pleine d'acide carbonique. Il ne s'agit plus, pour faire écouler l'eau, que d'ouvrir les deux robinets du cylindre et de la vessie. La quantité d'eau nécessaire étant retirée, on ferme les robinets, on supprime la vessie, on visse la pompe au robinet et au tuyau latéral de cette pompe, soit une vessie ou un ballon contenant de l'acide carbonique dont la capacité est reconnue. Les robinets étant ouverts, on élève le piston. Ce premier mouvement détermine l'ouverture de dehors en dedans de la valvule et le passage du gaz de la vessie dans le corps de la pompe, d'où il est ensuite refoulé dans le canal par l'abaissement du piston. A l'extrémité inférieure de ce canal, l'acide carbonique, qui, à raison de sa légèreté spécifique, tend à gagner la surface de l'eau, y est

doublement sollicité par la forte compression qu'il éprouve ;
mais étant obligé de se tamiser en quelque sorte à travers les
trous du diaphragme, il présente ainsi à l'eau un grand
nombre de surfaces et s'y dissout avec facilité. On remplace
les vessies vides par d'autres pleines, jusqu'à ce qu'on ait
chargé l'eau de la quantité de gaz nécessaire pour telle ou
telle espèce d'eau minérale. On doit, autant que possible,
opérer dans un lieu frais, suspendre de temps en temps le
jeu du piston, et profiter de ces intervalles pour brasser l'eau.
L'eau acidule doit être introduite dans les bouteilles avec
un robinet à angle droit; et, par l'addition des substances
salines elle acquiert le caractère d'eau minérale. *Bulletin de
pharmacie*, 1810, *page* 491.

EAUX MINÉRALES ARTIFICIELLES. — Chimie.
— *Observ. nouv.* — M. Paul et comp., *de Paris.* — An
VIII. — L'exposition des avantages que Genève a déjà retirés de l'établissement d'une fabrique d'eaux minérales
artificielles, qui existe depuis dix ans dans son enceinte,
forme la première partie du mémoire de M. Paul. A l'i-
mitation simple de ces eaux par laquelle il a commencé,
ont succédé des modifications dictées par les médecins de
Genève, et surtout la préparation d'eaux gazeuses plus
chargées que celles de la nature. Cet établissement peut
être regardé comme une pharmacie pneumatique, en raison de l'extension et de la variété des produits que les
propriétaires y ont successivement ajoutées. On n'apporte
presque plus à Genève d'eaux minérales, et celles de la
manufacture ont déjà été exportées. Quarante ou cinquante
mille bouteilles de trois cinquièmes de litre en sortent annuellement. Ce premier succès a engagé la société à former
un établissement pareil à Paris. On y prépare neuf espèces
d'eaux minérales artificielles. Les résultats des observations déjà faites sur chacune de ces espèces se réduisent
aux données suivantes : 1°. Les *eaux de Seltz* ont été utilement employées dans les catarrhes, les rhumatismes,
l'asthme, les maladies bilieuses et putrides; elles agissent

comme diurétiques et anti-septiques, même à l'extérieur ; elles réussissent dans les spasmes de l'estomac ; elles facilitent la digestion ; on les boit avec du sirop, du lait, du vin. M. Paul les prépare de deux manières relatives à l'extraction de l'acide carbonique : dans l'une, il est dégagé de la craie par l'acide sulfurique ; dans l'autre, il en est séparé par le feu ; le premier donne à l'eau une âpreté due à une petite portion d'acide sulfurique et une propriété irritante ; le second ne communique rien de semblable à l'eau, et permet de l'administrer dans les maladies où l'irritation serait à craindre. Il fabrique de plus, avec l'un ou avec l'autre de ces gaz, des eaux de Seltz fortes ou faibles, suivant la proportion d'acide qu'il introduit. 2°. Les *eaux de Spa*, chargées comme celles de Seltz d'une grande proportion d'acide carbonique, sont distinguées par la présence du fer qu'on y ajoute : aux propriétés des premières elles réunissent la qualité tonique et stomachique de ce métal. 3°. Les *eaux alcalines gazeuses*, très-recommandées en Angleterre dans la gravelle et le calcul, apportent en effet, dans les douleurs qui accompagnent l'un et l'autre de ces maux, un soulagement très-marqué qui pourrait être attribué, suivant les auteurs du mémoire, à la qualité dissolvante que ces eaux communiquent aux urines. Ils la croient propre à remplacer l'alcali caustique et le remède de Stéphens. Les malades doivent en prendre tous les matins deux ou trois verres coupés avec du lait. 4°. Les *eaux de Sedlitz*, les plus faciles à imiter, ont des propriétés purgatives et fondantes, parfaitement semblables à celles de la nature. 5°. Les *eaux oxigénées*, contenant à peu près la moitié de leur volume de gaz oxigène, sans saveur particulière, et que M. Paul a le premier fabriquées d'après les vues des médecins de Genève, ont répondu parfaitement à leur attente et méritent la plus grande attention de la part des gens de l'art ; elles raniment l'appétit et les forces, excitent les urines, rappellent les règles, calment les spasmes de l'estomac et les accès hystériques. 6°. Les *eaux hydrogénées*, contenant le tiers environ de gaz hydrogène, sont calmantes et utiles dans les fièvres avec quelques symptômes inflammatoires; elles diminuent la fréquence du pouls dans les douleurs des voies urinaires, dans quelques affections nerveuses et dans les insomnies. 7°. Les *eaux hydrocarbonées* ne diffèrent pas essentiellement des précédentes. 8°. Les *eaux hydrosulfureuses*, préparées avec le gaz hydrogène, mêlé de gaz hydrogène sulfuré en petite quantité, ont l'odeur et le goût d'œufs pouris, et ressemblent aux eaux thermales sulfureuses; elles sont diaphorétiques, fondantes, résolutives, très-avantageuses dans les obstructions, les jaunisses, les affections du mésentère. On peut les varier beaucoup par la proportion du gaz. Leur usage extérieur mérite autant d'attention de la part des médecins que leur emploi à l'intérieur. Chargées de beaucoup de gaz hydrogène sulfuré, elles deviennent précieuses en lotions et en bains dans les maladies psoriques; en douches, elles réussissent dans les ulcères de mauvais caractère. Elles remplacent très-avantageusement l'usage des eaux thermales pour les malades dont les moyens ne permettent pas des voyages dispendieux. Les auteurs du mémoire le terminent par deux considérations également importantes : l'une a pour objet le point de vue économique, l'argent exporté pour le prix des eaux retenu en France, et celui des étrangers attiré en notre pays ; l'autre est relative aux résultats utiles à la science que les procédés employés à la fabrication des eaux leur paraissent susceptibles de fournir. Les doses suivantes, extraites d'une note remise par la compagnie de M. Paul sur la demande des commissaires de l'Institut, sont indiquées pour chaque bouteille contenant 6,11 hectogrammes d'eau (ou 20 onces). 1°. L'*eau de Seltz forte*, acide carbonique extrait par l'effervescence 5 fois son volume; carbonate de chaux, 21 centigrammes; magnésie, 10,5 ; carbonate de soude, 21 ; muriate de soude, 115,7. 2°. L'*eau de Seltz douce* contient : acide carbonique extrait par le feu et mêlé d'un peu de gaz hydrogène, 4 fois son volume; les quatre sels aux mêmes

doses que la précédente. 3°. L'*eau de Spa* contient :
acide carbonique par l'effervescence, 5 fois son volume ;
carbonate de chaux, 10,5 centigrammes ; magnésie , 21 ;
carbonate de soude , 10,5 ; muriate de soude, 0,2 ; carbonate de fer , 0,3. 4°. L'*eau de Spa forte* , composée comme
la précédente , contient le double de fer. 5°. L'*eau alcaline
gazeuse* contient : acide carbonique par effervescence, six
fois son volume ; carbonate de potasse , 800 centigrammes.
6°. L'*eau de Sedlitz* contient : acide carbonique par effervescence, cinq fois son volume ; sulfate de magnésie,
800 centigrammes. 7°. L'*eau oxigénée* contient : gaz oxigène, moitié de son volume. 8°. L'*eau hydrogénée* contient : gaz hydrogène, moitié de son volume. 9°. L'*eau
hydrocarbonée* contient : gaz hydrogène carboné, deux
tiers de son volume. 10°. L'*eau hydrosulfurée faible* contient : moitié de son volume de gaz hydrogène, mêlé de $\frac{1}{32}$
de gaz hydrogène sulfuré. 11°. L'*eau hydrosulfurée forte*
contient moitié de son volume de gaz hydrogène, mêlé de $\frac{1}{4}$
de gaz hydrogène sulfuré. M. Fourcroy , un des commissaires, termine son rapport par l'exposé des avantages que pro-
met la fabrication nouvelle d'eaux minérales factices ; et
motive ainsi ses conclusions : 1°. Depuis que la chimie a déterminé exactement la nature , la proportion
des principes et surtout des gaz dissous dans les eaux minérales , l'art possède tous les moyens de les imiter par
une fabrication artificielle. Les procédés de MM. Paul et
compagnie prouvent qu'il est entièrement au courant de
ces moyens, et qu'ils contiennent toutes les ressources qui
sont au pouvoir de l'art. 2°. L'établissement nouveau, fait à
Paris pour cette fabrication , offre un atelier bien supérieur à ce qui a été connu jusqu'ici (an VIII); ce ne sont plus
les petits moyens ordinaires des laboratoires de chimie ;
ce n'est plus le produit d'une expérience resserrée et gênée , en quelque sorte, par des milliers d'autres expériences ; c'est une véritable pharmacie pneumatique , une
manufacture où les mêmes opérations faites avec beaucoup
de soin et en grand conduisent constamment à des résul-

tats identiques. 3°. Aux procédés connus mais insuffisans
des laboratoires, M. Paul a substitué une machine com-
primante, qui introduit dans l'eau non-seulement une
quantité de gaz carbonique trois fois plus considérable
que celle qu'on y avait insérée jusqu'ici, mais encore des
fluides élastiques qui y avaient été regardés comme totalement insolubles. 4°. Les eaux de Seltz et de Spa fabriquées
dans le nouvel établissement sont plus fortes et de beaucoup supérieures à celles qui avaient été préparées dans
les pharmacies et les laboratoires de chimie, au moyen du
nouveau procédé de compression que l'auteur a employé
pour saturer l'eau de gaz acide carbonique. L'eau de Seltz
douce, préparée avec l'acide carbonique extrait de la craie
par l'action du feu, a réellement sur celle qui contient cet
acide, retiré par l'effervescence, l'avantage d'être beaucoup
moins irritante, et de convenir dans des cas où cette dernière serait plutôt préjudiciable. 5°. Les eaux oxigénées et
hydrogénées sont de nouvelles acquisitions très-importantes pour l'art de guérir; elles promettent de plus à la physique et à la chimie de nouveaux moyens de recherches, et
peut-être même à l'agriculture et aux arts des instrumens
précieux, autant que de très-utiles résultats. 6°. Les eaux de
Sedlitz et les eaux sulfureuses artificielles, sont entièrement semblables à celles de la nature. 7°. Les fabrications
des diverses espèces d'eaux minérales ou médicinales, par
les procédés de M. Paul, sont susceptibles d'améliorations,
de modifications, de variétés faciles à obtenir; on peut,
à l'aide de légers changemens dans les procédés et les
doses des matières dissoutes dans l'eau, augmenter ou diminuer, adoucir, modérer ou aiguiser en quelque sorte
leurs effets. 8°. L'établissement nouveau, dans l'ensemble
des résultats qu'il fournit, offre à l'art de guérir une série
de préparations médicamenteuses, qui peuvent remplir une
foule d'indications variées, et suffire, avec très-peu d'autres
secours étrangers, au traitement ou à l'adoucissement d'un
grand nombre de maladies. 9°. La composition des eaux minérales factices, devenue facile et donnant tout à la fois de

grandes quantités de ces liquides médicamenteux, les malades
indigens et les hospices trouveront désormais, dans les produits de cet établissement pharmaceutique , des ressources
qu'il était extrèmement dispendieux d'aller chercher sur
les lieux, ou de se procurer , par le transport également
très - coûteux , des eaux minérales naturelles de leur
source à Paris. 10°. Enfin cette préparation d'eaux minérales artificielles, faite assez en grand pour en fournir à un
grand nombre d'individus à la fois , est propre à créer pour
Paris et pour la France une nouvelle branche d'industrie,
utile tout à la fois aux habitans , par les médicamens qu'elle
leur fournit ; au commerce, par les sommes dont elle prévient l'exportation , par celle qu'elle doit attirer de l'étranger ; à la prospérité nationale , par les produits de tout
genre qu'elle y fait naître. *Annales de chimie , tome* 33,
page 125.

EAUX MINÉRALES NATURELLES. *Voyez* , dans
l'ordre alphabétique et à la table, les noms des divers lieux
où elles se trouvent (1).

EAUX MINÉRALES qui renferment du muriate de
chaux avec des sulfates solubles. — CHIMIE. — *Observations nouvelles.* — M. VOGEL. — 1815. — Depuis quelques
années les chimistes ont donné des analyses d'un grand
nombre d'eaux minérales ; on peut même dire qu'il n'existe
pas en Europe une source un peu connue sur laquelle on n'ait
tenté des essais plus ou moins suivis. Parmi les mémoires
publiés sur les eaux par les chimistes de France, d'Allemagne et d'Italie, il y en a plusieurs qui annoncent dans
leurs parties constituantes du muriate de chaux , conjointement avec du sulfate de soude ou du sulfate de magnésie.
Le muriate de chaux ayant été découvert dans le quin-

(1) Nous croyons devoir indiquer à nos lecteurs la Carte générale des
eaux minérales de France, dressée par un médecin de Paris, carte aussi
recommandable par son plan que par son exécution. Prix, 6 fr.
Chez Louis Colas, libraire, rue Dauphine, u°. 32.

zième siècle par les frères Hollande, et la découverte du
sel de Glauber datant de 1658, comment la décomposition
réciproque que ces sels exercent l'un sur l'autre, aurait-
elle pu rester ignorée jusqu'à nos jours? En effet, leur
action réciproque est connue il y a long-temps. Bergman
en appuie sa doctrine de *l'affinité double*, et Green parle
de la décomposition des deux sels dans ses premiers ouvrages. Plusieurs chimistes persistent cependant dans l'o-
pinion que les deux sels se trouvent dans différentes espèces
d'eaux minérales, et que leur décomposition ne s'opère
que par l'évaporation. Il est possible, dit l'auteur, que ces
sels existent ensemble dissous dans une grande masse d'eau,
mais il faudrait des preuves pour accorder cette co-exis-
tence dans les eaux minérales. D'autres savans pensent que
la décomposition de ces sels n'est jamais complète, et qu'une
petite quantité de muriate de chaux peut exister avec le
sulfate de soude; M. le professeur Pfaff est de cet avis. Il
a répété son analyse de l'eau de la mer Baltique. Cette fois
il a trouvé une quantité bien moindre de muriate de chaux,
qu'il n'avait d'abord annoncé dans sa première analyse;
il prétend néanmoins qu'il reste du muriate de chaux que
l'on retrouve par l'évaporation de l'eau, malgré la présence d'une quantité bien plus grande de sulfate de ma-
guésie. Quant au sulfate de soude, M. Pfaf convient aujourd'hui qu'il n'en existe pas dans l'eau de la mer. Ces
objections de M. Pfaff ont engagé l'auteur à revoir les analyses d'eau de mer qu'il avait faites avec M. Bouillon-Lagrange, afin de rectifier l'erreur, si toutefois elle avait été
commise par eux. A cet effet, il traita le résidu d'évaporation d'eau de la Méditerranée par l'alchool à 40 degrés. La
liqueur alcoholique filtrée fut évaporée à siccité, et le
sel restant redissous dans un peu d'eau. Le liquide mêlé
avec une dissolution d'oxalate d'ammoniaque ne se troubla
pas au bout d'une heure; en conservant le mélange dans un
flacon bouché, il aperçut qu'il devint laiteux de plus en
plus; au bout de vingt-quatre heures il s'était déposé un
précipité blanc, pulvérulent, semblable à l'oxalate de chaux,

mais sans saveur et insoluble dans l'eau. Les acides oxalique et sulfurique le dissolvent en totalité, caractère qui
n'appartient nullement à l'oxalate de chaux. Après l'avoir
exposé à la chaleur rouge, il reste une matière blanche
soluble dans l'acide sulfurique ; cette dissolution évaporée
laisse un sel amer qui est du sulfate de magnésie. Il est
très-probable que le précipité blanc qui se forme par
l'oxalate d'ammoniaque en a imposé à M. Pfaff; sans un
examen ultérieur, M. Vogel aurait peut-être, ainsi que lui,
pris l'oxalate de magnésie pour un oxalate de chaux. On
peut même se convaincre de cette décomposition double
des sels à base de magnésie par les oxalates alcalins, en
mêlant ensemble une dissolution de sulfate ou de muriate
de magnésie avec celle d'un oxalate de potasse ou d'ammoniaque. Au bout d'une heure, le liquide commence à se troubler, l'oxalate de magnésie se forme lentement et de la
même manière que dans un mélange de phosphate de soude
et de sulfate de magnésie; fait qui est très-connu depuis
quelques années. La décomposition du muriate ou du sulfate de magnésie au moyen d'un oxalate alcalin, peut être
produite sur-le-champ, en portant le liquide à l'ébullition.
Comme les chimistes n'ont pas toujours de l'eau de mer à
leur disposition, il pourront s'assurer de la déposition complète du muriate de chaux par un excès de sulfate de magnésie, en faisant bouillir ces deux liqueurs ensemble.
Après avoir séparé le sulfate de chaux, on fait évaporer la
liqueur filtrée, jusqu'à siccité ; ce résidu, traité par l'alcohol, contient uniquement du muriate de magnésie en
dissolution. L'oxalate d'ammoniaque n'y forme de précipité qu'au bout de quelques heures, et celui-ci dissout
parfaitement dans l'acide sulfurique. Il paraît donc évident que le muriate de chaux est décomposé en totalité par
le sulfate de magnésie. L'auteur a fait l'analyse de dix espèces d'eaux minérales, et dans aucune d'elles il n'a trouvé
de muriate de chaux, même pas dans celles qui devaient
en contenir, selon les résultats d'autres analyses. Ceci lui
fait croire que le muriate de chaux est bien moins répandu

qu'on ne l'a supposé jusqu'à présent. On ne conçoit pas comment on a pu admettre la présence du muriate de chaux dans l'eau de la mer ; comme la dissolution de muriate terreux, versée dans l'eau de mer réduite à un volume moindre , y forme un précipité de sulfate de chaux , ce fait seul aurait dû suffire pour faire renoncer à cette idée. M. Pfaff, dans sa deuxième analyse de l'eau de la mer Baltique , en a retiré bien moins de sel qu'il n'en avait trouvé dans l'eau de la Manche , ce qui s'expliquerait encore à l'aide de la température et de quelques autres circonstances. Les eaux, en général, contiennent presque toujours de l'acide carbonique; cet acide paraît leur appartenir comme il appartient à l'air. L'eau des grands fleuves de France , ainsi que les eaux potables que l'auteur a examinées , lui ont toutes présenté une quantité plus ou moins grande d'acide carbonique. *Journal de pharmacie* , 1815 , *tome* 1 , *page* 269.

EAUX SALPÉTRÉES (Manière de saturer les). *Voyez* VÉGÉTAUX (Combustion des).

EAUX SAVONNEUSES. *Voyez* SAVONS.

EAUX STAGNANTES. (Machine propre à les mettre en activité.)—MÉCANIQUE.—*Inv.*—M. MESSANCE, *de Lyon.*— 1806.—Cette machine , pour laquelle l'auteur a obtenu un *brevet d'invention de quinze ans* , est composée d'une roue de quarante pieds de diamètre dont la circonférence est un canal divisé en cent vingt cases , contenant chacune un pied cube d'eau. L'ouverture de ces cases est dans l'intérieur de la roue; chacune a deux ouvertures , l'une qui reçoit, l'autre qui donne: celle par où l'eau entre a quatre pouces de largeur sur un pied de longueur ; sur l'autre est un cornet de huit pouces de diamètre qui s'élève à six pieds. Cette roue porte les eaux au centre de sa circonférence. Là elles s'échappent par le cornet, et vont tomber dans le bassin pour les recevoir. La roue faisant deux tours par minute donne quatre pieds d'eau par seconde (et même plus d'après l'expérience faite en petit). Cette quantité d'eau suffira pour faire marcher plus de six moulins. Le poids à soutenir est d'environ dix-sept quintaux. *Brevets non publiés.*

EAUX SURES des amidonniers. (Leur analyse.) — Chimie. — *Observations nouvelles.* — M. Vauquelin , *de l'Institut.* — An ix. — L'on savait depuis long-temps que l'eau dans laquelle les amidonniers font pourir leur farine passe insensiblement à un état acide assez marqué; mais l'on ne s'était pas encore occupé de rechercher , par l'analyse , quelle espèce d'acide se forme dans cette circonstance. Cependant cette substance , qui se produit assez en grand et d'une manière assez multipliée , méritait la peine qu'on en recherchât la nature et les propriétés , pour savoir si elle pourrait être employée à quelque chose d'utile dans les arts. La suite des expériences pour parvenir à la connaissance de la nature de cette eau, a démontré, 1°. que l'eau sure des amidonniers a une couleur blanche laiteuse due à des parties muqueuses qui y sont suspendues ; elle devient claire et sans couleur en passant au travers du papier *joseph*; 2°. que son odeur est légèrement acide et alcoholifère ; cependant on y distingue une odeur particulière qui a du rapport avec celle de la farine humectée ; 3°. que la saveur est très-sensiblement acide ; mais ce n'est point celle d'un acide pur , elle contient quelque chose de nauséabonde ; 4°. qu'elle rougit fortement la teinture de tournesol, et forme dans de l'eau de chaux un précipité qu'un excès de cette eau redissout. L'alcohol y occasione un dépôt blanc , léger , et doux au toucher. L'acide oxalique produit à son tour dans cette eau un précipité assez abondant , qui prouve qu'il n'y a point d'acide oxalique libre; 5°. qu'environ douze kilogrammes d'eau *sure* des amidonniers ayant été soumis à la distillation dans un alambic de cuivre, les premiers cinq hectogrammes de liqueur qui ont passé avaient une saveur et une odeur très-sensiblement alcoholiques, mêlées d'une légère acidité. Rectifiée au bain-marie , cette liqueur a donné environ trente grammes d'alcohol assez pur et très-inflammable; sa saveur cependant n'était pas agréable. Les onze kilogrammes et demi de liqueur qui ont passé ensuite avaient une saveur acide beaucoup plus forte que la première portion, ayant cependant un goût de pain nouvellement cuit. Un kilogramme de cette liqueur distillée a dissout 25,11 grammes de litharge. La portion de cet oxide qui n'a point été dissoute était devenue presque entièrement blanche; après l'évaporation, elle a donné des cristaux qui avaient toutes les propriétés de l'acétite de plomb. Ils pesaient ensemble 33,43 grammes. Il s'ensuit que les eaux sures des amidonniers contiennent véritablement de l'acide acéteux, même en assez grande quantité. Si l'on examine le résidu de ces eaux, qui avait une couleur rouge brune, une saveur très-acide, mêlée de celle d'une décoction de pain rôti, il avait la consistance d'un sirop, et contenait quelques flocons de matière qui furent séparées par la filtration. 1°. L'eau de chaux y forme un précipité assez abondant, qu'un excès de liqueur redissout. 2°. N'employant que la quantité de liqueur nécessaire à la dissolution du dépôt, au bout d'un jour ou deux, la surface de la liqueur et les parois du vase se trouvent tapissées d'une foule de petits cristaux brillans. 3°. Les alcalis fixes y forment également un précipité; mais si les alcalis sont caustiques, et qu'ils y soient mis en surabondance, ils y développent l'odeur de l'ammoniaque d'une manière extrémement sensible. 4°. L'acide oxalique, ainsi que l'oxalate d'ammoniaque, y occasionent un dépot qui a toute l'apparence de l'oxalate de chaux. 5°. Les dissolutions de plomb, soit dans l'acide acéteux, ou dans l'acide nitrique, y forment aussi des précipités qui sont en partie solubles dans une grande quantité de vinaigre distillé. 6°. Les dissolutions de mercure et d'argent y produisent aussi le même effet. Cette liqueur, formant avec le plomb un sel insoluble, M. Vauquelin s'est servi de cette propriété pour la décomposer, et obtenir à l'état de pureté le corps qui s'unissait ainsi au plomb. Après avoir soumis cette liqueur à l'analyse, l'auteur a obtenu un acide de couleur rouge, ayant une saveur acide très-forte, formant dans l'eau de chaux un précipité floconneux ; cet acide précipite l'acétite de plomb ; il ne fait éprouver aucun changement aux sels calcaires ; il ne forme point de sels acidules cristallisables avec les alcalis ; enfin il ne cristallise point par l'évaporation la plus avancée ; il se réduit au contraire, sous la forme d'une espèce de sirop épais, extrêmement acide. L'auteur, comparant les propriétés qui viennent d'être exposées avec celles des différens acides, s'est convaincu qu'elles ne convenaient parfaitement qu'à l'acide phosphorique ; d'où il conclut que les eaux sures des amidonniers contiennent, comme les substances animales, cet acide particulier ; et il a reconnu, en outre, que sur chaque livre de cette eau il y avait 4,87 grammes d'acide phosphorique. M. Vauquelin ayant remarqué que l'acide oxalique occasionait un dépôt fort considérable dans les eaux sures épaissies par l'évaporation, et que ce dépôt était de l'oxalate de chaux, ce qui excluait la présence de l'acide oxalique, a pensé que la chaux contenue dans cette liqueur y est unie à l'acide phosphorique ; car, quoiqu'il y ait aussi de l'acide acéteux qui ne s'est point élevé pendant la distillation, il n'est pas probable qu'il soit uni à la chaux, pendant que l'acide phosphorique resterait libre. Ainsi, l'ammoniaque, ou tout autre alcali, doit séparer le phosphate de chaux, en s'unissant à l'acide, quel qu'il soit, qui l'y tient en dissolution. En effet, 672,2 grammes de cette liqueur, dans laquelle on mit de l'ammoniaque jusqu'à ce qu'il y en eût un léger excès, donnèrent un précipité brun, extrêmement abondant ; cette matière colorée, après avoir été bien lavée et séchée à l'air, fut calcinée dans un creuset jusqu'à ce qu'elle parût d'un blanc gris. Pendant la calcination, elle répandit une odeur de matière animale brûlée très-forte, mêlée de beaucoup d'ammoniaque ; ce qui prouve que cet alcali, qui avait servi à précipiter la matière fixe et indécomposable au feu, avait en même temps précipité une grande quantité de matière animale, ou au moins qui en avait toutes les propriétés. Après la cal-

cination, la matière ne pesait plus que 9 grammes. Elle
s'est dissoute entièrement et sans effervescence dans l'acide
muriatique : il n'est resté que quelques atomes de charbon
qui pesaient à peine 0,2 grammes. Cette dissolution, mêlée
avec l'ammoniaque, donna un précipité blanc gélatineux
qui jouissait de toutes les propriétés du phosphate de chaux.
Il y a donc du phosphate de chaux dans les eaux sures des
amidonniers, et il ne peut être tenu en dissolution que par
l'acide acéteux, car l'examen le plus attentif n'a pu y faire
découvrir que ce dernier, libre et exempt de combinaison.
Il y a en résumé, dit M. Vauquelin, cinq substances différentes dans les eaux sures des amidonniers savoir : 1°. de l'acide
acéteux; 2°. de l'ammoniaque; 3°. du phosphate de chaux;
4°. une matière animale; 5°. de l'alcohol. Quelques savans
ont pensé que l'acide des *eaux sures* des amidonniers ne pro-
cédait que de la fermentation du mucoso-sucré; mais il est
plus que probable, ajoute l'auteur, que les autres principes de la farine y contribuent aussi pour beaucoup, car
la quantité de cette substance n'est pas dans les farines en
proportion de la masse de vinaigre qu'elles fournissent par
la fermentation. Ce qui vient à l'appui de cette opinion, c'est
que les meilleures farines, manipulées par les procédés les
mieux entendus, ne fournissent guère au delà du tiers de
leur poids d'amidon. Or, on sait que ce principe existe
dans la farine avant la fermentation dans une plus grande
proportion; donc il y en a une quantité quelconque qui y
est convertie en vinaigre. C'est une perte sans doute très-
considérable pour le fabricant, que cette destruction de
l'amidon ; mais elle est nécessaire et même indispensable à
la fin qu'il se propose ; sans elle il ne se formerait pas de
vinaigre, ou du moins fort peu ; et sans la présence de
celui-ci, le gluten, dont la séparation fait l'objet principal de l'art, ne serait pas dissous; il faudrait attendre que
la putréfaction l'eût entièrement détruit, ce qui serait fort
long et toujours incomplet : sans ce vinaigre, l'amidon ne
serait pas aussi blanc, aussi sec, et n'aurait pas d'ailleurs
ce brillant et ce cri que l'on recherche. Il est donc néces-

saire, pour obtenir ce bel amidon, et dans toute sa pureté, que les farines qui le contiennent subissent un mouvement de fermentation, plus ou moins long, suivant le degré de la température, et l'espèce de farine employée; car il est évident que la farine d'orge, qui contient moins de parties glutineuses que celles du froment, n'a pas besoin d'une aussi longue fermentation. M. Vauquelin avait entrepris ce travail dans la vue de déterminer par l'expérience, non-seulement quelle espèce d'acide contenaient les *eaux sures*, mais encore de connaître si, eu égard à sa nature et à sa quantité, il pouvait être utile à quelque opération des arts. Il n'y a pas de doute que l'acide acéteux ne soit propre à une foule de travaux très-importans. L'auteur, n'ayant opéré que sur de petites quantités, laisse à ceux qui exécutent journellement des travaux en grand avec cet acide, et qui font commerce des compositions où il entre, le soin d'apprécier s'il y aurait ou non de l'avantage à se servir de celui que fournissent les *eaux sures*, d'après les données qui viennent d'être établies. Il ne faudra pas oublier, continue M. Vauquelin, dans l'estimation du prix de ce vinaigre, les frais qu'exigeront sa distillation, et l'usage que font des *eaux sures* les amidonniers pour la nourriture des cochons, ce qui ne laisse pas de lui donner une certaine valeur; il ne faudra pas perdre de vue non plus qu'il ne peut servir qu'à former quelques combinaisons qui n'entrent point dans l'économie animale : telles que l'acétite de plomb, le blanc de plomb, le vert de gris et l'acétite de cuivre; mais il ne peut être employé comme condiment ni assaisonnement pour les substances alimentaires, à cause de sa saveur plus ou moins désagréable. *Annales de chimie*, tome 38, page 248. *Bulletin de la Société philomathique*, an IX, page 189.

ÉBÉNIER FAUX. *Voyez* CYTISE DES ALPES.

ÉBÉNISTERIE. *Voyez* MEUBLES.

ÉCARLATE. (Emploi de la laque dans la composition

de cette couleur.) —ART DU TEINTURIER.—*Découverte.* —
M. BEAUVISAGE et compagnie. — 1819. — L'auteur est le
premier en France qui ait employé la laque dans la teinture ; il a obtenu de très-bel écarlate par ce procédé, pour
lequel il lui a été décerné une *médaille d'argent* à l'exposition. *De l'Industrie française*, *par M. de Jouy; et livre
d'honneur*, page 29. Nous reviendrons sur ce procédé.

ÉCHAPPEMENS DIVERS. — HORLOGERIE. — *Inventions.*—M. A.-L. BRÉGUET, *de Paris.* — AN VII. — La plus
grande difficulté qu'on ait rencontrée dans la construction
des machines à mesurer le temps, connues jusqu'à présent,
a été de modérer l'impulsion donnée par la force motrice,
de telle sorte que l'action de cette force restituât précisément au régulateur (balancier ou pendule) la force qu'il
perdait à chaque oscillation ; cette condition, d'où dépend
la continuation du mouvement et la précision de la machine, est non-seulement très-difficile à remplir, mais
lorsqu'on l'a obtenue par des moyens quelconques, on a
encore, pour la conserver, des obstacles à vaincre qui
ont exercé la sagacité et le génie des plus grands artistes.
M. Bréguet a résolu la difficulté dans son principe même.
L'objet du mécanisme qu'il propose est de rendre le mouvement du régulateur absolument indépendant de la force
motrice primitive; but auquel il parvient en échangeant
cette force motrice, dont l'action peut-être est arbitraire
et tout-à-fait irrégulière, contre une autre force qui est
rigoureusement constante en quantité, et qui agit toujours
dans les mêmes circonstances. Cette force qu'il substitue
ainsi au moteur primitif, est celle d'un ressort ou d'un
poids qui, à chaque oscillation, communique au régulateur (balancier ou pendule) une quantité de mouvement qui dépend uniquement de sa masse, de sa force
élastique, ou de sa chute et de la vitesse qu'il a au moment de la chute. Comme ces trois causes de mouvement
sont toujours rigoureusement les mêmes, et que d'une
autre part elles agissent sur le régulateur, à chaque os-

cillation, précisément dans les mêmes circonstances, le mouvement de ce régulateur donne toute la précision qu'on peut désirer. Il n'y a donc, pour l'établissement du moteur primitif, d'autre condition à remplir que celle de le faire au moins de la force suffisante pour plier d'une quantité donnée un ressort dont l'élasticité est aussi donnée. Le moteur peut avoir beaucoup plus de force qu'il n'en faut pour produire un pareil effet; mais l'excès de cette force, quel qu'il soit, et même sa constance et sa variabilité, n'influent en rien sur l'exactitude de la mesure du temps. C'est ainsi que l'auteur a résolu le problème tant pour les montres que pour les pendules. Tout l'échappement se fixe sur une platine de métal; et pour bien entendre son mécanisme, il y faut distinguer trois parties dont voici le jeu séparé, et dont on donnera ensuite l'action réciproque. *La première partie* est composée : 1°. des roues d'arrêt et d'armure faisant corps ensemble. La roue d'arrêt est soumise à l'action du moteur primitif par un système d'engrenage qui tend à la faire tourner dans le sens convenable; 2°. d'un pignon qui engrène dans la roue d'arrêt, et qui a un nombre de dents égal au nombre de celles de la roue d'arrêt qui correspondent à l'espace entre deux dents consécutives de la roue d'armure. Par ce moyen, le pignon peut, à chacune de ses révolutions, se trouver vis-à-vis des dents de la roue d'armure. L'axe de ce pignon porte un volant; l'une des branches de ce volant est plus courte que l'autre, à l'extrémité de laquelle est fixée une petite pièce d'acier; 3°. d'un ressort d'acier à angle droit, sur la direction du volant, fixé à son extrémité, et qui, vers les deux tiers de sa longueur, a un rubis saillant qu'on peut faire aussi de toute autre pierre fine ou d'acier trempé. Ce rubis appuie contre une des extrémités du volant. Il fait donc l'office d'un arrêt qui empêche ce volant de se mouvoir dans le sens où le pignon, sollicité par la roue d'arrêt, tend à le faire tourner, suspend ainsi la révolution de cette roue, et par conséquent l'action du moteur. Mais si une révolution quelconque fait plier le ressort du côté du pignon, à l'instant où le rubis se trouvera vis-à-vis de l'entaille qui est près de l'extrémité, le volant s'échappera, fera une révolution; et si, au bout de cette révolution, le ressort a pris sa première position, la petite pièce d'acier s'arrêtera contre le rubis, et n'ira pas plus loin. *La deuxième partie* est composée : 1°. d'un ressort de pulsion. Le ressort est la pièce qui sert à restituer la force au régulateur, à chaque oscillation. Il porte un mentonnet ou loquet dans lequel est une petite encoche et un petit rubis saillant sur la face inférieure. Ce loquet et ce rubis servent à arrêter le ressort de pulsion, lorsqu'il a été plié par la roue d'armure, qui lui transmet l'action de moteur primitif; 2°. d'un ressort d'accrochement fixé à son extrémité, et sur lequel est attaché un autre ressort extrêmement faible. Dans l'un on remarque que le ressort porte un rubis destiné à entrer dans l'entaille du ressort, et à le fixer lorsqu'il est bandé. Un autre rubis, placé à son extrémité, retient ce ressort de manière que cette extrémité, pressée de droite à gauche n'oppose qu'une très-faible résistance, et que, pressé de gauche à droite, elle reporte sur le rubis tout l'effort qu'elle éprouve; et, faisant plier le ressort, dégage le rubis de l'entaille du loquet. Dans l'autre, le ressort porte à son extrémité un talon contre lequel s'arrête le rubis du ressort de pulsion, lorsque ce ressort a été bandé par la roue d'armure. Le ressort s'appuie sur une goupille fixée au talon, et à ce ressort est attachée une pièce à deux faces parallèles, dont chacune fait l'effet d'un plan incliné. La pression qu'une cause quelconque pourrait exercer sur la face inférieure, soulèverait avec le plus petit effort le même ressort, et la pression que cette cause pourrait ensuite exercer sur la face supérieure se porterait en entier sur la cheville, abaisserait le talon et dégagerait le rubis du premier ressort. *La troisième partie* consiste : 1°. dans les pièces qui sont à l'extrémité supérieure de l'axe du balancier, et qui sont placées à un quart de circonférence l'une de l'autre : lorsque l'oscillation du balancier se fait de droite à

gauche, ou dans un autre sens, une des pièces fait plier le
ressort et passe outre ; et comme l'autre pièce est placée
au-dessus du plan de la roue d'arrêt et au-dessus du ressort, l'oscillation de droite à gauche s'achève librement,
et sans autre obstacle que la flexion du ressort. Mais lorsque le balancier fait ensuite l'oscillation de gauche à droite,
ou dans le sens contraire, la cheville fait presser le ressort
contre le rubis, ce ressort se plie, le rubis se dégage du
loquet, et l'autre ressort, abandonné à lui-même, produit
à l'instant l'effet dont il est parlé ci-après ; 2°. La levée est
attachée au bas de la verge du pendule, et porte à son
extrémité deux goupilles ; lesquelles goupilles se meuvent
dans une fenêtre ou fente circulaire percée au droit du
centre d'oscillation du pendule. L'une de ces goupilles
passe sous le plan incliné, et lorsque le pendule oscille de
gauche à droite, cette goupille soulève une des pièces, et
avec elle le ressort ; l'oscillation s'achève ensuite librement.
Mais dans l'oscillation suivante de droite à gauche, la goupille appuyée sur la face supérieure de cette même pièce, fait
presser le ressort sur la cheville, le talon s'abaisse, le
rubis du ressort se dégage, et ce ressort, devenant libre,
produit l'effet suivant. Quant à la restitution de la force
motrice et à la continuation du mouvement, on conçoit
aisément, par les trois articles précédens, comment la
force motrice se répare, et comment le mouvement se per-
pétue : N°. 1er. A l'instant où le rubis du ressort est dégagé de
l'entaille du loquet de l'autre ressort, et où ce dernier est
libre, la partie droite de la levée se trouve perpendiculaire à la direction du mouvement de l'extrémité
de ce ressort, celui-ci vient la frapper, et restituer ainsi au
balancier la force qui lui est nécessaire pour achever
son oscillation. Aussitôt après cette première percussion,
la même extrémité va frapper le bout d'un autre ressort, le
fait plier, et envoie le rubis vis-à-vis l'entaille du volant ;
ce volant devient libre alors, et la force motrice primitive
qui agit sur la roue d'arrêt et de suite sur le pignon, lui
fait décrire une révolution au bout de laquelle, trouvant le

ressort à sa première place, il s'arrête de nouveau contre le rubis ; mais pendant cette révolution, une dent de la roue d'armure a pressé sur une dent du ressort que, par conséquent, elle a forcé de retourner en arrière, ne cessant son action (d'après le rapport entre les dentures) que lorsque le rubis du ressort est réengagé dans le loquet. N°. 2. A l'instant où le rubis du ressort n'appuie plus contre le talon, la petite partie saillante à laquelle le rubis est attaché vient frapper contre la goupille et restitue au pendule la force perdue. Aussitôt après, elle choque l'extrémité du ressort, ce qui fait faire une révolution au volant, pendant laquelle une dent de la roue ramène le ressort à sa première position, en faisant glisser le rubis sur la partie inclinée du talon, jusqu'à ce qu'il soit revenu et renfermé dans la partie droite de ce talon : alors les mêmes effets se reproduisent encore, et ainsi de suite. Ce mécanisme, pour lequel l'auteur a obtenu un *brevet de dix ans*, est susceptible de plusieurs modifications, suivant que le moteur primitif sera employé à bander un ressort ou à élever un poids ; dans son application au pendule, on peut diriger l'effort constant, non-seulement au centre d'oscillation, mais à tout autre point, et même au-dessus du point de suspension. L'application du ressort à effort constant au pendule, offre un avantage particulier qui dispense d'employer une verge de compensation. En effet, lorsque le froid raccourcit le pendule, et tend par conséquent à accélérer les oscillations, la même cause augmente la force du ressort, fait parcourir au pendule des arcs d'une plus grande amplitude, et le retard occasioné par cette dernière circonstance peut compenser l'accélération causée par le raccourcissement de la verge. Enfin, dans cet échappement, la perte du mouvement qu'éprouve le régulateur, avant l'instant où le ressort vient de choquer, est toujours rigoureusement la même, puisqu'elle ne dépend en aucune manière de la quantité d'effort du moteur primitif. (*Brevets publiés*, 1818, tome 2, page 193, planche 48.)— M. TAVAN.— 1807.— M. Pictet, correspondant de l'Institut, a présenté à ce corps de la part de MM. Malley, de Genève, dix modèles d'échappemens construits sur un même calibre, et dont les trois derniers appartiennent d'une manière plus ou moins complète à l'artiste (M. Tavan) qui a construit tous ces modèles. Il est impossible de donner ici une idée de tant de mécanismes divers. M. Prony les a décrits et analysés tous. D'après le jugement des commissaires, adopté par la classe, l'esprit d'invention s'y trouve réuni à une exécution qui prouve le talent distingué de M. Tavan, qui a obtenu une *mention honorable à l'Institut*. (*Mémoire de ce corps, classe des sciences physiques et mathématiques*, 1806. *Moniteur*, 1807, *page* 36.) — M. Lory, *de Paris*. — 1811. — Cet horloger a inventé un échappement à *force constante*, avec *double impulsion* et *suspension* de pendule. (*Annuaire*, 1811, *page* 121.) Nous reviendrons sur la description de ce mécanisme. — M. Deribaucourt, *horloger à Paris*. — 1812. — Cet artiste a déposé au Conservatoire des arts et métiers un échappement d'horlogerie à repos, composé principalement : 1°. de deux roues de même diamètre et du même nombre de dents de rochet, montées sur le même arbre portant un pignon, et disposés de manière que les dents de l'une correspondent au milieu de l'intervalle des dents de l'autre ; 2°. d'un balancier dont l'axe est placé entre les deux roues. (*Moniteur*, 1812, *page* 998.) — *Perfectionnement.* — M. Tavernier, *de Paris*. — 1819. — *Citation au rapport du jury* pour avoir perfectionné l'échappement *dit de Sully. Livre d'honneur*, *page* 421. *Voyez* Horlogerie et Montres.

ÉCHELLE COMPARATIVE de la pesanteur des métaux. — Instrumens de mathématiques. — *Perfectionnement.* — M. Lenoir, *de Paris*. — An vi. — Cet artiste a obtenu pour cette échelle et d'autres instrumens de mathématiques une *distinction du premier ordre*, équivalant à une médaille d'or. *Livre d'honneur, page* 273.

ÉCHELLE - PARATONNERRE. — Instrumens de physique. — *Invention.* — M. Brizé-Fradin. — 1818. —

Cet instrument simple, peu coûteux, est organisé conformément à la théorie de l'électricité et aux expériences faites avec les meilleurs conducteurs. Il préserve de la foudre les meules de grains, les chaumières, les édifices peu élevés des campagnes, et il offre en même temps aux cultivateurs l'échelle fixe destinée au service ordinaire des habitations rurales. *Moniteur*, 1818, *page* 1128. Nous reviendrons sur cet article. *Voyez* PARATONNERRE.

ÉCHELLES A INCENDIE. *Voyez* INCENDIE.

ÉCHENAIS (Nouvelle espèce d'). — BOTANIQUE. — *Observations nouvelles.* — M. H. CASSINI. — 1820. — Cette plante, appelée par l'auteur *échenais mitans*, est herbacée, tige haute de trois pieds, dressée, droite, épaisse, cylindrique, munie de côtes, et un peu laineuse; divisée supérieurement en rameaux, qui forment par leur ensemble une sorte de panicule corymbiforme, irrégulière. Feuilles alternes, rapprochées, étalées horizontalement, longues de huit pouces, larges d'environ deux pouces, sessiles, demi-amplexicaules, oblongues lancéolées; à base un peu décurrente, dilatée, échancrée; à bords découpés par des sinus en lobes bifides, dont une division est élevée, l'autre abaissée, chacune terminée par une longue épine; des épines plus petites, éparses, garnissent les bords de la feuille dont la face inférieure est tomenteuse, blanchâtre, et la supérieure parsemée de quelques poils longs, mais couchés. Calathides solitaires au sommet, de rameaux simples, comme paniculés au haut de la plante, garnis de petites feuilles, droits en préfleuraison, et arqués avec rigidité en demi-cercle durant la fleuraison, de sorte que les calathides regardent la terre. Chaque calathide, longue et large de douze à quinze lignes; péricline entouré à sa base de bractées, ou feuilles florales, très-inégales et dissemblables, formant une sorte d'involucre irrégulier; corolle blanc jaunâtre, organes sexuels irritables. Calathide incouronnée, équaliflore, multiflore, obringentiflore, androgyniflore. Péricline un peu inférieur aux fleurs, campaniforme, à squames très-nombreuses, régulièrement imbriquées, appliquées, coriaces ; les extérieures très-courtes, surmontées d'un très-long appendice inappliqué, foliacé, linéaire, terminé par une grande épine, et bordé d'épines plus petites ; les intermédiaires oblongues, surmontées d'un appendice plus court, étalé, foliacé, ovale, terminé par une longue épine, et muni d'une bordure scarieuse, laciniée ; les intérieures très-longues, surmontées d'un appendice radiant, scarieux, blanc, ovale-acuminé, spinescent au sommet, lacinié sur les bords. Clinanthe d'abord planiuscule, puis convexe, épais, charnu, garni de fimbrilles très-nombreuses, libres, longues, inégales, filiformes. Ovaires oblongs, comprimés bilatéralement, glabres, surmontés d'un plateau ; aigrette longue ; squamellules nombreuses, plurisériées, inégales, filiformes, hérissées de longues barbes capillaires. Corolle très-obringente. Étamines à filet hérissé de poils courts, à anthère pourvue d'un appendice apicilaire aigu, et de deux appendices basilaires oblongs, membraneux, découpés à l'extrémité. Styles surmontés de deux stigmatophores entregreffés. Le genre *échenais* appartient à la famille des synanthérées, et à la tribu des carduinées, dans laquelle l'auteur le place auprès de *l'alfredia* (*cnicus cernuus*, Linn.), dont il diffère surtout par l'aigrette plumeuse. *Société philomathique*, 1820, *page* 4.

ÉCHENILLOIR. — Art du taillandier. — *Perfectionnement.* — M. Bellenoue-Chartier. — 1811. — Ce nouvel instrument tranche facilement, et par une coupe parfaitement nette, les branches, même de deux ans et d'un diamètre de quatorze à quinze millimètres. Sa forme arrondie et ses contours obtus permettent de le diriger entre les branches des arbres, sans leur faire ni blessures ni contusions. Au contraire des autres échenilloirs, qui se présentent ouverts, celui-ci s'introduit fermé dans l'arbre, et ne s'ouvre qu'après avoir saisi la branche sur laquelle on veut opérer ; il est plus léger que l'échenilloir à marteau, qui est celui dont on se sert communément. On a fait l'essai de l'invention de M. Bellenoue-Chartier dans un domaine rural, et il est résulté des épreuves qui ont eu lieu que cet instrument possède tous les avantages énoncés, et qu'il doit être préféré aux échenilloirs dont on se sert ordinairement en France et en Allemagne. *Moniteur*, 1811, *page* 257. *Conservatoire des arts et métiers, salle d'agriculture, n . 48.*

ÉCHIUM CAUDICANS. — BOTANIQUE. — *Observations nouvelles.* — M. VENTENAT, *de l'Institut.* — AN XIII. — Cette plante est un arbrisseau originaire de Madère, assez élevé, et dont les feuilles, presque drapées et blanchâtres, sont relevées d'une côte saillante et de plusieurs nervures rouges. Les fleurs de cet arbrisseau sont d'un blanc lavé de bleu; elles forment, au sommet de chaque rameau, un bouquet assez serré de trois à quatre décimètres. L'*echium* fleurit dans toutes les saisons de l'année. Il y en a de plusieurs espèces. *Jardin de la Malmaison. Moniteur, an* XIII, *page* 330.

ÉCHYTES (nouvelle espèce d'). — BOTANIQUE. — *Observations nouvelles.* — M. DESFONTAINES. — 1819. — Le genre échytes, établi par Jacquin, renferme plusieurs espèces, qui pour la plupart sont indigènes de l'Amérique méridionale. Les caractères de ce genre sont : Un calice persistant, à cinq divisions. Une corolle hypocratériforme, dont le limbe est partagé en cinq lobes obliques, et dont l'entrée du tube est dépourvue d'écailles et de couronne. Cinq étamines renfermées dans le tube. Des anthères à deux loges s'ouvrant intérieurement, réunies autour du stigmate, auquel elles adhèrent dans leur partie moyenne. Un style filiforme. Un stigmate. Deux ovaires supères. Cinq écailles ou un disque à cinq lobes entourant la base des ovaires; deux follicules grêles. Des graines couronnées d'une aigrette. M. Desfontaines appelle *échytes longiflora* la plante dont la description suit, qui lui paraît appartenir au genre *échytes* ; c'est une espèce très-distincte, et remarquable surtout par la longueur de ses pédoncules et de ses corolles. Il pense aussi que le *forteronia* de M. Meyer ; *primitiæ flor. essequeb.* et le *parsonia* de M. Brown, doivent être réunis dans un même genre. Les deux follicules distincts ou soudés ensemble ne lui paraissent pas un caractère suffisant pour les séparer. L'*echytes longiflora* se distingue par des tiges ligneuses, sarmenteuses ; jeunes rameaux cotonneux ; feuilles opposées, sessiles, en cœur, aiguës, entières, persistantes, ondées sur les bords, glabres en dessus, couvertes en dessous d'un coton très-épais, longues d'un pouce à un pouce et demi, sur six à huit lignes de largeur à la base. Pédoncules extraxillaires, solitaires, droits, sans feuilles, légèrement cotonneux, longs d'environ un pied, plus longs que les rameaux d'où ils naissent, terminés par une ou quelquefois par deux fleurs. Calice persistant, à cinq divisions très-profondes, droites, cotonneuses, étroites, en forme d'alènes, rapprochées du tube de la corolle. Cette corolle a le tube cotonneux cylindrique, d'une ligne de diamètre, long de cinq à six pouces, élargi et évasé à sa partie supérieure, garni intérieurement, à la base des étamines, de cinq rangs de soies courtes et serrées. Limbe campaniforme de deux pouces à deux pouces et demi de diamètre, divisé en cinq lobes arrondis, ouverts, un peu obliques, cotonneux à l'extérieur, contournés avant leur épanouissement. Cinq étamines attachées au sommet du tube ; filets très-courts, élargis du sommet à la base ; anthères linéaires, comprimées, bilobées à la base, terminées par une petite membrane à peu près arrondie, rapprochées en forme de cône obtus autour du stigmate ; elles ont intérieurement deux loges qui s'ouvrent longitudinalement. Style filiforme, de la longueur du tube de la corolle ; un stigmate conique, épais, charnu, surmonté de deux petites pointes, divisé en cinq lobes à la base, terminés chacun par une pointe. Deux ovaires supères, entourés à la base d'un disque glanduleux à cinq lobes. Deux follicules grêles, allongés, rapprochés, cotonneux ; ceux que l'auteur a observés n'étaient pas parvenus à maturité. Cette belle espèce est indigène du Brésil. *Mémoires du Muséum d'histoire naturelle*, 1819, *tome* 5, *page* 274, *planche* 20.

ÉCLAIRAGE (Appareils d').—ÉCONOMIE INDUSTRIELLE. — *Perfectionnemens.* — MM. VIVIEN, *de Bordeaux*, et BORDIER, *de Versoix.* — 1809. — Il résulte du rapport fait à la Société d'encouragement par M. Gillet-Laumont chargé de faire des expériences sur les divers appareils d'éclairage de MM. Vivien et Bordier: 1°. que le petit éclairage de M. Vivien comparé au grand éclairage de M. Bordier, est à ce dernier, pour son intensité de lumière, dans la proportion de 583 à 1432, ce qui présente pour cet éclairage (où le but que les auteurs se proposaient était différent) un avantage majeur en faveur de M. Bordier, de près de 5 sur 2 ; avantage obtenu tant par une plus grande consommation d'huile que celle faite par M. Vivien dans le rapport de 28,45 à 23, ou plus simplement d'environ 5 à 4, que par l'emploi de cheminées de verre, d'un double courant d'air, et par une plus grande perfection dans les réflecteurs ; 2°. que dans le petit éclairage de M. Vivien, comparé au petit éclairage de M. Bordier (où le but des auteurs était le même), tous les avantages ont été en faveur de M. Bordier, savoir : d'une petite quantité pour l'intensité de lumière, dans le rapport de 992 à 932, ou plus simplement dans celui de 15 à 14; et pour la consommation d'huile d'une quantité importante, dans le rapport de 12,58 à 23; ou de 7 à 13, d'un peu plus de moitié de la quantité employée par M. Vivien ; 3°. que si les éclairages de M. Bordier ont eu en général un avantage réel sur ceux de M. Vivien, il n'en est pas moins vrai que ces deux concurrens ont l'un et l'autre présenté un fort bon système d'éclairage, sous le rapport des effets de lumière. (*Bulletin de la Société d'encouragement, n°. 60. Archives des découvertes et inventions*, 1809, *tome* 2, *page* 317. *Conservatoire des arts et métiers, galerie des échantillons, modèle n°.* 138.) —M. BORDIER-MARCET. — Pour son éclairage économique à grands effets de lumière, M. Bordier a obtenu un *brevet de quinze ans*. Cet éclairage sera décrit dans notre Dictionnaire annuel de 1824. *V.* FANAUX, GAZ, GAZOMETRE, HABITACLE, LAMPES, QUINQUETS, RÉVERBÈRES, THERMOLAMPES.

ÉCLUSE A FLOTTEUR. — MÉCANIQUE. — *Invention.* — M. DE BETTANCOURT. — 1807. — L'auteur a présenté à la première classe de l'Institut, le modèle d'une écluse qu'il a inventée, et qui est applicable aux canaux de petite navigation. Ce modèle était accompagné d'un mémoire renfermant la théorie de la construction de cette écluse, et son usage, tant pour le cas où les biefs, placés à la suite les uns des autres, ne sont séparés que par des chutes verticales, que pour le cas où les descentes s'opèrent sur des plans inclinés. Les principales conditions que M. de Bettancourt s'est proposé de remplir sont l'économie de l'eau et celle du temps. MM. Bossut, Monge et Prony, ont exposé comme il suit les moyens qu'il a employés pour parvenir à son but. Le sas de l'écluse, dans lequel il introduit les bateaux qui montent ou descendent, communique par une grande ouverture, pratiquée au fond de ce sas dans l'épaisseur d'un des murs de bajoyers, avec un puits à base rectangulaire creusé derrière le même mur, qui sert de revêtement à l'une des faces du puits, dont les trois autres faces et la base sont également revêtues en maçonnerie; la base du puits doit être, pour remplir l'objet auquel il est destiné, plus basse que le dessus du radier du sas, ou que le seuil de la porte inférieure. D'après ces dispositions, supposant qu'un bateau entre du bief inférieur dans le sas, la porte d'aval étant ouverte, l'une se trouvera au même niveau dans le bief inférieur, dans le sas et dans le puits. Si alors on ferme la porte d'aval et qu'on oblige un flotteur de s'immerger en partie dans l'eau du puits, cette eau s'élèvera, tant dans le puits que dans le sas, de manière à occuper, au-dessus de son premier niveau, un volume égal au volume d'eau déplacée au-dessous de ce même niveau. S'il y a très-peu d'espace

entre la paroi du flotteur et celle du puits, la presque totalité de la masse d'eau élevée se trouvera dans le sas; et
si le puits et le flotteur ont les dimensions convenables,
l'enfoncement du flotteur pourra être tel que l'eau du sas
s'élève à la hauteur de celle du bief supérieur, dans lequel
le bateau entrera par la porte d'amont; un bateau descendant étant alors introduit dans le sas, l'émersion ou l'élévation du flotteur fera abaisser l'eau de ce sas à son premier niveau, de manière qu'en ouvrant la porte d'aval,
le bateau descendant passera dans le bief inférieur. En
répétant cette manœuvre, on fera monter et descendre autant de bateaux qu'on voudra. Les rapporteurs ont fait
sur ce premier exposé les observations suivantes, savoir :
1°. dans le cas où les bateaux montans ou descendans se
succéderaient en marchant en sens contraire, comme dans
l'exemple qu'on vient de citer, chaque immersion et chaque émersion du flotteur procurerait la traversée d'un
bateau; et dans le cas où plusieurs bateaux se succéderaient
en marchant dans le même sens, chaque traversée exige-
rait les deux opérations; 2°. dans le premier cas, le bief
supérieur ne ferait aucune dépense, parce que le volume
d'eau, égal au volume déplacé par le bateau, qui lui serait
enlevé au passage du bateau montant, lui serait rendu au
passage du bateau descendant. Dans le deuxième cas, le
bief supérieur gagnerait ou perdrait, respectivement, autant de ces volumes d'eau qu'il y aurait de bateaux allant
dans le même sens, soit en montant, soit en descendant.
Voilà donc un procédé simple et direct pour faire monter et descendre des bateaux dans des sas d'écluse; mais
son application aurait de grands inconvéniens, et serait
même impraticable si on ne trouvait pas le moyen d'opérer l'immersion et l'émersion du flotteur sans dépense de
force, ou du moins en n'employant d'autre effort que celui
dont un homme est capable, sans se fatiguer; c'est dans la
découverte de ce moyen que consiste principalement le
mérite de l'invention de M. de Bettancourt. L'idée de tenir
le flotteur continuellement en équilibre, par un contre-

poids se présentait naturellement ; mais il fallait en réduire l'exécution à des pratiques sûres et faciles. M. de
Bettancourt a d'abord cherché , par les principes de l'analyse mathématique et de l'hydrostatique , quelle était la
courbe sur laquelle devait se mouvoir le centre de gravité
du contre-poids , pour faire équilibre à un flotteur de
figure quelconque , dans toutes les positions , le fluide étant
ou non indéfini , il a donné l'équation différentielle de
cette courbe dont les indéterminées sont séparées , et qui
par conséquent , dans chaque hypothèse sur la forme du
plongeur , peut s'intégrer exactement ou se ramener aux
quadratures. Passant ensuite au cas où le flotteur est un
parallélipipède , ou en général un prisme dont les arêtes
sont perpendiculaires à la base, il est parvenu à ce résultat
extrêmement heureux , savoir : que dans le cas dont il
s'agit , la courbe décrite par le centre de gravité du contre-
poids doit être un cercle ; or l'équilibre aura lieu dans
toutes les positions si , en remplissant cette condition , on
fait en sorte que les différentes évaluations du flotteur , à
partir de la position initiale , soient dans un rapport constant avec les cordes des arcs décrits par le centre de gravité du contre-poids, l'équilibre étant préalablement établi
dans la position initiale , et dans une autre position quelconque. Pour appliquer ce résultat à la construction de
son écluse , M. de Bettancourt rend le poids du flotteur
égal au poids de l'eau qu'il déplace dans son état de plus
grand abaissement. Dans cet état initial , le flotteur est
suspendu à l'extrémité de la branche horizontale d'un
levier coudé à angle droit, dont l'autre branche verticale
porte un poids mobile qui peut couler le long de cette
branche , et être fixé quand il se trouve dans la position où
on veut qu'il soit ; ce levier coudé tourne autour d'un axe
horizontal placé à l'assemblage de ses deux branches ;
une poulie tangente à la chaîne verticale qui tient le flotteur suspendu , est fixée solidement vers le sommet et en
dedans de l'angle formé par la chaîne et la branche horizontale du levier , de manière que , dès qu'on élève cette

branche horizontale, ou qu'on incline la branche verticale, la chaîne de suspension du flotteur coule sur la gorge de la poulie, et se maintient toujours verticale au-dessous de cette poulie. Cette disposition conçue, on voit que l'équilibre est établi dans la position initiale au poids près de la branche horizontale du levier, qui est très-petit par rapport au poids de la branche verticale, et qu'on peut annuler par un contre-poids particulier ; il suffit donc de placer le système dans une autre position quelconque, et de fixer le poids mobile, qui peut glisser le long d'une des branches du levier coudé, à une distance de l'axe de ce levier, telle que le système soit encore en équilibre dans la seconde position : cette préparation fort simple étant achevée, les conditions ci-dessus indiquées seront satisfaites, et l'équilibre aura lieu dans toutes les positions. C'est d'après ces principes que M. de Bettancourt a composé le projet d'écluse dont les dessins étaient joints à son mémoire ; et le modèle en relief, mis sous les yeux de la classe, rend sensible, de la manière la plus satisfaisante, l'accord entre les résultats du calcul et ceux de l'expérience. L'auteur a disposé son projet de manière à le rendre susceptible d'une exécution immédiate, et d'une construction conforme aux règles de l'art. Les principales dimensions de cette construction sont :

Chute de l'écluse.	2^m.	6o
Longueur du sas.	6	98
Largeur du sas.	2	17
Longueur du flotteur.	4	87
Largeur du flotteur.	3	57
Hauteur du floteur.	5	28

M. de Bettancourt suppose que les bateaux seront de huit à dix tonneaux (chaque tonneau représente le poids d'un mètre cube d'eau), de forme prismatique, et qu'ils tireront o^m 87, d'eau, la profondeur d'eau des biefs étant de 1^m, 3o. Pour rendre l'entrée du bief inférieur dans

les sas plus libre, il ouvre la porte d'aval en la faisant
mouvoir sur deux poulies dans une direction perpendiculaire à l'axe du sas, et la faisant entrer dans une
ouverture latérale, pratiquée à l'extrémité d'un des murs
de bajoyers. M. de Bettancourt pense qu'on peut exécuter son écluse sur des dimensions plus considérables
que celles ci-dessus rapportées; cependant il conseille,
lorsque la chute sera de plus de cinq mètres, de la sous-
diviser en plusieurs chutes partielles. L'un de ses dessins offre une disposition d'écluses accolées qu'on peut
exécuter dans ce cas; mais il croit, avec tous les ingénieurs instruits, qu'il faut en général donner la préférence
aux écluses séparées. M. de Bettancourt a consacré la fin de
la partie descriptive de son mémoire et deux planches de
ses dessins à l'exposition des moyens d'application de son
système d'écluse à la montée et à la descente des bateaux
le long des plans inclinés. Le cas où toute l'économie
d'eau que comporte ce système a lieu est celui ou chaque
descente d'un bateau correspond à la montée d'un autre
bateau, en ajoutant à cette condition que le bateau descendant a sur le bateau montant un excès de poids capable
d'opérer l'ascension de ce dernier. Chacun des chemins
parcourus par les bateaux montans et descendans correspond à une écluse particulière placée à l'extrémité du bief
supérieur; le puits du flotteur est à côté de ces deux écluses,
et communique immédiatement avec un réservoir pratiqué
entre elles, qui lui-même peut aussi communiquer à
volonté avec l'un ou l'autre des deux sas. Les bateaux sont
portés sur des chariots, dont les roues tournent dans des
ornières ou rainures de fonte. Chaque bateau est retenu
par une chaîne qui tient à une corde roulée sur un cylindre placé en amont de l'écluse correspondante supérieure.
Ces deux cylindres se communiquent leur mouvement
par un engrenage dont on parlera tout à l'heure, et tournent dans le même sens; ce qui exige, pour qu'on puisse
opérer la montée d'un bateau par la descente de l'autre,
qu'une des cordes s'enroule par-dessus son cylindre, et

l'autre par-dessous. Avant de faire voir comment le bateau descendant fait tourner les deux cylindres à la fois, il faut d'abord parler de la condition que l'auteur a voulu remplir en établissant la correspondance des mouvemens des deux bateaux. Lorsque ces bateaux sont l'un au sommet et l'autre au bas du plan incliné, la longueur de ce plan est une portion commune du chemin qu'ils ont à faire pour se rendre à leurs destinations respectives; mais si, lorsque le bateau inférieur est au haut du plan incliné, une partie du bateau supérieur se trouvait prête à être immergée dans le bief inférieur, il ne lui resterait pas, eu égard à cette immersion, la prépondérance nécessaire pour faire entrer le bateau montant dans le sas de son écluse où' se trouve le prolongement de son plan incliné, quoique la pente de ce plan soit moindre dans le sas que hors du sas. Il faut donc, lorsque le bateau montant est prêt à entrer dans l'écluse supérieure, que le bateau descendant ait encore un certain espace à parcourir avant d'atteindre l'eau, c'est-à-dire qu'il faut que pendant le temps employé par ce dernier bateau à parcourir le plan incliné, le bateau montant fasse un chemin égal à la longueur du plan incliné, plus à l'espace qu'il doit parcourir pour se loger dans le sas, espace qui est à peu près égal à sa longueur. M. de Bettancourt a satisfait à cette condition par l'arrangement et la proportion des engrenages, ainsi qu'on va le voir. Les extrémités des cylindres, qui sont en regard, portent des roues dentées, fixées à ces cylindres et perpendiculaires à leurs axes. Chacune de ces roues dentées engrène aux deux extrémités de son diamètre horizontal dans 'deux autres roues dentées, et chaque couple de ces quatre roues dentées, composée de deux roues en regard, est portée sur un axe commun, l'une des roues de la couple faisant corps. avec l'axe commun, et l'autre pouvant tourner à frottement doux sur cet axe. Le rapport entre le nombre des dents des deux roues d'une couple est celui qui existe entre la longueur du plan incliné, et cette longueur est augmentée de celle d'un bateau. Cette disposition ne permet

pas de placer les axes des cylindres dans une même direction, et ils sont simplement parallèles entre eux. Les
roues des couples qui tournent à frottement doux sur leur
axe sont placées aux extrémités de la diagonale du parallélogramme, dont les axes des couples forment deux côtés.
Chacune de ces roues en particulier peut facilement et à
volonté être fixée sur l'axe auquel elle appartient, et alors
les deux roues de cet axe sont assujetties à tourner ensemble. Ces détails conçus, qu'on imagine deux bateaux,
l'un au sommet et l'autre au bas du plan incliné, attachés
chacun à leur cylindre; si l'éclusier a fixé d'avance, ainsi
qu'il doit le faire, la roue tournant à frottement doux de
celle des deux couples qui rend la vitesse du bateau montant plus grande que celle du bateau descendant, dans la
proportion ci-dessus indiquée, le premier bateau, supposé
prépondérant, non-seulement fera franchir la chute au second, mais le placera dans l'écluse avant d'arriver au bief
inférieur. Lorsque la profondeur du bateau descendant
est telle que la vitesse du système devient trop grande,
on modère cette vitesse par le moyen connu d'un *frein* qu'on
fait presser et frotter sur la circonférence d'une roue. Les
fonctions du flotteur sont d'amener le bateau qui vient du
bief supérieur au-dessus du chariot introduit d'avance dans
l'écluse, et à le faire échouer sur ce chariot. Le premier
objet est rempli par l'immersion du flotteur, et le second
par son émersion; mais en conservant, comme il convient
de le faire, la forme prismatique au flotteur, les conditions
de l'équilibre sont dérangées par le volume et la forme du
chariot placé dans le sas. M. de Bettancourt rétablit cet
équilibre en pratiquant une cavité de forme et de dimension telles que les variations de hauteur de l'eau soient
toujours proportionnelles aux parties du volume du flotteur immergées ou émergées, en ayant égard non-seulement au chariot, mais encore au bateau supposé vide et
placé sur ce chariot. De plus, il creuse à côté de l'é-
cluse un réservoir communiquant d'une part avec le bief
supérieur, et de l'autre avec le puits du flotteur; cette

dernière communication peut être ouverte et refermée à volonté par l'éclusier, au moyen d'un clapet à pédale, pendant la manœuvre du flotteur. Ces préparations établies, si un bateau chargé venant du bief supérieur entre dans l'écluse supposée pleine, ou élèvera le flotteur pour le faire échouer sur le chariot ; mais à compter de l'instant où il sera en contact avec le chariot, comme son tirant d'eau est dû à sa charge entière, et que les dispositions d'équilibre ne sont relatives qu'au tirant d'eau du bateau allége, les proportions de l'abaissement de l'eau tendront à être plus fortes que celles des volumes émergés, et le flotteur résistera à son ascension ; l'éclusier détruira aussitôt cette résistance en ouvrant le clapet de la communication entre le réservoir latéral dont on a parlé ci-dessus et le puits du flotteur ; et l'eau qu'il sera obligé strictement d'introduire dans le puits pour achever d'élever le flotteur sans effort sera égale en poids à la charge du bateau. Si l'on observe que, lorsque le bateau est entré dans le sas, il a fait passer dans le bief supérieur un volume d'eau d'un poids égal à celui de sa charge et au sien propre, on verra que le poids d'eau du bateau vide étant supposé restitué au sas, l'eau supérieure se trouve, au moment de la descente du bateau sur le plan incliné, dans le même état où elle était avant que ce bateau entrât dans le sas. Lorsque ensuite le bateau venant du bief inférieur et son chariot sont entrés dans l'écluse qui leur correspond, et qu'il s'agit de faire monter le bateau dans le bief supérieur, l'immersion du flotteur n'a aucune difficulté tant que l'eau, dans le sas, n'excède pas le point supérieur du tirant d'eau du bateau allége ; et si le bateau est réellement allégé, son élévation et son passage dans le bief supérieur s'opèrent sans effort. Mais si ce bateau porte une charge ou une portion de charge, lorsque l'eau est arrivée au point dont nous venons de parler, il faut qu'elle s'élève encore avant de faire flotter le bateau ; il résulte de la forme du bateau que les variations de cette élévation tendent à accroitre dans une proportion plus forte que celles des volumes immergés, et que le flotteur résiste à sa descente ; l'éclusier surmonte cette résistance en ouvrant la communication entre le réservoir latéral et le puits du flotteur, et en y introduisant par gradation une quantité d'eau égale en poids à la charge ou portion de charge du bateau. Cette dernière quantité d'eau est perdue par le bief supérieur, qui ultérieurement ne dépense en eau, pour la manœuvre des écluses, que le poids de la charge ou portion de charge des bateaux montants. Lorsque cette charge des bateaux montans est telle que les bateaux descendans n'ont plus la prépondérance nécessaire, il faut suppléer à ce défaut, soit par la chute d'une certaine quantité d'eau, soit par d'autres moyens mécaniques sur lesquels M. de Bettancourt ne propose rien de particulier. MM. les rapporteurs ajoutent les observations suivantes sur le projet d'écluse soumis à la première classe de l'Institut par M. de Bettancourt. Ce projet, disent-ils, offre un exemple intéressant de l'application de la théorie aux objets d'utilité publique ; et nous nous sommes assurés que les conséquences qu'il tire de quelques principes incontestables de mécanique, pour établir sa construction, sont de la plus rigoureuse exactitude. Il emploie son moyen d'emplir et de désemplir un sas : 1°. aux usages de la navigation par des canaux à écluses ordinaires simples ou accolés ; 2°. au passage des bateaux d'un bief à un autre, dont il est séparé par un plan incliné. Nous ne voyons sur le premier point aucune objection à faire contre la possibilité de l'exécution de l'écluse à flotteur, surtout dans les dimensions auxquelles l'auteur s'est restreint ; l'emploi des ressources connues de l'art, pour obtenir la solidité et la durée de l'ouvrage, n'offre pas plus de difficulté dans la construction que celles des écluses ordinaires ; la manœuvre doit être prompte, facile, et n'exige pas un éclusier plus intelligent que ceux auxquels on confie communément le service des canaux ; enfin les pièces du mécanisme qui tient au flotteur sont d'une simplicité qui rassure contre la crainte de voir leur jeu fréquemment dérangé. L'application des sas à flot-

teur aux plans inclinés, comporte, par la nature de son
objet, plus de complication que celle faite par M. de Bettancourt aux écluses ordinaires ; la manœuvre en est aussi
moins simple et exige un éclusier plus intelligent et plus
adroit que les éclusiers ordinaires. Mais ces inconvéniens
sont communs à toutes les constructions de plans inclinés,
et ce qu'on peut exiger d'un constructeur ne doit être que
de les diminuer le plus possible. Cette partie du travail de
M. de Bettancourt est, comme l'autre, pleine d'invention et
de détails ingénieux, et nous semble surtout réduire la dépense de l'eau à son *minimum.* Cependant il serait difficile,
sans le secours de l'expérience, de se rendre un compte
exact des avantages que sa construction peut avoir d'ailleurs sur les constructions de même espèce connues jusqu'à présent. Le modèle d'écluse que M. de Bettancourt a présenté à la classe, et dont il a fait don à l'école
des ponts et chaussées a été exécuté récemment à Paris
(1807); il en existe un depuis plusieurs années, établi
sur une grande échelle, dans la galerie des modèles de
S. M. le roi d'Espagne, où il est exposé publiquement.
D'après cette circonstance et la confiance parfaite que
l'auteur doit nous inspirer, disent toujours MM. les rapporteurs, nous ne doutons pas qu'il n'ait tiré de son propre
fond toutes les idées consignées dans son mémoire et dans
le rapport. Cependant il existe un ouvrage anglais, qu'il
nous a communiqué lui-même, où l'on trouve un projet
d'écluse de M. Hudleston pour élever et abaisser l'eau dans
un sas, au moyen de l'immersion et de l'émersion d'un
flotteur, sans application aux plans inclinés. La patente
de M. Hudleston est du 30 décembre 1800, et c'est à peu
près vers ce temps que M. de Bettancourt a fait construire
son modèle. L'auteur anglais a donc, quant à l'emploi du
flotteur, l'avantage de l'avoir publié le premier ; mais sur tous
les autres points ses moyens non-seulement diffèrent totalement de ceux de M. de Bettancourt, mais nous paraissent leur
être inférieurs. Enfin, la commission, pour ne rien laisser à
désirer sur l'histoire de l'invention dont elle s'est occupée

a comparé le moyen de M. de Bettancourt pour tenir le flotteur en équilibre dans toutes les positions, avec ceux employés par MM. Lavoisier et Meunier dans la construction du gazomètre, pour parvenir au même but. M. Meunier a donné deux solutions du problème qu'on trouve exposées dans la *Chimie de Lavoisier* et dans le volume des Mémoires de l'Académie des sciences de 1782; mais l'une et l'autre ne sont sensiblement exactes que lorsque le levier a des inclinaisons assez petites pour que les arcs décrits puissent être censés égaux à leurs sinus; ainsi la solution générale et rigoureuse du problème appartient exclusivement à M. de Bettancourt. (*Classe des sciences physiques et mathématiques*, 1807. *Moniteur, même année, page* 1090. *Annales des arts et manufactures, tome* 30, *page* 240. *Société d'encouragement, bulletin* 43.) 1810. — M. de Bettancourt a été *mentionné honorablement* à la distribution des prix décennaux, pour sa nouvelle écluse dont, comme on vient de le voir plus haut, on a fait un rapport très-avantageux à la classe des sciences physiques et mathématiques de l'Institut. *Livre d'honneur, page* 38.

ÉCLUSES (Bascule au moyen de laquelle on peut faire monter ou baisser l'eau dans les). — Mécanique. — *Invention*. — M. Groetaers. — 1819. — L'auteur a obtenu un *brevet de quinze ans* pour cette bascule, que nous décrirons à l'expiration du brevet.

ÉCLUSES A SAS MOBILE ET A PLAN INCLINÉ. (Moyen de les construire.) — Mécanique. — *Invention*. — M. Fulton. — An vii. — D'après cette nouvelle construction, pour laquelle l'auteur a obtenu un *brevet de quinze ans*, la charge des bateaux ne doit pas excéder plus de quinze tonneaux; ils ne doivent avoir que vingt pieds de long, sur quatre à cinq de large, et deux à trois de profondeur. Un bateau de cette grandeur peut contenir autant qu'une voiture ; par sa légereté et celle de sa cargaison , il est beaucoup plus facile à manœuvrer, et ne fatigue pas la machine qu'on emploie pour cela. Il suffit d'un cheval pour tirer dix de ces bateaux attachés ensemble, et contenant chacun quatre tonneaux (ce qui équivaut à un seul bateau de quarante tonneaux) ; ils peuvent faire à peu près une lieue par heure. Une roue hydraulique fait mouvoir la machine des plans, et deux boules centrifuges règlent la quantité d'eau sur la roue. Pour établir cette mécanique , on creuse un puits d'une profondeur égale à la différence du niveau des deux canaux. Au haut de ce puits est placée une roue portant une chaîne qui va gagner une cuve , laquelle a un contre-poids qui peut être enlevé au haut du puits après que la cuve s'est vidée. Dans la cuve est une soupape qui s'ouvre pour donner passage à l'eau que la cuve contient ; après quoi le contre-poids remonte la cuve au haut du puits, où elle se trouve placée, pour recommencer une pareille opération. Des ailes servent à donner à la cuve qui remonte un mouvement régulier ; les chaînes de la cuve et du contre-poids sont sans fin. Pour faire monter le bateau, on l'accroche aux chaînes ou câbles ; on fixe la machine sous une roue, ce qui, au moyen d'un conduit, fait passer l'eau du canal supérieur dans la cuve. Au moment où cette cuve devient assez pesante , elle descend dans le fond du puits ; alors la soupape s'ouvre et laisse échapper l'eau qui passe dans le canal inférieur au moyen d'un tuyau souterrain , et le contre-poids remonte la cuve au haut du puits, où elle recommence la même opération. L'auteur fait varier la forme des bateaux suivant la nature des différentes choses qu'ils transportent , et à l'aide de quelques légères modifications apportées à la machine dont le mouvement est réglé, soit par les ailes centrifuges , soit par les régulateurs dont il est parlé plus haut, il parvient à la disposer de manière à monter à différentes hauteurs jusqu'à trente pieds ; à passer des rivières sur un plan parallèle à l'horizon ; à traverser une vallée large et profonde par le moyen de deux plans inclinés, etc. *Brevets publiés, tome* 4 *, page* 207 *, planc.* 15

et 21. *Société philomathique*, bull. n° 27, *page* 23. *Voyez*
PLANS INCLINÉS.

ÉCOLE POLYTECHNIQUE. — INSTITUTION. — AN II.

— L'École polytechnique, connue d'abord sous le nom
d'*École centrale des travaux publics*, fut créée dans ces temps
malheureux où les écoles spéciales des services publics,
tout-à-fait désorganisées, avaient vu fuir de leur sein les
professeurs et les élèves; les uns pour se soustraire à la per-
sécution, les autres pour aller servir dans nos armées. A
cette époque, la France, attaquée par l'Europe entière,
réclamait les secours d'ingénieurs habiles, et était menacée
de n'en plus trouver. Ce fut dans de telles circonstances
que des hommes également distigués par leurs vastes connaissances et par un patriotisme éclairé, conçurent le
projet de créer une école qui remplaçât celles qu'on venait
de détruire. Bientôt toute l'élite de la jeunesse se réunit à
la voix de tels maîtres qui se dévouaient si généreusement à
son instruction; et trois mois s'écoulèrent à peine, que
déjà cette institution avait pris un caractère assez imposant pour forcer les ennemis mêmes des sciences à respecter
l'asile où elles s'étaient réfugiées. Un article du décret de
la convention du 21 ventôse an II (11 mars 1794) portant
établissement d'une commission des travaux publics est
ainsi conçue : « Cette commission s'occupera de l'établissement d'une école centrale des travaux publics, et
du mode d'examen et de concours auxquels seront as-
sujettis ceux qui voudront être employés à la direction des
travaux. » Un autre décret du 7 vendemiaire an III règle
l'organisation de l'École centrale des travaux publics, et en
fixe l'ouverture au 10 frimaire suivant; mais plusieurs circonstances retardèrent cette ouverture jusqu'au 21 décembre (1er. nivôse an III) de la même année. D'après une disposition de ce dernier décret, un concours fut ouvert
dans vingt-deux villes principales de la France, et l'on
admit trois cent quatre-vingt-onze élèves qui fournirent les
preuves de leur instruction et de leur intelligence, dans

un examen sur l'arithemétique, les élémens d'algèbre et la géométrie. La première organisation, sous le titre d'*École centrale des travaux publics*, est du 26 novembre 1794 (6 frimaire an III). Elle fixe le mode d'enseignement, qui a toujours eu deux branches principales : les sciences mathématiques et les sciences physiques. Les premières comprennent : 1°. l'analyse avec ses applications à la géométrie et à la mécanique ; 2°. la géométrie descriptive, qui se divise en trois parties : géométrie descriptive pure, architecture, fortifications, et à laquelle se trouve joint le dessin, considéré comme un moyen peu rigoureux, il est vrai, mais souvent comme le seul possible de décrire les objets. Les sciences physiques renferment la physique générale et la chimie. Ce qui distingue cet enseignement de tous ceux qui avaient été pratiqués jusqu'alors, c'est que les élèves travaillent dans l'intérieur même de l'école ; qu'ils sont distribués par salles pour le dessin, la géométrie descriptive et l'étude de l'analyse ; qu'ils ont des laboratoires pour s'exercer aux manipulations chimiques ; et qu'ils exécutent de leurs propres mains les dessins, les calculs et les opérations chimiques qui ont été l'objet des leçons orales des professeurs. Ce mode d'enseignement est le caractère distinctif de l'École polytechnique. A l'origine, la durée des études pour chaque jour était de neuf heures, savoir : de huit heures du matin à deux heures après midi, et de cinq heures du soir à huit ; et celle du cours entier devait être de trois ans. Comme les élèves avaient été admis à la fois avec une instruction à peu près égale, et qu'il fallait pouvoir les distribuer en trois classes afin de suivre chacune des trois années d'étude, on imagina de faire des cours préliminaires, dans lesquels chaque professeur présenta le tableau concis de la science qu'il avait à traiter ; il en résulta un ensemble de programme précieux et pour les élèves et pour les professeurs eux-mêmes. A la fin de ces cours préliminaires, qui durèrent trois mois, du 21 décembre 1794 (1er. nivôse an III) au 21 mars (1er. germinal), les élèves furent divisés en trois classes, qui suivirent alors

les cours institués pour chacune d'elles; et chaque classe ou
division fut partagée en brigades de vingt élèves : chaque
brigade eut sa salle d'étude et son laboratoire de chimie,
et elle fut présidée par un chef capable d'entretenir l'ordre
et de lever les difficultés que les élèves rencontraient dans
leur travail. D'après la marche habituelle que devait suivre
l'école, il fallait choisir ces chefs parmi les élèves les plus
instruits; mais, à l'origine, ce mode d'élection n'était pas
praticable; un certain nombre de jeunes gens du plus
grand mérite reçurent une instruction particulière dans
une école préparatoire, et se mirent en état d'exercer les
fonctions de chefs. Pour former cette école préparatoire,
qui fut ouverte vers le milieu de novembre 1794, on choisit
une maison qui était à la disposition du comité de salut public, et qui renfermait un laboratoire de chimie dirigé par
M. Guyton, un atelier pour la fabrication des lames de
sabre, et plusieurs salles très-vastes. M. Monge, à qui l'É-
cole polytechnique doit sa création, y donna des leçons de
géométrie descriptive et d'analyse appliquée à la géométrie; il fut aidé dans ce travail par M. Hachette, qu'il avait
choisi pour son adjoint. M. Jacotot et M. Barruel y firent
des cours de chimie et de physique. Le 21 mars 1795,
époque à laquelle l'École polytechnique fut mise en activité,
les vingt-cinq élèves les plus distingués de l'école préparatoire furent nommés chefs de brigade. On trouve dans le
n°. 4 de la correspondance de l'École polytechnique,
page 93, la liste de ces chefs, parmi lesquels on remarque
MM. Berge, Biot, Francœur, Malus. Il ne suffisait pas
d'avoir des hommes capables de transmettre l'instruction;
il fallait encore préparer les portefeuilles des professeurs
de géométrie descriptive. Chacune des parties de cette
science, telle que la géométrie descriptive pure, qui n'a-
vait jamais été enseignée publiquement, la coupe des
pierres, la charpente, la perspective, les ombres, l'architecture, les travaux civils et la fortification, exigeait une
collection de dessins et d'épures gravés. Une réunion des
meilleurs dessinateurs de Paris, dirigée par MM. les

instituteurs, s'occupa sans relâche de la confection des
dessins qui devaient servir de modèles, et être distribués à
la suite de chaque leçon; en même temps, des artistes
très-distingués moulèrent en plâtre des modèles de coupe
des pierres et d'architecture. Tous ces établissemens provi-
soires se mirent en état de fixer l'ouverture de l'école au 21
décembre 1794 (1er. nivôse an III), conformément à son
organisation du 26 novembre précédent (6 frimaire an III).
D'après cette organisation, l'école était dirigée, tant pour
l'administration que pour l'instruction, par un conseil
formé par les administrateurs et les instituteurs. Un décret
du 11 septembre 1795 (15 fructidor an III), changea le nom
d'*École centrale des travaux publics* en celui d'*École polytechnique*, et détermina le mode d'admission des élèves de
cette école dans les services publics. Cette seconde organisation de l'École polytechnique diffère peu de la première ;
elle fixe d'une manière plus précise le mode d'examen pour
le passage aux écoles d'application des services publics ; elle
est du 20 mars 1796 (30 ventôse an IV). L'École polytechnique avait suppléé, dès sa naissance, à la faiblesse des
moyens que les différentes écoles d'application présentaient pour l'entretien des corps d'ingénieurs. Cependant
on avait conservé ces mêmes écoles, sauf ou à les supprimer au cas que l'École polytechnique les rendît inutiles,
ou à les organiser pour des élèves qui auraient reçu l'instruction polytechnique. Ce fut ce dernier parti que l'on
adopta. Une loi du 22 octobre 1795 (30 vendémiaire an IV),
fixa les relations de l'École polytechnique avec les écoles
d'artillerie, du génie, des ponts et chaussées, des mines,
des constructions de vaisseaux et des ingénieurs géographes.
La durée des études dans ces écoles était au moins de
deux ans, et chaque élève de l'école polytechnique ne devant plus acquérir que les connaissances générales de l'ingénieur pour se livrer ensuite plus spécialement au service
public de son choix, la durée des cours de l'École polytechnique, qui était de trois ans, fut réduite à deux, ce qui
exigea une nouvelle organisation, qui date du 16 décembre

1799 (25 frimaire an VIII), et qui diffère des deux premières par le nombre des agens et par la formation d'un conseil de perfectionnement. Par cette organisation, on supprima deux professeurs de géométrie descriptive appliquée, un professeur de physique, trois professeurs de chimie, trois substituts de l'inspecteur des études, un conservateur des modèles et son adjoint ; enfin les deux places de bibliothécaire et secrétaire du conseil d'instruction furent réunies en une seule. Le titre VII de la même organisation du 25 frimaire an VIII règle la composition du conseil de perfectionnement qui doit s'assembler chaque année pour examiner la situation de l'école, en perfectionner l'instruction, et établir des relations avec les écoles des services publics. On a vu dans les trois organisations précédentes le mode d'instruction bien établi, les heures de travail fixées, et une police sévère entretenue dans les salles d'étude ; mais les lois n'avaient rien statué sur l'existence des élèves hors de l'enceinte de l'école. Le danger qu'une jeunesse livrée à elle-même courait au milieu de Paris, avait déjà alarmé le fondateur de l'école : les articles 4, 5, 6 et 7 du titre III de la première organisation du 26 novembre 1794, avaient pour objet de diminuer ce danger, en confiant les élèves à des amis de leur famille ou à des maîtres de pension honnêtes. L'expérience démontra bientôt que ces mesures étaient insuffisantes. Depuis long-temps on méditait le projet de les caserner. D'ailleurs les services publics militaires employant environ les trois quarts des élèves sortant de l'École polytechnique, on regarda comme indispensable de les habituer de bonne heure à un régime militaire ; ce qui détermina l'organisation suivante. Un décret du 16 juillet 1804 (27 messidor an XII), détermine l'organisation militaire de l'École polytechnique : il est inséré dans la correspondance, page 69 ; et un rapport de M. le gouverneur au gouvernement fait connaître la situation de l'école au 27 février 1806. Le rapport du conseil de perfectionnement, d'après sa session de l'an 1805 (an XIV), contient les programmes des différens cours, et donne tous les développemens nécessaires sur l'objet et la durée des études de l'École polytechnique. En comparant ce rapport à ceux qui l'ont précédé, on voit que les principaux changemens dans l'instruction consistent : 1°. dans la création d'une chaire de grammaire et belles-lettres, occupée par M. Andrieux; 2°. dans la réunion du cours des mines à celui des travaux et constructions civiles; 3°. dans l'addition d'un cours sur les élémens des machines à celui de géométrie descriptive; 4°. dans l'addition d'un cours de topographie à celui d'art militaire. Le rapport du conseil de perfectionnement, d'après sa session de l'an 1806, donne la série complète des programmes d'instruction, suivant les bases adoptées dans la session précédente. Les sujets nombreux formés aux services publics à la fin de l'année, et les résultats avantageux qu'offrent les comptes de l'administration, sont la preuve la plus certaine que le régime de l'école en juin 1807, loin d'avoir nui aux études, n'a servi qu'à les favoriser. Les élèves ont d'ailleurs trouvé dans ce régime la santé et l'habitude du travail; les parens, la conservation des mœurs de leurs enfans; l'état enfin, des hommes habitués à la subordination, instruits dans les exercices militaires, et susceptibles, quelle que soit la carrière qu'ils suivent, de le servir à la fois de la plume et de l'épée. (*Correspondance de l'École polytechnique. Moniteur*, 1807, *page* 644.) — 1816. — L'École polytechnique est réorganisée et mise sous la protection de S. A. R. le duc d'Angoulême. Le but général de cette école est de répandre l'instruction des sciences mathématiques, physiques, chimiques, et des arts graphiques. L'objet spécial de cette nouvelle organisation est à peu près le même que celui de l'ancienne. On se propose de former des élèves pour les écoles royales du génie militaire, de l'artillerie de terre et de mer, des ponts et chaussées, des mines, du génie maritime, des ingénieurs géographes, des poudres et salpêtres, et pour les services publics qui exigent des connaissances analogues. L'entrée, le classement et la sortie des élèves de l'école, résultent des examens qu'ils subissent.

On y est admis depuis l'âge de seize ans jusqu'à celui de vingt. Les élèves sont classés en deux divisions : la première comprend ceux qui sortent de la deuxième, lorsqu'ils sont jugés assez instruits pour être avancés ; la deuxième division comprend les élèves nouvellement admis et ceux jugés non susceptibles de passer à la première division. Le cours complet est de deux ans ; les élèves qui ne seraient pas reconnus assez instruits peuvent rester trois ans, mais jamais plus long-temps. Les élèves vivent sous un régime commun dans les bâtimens affectés à l'école. Ils sont vêtus uniformément. Les parens ou répondans de chaque élève paient une pension annuelle de 1000 francs, et subviennent aux frais de son habillement, des livres et autres moyens d'étude qui lui sont particulièrement nécessaires. Il y a 24 bourses gratuites à la nomination du roi, dont 8 sont attribuées au département de l'intérieur, 12 à celui de la guerre, et 4 à celui de la marine. L'école est sous la surveillance de deux conseils supérieurs, l'un de perfectionnement, l'autre d'inspection. Le conseil de perfectionnement est composé de quinze membres, dont trois pairs de France, trois membres de l'Académie royale des sciences, un des inspecteurs généraux du corps royal des ponts et chaussées, un du corps royal des mines, un officier général ou supérieur du corps royal d'artillerie, un officier général ou supérieur du corps royal du génie militaire un officier général ou supérieur du corps royal des ingénieurs géographes, un inspecteur général des constructions navales, un inspecteur général du corps royal de l'artillerie de la marine et deux examinateurs de l'école. Le conseil d'inspection sera composé de trois pairs de France, d'un des inspecteurs généraux ou divisionnaires, d'un officier supérieur, membre du conseil de perfectionnement. Les examens d'admission à l'école ont lieu tous les ans au 1er. août; ils sont terminés au 15 septembre. Tout candidat pour l'École polytechnique doit présenter un certificat des autorités du lieu de son domicile, prouvant qu'il est digne d'être admis sous le rapport des principes religieux, du dévouement au roi et de la bonne conduite; prouver qu'il a eu la petite vérole ou qu'il a été vacciné ; et posséder, outre les connaissances mathématiques et le dessin , mentionnés au programme, des connaissances littéraires dont il fera preuve. Les fonctionnaires de l'école sont : un directeur, un inspecteur des études, six sous-inspecteurs, un administrateur, un aumônier, un trésorier, garde des archives et secrétaire des conseils intérieurs de l'école; un bibliothécaire, un médecin et un chirurgien. Le directeur, l'inspecteur, l'aumônier, les dix professeurs, le bibliothécaire et le trésorier, forment le conseil d'instruction. Le conseil d'administration est composé du directeur, de l'inspecteur des études, d'un des professeurs, de deux des sous-inspecteurs, de l'administrateur et du trésorier. *Ordonnance du roi du 4 septembre 1816.*

ÉCOLE ROYALE MILITAIRE PRÉPARATOIRE.

— Institution. — 1814. — Cette école est établie à La Flèche. Le nombre des élèves entretenus aux frais de l'état est fixé à trois cents; celui des élèves aux frais de leurs familles peut être porté jusqu'à deux cents. Les élèves admis aux frais de leurs parens paient une pension de mille francs, non compris le trousseau, dont la note est adressée à la famille au moment de l'admission. Dans le cas où les parens, au lieu de fournir le trousseau en nature, désireraient le payer en argent, ils sont tenus d'en verser dans la caisse de l'école la valeur, fixée à cinq cents francs. Ce même trousseau, ou la valeur en argent, sera fourni par les parens des élèves admis aux frais de l'état. Les demandes d'admission doivent être adressées au ministre secrétaire d'état de la guerre. Les places gratuites sont accordées aux orphelins et enfans d'officiers des armées de terre et de mer, lorsque leur fortune ou celle de leurs parens ne leur permet pas de pourvoir d'une autre manière aux frais de leur éducation. Ces places gratuites sont réservées de préférence aux orphelins, et subsidiairement aux enfans à la charge de leur mère, dans l'ordre

ci- après déterminé : 1°. aux orphelins dont les pères ont
été tués au service, ou sont morts des blessures qu'ils ont
reçues à la guerre ; 2°. aux orphelins dont les pères sont
morts au service, ou après l'avoir quitté avec une pension
de retraite ; 3°. aux enfans qui sont à la charge de leurs
mères, et dont les pères ont été tués au service, ou sont
morts de leurs blessures ; 4°. aux enfans également à la
charge de leurs mères, et dont les pères sont morts au
service ou après s'en être retirés avec une pension de retraite ; 5°. aux enfans dont les pères ont été amputés, ou
sont restés estropiés ou infirmes par suite de blessures reçues à la guerre. A défaut d'orphelins ou d'enfans à la charge
de leurs mères, ces places gratuites pourront être accordées aux enfans des officiers généraux et autres admis à
la retraite. Les pièces à produire à l'appui des demandes
d'admission sont : 1°. l'acte de naissance de l'enfant, revêtu des formalités prescrites, et constatant qu'à l'époque
fixée pour l'admission annuelle le candidat à neuf ans, et
n'en a pas plus de onze ; 2°. une déclaration signée d'un
docteur en médecine et d'un docteur en chirurgie, attachés l'un et l'autre à un hospice civil ou à un hôpital
militaire, portant que l'enfant a eu la petite vérole ou a
été vacciné, et qu'il n'a aucune infirmité ou maladie contagieuse ; 3°. le procès verbal, duement signé et légalisé,
d'un examen subi devant un examinateur public, constatant que l'enfant sait lire et écrire, qu'il connaît les premières règles de la grammaire et les quatre premières
règles de l'arithmétique décimale ; s'il a dix ans, qu'il
connaît en outre les élémens de la langue latine ; s'il en a
onze, qu'il est susceptible d'entrer dans la sixième classe
de latinité; 4°. un état de services appuyé de pièces authentiques qui constatent le temps et la nature des services du
père, son grade et l'époque de sa mort, de ses blessures,
ou de sa retraite ; 5°. un certificat du sous-préfet, vérifié
par le préfet, par lequel ce fonctionnaire, après avoir fait les
enquêtes et pris, tant sur les lieux qu'au dehors, tous les
renseignemens nécessaires, atteste que l'enfant et ses pa-

rens sont sans fortune, et que la place gratuite que l'on réclame est l'unique moyen de pourvoir à son éducation. Pour les élèves pensionnaires, les parens devront produire à l'appui de leurs demandes les mêmes pièces qui sont demandées pour les élèves aux frais de l'état, à l'exception des deux dernières, qui sont remplacées, 1°. par un certificat du sous-préfet, visé du préfet, constatant que ses parens sont en état de payer la pension et de soutenir leurs enfans au service ; 2°. par un acte notarié dans lequel les parens contractent l'engagement de solder cette pension, par trimestre et d'avance, dans la caisse du receveur d'arrondissement. Les nominations aux places d'élèves ont lieu, chaque année, aux mois de mars et de septembre. Les demandes et les pièces qui doivent les accompagner sont adressées trois mois d'avance au ministre. Après la vérification des pièces, le tableau des nominations est dressé par le ministre et soumis à l'approbation du roi. Les candidats admis doivent se présenter à l'école à l'époque qui sera indiquée dans les lettres de nomination. Le cours de l'instruction de l'école préparatoire militaire, sur les belles lettres et les mathématiques, sont analogues à ceux des colléges royaux. Les élèves y complètent leur éducation religieuse. Outre les cours, il y a dans l'intérieur de l'école les exercices nécessaires pour fortifier les élèves et les préparer au service militaire. Les élèves et pensionnaires restent à l'école jusqu'à l'âge de seize à dix-sept ans, suivant leur degré d'instruction. Il peut être accordé une année de plus à ceux qui n'ont pu encore acquérir l'instruction nécessaire pour suivre les cours de l'école spéciale. Les élèves qui ont terminé le cours d'instruction de l'école préparatoire, et satisfait aux examens de sortie, sont admis à l'école militaire spéciale : ceux qui, à l'école préparatoire, ont été entretenus aux frais du gouvernement, jouissent du même avantage à l'école spéciale ; ceux qui l'étaient aux frais de leurs parens, paient la pension annuelle. Ni les uns ni les autres ne fournissent un nouveau trousseau.

ÉCOLE ROYALE SPÉCIALE DE DESSIN pour les jeunes personnes. — Institution.1814.— Cette école, établie à Paris, est placée au nombre des écoles entretenues aux frais du gouvernement. Elle est ouverte les lundi, mercredi et vendredi de chaque semaine, en faveur des jeunes personnes destinées aux arts et aux professions de l'industrie. On y enseigne le dessin de figure, d'ornement, de paysage, d'animaux et de fleurs. Il y a un concours annuel dont les prix, en médailles d'argent, et les grands prix, hors du rang d'élèves constatés par diplôme, sont distribués aussi annuellement. Le concours est suivi de l'exposition publique des dessins des élèves.

ÉCOLE ROYALE SPÉCIALE MILITAIRE établie à Saint-Cyr, près Versailles. — Institution. — An xi. — Cette école qui fut primitivement établie à Fontainebleau, d'où elle a été transportée à Saint-Cyr, vers 1809, a subi depuis 1814 des changemens importans, d'après lesquels son organisation demeure fixée ainsi qu'il suit: Le nombre des élèves est fixé à trois cents ; moitié des places est destinée aux élèves de l'école militaire préparatoire, l'autre moitié est donnée aux jeunes gens ayant satisfait aux examens qui ont lieu tous les ans. Les places d'élèves du roi sont réservées uniquement et exclusivement à ceux des élèves qui ont joui du même avantage à l'école militaire préparatoire. La pension à payer par les élèves pensionnaires est de quinze cents francs, non compris le trousseau qui est de sept cent cinquante francs, et dont le devis est envoyé aux parens à l'époque de l'admission. Les parens sont libres de fournir le trousseau en nature ou en argent ; dans ce dernier cas, ils verseront dans la caisse de l'école la somme de sept cent cinquante francs. Les élèves venus de l'école préparatoire ne sont pas tenus de fournir un nouveau trousseau. Les aspirans qui se présentent au concours ne doivent avoir aucune infirmité qui puisse les rendre impropres au service militaire ; ils doivent être âgés de seize ans au moins, et de dix-huit ans au plus. Les examens pour les places d'élèves de l'école spéciale militaire qui ne sont pas réservées aux élèves de l'école militaire préparatoire sont ouverts, chaque année à Paris, et dans les principales villes du royaume, à la même époque que ceux de l'école polytechnique, et sont faits par les mêmes examinateurs. Les aspirans doivent remettre aux examinateurs : 1°. l'acte de naissance du candidat revêtu des formalités prescrites par les lois; 2°. une déclaration signée d'un docteur en médecine et d'un docteur en chirurgie attachés l'un et l'autre à un hospice civil ou à un hôpital militaire, constatant que le jeune homme a eu la petite vérole ou a été vacciné, et qu'il n'a ni maladie contagieuse ni infirmité qui le rende impropre au service; 3°. un certificat du sous-préfet, visé par le préfet, constatant que les parens sont en état de payer la pension du jeune homme et de le soutenir au service; 4°. un acte notarié dans lequel les parens contractent l'engagement de payer la pension de leur fils par trimestre et d'avance, dans la caisse du receveur d'arrondissement ou dans celle de l'école, et de fournir le trousseau ou d'en payer la valeur. Après la vérification de ces pièces, les aspirans sont admis au concours. Les résultats de tous les examens sont soumis à un jury sur la proposition duquel le ministre secrétaire d'état de la guerre dresse le tableau des nominations, et le soumet à l'approbation du roi. Les aspirans, pour être admis, doivent avoir fait leur troisième de latinité, savoir l'arithmétique et répondre sur la géométrie, jusqu'aux solides inclusivement. Ils doivent écrire et parler correctement leur langue; lorsque sa majesté a prononcé sur l'admission des élèves, les lettres de nominations sont adressées aux parens, avec l'indication de l'époque à laquelle ils doivent se présenter à l'école militaire de Saint-Cyr. L'instruction donnée dans cet établissement comprend les mathématiques, la géographie, le dessin, le plan de la fortification avec l'application de ces parties sur le terrain, l'histoire, les belles lettres, les élémens de l'administration militaire, l'école du bataillon et celle de l'escadron. Les élèves sont encore

424   ÉCO

est fixé à deux ans ; à l'expiration de ce terme , les élèves
subissent un examen de sortie ; ceux qui ne satisfont
point à cet examen restent un an de plus à l'école. Ceux
qui remplissent les conditions de cet examen reçoivent
un brevet de sous‑lieutenant dans l'arme à laquelle ils
sont destinés. *Voyez* Troupes a cheval.

ÉCOLES NORMALES. — Institution. — An iii. —
La révolution n'avait encore laissé que des ruines : le règne
de Roberspierre était à peine passé , lorsque quelques
hommes sages, et qui, malgré le malheur des temps, n'étaient
pas sans influence sur l'opinion publique , témoignèrent
hautement leurs regrets de voir la France sans aucun système , sans aucun plan général d'éducation , et la génération naissante abandonnée à l'ignorance ou aux vacillantes
et funestes lumières d'un savoir incomplet, vague et mal
dirigé. Dans cet état de choses , la Convention (loi du
9 brumaire an iii) décréta l'organisation d'une grande
école normale à Paris , et d'écoles normales partielles pour
les départemens. L'esprit de cette grande institution se
trouve exposé avec beaucoup de netteté dans un rapport
du législateur Lakanal, au nom du comité d'instruction publique. « Pour entreprendre avec succès, disait-il, d'établir
un plan d'instruction publique sur lequel l'esprit puisse
fonder des espérances qui soient grandes et qui soient lé-
gitimes , plusieurs conditions sont nécessaires. Il faut
d'abord que les principes du gouvernement soient tels
que, loin d'avoir à redouter des progrès de la raison , ils
y puisent toujours une nouvelle force et une nouvel'e autorité. Le moment est venu où il faut rassembler dans
un plan d'instruction publique digne de la France et du
genre humain, les lumières accumulées par les siècles
qui nous ont précédés , et les germes des lumières que doivent acquérir les siècles qui nous suivront. Bacon , Locke
et leurs disciples , en approfondissant la nature de l'esprit
humain , y ont trouvé tous les moyens de direction : un

nouveau jour s'est répandu sur les sciences qui ont adopté cette méthode si sage et si féconde en miracles, cette *analyse* qui compte tous les pas qu'elle fait, mais qui n'en fait jamais un ni en arrière ni à côté. Par cette méthode, qui seule peut recréer l'entendement humain, les sciences morales, si nécessaires aux peuples, vont être soumises à des démonstrations aussi rigoureuses que les sciences exactes et physiques : par elle on répandra sur les principes de nos devoirs une lumière si vive, qu'elle ne pourra pas être obscurcie par le nuage même de nos passions ; par elle enfin, lorsque dans un nouvel enseignement public, elle deviendra l'organe universel de toutes les connaissances humaines et le langage des professeurs, ces sciences, qu'on appelle *hautes*, seront mises à la portée de tous les hommes à qui la nature n'a pas refusé une intelligence commune. Tandis que la liberté politique et la liberté illimitée de l'industrie et du commerce détruiront les inégalités monstrueuses des richesses, l'analyse appliquée à tous les genres d'idées, dans toutes les écoles, détruira l'inégalité des lumières, plus fatale encore et plus humiliante. Qu'avez-vous voulu, en décrétant les écoles normales les premières, et que doivent être ces écoles ? Vous avez voulu créer à l'avance, pour le vaste plan d'instruction publique qui est aujourd'hui dans vos desseins, un très-grand nombre d'instituteurs capables d'être les exécuteurs d'un plan qui a pour but la régénération de l'entendement humain chez une nation de 25 millions d'hommes. Dans ces écoles, ce n'est pas les sciences qu'on enseignera, mais l'art de les enseigner. Au sortir de ces écoles, les disciples ne devront pas seulement être des hommes instruits, mais des hommes capables d'instruire. Pour la première fois sur la terre, la nature, la vérité, la raison et la philosophie, vont avoir aussi leur séminaire. Pour la première fois, les hommes les plus éminens en tout genre de science et de talens, les hommes qui jusqu'à présent n'ont été que les professeurs des siècles, les hommes de génie, vont donc être les premiers maîtres d'école d'un peuple ! car vous ne ferez entrer dans les chaires de ces écoles que ces hommes qui y sont appelés par l'éclat non contesté de leur renommée dans l'Europe : ici ce ne sera pas le nombre qui les servira, c'est la supériorité ; ils vaut mieux qu'ils soient peu, mais qu'ils soient tous les élus de la science et de la raison : tous doivent paraître dignes d'être les collègues des Lagrange, des Daubenton, des Berthollet, dont les noms se présentent tout de suite, lorsqu'on pense à ces écoles où doivent être formés les restaureurs de l'esprit humain. Aussitôt que seront terminés à Paris ces cours de l'art d'enseigner les connaissances humaines, la jeunesse savante et philosophe, qui aura reçu ces grandes leçons, ira les répéter à son tour, dans toutes les parties de la France, d'où elle aura été appelée ; elle ouvrira partout des écoles normales ; en repassant sur l'art qu'elle vient d'apprendre, elle s'y fortifiera ; et en l'enseignant à d'autres, la nécessité d'interroger leur propre génie agrandira les vues et les talens de ces nouveaux maîtres. Cette source de lumière si pure, si abondante, puisqu'elle partira des premiers hommes de la nation en tout genre, épanchée de réservoir en réservoir, se répandra dans toute la France, sans rien perdre de sa pureté dans son cours. Aux Pyrénées et aux Alpes, l'art d'enseigner sera le même qu'à Paris, et cet art sera celui de la nature et du génie. On ne verra plus dans l'intelligence d'une grande nation de très-petits espaces cultivés avec un soin extrême, et de vastes déserts en friche. La raison humaine, cultivée partout avec une industrie également éclairée, produira partout les mêmes résultats ; et ces résultats seront la régénération de l'entendement chez un peuple qui va devenir l'exemple et le modèle du monde. » La loi d'organisation est du 9 brumaire an III, et porte entre autres dispositions : Il sera établi à Paris une école normale où seront appelés de toutes les parties de la France des citoyens déjà instruits dans les sciences, pour apprendre, sous les professeurs les plus habiles dans tous les genres, *l'art d'enseigner*. Les administrateurs de district enverront à l'école normale un nombre d'élèves pro-

portionné à la population, d'après la base d'un pour vingt
mille habitans. A Paris, l'administration centrale du département désignera les élèves. Les élèves de l'école normale
ne pourront avoir moins de vingt-un ans. Ils recevront,
pour le voyage et pour la durée du cours, un traitement.
Les instituteurs de l'école normale donneront des leçons sur
l'art d'enseigner la morale et de former le cœur des jeunes Français à la pratique des vertus publiques et privées.
Ils leur apprendront d'abord à appliquer à l'enseignement
de la lecture, de l'écriture, des premiers élémens du calcul, de la géométrie pratique, de l'histoire et de la grammaire française, les méthodes tracées dans les livres élémentaires adoptés par le gouvernement. La durée des
cours normaux sera au moins de quatre mois. Afin que
les principes émis dans ces cours puissent se graver dans la
mémoire, des écrivains recueilleront les leçons des professeurs, qui seront publiées dans le journal de l'école, pour
être distribuées aux élèves. Les élèves formés à cette école
rentreront à la fin du cours dans leurs districts respec-
tifs : ils ouvriront dans les trois chefs-lieux de canton
désignés par l'administration locale, une *école normale*
dont l'objet sera de transmettre aux élèves des deux
sexes qui voudront se vouer à l'instruction publique la
méthode d'enseignement qu'ils auront acquise dans l'école
normale de Paris. Les noms imposans de la plupart des
professeurs qui furent nommés aux différentes chaires de
l'école normale, garantissaient tout le bien qu'elle allait
produire. C'étaient pour les sciences : MM. Lagrange,
Laplace, Berthollet, Daubenton, Thouin, Hallé, Haüy,
Monge ; pour la littérature, la géopraphie et l'histoire :
MM. La Harpe, Bernardin-de-Saint-Pierre, Sicard, Garat,
Volney, Buache et Mentelle. Quelques-uns des hommes
qui s'honorèrent alors du titre modeste d'élèves de l'école
normale auraient pu marcher de pair avec ces grands maîtres, et plusieurs sont devenus leurs dignes successeurs.
Il est bien remarquable que parmi eux on comptait le voya-
geur qui a fait le tour du monde, et découvert Otaïti,

l'illustre Bougainville, qui dans un âge avancé, venait s'asseoir comme étudiant à côté de ceux dont il aurait pu être le père et l'instituteur. Les cours de l'école normale furent ouverts le premier pluviose an III (19 janvier 1795), et fermés le 30 floréal, en exécution de la loi qui ne les avait institués que pour quatre mois. Le décret de clôture fut rendu sur le rapport de M. Daunou. « S'il est vrai, disait-il, que les leçons des professeurs ne soient point ce que l'on avait imaginé qu'elles devaient être ; s'il est vrai que plus dirigées vers les hauteurs des sciences que vers l'art d'en enseigner les élémens, elles n'aient pas eu toujours un caractère assez véritablement normal, il est difficile au moins de ne pas reconnaître dans la plupart de ces cours d'excellens ouvrages recommandables à jamais, soit par la vérité et la richesse des théories, soit par la précision et l'utilité des méthodes, soit enfin par la beauté des formes et par la pureté du goût. Jusqu'ici l'enseignement public avait été constamment en retard d'un demi-siècle sur le progrès de l'esprit humain ; aujourd'hui les leçons des professeurs de l'école normale feront passer dans l'instruction toutes les découvertes dont les sciences et les arts se sont enrichis; élèveront l'enseignement public au niveau de l'état actuel des connaissances ; et cet avantage, qui ne peut jamais paraître indifférent, mérite d'être apprécié surtout à une époque où il convient de rassembler toutes les lumières et toutes les forces de la philosophie contre des préjugés qui se réveillent et des superstitions renaissantes. » (*Moniteur*, 10 *floréal an* III, (29 *avril* 1795.) — Il n'était pas sans intérêt de reproduire le jugement d'un homme aussi éclairé que M. Daunou, sur une institution qui n'a eu d'autre vice que son peu de durée. Au reste, le bien qu'a produit l'école normale ne devait pas périr avec elle ; elle offrit le premier exemple, le premier modèle de ces cours vraiment européens, qui aujourd'hui attirent encore tant de savans étrangers dans notre capitale, devenue depuis lors la métropole des sciences et des lettres. L'école normale a opéré sur les esprits un grand mouvement qu'on peut arrêter, comprimer un instant, mais non pas faire rétrograder. Cette école a produit en France l'enthousiasme de la sience, comme nos immortelles armées y ont développé l'enthousiasme guerrier. — 1808 — Quand le gouvernement voulut rendre l'université à la France, les auteurs du décret organique de l'instruction publique du 17 mars 1808, songèrent, avant toutes choses, à lier, par un vigoureux ensemble d'hiérarchie, de doctrine et de discipline, toutes les parties du corps universitaire, créé sur des proportions analogues à l'étendue de la France « On a voulu, était-il dit dans l'exposé des motifs, réaliser, dans un état de quarante millions d'individus, ce qu'avaient fait Sparte et Athènes, ce que les ordres religieux avaient tenté de nos jours, et n'avaient fait qu'imparfaitement, parce qu'ils n'étaient pas un. On veut un corps dont la doctrine soit à l'abri des petites fièvres de la mode ; qui marche toujours quand le gouvernement sommeille ; dont l'administration et les statuts deviennent tellement nationaux, qu'on ne puisse jamais se déterminer à y porter la main. » La réorganisation de l'école normale devait naturellement entrer dans un plan combiné d'après de si grandes vues ; mais, éclairé par l'expérience, le législateur sentit le besoin de circonscrire le nombre des élèves de cette école et de les assujettir à la vie commune, pour leur inspirer ces idées d'ordre et de discipline qui sont l'âme de l'instruction publique. Voici les principales dispositions relatives à cette institution. « Il est établi à Paris un pensionnat normal destiné à recevoir jusqu'à trois cents jeunes gens, qui y seront formés à l'art d'enseigner les lettres et les sciences. L'instruction est principalement donnée par les professeurs des facultés des lettres et des sciences. Outre ces leçons, ils auront dans leur pensionnat des répétiteurs appelés maîtres de conférences. Les aspirans à l'école normale doivent être âgés de dix-sept ans au moins, et de vingt-un ans au plus. Ils sont admis d'après des examens et des concours. Ils ne sont reçus au pensionnat normal qu'en s'engageant à rester dans le corps enseignant au moins dix années. Au moyen de cet engagement, ils sont dispensés du service militaire. Dans le cours de leurs années d'études, où à leur terme, ils devront prendre leurs grades dans la faculté des lettres ou dans celle des sciences. Ils seront de suite placés par le grand maître dans les académies. Les élèves ne pourront pas rester plus de trois ans au pensionnat normal ; ils y seront entretenus par l'université, etc. » (*Décret organique du 17 mars 1808.— Décret du 29 juillet 1811*). L'École normale, depuis sa nouvelle création, n'a cessé de produire les résultats les plus utiles. Les cours publics de la faculté des lettres et de la faculté des sciences que fréquentent les élèves *normaux* ont toujours attiré l'affluence des hommes studieux de tout âge. Des littérateurs, des savans du premier ordre, en occupent les chaires. Sous des maîtres tels que les Villemain, les Thurot, les Lacretelle jeune, les Guizot, les Royer-Collard, les Cousin, il est difficile de ne pas devenir soi-même un excellent professeur. Aussi, à très-peu d'exceptions près, l'école normale n'a-t-elle produit que des sujets distingués. Envoyés dans les départemens après les trois années de leur stage universitaire, les *normaux* y répandent une instruction forte. L'étude du grec, si perfectionnée à Paris, était il y a dix ans tout-à-fait négligée partout ailleurs ; les élèves de l'École normale, instruits par les leçons de MM. Boissonnade et Burnouff, ont, dans maint établissement de province, introduit et fait prospérer cette langue. En littérature, les normaux répandent ce goût pur dont ils ont puisé les préceptes et les exemples dans les leçons de M. Villemain. Enfin partout où il leur est permis de professer la philosophie, ils font connaître et triompher cette méthode fondée sur l'analyse, sans laquelle il n'est point de salut pour l'entendement humain. *V.* Facultés *et* Instruction publique, etc.

ÉCOLES NORMALES PRIMAIRES. —*Institution.* — 1808.—Ces écoles sont destinées à former des maîtres pour les écoles primaires, et à propager les méthodes les plus propres à perfectionner l'art de montrer à lire, à écrire et à chiffrer. Il peut y en avoir plusieurs dans la même académie. Dans quelques départemens, plusieurs écoles des frères et plusieurs écoles d'enseignement mutuel, également remarquables par leur bonne direction et par leur bonne tenue, ont mérité d'être désignées comme écoles modèles; et chaque année un certain nombre d'instituteurs viennent y apprendre la méthode qui y est employée. Quelques conseils généraux de département ont fondé des écoles normales primaires proprement dites, uniquement destinées à former des instituteurs et à généraliser les deux méthodes, soit d'enseignement simultané, soit d'enseignement mutuel. Des élèves boursiers sont nommés par les préfets des départemens dont les contributions paient ces bourses, et admis dans les écoles après avoir subi devant des officiers de l'université un examen qui constate qu'ils ont une capacité et une instruction suffisante pour suivre le cours d'études déterminé pour les écoles normales primaires. *Déc. du 17 mars 1808 et du 15 nov. 1811. Ord. du 29 fév. 1816. V. l'art. suiv.*

ÉCOLES PRIMAIRES. — INSTITUTION. — An II. — La religion chrétienne bien entendue, aussi-bien que la philosophie et la politique, a toujours attaché à l'instruction primaire une grande importance. Il était digne de Henri IV de donner les premières règles pour l'instruction des pauvres : par une déclaration de 1598, ce monarque enjoignait à tous les pères de famille sans fortune d'envoyer leurs enfans aux écoles; injonction qui prouverait assez que ses plus chères méditations tendaient à faire de la nation française l'une des plus grandes et des plus éclairées de l'Europe, si tant d'autres faits historiques ne l'attestaient pas. Mais M. de La Salle, fondateur des écoles chrétiennes, fut le véritable créateur de l'éducation du peuple. Il n'est aucun homme raisonnable qui conteste les immenses services des frères de la doctrine chrétienne. Pourquoi voudrait-on arrêter l'essor du bien qu'ils ont commencé de faire, sous prétexte de leur assurer le monopole de l'instruction primaire? L'instruction primaire, non gra-

tuite, était abandonnée à des maîtres d'école soumis aux cu-
rés ; gratuite , elle était pratiquée par les frères, lorsque la
révolution arriva. La loi constitutionnelle de 1791 promet-
tait à la France un système d'éducation nationale, qui propa-
gerait gratuitement, dans tout le royaume, les parties d'enseignement indispensables pour tous les hommes. Rien cependant n'avait été changé aux modes d'instruction primaire,
lorsque, par décret du 13 août 1792, l'assemblée législative,
en déclarant l'instruction libre, la détruisit, et supprima toutes les congrégations vouées à l'instruction du peuple. Ce fut
la Convention qui essaya la première de réaliser le grand
bienfait de l'instruction primaire. Il est assez remarquable
d'observer que, dès l'année 1792, cette assemblée, tout
absorbée qu'elle était par des discussions dont les résultats
couvraient chaque jour la France de crimes et de débris, ne
négligea pas néanmoins de s'occuper de l'instruction du
peuple. On peut lire dans le *Moniteur* du 20 décembre 1792
un rapport et un projet sur l'organisation de l'instruction primaire. Marat, tout occupé d'organiser la terreur,
eut l'influence de faire ajourner une délibération d'un
caractère aussi paisible ; et ce ne fut que le 30 mai 1793
que la Convention rendit un décret dont voici la substance :
« Il y aura une école primaire dans tous les lieux d'une population de 400 à 1500 individus. Dans chaque école un instituteur sera chargé d'enseigner aux élèves les connaissances
élémentaires nécessaires aux citoyens pour exercer leurs
droits , remplir leurs devoirs et administrer leurs affaires
domestiques. » Mais , au mois d'octobre suivant, la Convention traça un plan d'instruction primaire beaucoup plus
étendu. On peut en lire les diverses dispositions dans les
lois du 30 vendémiaire et des 7 et 9 brumaire an II (21 ,
28 et 30 octobre 1793). Les citoyens qui se présentaient
pour se vouer à l'éducation nationale devaient être sé-
vèrement et publiquement examinés par un jury ; et les
examens n'aboutissaient qu'à former une liste d'*éligibles* ,
parmi lesquels les pères et les mères de famille et les tu-
teurs devaient désigner l'instituteur de leur commune. Il

devait recevoir un traitement dont le *minimum* était de
1200 livres ; mais aussi il ne pouvait, sous aucun prétexte,
recevoir de l'argent des élèves. Deux mois n'étaient pas
écoulés que toute cette législation, si remplie de prudence
à plusieurs égards, était anéantie. Le fameux décret du
19 décembre 1793 proclamait, pour tous les sujets des
deux sexes qui voudraient l'exercer, l'entière liberté de l'enseignement public. La Convention ne tarda pas à revenir
sur ses pas; et, par un décret du 27 brumaire an III (17 novembre 1794), elle rapporta toutes les lois qui y seraient
contraires, et mit de nouveau l'instruction primaire sous
la surveillance de l'administration. Mais à cet égard, passant d'un excès d'abandon à un excès de défiance, après
avoir voulu trop peu gouverner, on voulut gouverner
trop (1). Voici les dispositions de ce nouveau décret: « Les
écoles primaires ont pour objet de donner aux enfans de
l'un et de l'autre sexe, l'instruction nécessaire à tous les
hommes. Il sera établi une école primaire par mille habitans. Dans les lieux où la population est trop dispersée,
il pourra être établi une seconde école primaire. Il sera
accordé dans chaque commune un local convenable pour
cet établissement. Chaque école sera divisée en deux sections : l'une pour les garçons, l'autre pour les filles. Il y
aura un instituteur et une institutrice. Les instituteurs
et les institutrices seront examinés, élus et surveillés par
un jury d'instruction, composé de trois membres, pères
de famille, et désignés par l'administration locale. Les
élèves ne seront pas admis aux écoles primaires avant l'âge
de six ans accomplis. On y enseignera à lire et à écrire ;
la morale et les élémens de la langue française ; les règles
du calcul simple et de l'arpentage ; les élémens de la géographie et de l'histoire ; des instructions sur les principaux phénomènes et les productions les plus usuelles de la
nature, etc. (2) L'enseignement sera fait en langue française.

(1) Voyez à ce sujet l'excellent essai sur les écoles primaires publié
en 1819 par M. Ambroise Rendu, conseiller de l'Université.
(2) En citant cette suite de dispositions, nous avons cru devoir éviter

L'idiome du pays ne pourra être employée que comme un moyen auxiliaire. Les garçons seront élevés aux exercices militaires, auxquels présidera un officier de la garde nationale. On les formera à la natation, à la gymnastique, à différens ouvrages manuels d'espèces utiles et communes. » Cependant ces écoles primaires, toujours décrétées, ne se formaient nulle part. Une nouvelle loi intervint encore sur cette matière, et fut aussi peu exécutée que les précédentes. Les principales dispositions de cette loi, rendue le 27 brumaire an III, furent confirmées par la loi générale d'organisation du 3 brumaire an IV, sauf quelques modifications. Par exemple, les instituteurs primaires étaient autorisés à recevoir une rétribution de leurs élèves. L'administration pouvait exempter le quart des élèves de cette rétribution : le nombre des objets d'instruction était limité à lire, écrire, calculer, et aux élémens de la morale. Quant aux exercices gymnastiques et militaires il n'en était plus question. La forme de l'élection des instituteurs était changée, et laissée à l'arbitraire d'un jury composé seulement de trois personnes. Enfin, cédant au vœu des conseils généraux des départemens, le gouvernement, par la loi du 11 floréal an 10 (1 mai 1802), organisa les écoles primaires, d'après les bases de la loi du 3 brumaire, et chargea de leur établissement les sous-préfets des départemens. Cette loi, promptement exécutée, fixa l'état des choses, et produisit les plus heureux effets. — 1808 — Le décret du 17 mars, qui organisa l'ensemble de l'université, maintint les écoles primaires dirigées par des laïques et soumises à l'influence du gouvernement, à peu près telles qu'elles sont aujourd'hui ; mais elle encouragea trop la concurrence, souvent hostile, des petites écoles tenues par les frères de la doctrine chrétienne. Le gouvernement rétablit ces frères et les autorisa, sauf à être brevetés par le grand-maître de l'Université. Voici en définitive les

---

la mention de celles qui ne se rapportent qu'aux principes politiques du temps.

points principaux de la législation actuelle (1820) : L'instruction élémentaire doit être donnée sur toute la surface de la France, dans des écoles primaires de premier, second et troisième degrés, tenues soit par des instituteurs isolés, soit par des frères des écoles chrétiennes, et dirigées selon la méthode d'enseignement mutuel, simultané, ou individuel. Il y a des écoles publiques communales où l'instruction est gratuite, et des écoles appartenant à des particuliers, dites écoles payantes. Un comité gratuit et de charité est chargé, dans chaque canton, de surveiller et d'encourager l'instruction primaire. Les recteurs des académies se concertent avec les préfets pour la formation des comités cantonnaux. Le curé, le juge de paix et le principal du collége sont membres nécessaires de ce comité, que préside le curé du canton. Le sous-préfet, le procureur du roi et le juge de paix sont membres de tous les comités cantonnaux de leur arrondissement. Toutes les écoles primaires sont soumises, 1°. sous le rapport religieux, à l'inspection de l'évêque ou de ses délégués; 2.° pour la surveillance administrative aux préfets, sous-préfets et maires. Les instituteurs primaires qui contractent devant le conseil royal l'engagement de se vouer pendant dix ans au service de l'instruction publique, sont dispensés du service militaire. Les enfans admis à l'école doivent être âgés de cinq ans au moins, et de quatorze ans au plus. Dans chaque école, les exercices religieux sont dirigés d'après les instructions et sous la surveillance du curé de la paroisse. Le commencement et la fin de chaque classe est marqué par une prière. Les modèles d'écriture doivent contenir les dogmes et les préceptes de la religion, les règles les plus essentielles de la morale, les traits de l'histoire de France les plus propres à faire naître des sentimens de fidélité envers la dynastie régnante. Les enfans sont exercés à la lecture des manuscrits, aussi-bien qu'à celle des livres imprimés. La prison et le fouet sont des punitions interdites. Le conseil royal est chargé expressément de veiller à ce que, dans toutes ces écoles si nombreuses, et susceptibles de recevoir deux à trois millions d'enfans, l'instruction soit fondée sur la religion, le respect pour la charte et les lois, et sur l'amour dû au souverain. (*Lois du* 11 *floréal an* 10 ; (1ᵉʳ. *mai* 1802.) *Décrets du* 17 *mars* 1808, *du* 15 *novembre* 1811. *Ordonnances royales du* 29 *février* 1816 *et du* 2 *août* 1820.) Un des effets les plus heureux de la paix dont la France jouit depuis 1814, est la prospérité toujours croissante des écoles primaires. « Au reste, disait en 1819 un homme qui doit faire autorité dans cette matière (1), « l'instruction et l'éducation primaire est plus que jamais le droit et le besoin de tous les hommes. Elles ont retenti dans toute la France, elles ont pénétré dans tous les esprits, ces paroles du président de la commission royale de l'instruction publique, qui renferment un si bel éloge de la monarchie constitutionnelle : *Le jour où la charte fut donnée, l'instruction universelle fut promise, car elle fut nécessaire.* *V.* ENSEIGNEMENT MUTUEL, et INSTRUCTION PUBLIQUE.

ÉCOLES SPÉCIALES. *Voyez* ÉTAT-MAJOR, GÉNIE, GÉNIE MARITIME, INGÉNIEURS-GÉOGRAPHES, MUSIQUE et DÉCLAMATION, NAVIGATION, NATURALISTES, PERSPECTIVE, PHARMACIE, PONTS-ET-CHAUSSÉES, STÉRÉOTOMIE.

ÉCONOMIE POLITIQUE. — *Observations nouvelles.* M. C.-A. CÔSTAZ. — 1818. — Dans un essai sur l'administration de l'agriculture, du commerce, des manufactures et des subsistances, l'auteur a eu pour objet principal, en exposant les progrès de l'industrie et de l'agriculture en France, depuis 1789, dit M. Jomard, de qni nous empruntons cette analyse, d'établir qu'on doit cette grande amélioration à celle qu'a reçue l'administration elle-même. Il y a vingt-cinq ans, en effet, une aveugle routine, des règlemens vexatoires, incohérens, et surtout les entraves apportées par les corporations, s'opposaient invinciblement à la marche des arts utiles. On manquait aussi d'institu-

---

(1) M. Ambroise Rendu, conseiller de l'Université, dans l'ouvrage déjà cité.

tions capables d'encourager les arts et les hommes industrieux. Depuis cette époque, des lois plus sagement combinées ont favorisé les découvertes, et les inventeurs se sont livrés avec sécurité, avec liberté comme avec fruit, à toutes les idées d'amélioration. M. Costaz s'attache à définir la part qu'a prise l'administration publique dans l'introduction des procédés et des machines perfectionnés. Il insiste sur l'avantage qu'ont retiré les arts de l'établissement du Conservatoire des arts et métiers, du comité Consultatif, de l'École polytechnique et des écoles de services publics, des écoles d'arts et métiers, de dessin, de peinture, et surtout des expositions périodiques de l'industrie française. Il montre aussi le grand et utile exemple qu'a donné la Société d'encouragement. Dans le cours de son ouvrage, M. Costaz fournit des tableaux curieux, qui font voir d'une manière comparative, et département par département, l'état des principales branches d'industrie en 1789, 1800 et 1812, telles que les soies, les draps, les toiles, les fers et les aciers. On voit, par exemple, que la fabrication des fers a presque doublé. Ces tableaux seront considérés par les esprits non prévenus, comme un monument de l'immense supériorité de l'industrie actuelle sur l'ancienne. En faisant l'historique des mesures prises par l'autorité administrative, l'auteur n'a rien omis de ce qu'elle a tenté, en France, pour perfectionner, soit les races de chevaux ou de bêtes à laine, soit les machines employées dans les fabriques de drap et de casimir, soit la fabrication du coton et les teintures. C'est à cette cause première qu'il attribue également les progrès des manufactures de toile, des papeteries, des machines à vapeur, de la distillation des eaux-de-vie, des manufactures de produits chimiques, de cristaux et de porcelaines, etc. Il serait trop long d'en faire l'énumération, et nous renvoyons à son ouvrage le lecteur curieux d'approfondir ces importans résultats. M. Costaz y discute aussi les grandes questions de la liberté du commerce des grains, des entrepôts réels et fictifs, du système prohibitif ou des douanes; en un mot, les principales questions d'économie politiques appliquées à l'agriculture, au commerce et aux manufactures. Il n'a pas oublié non plus de faire voir quel profit retireraient chez nous toutes ces sources de la richesse publique, d'un système complet et bien entendu, d'exploitations rurales et minérales, des canaux de navigation et d'irrigation. Il est presque superflu d'ajouter que M. Costaz a embrassé les plus saines doctrines en matière de commerce et d'agriculture. Cet ouvrage a dû coûter à l'auteur de profondes recherches et de longues méditations ; tout ce qu'on y trouve sur l'Angleterre et la Russie est puisé aux meilleures sources, et nous croyons qu'il sera consulté avec fruit par ceux qui entreprendront d'écrire l'histoire du progrès des arts, surtout dans notre patrie. On peut regarder le livre de M. Costaz comme une sorte de monument élevé à la fois à l'industrie nationale et à l'association vraiment libérale qui depuis dix-huit ans s'est appliquée à la faire fleurir. *Société d'encouragement*, 1818, *page* 249. *Ouvrage imprimé à Paris. Voyez* INDUSTRIE.

ÉCONOMIE RURALE.—*Perfectionnemens.*—M. BONNEAU, *de la Brosse* (Indre). — 1810. — *Mention très-honorable* du jury *des prix décennaux* pour la ferme expérimentale, située à la Brosse, où il a tout créé, et qui donne un exemple utile à une contrée où les anciennes routines agricoles semblent avoir trop d'empire. — (*Livre d'honneur, page* 47.) — M. DEPÉTIGNY, *d'Eure-et-Loir.*—*Mention très-honorable* du même jury pour avoir rétabli le cours de la petite rivière de l'Yères qui se perdait dans plusieurs gouffres. Cette perte avait frappé de stérilité tout un canton. M. Depétigny, propriétaire d'une partie du cours de cette rivière, après avoir bien entendu la nature du terrain, est parvenu à lui donner un cours régulier qui lui fait porter les eaux à plein canal dans la Loire. (*Livre d'honneur, page* 130.)—M. DIJON, *des Landes* (Lot-et-Garonne).—*Mention très-honorable* du même jury pour avoir formé les plantations les plus étendues d'arbres indigènes analogues au sol du département de Lot-et-Garonne, et surtout d'arbres exotiques qu'il a su naturaliser. Plusieurs de ces arbres étrangers portent déjà des graines : dans les derniers temps, il a donné la plus grande extension à la culture par les graines et les plantes qu'il a fait venir d'Amérique, et dont il a couvert un grand espace de terrain. Il a en outre un troupeau de bêtes à laine d'Espagne, qu'il est allé chercher sur les lieux. (*Livre d'honneur*, *page* 148.) — M. MALLET, *de la Varenne près Saint-Maur* (Seine). — Il a été *cité* par le même jury, pour la culture en grand des racines et pour avoir su rendre un domaine ingrat et aride, fertile au point d'être propre à la production du blé. M. Mallet a introduit deux mille bêtes à laine, de race pure ou métisse. Un des premiers il a eu des taureaux sans cornes de race pure, a perfectionné les instrumens d'agriculture, et introduit des modèles jusqu'alors inconnus en France. (*Livre d'honneur*, p. 293.)—M. YVART, *de Maisons-Alfort* (Seine). — *Citation* au rapport du même jury, pour des travaux éclairés, appliqués à un domaine borné, lesquels ont servi d'exemple à un canton mal cultivé avant lui, ainsi que pour des leçons par lesquelles il a répandu dans toute la France les lumières de l'agriculture perfectionnée. M. Yvart a supprimé la jachère de son établissement rural, composé de 300 hectares d'un sol sablonneux et très-médiocre, dans lequel on ne récoltait que du seigle. Partout le froment a remplacé le seigle : moitié de l'exploitation est toujours en prairies artificielles et en racines. Il est le premier qui, en France, ait cultivé en grand le topinambour. Le jury a regretté de ne pouvoir proposer un second prix pour récompenser M. Yvart. (*Livre d'honneur*, *page* 453.) — M. DE BARBANÇOIS, *de Villegongis* (Indre). — Les irrigations que M. de Barbançois a pratiquées sur sa propriété, lui ont valu, de la Société centrale et royale d'agriculture, un des *prix* qu'elle avait mis au concours sur cette partie importante des travaux de la culture. *Livre d'honneur*, *page* 22.

ÉCONOMIE RURALE ET DOMESTIQUE. — *Observations nouvelles.* — Madame GACON-DUFOUR. — AN XII.

— L'ouvrage de madame Gacon-Dufour a pour objet d'indiquer des méthodes nouvelles ou peu connues d'améliorer, de perfectionner, d'augmenter ou de conserver les productions agricoles, le bétail, les objets de consommation habituelle. Parmi les objets dont madame Gacon recommande le soin, comme d'un produit avantageux, on remarque les détails de la basse-cour ; elle expose différens procédés pour multiplier et engraisser la volaille ; elle passe ensuite aux abeilles et au moyen de les conserver, de préparer le miel et la cire ; à la culture des plantes potagères ; à l'art de faire des confitures et des liqueurs, d'économiser le chauffage et de soigner les bestiaux malades. On trouve encore dans son livre plusieurs procédés pour remplacer certains objets de consommation, tels que le café, le vin, le sucre, et des moyens plus aisés et moins dispendieux de cultiver le chanvre que ceux qu'on emploie. M. Peuchet remarque à ce sujet que, malgré qu'il ne soit pas démontré que ce soit une chose utile de décourager la culture des vignes par l'usage d'une liqueur factice, le commerce du café par celui d'une infusion de poudre de chicorée, etc., ces considérations ne diminuent en rien le mérite du recueil pratique d'économie rurale, parce que l'auteur n'a pas prétendu opérer le remplacement du sucre, du vin, du café, par d'autres denrées essayées et abandonnées vingt fois peut-être, mais indiquer seulement aux ménagères les moyens d'y suppléer dans quelques cas de nécessité. *Ouvrage imprimé à Paris. Moniteur, an* XIII, *page* 95.

ÉCONOMIE RURALE THÉORIQUE ET PRATIQUE (Chaire d'). — INSTITUTION. — 1806. — Un arrêté du ministre de l'intérieur, du 16 juin, porte l'établissement d'une chaire d'économie rurale théorique et pratique, et nomme M. Yvart, professeur. Les cours ont pour objet : les notions élémentaires de botanique économique et

de physique végétale appliquées à l'agriculture, la théorie
et la pratique des engrais, celle des assolemens, des irrigations, des défrichemens et des desséchemens ; l'art des
constructions rurales, la connaissance et l'emploi des produits de l'agriculture, l'arpentage, les prairies artificielles,
les plantations et la culture des arbres, la tenue des registres ruraux, les principes du code rural, et en général
toutes les connaissances relatives à l'économie rurale.
Ces cours ont également pour but de propager en France
toutes les découvertes qui sont du domaine de l'agriculture, source principale de la richesse des peuples. *Société
d'encouragement* 1806. *Moniteur*, 1806, *page* 1204.

ÉCORCE (Remarques sur les pores de l'). — BOTANI-
QUE. — *Observations nouvelles.* — M. DECANDOLLE, *de
l'Institut.* — AN IX. — Rectifiant le mot *glande*, que plusieurs physiologistes avaient donné à certaines parties des
plantes, comme ayant de l'analogie avec les organes des animaux, M. Decandolle les désigne par le nom de *pores
corticaux* ou *pores de l'écorce*. parce que, dit-il, non-seulement les glandes des plantes ne ressemblent point à celles
des animaux, mais elles ne lui paraissent même avoir aucune analogie entre elles. Si l'on enlève l'écorce d'une
feuille, qu'on la dépouille exactement du parenchyme, et
qu'on l'examine au microscope, on trouvera qu'elle est
composée d'une épiderme et d'un réseau cortical; ce réseau
offre des mailles dont la forme varie dans les diverses familles. Les fibres du réseau aboutissent à des pores ovales
plus ou moins allongés, souvent évidemment ouverts,
quelquefois obstrués : autour de ces pores, les fibres cor-
ticales forment une enceinte ovale qui se lie au reste du
réseau par deux, trois ou quatre fibres rayonnantes. La
forme des mailles, celle de l'enceinte des pores, celle des
pores, est constamment la même sur les mêmes faces des
tiges des feuilles et des fleurs de chaque espèce végétale. La
position des poils et des pores corticaux est évidemment
séparée : ceux-là se trouvent constamment sur les nervures

ou au bord des feuilles, et jamais on n'y a aperçu des pores
corticaux. Le pétiole est composé de toutes les fibres qui
par leur épanouissement doivent former la feuille. Ces
fibres se divisent d'abord en faisceaux qu'on nomme nervures; elles se subdivisent ensuite à l'infini, et forment ainsi
le parenchyme; puis chacune de ces fibres va aboutir à un
pore cortical. On sait que plusieurs plantes ont sur leurs
feuilles des points ronds et visibles à l'œil nu. Si on enlève
l'écorce, on remarque que ces points sont formés par un
faisceau de fibres qui traverse le parenchyme, et va aboutir
à la surface de la feuille; si l'on examine l'écorce au microscope, on trouve que la place correspondante à ce faisceau est un amas de pores corticaux, tandis qu'on n'en
trouve que peu ou point sur le reste de la surface. Cette
observation frappante fit soupçonner à l'auteur que les
fibres aboutissaient aux pores corticaux; en effet, il en a trouvé une très-grande quantité sur les feuilles coriaces, et un
très-petit nombre sur l'écorce des feuilles grasses, qui ont
plus de suc et moins de fibres. M. Decandolle a remarqué
en général que les feuilles des arbres n'ont de pores corticaux que sur la surface inférieure, tandis que celles des
herbes en ont les deux surfaces garnies; dans celles des
arbres, les mailles du réseau cortical supérieur sont en général plus régulières que celles du réseau inférieur; dans
celles des herbes les deux réseaux se ressemblent. Bien
qu'on puisse dire, en général, que les tiges n'ont pas de pores
corticaux, cependant, comme il y a quelques exceptions,
l'auteur observe que les stries proéminentes des tiges herbacées sont analogues aux nervures des feuilles; que le réseau cortical de ces stries est plus régulier, formé de mailles
plus étroites et plus longitudinales, et dépourvu de pores
corticaux. Ceux-ci ne se trouvent que sur les lignes enfon-
cées et vertes qui séparent les stries proéminentes; les poils
des tiges, au contraire, ne se trouvent que sur ces espèces de
nervures, ce qui confirme l'observation de l'auteur sur la
distinction des poils et des pores. Il n'y a point de pores
corticaux sur les racines; cette règle est sans exception : les

racines bulbeuses elles-mêmes en sont dépourvues, quoique les écailles des bulbes soient de vraies feuilles. En général, les calices ont des pores, les corolles n'en ont point.
L'auteur n'a point trouvé de pores dans les fruits charnus ;
la peau qui enveloppe la graine en est dépourvue, mais on
en trouve sur toutes les feuilles séminales, hormis sur
celles qui restent en terre, et sur celles qui, comme les
haricots, conservent à l'air leur épaisseur et leur couleur.
Les plantes véritablement dépourvues de cotylédons, savoir : les champignons, les bissus, les fucus, les lichens,
les hépatiques et les mousses, ont une organisation qui leur
est propre. M. Decandolle n'y a jamais vu aucun épiderme
ni aucun pore cortical. Le réseau est un peu plus distinct
dans les mousses ; il est formé d'aréoles longitudinales sur
les tiges et les nervures, arrondies sur le limbe des feuilles ;
mais il est tout-à-fait dépourvu de pores corticaux. L'auteur a remarqué que l'on ne trouve jamais de pores corticaux que sur les parties des végétaux qui sont exposées à
l'air. Dans les graminées, la partie de la tige recouverte par
les feuilles, et la surface interne de la gaîne des feuilles, en
sont dépourvues. Les plantes aquatiques, recouvertes habituellement par l'eau n'ont point de pores corticaux ; mais,
lorsqu'on les fait croître au-dessus de l'eau, elles en acquièrent ; et cette règle est tellement constante, que celles de
ces plantes qui ont des feuilles flottantes à la surface, offrent
à ces mêmes feuilles des pores corticaux à la partie exposée
à l'air, tandis que l'inférieure en est privée. Le contraire
arrive lorsque l'on plonge dans l'eau les plantes terrestres,
et qu'on les y fait croître. La menthe verte, lorsqu'elle
pousse à l'air, a dix-huit-cents pores environ sur la surface
inférieure de ses feuilles ; après un séjour d'un mois sous
l'eau, ses feuilles sont tombées, il en est repoussé de nouvelles, et elles étaient dépourvues de pores corticaux. La
jacinthe offre une exception ; ses feuilles, lors même qu'elles
ont crû sous l'eau, offrent des pores. Ces faits prouvent,
selon l'auteur, que l'air et la lumière sont nécessaires au développement des pores corticaux. En effet, les plantes dont

les feuilles sont munies de plus de pores, lorsqu'elles s'étiolent et poussent dans l'obscurité, en sont entièrement dépourvues. L'universalité de cet organe prouve que son usage doit être intimement lié avec les phénomènes généraux de la végétation ; son absence dans les plantes aquatiques prouve qu'il se lie aux rapports des plantes avec l'atmosphère. Or on ne connaît que quatre fonctions des végétaux qui remplissent ces deux conditions ; la transpiration sensible, la transpiration gazeuse, la succion des vapeurs, et la transpiration insensible. L'auteur ne croit point que les pores verticaux servent à la transpiration sensible, parce qu'ils existent dans tous les végétaux, et que cette fonction n'a lieu que dans quelques-uns ; il croit que, malgré l'apparence, les pores corticaux ne servent point à la transpiration du gaz oxigène, puisque plusieurs plantes donnant du gaz sont dépourvues de pores et des feuilles qui, en laissant échapper par les deux surfaces, n'ont de pores que sur l'une d'elles. Les pores corticaux ne servent point encore, suivant l'auteur, à l'absorption des vapeurs, puisque les plantes grasses, où la force de succion est très-sensible, ont très-peu de pores corticaux. Il paraît au contraire prouvé, à M. Decandolle que ces pores corticaux sont les organes, de la transpiration insensible. En effet, 1°. cette fonction s'exerce dans tous les végétaux terrestres, et tous ont des pores corticaux ; 2°. elle est inconnue et improbable dans les plantes aquatiques, qui sont privées de pores ; 3°. les plantes grasses qui ont peu de pores transpirent peu. 4°. Les tiges et les feuilles herbacées transpirent beaucoup et ont beaucoup de pores ; 5°. les plantes étiolées ne transpirent pas et ne sont pas munies de pores ; 6°. les corolles transpirent très-peu, et sont en effet dépourvues de pores corticaux. M. Decandolle conclut des observations précédentes : 1°. que les glandes des végétaux diffèrent beaucoup entre elles ; 2°. que les glandes ou pores de l'écorce diffèrent des poils par leur position ; 3°. que ces pores corticaux sont placés à l'extrémité des fibres ; 4°. qu'ils manquent, ainsi que l'écorce elle-même, dans les plantes sans cotylé-

dons; 5°. que, dans les autres classes, ils ne se trouvent que
sur les plantes et les parties exposées à l'air et à la lumière ;
6°. qu'on peut souvent les développer ou les faire disparaître à volonté, en exposant des plantes aquatiques à l'air,
ou en submergeant des plantes terrestres ; 7°. qu'ils ne
servent ni à la sécrétion de la poussière glauque , ni à la
transpiration sensible, ni à celle gazeuse; 8°. qu'ils servent
à la transpiration aqueuse insensible ; 9°. que probablement
aussi , dans certaines circonstances, ils servent à l'absorption des vapeurs. *Recueil des savans étrangers* , *tome I*,
page 351.

ÉCORCES FÉBRIFUGES.—*V*. Kaka-Toddadi Quinquina, et Quinquina (substances propres à le remplacer.)

ÉCRANS PANORAMAS. — Économie industrielle.
— *Invention.* — M. Gaucheret , *de Paris.* — 1820. — Un
brevet d'invention de cinq ans a été obtenu par l'auteur
pour de jolis écrans nommés *écrans panoramas.* Des scènes
disposées sur des bandes d'à peu près deux aunes de long
se succèdent au moyen d'un mécanisme très-simple , et
offrent aux yeux les changemens des saisons, les dangers
des tempêtes , les divers personnages d'une mascarade en
ombres chinoises , etc., etc. *Moniteur* , 1820, *page* 97.

ÉCREVISSES. (Dissertation critique sur les espèces
connues des anciens, et sur les noms qu'il leur ont donnés.) — Zoologie. — *Observ. nouv.* — M. G. Cuvier.
de l'inst. — An xi. — « J'exposerai , dit ce savant, les espèces dont parle Aristote ; je tâcherai de rapporter les sy-
nonymes de Pline et des autres auteurs ; enfin j'y ajouterai
les espèces que ceux-ci pourraient avoir décrites , et qui
ne seraient ni dans Pline ni dans Aristote. » M. Cuvier
cite ce dernier auteur d'après la traduction de Gaza , et il
n'emploie les mots grecs , d'après ce qu'il annonce , que
lorsqu'il les croit nécessaires. Aristote (*Hist. an.*, *lib.* iv,
cap. ii), partage tous les crustacées en quatre genres. Voici

ses termes : *Crustá insectorum* (τῶν μαλαχος ῥάχων), *genus primum locusta* (τῶν χαζαθῶν) *cui proximum genus alterum est quàm* (1) *gammarum* (τῶν ἀςαχῶν) *vocant : differt is à locustá brachiis , quæ denticulatis forcipibus protendit* (τῷ ἔχειν χηλὰς) ; *tertium esquilla* (τῶν χαζίδων) , *quartum cancer* (τῶν χαζχίνων). » Pour nous faire une idée distincte de ces quatre genres , dit l'auteur , rapprochons les passages où il en indique les différences. « *Cancris solis cauda deest et corpus rotundum est , cùm locustis et squillis longum sit.* » Ce passage ne laisse point d'équivoque ; il démontre que les χαρχίνοι sont nos cancres , et que les autres genres sont ceux dont la queue est étendue. Mais quelle est la différence entre les χαζάθοι et les χαζίδες ? *De part. an.*, *lib.* iv , *cap.* viii. « *Cancrarium et locustarium genus inter se sunt similia , eo quód utrumque brachia forcipibus denticulatis habeat* (τῷ χηλὰς ἔχειν ἀμφοτέζα). » Et plus bas : « *Squillæ à canerario genere differunt , eo quòd caudam habeant , à locustario* (2) *verò quòd forcipe careant.* » Donc les carabes sont celles des écrevisses à queue étendue qui ont les bras armés de serres ; et les carrides , celles qui n'en ont point. En prenant les termes d'Aristote à la lettre , la crevette serait aussi comprise dans les carabes , puisqu'elle a des serres ; mais comme elles sont fort petites , les Grecs les ont regardées comme nulles ; et c'est même à cette crevette que le mot de *karis* se rapporte plus particulièrement. Ceci a besoin de preuves : M. Cuvier les donne. Élien et Opien les lui fournissent. Ils racontent tous deux le même fait, ou, si l'on veut, la même fable, car il est bien difficile que ce fait ait été observé; c'est que le labrax fait une guerre vive aux *karides* , et que ces petits animaux , ne pouvant ni lui résister ni lui échapper, en tirent au moins une juste vengeance , et l'empêchent de leur survivre en lui enfonçant dans le gosier la corne de leur front. Élien décrit cette

---

(1) L'auteur prétendant que Gaza a eu tort de traduire ἀςταχὸς par *gammarus*, a substitué le premier mot au dernier dans toutes ses citations.

(2) Gaza a mis par mégarde *a crustario* (note de l'auteur.)

corne de manière à la faire reconnaître. Æl. , *Hist. an.* ,.
lib. 1 , *cap.* xxx. « *Fastigium quod eminet à capite ,*
quodque simile est acutissimo triremis rostro,'atque in summâ
parte secturas habet, modo serrulœ uncinatœ. » Il paraît que
le carabos était l'espèce la plus connue des Grecs ; car c'est
à elle qu'ils comparent toutes les autres , et l'on ne peut ,
dans toutes ces comparaisons, s'empêcher de reconnaître
la langouste. Les passages suivans vont le démontrer, en
même temps qu'ils prouveront que l'astacos n'est autre
que notre homard. An. *hist. an.* , *lib.* iv , *cap.* ii , *initio.*
« *Differt astacus à carabo* , τῷ ἔχειν χηλάς. » Ce passage, déjà
cité plus haut , paraît d'abord contradictoire à cet autre
aussi déjà cité. D. *part. an.* , *lib.* iv , *cap.* viii. « *Can-*
crarium et locustarium genus inter se sunt similia , τῷ χηλάς
ἔχειν. » Mais si l'on fait attention à la petitesse des serres de
la langouste et à la grandeur de celles du homard on sera
moins étonné de cette contradiction apparente. Aristote ,
d'ailleurs , l'explique lui-même. *Hist. an.* , *lib. et cap. cit.*
« *Astaco pedes grandes longè majores , extremâque parte*
latiores , quàm locustæ (1). » Voyons, dit ici l'auteur, le
reste de la description de l'astacos. *Id.* , *lib. et cap. cit.*
« *Astaco color , quòd ex toto dixerim , nitet , nigrisque ma-*
culis dispersis evariat : pedes inferiores , ad grandes usque
disposiːi octo : tùm grandes ipsi longè majores , extremâque
parte latiores , quàm locustæ habentur , sed non specie
eâdem. Dexter enim suum extremum , latum , oblungum
et tenue habet ; sinister , crassum et rotundum : uterque
tamen scissus in extremo , perindè ut maxilla , tam infrà
quàm suprà , dentatus est. Verùm dexter pusillos serratos-
que dentes continet omnes ; lævus , primos serratos , intimos
velut maxillares , scilicet parte inferiore quatuor et conti-
nuos , superiore tres non continuos. » Cette description est
on ne peut pas plus exacte ; mais Aristote se trompe en

(1) Gaza a traduit *Carabos* par *locusta.* M. Cuvier prouve plus loin
qu'il a eu raison et laisse provisoirement cette expression.

disant que la serre gauche est toujours plus grande. Il est
en contradiction avec ce qu'il dit lui-même plus bas :
« *Mari et feminæ forceps alterutra grandior more et incer-*
tum est. » *De part. an.* , *lib.* IV , *cap.* VIII. « *Astaci*
soli non certum , sed alterutrum , æquè at sors tulerit, for-
cipem habent grandiorem , tàm mares , quàm feminæ. »
Reprenons la description du homard. « *Duo supra eos*
grandes (*pedes*) *habentur : alii hirtiusculi , paulò ab ore*
inferiores. — Flectit atque in os adducit duos illos hirtius-
culos pedes. Surculi etiam graciles geruntur à pedibus , qui
ori roximi habentur. Dentes huic quoque duo , ut locustæ :
suprà quos cornua breviora tenuioraque quàm locustæ.
Quatuor item alia adsunt cornua , specie quidem illis similia,
sed tenuiora et breviora. » La bouche et les antennes du
homard sont , comme on le voit , décrites avec la plus
grande exactitude. « *Super hæc oculi constituti sunt parvi ,*
crassiusculi , non ut locustæ majusculi : frons quasi quædam
acuta et aspera, supra oculos exstat latior quàm locustæ. De-
niquè facies acutior et pectus latius quàm locustæ , totumque
corpus mollius et carnosius. Pedum autem octo numero, pars
scissa in extremo desinit indivisa : quatuor enim bifurces sunt ,
reliqui quatuor simplices ex toto pertendunt. » Cette structure
des pieds, ne se trouvant que dans le homard et dans l'écrevisse de rivière, est l'article le plus caractéritisque de toute
la description. « *Pectus corpusque totum læve est, non more*
locustarum aculeatum et asperum. » Ce dernier trait est
décisif pour la langouste, et démontre que c'est elle
qu'Aristote a entendue par le mot *carabos.* Pline parle en
plusieurs endroits d'un crustacée qu'il nomme *locusta* , et
que M. Cuvier croit , ainsi que tous les critiques , être le
carabos d'Aristote , parce que , *lib.* IX, *cap.* XXX, où il
fait une énumération de tous les genres de crustacées, il y
nomme le carabos , et non le locusta ; ce qui montre que
le premier de ces mots est l'équivalent de l'autre. « *Can-*
crorum genera carabi , astaci , majæ , paguri heracleotici ,
et alia ignobiliora. » Au reste , ses autres passages sur le
locusta ne sont pas bien décisifs, si ce n'est dans plusieurs

qui sont visiblement pris d'Aristote ; il substitue toujours *locusta à carabos*. Voici la plupart de ces passages :

Lib. ix , cap. xii.

Crustis integuntur locustæ.

Lib. ix , cap. xxx.

Locustæ crustâ fragili muniuntur.

——— *reptantium modo fluitant.*

——— *cornibus inter se dimicant.*

Lib. ix , cap. li.

——— *squillæ et cancri coeunt ore.*

Lib. xi , cap. xxxvii.

Locustis squillisque oculi magnâ ex parte præduri eminent.

M. Cuvier avoue qu'il n'y a rien là de bien démonstratif pour son opinion. Mais comme rien ne la détruit non plus, on peut, dit-il, la laisser subsister, fondée sur ce qu'il a dit plus haut de la synonymie des mots *carabos* et *locusta*. Elle s'appuie encore sur la ressemblance du mot *langouste* à celui de *locusta*, et sur la ressemblance plus grande de celui *alagousta*, qui désigne cet animal à Gênes. Enfin, si l'on admet dans cette matière le témoignage d'un auteur qui n'était pas naturaliste, continue notre savant, voici un passage de Suétone, qui ne peut sûrement s'appliquer qu'à la langouste. *Suét. Tib. Cæs.*, c. 60 , p. 156, édit. *Lugd.*, *Gryph.*, 1565. « *Gratulanti (piscatori), autem inter pœnam , quod non et locustam , quam prægrandem ceperat, obtulisset, locusta quoque lacerari os imperavit.* » Il n'y avait qu'un animal dont le corps est aussi couvert de piquans que l'est celui de la langouste qui pût déchirer le visage d'un malheureux. Quel est le nom latin de l'astacos ? Pline l'appelle *elephantus*. Il est aisé de le prouver : 1°. d'une manière analogue à celle que M. Cuvier a suivie pour la langouste. En effet, dans son énumération des genres d'écrevisses , *lib.* ix , *cap.* xxxi , il nomme

l'astacos, et ne parle pas de l'éléphantus; 2°. d'une manière plus directe. La description suivante ne peut convenir qu'au homard, puisque, seul entre les écrevisses de
mer, il a les quatre premiers pieds fourchus. *Lib.* xxxii,
cap. xi. « *Elephanti locustarum generis nigri , pedibus*
4 *bisuleis : præterea brachia duo binis articulis , singulis-*
que forcipibus denticulatis. » Quand au mot *gammarus* ,
dont Gaza se sert pour rendre l'astacos d'Aristote, il est
bien sûr que les Romains ne l'ont pas employé dans ce
sens-là : 1°. Pline ne s'en sert qu'une seule fois, *lib.* xxxii,
cap. xii, où il donne une énumération générale des animaux marins par ordre alphabétique ; encore met-il *cam-*
marus et non *gammarus.* Il n'y a aucune indication qui
puisse le faire reconnaître. Cependant, comme il parle immédiatement après de son éléphantus, il est impossible que
ces deux animaux soient la même chose ; 2°. Galien , *lib.*
iii , *de Alimentorum facultatibus* , nomme l'astacos et le
gammarus dans la même phrase comme deux animaux dif-
férens : Άςακοὶ, καὶ παγούροι, καὶ καρκίνοι, καὶ καραβοί, καὶ καμμαρίδες;
3°. le passage suivant d'Athénée prouve que c'était une
espèce de squille , par conséquent qu'elle n'avait pas de
serres, ou du moins n'en avait que de fort petites. *Ath.*
Deipnosoph. , *lib.* vii , *p.* 3o6 , *édit. Lugd. Casub.* ,
1612 , *fol. D.*

« *Cammari : Epicharmus in nuptiis hebes ; præter hos*
boces , sprardes aphyæ , cammari. »
« *Sophron in mulieribus eorum meminit. Est autem squil-*
larum genus. Romani verò sic appellant. »

Il n'est pas aussi aisé de découvrir ce que ce peut être que
de prouver ce que ce n'est pas. *Rondelet ,histoire des pois-*
sons , traduction française, *liv.* xviii , *p.* 393 , croit
prouver que le cammarus était la cigale de mer. *C. arctus,*
Lin. Voici ses raisons : 1°. le cammarus était , selon
Athénée , une espèce de squille ; ainsi est la cigale ;
2°. Martial dit que le cammarus a la couleur rouge du sur-

mulet ; et la cigale est, de toutes les espèces, la plus rouge
lorsqu'elle est cuite. Pour voir combien Rondelet est
dans l'erreur, il ne faut que lire attentivement l'épigramme
de Martial, *lib.* ii, *ep.* 43. Il y compare la médiocrité
de sa fortune au luxe de son ami, et lui dit entre autres
choses :

Immodici tibi flava tegunt chrysendeta nulli ;
Concolor in nostrâ gammare lance rubes.

Il est clair que Martial ne dit pas que le cammarus soit *conco-*
lor mullo, mais *lance* : donc la belle couleur de la cigale
prouve trop; car, pour avoir celle de la terre cuite, il
n'est pas nécessaire d'être du plus beau rouge. D'ailleurs,
si Rondelet, qui a si bien prouvé que sa cigale était la
même que le tettix d'Élien, avait lu attentivement le
ch. xxvi *du livre* xiii *de l'hist. anim.*, il aurait vu que la
cigale était réputée sacrée, et que l'on n'en mangeait pas :
or, tous les auteurs latins nous parlent du cammarus
comme d'une espèce qu'on mangeait communément ; donc
ce n'était pas la cigale. Scaliger, *in lib. de Subtilitate*,
exerc. cclv, *p.* 750, *éd. Francof.*, 1607, in-12,
avance que le cammarus est l'écrevisse de rivière, parce
que, dit-il, sans cela elle n'aurait pas de nom; et Varron,
voulant qu'on en donne aux oies, n'a pu l'entendre d'une
bête marine. M. Cuvier a vérifié la citation de Varron.
La voici : M. Varr. *De re rusticâ, lib.* iii, *cap.* xii,
édit. de R. Étienne, Paris, 1543. « *Pabulum iis (anati-*
bus) datur triticum, ordeum, vinacei, uvæ, nonnun-
quam etiam ex aquâ cammari, et ejusmodi aquatilia. »
Notre savant dissertateur explique un peu plus loin ce
passage; mais avant, il y répond par celui-ci de Colu-
melle, qui semble prouver qu'il y avait aussi des cammarus marins, et il parle de la nourriture à donner aux
poissons des étangs d'eau salée. *Colum., de Re rusticâ,*
lib. viii, *cap.* xvii. « *Nam et halecula modo capta et*
cammarus exiguusque gobio, et quisquis denique est in-
crementi minuti piscis, majorem alit. » Quant à la pre-

mière raison de Scaliger, elle n'est pas bien forte, car l'écrevisse pourrait n'avoir eu aucun nom propre; ou si elle en avait eu, il serait très-possible qu'il ne se rencontrât pas dans les auteurs qui nous sont restés. Pour M. Cuvier, il pense que le cammarus était l'espèce de crevette que l'on appelle en Normandie *cardon*, et en Languedoc *civade*. C'est le cancer crangon de *Linnœus*. Il a les serres fort petites; ainsi il pouvait fort bien passer pour une squille, comme le dit Athénée. Il est très-commun, et, lorsqu'il est cuit, sa couleur est un roux gris, approchant de la couleur de la terre cuite; ce qui se rapporte aux vers de Martial. Enfin les vers suivans de Juvénal ne laissent, suivant M. Cuvier, aucun doute sur son opinion.

JUVEN., *sat.* v, v. 80, *sqq.*

Aspice, quàm longo distendat pectore lancem,
Quæ fertur domino squilla. . . . .

. . . .
. . . .

Sed tibi dimidio constrictus cammarus ovo
Ponitur, exiquâ feralis cœna patella.

Nous demandons, avec M. Cuvier, si la cigale, l'écrevisse de rivière, ou toute autre espèce, excepté le cardon, pourrait se mettre dans la moitié d'une coque d'œuf? Mais on dira : Que faites-vous du cammarus, que Varron voulait donner aux oies? Ce n'est pas le cardon. Non; mais c'est de toutes les espèces d'eau douce celle qui en approche le plus : la chevrette des ruisseaux, le *cancer locusta*, *Lin.* Cela cadre aussi très-bien avec le passage de Galien, où il les nomme καμμαρίδες, avec une terminaison diminutive, et les place après tous les autres. De cette manière, il semble que tous les témoignages touchant le cammarus sont conciliés. Avant de quitter l'astacos, il faut examiner ce que peut être le *leo* de Pline, qui paraît en approcher *Lib.* XXXII, *cap.* XI. « *Leones quorum brachia cancris similia sunt, reliqua pars locustæ.* » M. Cuvier avoue ici qu'il ne peut se déterminer d'après une indication aussi vague ; et il ne croit pas Rondelet fondé à donner ce nom au *C. strigosus*, puisqu'Athénée dit positivement, sur le témoignage de Diphilus, que le lion est plus grand que l'astacos : or, le *C. strigosus* est bien plus petit. *Athen. Deipnos.*, *lib.* III , *p.* 106, D. « *De hisce malacostracis Diphilus siphnius ad hunc modum scribit. Ex malacostracis astacus, squilla, locusta, leo, quamvis eodem genere contineantur, inter se tamen differunt : astaco leo major est.* » Belon et Jonston pensent que le lion dont parle Élien n'est autre que le homard ; mais il est facile de voir que le lion d'Élien est le même que celui de Pline, puisque sa description est presque prise mot à mot de celle que l'on a alléguée plus haut. Or, le lion de Pline est différent de son *elephantus* ou de notre homard, puisqu'il parle de tous deux dans le même chapitre. Voici le passage d'Élien. *Hist. an.*, *lib.* XIV, *cap.* IX. « *Marinum leonem* (λεώντα Θαλάττιον), *locustæ fermè similem esse scio, præterquam quod tenuior et gracilior apparet, et ex aliquâ crustarum suarum parte cæruleus. Ignavus est : forcipes illius maximæ cancrorum forcipibus figurâ similes sunt.* » D'ailleurs, Élien parle en plusieurs endroits de l'astacos ; ainsi il le connaissait bien, et il n'en aurait pas parlé sous un autre nom sans le remarquer. L'auteur annonce qu'il n'a pu encore découvrir à quelle espèce des écrevisses que nous connaissons se rapporte ce nom de lion. Après avoir suffisamment éclairci deux des genres d'Aristote, il passe à un troisième, aux karides ou squilles. On sait déjà, dit M. Cuvier qu'il nomme ainsi les espèces qui n'ont pas de serres, ou qui les ont fort petites. Il en compte trois. *Hist. an.*, *lib.* IV, *cap.* II. « *Squillarum genere continentur gibbæ, crangines, et parvæ, quæ majores nunquam effici possunt.* » Ces dernières ne peuvent pas nous embarrasser, ajoute M. Cuvier ; ce sont sans doute les petites espèces, comme le *C. locusta*, ou même, si l'on veut, le *C. crangon ;* mais les deux premiers noms pourraient s'étendre à toutes celles qui n'ont point de grandes serres , si le passage suivant ne les déterminait plus précisément. *Id. ib.* « *Squillis gibbis cauda et pinnæ quaternæ. Cranginis quoque lateri caudæ , utrinque pinnæ adnexæ sunt.* » Voilà donc exclues toutes celles qui ont cinq nageoires à l'extrémité de la queue , comme la cigale, l'orchetta. Plus bas : « *Quarum pinnarum media utroque in genere spinulis horrent.* » Ces lignes-ci excluent le cardon, qui a bien , au lieu de nageoires du milieu, une écaille inflexible, mais sans petites épines. Il ne reste donc absolument que la crevette et la mante, qui, au lieu de nageoires du milieu , ont une écaille épineuse. Enfin la ligne qui suit en fixe la différence. « *Verùm in crangine latiora , in gibbis acutiora sunt.* » Dans la crevette , l'écaille du milieu est étroite et pointue ; dans la mante , elle est ronde et large. Celle-ci est donc le *crangon ;* celle-là , la *squilla gibba.* M. Cuvier condamne entièrement le sentiment de Rondelet , qui pense que la mante était inconnue aux anciens, et qui nomme crangon une espèce trop approchante du *squilla gibba* (si même ce n'en est pas une simple variété), pour qu'Aristote l'en ait séparée dans une division générale. Gessner n'a fait que le copier, et Jonston a copié Gessner ; ainsi leur avis ne mérite guère d'être compté. Scaliger s'éloigne encore bien davantage des termes d'Aristote , puisqu'il donne le nom de crangon à la cigale , qui a cinq nageoires à la queue. Au reste , quoique Aristote et Pline n'aient pas parlé de la cigale ni de l'orchetta , elles n'étaient pas pour cela entièrement inconnues aux anciens. Il est difficile que ce que dit Athénée des grandes καρίδες, qu'Apicius mangeait à Minturnes en Campanie, et qui surpassaient encore celles de Smyrne et les homards d'Alexandrie, ne se rapporte pas à l'orchetta. Athen. *Deipnos , lib.* i, *p.* 7. *D.* « *Squillis vescebatur magno emptis, et quæ illic (Menturnis) nascentes , et maximas Smyrnæas , et astacos Alexandrinos amplitudine vincebant.* » On sait qu'Apicius ayant ouï dire que la côte d'Afrique en produisait de plus grandes , équipa un navire pour y aller, et

que ne les ayant pas trouvées comme on le lui avait dit,
il revira de bord, sans être curieux de descendre à terre.
Or, c'est encore aujourd'hui le long des côtes de Barbarie
que les orchettas sont les plus communes. C'est encore à
cette espèce qu'il faut rapporter ce qu'Élien dit des grandes écrevisses des Indes. *Hist. an.*, *lib.* xvi, *cap.* xiii.
« *Squillæ locustis majores indicæ sunt*, etc. » Le même
Élien donne une fort bonne description de l'espèce que,
d'après lui, Rondelet a nommée cigale. *Hist. an.*, *lib.* xii,
cap. xxvi. « *Est etiam cicadarum genus marinum, qua-*
rum maxima parvi carabi similitudinem speciemque gerit.
Verùm tamen cornua non similiter atque ille magna, nec
aculeos habet. Aspectu etiam nigrior est, et cùm captus est,
stridorem quemdam edere videtur. Pinnæ ipsius exiguæ sub
oculis enascuntur.» Voilà à peu près tout ce que M. Cuvier
a pu rassembler sur le genre des karides ou squilles. On
voit que toutes les espèces de la Méditerranée que l'on
connaît aujourd'hui étaient aussi connues des anciens.
Quant au dernier des genres d'Aristote, ses καρκίνος, notre
savant annonce qu'il a peu de chose à en dire, parce que,
d'après les paroles de l'auteur grec, il est impossible d'en
déterminer les espèces. Il en fait quatre familles. *Hist. an.*
lib. iv, *cap.* ii. 1°. Les maja, qui sont les plus grands;
2°. les paguri et les héracléotiques ; 3°. les fluviatiles ;
4°. les petits, auxquels on n'a point donné de noms. Dans
le même chapitre, il assure qu'il y en a une espèce en
Phénicie qui marche si vite qu'on l'appelle *hippæ :* c'est
probablement une des espèces à longues jambes, d'autant
plus que, *de Part. an. lib.* iv, *cap.* viii, il parle des
maja et des héracléotiques comme marchant mal et ayant
des jambes très-courtes, de façon que la dureté de leur
test contribue seule à leur conservation. Au même endroit,
il dit que les maja ont les jambes menues, et que les héracléotiques les ont plus courtes. Voilà à peu près le résumé
de tout ce qu'Aristote dit touchant ce genre. Pline en a copié une partie, *lib.* ix, *cap.* xxxi, sans y rien ajouter; et
Élien ni Athénée n'ont pas donné à M. Cuvier plus d'é-

claircissemens. Il n'est donc pas étonnant que les modernes
aient tant varié dans l'application de ces noms. Rondelet,
par exemple, donne le nom de *maja* au poupart, fondé
du moins sur sa grandeur. Belon et Fracastor, *Ap. Ges-*
nerum, le donnent à l'araignée, ainsi que Mathiole et Jonston. Linnée donne le nom de maja à une espèce différente
des deux précédentes. Le nom de *pagurus* n'appartient pas
à moins d'animaux. Rondelet le donne à l'araignée ; Belon
et Scaliger au poupart. Linnée les a suivis. Mathiole le
donne au C. maja de Linnée. Rondelet nomme notre araignée. *C. héracléotique.* Belon, au contraire, et Scaliger, ont
donné ce nom à la crête de coq, et prétendent que le C.
héracléotique de Rondelet est une petite maja. Ce dernier
avait donné à la crête de coq le nom d'*arctos*, qui se rencontre une seule fois dans Aristote pour désigner un crus-
tacé. Belon et Scaliger, au contraire, donnent ce nom à
l'orchetta. Il reste à examiner deux espèces d'écrevisses
que l'on trouve dans des demeures étrangères ; l'une est le
bernard-l'hermite, qui loge sa queue molle et sans coque
dans les coquilles univalves qu'il rencontre sur le rivage,
et qui en change à mesure qu'il grandit. Un instinct aussi
singulier a été remarqué par tous les auteurs : ils ne varient que dans les noms. Aristote le nomme καρκίνιον, *Hist.*
an. lib . v , cap. dv, et De part. an. lib. iv , cap. viii;
dénomination peu analogue à celle qu'il avait fixée pour
les autres genres, puisque le bernard approche beaucoup
plus de ses καραβοί que de ses καρκίνοι. Pline en parle, *lib.* ix,
cap. xxxi, sous le nom de *pinnothère;* preuve du peu
d'attention qu'a mis cet auteur dans sa vaste compilation,
puisque dans le même livre, *cap.* xlii, il donne ce nom
de pinnothère, d'après Aristote, à l'écrevisse qui habite
les bivalves. Les mœurs, l'existence même du pinnothère,
sont aussi incertaines que celles du bernard-l'hermite sont
sûres. Les anciens et les modernes varient tous tant sur la
forme du premier que sur ses habitudes. Aristote en parle
de manière à faire croire qu'il ne l'avait pas vu, puisqu'il
ne sait si c'est une squille ou une crabe ; et il dit qu'il sert

de gardien à la pinne. *Hist. an. lib.* v, *cap.* xv. Quelques lignes plus bas, il dit encore qu'on trouve de petits crabes dans plusieurs coquillages, comme les moules, les pinnes, les huîtres et les peignes. Il paraît même, par le passage suivant, qu'il y avait quelquefois le *C. depurator. De part. an. lib.* iv, *cap.* viii. « *Cancelli autem qui perquàm exigui in pisciculis reperiuntur, pedes novissimos latiusculos habent, ut ad nandum utiles sint, quasi pro pinnulis aut remis pedes haberentur.* » Pline prétend que c'est une petite squille, et qu'elle fournit la pinne de nourriture, en l'avertissant de fermer sa coquille lorsqu'elle est pleine de petits poissons. *Hist. nat., lib.* ix. Cicéron avait déjà avancé cette opinion dans le passage suivant, dont il paraît que celui de Pline est emprunté. *Cic. De Nat. Deor. lib.* ii, *cap.* xlviii « *Pinna verò (sic enim græcè dicitur), duabus grandibus conchis patulis cum parvâ squillâ quasi societatem coït comparandi cibi. Itaque, cùm pisciculi parvi in concham hiantem innataverunt, tùm, admonita à squillâ, pinna morsu comprimit conchas.* » Oppien imagine tout au contraire que le crabe mange la pinne ou l'huître, et il lui prête pour cela un artifice très-ingénieux; c'est que lorsque la pinne s'ouvre, il jette une petite pierre entre ses écailles pour les empêcher de se refermer. Belon, Rondelet, et, après eux Gessner, reviennent au dire d'Aristote. Ils croient que le pinnothère fait sentinelle pour la pinne contre les attaques du poulpe ; ils le représentent comme un petit crabe. Hasselquist a embelli le roman de Cicéron et de Pline. Il prétend que le pinnothère va à la provision, et que, lorsqu'il revient, il pousse un cri pour se faire ouvrir. Le cri d'un crabe doit être curieux. L'inconvénient qu'a cette opinion par-dessus toutes les autres, c'est qu'il est physiquement impossible que la pinne mange rien de ce que le crabe pourrait lui apporter, et qu'elle ne se nourrit que de l'eau de mer. Sur l'autorité de son élève, Linnée, dans la dixième édition du *Systema naturæ*, regardait encore le pinnothère comme une écrevisse à longue queue. Il marquait cepen-

dant son doute par un point d'interrogation. Dans la dou-
zième édition, il décrit un tout autre animal, et le place
parmi les crabes. Cependant il cite toujours la même figure
de Jonston, qu'il avait citée dans la dixième édition; et il
faut remarquer que cette figure n'est qu'une mauvaise
image du bernard-l'hermite. Tout cela fait croire à M. Cuvier que l'histoire du pinnothère n'est qu'une imagination
semblable à plusieurs autres, dont les crabes ont été l'objet; et que toutes les espèces d'écrevisses peuvent se ren-
contrer entre les écailles des bivalves, lorsqu'elles sont
assez petites et assez imprudentes pour s'y laisser prendre.
M. Cuvier lui-même a trouvé souvent, dans des moules, le
crabe commun et l'étrille, et, dans des cœurs le *C. strigosus*,
sans pour cela leur prêter toutes les intentions que les auteurs attribuent à leurs pinnothères. *Annales du Muséum
d'histoire naturelle*, *an* xi, *tome* 2, *page* 368.

ÉCREVISSES et autres crustacées (Principe colorant
des). Chimie. — *Observations nouvelles*. — M. Lassaigne.
—1820. — L'opinion des naturalistes sur la cause de la
coloration de ces insectes par l'action de la chaleur était
très-différente : les uns, et c'était le plus grand nombre,
croyaient que c'était le résultat de cet agent; les autres,
que cette couleur était formée dans l'animal, et qu'elle ne
se répandait dans son test que par l'impression de ce fluide.
Après avoir fait diverses expériences à se sujet, M. Lassaigne est porté à conclure que les écrevisses et les autres crustacées contiennent un principe colorant rouge tout formé,
qu'on peut en extraire à froid par le moyen de l'alcohol;
que cette couleur ne se forme point par l'action de la chaleur, comme quelques naturalistes le pensaient; mais qu'elle
se développe et se répand dans le test de ces animaux,
par l'impulsion du calorique; qu'il existe une membrane
très-colorée qui, par la grande quantité de couleur qu'elle
recèle, paraît être la source de la coloration de cette classe
d'animaux; qu'enfin ce principe colorant diffère, par ses

propriétés chimiques , des autres tirés du règne végétal et du règne animal. *Journal de pharmacie* , 1820 , *p.* 174.

ÉCRITURE (Nouvelle manière d'enseigner l'). — In-STRUCTION PUBLIQUE. — *Innovation.* — M. BRUN , *de Paris.* — AN VII. — La plupart des enfans , dit ce professeur, sont embarrassés de la plume que le maître a placée entre leurs doigts ; ils la tiennent et la conduisent mal. Au lieu de les gronder ou de reculer le moment de leur apprendre à écrire , il faut lever la difficulté qui les arrête , et faire acquérir à leurs doigts de la flexibilité : rien de plus facile , ajoute l'auteur ; et d'après sa méthode il commence par exercer les élèves, pendant quelques jours, à ouvrir et à fermer la main ; ensuite on leur dit d'ouvrir seulement les trois doigts supérieurs ; d'appliquer l'extrémité du pouce, contre celle du troisième doigt, celle du second par-dessus ; de plier et d'allonger ces trois doigts ainsi réunis sans ouvrir les deux autres. Quand ils sont familiarisés avec cet exercice, qui est pour eux un jeu, on leur donne une plume , ils la placent entre le pouce et le troisième doigt , abaissent le second par-dessus, et répètent avec la plume le même exercice qu'ils faisaient avec les trois doigts seuls. Dès qu'ils savent la faire mouvoir, on dépose sur une table une boîte , contenant une tablette de métal qui porte en creux une ligne droite et une courbe, c'est la volute; on prend cette tablette et on referme la boîte, dont on tourne le côté noir du couvercle en dehors ; par la grande ouverture du fossé on fait entrer la volute, la partie droite en haut , et on la pousse entre les deux côtés angulaires du fossé , jusqu'à ce qu'elle y tienne fixement. Alors , l'élève placé devant la boîte ainsi que devant un pupitre , la tête et le corps droits, pose la main gauche ouverte sous le coin gauche de la volute , et, sous le coin droit, la main droite , appuyée sur les deux derniers doigts fermés ; ensuite avec les trois autres, sans mouvoir le bras , sans déplacer la main , il élève et pousse au haut du creux droit le bec de la plume , le fait descendre , monter et redescendre dans ce creux ;

puis il le fait aller dans les pleins et les déliés de la partie courbe jusqu'au centre, d'où il le fait revenir en sens contraire, toujours sans mouvoir le bras ni sans déplacer la main, jusqu'au haut de la ligne droite. Plus tôt l'élève excellera dans cet exercice, plus tôt il saura écrire. La volute est la réunion de l'*o* et de l'*i*, et presque tout l'alphabet est basé sur ces deux lettres. La volute apprise, on l'ôte du fossé et on y fixe la lettre *a* : l'élève part du commencement de cette lettre, c'est-à-dire pose le bec de la plume dans le jambage, sous l'insertion supérieure de la courbe ; le fait monter et mouvoir dans les pleins et les déliés de cette courbe qui est presque un *o* ; revenu au point de départ, il lève la plume et, l'ayant posée au haut du jambage qui est celui d'un *i*, il la fait descendre, tourner et sortir avec la liaison de ce jambage ; il réitère cet exercice jusqu'à ce qu'il décrive la forme de l'*a* à plume levée, c'est-à-dire le bec de la plume sur la lettre sans entrer dans le creux ; ensuite l'élève trace à l'encre ordinaire trois lignes d'*a* ; après la correction il les efface avec une éponge ou un chiffon. Si elles ont été mal faites, il recommence le travail du creux, et ensuite celui à l'encre, jusqu'à ce qu'il parvienne à faire dans ses trois lignes au moins douze lettres bonnes ; alors le maître enlève l'*a* et place le *b* : il se conduit pour cette lettre comme pour la précédente, et ainsi successivement pour les autres ; en observant, 1°. de faire toujours partir l'élève du commencement de la lettre qu'il apprend, et de veiller à ce que le bec de la plume, au lieu de jouer dans le creux, le remplisse exactement ; 2°. de ne laisser écrire une lettre à l'encre que lorsque la forme en a été bien décrite à plume levée ; 3°. de ne donner qu'une lettre à la fois, et de ne laisser la boîte entre les mains des enfans que le temps de la leçon ; 4°. enfin de borner la leçon d'abord à une heure de travail, d'avoir soin que l'élève la commence toujours en s'exerçant à la volute, et la termine en écrivant toutes les lettres qu'il aura déjà passées. Quand l'élève a fini l'alphabet, et qu'en faisant ainsi lui-même les lettres, il a

bien appris à les connaître, on l'exerce pendant plusieurs
jours à écrire des syllabes, des mots de quatre et cinq lettres, de petites phrases; ensuite il reçoit les conjugaisons
des verbes en exemples; il les écrit avec la plume dans
les lignes blanches réservées pour lui. La meilleure manière de corriger les lettres de l'élève, c'est de tracer dans
la lettre mal faite les proportions ou becs de plume qu'elle
doit avoir; alors l'élève les compare avec sa lettre, juge
et se corrige lui-même. On appelle bec de plume la largeur du bec de la plume avec laquelle on écrit; cette largeur, répétée un nombre déterminé de fois, constitue la
valeur de la lettre : on a mis dans chaque boite un alphabet gravé sur un réseau de petits carrés, dont chacun vaut
un bec; ainsi celui qui voudra connaître la valeur d'une
lettre, comptera sur ce réseau le nombre de carrés ou becs
qu'elle occupe; il verra que l'*a*, par exemple, a huit becs
de haut et six de large, la tête du *b* huit, celle du *t* quatre,
la queue du *g* dix; il verra que l'*o* commence au sommet
de l'écriture, le *c* à un bec au-dessous, l'*a* à trois, l'*e* à
quatre; il verra que le jambage de l'*i*, à deux becs de la
base, s'arrondit et forme son délié, un bec et demi au delà
du point où il serait tombé d'aplomb. S'il veut savoir la
distance que les lettres doivent avoir dans le même mot,
il observera celle des lettres de l'alphabet, et il verra que
deux parties courbes *bc*, *cd*, sont éloignées de deux becs;
deux parties, l'une droite et l'autre courbe, comme *no*,
ef, etc., de trois becs; et deux parties droites, comme
ab, *lm*, *mn*, etc., de quatre becs. Ainsi dans les mots écrits
par l'élève, dans *papa* par exemple, le *p* sera éloigné de
l'*a* de trois becs, et dans *aimons*, l'*a* le sera de l'*i* et l'*i* de
l'*m*, de quatre becs. La distance d'un mot à un autre est de
six becs, et celle d'une phrase à l'autre de neuf. On a
choisi un alphabet perpendiculaire et rapproché de l'impression, parce que ainsi les deux premières connaissances
de l'enfance, la lecture et l'écriture, l'éclairent mutuellement. On a présenté aux élèves chaque lettre séparément,
parce qu'ils la saisissent mieux, et que l'envie d'en

avoir une nouvelle, anime leur attention. On l'a gravée
en creux, parce que les enfans n'écrivant point avec les
yeux, mais avec les doigts, ce sont les doigts qu'il faut
instruire et exercer; aussi, en faisant mouvoir le bec de la
plume dans la lettre en creux, non-seulement ils en sen-
tent la véritable forme, mais ils trouvent dans les parois
du creux deux guides qui, en les empêchant de dévier à
droite ou à gauche, les dirigent constamment sur le corps
de la lettre, et leur font promptement acquérir la régularité et l'habitude de la faire. On a gravé en exemples in-
terlinéaires les conjugaisons régulières des verbes, parce
que l'enfant qui les parle et les écrit bien sait déjà la
moitié de sa langue et de l'orthographe; enfin ce procédé,
approuvé par l'Institut, confirmé par l'expérience, soulage
le maître, amuse et instruit l'élève, mais il ne dispense ni
l'un ni l'autre de travailler. M. Brun a obtenu pour cette
méthode nouvelle un *brevet d'invention de cinq ans.* —
Brevets non publiés.

ÉCRITURE. *Voyez* Nyctographe.

ÉCRITURES. (Procédés pour les multiplier.) — Économie industrielle. — *Invention.* — M. Coquebert. —
An ix. — Ce procédé est d'autant plus intéressant, qu'il
n'exige ni machine ni préparatifs : il consiste à mettre du
sucre dans l'encre ordinaire; on s'en sert sur du papier
collé ainsi qu'il est d'usage; lorsque l'on veut tirer cette copie, on prend un papier fin non collé, on le mouille un
peu avec une éponge, on l'applique sur l'écriture, on passe
ensuite légèrement dessus un fer à repasser moyennement
chaud, et on voit aussitôt paraître sur le papier non collé
l'écrit que l'on veut contrépreuver. (*Société philomathique*,
an ix, *bulletin* 5o, *page* 15.) — *Importation.* — M. L'hermite, *de Paris.* — 1810. — L'auteur a obtenu un *brevet
d'importation de cinq ans* pour un procédé qui consiste à
prendre, 1°. une plaque de tôle vernie, 2°. plusieurs feuilles de papier préparé avec la composition suivante :

Quarante cornets de noir de fumée,

Deux décilitres d'huile d'œillette,

Quatre *idem* d'essence de térébentine,

Demi *idem* d'eau naturelle gommée,

par trois décagrammes de gomme arabique; 3°. plusieurs
cahiers de papier transparent; 4°. une ou plusieurs broches
d'ivoire assez pointues pour pouvoir tracer avec. Pour
écrire une lettre et sa copie, on se sert de ces divers objets
de cette manière : on place sur la feuille de tôle vernie, 1°.
le papier à lettre, 2°. le papier préparé en noir; 3°. le papier
transparent. Le papier noir imprimera le papier à lettre en
sens droit, et le papier transparent en sens inverse partout où la pointe aura tracé à sec. La transparence de ce
dernier papier permettra de lire ce qui aura été tracé en
retournant la feuille. Pour faire quatre expéditions à la fois,
il faut se servir du papier transparent comme étant plus
propre à recevoir l'empreinte de la pointe à tracer; on se
sert également de la feuille de tôle sur laquelle on pose alternativement quatre feuilles de papier transparent et trois
feuilles de papier noir; ensuite on trace avec la broche d'i-
voire, en ayant le soin d'appuyer assez pour que la dernière
feuille, c'est-à-dire celle qui repose sur la feuille de tôle
vernie, puisse recevoir l'empreinte que doit lui communiquer la feuille noire. (*Brevets non publiés.*) — *Invention.* — M. CABANY. — 1817. — *Brevet de cinq ans* délivré
à l'auteur pour sa machine à copier, dont nous reparlerons
dans notre Dictionnaire annuel de 1822. *Voyez* POLY-
GRAPHES.

ÉCUREUIL A BANDES. — ZOOLOGIE. — *Observations
nouvelles.* — M. H. DE BLAINVILLE. — 1820. — M. Desmarest est le premier qui ait signalé cet animal sous le nom
de *sciurus vittatus*, mais il n'avait pu en donner une description suffisante. M. de Blainville, qui a eu trois individus
de cette espèce en sa possession, s'exprime ainsi : Le corps est
évidemment plus grand et surtout plus allongé que celui de

notre écureuil commun ; la longueur totale, du bout du museau jusqu'à l'extrémité des poils qui terminent la queue,
est de vingt pouces, dans lesquels la tête est pour deux
pouces et demi ; le cou pour un pouce ; le tronc proprement
dit, jusqu'à la racine de la queue pour huit pouces un quart ;
la queue elle-même pour six pouces et demi ; et enfin, le pinceau de poils qui la termine pour deux pouces. La tête est petite, étroite, sensiblement plus que dans l'écureuil ordinaire,
mais également comprimée ; le museau est surtout beaucoup plus pointu. L'extrémité du nez est formée d'une sorte
d'avance qui semble pouvoir se fermer sur l'orifice des narines ; la cloison médiane enfoncée est nue, ainsi que la
face interne de l'espèce d'avance du nez ; les narines proprement dites sont ouvertes obliquement de chaque côté,
et comme coupées carrément. L'œil est sensiblement plus
petit que dans l'écureuil commun, tout-à-fait latéral, trèsdistant. Les paupières n'offrent aucune trace de cils ; leur
ouverture est de cinq lignes. L'oreille est assez reculée
dans la direction de l'œil ; la conque est fort courte, de
quatre lignes au plus, arrondie supérieurement, et pouvant se coller exactement contre la tête ; ce qu'indique une
place presque tout-à-fait dénuée de poils sur les côtés de
celle-ci : on voit à découvert, et bien formée, l'échancrure
intertragale, et la fosse naviculaire est sensible. L'ouverture de la bouche est fort petite, comme dans tous les animaux rongeurs ; la lèvre supérieure, fendue par un sillon
descendant des narines, est très-obliquement dirigée en
arrière, la mâchoire inférieure étant beaucoup plus courte
que la supérieure. Les membres antérieurs sont médiocres,
mais moins courts proportionnellement que dans l'écureuil
ordinaire ; l'avant-bras et la main, depuis le sommet de
l'olécrane, jusqu'à l'extrémité des ongles, a deux pouces
neuf lignes de long, la main ayant, avec le plus grand ongle, quatorze lignes. La paume est entièrement nue ; elle
a cinq doigts, dont le premier, ou pouce, très-court, mais
mobile, collé au bord interne et postérieur du poignet,
est cependant pourvu d'un petit ongle obtus ; des quatre

autres doigts, l'externe est le plus petit, puis l'interne, après cela l'avant-dernier, enfin le médian est le plus long. Les ongles qui arment les quatre derniers doigts sont très-comprimés, médiocrement arqués, sensiblement plus allongés et plus droits que dans l'écureuil commun. Les membres postérieurs sont en général beaucoup plus faibles que dans celui-ci; la jambe a deux pouces au moins de long; le pied, deux pouces trois lignes jusqu'à l'extrémité de l'ongle du plus grand doigt. La plante du pied est étroite, longue, entièrement nue, et terminée par cinq doigts plus courts qu'elle; le plus court est encore le pouce, quoiqu'il soit beaucoup plus visible qu'à la main; le cinquième est un peu plus long; le deuxième et le quatrième sont égaux; et enfin le médian est le plus long de tous. Les ongles sont encore plus longs et plus forts qu'à la main, mais ils sont moins pointus; celui du milieu est surtout très-long. Le poil qui recouvre cet écureuil est en général ras, et surtout à la face inférieure du corps; il manque presque entièrement sous la racine des membres, à la racine de l'oreille, c'est-à-dire aux endroits exposés au frottement. Il est fort court en dessus comme en dessous; il va un peu en augmentant de longueur de la partie antérieure à la postérieure; le plus court se trouve sur les deux faces des oreilles, et surtout à l'endroit de la tête où elles se collent; le plus long est au contraire sur la queue, où en effet ce poil est fort long, et de plus en plus, à mesure qu'on se porte davantage vers l'extrémité. D'abord disposés à peu près également sur toute la circonférence de cet organe, les poils se disposent en s'allongeant d'une manière distique; en sorte qu'à son extrémité la queue semble fort large, fort aplatie, à cause des grands poils qui la bordent; les terminaux ont deux pouces de long, comme il a été dit plus haut. Tous ces poils sont en général fort durs, rudes et très-collés sur la peau, dans la direction d'avant en arrière. Les moustaches sont très-peu développées, c'est-à-dire peu touffues, et les poils qui les composent sont grêles et peu allongés; ils ne forment que quatre pinceaux; le premier, labial supérieur, est le plus considéra-

ble ; le sourcilier l'est encore moins ; le molaire n'a que
deux poils ; et le maxillaire inférieur n'en a aussi que deux,
mais beaucoup plus fins. La couleur de cet animal est fort
peu variée ; les poils du corps, considérés à part, sont
tout-à-fait blancs en dessous, et brun foncé, avec la pointe
fauve, en dessus. Il en résulte que la teinte générale est
d'un brun fauve luisant assez foncé, ou un peu marron
dans toutes les parties supérieures, plus mélangé sur le
museau, plus fauve à la face externe des membres, tandis
que toute la partie inférieure de la tête, du cou, de la poitrine, du ventre et des quatre membres, est d'une teinte
entièrement blanche, mais peu intense à cause de la rareté des poils. Il n'en est pas de même de deux bandes longitudinales étendues de l'épaule à la racine de la cuisse,
et plus larges au milieu qu'aux extrémités : elles sont d'un
beau blanc, et le paraissent encore davantage, parce
qu'elles sont, non pas au point de partage des teintes supérieure et inférieure, mais entièrement dans la première,
et par conséquent bordées de brun fauve assez foncé. Les
poils de la queue sont d'un fauve vif dans la première moitié de leur longueur, et noirs et blancs dans le reste ; en
sorte que dans la partie distique, et surtout en dessous, la
queue est fauve, bordée de blanc au milieu, puis noire ;
bordée de blanc à sa circonférence, et par conséquent à
son extrémité. A la racine dorsale de la queue, dans l'é-
tendue d'un pouce et demi environ, les poils sont de la
nature et de la couleur de ceux du dos. La partie nue des
pieds et des mains est d'un brun peu foncé ; les ongles sont
également bruns, mais terminés par du blanc. L'individu
mâle examiné par l'auteur avait une masse testiculaire
énorme, qui faisait une saillie de près de deux pouces de
long à la partie postérieure de l'abdomen, mais sans qu'il
y eût de scrotum proprement dit ; le pénis ou prépuce, peu
saillant, était dirigé en arrière. Les dents, et surtout celles
molaires, quoique en même nombre aux deux mâchoires
que dans tous les écureuils, présentent des différences notables, en ce qu'elles ne sont pas tuberculeuses, et que

toutes sont didymes, c'est-à-dire que leur couronne est partagée en deux aréoles ovales bordées d'émail, par un sillon profond qui se prolonge assez loin aux deux côtés de la couronne, du moins à la mâchoire inférieure, où toutes les quatre sont presque également carrées, l'avant-dernière étant à peine plus grande que les trois autres, qui sont presque égales. Quant à la supérieure, les quatre dents postérieures sont aussi presque égales ; on y distingue plus aisément deux espèces de collines transverses commençant en dehors chacune par deux espèces de petits tubercules que sépare un sillon qui n'existe pas à la face interne de la dent ; mais en cet endroit la couronne offre un arc qui forme ensuite son bord antérieur, et qui se termine par un plus petit tubercule au côté externe et antérieur de la dent. La cinquième dent, ou l'antérieure, est extrêmement petite et probablement caduque. Les dents incisives supérieures sont fortes, courtes, verticales, jaunes en avant, sans sillon ; leur bord terminant est droit et tranchant ; le biseau interne est cependant peu oblique. Les incisives inférieures sont assez fortes, à bords latéraux presque parallèles ; leur extrémité est droite et tranchante. *Société philomathique,* 1820., *page* 116.

ÉCUREUIL CAPISTRATE. — Zoologie. — *Observations nouvelles.* — M. Bosc. — An xi. — Ce naturaliste donne ce nom à un écureuil de la Caroline. Cet animal, qui a six décimètres de long, a toujours la tête noire, le nez et les oreilles blancs ; il varie depuis le gris-blanc jusqu'au noir le plus parfait ; cependant sa couleur ordinaire est le gris cendré. Sa queue est aussi longue que le corps, composée de longs poils noirs à leur base, blancs à leur extrémité, et annulés deux fois de blanc et deux fois de noir vers la partie intermédiaire. L'écureuil capistrate est une autre espèce du même genre que M. Bosc a précédemment décrit sous le nom de carolinien ; il se trouve très-abondamment dans les forêts des environs de Charles-Town ; mais cette dernière espèce préfère les bois fourrés

et le bord des marais, tandis qu'on ne rencontre le capistrate que dans les lieux plus secs, et particulièrement
dans les cantons plantés en pins, de la semence desquels
cet animal fait sa principale nourriture. Le capistrate entre en chaleur en nivose, et fait ses petits en ventose; son
nid est rond, à une seule ouverture, et est fait avec des
feuilles et de la mousse. Il a pour ennemis tous les chats
tigres, renards, oiseaux de proie et serpens à sonnettes qui
habitent aux environs de Charles-Town. On fait à cet écureuil une chasse perpétuelle, car sa chair est un excellent
manger, surtout en automne où elle est extrêmement
grasse et très-agréable au goût. Avec un chien bien dressé
on en peut tirer une grande quantité dans une journée;
mais il s'en faut de beaucoup que, quelque habile chasseur
que l'on soit, on puisse en tuer à tout coup. Cette espèce,
encore plus que les autres peut-être, a le coup d'œil et
l'ouïe extrêmement fins. Lorsqu'il voit un chasseur, il s'a-
platit sur une mère branche, de manière qu'en s'éloignant
beaucoup de l'arbre, on ne peut voir que sa queue et l'extrémité de ses oreilles. Il reste ainsi tapi, quelques coups
de fusil qu'on lui envoie, jusqu'à ce qu'il ait été touché;
et, lorsqu'il est blessé à mort, on ne l'a pas encore; car,
dans ce cas, ou il reste sur la branche, ou il se suspend
à l'enfourchure d'une autre, de manière à ne pas tomber,
même après sa mort; souvent même il entre dans un trou.
Sa peau est extrêmement coriace, et le petit plomb, s'il
n'est chassé avec la force convenable, glisse dessus ou y
reste enchâssé; alors il quitte sa retraite, se sauve en
courant de branche en branche, en sautant d'arbre en arbre; et, lorsque ceux-ci sont trop éloignés, il se laisse
tomber aux pieds du chasseur pour en aller chercher un
autre. Dans ce cas, il aplatit son corps, écarte ses jambes,
allonge sa queue de manière à présenter une grande surface à l'air: aussi ses chûtes, quelque hautes qu'elles soient,
ne l'incommodent-elles en rien. *Annales du Muséum d'histoire naturelle, tome* 1, *page* 281. *Société philomathique,
bulletin* 67, *page* 125.

ÉCURIES (Désinfection des). *Voyez* BERGERIES.

EDFOU (Temple d'). — ARCHÉOGRAPHIE. — *Observations nouvelles.* — M. JOMARD. — AN VII. — Dans la partie la plus reculée de la Thébaïde, dit ce savant, est un lieu presque inconnu en Europe, et qui renferme un des plus beaux ouvrages de l'antiquité. Cet ouvrage est le temple d'Edfou, que l'on peut comparer, pour la conception du plan, pour la majesté de l'ordonnance, pour l'exécution et la richesse des ornemens, à ce qu'il y a de plus magnifique en architecture. Ce temple est placé vers le nord-ouest du village. L'entrée est masquée par une multitude de maisons de *fellâh*, ainsi que par des amas de poussière qui s'élèvent jusqu'au niveau supérieur du mur d'enceinte, c'est-à-dire jusqu'au tiers de la hauteur de la façade : ces décombres cachent de grandes figures colossales jusqu'à la tête, et l'on voit sortir de terre d'immenses coiffures qui leur appartiennent. La porte elle-même est fermée par de grands ais mal unis. On ne peut donc de ce côté pénétrer dans l'édifice ; c'est par le côté du levant qu'on s'y introduit, en montant une rampe douce qui est formée par les décombres, et qui arrive au niveau de la partie supérieure du mur d'enceinte : on en descend de même par une pareille pente qui arrive à l'angle du portique. Ainsi ce temple est environné, au levant et au midi, par des constructions modernes ; au couchant et au nord par les ruines de l'ancienne ville, ce qui forme autour de lui comme un cadre brunâtre qui le fait ressortir en lumière. Sa longueur totale, y compris les massifs de la façade, est de 137 à 138 mètres ; la largeur de cette façade est de 69 mètres, c'est-à-dire que la longueur est double de la largeur ; la plus grande hauteur est d'environ 35 mètres ; et celle du temple, prise au premier portique, est de plus de 17 mètres ; enfin la plus grande largeur du temple est de 47 mètres. Les plus grosses colonnes ont plus de 2 mètres à la base (près de 20 pieds de tour), et de hauteur, sous les soffites, près de 13 mètres. Le chapi-

teau a plus de 12 mètres ou 37 pieds de circonférence. Ce
monument est bâti avec un grès dont l'espèce est d'un grain
fin et assez dur, susceptible de recevoir une sorte de poli
et un travail ferme et moelleux : aussi la sculpture de cet
édifice, principalement celle du portique, est-elle encore
plus fine et plus délicate qu'ailleurs. L'encombrement, qui
est, pour ainsi dire, total dans l'intérieur du temple, est
peu considérable dans la cour qui le précède ; le sol des
colonades et le tour du temple sont également peu enfouis ;
on voit même encore l'ancien sol derrière l'enceinte, et le
socle peu élevé sur lequel reposait la muraille. Ainsi, à
l'intérieur, l'œil aperçoit encore presque entièrement la
hauteur de la grande porte d'entrée, aussi-bien que tout l'ensemble de ces deux masses pyramidales et de ce péristyle de
trente-deux colonnes qui forment la plus magnifique perspective. L'intérieur des deux massifs de la façade et les escaliers eux-mêmes sont obstrués de débris dont il est mal-
aisé de deviner l'origine, et cela surtout du côté du levant ;
on y pénètre de l'autre côté par une porte qui donne sur
la galerie. Dans les chambres, dans les escaliers, on a
trouvé des langes, des ossemens et des restes de momies.
Ce qui est digne de remarque, c'est qu'une partie du village est bâtie sur la terrasse même du monument. Cette
observation déjà faite à Phila, à Denderah, ainsi qu'en
d'autres lieux, est plus frappante à Edfou qu'ailleurs, à
cause de la grande élévation de cet édifice, dont la façade
est plus haute d'un tiers que le Louvre. Pour se bien représenter l'état d'enfouissement de cet édifice, il faut se
transporter sur les terrasses du temple ; c'est là qu'on aperçoit
un petit village bâti de boue, établi depuis des siècles, et
renouvelé sans doute bien des fois. Chaque génération y a
accumulé les débris de ces demeures si fragiles, et ces débris auraient déjà formé sur ces terrasses une sorte de montagne, si les *fellâh* n'eussent trouvé le moyen de s'en débarrasser. Les salles du temple d'Edfou étaient éclairées par des
fenêtres percées au plafond et en forme de soupirail ; c'est
par ces fenêtres qu'on fait passer journellement les cen-

dres, les fumiers et toutes les ordures des étables, tellement que les salles et les deux portiques se sont peu à peu encombrés de presque toute leur hauteur, et que les issues se trouvent entièrement obstruées, sans que ces débris se soient introduits par les portes. Quelques-unes de ces salles servent aussi aux habitans de la terrasse, de magasins secrets et de refuges pour eux, leurs femmes, leurs enfans, leurs bestiaux, et tout ce qu'ils veulent soustraire à l'avidité des gouverneurs et aux violences des Arabes ; ils s'enferment avec eux dans ces réduits privés d'air et de jour, au risque d'y étouffer de chaleur et d'infection. C'est ainsi que les *fellâh* ont transformé en étables, et, ce qui est encore plus singulier, en véritables souterrains, de vastes portiques et des appartemens de dix mètres de haut. M. Jomard finit ses remarques sur la construction du grand temple d'Edfou, en faisant observer la grande proportion des pierres des plafonds : celles de trois mètres de long sont les moindres de toutes ; celles du second portique, à l'entrecolonnement du milieu, ont près de cinq mètres ; enfin celles du grand portique ont six mètres, et leur épaisseur est à peu près de deux : le poids de l'une de ces dernières équivaut à près de soixante-dix milliers. Nulle de ces masses énormes n'a quitté sa place, nulle fente ne se voit sous les soffites, nul joint n'est ouvert ; tant le choix des pierres était parfait, la coupe soignée, les fondations bien assises. La direction du sanctuaire est en sens contraire de toutes les pièces qui précèdent, c'est-à-dire que sa longueur est dans le sens de l'axe. Ce sanctuaire est isolé de toutes parts, au moyen de plusieurs corridors, dont le premier est fort étroit. A cet isolement parfait il faut ajouter la grande épaisseur des murs. Ainsi le sanctuaire était garanti de l'approche des profanes, d'un côté par six portes de suite, dont la première, garnie de deux battans, n'avait pas moins de seize mètres de haut sur près de trois mètres et demi de largeur ; et sur les trois autres côtés par quatre murailles, en y comprenant la grande enceinte. L'obscurité graduelle des pièces qui le précèdent était à peu près complète dans cet asile des mystères, sauf les jours du plafond, qui sans doute s'ouvraient et se fermaient à volonté. La façade du portique d'Edfou, depuis le seuil de la porte jusqu'au couronnement, colonnes, chapiteaux, dés, murailles, pieds droits, cordons, corniches, tout est couvert de sculptures, excepté les listels des corniches, le dessus des chapiteaux, les bases des colonnes; et cependant les lignes de ces colonnes et de ces architraves, les galbes de ces corniches et de ces chapiteaux, sont intacts; à la distance où la grande proportion du monument commande que l'œil soit placé, l'on n'aperçoit que les formes générales. J'ai dit, ajoute M. Jomard, que tout le temple d'Edfou est couvert de sculpture: il n'y a que la vue des lieux qui puisse donner une idée vraie de cette profusion d'ornemens. Cette longue enceinte, surtout, ornée de bas-reliefs d'un bout à l'autre, au dedans et au dehors, est du plus bel effet; plus basse que le temple, elle paraît, de loin, lui servir de base; au dedans, l'on se promène entre elle et le temple dans un espace de près de cent quatre-vingt-quinze mètres de tour, ayant sous les yeux, à droite et à gauche, un mur de treize mètres de haut couvert de représentations symboliques et de sujets de toute espèce, accompagnés d'une multitude innombrable d'hiéroglyphes, tous d'une exécution soignée, d'un travail fini et précieux. Si l'on entre dans le portique, on trouve dans toutes les sculptures ce même soin qui ne se dément jamais, toutes les figures y étant d'une plus petite échelle, le ciseau y est même encore plus délicat. Par exemple les architraves qui reposent sur les colonnes sont décorées de quarante figures d'Isis, dont la tête est surmontée d'une coiffure formée par les ailes et le corps d'un vautour. Le relief en est bas, et les mouvemens sont souples et naturels; les proportions, les contours de ces figures, et l'air de tête surtout, sont pleins de grâce. La frise est ornée de cent cinq personnages ou objets différens; le sens en paraît astronomique, si l'on en juge par les étoiles qui accompagnent ces figures, et par ces figures elles-mêmes, dont plu-

sieurs font partie des zodiaques de Denderah et d'Esné. On
remarque au milieu même de la frise, et par conséquent
du portique, un escalier de quatorze marches, sur la dernière desquelles une figure a le pied ; cette figure est la
première des quatorze personnages qui s'avancent vers les
degrés : il faut observer que ce même nombre de quatorze
est fréquemment reproduit dans les sculptures du temple.
On remarque parmi ces bas-reliefs une autre frise renfermant un disque où se trouvent quatorze figures assises,
divisées en deux groupes, des sacrifices de tortues, de
gazelles, de serpens ; un cheval, animal rarement représenté dans les temples, quoique très-fréquent dans les bas-
reliefs dont les palais sont ornés ; sur le *pylône*, nom donné
par M. Jomard à la grande entrée, à la seconde des trois
grandes rangées de figures, un prêtre qui tient deux obélisques avec une chaîne, et qui paraît les élever en l'honneur des dieux ; un autre jetant des grains d'encens sur la
flamme qui sort d'un vase ; enfin, sur la face extérieure du
même pylône, des personnages de près de douze mètres
de haut, qui paraissent prêts à frapper trente autres figures
plus petites. Un des sujets les plus répétés dans le temple,
c'est l'image d'un œil porté en offrande, ou placé en évidence. On remarque encore deux groupes formés par trois
longues tiges de lotus, et placés aux deux angles du fond
du portique, à droite et à gauche de l'avant-corps de la
porte. La tige du milieu est enveloppée par les circonvolutions d'un serpent ailé qui pose sur le calice, et dont les
ailes s'étendent vers la corniche voisine : ces ailes sont
celles d'épervier. Le petit espace qui sépare l'angle du portique d'avec l'avant-corps est parfaitement rempli par ces
colonnes de lotus, longues de douze mètres, et avec d'autant plus de goût et d'élégance, que les ailes du serpent
chimérique occupent le vide plus grand qui résulte de
l'inclinaison du cordon. Au fond de l'enceinte, et près de
l'angle nord-ouest, se trouve un personnage à tête d'Isis,
qui a le doigt sur une colonne d'hiéroglyphes, la quarante-
troisième d'une série de colonnes pareilles. Il est dans

l'action d'écrire ; car, dans cette dernière colonne il n'y a pas de caractères plus bas que sa main. Cette figure est placée à gauche, ce qui donne à penser à M. Jomard qu'on écrivait les hiéroglyphes de droite à gauche et du haut en bas. Les caractères de ces quarante-trois colonnes sont bien conservés. Un petit temple, aussi très-riche de sculptures, est à peu de distance de celui ci-dessus décrit : ce qu'on y remarque de plus intéressant est un hippopotame représenté en entier dans la frise de la galerie du sud ; cet animal est placé sur un cube ayant une gerbe ou faisceau de plantes derrière lui. On le reconnaît à ses jambes grosses et courtes, à sa tête démesurée et semblable à celle du buffle, à son pied fendu en quatre ongles et à sa queue très-courte. Il est curieux, dit M. Jomard, de trouver sur les monumens la figure de cet animal qui a disparu de l'Égypte. On sait, ajoute l'auteur, que l'hippopotame était consacré à Typhon, ainsi que le crocodile. Il cite à cet effet un passage d'Eusèbe qui semble, dit-il, être la traduction d'une partie de cette même frise. « Dans la ville d'Apollon ou Horus, ce dieu a pour symbole un homme à tête d'épervier, armé d'une pique, et poursuivant Typhon, représenté sous la forme d'un hippopotame. » Il est aisé de reconnaître dans la frise cette description ; Horus à tête d'épervier est la seconde figure derrière l'autel de l'hippopotame. *Mémoires sur l'Égypte, description des antiquités d'Edfou, chapitre* 5.

ÉDIFICES TRANSPORTABLES. (Moyen de les construire.) — ARCHITECTURE. — *Invention.* — M. CHAVANNE, *architecte à Paris.* — 1820. — L'auteur de cette invention annonce qu'il a déjà construit plusieurs édifices transportables en tous pays. Les principaux points d'appui dont il se sert sont des colonnes portatives de tout ordre : à l'aide de ces colonnes, on peut exécuter toute espèce de constructions, soit dans le genre le plus simple, soit dans le genre le plus élégant. Ces colonnes étant les points principaux de tout l'ensemble d'une construction, M. Chavanne an-

nonce pouvoir établir dans ses chantiers, et sur un plan
déterminé, un édifice entier tant en maçonnerie, qu'en
charpente, serrurerie, menuiserie, etc. Au nombre des
avantages que l'auteur signale dans ce genre de construction, se trouvent ceux de pouvoir en user dans les pays
dénués des principaux matériaux, et dans les fermes et
parcs éloignés des grandes routes ou d'un abord difficile
aux arrivages multipliés des matériaux. Ces colonnes con-
viendraient encore aux décorations tant intérieures qu'extérieures, pouvant être exécutées suivant les caractères et
dimensions demandées. L'auteur fait exécuter, également
dans ses ateliers, des vases, des balustres de tout ordre, et
des sphères de toutes dimensions.

ÉDITIONS PROTOTYPES. — TYPOGRAPHIE. — *Invention*. — MM. GUILLAUME et LEMARE, *de Paris*. — AN XIII.
— Les auteurs ont obtenu un *brevet d'invention de cinq ans*
pour un procédé propre à faire des éditions prototypes.
Pour cela, ils ont créé l'emploi de certains signes, qu'ils
incorporent dans le mot même, et ils fondent des caractères d'un corps de petit-romain, par exemple, sur l'œil
de mignonne, ou de tout autre caractère inférieur. Ainsi des
signes incorporés dans les mots, *et des caractères d'un œil
inférieur*, *intercalés entre les mots*: tels sont leurs moyens
d'exécution. Exemple: un signe en forme de croissant,
incorporé dans un mot, indique que c'est un substantif;
un ou plusieurs petits traits, placés sur la convexité du
croissant, marquent le genre : un trait signifie le masculin; deux, le féminin; trois, le neutre. Exemple : ⌅
masculin ; ⌅ féminin ; ⌅ neutre. Les cas, lorsqu'il y a
lieu, se marquent par un ou plusieurs points placés dans la
cavité des signes. Exemple : ⌅, ⌅, etc. On peut aussi
marquer les cas par des chiffres également placés dans la
concavité du signe. La déclinaison, s'il y a lieu, est marquée à la suite du mot, par un chiffre d'un œil inférieur.
Lorsque la forme lexique n'est pas indiquée suffisamment
par le chiffre de la déclinaison, elle est marquée en toutes

lettres, un caractère inférieur au texte, comme dans *tita* /ᐱ
si *n* ³ ; cela signifie que c'est un substantif masculin, dont
le nominatif est *titan*, qui étant de la troisième déclinaison, fait par conséquent *titanis* au génitif. L'adjectif
se marque par un ou plusieurs traits horizontaux, incorporés dans le mot, savoir : un trait, pour le positif; deux
pour le comparatif; trois pour le superlatif. Exemple : —,
=, ≡. Ce signe est toujours placé au milieu, comme
dans *illust-re*. Les formes lexiques ou nominatives des adjectifs sont désignées par un chiffre. Il y a autant de chiffres que de sortes formelles d'adjectifs. L'adverbe se marque comme l'adjectif, dont il est dérivé; il en est distingué par l'accent grave seul. Un ou plusieurs traits semblables à ceux qui représentent les adjectifs, mais tout-à-
fait alignés par le bas ou par le haut, et, de plus, lorsqu'il
y a lieu, ayant un ou plusieurs points à l'un de leurs côtés
inférieurs) ou supérieurs, désignent le verbe. Un trait seul
indique le verbe actif; deux traits indiquent un verbe de
toute autre forme. On entend ici par verbe actif celui
susceptible d'être employé dans les deux voix. Les points
marquent les temps. Ils sont divisés en quatre groupes.
Les temps du premier groupe sont marqués par un ou
plusieurs points, placés sur la partie supérieure extrême,
à gauche du trait ou des traits; le second groupe, le troisième et le quatrième, sont indiqués par un ou plusieurs
points placés sur les autres trois extrémités du trait ou
des traits, en tournant toujours à droite, en cette sorte:
premier groupe de temps, ∸, ⸬, etc.; second groupe,
⸱⸱, ⸱⸱, etc.; troisième groupe, ⁘, ⁘, etc.; quatrième
groupe, ⁘, ⁘, etc. On peut aussi marquer les temps
par des chiffres placés sur ou sous le trait. Le trait surmonté au milieu d'un petit trait perpendiculaire, indique
qu'un verbe est neutre, en cette sorte : ╈ A la suite du
verbe se trouve le chiffre de la conjugaison, et après le
chiffre les lettres nécessaires pour indiquer analytique-
ment les temps primitifs irréguliers, qui n'auront pu être
exprimés par le chiffre seul de la conjugaison. Tous les

chiffres et lettres intercalés entre les mots sont toujours, comme on a dit, d'un œil inférieur au texte. *Brevets publiés*, *tome* 3, *page* 98.

ÉDUCATION (Nouvelle méthode d'). — INSTRUCTION PUBLIQUE. — *Importation.* — M. NAEF. — AN XII. — La première branche de cette nouvelle éducation consiste dans l'enseignement de la nomenclature des choses les plus vulgaires. La seconde branche est destinée aux élémens de la géométrie, adaptée à la capacité de l'enfant. Elle lui offre plusieurs lignes horizontales, dont l'une est la dixième partie du mètre; l'autre est double de la première, et ainsi de suite jusqu'à celle représentant dix décimètres qui équivalent au mètre. Les mêmes opérations se répètent sur des lignes verticales, d'où l'on passe aux parallèles, à l'angle droit, aux angles adjacens, et à ceux opposés au sommet; de là au carré, au rectangle, etc., etc. L'élève est ainsi conduit à la notion de l'étendue, et aux connaissances des trois dimensions des corps; après quoi on lui fait observer le rapport du volume de ces corps à leur poids, et enfin la pesanteur spécifique de plusieurs d'entre eux. La troisième branche d'instruction, voisine et inséparable de la précédente, tend à former dans l'enfant l'habitude de compter ou plutôt de saisir les rapports numériques des objets qu'il a sous les yeux. Un procédé par ordre décimal, à la fois ingénieux et commode, peut naturellement faire naître et fortifier cette habitude d'une utilité journalière. Enfin, la quatrième et dernière branche a pour but d'assurer la main et de perfectionner le coup d'œil. Pour cela, le jeune élève trace au crayon, d'abord des lignes horizontales et verticales, puis des angles, des triangles, et d'autres figures plus compliquées. Nul doute qu'après de tels essais il n'apprenne bientôt à former des chiffres et des caractères réguliers; sa main a déjà acquis assez d'aplomb pour écrire, et son œil est assez exercé pour distinguer la forme des lettres. Cette nouvelle méthode est due à M. Pestalozzi, directeur de l'institut d'éducation à Yverdun en Suisse. *Moniteur, an* XIII, *page* 135.

ÉGAGROPILES (Distinction des). — PATHOLOGIE
VÉTÉRINAIRE. — *Observations nouvelles.* — M. GIRARD. —
1809. — Quelques égagropiles recueillis dans le cheval et
le mouton ont porté l'auteur à en distinguer deux variétés.
Dans la première il range les égagropiles légers, de forme
ronde ou ovulaire, à surface unie ou hérissée de poils, et
formée presque entièrement des poils que les animaux avalent. La deuxième variété comprend les égagropiles ronds,
plus pesans et plus consistans que les premiers, ayant une
surface raboteuse, ne contenant que peu de poils, et étant
plus particulièrement formées de substances amoncelées
par couches superposées autour d'un noyau central. *Procès
verbal de la séance publique tenue à l'École vétérinaire
d'Alfort le* 16 *avril* 1809.

ÉGAREMENT (Description de la vallée de l'). — GÉO-
LOGIE. — *Observations nouvelles.* — M. GIRARD, *de l'Institut d'Égypte.* — 1818. — Danville a tracé sur sa carte
de l'Égypte moderne une vallée qui, à partir d'un village
situé au pied de *Mokatam*, à environ deux lieues au-dessus
du Caire, s'étend jusque sur les bords de la mer Rouge, à sept
ou huit lieues au midi de Suez. Il importait de reconnaître
cette vallée, désignée sous le nom de *vallée de l'Égarement*,
qui pouvait servir à établir une communication facile entre
le Nil et la mer Rouge, soit par terre, soit par le moyen
d'un canal. Danville a placé à l'embouchure de la vallée,
sur le côté de la mer Rouge, une ancienne ville appelée
Clyma, et il a pensé que cette vallée a été fréquentée autrefois, ce qui ajouterait un nouvel intérêt à celui qu'offrait
déjà la traversée de cette partie de la chaîne arabique que
le père Sicard, entre tous les voyageurs modernes, paraît
seul avoir parcourue. M. Girard et quelques membres de
l'Institut d'Égypte et de la commission des arts, partirent
du Caire le 4 ventose an VIII, pour se rendre à Suez par
cette route ; et M. Devilliers ingénieur des ponts et chaus-

sées releva à la boussole les diverses sinuosités et le gise-
ment des montagnes dont elle est bordée. M. Girard, dans
sa description topographique dit, : On trouve à son entrée
le village de *Bacatyn*, habité par des Arabes connus sous
le nom de *Terrabyn*. Immédiatement au delà de ce village, la partie la plus basse du chemin que l'on suit, est
couverte de petits monticules formés de gypse et de fragmens de coquilles, autour desquels on reconnaît la trace
de quelques eaux pluviales qui s'écoulent de la montagne
dans le bassin du Nil. C'est aux environs de cet endroit que
l'on exploite le grès blanc dont on fabrique les meules à
aiguiser qui sont en usage au Caire. A sept kilomètres de
son embouchure, la vallée se rétrécit; elle est bordée à
gauche par une colline calcaire. La surface du sol est composée de cailloux roulés, de fragmens de cristaux de gypse,
et de bois agatisé. En montant, la vallée se rétrécit de plus
en plus. On côtoie à droite une montagne coupée à pic,
au pied de laquelle s'étendent, jusqu'au milieu de la route
des débris qui semblent provenir d'un éboulement partiel
de cette montagne, et qui, resserrant le vallon, le réduisent
à deux cents mètres dans sa plus petite largeur. On arrive,
en sortant de ce vallon, sur un plateau presque horizontal
dont la surface est encore sillonnée de traces de ruisseaux
que recouvrent un sable fin et de l'argile jaunâtre. Ce
plateau est compris entre deux montagnes qui forment l'une
et l'autre deux courbes concaves. On parcourt environ un
myriamètre dans cette plaine, après quoi on entre dans un
défilé de quarante mètres de large, bordé de petites collines
coupées à pic, et dont le massif est composé de pierres co-
quillières. A l'entrée de cette gorge, la route se dirige vers
le sud-est; la gorge se prolonge pendant une heure de
marche, et conduit sur un second plateau qui reçoit les
eaux des hauteurs environnantes; elles se versent dans une
vallée dirigée vers le sud, à peu près perpendiculairement à
la route. Ce palier, dont la pente vers le Nil est très-douce,
peut avoir sept à huit kilomètres de large; il est couvert de
cailloux roulés, de gravier, et en quelques endroits de sel

effleuri. Le chemin que l'on suit est bordé de petites collines formées de débris provenant des montagnes voisines et
qui ont été charriés par les eaux. Ces collines sont disposées
par gradins, les unes sur les autres, et présentent beaucoup
de coquilles dans leurs coupes abruptes. Après avoir mar-
ché l'espace de seize kilomètres au milieu de cette petite
plaine, on arrive aux puits de *Gandely*. Ils sont situés au
nord-est de la route, au fond d'une gorge où paraissent se
rendre toutes les eaux pluviales des environs. Ces puits
sont creusés dans un sol d'alluvions composé de marne et
de terre calcaire ; ils sont au nombre de sept à huit, n'ont
au plus que deux mètres de profondeur, et sont environnés
de plantes et d'arbustes dont la végétation paraît très-ac-
tive. En quittant les puits on monte sur un plateau assez
étendu, couvert au sud par une montagne qui forme un
arc concave, à deux ou trois lieues de distance. C'est la
partie la plus élevée de la vallée. On y voit, disséminés sur
le sol, des fragmens de cristaux de gypse et de grandes coquilles bivalves non pétrifiées, parmi lesquelles en en remarque de très-bien conservées et dont les deux valves
sont encore adhérentes. Les caravanes allant de l'Égypte
supérieure en Syrie, par le désert, viennent s'abreuver aux
puits de *Gandely*, et remontent ensuite sur le plateau, d'où
elles partent pour continuer leur route. On descend de
cette plaine vers la mer Rouge, et l'on voit de loin sur la
direction de la route un monticule conique de grès rouge,
isolé, appelé par les Arabes *Grayboun*; il peut avoir quatre
cent mètres de circuit à sa base, et quinze à dix-huit mètres
de hauteur. Après avoir dépassé ce mamelon, distant de
cinq myriamètres environ de l'origine de la vallée à Bacatyn, on suit le lit d'un ancien torrent qui s'incline d'abord
vers l'orient, et se dirige ensuite vers le sud-est, au pied
d'une croupe calcaire, présentant le rocher à nu, sans
aucun fragment de coquilles ni de gypse cristallisé. On
passe de cette croupe sur un palier presque de niveau, où
l'on retrouve à la surface du sol les grandes coquilles bivalves dont il a déjà été question. On entre ensuite dans un

vallon large de deux cents mètres ; la colline qui le borde
au sud est profondément ravinée par les eaux ; le dessus de
cette colline est couvert d'une terre fortement salée, et de
cailloux calcaires qui ne paraissent point avoir été roulés,
mais qui sont les débris mêmes du sol. En sortant de ce
vallon, on aperçoit encore le rocher calcaire mis à nu dans
le lit d'un torrent dont la rive droite, peu élevée, est une
pierre blanche de même nature. En laissant le lit du torrent
à droite, on se rapproche de la montagne septentrionale.
Les collines qui bordent la route sont disposées par éche-
lons ; il n'y a pas de cailloux roulés, mais on y remarque
une suite de mamelons gypseux, dont les bases sont couvertes de coquilles fossiles non pétrifiées. Là commence un
défilé de quatre-vingts ou cent mètres de large, compris entre une suite de monticules dont l'extérieur est formé de cailloux siliceux et de quartz arrondis, et l'intérieur de gravier
mêlé de ces mêmes matériaux, parmi lesquels on reconnaît
aussi des fragmens de bois agatisé. Le cours des eaux se
retrouve indiqué d'une manière plus apparente jusqu'à
l'entrée d'une gorge que forme le rapprochement des deux
chaînes qui, jusqu'alors, n'ont été aperçues que dans l'éloi-
gnement. Ces deux chaînes sont de pierre calcaire. L'inclinaison des arbustes et des broussailles dont elle est couverte prouve que les eaux qui les submergent quelquefois
coulent avec rapidité. Cette gorge a tout au plus soixante
mètres de largeur et trois kilomètres de longueur à la
sortie ; la montagne à gauche se retourne presqu'à angle
droit vers le nord, tandis que celle de droite se prolonge
vers l'est ; elles renferment une assez grande plaine. Le
cours des eaux s'appuie sur la rive droite. Le sol de
cette plaine est un grand attérissement formé de matières
calcaires et gypseuses ; deux heures après y être entré, on
aperçoit la mer Rouge. En prenant directement la route de
Suez, on arrive aux puits appelés *El-Touâreq*, situés au
bord de la mer, au pied de la montagne qui ferme, au nord,
la vallée de l'Égarement : les eaux en sont saumâtres ; c'est
un mélange des eaux douces qui descendent des monta-

gnes, et de celles de la mer qui filtrent dans les sables. On trouve toute l'année de l'eau à El-Touàreq, mais elle est plus ou moins saumâtre, suivant la rareté ou la fréquence des pluies. L'auteur calcule, d'après sa marche dans la vallée de l'Égarement, qu'elle peut avoir vingt-six lieues de longueur, ce qui s'accorde parfaitement avec ce qu'en a dit le père Sicard. A partir des puits d'El-Touàreq, et en remontant vers le nord, entre une côte escarpée et le bord de la mer, et se détournant ensuite au nord-est, l'on fait sur une plage sablonneuse le reste du chemin jusqu'à Suez. Les pentes suivant lesquelles le terrain s'incline, à partir du point culminant de la vallée de l'Égarement, d'un côté vers le Nil, et de l'autre vers la mer Rouge, sont pour ainsi dire insensibles ; et comme le sol de cette vallée est généralement uni et ferme, elle offre une communication praticable en tous temps entre le Caire et le port de Suez, non-seulement pour des caravanes, mais encore pour des convois de toute espèce ; communication d'autant plus avantageuse qu'on pourrait à peu de frais y établir des réservoirs d'eau douce, dans trois stations que l'on distribuerait à des distances à peu près égales sur toute la longeur de la route. Des difficultés insurmontables s'opposent à ce qu'on puisse penser à l'exécution d'un canal de navigation dans cette direction; mais si les pluies ne sont pas assez abondantes sur le sommet de la chaîne arabique pour subvenir à la dépense d'un canal navigable, elles le sont assez pour offrir une ressource précieuse aux établissemens maritimes que la côte serait susceptible de recevoir à l'embouchure de la vallée. Il suffirait de rassembler ces eaux dans la partie la plus étroite du dernier défilé, de les y soutenir à une hauteur convenable par une chaussée de maçonnerie, et de les distribuer aux différens lieux où elles seraient nécessaires, au moyen d'aqueducs qui partiraient de ce réservoir commun. *Descrip. de l'Égypt.* et *Anna. du Mus. d'hist. nat.*, t. 2, p. 41.

ÉGOUTS (Appareil propre à empêcher les émanations méphitiques des). *Voyez* Fosses d'aisance.

ÉGYPTE (Antiquités récemment découvertes en). —
ARCHÉOGRAPHIE. — *Découverte.* — M. CAILLIAUD. — 1819.
— Ce jeune voyageur, qui a employé quatre ans à parcourir l'Égypte, la Nubie et les déserts qui s'étendent à
l'est du Nil jusqu'à la mer Rouge, a remarqué depuis
Syène jusqu'à la grande cataracte plusieurs temples dans
le style égyptien ; quelques-uns d'entre eux sont en partie
creusés dans la montagne. Une des découvertes les plus
précieuses est celle d'une ville ancienne à sept à huit lieues
de la mer Rouge, et à environ trente ou quarante lieues
au sud de Coceyr. M. Cailliaud a trouvé en ce lieu de
nombreuses traces d'une vaste exploitation, se rattachant
aux anciennes mines d'émeraudes. Il est descendu dans
des puits de plus de cent mètres de profondeur, communiquant à des galeries encore plus profondes. Il a observé
des émeraudes dans leur gangue, et en assez grande abondance pour mériter les frais d'une exploitation que le pa-
cha s'est hâté de faire entreprendre aussitôt qu'il eut connaissance de la découverte. C'est auprès de cette mine que
se trouve la ville ancienne : les *Abábdehs* la nomment *Le-
kette* : elle a cela de remarquable que, tandis que la plupart des villes antiques ne présentent dans leurs ruines
que des monumens publics, des temples, des palais, etc.,
ici il existe encore, comme à Pompéia, un grand nombre
de maisons particulières. Diverses inscriptions placées sur
les temples ne laissent aucun doute qu'elle n'ait été fondée
par les Ptolomées ; on y lit, entre autres, qu'un de ces tem
ples a été élevé à Bérénice. M. Cailliaud a reconnu aussi,
non loin des mines d'émeraudes, une partie de cette célèbre
route de Coptos à Bérénice, dont il est fait mention dans
Pline ; il a retrouvé deux stations que cet écrivain nomme
Hydreum Jovis et *Aristonis.* La ligne qui passe par ces
deux points se dirige vers Coptos. Cette route remarquable
laisse à douze ou quinze lieues à l'est les mines d'émeraudes, et M. Cailliaud ne doute pas qu'en la suivant au sud-
est, on ne parvînt aux ruines de l'ancienne Bérénice. —
Rev. ency., 1819, *premier vol.*, *deuxième livr. p.* 347.

ÉGYPTE (Conformation physique des différentes races qui habitent l'). — ANATOMIE. — *Observations nouvelles.* — M. LARREY. — AN VII. — Pour distinguer le caractère physique des vrais Égyptiens de celui des autres habitans de l'Égypte, il a paru indispensable à l'auteur d'examiner ces divers habitans dans leurs rapports essentiels. Afin de procéder dans cet examen avec quelque méthode, il les distingue, comme l'a fait un voyageur français, en quatre classes, savoir : les Mamelouks, les Turcs ou Turcomans, les Arabes et les Qobtes. Les Mamelouks, qui gouvernent maintenant l'Égypte, s'y établirent vers le dixième siècle ; ils descendirent du mont Caucase, et arrivèrent dans cette contrée après avoir fait des incursions en Syrie. Ces hommes, que nos croisés désignèrent sous le nom qu'ils portent encore aujourd'hui, se font distinguer des autres habitans de l'Égypte par leurs qualités physiques et par leur caractère belliqueux. Ils sont tous d'une taille avantageuse, d'une constitution robuste ; leurs formes sont belles, agréables ; ils ont le visage ovale, le crâne volumineux, le front découvert, les yeux grands et bien fendus, le nez droit et un peu aquilin, la bouche moyenne, le menton légèrement saillant, les cheveux, les sourcils et les cils bruns ou châtains, et la peau d'un blanc mat. Les femmes venues du même pays et qui ornent les sérails, présentent les mêmes traits avec des modifications avantageuses : on en remarque quelques-unes de fort belles. Les vieillards, parmi ces Orientaux, ont des têtes magnifiques, par la saillie, la beauté des traits de la face et la blancheur éclatante de la barbe, qu'ils laissent croître jusqu'au bas de la poitrine. Mourâdbey était un modèle parfait de ces belles formes physiques. Le caractère des Mamelouks est fier, hardi, sans être cruel ; ils sont hospitaliers et généreux. Ils ne se marient que lorsqu'ils ont atteint un grade supérieur ; ils sont enfin exclusivement exercés à l'art militaire, et M. Larrey pense qu'on a eu raison de les considérer aussi comme les premiers cavaliers du monde. La seconde race se compose des Turcs ou Turcomans, qui viennent

de la Turquie asiatique. Leur constitution approche assez
de celle des Géorgiens ou Circassiens Mameloucks dont on
vient de parler; mais leur teint est basané, leur figure
plus aplatie, leur crâne plus bombé et plus sphérique; ils
ont les yeux plus petits, le regard sombre et mauvais, les
sourcils noirs et froncés, la barbe également noire. Leur
caractère est moins vif et a quelque chose de cruel. Cette
espèce d'hommes est assez nombreuse au Caire, et ils sont
sous les ordres immédiats des pachas. La troisième classe
est formée des Arabes, qu'on peut subdiviser en trois races
différentes : celle des Arabes orientaux, venus des bords
de la mer Rouge ou de l'Arabie; celle des Arabes occiden-
taux ou Africains, originaires de la Mauritanie ou des
côtes d'Afrique; et celle des Arabes Bédouins ou Scénites,
venus des déserts. Les individus de la première race, qui
se sont perpétués dans la classe des *fellâhs*, artisans ou la-
boureurs de toute la Basse-Égypte, ont la taille un peu au-
dessus de la moyenne; ils sont robustes et assez bien faits;
leur peau est dure, hâlée et presque noire; ils ont le visage cuivré et ovale, le front large et bombé, le sourcil
détaché et noir, l'œil de la même couleur, petit, brillant
et enfoncé; le nez droit, de moyenne grandeur; la bouche bien taillée, les dents bien plantées, d'une belle forme
et blanches comme l'ivoire. On observe chez leurs femmes
quelques différences agréables : on admire principalement
le contour gracieux de leurs membres, les proportions régulières de leurs mains et de leurs pieds, la fierté de leur
démarche et de leur attitude. Les Arabes africains participent des précédens par l'ensemble des formes du corps,
ainsi que par la couleur et la vivacité des yeux; mais ils
tiennent des habitans de la côte d'Afrique, par la forme
de leur nez, de leur mâchoire et de leurs lèvres : leur caractère a beaucoup d'analogie avec celui des autres races
d'Arabes. Ces Arabes africains se sont répandus dans la
Haute-Égypte ; ils y cultivent la terre et exercent des
métiers comme les premiers. Les Bédouins, ou Arabes
bergers, sont généralement divisés par tribus éparses sur

les lisières de la terre fertile , à l'entrée des déserts ; ils habitent sous des tentes qu'ils transportent d'un lieu dans un autre
selon le besoin. Ils ont quelques rapports avec les autres :
leurs yeux sont plus étincelans, les traits de leur visage généralement moins prononcés, la forme de leur corps plus belle;
mais leur taille est plus petite. Ils sont plus agiles et fort mai-
gres, quoique très-robustes ; ils ont l'esprit vif , le caractère
fier ; ils sont méfians, intéressés, dissimulés, errans et vaga-
bonds; ils passent d'ailleurs pour bons cavaliers, et l'on vante
leur dextérité à manier la lance et la javeline. Les mœurs et
les usages de tous ces Arabes sont à peu près les mêmes ; ils
élèvent des troupeaux de moutons , des chameaux et des
chevaux d'une espèce très-recherchée. La quatrième classe
des habitans de l'Égypte, principal objet des recherches
de l'auteur, est formée des Qobtes, qui se trouvent en
grand nombre au Caire et dans la Haute Égypte. Ce sont
sans doute les descendans des vrais et anciens Égyptiens ; ils en ont conservé les formes physiques, le langage , les mœurs et les usages. Leur origine parait se perdre dans les siècles les plus reculés ; ils existaient dans le
Sa'yd long-temps avant Dioclétien. Hérodote assure que
les Égyptiens descendent des Abyssins et des Éthiopiens.
Tous les historiens s'accordent sur ce point avec Hérodote , et les recherches que l'auteur a faites à cet égard ,
l'ont engagé à adopter cette opinion. Tous les Qobtes ont
un ton de peau jaunâtre et fumeux comme les Abyssins ;
leur visage est plein sans être bouffi; les yeux sont beaux ,
limpides , coupés en amande , et d'un regard languissant ;
les pommettes saillantes ; le nez presque droit , arrondi à
son sommet ; les narines dilatées ; la bouche moyenne , les
lèvres épaisses ; les dents blanches, symétriques et peu
saillantes ; la barbe et les cheveux noirs et crépus. Les
femmes présentent les mêmes caractères avec des modifications qui sont à leur avantage. Cela prouve , contre l'o-
pinion de M. de Volney , que ces hommes ne sont point de
la race des nègres de l'intérieur de l'Afrique ; car il n'y a
aucune espèce d'analogie entre ces derniers individus et les

Qobtes. En effet, ajoute M. Larrey, les nègres africains ont les dents plus larges, plus avancées, les arcades alvéolaires plus étendues et plus prononcées, les lèvres plus épaisses, renversées, et la bouche plus fendue ; ils ont aussi les pommettes moins saillantes, les joues plus petites et les yeux plus ternes et plus ronds, et leurs cheveux sont lanugineux. L'Abyssin, au contraire, a les yeux grands, d'un regard agréable, et l'angle interne en est incliné ; chez lui, les pommettes sont plus saillantes ; les joues forment, avec les angles prononcés de la mâchoire et de la bouche, un triangle plus régulier ; les lèvres sont épaisses sans être renversées, comme chez les nègres, et, ainsi qu'on l'a déjà dit, les dents sont belles et moins avancées ; les arcades alvéolaires sont moins étendues ; enfin le teint des Abyssins est cuivré. Tous ces traits se remarquent avec des nuances peu sensibles chez les Qobtes ou vrais Égyptiens ; on les retrouve aussi dans les têtes des statues anciennes, surtout dans celles des sphinx. Pour vérifier ces faits, l'auteur a recueilli un certain nombre de crânes dans plusieurs cimetières des Qobtes, dont la démolition avait été nécessitée par des travaux publics. Il les a comparés avec ceux des autres races dont il avait fait aussi une riche collection, surtout avec ceux de quelques Abyssins et Éthiopiens qu'il s'était également procurés, et il s'est convaincu que ces deux espèces de crânes présentaient à peu près les mêmes formes. La peste s'étant emparée des personnes que M. Larrey avait laissées dans sa maison au Caire lors de son départ pour Alexandrie, et l'armée ayant quitté cette dernière ville pour revenir directement en France, il a eu le regret de ne pouvoir sauver cette curieuse collection. La visite que notre savant observateur a faite aux pyramides de Saqqâra h l a mis à portée de dépouiller un assez grand nombre de momies, dont les crânes lui ont offert les mêmes caractères que les premiers, tels que la saillie des pommettes et des arcades zygomatique*, la forme particulière des fosses nasales, et le peu de saillie des arcades alvéolaires. Les divers parallèles qu'il vient d'établir, les rela-

tions qui ont toujours existé et qui existent encore entre
les Abyssins et les Qobtes, la concordance de leurs usages, de leurs mœurs, et même de leur culte, lui paraissent suffisamment prouver que les Égyptiens descendent
réellement des Abyssins et des Éthiopiens. De plus, dit-il,
il est naturel de penser que les Éthiopiens suivirent, dans
les premiers temps, le cours du Nil, et qu'ils s'arrêtèrent
au fur et à mesure dans les pays que ce fleuve fertilise :
mais ces établissemens n'ont eu lieu que d'une manière
successive, de même aussi que ce peuple s'est étendu successivement d'Éléphantine à Thèbes, à Memphis et à Hé-
liopolis ; les autres villes au-dessous de celles-ci ne se sont
formées que long-temps après. *Description de l'Égypte* ,
état moderne , 1812 , *tome* 2 , *page* 1.

ÉGYPTE (Droit de propriété en). — Législation,
— *Observ. nouv.* — M. Silvestre de Sacy. — an xii. —
L'auteur s'est proposé de considérer la nature du droit
de propriété territoriale en Égypte, de suivre les diverses
révolutions que ce droit a éprouvées dans cette région, depuis
la conquête de l'Égypte par les Arabes, du temps d'Omar,
jusqu'à l'époque de l'expédition française, et de découvrir
par quel enchaînement de circonstances une contrée sur
laquelle le vainqueur ne se réserva d'abord que des droits ré-
galiens, se trouve aujourd'hui, ou plutôt se trouvait, à l'é-
poque où elle passa sous la domination ottomane, appartenir
en propriété à ses souverains. M. Anquetil du Perron, dans
son rapport, n'est pas tout-à-fait de l'avis de M. de Sacy.
Néanmoins il lui donne les éloges qu'il mérite, et le féli-
cite d'avoir rencontré, dans le cours de ses recherches,
des manuscrits arabes peu connus et de les avoir tirés de
l'oubli ; mais il soutient, contre ses assertions, que le
droit de propriété existe en Égypte, qu'il s'y trouve consacré par l'Alcoran, qui est tout à la fois le code civil et
sacré des mahométans ; que ce droit éprouve journellement des atteintes, à la vérité, mais qu'elles y sont regardées
comme des abus contre lesquels les cultivateurs, qui sont

la plus grande partie de la nation, ne cessent de réclamer ;
ce qui empêche au moins la prescription. On voit que
M. Anquetil croit devoir appliquer aussi à l'Égypte les
mêmes principes qu'il a établis dans ses écrits sur la législation indienne, et dans ses recherches sur le droit de
propriété dans l'Inde. Il est vrai que quelques écrivains, et
des Anglais surtout, se sont vivement élevés contre lui.
Il leur a répondu avec force, en disant qu'il n'était pas
étonné que des Anglais aient trahi leur conscience et pro-
fané leur plume pour plaire à leur gouvernement, qui,
dans ses projets d'envahissement, ne serait pas fâché qu'on
crût que les princes qu'il dépouille, soit par des traités,
soit par la force des armes, et auxquels il se substitue, ont
un droit exclusif à toutes les propriétés. A ces écrivains
mercenaires M. Anquetil en oppose d'autres de leur propre
nation et qui sont de bonne foi : ceux-ci ont pensé et écrit
dans le même sens que lui sur cette matière. De nouvelles
raisons, de nouveaux argumens, viennent fortifier ce qu'il
a déjà dit dans d'autres ouvrages, pour prouver que le
droit de propriété existe véritablement dans l'Inde ; et il
paraît tout-à-fait pénétré du principe que ce droit de propriété appartient essentiellement à l'homme, et qu'on ne
peut y donner atteinte sans se rendre coupable d'un grand
crime aux yeux de la nature. *Institut, an* XII. *Moniteur,*
même année, page 918.

ÉGYPTE (État ancien et moderne des provinces orientales de la Basse-). — GÉOGRAPHIE. — *Observations nou-*
velles. — M. MALUS. — AN VII. — Tous les ouvrages anciens qui traitent de la géographie de l'Égypte rapportent
que le Nil déchargeait ses eaux dans la mer par sept embouchures. Les géographes et les voyageurs modernes ne
connaissaient plus que deux branches de ce fleuve : celle
de Rosette et celle de Damiette, parce que c'étaient les
seules dans lesquelles on pouvait pénétrer, les provinces
où ces branches sont situées ayant conservé une ombre
de civilisation par l'influence du commerce. Danville a

cherché en vain les traces des sept bouches du Nil ; la carte qu'il en a dressée, après des recherches nombreuses, est pleine d'inexactitudes. Ses erreurs ne doivent point étonner, puisque Hérodote lui-même, qui a parcouru une partie de ce pays, s'est trompé sur la position de quelques-unes de ces branches et des villes qui leur donnaient leurs noms. A l'époque où cet historien voyageait, l'Égypte sortait d'une longue guerre, et les circonstances étaient peu favorables pour faire des observations géographiques. Chargé conjointement avec M. Fèvre de la reconnaissance du Delta et des provinces orientales de la Basse-Égypte, j'ai eu occasion de parcourir ce pays, dit M. Malus, avec des forces suffisantes pour protéger mes recherches. Je me bornerai à parler ici de la branche tanitique ou saïtique, que j'ai retrouvée et parcourue dans toute son étendue, et qui est la plus orientale de celles qui se sont conservées jusqu'à ce jour. Entre cette branche et l'isthme de Suez, existait aussi la branche pélusiaque, qui était encore navigable du temps d'Alexandre, et par laquelle sa flottille pénétra en Égypte : aujourd'hui elle est presque totalement comblée par les sables du désert. Son embouchure dans la mer existe encore, et elle est quatre fois plus éloignée de Péluse qu'elle ne l'était du temps de Strabon, qui dit que Péluse avait vingt stades de circuit (1020 toises) : effectivement l'enceinte murée de Péluse a ce développement. Mais il ajoute qu'elle était à la même distance de la mer ; et aujourd'hui la bouche de Tyneh est à environ quatre mille toises de Péluse. La branche pélusiaque est située à l'extrémité d'une plaine que les Arabes appellent *Tyneh*, ce qui est la traduction du mot grec πηλὸς (*pélos*), boue. La branche tanitique, qui était la seconde en partant de l'orient, se trouvant plus éloignée du désert, devrait s'être mieux conservée ; et, si elle existait encore, elle pourrait offrir un nouveau débouché au commerce et aux communications militaires. Pour chercher les traces de cette branche du Nil et en déterminer la position, MM. Malus et Fèvre sont partis du Caire avec un fort détachement, en longeant la branche du fleuve qui conduit à Damiette. Le troisième jour de leur marche, ces savans sont parvenus aux limites de la province de Qelyoub, qui se termine à Atryb. Ce petit village est construit à l'extrémité des ruines d'une ville qui portait le même nom, et qui paraît avoir tenu un rang distingué, puisqu'elle était le chef-lieu d'une province. Ses ruines ont dans l'une de leurs dimensions seize cents mètres, et dans l'autre quinze cents mètres. On remarque encore l'emplacement du palais du prince, ceux de la grande rue et de la place publique. On ne découvre aucune des ruines du palais. Les habitans prétendent qu'en faisant des fouilles on trouve des blocs de marbre. Il est à présumer qu'ils ont converti en chaux celui qu'ils ont trouvé sous leurs mains, et que toutes les pierres calcaires qui se trouvaient dans les décombres de la ville ont eu le même sort : c'est l'usage qu'ils en ont fait dans toutes les villes anciennes éloignées des carrières. On voit encore dans les rues de celle-ci les débris de quelques fours à chaux; il y a aussi des traces de petits souterrains voûtés, semblables à ceux où les habitans du Caire déposent aujourd'hui leurs morts. C'étaient vraisemblablement des tombeaux. L'emplacement de la grande rue, qui est encore fort distinct, est perpendiculaire au Nil, qui mouille l'extrémité des ruines ; une seconde rue, moins considérable, traverse la ville du midi au nord. A une lieue de là se trouve le village de Moueys, ainsi que l'origine d'un grand canal qui en porte le nom dans une partie de son étendue. A l'époque où nos savans y entrèrent, le 19 décembre, trois mois environ après l'inondation, le bras de Damiette était, à cette hauteur, large de trois cents mètres, et le canal de cent cinquante. Une partie de l'eau du fleuve, se dirigeant vers le sud-est, coulait avec rapidité dans cette nouvelle branche. « Au premier aspect, je jugeai, dit M. Malus, que ce canal n'avait point été creusé par la main des hommes, et que c'était la branche du fleuve dont j'avais à reconnaître le cours. Ses rives étaient plates et au niveau de la plaine. Les habi-

tans ne purent me donner aucun renseignement sur le pays
que je parcourais ; ils m'assurèrent tous qu'il se perdait
dans les terres , à quelque distance de son origine , et que
la plaine qu'il arrosait n'était fréquentée que par les Arabes
Bédouins. » Les mêmes savans descendirent pendant 6 lieues
ce canal sans trouver rien de remarquable sur ses rives. La
plaine qu'il traverse est formée d'un terrain gras, assez bien
cultivé ; elle produit du blé, du maïs, du coton et des cannes
à sucre ; elle est traversée pas un grand nombre de canaux
qui ont été remplis pendant l'inondation , et dans lesquels
l'eau est retenu par des barrages formés à leur embouchure
dans le grand canal . A la hauteur de Denyeh , le canal se
sépare en deux branches : ayant suivi la branche orientale , MM. Malus et Fèvre ont remarqué que la seconde se
divise en plusieurs ramifications qui viennent se joindre
plus bas à celle qu'ils parcouraient. Du point de séparation de ces deux branches , on aperçoit des ruines considérables que les habitans disent se nommer *Tell-Basta :*
ce sont celles de l'ancienne Bubaste. Elles sont occupées
par les Arabes. On y rencontre plusieurs monumens qui
pourront servir à l'histoire de l'architecture égyptienne. D'é-
normes masses de granit , couvertes d'hiéroglyphes et plus
ou moins mutilées , sont entassées d'une manière étonnante ; on a peine à concevoir quelle force a pu les briser
et les accumuler ainsi les unes sur les autres. Plusieurs ont
été coupées pour construire des meules. Il y en a qui sont
taillées complètement, qu'on a laissées sur place sans doute
faute de moyens pour les transporter. Cette ville était bâtie, comme toutes les villes anciennes de la Basse-Égypte ,
sur de grands massifs de briques crues, qui les élevaient
au-dessus de l'inondation. Ces briques ont environ un
pied de longueur, et sont larges et épaisses en proportion.
C'est à faire ces briques et à élever ces massifs qu'étaient
employés les Israélites pendant le temps de leur captivité :
dans plusieurs passages de l'Écriture , ils se plaignent d'a-
voir été condamnés à ce travail ingrat et humiliant. L'étendue de Bubaste est, dans tous les sens, de douze à qua-

torze cents mètres ; dans l'intérieur est un immense bassin, au milieu duquel se trouvent ces monumens. Hérodote prétend que , dans le langage égyptien, Diane se nommait *Bubaste*. Ovide appelle cette ville *la Sainte Bubaste*. MM. Malus et Fèvre y ont trouvé des traces du culte de la lune : une pierre était entièrement parsemée d'étoiles , et représentait un firmament, ainsi qu'on en voit dans les temples , sur les pierres des plafonds. C'était en effet dans cette ville que se célébrait tous les ans la fête de Diane, qui était la principale fête des Égyptiens. Il s'y rassemblait un grand nombre d'étrangers qu'Hérodote porte à sept cent mille âmes , sans compter les enfans. Cette fête était une espèce d'orgie semblable aux bacchanales des Grecs ; les anciens parlent surtout de la grande quantité de vin qui s'y consommait. C'est aussi dans cette ville que se déposaient les momies de chats sacrés. Les Égyptiens révéraient ces animaux presque autant que les ibis ; et de même qu'ils transportaient les momies de ces derniers à *Hermopolis* , de même ils portaient celles de chats à Bubaste. En face de la ville est une île fort grande, formée par la branche dont il est parlé plus haut. Les anciens nommaient cette île *Myecphoris*. C'était une province particulière, habitée par des Calasiries, tribu destinée uniquement au métier des armes. Aujourd'hui elle renferme une plaine bien cultivée , de grands bois de palmiers et des villages fort riches ; entre autres , Qenyet, qui donne son nom à la branche occidentale du canal. A trois lieues de Bubaste , sur la même rive , se trouve une petite ville moderne, nommée *Hehyeh* , environnée d'une épaisse forêt de palmiers. Quoique son nom ait été ignoré des géographes , et qu'elle ne soit pas même connue dans la partie du pays qui se regarde comme civilisée, elle paraît renfermer une population nombreuse , et il règne autour de ses murs un luxe d'agriculture que n'ont pas les provinces environnantes. La partie du bois de palmiers la plus rapprochée des habitations est plantée en quinconce , et avec autant de soin qu'un jardin européen. La ville est enceinte d'un mur crenelé , de cinq mè-

tres de hauteur , en fort bon état et flanquée de tours. Ces
tours sont armées d'un double rang de créneaux ; les portes
sont pratiquées dans des tambours qui flanquent une partie de l'enceinte. Les habitans de cette ville paraissent bien
plus civilisés que leurs voisins. Depuis que nous avions
quitté le Ni l , dit M. Malus , nous avions trouvé partout
la population sous les armes , et un esprit de mécontente-
ment et de révolte : ici , quoique nous fussions les premiers Européens qui s'offrissent à leurs yeux, les habitans
sortirent en foule de la ville pour nous présenter des vi-
vres , et nous n'aperçumes pas au milieu d'eux un seul
homme armé. Depuis les environs de cette ville jusqu'à
la partie la plus inférieure du canal , on remarque sur
les deux rives un grand nombre de tours construites sans
portes et sans fenêtres : elles sont percées de quelques
créneaux , et servent de refuge aux habitans quand ils
sont surpris et poursuivis par les arabes du désert ; ils y
montent avec des échelles de cordes. Au delà de Hehych ,
au milieu d'une plaine basse et marécageuse, s'élèvent les
ruines d'une ville qui se nommait *Qourb*, selon le rapport
des habitans. Le village de Horbeyt y est établi. On y a
trouvé un pied de colosse et un tronc de statue. On y voit
encore des tronçons de colonnes et des débris de granit.
Cette ville était peu considérable ; elle avait en étendue
tout au plus le quart de Bubaste. Une lieue plus loin , sur
la rive opposée , se trouve un riche village , nommé *Kafr
Fournygeh*. Il est regardé dans le pays comme la limite des
terres civilisées : jamais les barques de la partie supérieure
n'ont osé descendre plus bas ; jamais celles de la partie inférieure n'ont osé remonter plus haut. Cette ligne de séparation est tellement marquée, que le canal lui-même perd
son nom , et prend celui de *canal de Sán*. Les villages qui
sont au delà de ce point paraissent beaucoup moins riches : on y voit beaucoup de terres incultes ; le terrain y
est hérissé d'un grand nombre de tours. Toutes les habitations sont enceintes de murs solides. Chaque village n'a
qu'une porte. Les habitans marchent toujours armés , même

en vaquant aux travaux de la campagne. Depuis Fournygch, la largeur du canal est resserrée ; elle n'est plus que d'environ 60 mètres ; la profondeur est toujours la même ; aux approches du lac Menzaleh, où se décharge le canal, la profondeur est d'environ 4 mètres. Depuis El-Horbeyt, le pays est coupé, sur les deux rives, d'une multitude de canaux, d'étangs et de marais, qui rendent les communications difficiles : plusieurs de ces étangs conservent leurs eaux pendant six ou huit mois. En face d'El-Lebaydy, sur la rive gauche, on aperçoit un lac immense, qui communique par plusieurs branches au canal, et qui conserve ses eaux pendant huit mois de l'année : il est navigable durant une partie de ce temps ; il s'étend jusqu'à Bou-Dâoud. Ce lac n'est séparé du lac Menzaleh que par une langue de terre ; il n'y communique pas. A deux lieues de l'extrémité du canal, avant le point où il se jette dans le lac de Menzaleh, s'élèvent les ruines de Sân ou *Tanis*, qui a donné son nom à cette branche du fleuve. Cette ville est célèbre par la grande population qui l'habitait, par les monumens que les rois d'Égypte y avaient élevés, et par les miracles que Moïse y fit avant de quitter l'Égypte. On y voit encore plusieurs obélisques renversés, des chapiteaux de colonnes dont le galbe a de l'analogie avec le genre corinthien, et un monument de granit, brisé en deux parties, qu'on présume avoir été un tombeau. On y rencontre des débris de vases d'une terre très-fine, quelques-uns enduits d'un vernis qui a subsisté jusqu'à présent (an VII). On y trouve aussi des briques cuites de différentes espèces, des morceaux de verre et du cristal très-bien poli. En avant de Sân se trouve un petit canal qui conduit à Sâlchyeh, mais qui n'est navigable que pendant un mois. La plaine qui est au delà de cette ville, jusqu'au lac Menzaleh, est traversée d'une multitude de canaux qui se croisent en tout sens. A l'extrémité de cette plaine, le canal entre dans le lac, et le traverse dans un espace de douze lieues jusqu'à la mer, en conservant son cours et son lit. Leurs eaux ne se mêlent pas, et, la profondeur du lac n'étant que d'environ 1 mètre, on distingue partout le lit du canal. C'est ainsi que MM. Malus et Fèvre sont parvenus à l'extrémité du canal, après s'être assurés par eux-mêmes qu'il était navigable dans toute son étendue. D'après les renseignemens qu'ils ont recueillis, ils ont appris qu'il n'était praticable, pour les grandes germes, que pendant huit mois de l'année; passé ce terme, on peut, pendant quelque temps, y faire naviguer de petites barques fort légères, mais seulement dans la partie inférieure du canal. Pendant neuf mois de l'année, l'eau du Nil coule librement vers le lac Menzaleh; pendant les trois derniers mois, l'eau du lac reflue dans l'intérieur des terres. Pour éviter cet inconvénient, on construit tous les ans a Kafr Moueys une digue qui dure trois mois. Malgré cette précaution, l'eau salée reflue encore dans un espace de sept à huit lieues. Lors du temps le plus éloigné des crues, en face d'El-Lebaydy, où il n'y a qu'un seul pied d'eau, elle est entièrement salée. Tels sont les renseignemens que ces savans ont pu se procurer sur ce canal : d'après sa largeur, ses sondes et le grand nombre de mines qui se trouvent sur son rivage, il est presque certain que son lit est le même que celui de l'ancienne branche tanitique. Il est à remarquer, quant aux communications du Caire, qu'il sera plus simple de se rendre directement à Sân par Moueys que par le lac Menzaleh; on évitera par-là le déchargement à Damiette, le transport par terre jusqu'au lac, et le nouveau chargement. Ce sera une économie de temps et de dépense. La cause du peu de parti qu'on a tiré jusqu'à présent de cette communication est le brigandage continuel qui s'y exerce; le défaut de force publique a contraint les particuliers à se resserrer autant que possible : de là sont nés ces haines de village à village, et ces petites guerres qui ont totalement étouffé la confiance. M. Malus termine son mémoire en disant que si cette malheureuse contrée rentrait sous la domination d'un peuple civilisé, cette nouvelle communication du Nil à la mer et à l'intérieur des terres serait d'un grand intérêt pour le commerce, en ce qu'elle rendrait promptement à la civilisation une étendue de pays d'environ cinquante lieues, habitée par des barbares qui se font une guerre continuelle, et qui', au milieu de la plaine la plus fertile, manquent des premières nécessités de la vie. *Institut d'Égypte, Mémoires sur la Basse-Égypte, an* VII, *tome* 2, *troisième livraison, page* 3o5.

ÉGYPTE (Exhaussement séculaire du sol de la vallée d'). — GÉOGRAPHIE. — *Observations nouvelles.* — M. GIRARD. — 1817. — L'auteur, après avoir établi, par l'inspection du sol et des monumens qui le couvrent, l'exhaussement graduel de l'Égypte, par les dépôts que laisse le Nil sur les terres qu'il submerge, attribue aux vents qui régnent dans cette contrée une influence non moins grande pour en faire varier les limites et en dénaturer la surface. En effet, dit M. Girard, les déserts qui bordent la vallée d'Égypte à l'ouest, dépourvus de toute végétation, reçoivent presque d'aplomb, une partie de l'année, les rayons du soleil, et les réfléchissent dans une atmosphère qui n'est jamais rafraîchie par les pluies. Le thermomètre de Réaumur, plongé dans le sable qui recouvre la surface de ces déserts, s'élève jusqu'à cinquante-six degrés, et ceci a lieu dans toute l'étendue de l'Afrique, en descendant de l'Atlas, au nord vers la Méditerranée, et au sud vers le bassin des grands fleuves dont l'Océan occidental reçoit les eaux. Ainsi une atmosphère enflammée enveloppe, en quelque sorte, ces régions, tandis que l'évaporation continuelle des eaux de la Méditerranée entretient à une température beaucoup plus basse l'atmosphère qui s'élève au-dessus de cette mer : ainsi, par une conséquence naturelle de cette différence de température, et par la tendance à l'équilibre qui se manifeste dans toutes les couches d'air d'inégale densité, un vent de nord règne presque constamment sur la bande septentrionale de l'Afrique. Ce courant d'air, arrêté par le mont Atlas, se réfléchit, vers l'est, dans une partie de son étendue. Cette direction, et la direction générale sui-

vant laquelle l'atmosphère de la Méditerranée afflue du
nord au sud vers les déserts de la Lybie, se composent
entre elles pour donner naissance aux vents du nord-ouest,
qui soufflent en Égypte une partie de l'année ; ces vents tournent directement au nord à l'époque du solstice d'été, parce
qu'alors l'atmosphère se trouvant plus fortement dilatée au-
dessus des plaines sablonneuses de l'Afrique, le courant
d'air qui tend à maintenir l'équilibre atmosphérique, en
se portant de la Méditerranée dans l'intérieur de ces déserts, devient assez fort pour franchir les montagnes qui
pourraient lui opposer quelque obstacle, et pour conserver
sa direction primitive. La chaîne de montagnes qui sépare
la vallée d'Égypte, de la mer Rouge est presque aussi aride
que le désert libyque ; mais comme elle a fort peu de largeur, le courant d'air qui tendrait à s'établir de la mer
Rouge vers l'Égypte en passant par-dessus cette chaîne, n'a
point assez d'intensité : aussi le vent d'est ne souffle-t-il
dans cette contrée que pendant dix à douze jours de l'année.
Les vents d'ouest et de nord-ouest chassent devant eux
les sables de la Libye, qui auraient depuis long-temps en-
vahi l'Égypte, s'ils n'avaient pas été forcés de s'accumuler
en dunes sur sa limite occidentale. Certains arbrisseaux
servent de point d'appui à ces dunes, et opposent aux progrès des matières pulvérulentes dont elle se forment le
seul obstacle qui puisse en arrêter le cours. Ces arbrisseaux
croissent sur les bords des canaux dérivés du Nil. Ainsi le
premier bienfait de ce fleuve est, comme on voit, d'empêcher que le pays qu'il arrose ne soit à jamais rendu stérile par les sables qui tendent à s'en emparer. Le canal de
Joseph, dans l'Égypte moyenne, et celui de la Bahyreh, dans
la Basse-Égypte, sont les digues que l'art semble avoir op-
possées depuis long-temps à cette irruption. Cette défense
est tellement avantageuse que partout où de semblables
canaux n'arrêtent point les sables amenés du désert, des
terrains anciennement cultivés en ont été envahis. Tous les
sables qui, poussés par les vents, arrivent sur les bords du
Nil ou des canaux qu'il alimente, ne s'arrêtent pas sur leurs

rives pour y former des dunes : une partie est jetée dans leur lit, et est entraînée par le courant, avec ceux que le fleuve amène chaque année des parties supérieures de son cours. Les sondes montrent que le limon qui recouvre le sol de la vallée d'Égypte repose sur des bancs de sable quartzeux gris et micacé, bancs d'épaisseur variable suivant les localités. Ainsi, les matières charriées par le Nil sont de deux espèces, le sable et le limon; elles viennent également de l'Abyssinie, ou plus généralement du pays que parcourt le Nil au-dessus de la dernière cataracte. Entre Syène et l'île de *Philœ*, et probablement au-dessus de cette île, les bords de ce fleuve sont couverts de sables de la même nature que ceux dont le fond de son lit est composé. On y remarque les particules de mica, et les lamelles ferrugineuses attirables à l'aimant, que l'on retrouve à ses embouchures; le fleuve les y entraîne lors de ses crues, après avoir détruit les bancs qui se forment dans son lit pendant la saison des basses eaux. Quant au limon argileux qui contribue à changer la couleur des eaux du fleuve, il vient de plus haut, car immédiatement au-dessus de la première cataracte il n'y a point de sol de cette nature que le Nil puisse détruire et transporter ailleurs. Par suite des pesanteurs spécifiques du sable et du limon, on voit que le Nil ne peut tenir suspendue la première de ces substances qu'à l'aide d'une vitesse suffisante : lorsque par une cause quelconque cette vitesse vient à diminuer, les matières les plus pesantes se déposent, et préparent la formation d'un banc sur lequel les eaux, se mouvant plus lentement à mesure qu'il acquiert plus d'élévation, déposent de nouvelles matières de plus en plus légères, jusqu'à ce qu'enfin cet attérissement se trouve recouvert de limon, et puisse être livré à la culture. C'est ainsi que se formèrent les bancs dans le lit du fleuve alors qu'il commença à couler dans la vallée d'Égypte; il déposa successivement, sur toute la largeur de cet espace, les sables fins qu'il charrie, et forma lui-même de ces sables un sol que les eaux peuvent facilement sillonner; aussi l'ont-elles, en quelque sorte, remanié à plusieurs reprises,

quoique la pente transversale de la vallée attire constamment
le fleuve au pied de la montagne arabique, vers laquelle
le repoussent également, quand elles peuvent arriver jusque sur sa rive, les matières légères que les vents d'ouest
et de nord-ouest amènent du désert libyque. Le Nil ayant
établi son lit dans la masse de ses propres alluvions, on
conçoit qu'il peut aisément corroder ses berges. Quand,
pendant le temps de la crue, le courant se porte violem-
ment sur l'une d'elles, on voit des blocs de sable et de limon, menés par ce courant, s'ébouler dans le fleuve ; ils
sont aussitôt divisés, la transparence des eaux en est troublée, et ces matières entraînées, par le courant, vont s'étendre à quelque distance sur la rive opposée. Lorsqu'une
rive du Nil se forme par de nouvelles alluvions, elle s'allonge en dedans du fleuve, en présentant une sorte de cap
ou d'*épi*, dont l'effet naturel est de reporter l'eau du côté
opposé. Les nouvelles corrosions qui en résultent donnent
naissance à de nouveaux attérissemens. Ainsi le fleuve agit
sur ces berges par des ricochets successifs, et déplace continuellement, en les portant vers la mer, les matières qu'il
a lui-même déposées autrefois ; ainsi, modifiant son propre
ouvrage dans l'intervalle d'une certaine période, il a successivement labouré, pour ainsi dire dans toute sa largeur,
la vallée de la Haute-Égypte. Ceci explique pourquoi les
puits qu'on y a fait creuser ont montré partout une couche de limon reposant sur un massif de sable de la même
nature que celui que l'on trouve dans le lit du fleuve et sur
ses rives ; mais il est digne de remarque que l'épaisseur de
la couche superficielle de limon est partout d'autant plus
grande que l'on s'approche du désert. En effet, avant que
la vallée d'Égypte fût couverte des établissemens où sa population se fixa dans la suite, les débordemens du Nil la
submergeaient naturellement, c'est-à-dire que les eaux
n'en étaient point dirigées sur des points déterminés par
des canaux artificiels, ni soutenues par des barrages au-
dessus des plaines dont l'agriculture s'est emparée depuis.
Lorsque le fleuve s'était accru au point de submerger les

campagnes adjacentes, les eaux, immédiatement à la sortie
de leur lit, déposaient sur ses bords, où elles étaient animées de leur plus grande vitesse, les matières les plus pesantes quelles transportaient; puis, s'étendant indéfiniment, leur vitesse diminuait de plus en plus, et les dépôts
qu'elles laissaient sur le sol étaient composés de matières
plus légères, jusqu'à ce que, devenues presque stagnantes
lorsquelles étaient parvenues à la limite du désert sur l'une
et l'autre rive, elles ne déposaient plus que du limon. On
voit comment cette substance, qui est la plus ténue de toutes
celles qui sont transportées par le Nil, doit former un dépôt plus épais à mesure que l'on s'éloigne du lit de ce
fleuve. Le creusement des canaux d'arrosage dont l'Égypte
est entrecoupée n'a rien changé à l'ordre que les différences
de pesanteur spécifique ont établi dans la disposition des attérissemens du Nil. Il est aisé de concevoir, en effet, que
les eaux conduites artificiellement et arrêtées contre les
barrages ne peuvent y déposer que du limon. Ainsi, par ce
qui vient d'être dit, on concevra que la vallée d'Égypte se
distingue, par sa partie la plus profonde ou la plus éloignée
des montagnes, et par sa partie la plus rapprochée de ces
mêmes montagnes. Celle-ci, exposée à l'action immédiate
du fleuve qui a creusé son lit, tantôt dans un endroit, tantôt
dans un autre, a dû être creusée et remblayée à plusieurs
reprises, tandis que l'autre portion voisine des déserts se
trouve en quelque sorte à l'abri de son action, et est
composée de couches horizontales superposées dans un
ordre successif qui n'a point été interverti. En débou-
chant de la longue vallée où il coule depuis l'île d'Éléphantine, jusqu'à la vue des pyramides, le Nil, dans
les premiers temps de son régime, commença à remplir
d'attérissemens le golfe dont le Delta occupe aujourd'hui
l'emplacement: leurs progrès naturels déterminèrent la
configuration à laquelle cette partie de l'Égypte doit le
nom quelle a porté jusqu'ici. En effet, c'est au milieu du
courant d'un fleuve que se meuvent les matières les plus
pesantes qu'il charrie; tant que la vitesse de ce courant

est assez considérable, elles continuent à se mouvoir ;
mais au moment où les eaux peuvent s'étendre dans un
plus grand espace, leur vitesse diminue tout à coup ; et
le dépôt de ces matières commence à s'opérer dans le
prolongement du courant qui les transportait. Le fleuve,
obligé de contourner le banc qu'elles forment, se partage nécessairement en deux branches, au milieu de
chacune desquelles s'établit, par les mêmes causes, un
banc secondaire qui, prenant journellement de nouveaux
accroissemens, finit par se réunir au premier; les attérissemens trouvent ainsi, entre les deux branches du fleuve
un point d'appui qui, sous la forme d'un triangle ou du
delta grec, s'étend de plus en plus par l'écartement de
ces branches. Outre les deux principales, il s'en forme
d'intermédiaires, qui, suivant les circonstances, se com-
blent ou s'approfondissent, et qui jettent leurs eaux dans
des lagunes ou des marécages, état par lequel passent
toujours les attérissemens des fleuves, avant d'être rendus
propres à la culture par un dessèchement suffisant.
Ainsi, dans les temps anciens on ne distinguait que deux
branches naturelles du Nil, la canopique à l'occident,
et la pélusiaque à l'orient; on regardait les cinq autres
comme des canaux artificiels, parce qu'en effet le travail
des hommes dut s'opposer à ce que les rameaux intermédiaires s'obstruassent par des attérissemens, puisqu'ils
pouvaient servir de canaux d'irrigation, et porter les eaux
du Nil sur les terres de nouvelle formation dont l'agriculture s'était emparée. Par cela seul que les branches canopique et pélusiaque portaient à la mer le volume presque
entier du Nil, c'est à leurs embouchures que dut se former presque exclusivement le dépôt des alluvions qu'il
charriait. Les rives de chacune de ces branches se prolon-
gèrent ainsi vers le large, entre deux plages sablonneuses
qui étaient leur propre ouvrage ; leurs embouchures s'a-
vancèrent dans la Méditerranée, plus au nord que le reste
de la côte ; leur développement devenant plus considérable,
leur pente diminua proportionnellement, et les eaux du

Nil se jetèrent dans les canaux intermédiaires les plus voisins, suivant lesquels elles pouvaient s'écouler à la mer avec plus de rapidité. Une partie du fleuve se porta à l'est en descendant de la branche canopique dans la bolbitine, tandis que les eaux de la branche pélusiaque descendirent dans la sebennitique. Ce changement eut lieu graduellement; car s'il eût été produit tout à coup, on aurait conservé le souvenir de l'époque à laquelle il s'opéra. Ce qu'on peut affirmer, c'est que le rétrécissement du Delta, par le rapprochement des bras du Nil qui le renferment, est postérieur au siècle de Pline, puisque cet auteur désigne encore, comme les plus considérables, les anciennes branches canopique et pélusiaque qui sont aujourd'hui oblitérées. Celles qui s'enrichirent de leur appauvrissement, les branches bolbitine et sébennitique, ou, comme on les appelle aujourd'hui, celles de Rosette et de Damiette, ont à leur tour étendu leurs embouchures en saillie sur la côte d'Égypte, de sorte qu'elles présentent maintenant dans le système hydrographique de ce pays un état semblable à celui où se trouvèrent autrefois les branches canopique et pélusiaque, quand les eaux cessèrent d'y couler, pour se porter vers l'intérieur du Delta. Que l'on compare le développement actuel de la branche de Damiette à celui de l'ancienne branche de Péluse, jusqu'au lac Menzaleh, qui peut être considéré de niveau avec la Méditerranée, et l'on trouvera que les longueurs de l'ancienne branche pélusiaque et de la branche actuelle de Damiette sont entre elles, à très-peu près, dans le rapport de dix-sept à dix-huit; d'où l'on voit que si les eaux du Nil étaient abandonnées à leur cours naturel entre le Caire et le Ventre-de-la-Vache, elles se porteraient aujourd'hui dans la branche de Péluse, qui redeviendrait ainsi, comme autrefois, l'une des principales branches du Nil. Les eaux de la branche de Damiette tendent également à se jeter dans le canal de Menouf, parce que, suivant la remarque déjà faite, le développement de ce canal, entre son embouchure et le Ventre-de-la-Vache, est moindre que

celui de la branche de Rosette entre ces deux mêmes points.
La digue de Fàra'ounyeh, située à l'origine du canal de
Menouf, s'étant rompue il y a quelques années, il fallut
entreprendre des travaux considérables pour la réparer ;
on se rappellera long-temps dans le pays la violence avec
laquelle les eaux se portèrent par cette voie dans la branche occidentale du Nil. Celle de Damiette, que cet accident avait considérablement atténuée, fut envahie par les
eaux de la mer. Elles y remontèrent jusqu'au delà de Fa-
reskour, inondèrent les terres cultivables, et les rendirent
stériles pour plusieurs années. Les effets qui suivirent la
rupture de la digue de Fàra'ounyeh, se manifesteraient
de la même manière, si l'on cessait d'entretenir les barrages à l'aide desquels on règle l'entrée des eaux dans
les canaux de Moueys et d'Achmoun, qui correspondent
aux anciennes branches tanitique et mandésienne, et qui
ont leurs embouchures dans le lac Menzaleh. Si par la
destruction ou le manque d'entretien de ces barrages, la
branche de Damiette venait à s'appauvrir, les eaux de la
mer y reflueraient ; la petite langue de terre qui sépare
cette branche du lac Menzaleh se romprait en quelques
points ; et comme les bords du Nil, près de son embouchure, sont plus élevés que la campagne voisine, il suffirait aussi que ce fleuve s'ouvrit une issue à travers l'une de
ses berges, pour que ces campagnes se transformassent
d'abord en lagunes, et ensuite en lacs semblables à ceux
de Menzaleh et de Bourlos. On pourra, à force de travaux,
retarder l'époque de ce changement ; mais l'ordre de la
nature le rend inévitable. Il viendra un temps où l'allongement des deux branches de Damiette et de Rosette sera
si considérable, que les eaux qui y coulent maintenant se
rendront à la mer en suivant des canaux plus courts, jusqu'à ce que l'allongement de ceux-ci, occasioné par de
nouveaux dépôts à leur embouchure, oblige les eaux
qu'ils auront reçues à reprendre plus tard les routes qu'elles
suivent aujourd'hui. Ainsi, les eaux du Nil, sillonnant successivement la Basse-Égypte en différentes directions, os-

cillent sans cesse pour se rendre dans la Méditerranée par
les lignes de plus grande pente, et cette tendance continuelle modifie nécessairement l'étendue du Delta, sans
altérer sensiblement sa forme. Ainsi l'on voit que le Delta
est incessamment défendu et ravagé par des sables dont le
mouvement, en s'avançant vers le large, décrivent de l'est
à l'ouest, et du nord au sud, une suite de courbes qui
rentrent continuellement les unes dans les autres. Les déserts de l'isthme de Suez, à l'orient du Delta, diffèrent
par leur aspect de ceux qui bordent l'Égypte à l'occident;
ces derniers, à leurs limites, n'offrent que des sables légers qui y ont été transportés par les vents : la surface de
l'isthme, au contraire, est une plage unie, composée de
graviers et de cailloux qui se sont accumulés en désordre à
une époque où deux courans qui venaient, l'un de la Méditerranée, l'autre de la mer Rouge, se choquant avec
violence sur l'emplacement actuel de l'isthme, s'y mirent
en équilibre, et y déposèrent les débris des côtes dont ils
avaient sapé la base, et le long desquelles ils s'étaient dirigés jusque-là. De ces observations, M. Girard conclut
que les débordemens annuels du Nil en exhaussent le sol
par le limon qu'ils y laissent. Sans cesse rajeunie, pour
ainsi dire, par le bienfait de l'inondation, cette terre,
présent du fleuve, s'avance de plus en plus dans la mer,
et offre à ses habitans, sur une plage qui n'a pas cessé de
s'accroître depuis une longue suite de siècles, les produits d'une fertilité sans exemple, tandis que, par une
inondation d'une autre nature, les sables que transportent
les vents du fond des déserts de la Libye, tendent à enva-
hir cette terre et à la frapper de stérilité. Ainsi s'expliquent
naturellement ces continuels efforts dans lesquels, suivant
l'ancienne fable égyptienne, Osiris et Typhon, alternativement vainqueurs et vaincus, se disputent un terrain où,
ni l'un ni l'autre, ne peut exercer un empire exclusif, et
que la nature a disposé pour être entre eux l'objet d'un
éternel combat. *Mémoires de l'Institut*, 1817, *tome* 2,
page 185.

ÉGYPTIENS (Chirurgie et médecine des).—Médecine.
— *Observations nouvelles.* — M. Larrey. — An vii. —
Malgré l'état actuel de décadence presque absolue des
sciences et des arts en Égypte, on trouve encore dans les
mains d'une classe particulière d'hommes portant le nom
de *hakym* (médecins), une suite de moyens énergiques
pour le traitement de quelques maladies externes, et que
l'on a peut-être, dit M. Larrey, trop négligés en Europe,
tels que le moxa, les ventouses sèches ou scarifiées, les
mouchetures, le feu, les frictions sèches, huileuses, et le
massement à la suite des bains de vapeurs. L'application
de ces moyens, et les préceptes judicieux dont ces médecins ont hérité de leurs ancêtres, par une tradition immé-
moriale, prouvent l'ancienneté et l'utilité de la chirurgie.
Il paraît que cet art a été en grande vénération chez les
anciens Égyptiens, puisque les premiers rois de ces peuples l'ont exercé eux-mêmes. Les historiens prétendent
qu'Apis et Athotis fouillaient dans les entrailles des morts,
pour y chercher les causes du mécanisme extraordinaire
de nos fonctions; qu'Hermès, Isis, Osiris, Esculape lui-
même, détruisaient, par l'application du fer et du feu, les
effets de plusieurs maladies cruelles. D'autres, non moins
célèbres, ont su, par l'extraction méthodique qu'ils faisaient des flèches lancées par les barbares, prévenir ou
faire cesser les accidens graves que leur présence dans les
parties sensibles du corps déterminent constamment. En
examinant avec soin les bas-reliefs et les peintures des
plafonds et des parois intérieures des temples de Tentyra,
de Karnak, de Louqsor, et de Medynet-Abou, dont
l'antique magnificence est encore attestée par leurs débris,
on sera convaincu que la chirurgie se pratiquait avec méthode chez les anciens Égyptiens. On voit sur ces bas-
reliefs et dans ces peintures des membres coupés avec des
instrumens très-analogues à ceux dont la chirurgie se sert
aujourd'hui pour les amputations. On retrouve quelques-
uns de ces instrumens dans les hiéroglyphes, et l'on y reconnaît encore les traces d'autres opérations chirurgicales.

L'on sait aussi qu'Hérophile et Érasistrate illustrèrent l'é-
cole d'Alexandrie par leurs découvertes en anatomie, et
les succès qu'ils obtinrent dans leurs opérations. C'est surtout sous les Pharaons, les Sésostris, les Ptolémées, que
la chirurgie semble avoir été portée au même degré de
perfection que les autres arts. (*Voyez* l'Histoire de la chirurgie par Dujardin.) Ensuite, on vit paraître Rhasès,
Aboulkasis, Avicenne, Mésueh, Averroès, etc., tous médecins arabes, dont on révère encore les écrits. Les médecins d'aujourd'hui traitent seulement les maladies externes;
les Arabes, pour le traitement des plaies d'armes à feu
(blessures qui n'étaient pas connues de leurs ancêtres),
font usage de la poudre à canon, qu'ils mettent en combustion sur les plaies. Les gens du peuple se traitent eux-
mêmes des maladies internes, à l'exception de la peste,
qu'un fatal préjugé fait abandonner aux seules ressources
de la nature. Toutefois ils savent très à propos opposer
aux phlegmasies la diète, le repos, les boissons rafraîchissantes, acidulées, et de légères scarifications qu'ils
font avec le rasoir, à la nuque, aux tempes, sur les régions pectorale, dorsale, et sur le gras des jambes, selon
le siége du mal. Dans les maladies saburrales et putrides,
ils emploient les tamarins sucrés et en infusion, la casse
et le séné, médicamens indigènes, que les habitans cultivent avec soin dans différentes contrées de l'Égypte : dans
les maladies asthéniques, ils font usage de la thériaque,
de l'opium de la Thébaïde, du café, des bains chauds et
de l'exercice. A l'aide de ces procédés, les maladies internes parcourent souvent, sans terminaison fâcheuse,
leurs différentes périodes. Ces Égyptiens ou leurs médecins emploient les médicamens presque sans nulle préparation, ou sous la forme de poudres, d'opiats, ou d'infu-
sions. Le seul médicament composé est la thériaque, qu'on
prépare avec une grande solennité. (*Voy*. Prosper Alpin.)
Le purgatif le plus familier dans la classe indigente consiste à faire séjourner, pendant quelques heures, de l'eau
du Nil, ou du lait, dans une coloquinte vidée. Cette li-

queur, après ce séjour, a acquis toutes les qualités purgatives. Les Égyptiens ont une grande répugnance pour
les vomitifs et les lavemens ; cependant ils prennent eux-
mêmes ces derniers remèdes, lorsqu'ils sont très-néces-
saires, au moyen d'une vessie de bœuf munie d'une canule. Cette nation fait un grand usage des opiats composés
différemment, selon le genre de maladie ou l'état de la
santé des individus. L'opium et les épices y dominent,
lorsqu'il s'agit de relever les forces abattues, de dissiper
la mélancolie ou le chagrin ; les aromates en forment la
base, lorsqu'il s'agit d'augmenter les forces prolifiques et
la fécondité. Le camphre, précédé d'une émulsion faite
avec les semences froides, est employé avec efficacité
contre la fécondité ou le priapisme : on le donne à forte
dose. L'hydrophobie, quoiqu'elle soit plus fréquente dans
les climats chauds que dans les climats tempérés, ne s'observe point en Égypte, et les habitans ont assuré à l'auteur
et aux autres médecins qui ont fait partie de l'expédition
dans ces contrées, qu'ils n'avaient jamais eu connaissance
que cette maladie se fût déclarée chez l'homme ou chez les
animaux : cela tient sans doute, dit M. Larrey, à l'espèce,
au caractère et à la manière de vivre des chiens de ce
pays (1). On remarque qu'ils sont dans une inaction presque continuelle : ils restent couchés pendant le jour, à
l'ombre, près de vases remplis d'eau fraîche, préparés
par les Égyptiens ; ils ne courent que pendant la nuit ; ils
ne manifestent qu'une seule fois par an les symptômes et
les effets de leurs amours, et pendant quelques instans
seulement : on les voit rarement accouplés. S'il s'est trouvé
un grand nombre de ces animaux en Égypte, à l'arrivée
de l'armée française, c'est parce qu'ils y sont en grande
vénération, comme beaucoup d'autres, et qu'on n'en tuait
jamais aucun. Ils n'entrent point dans les habitations : le
jour ils se tiennent sur le bord des rues ; et ils errent dans

(1) Cette race tient beaucoup de celle du renard pour la forme et les
mœurs. On prétend que le mâle de l'une s'accouple avec la femelle de l'autre.

les campagnes pendant la nuit, pour y chercher les cadavres des animaux qu'on a négligé d'enterrer. Leur caractère est doux et paisible, et ils se battent rarement entre
eux. Il est possible que toutes ces causes mettent ces animaux à l'abri de la rage. Les chameaux, au contraire,
pendant leur rut, sont sujets à entrer dans une espèce de
rage, mais qui n'est pas contagieuse ; ils rendent alors une
écume blanche, épaisse et abondante ; ils mugissent sans
cesse, ne boivent pas pendant ce temps, et paraissent avoir
horreur de l'eau ; ils poursuivent l'homme ou les autres
animaux, pour les mordre ; ils maigrissent, leur poil se
hérisse, tombe, la fièvre s'allume quelquefois ; et si, dans
cet état, on excite encore leur colère, ils finissent, après
quelques jours de souffrance, par mourir dans les convul-
sions. Les morsures de cet animal sont alors dangereuses :
quelques soldats, par suite de ces blessures, quoique légères en apparence, ont éprouvé des accidens graves ;
presque tous en ont été estropiés, malgré les soins et les
moyens curatifs employés. Les chameliers, pour prévenir
ces dangers, musèlent leurs chameaux pendant la saison
de leurs amours, et les gardent avec soin. Les soldats
français furent plus effrayés, dès leur entrée en Égypte,
de la piqûre du scorpion, dont les voyageurs avaient exa-
géré les effets. A la prise d'Alexandrie, les troupes ayant
bivouaqué sur les ruines de l'ancienne cité, un assez grand
nombre de militaires furent piqués par des scorpions beaucoup plus gros que ceux d'Europe. Les accidens légers
qui survinrent cédèrent facilement à l'application de l'eau
marinée, des acides ou des substances alcalines concentrées. La syphilis ou vérole existe parmi les habitans de
toutes les classes ; on la trouve même dans les harems. Les
Égyptiens disent que de tout temps on a connu ce mal. En
effet, il paraît certain qu'il existait même du temps de
Moïse ; on en a, dit ici l'auteur, un grand nombre de
preuves qu'il croit inutile de citer. Parmi les femmes qu'il
a vues affectées de cette maladie dans les sérails, ajoute-t-
il, les unes l'avaient apportée de leur lieu natal, d'autres

l'avaient acquise dans le harem. Dans l'un et l'autre cas , ils sont intimement persuadés que c'est un mal envoyé du ciel , ou produit par une peur; ils en méconnaissent le caractère , et conséquemment ils en négligent le traitement : cependant ils font usage de tisanes sudorifiques et amères, et de bains de sable. Ces moyens apaisent les symptômes et dissipent même ceux qui sont légers ; mais , lorsque la maladie est générale , constitutionnelle et ancienne, les accidens qui en résultent s'aggravent en changeant de face, se perpétuent et prennent un caractère effrayant. La petite vérole est fort commune en Égypte , et elle paraît y exister depuis une longue suite de siècles. Lorsquelle règne épidémiquement, la peste n'a pas lieu, ou elle présente trèspeu d'accidens ; c'est ce qu'on a eu occasion de vérifier dans les années 7 , 8 et 9. Les enfans et les esclaves nègres y sont plus sujets ; il en périt beaucoup : cependant l'inoculation est connue en Égypte jusqu'aux sources du Nil , et son usage remonte aux temps les plus reculés. Cette opération est désignée en Arabe sous le nom de *tikhlyseh - elgidry*, ou l'achat de la petite vérole. Des femmes matrones sont chargées de la pratique de cette opération : elles prennent une petite bandelette de coton, qu'elles appliquent sur les boutons de la petite vérole en suppuration ; ensuite elles la posent sur le bras de l'enfant qu'elles veulent inoculer, après l'avoir bien lavé et essuyé. Ce procédé réussit généralement ; mais il n'a certainement pas l'avantage de la vaccination , en ce que la petite vérole , résultat de l'inoculation , est également contagieuse et peut prendre un mauvais caractère , selon la saison , l'insalubrité des lieux et la réunion d'un grand nombre d'individus, comme cela est arrivé plusieurs fois dans des bazars , surtout lorsque cette inoculation se fait pendant la saison morbide. C'est par ces motifs que l'on pourrait expliquer les pertes que les marchands d'esclaves ont faites plusieurs fois d'un grand nombre de ces malheureux. Les maladies externes qui exigent des opérations délicates, telles que l'amputation , la taille , la hernie, etc. , ne sont pas connues des médecins

égyptiens d'aujourd'hui. Les individus qui en sont affectés
périssent sans secours, ou traînent une existence malheureuse. Néanmoins les *hakym* coupent le prépuce chez les
enfans par la circoncision, le clitoris et les nymphes chez
les jeunes filles. La première opération existe de temps immémorial chez les Orientaux et chez plusieurs peuples
insulaires de l'Océan indien; elle a été sans doute établie
comme un objet de propreté, et pour procurer une plus
grande virilité. Quant à la resection des parties génitales
de la fille, laquelle a pour effet d'émousser l'aiguillon de
la volupté, elle n'a que des inconvéniens, et doit être regardée comme un acte de cruauté et de barbarie. Ce n'est
pas le seul moyen que la jalousie des Turcs ait inventé; les
marchands d'esclaves font encore coudre les jeunes filles,
ou les font infibuler. Il y a quelques sages-femmes ou
matrones, mais qui pratiquent sans art; elles retardent et
contrarient la nature dans le travail de l'accouchement:
elles se servent encore d'une espèce de fauteuil, désigné
par Moïse sous le nom d'*abnym* (*Voyez* l'Exode, chapitre 1er., v. 16.), en Arabe, *koursy*, sur lequel l'accouchée appuie ses ischions, en se tenant presque droite; elle
est soutenue dans cette attitude par des femmes qui assis-
tent la sage-femme. On conçoit facilement que, dans
cette position, déjà très-fatigante pour l'accouchée, l'enfant ne peut suivre les courbures du bassin : sa tête
porte sur le périnée, qui retarde sa sortie, et elle finit
par le rompre, ainsi que l'auteur annonce avoir été à
même de s'en convaincre, dans la visite que lui et ses
confrères ont faite des femmes malades qui entraient à
l'hôpital. Ces matrones lient le cordon ombilical; ou,
après l'avoir coupé avec une espèce de petit couteau, le
nouent près du ventre de l'enfant, qu'elles lavent d'ailleurs comme dans les temps reculés, avec l'eau marinée,
ou l'eau fraîche du Nil. Lorsque l'accouchement est
contre nature ou laborieux, elles pratiquent des opérations qui, d'après leur récit, ont du rapport avec l'opération césarienne abdominale ou vaginale, et qu'elles

disent tenir de leurs ancêtres ; ce qui ferait croire que cette opération césarienne n'était point inconnue aux anciens Égyptiens ; mais elle est, dans les mains de ces matrones, presque toujours mortelle. Elles s'entendent mieux à faire avorter les femmes. *Description de l'Égypte*, *état moderne*, 1809, *tome* 1, *page* 516.

ÉGYPTIENS (Mesures agraires des anciens). — His-TOIRE ANCIENNE. — *Observations nouvelles.* — M. GIRARD. — 1816. — On sait, dit ce savant, que les inondations du Nil, en confondant les bornes des héritages, ont obligé les Égyptiens à cultiver la géométrie ; on dit même qu'ils ont été les premiers précepteurs des Grecs ; il est vrai que l'on raconte aussi que Thalès apprit aux prêtres d'Égypte à déterminer la hauteur des pyramides par la longueur de leurs ombres ; et, dans ce cas, la science géométrique des Épyptiens se bornait probablement à quelques pratiques grossières d'arpentage. Ce qui est en usage aujourd'hui en Égypte est la représentation fidèle de ce qu'on y a pratiqué dans les premiers temps de la civilisation. Les pratiques actuelles nous donnent la mesure des connaissances que l'on peut accorder aux prêtres de cette contrée. On conçoit que dans le mesurage des terres on aurait perdu beaucoup de temps si l'on avait mesuré l'*aroure* (c'était un carré dont le côté avait pour longueur cent coudées d'Égypte, et dont la superficie était l'espace que quatre bœufs pouvaient labourer en un jour), en appliquant successivement le long de cette ligne une coudée simple, on remplaça la coudée par un de ses multiples... L'arpenteur tenant d'une main un long roseau, se place à l'extrémité de la ligne qu'il doit mesurer... il trace avec ce roseau un léger sillon transversal, pour indiquer le point où cette extrémité répond, il y soutient le plus près possible du sol l'extrémité postérieure du roseau, et trace de l'extrémité opposée un second sillon transversal ; il reporte le bout postérieur de la canne sur ce second sillon, et ainsi de suite, jusqu'à ce qu'il ait parcouru toute la ligne... On

voit que ce procédé de mesure est de la plus grande simplicité, et n'exige guère plus de temps qu'il n'en faudrait
pour parcourir au pas l'intervalle qu'on doit mesurer ;
mais il est visible qu'il n'est pas rigoureusement exact.
Puisque l'unité de mesure agraire était un carré de cent
coudées de côté, il est évident que la longueur de la canne
d'arpentage dut être primitivement l'un des facteurs de ce
nombre. Un roseau de cinq coudées satisfait aux conditions
essentielles. L'unité de mesure agraire de dix mille coudées
carrées fut ainsi transformée en un autre de quatre cents
cannes carrées. Rendre les opérations de l'arpentage plus
expéditives, c'était résoudre un problème de la plus haute
importance. Les prêtres trouvèrent une nouvelle canne
aussi facile à employer, et qui l'emportait sur la première
par l'avantage qu'elle procurait d'abréger beaucoup, sans
altérer sensiblement la valeur de la mesure agraire primitive. Tels sont les faits que l'auteur rapporte ; voici ses conjectures. En construisant sur la diagonale d'un carré un carré
nouveau, on vit qu'en prolongeant les côtés du carré
primitif on avait les diagonales du second, et que le second était exactement double du premier. Il fut aisé d'en
conclure qu'en prenant pour canne une aliquote de la diagonale, on obtiendrait, sans augmenter beaucoup le travail, une aroure double de la première. On vit aisément
que la diagonale contenait plus de vingt-huit cannes et
moins de vingt-neuf, plus de cent quarante-une coudées
et moins de cent quarante-deux ; on s'arrêta à vingt-huit
cannes : l'erreur n'était que de seize cannes superficielles
sur huit cents, c'est-à-dire un cinquantième ; cette erreur
était très-favorable au gouvernement, en ce qu'elle augmentait l'impôt. Le nombre de vingt-huit a pour divi-
seur le nombre sept ; on donna donc sept coudées au
roseau dans la vue d'abréger. Il est vrai qu'on ne trouve
dans l'antiquité aucun témoignage positif sur l'emploi de
la canne de sept coudées ; mais on peut remplacer ces
preuves positives par des rapprochemens qui auront à peu
près la même certitude. Dans son mémoire, l'auteur a rap-

porté sur le nilomètre d'Éléphantine plusieurs observations qui démontrent que les constructeurs de la grande pyramide ont eu l'intention de donner aux différentes parties de ce monument un nombre rond de mesures linéaires; il est naturel de penser que la base de cette pyramide devait contenir un nombre rond de mesures superficielles. D'après les dernières mesures, la surface de la base est de 54135 mètres, ce qui fait juste dix de ces aroures septénaires, et donne pour la coudée $0^m,525$, précisément telle qu'elle se déduit des dimensions de la chambre sépulcrale, et la même encore qui se conclut du nilomètre d'Éléphantine. Nous conviendrons bien volontiers, dit l'auteur, de l'exactitude singulière de ces rapports; mais, en adoptant l'hypothèse tout entière, il en résulterait tout au plus que les prêtres d'Égypte connaissaient le cas le plus simple du fameux théorème de l'hypothénuse, ce qui n'indiquerait pas une science bien perfectionnée. Les sections deux et trois du mémoire traitent des mesures agraires de l'Égypte sous les Perses et sous les Romains. On y voit que le *jugère* de Héron n'est autre chose que le *jugère* romain; on y voit prouvé, par un passage curieux de Didyme d'Alexandrie, que le pied italique était le même que le pied romain. Toutes les modifications introduites dans les mesures agraires s'expliquent par ce principe qui a toujours réglé la conduite des vainqueurs : augmenter la somme des impositions, en ménageant, autant qu'il était possible, les habitudes des peuples conquis. Enfin, d'après des calculs, qu'il est impossible d'extraire, il ne se trouverait que un cent vingt-troisième de différence entre la véritable valeur de la base de la grande pyramide et l'évaluation que Pline en a donnée. La section quatre a pour objet de prouver que les Arabes n'introduisirent aucun changement bien sensible, et le Mémoire est terminé par le tableau suivant qui en est le résumé.

I. *Aroure primitive.*

Coudée primitive . . . . $0,525$ m.

Canne de cinq coudées.   2,625
Côté de vingt cannes.   52,50
Surface de quatre cents cannes. . .   2756,00
Surface de la double aroure.   5512,00

II. *Double aroure de la grande pyramide.*

	m.
Coudée.	0,525
Canne de sept coudées..	3,675
Coudée de vingt cannes.	73,50
Surface de quatre cents cannes. . . .	5413,00

III. *Double jugère romain.*

	m.
Coudée.	0,527
Canne de six coudées $\frac{2}{3}$.	2,5133
Côté du double jugère.	70,20
Surface de quatre cents cannes. . . .	4937,00

IV. *Socarion de Héron.*

	m.
Coudée.	0,527
Spithame royal.	0,2035
Orgye 9 $\frac{1}{4}$ spithames.	2,4351
Côté de dix orgyes.	24,3510
Surface du socarion.	592,9710
Surface décuple.	5929,7100

V. *Feddan actuel des cultivateurs.*

	m.
Pik beledy	0,5772
Canne de six $\frac{2}{3}$ pik beledy.	3,8500
Côté de vingt cannes	77,00
Surface de quatre cents cannes. . .	5929,00

VI. *Feddau actuel des Qobtes.*

	m.
Pik beledy.	0,5775
Canne de six ⅐ pik beledy.	3,658
Côté de vingt cannes.	7,316
Surface de quatre cents cannes. . . .	5353,00

Mémoires de l'Institut, classe des sciences physiques et mathématiques, 1816, *tome* 1, *page* 20.

ÉGYPTIENS. (Réflexions sur leur couleur.) —ARCHÉOLOGIE. — *Observations nouvelles.* — M. WALCKENAER. — AN XIII. —L'auteur pense que M. de Volney est le premier qui ait avancé que les anciens Égyptiens étaient des nègres. Il paraît que c'est aussi l'opinion du voyageur Bruce et du savant Heeren. M. Brown, qui a pénétré dans l'intérieur de l'Afrique, a eu occasion de faire sur la couleur et les traits des Africains des observations plus étendues qu'aucun des voyageurs qui l'avaient précédé; il a consacré un chapitre exprès pour réfuter l'opinion de M. Volney; et, ce qu'il y a de singulier, c'est que ces deux voyageurs, également remarquables par la variété de leurs connaissances, leur sagacité et leur zèle pour le progrès des lumières, allèguent tous deux en faveur de leurs opinions les momies et les monumens antiques de l'Égypte, sans qu'il y ait dans leurs raisons rien de bien concluant ni pour ni contre. On ne peut adopter ces opinions si l'on considère, d'une part, à quel point de perfection les anciens Égyptiens avaient poussé les arts et la civilisation, de l'autre, l'état de barbarie où sont plongés, depuis un temps immémorial, toutes ces nations connues sous le nom de nègres. Non-seulement aucune d'elles n'a produit un seul homme qui se soit distingué dans les arts ou dans les sciences, mais aucun d'entre leurs descendans, transportés depuis des siècles dans des contrés civilisées, n'a rendu son nom célèbre, si ce n'est par des atrocités. Ce n'est pas seulement la couleur de la peau, la forme des traits, les cheveux laineux,

qui distinguent les véritables nègres des autres races
d'hommes. La nature leur a imprimé un caractère plus
important, plus durable ; c'est celui de la charpente osseuse de leur tête, qui diffère de toutes celles des autres
hommes, et surtout de celles des Européens. Si sur une
tête humaine vous tirez une ligne du trou auditif au
tranchant des incisives, et de ce dernier point une autre
ligne à la saillie frontale, ces deux lignes formeront
une angle bien connu des naturalistes, depuis Camper,
sous le nom d'*angle facial* : cet angle, dans les statues grec-
ques, qui sont le modèle de la beauté parfaite, est droit
ou de 90 degrés environ. Il diminue de grandeur à mesure
que la face humaine s'altère et se dénature. Il est de 85 degrés environ dans l'Européen et le Géorgien. Les nègres
sont, de toutes les races d'homme connues, ceux qui ont
l'angle facial le plus aigu ; il n'est plus chez eux que de 70
degrés environ. Si, d'après cette observation irréfragable,
on examine le crâne ou la face d'une momie antique quelconque, on trouvera, contre l'opinion de M. de Volney,
qu'il n'y en a pas une qui provienne d'un individu de race
nègre ; l'inspection seule d'un grand nombre de celles que
l'on a récemment rapportées d'Égypte, suffirait pour le
prouver. Mais j'alléguerai, dit M. Walckenaer, une autorité que M. Volney ne récusera pas, puisqu'il s'en est servi
pour appuyer son opinion, c'est celle de Blumenbach. Ce
savant a gravé deux têtes de momies dans ses *Decas cranio-*
rum. La seconde de ces deux têtes, dans un état parfait de
conservation et dessinée de profil, présente un angle facial qui ne ressemble en rien à celui des nègres, et est peu
différent de celui des Européens. Blumenbach avoue que
cette tête diffère fortement des nègres, et il trouve qu'elle
se rapproche encore plus des Abyssins que de la race éthiopienne. J'observerai, ajoute l'auteur, qu'on n'a pas rendu
fidèlement les conclusions de Blumenbach, car ce savant les
reproduit dans la troisième édition de son excellent ouvrage
intitulé : *de Varietate generis humani*. Il nous dit, p. 188, que
l'on doit reconnaître dans les monumens antiques de l'Égypte

trois caractères de tête qui se retrouvent aussi dans les momies : l'un , qui est propre à l'Égypte , se distingue par un menton court et les yeux proéminens ; l'autre se rapproche de la race indienne , et un troisième a de l'affinité avec la race éthiopienne. Cette affinité entre quelques peuples de race éthiopienne , les cophtes modernes et quelques momies antiques , ne saurait se nier ; mais ne prononce pas que les Cophtes et les anciens Égyptiens appartiennent à la race éthiopienne , à la race nègre. Blumenbach regarde comme de race éthiopienne tous les habitans de l'Afrique, excepté ceux qui se trouvent au nord ; et on peut bien , je crois, ranger les Égyptiens parmi ces derniers. Or, comme parmi les peuples que Blumenbach comprend sous la dénomination générale d'Éthiopiens, il s'en trouve , sans aucun doute, qui s'éloignent déjà beaucoup des véritables nègres, ne peut-on pas en conclure que les momies auxquelles M. Blumenbach a trouvé seulement de l'affinité avec la race éthiopienne , s'éloignent encore des nègres par des caractères très-importans et très-tranchés. Mais les momies nous représentent-elles les anciens Égyptiens? c'est une nouvelle question qu'il s'agit d'examiner. Les momies ne sont pas la seule preuve que l'on puisse apporter de la différence des races entre les anciens Égyptiens et les nègres. Il est certain que les Perses et les Égyptiens , par principe de religion, n'ont jamais brûlé les corps morts, mais les ont toujours enterrés ; que ce premier mode de cérémonie funèbre était chez eux un honneur. Il est certain que l'inhumation et la combustion des corps ont été également en usage chez les Grecs depuis la plus haute antiquité. Il est certain , enfin, que ces deux modes de cérémonies funèbres ont eu lieu chez les Romains. Pline nous apprend que l'usage de brûler les corps n'a prévalu que dans les temps modernes ; il nous dit aussi que l'usage d'inhumer se conserva cependant toujours dans certaines familles, et que dans les familles de Cornélie jusqu'à Sylla, aucun de ceux qui en faisaient partie n'avait été brûlé après sa mort; ce fait singulier nous est aussi confirmé par Cicéron.

Mais on ne peut rien conclure de tous ces faits contre l'antiquité des momies, ni prétendre en aucune manière que
celles qui sont parvenues jusqu'à nous sont des corps de
Grecs et de Romains. En effet, l'usage de brûler les corps
avait prévalu et était universel chez les Grecs, lorsque,
sous Alexandre, ils s'emparèrent de l'Égypte. Il en était de
même chez les Romains, lorsque cette contrée devint une
province de leur immense empire. Tacite observe que le
corps de Pompée fut enterré et non brûlé, comme on avait
coutume de le faire chez les Romains; et Diogène Laerce
dit expressément : « Les Égyptiens ensevelissent leurs
corps, les Romains les brûlent. » D'ailleurs si les Grecs et
les Romains, qui occupèrent l'Égypte, les premiers pendant
trois cents ans, les seconds pendant six cents ans, avaient
adopté des Égyptiens le mode d'inhumer et avaient reçu
d'eux le secret d'enbaumer les corps, ne trouverait-on pas,
sur les monnaies, des inscriptions des Grecs et des Romains, ou l'empreinte de leur art et de leur génie ? Or,
dans ce nombre infini de momies apportées en Europe,
on n'en a trouvé qu'une seule sur laquelle on a cru découvrir une inscription grecque; elle fut apportée de Memphis, par Pietro della Valle; mais en accordant à Winckelmann (qui tire de grandes conséquences de ce fait unique)
que le corps de cette momie soit réellement celui d'un
Grec, on aura une preuve de plus que les autres sont des
corps égyptiens, et que si l'usage d'embaumer avait été
plus commun parmi les Grecs et les Romains, on pourrait discerner leurs momies d'avec celles des habitans du
pays, qui ont toujours eu des coutumes, des superstitions
et des arts différens. Des auteurs renommés ont voulu établir d'une manière positive l'antiquité de toutes les momies d'Égypte, en avançant, sur le prétendu témoignage
d'Hérodote et de Diodore de Sicile, que Cambyse avait
totalement aboli chez les Égyptiens l'usage d'enbaumer les
morts : il est au contraire prouvé que les Égyptiens ont
conservé leurs usages, leurs coutumes, leur art d'embaumer, et leurs superstitions, jusqu'à des temps très-mo-

dernes ; et sous le règne même d'Adrien, il s'éleva une émeute à Alexandrie , parce qu'il ne s'y trouva pas de bœufs propres à représenter le bœuf Apis. Théodose-le-Grand proscrivit les temples et les idoles des Égyptiens. De Paw imagine que cette loi a dû faire cesser la pratique d'embaumer les corps ; et la religion chrétienne n'a jamais rien prononcé de positif sur la manière de donner la sépulture aux corps : elle paraît à la vérité avoir aboli peu à peu la coutume de les brûler , quoiqu'elle n'ait jamais condamné la pratique contraire d'une manière formelle. Un passage de Macrobe nous apprend que , du temps de Théodose, cet usage de brûler était presque entièrement aboli. Minutius Félix, écrivain du troisième siècle, dans son dialogue intitulé *Octavius* , fait dire à son interlocuteur païen : « Vous détestez les bûchers funéraires , et vous redoutez le mal que peut vous causer le feu après la mort. Nous ne redoutons rien , répond le chrétien , de la sépulture par le feu ; mais nous suivons la meilleure et la plus ancienne coutume, celle d'inhumer les corps. » Saint Athanase dit expressément qu'en Égypte , on avait continué d'envelopper de toiles le corps des hommes pieux et des martyrs en particulier , et qu'on les conservait de cette manière dans les maisons des fidèles. Cependant il est probable que cet usage se perdit peu après, car on n'en découvre plus de traces. Il ne nous est même parvenu aucune de ces dernières momies , à moins que celle rapportée par Pietro della Valle n'en soit une. Conclura-t-on de là qu'aucune des momies que nous possédons ne nous représentent les anciens Égyptiens ? L'auteur ne le pense pas. Il observe qu'il est possible de distinguer l'époque d'un monument égyptien et son degré d'antiquité , d'après sa seule inspection ; car l'art a subi chez eux de légères altérations, qui ont été bien tracées par Winckelmann : or, l'antiquité de la plupart des momies se trouve constatée par les peintures trouvées sur leurs enveloppes. Les lieux où l'on prend les momies servent aussi à prouver cette antiquité ; ainsi on ne saurait raisonnablement douter de l'ancienneté de celles qui ont été prises dans les ruines de Thèbes antique. On les trouve là entassées par milliers, quoique, depuis des milliers d'années, les habitans du pays les détruisent pour faire du feu avec le bois et les matières résineuses et inflammables qui les enveloppent. Elles sont disposées par couches, placées les unes sur les autres. Les couches inférieures sont nécessairement les plus anciennes, et nous représentent, en quelque sorte, les premières générations des Égyptiens. Les momies qu'on a récemment apportées en France ont été prises dans ces couches inférieures, et ce sont précisément celles qui ont offert le caractère de tête le plus semblable à celui des Européens, et le plus éloigné de celui des nègres. L'auteur croit donc pouvoir dire que l'inspection seule des momies antiques prouve d'une manière irréfragable que les Égyptiens étaient d'une race d'hommes entièrement différente de celle des nègres ; mais il va plus loin, et soutient que les momies les moins antiques doivent nous retracer le caractère de tête des peuples indigènes. En effet, un peuple aussi différent des autres par sa religion, ses mœurs et ses coutumes, n'a pu se mêler avec ses vainqueurs ; et, de même que les Juifs, dont le caractère de tête se reconnaît encore aujourd'hui, malgré l'influence de tant de climats divers, les Égyptiens d'aujourd'hui doivent, à plus forte raison, nous retracer l'empreinte du peuple primitif. En effet, tous les voyageurs ont été frappés de la ressemblance des Cophtes modernes avec les peintures et les monumens antiques de l'Égypte. Les Cophtes modernes sont universellement regardés comme les plus anciens habitans de l'Égypte, et les descendans des anciens Egyptiens. Or, les Cophtes ont le teint basané comme les Arabes, et non noir ; les cheveux sont crépus, et non laineux ; enfin leur langue ressemble à l'arabe et au syriaque, et n'a aucun rapport avec l'idiome monosyllabique de l'intérieur de l'Afrique, et il est évident que les Cophtes ne tirent pas leur origine des Nègres. Brown a observé que la couleur noire s'étend plus loin dans le nord de la partie occidentale de l'Afrique, que dans le nord de la partie orientale. Les habitans du Fezzan sont noirs, sans être pour cela des nègres; tandis que les Égyptiens qui sont sous la même latitude, sont de couleur olivâtre. Il faut observer, à la vérité, que les Fezzanais se mêlent avec leurs esclaves négresses, ce qui arrive rarement aux Égyptiens. A l'est de l'Afrique septentrionale, il faut pénétrer jusque dans le Darfour pour trouver des nègres indigènes. A toutes ces preuves si décisives, opposera-t-on la statue du sphinx, que M. de Volney a fait graver exprès dans la troisième édition de son voyage en Égypte? Des voyageurs ont écrit qu'elle se trouve trop défigurée pour pouvoir juger du caractère de tête qu'elle présente. Mais un habile naturaliste, qui ne partage pas l'opinion de M. Volney sur les anciens Egyptiens, et qui a examiné avec attention cette fameuse statue, en a porté le même jugement que lui, et l'auteur a assuré que le caractère de sa tête était véritablement celui du nègre.... Mais qu'est-ce que cela prouve? Le sphinx était un monstre, une divinité malfaisante. Les Égyptiens n'auront-ils pu lui prêter, pour cette raison, les traits et la physionomie de la race d'hommes qui habitaient l'intérieur qu'ils redoutaient et détestaient? Mais dans ce grand nombre de monumens rapportés d'Égypte que la gravure a reproduits, ou qu'on trouve dans les collections ou les musées, on ne peut citer une seule figure qui offre le caractère de tête et les traits des nègres. *Archives littéraires. Moniteur*, an XIII, *page* 67.

ÉLAIOMÈTRE ou Pèse-huile.—INSTRUMENS DE PHYSIQUE.—*Invention.*—M. DUQUESNE.—1812.—L'auteur vient d'appliquer de la manière la plus heureuse, à l'examen de la pesanteur spécifique des huiles, l'aréomètre modifié. Cet instrument, qu'il appele *élaiomètre d'ἔλαιον* huile, et de μέτρον mesure, est composé d'une petite sphère creuse, en cuivre mince, surmontée d'une tige de laiton graduée, supportant pour lest une petite boite en cuivre renfermant une certaine quantité de petits disques de métal faisant l'office de poids. Après avoir chargé l'élaiomètre suffisamment pour qu'il se tienne droit et en équilibre dans une huile quelconque, M. Duquesne a préparé avec le plus grand soin des huiles pures de lin, de colsa, de chènevis et d'œillette pour servir d'étalon ou de type dans la comparaison de toutes les huiles grasses du commerce. Celle de lin étant la plus commune et celle qu'il jugeait la plus pesante, il la choisit pour graduer son instrument, et il grava zéro sur l'échelle de laiton au point où l'élaiomètre plongé dans cette huile s'arrêta. Il divisa ensuite la tige en quarante parties égales ou degrés. L'élaiomètre indique nécessairement les mélanges que les marchands font quelquefois pour falsifier les huiles. Quoique cet instrument soit fort utile pour faire reconnaître la pureté des huiles, il est encore possible, dit M. C.-L. Cadet, dans les observations qu'il a faites sur cet instrument, de le mettre en défaut, et il ne serait pas toujours sage de conclure, après un seul essai, qu'une huile qui marque le degré voulu n'est pas mélangé; car il serait très-aisé, par exemple, d'obtenir le degré de l'huile d'œillette, en mêlant dans certaines proportions des huiles de chènevis et de colsa; mais il est heureusement d'autres caractères auxquels on les reconnaîtrait. M. Duquesne n'en a pas moins rendu un véritable service au commerce, en lui donnant un moyen de plus pour analyser les huiles. *Bulletin de pharmacie*, tome 4, page 82.

ÉLASTICITÉ. — Physique. — *Observations nouvelles.* — M. Barruel. — An VIII. — Dans l'examen d'une question dès long-temps agitée, mais qu'un grand nombre de physiciens ne regardent pas comme possible à résoudre, l'auteur se demande quelle est la cause de l'élasticité des corps, et il essaye de l'expliquer à l'aide du calorique. Après avoir mis en principe que ce fluide est éminemment élastique, qu'il se trouve interposé entre les molécules intégrantes des corps, ce que prouve leur porosité, il espère tirer de ces deux principes des conséquences qui le mènent à ce résultat. Quelle que soit la cause que l'on veuille assigner à l'élasticité, le calorique entre pour beaucoup dans les phénomènes qu'elle présente. Les divers systèmes qui partagent les savans sur la cause de l'élasticité paraissent à l'auteur vagues ou évidemment erronés ; il ne pense pas qu'on puisse l'attribuer à une force répulsive dont les molécules seraient animées, et qui augmenterait par leur rapprochement ; car l'existence de cette force est une supposition gratuite. On ne pourrait pas dire que le ressort est dû à l'air interposé entre les molécules, puisque les phénomènes de l'élasticité se manifestent aussi dans le vide. M. Barruel croit que si l'on cherchait la cause de l'élasticité dans le calorique, ce serait ramener l'état de la question, puisqu'il restera toujours à savoir pourquoi le calorique est si éminemment élastique. En effet, dit-il, on sait que l'affinité des molécules de l'eau pour celles d'une éponge dans les pores de laquelle elle s'introduit, produit l'augmentation du volume de cette éponge ; mais la cause de l'attraction réciproque de ces divers molécules demeure inconnue ; d'ailleurs on ne peut pas ne pas admettre que l'élasticité du calorique vienne de la propriété qu'auraient les molécules de ce fluide de se repousser mutuellement, propriété d'autant plus probable qu'elle s'observe dans le fluide électrique avec lequel le calorique a tant d'analogie ; enfin on peut se contenter d'admettre son élasticité comme un fait duquel on part comme d'un principe incontestable. L'auteur passe directement à son objet, et il examine comment le calorique agit sur les corps. C'est en les dilatant par une affinité réciproque entre leurs molécules et lui ; ces affinités sont variables, mais il est constant que, pour une même substance, elles diminuent à mesure que les distances augmentent, et que leur action se réduit enfin à zéro. D'après cela, si l'on conçoit une quantité donnée de calorique renfermée dans un récipient incapable d'agir sur ce fluide, il se répandra partout avec uniformité : si l'on introduit une molécule de matière, le calorique se condensera inégalement autour de la molécule, en vertu de l'action inégale qu'elle exerce sur les parties du fluide qui en sont différemment éloignées, et elle sera environnée d'une espèce d'atmosphère ignée, composée de couches de diverses densités. Introduisons une seconde molécule, les choses se passent de la même manière et persistent dans le même état, tant que les molécules sont éloignées l'une de l'autre d'une quantité égale au diamètre de leurs atmosphères; il n'y a de changé que la température. Maintenant que l'on rapproche les molécules à une distance moindre que ce diamètre, leurs atmosphères se compriment, les parties en contact prennent plus de densité et une température plus élevée, et qui n'est pas en équilibre avec celle de la capacité du reste du récipient. Ces parties se dépouillent d'une portion de calorique qui se distribue aux autres couches de ces atmosphères, jusqu'à ce que l'équilibre soit rétabli. Lorsque le rapprochement des molécules se fait doucement, la compression des atmosphères et leur rétablissement s'opèrent paisiblement; mais si les molécules sont amenées brusquement au contact, le calorique se dégage avec la plus grande violence. C'est à ce dégagement rapide du calorique fortement comprimé que l'on doit attribuer les détonations du muriate suroxigéné de potasse et de la poudre à canon. Les molécules prises pour exemple retiennent une portion de calorique comprimé, tant qu'elles obéissent à la force qui les rapproche. Parvenues à la distance à laquelle elles agissent l'une sur l'autre, leur force d'attraction est plus grande ou plus petite que celle avec laquelle leurs atmosphères tendent à restituer. Si donc on abandonne les molécules à elles-mêmes, dans le premier cas, le système conserve son état actuel; dans le cas contraire, il reprend son état primitif, et c'est en cela que paraissent consister la plupart des phénomènes de l'élasticité. Le raisonnement que l'on vient de faire peut s'appliquer à tout corps dont les molécules sont séparées les unes des autres par une certaine quantité de calorique. M. Barruel porte aussi son attention sur les circonstances où l'élasticité d'un corps peut se manifester, et sur les moyens propres à augmenter ou à faire naître cette propriété. Ces circonstances sont la compression, le choc et la flexion. Dans l'une ou l'autre de ces circonstances, il arrive que l'adhérence des molécules est ou n'est pas vaincue. Dans le premier cas, les molécules sont mises hors de leur sphère d'activité, et le corps est dit fragile. Dans le second cas, le corps est flexible; mais le calorique interposé entre ses molécules se soustrait ou non à la compression. S'il s'y soustrait, il n'y a qu'un déplacement des parties du corps que l'on dit alors être ductile; s'il ne peut s'y soustraire, il cède ou résiste. Lorsqu'il cède, le corps est mou; lorsqu'il résiste à la compression, il en éprouve les effets tant que les molécules sont comprimées, puis il tend à se rétablir, et c'est ce qui donne au corps l'élasticité. Il n'y a pas de corps parfaitement mou, ductile ni élastique; la nature ne nous en offre aucun qui dans la compression ne laisse échapper une portion de calorique. Ainsi un corps n'est jamais parfaitement élastique, parce que la quantité de calorique comprimée étant moindre que la quantité totale, ne peut se restituer avec la même force que si le fluide fût demeuré dans son intégrité, et ne peut tenir les molécules du corps écartées à la même distance qu'avant la compression. D'ailleurs la vitesse avec laquelle il se restitue est aussi moindre que celle qui a produit la compression; car une partie de cette vitesse a été détruite par la masse entière du corps comprimé. Un corps est d'autant plus flexible qu'il contient plus de calorique entre ses molécules. Ce fluide très-compressible permet aux molécules concaves de se rapprocher, sans que les molécules convexes soient obligées de s'éloigner les unes des autres, comme s'il n'y avait pas entre elles du calorique interposé. Les observations précédentes peuvent éclairer plusieurs phénomènes d'élasticité. Une lame de cuivre non écrouie reste sensiblement dans l'état où la met la flexion, parce que les molécules de la partie concave expriment, en se rapprochant, la portion de calorique qui tient le moins à chacune d'elles. L'autre portion qui ne s'échappe pas est à la vérité comprimée, mais l'excès de ressort est compensé par l'excès d'adhérence des molécules rapprochées; le corps persévère dans l'état où il a été amené. Si la lame a été écrouie, elle a par cette opération perdu une portion du calorique ; l'autre portion demeure comprimée, et lorsqu'on plie cette lame on augmente encore la compression du fluide : l'excès du ressort qu'il acquiert n'est pas contrebalancé par l'excès d'adhérence des molécules ; il tend à se restituer, et le corps passe à cet état que l'on nomme élastique. La compression et le rétablissement du calorique expliquent aussi les oscillations des molécules d'un tube de verre terminé par une boule de même nature, que l'on frotte avec une éponge mouillée, pour obtenir des sons très-aigus. Les molécules du tube ayant, par l'extension qu'il éprouve, quitté la position qui convient à leur équilibre, tendent à y revenir, et comme par la vitesse acquise elles se reportent au delà du terme d'où elles étaient parties, le calorique interposé est comprimé ; il se rétablit avec une force égale à la compression, et repousse les deux parties du tube à la distance où elles étaient d'abord ; ce qui établit un mouvement d'oscillation jusqu'à ce qu'il ait été détruit par la résistance de l'air. On pourrait à la rigueur expliquer, sans l'intervention du calorique, l'élasticité d'une corde de violon, ou d'une cloche mise en vibration ; quoiqu'il en soit, il paraît, d'après ce que l'on vient de dire, qu'il y joue le plus grand rôle. L'élasticité se manifeste avec moins d'énergie dans les liquides que dans les solides, et cependant les premiers contiennent plus de calorique. La raison est simple ; c'est que leurs molécules, étant très-mobiles, peuvent se soustraire aisément aux forces comprimantes ; mais ils sont élastiques, puisqu'ils ont la faculté de transmettre les sons et de rejaillir sur eux-mêmes. On a dû remarquer que l'accumulation du calorique diminue le ressort des corps solides ou fluides. Dans les corps gazeux, au contraire, cette élasticité est augmentée par cette accumulation, parce que ces corps étant tenus en dissolution dans le calorique partagent ses propriétés mécaniques, et principalement son élasticité. Pour augmenter ou faire naître l'élasticité dans certains corps, on emploie des moyens propres à rapprocher leurs molécules, et à tenir le calorique dans une grande compression. Donc plus le corps sera dur, pourvu qu'il ne le soit pas au suprême degré, plus il sera élastique. Il devient à la vérité moins flexible; mais on remédie à cet inconvénient en amincissant le corps, puisque ses molécules auront alors à céder à un moindre écart pendant la flexion. Ainsi il y a deux choses à considérer dans l'élasticité des corps, la rapidité des excursions des parties mises en mouvement, et la grandeur des excursions qui dépend de la flexibilité. L'alliage et la trempe favorisent l'augmentation de l'élasticité, parce que ces opérations, en rapprochant les molécules, compriment le calorique, qui tend ensuite à se rétablir. Tous ces faits ont porté l'auteur à conclure que le calorique entre au moins pour beaucoup dans les phénomènes que présente l'élasticité. (*Annales de chimie*, t. 33, p. 100.)—M. Libes.—Dans un mémoire présenté à la classe des sciences physiques et mathématiques de l'Institut, M. Libes commence par poser en principe : 1°. que les molécules des corps sont écartées par l'action de la chaleur; 2°. qu'elles sont rapprochées par le refroidissement; 3°. que ces phénomènes supposent l'existence d'un fluide extrêmement délié, qui tantôt pénètre ces molécules, et tantôt les abandonne ; 4°. enfin que tous les corps ont plus ou moins d'affinité avec ce fluide, et plus ou moins de capacité pour le contenir. Il donne à ce fluide le nom de *calorique*, non qu'il le regarde comme une substance réelle dont l'existence soit démontrée ; il lui suffit que ce soit une cause répulsive quelconque qui produit l'écartement. Partant de ces principes, si l'on suppose dit, l'auteur, les corps dépouillés entièrement de calorique, leurs molécules intégrantes cèdent à l'affinité qui les maîtrise ; plus de porosité, plus de compressibilité, plus d'élasticité. Que ces corps soient replongés dans le calorique, ils en prendront en proportion de leur affinité pour ce fluide et de leur capacité à le contenir; cette affinité saturée, ils ne peuvent plus admettre que du calorique libre ; les molécules écartées par cette combinaison, les corps redeviennent poreux, compressibles, élastiques ; et les trois états

de solides, de liquides et d'aréiformes , sont l'effet du calorique combiné en plus ou moins grande quantité. Ainsi
l'élasticité a pour cause la combinaison du calorique avec
les molécules , et le rétablissement des corps solides comprimé est un effet qui dépend en partie de la force répulsive que leurs molécules ont reçue du calorique , en partie
de la force attractive de ces mêmes molécules. M. Libes
termine ce mémoire par une application du calcul à cette
théorie, c'est-à-dire en donnant des expressions numériques
aux forces attractive et répulsive, pour en former des équations qui représentent l'état actuel ou l'équilibre , le cas où
la répulsion est plus puissante, et celui où l'attraction, plus
forte que la répulsion, ramène les molécules à leur première
position. Cette partie de son travail a particulièrement fixé
l'attention des commissaires de l'Institut, qui l'ont considérée comme pouvant être utile à la science pour représenter
le ressort des corps élastiques , sans affirmer que matériel-
lement la chose se fasse comme l'auteur le conjecture. Au
reste, il ne s'est pas dissimulé lui-même les objections que
l'on pouvait fonder sur ce qu'il y a des corps qui ne sont
sensiblement élastiques à aucune température ; que les
corps élastiques perdent leur ressort à une grande chaleur;
que les liquides sont incompressibles , quoique pourvus
de beaucoup de calorique ; que les procédés pour augmenter l'élasticité de l'acier semblent indiquer que cette propriété n'est pas due au calorique ; qu'il reste à expliquer
pourquoi le calorique est élastique; ou s'il ne l'est pas ,
comment il communique la force répulsive , etc. Si
les solutions qu'il propose ne sont pas convaincantes ,
elles prouvent du moins qu'il est au courant de tous les
faits dont le rapprochement peut jeter quelque lumière
sur cette importante matière. *Ann. de chimie* , *t.* 33 , *p.* 110.

ÉLECTIONS (Mode des). — *Institution.* — 1817. —
Tout Français jouissant des droits civils et politiques, âgé
de trente ans accomplis , et payant trois cents francs de
contributions directes , est appelé à concourir à l'élection

des députés du département où il a son domicile politique. Pour former la masse des contributions nécessaires à la qualité d'électeur ou d'éligible, on compte à chaque Français les contributions directes qu'il paie dans tout le royaume; au mari, celles de sa femme, même non commune en biens; et au père, celles des biens de ses enfans mineurs, dont il aura la jouissance. Le domicile politique de tout Français est dans le département où il a son domicile réel; néanmoins il peut le transférer dans tout autre département où il paie des contributions directes, à la charge par lui d'en faire, six mois d'avance, une déclaration expresse devant le préfet du département où il veut le transférer. La translation du domicile réel ou politique ne donne l'exercice du droit politique, relativement à l'élection des députés, qu'à celui qui, dans les quatre ans antérieurs, ne l'aura point exercé dans un autre département; cette exception n'a pas lieu dans le cas de dissolution de la chambre. Nul ne peut exercer les droits d'électeur dans deux départemens. Le préfet dresse, dans chaque département, la liste des électeurs, qui est imprimée et affichée; il statue provisoirement, en conseil de préfecture, sur les réclamations qui s'élèvent contre la teneur de cette liste, sans préjudice du recours de droit, lequel ne peut néanmoins suspendre les élections. Les difficultés relatives à la jouissance des droits civils ou politiques du réclamant sont définitivement jugées par les cours royales; celles qui concernent les contributions ou le domicile politique le sont par le conseil d'état. Il n'y a dans chaque département qu'un seul collége électoral (1) : il est composé de tous les électeurs du département dont il nomme directement les députés à la chambre. Les colléges électoraux sont convoqués par le roi : ils se réunissent au chef-lieu du département, ou dans telle autre ville du département que le roi désigne. Ils ne peuvent s'occuper d'autres objets que de l'élection des députés; toute discussion, toute délibéra-

_____

(1) Voyez les changemens opérés en 1820.

tion, leur sont interdites. Les électeurs se réunissent en une seule assemblée dans les départemens où leur nombre n'excède pas six cents ; dans ceux où il y en a plus de six cents, le collége électoral est divisé en sections, dont chacune ne peut être moindre de trois cents électeurs. Chaque section concourt directement à la nomination de tous les députés que le collége électoral doit élire. Le bureau de chaque collége électoral se compose d'un président nommé par le roi, de quatre scrutateurs et d'un secrétaire. Les quatre scrutateurs et le secrétaire sont nommés par le collége, à un seul tour de scrutin de liste pour les scrutateurs, et individuel pour le secrétaire, qui est nommé à la pluralité des voix. Dans les colléges électoraux qui se divisent en sections, le bureau ainsi formé est attaché à la première section du collége. Le bureau de chacune des autres sections se compose d'un vice-président nommé par le roi, de quatre scrutateurs et d'un secrétaire, choisis de la manière ci-dessus prescrite. A l'ouverture du collége et des sections du collége, le président et les vice-présidens nomment le bureau provisoire, composé de quatre scrutateurs et d'un secrétaire. Le président et les vice-présidens ont seuls la police du collége ou des sections qu'ils président. Il doit y avoir toujours présent dans chaque bureau trois au moins des membres qui en font partie. Le bureau juge provisoirement toutes les difficultés qui s'élèvent sur les opérations du collége ou de la section, sauf la décision définitive de la chambre des députés. La session des colléges est de dix jours au plus. Chaque séance s'ouvre à huit heures du matin : il ne peut y en avoir qu'une par jour, qui est close après le dépouillement du scrutin. Les électeurs votent par bulletin de liste, contenant, à chaque tour de scrutin, autant de noms qu'il y a de nominations à faire. Le nom, la qualification, le domicile de chaque électeur qui dépose son bulletin, sont inscrits, par le secrétaire ou l'un des scrutateurs présens, sur une liste destinée à constater le nombre des votans. Celui des membres du bureau qui a inscrit le nom, la qualification et le domicile de l'électeur, inscrit en marge son propre nom. Il n'y a que trois tours de scrutin. Chaque scrutin, après avoir été ouvert au moins pendant six heures, est clos à trois heures du soir, et dépouillé séance tenante. L'état de dépouillement du scrutin de chaque section est arrêté et signé par le bureau. Il est immédiatement porté par le vice-président au bureau du collége, qui fait, en présence des vice-présidens de toutes les sections, le recensement général des votes. Le résultat de chaque tour de scrutin est sur-le-champ rendu public. Nul n'est élu à l'un des premiers tours de scrutin, s'il ne réunit au moins le quart plus une des voix de la totalité des membres qui composent le collége, et la moitié plus un des suffrages exprimés. Après les deux premiers tours de scrutin, s'il reste des nominations à faire, le bureau du collége dresse et arrête une liste des personnes qui, au second tour, ont obtenu le plus de suffrages. Elle contient deux fois autant de noms qu'il y a encore de députés à élire. Les suffrages, au troisième tour de scrutin, ne peuvent être donnés qu'à ceux dont les noms sont portés sur cette liste. Les nominations ont lieu à la pluralité des votes exprimés. Dans tous les cas où il y a concours par égalité de suffrages, l'âge détermine la préférence. Les préfets et les officiers généraux commandant les divisions militaires et les départemens ne peuvent être élus dans les départemens où ils exercent leurs fonctions. Lorsque, pendant la durée ou dans l'intervalle des sessions des chambres, la députation d'un département devient incomplète, elle est complétée par le collége électoral du département auquel elle appartient. Les députés à la chambre ne reçoivent ni traitement ni indemnité. Les lois, décrets et règlemens sur le mode antérieur des élections, sont abrogés. Toutes les formalités relatives à l'exécution du présent mode sont réglées par des ordonnances du roi. (*Loi du 5 février* 1817.) — 1820. — Il y a maintenant, dans chaque département, un collége électoral de département et des colléges électoraux d'arrondissement ; néanmoins tous les électeurs se réunissent en un seul collége dans les départemens qui n'avaient, à l'époque du 5 février 1817, qu'un député à nommer, dans ceux où le nombre des électeurs n'excède pas trois cents, et dans ceux qui, divisés en cinq arrondissemens de sous-préfecture, n'ont pas au delà de quatre cents électeurs. Les colléges de département sont composés des électeurs les plus imposés, en nombre égal au quart de la totalité des électeurs du département, et de tous ceux qui ont leur domicile politique dans l'une des communes comprises dans la circonscription de chaque arrondissement électoral. Les départemens qui ont à renouveler leur députation la nomment en entier d'après les bases ci-dessus établies. La liste des électeurs de chaque collége est imprimée et affichée un mois avant l'ouverture des colléges électoraux. Cette liste doit contenir la quotité et l'espèce des contributions de chaque électeur, avec l'indication des départemens où elles sont payées. Les contributions directes ne sont comptées, pour être électeur ou éligible, que lorsque la propriété foncière aura été possédée, la location faite, la patente prise et l'industrie sujette à patente exercée une année avant l'époque de la convocation du collége électoral. Le possesseur à titre successif est seul excepté de cette condition. Les contributions foncières payées par une veuve sont comptées à celui de ses fils, à défaut de fils, à celui de ses petits-fils, et à défaut de fils et de petits-fils, à celui de ses gendres qu'elle désigne. Pour procéder à l'élection des députés, chaque électeur écrit secrètement son vote sur le bureau, ou l'y fait écrire par un autre électeur de son choix, sur un bulletin qu'il reçoit à cet effet du président ; il remet son bulletin, écrit et fermé, au président, qui le dépose dans l'urne destinée à cet usage. Le candidat qui, d'après la loi de 1817 relatée ci-dessus, pouvait être élu député s'il avait réuni, aux deux premiers tours de scrutin, le quart plus une des voix de la totalité des membres qui composent le collége, ne peut l'être à ces deux premiers tours, d'après la loi de 1820, qu'autant

qu'il réunit au moins le tiers plus une des voix de la totalité des membres du collége, et la moitié plus un des
suffrages exprimés, comme dans la loi précédente. Les
sous-préfets ne peuvent être élus députés par les colléges
d'arrondissemens électoraux qui comprennent la totalité
ou une partie des électeurs de l'arrondissement de leur
sous-préfecture. Les députés décédés ou démissionnaires
sont remplacés chacun par le collége qui l'a nommé. En
cas de décès ou de démission d'aucun des membres de la
chambre, avant que le département auquel il appartient
soit en tour de renouveler sa députation, il est remplacé
par un des colléges d'arrondissement de ce département.
La chambre détermine, par la voie du sort, l'ordre dans
lequel les colléges électoraux d'arrondissement doivent
procéder aux remplacemens éventuels jusqu'au premier
renouvellement intégral de chaque députation. En cas de
vacance par option, décès, démission, etc., ces colléges
sont convoqués dans le délai de deux mois pour procéder
à une nouvelle élection. Les dispositions des lois des 5 février 1817 et 25 mars 1818, auxquelles il n'a pas été dé-
rogé par la présente, continuent d'être exécutées, et sont
communes aux colléges électoraux de département et d'arrondissement. *Loi du 29 juin 1820.*

ÉLECTRICITÉ (Théorie de l'). — Physique. — *Observations nouvelles.* — M. Coulomb. — 1789. — La découverte de l'électricité positive et négative, due au génie
de Franklin, peut être regardée comme un de ces pas importans qui avancent rapidement une science vers sa perfection. Le célèbre Æpinus, de l'académie de Pétersbourg,
a donné depuis une grande extension à la théorie fondée
sur cette découverte, en la soumettant au calcul, et l'a
présentée sous une forme toute nouvelle dans l'application
heureuse qu'il en a faite aux phénomènes de l'aimant. C'est
en reprenant la science au point où l'avaient laissée les travaux de ces savans illustres, que M. Coulomb s'est ouvert
une route particulière, et qu'il a été conduit, par une suite

de recherches aussi ingénieuses que délicates, à reconnaître dans l'action du fluide électrique des lois qui avaient échappé jusqu'alors aux physiciens, et dont il a suivi et analysé les effets avec cette précision qui seule est capable de garantir la justesse d'une théorie. L'objet du mémoire de ce savant, lu à l'académie sur cette matière, était de déterminer la loi selon laquelle la force du fluide électrique décroît à mesure que les corps s'écartent les uns des autres en vertu d'une électricité homogène. Il a prouvé, par des expériences directes, que cette loi suivait le rapport inverse du carré de la distance, résultat d'autant plus remarquable qu'il est dans l'analogie de l'attraction newtonienne, d'où dépendent les plus grands phénomènes de la nature. La méthode employée par M. Coulomb pour parvenir à ce résultat est à lui comme la découverte. Il s'est servi à cet effet de la force de torsion, sur laquelle il a donné un mémoire qui se trouve dans le recueil de l'académie pour l'année 1784. La force dont il s'agit ici est celle qui est capable de contenir un fil délié de métal, que l'on a tordu d'une certaine quantité, ou de faire équilibre à l'effort qu'exerce ce fil pour se retourner sur lui-même, et revenir à son état ordinaire. La machine ingénieuse imaginée par M. Coulomb pour mesurer la force électrique par celle de torsion se compose d'un fil de métal suspendu au milieu d'un cylindre creux de verre. L'extrémité supérieure de ce fil est saisie par une petite pince, au moyen de laquelle on peut tordre le fil de métal, en faisant tourner une aiguille ou un indicateur, dont la pointe se meut sur la circonférence d'un cercle gradué. A l'extrémité inférieure du fil de métal est suspendu un petit levier, fait d'un fil de gomme-laque pure, et qui porte à l'un de ses bouts une balle de moelle de sureau, et à l'autre bout un morceau de papier huilé, pour servir de contre-poids. La circonférence du cylindre est graduée à la hauteur qui correspond à ce levier. Vis-à-vis le point de zéro est une autre balle de moelle de sureau, dont la position est fixe sur un support idio-électrique. M. Coulomb

fait d'abord en sorte que les deux balles se touchent, le fil
de métal étant dans son état naturel où la torsion est nulle,
et l'indicateur se trouvant au point de zéro, sur le petit
cercle dont on a parlé. Il électrise ensuite faiblement les
deux balles. A l'instant elles exercent l'une sur l'autre une
action répulsive, et la balle mobile s'écarte de celle qui est
fixe. Cet écart, mesuré sur la graduation du cylindre, était
de trente-six degrés. Dans la première expérience faite par
M. Coulomb, en présence de l'académie, le fil de métal
s'était nécessairement tordu en même temps, de manière
que l'angle de torsion était pareillement de trente-six degrés. M. Coulomb alors a fait subir une nouvelle torsion
au fil de métal, en tournant l'indicateur d'une quantité
de cent vingt-six degrés. En même temps la balle mobile
s'est rapprochée de la balle fixe, jusqu'au point où la force
répulsive des deux balles se trouvait capable de faire équilibre à la force de torsion ; les balles dans ce moment
n'étaient plus distantes que de dix-huit degrés, lesquels,
joints aux cent vingt-six degrés parcourus par l'indicateur,
donnaient cent quarante-quatre degrés pour la valeur totale de l'angle de torsion. Suivant l'estimation de M. Coulomb, les forces de torsion, dans l'expérience dont il s'agit,
sont simplement en raison des angles de torsion. Or ces
angles sont ici, le premier de trente-six degrés, et l'autre
de cent quarante-quatre degrés ; c'est-à-dire que celui-ci
est quadruple du premier : mais d'une autre part les distances étaient l'une de trente-six degrés et l'autre de dix-
huit degrés ; par où l'on voit que la première distance
était double de la seconde. Ainsi la force répulsive des
deux balles était quadruple à une distance une fois moindre, ce qui est précisément la raison inverse du carré de
la distance. L'auteur a varié cette expérience de plusieurs
manières, et le résultat s'est toujours trouvé conforme à la
loi assignée. M. Coulomb, dans un nouveau mémoire,
recherche les lois suivant lesquelles le fluide électrique se
dissipe le long des supports idio-électriques, dont on sait
que les mieux choisis ne font que ralentir plus que les

autres la tendance qu'a le fluide à les abandonner. Deux
causes contribuent à cette perte : la première est l'état de
l'air environnant; car, quoique ce fluide soit idio-électrique,
son mélange, soit avec l'humidité, soit avec différens principes électriques par communication, le rend susceptible
d'enlever aux supports une partie de leur électricité ; la
seconde provient de ce que ces supports eux-mêmes,
comme nous l'avons dit, retardent seulement la propagation du fluide électrique, auquel ils ne sont jamais absolument imperméables. L'auteur a fait, relativement à cet objet, deux sortes d'expériences. Il considère dans les unes
la perte d'électricité qui se fait par le contact de l'air, et
dans les autres celle qui provient des supports. Pour réussir
dans les premières expériences, il fallait trouver des soutiens qui isolassent le plus exactement qu'il serait possible,
en sorte que l'air contribuât seul, d'une manière sensible,
à la dissipation du fluide. M. Coulomb a observé qu'un
petit cylindre de cire d'Espagne ou de gomme-laque, de
18 à 20 lignes de longueur, suffisait ordinairement pour
bien isoler un corps dont la densité électrique n'était pas
considérable, comme une petite balle de moelle de sureau de 5
à 6 lignes de diamètre. Ce savant se sert encore ici de la balance électrique dont nous avons déjà parlé. Un exemple fera
concevoir son procédé. Les deux balles étant électrisées
d'une manière homogène, et la balle mobile ayant été repoussée à une certaine distance de la balle fixe, on fait subir au fil de suspension une torsion que nous supposerons
de 60 degrés ; imaginons qu'alors la balle mobile se trouve
encore à 30 degrés de distance de la balle fixe. La répulsion fera équilibre à 60 plus 30 degrés de torsion, c'est-à-
dire à 90 degrés; à mesure que le fluide électrique se dis-
sipera, la force répulsive décroîtra ; les deux balles tendront donc à se rapprocher; en sorte que si l'on veut
qu'elles restent à la même distance de 30 degrés, il faudra
diminuer la torsion. Supposons qu'au bout de 10 minutes
elle doive être diminuée de 20 degrés, pour que la distance entre les balles soit encore de 30 degrés. La force

perdue dans les 10 minutes sera de 20 degrés , ce qui fait
deux degrés pour une minute, qui est ici le terme de comparaison que prend M. Coulomb. Or , les forces , au commencement et à la fin de l'expérience, étaient l'une de 90 degrés
et l'autre de 70. Puisque la force perdue a été de 20 degrés ,
la force moyenne entre ces deux forces est de 80 degrés , ou
de la moitié de leur somme. La force perdue en une mi-
nute, qui est de 2 degrés , sera donc $\frac{1}{40}$ de la force moyenne.
Or M. Coulomb a trouvé , par des expériences réitérées ,
que l'état de l'air restant le même , le rapport de la force
perdue à la force moyenne était une quantité constante.
Ainsi toutes les expériences faites dans les mêmes circonstances que la précédente donneront $\frac{1}{40}$ pour l'expression
de ce rapport , quelles que soient d'ailleurs les quantités
des forces extrêmes et celles de la force perdue. M. Coulomb
passe aux expériences qui concernent la perte que les conducteurs font de leur électricité , par l'intermède de leurs
supports. Mais il faut observer que s'il est possible de trouver des supports qui isolent assez bien pour que toute la
perte de l'électricité puisse être rejetée, à très-peu de
chose près, sur l'air environnant, il n'y a point, d'une autre
part, de circonstance où l'air soit assez pur pour qu'il soit
permis d'attribuer la même perte toute entière aux soutiens, sans erreur sensible ; d'où il suit que le résultat des
expériences dont il s'agit ici est nécessairement compliqué
de la perte due au contact de l'air, et de celle qui se fait par
les soutiens. Mais comme la première perte peut toujours
être déterminée d'après les expériences précédentes, il est
facile de la déduire de la perte totale, et d'estimer l'influence
qu'ont les soutiens dans cette même perte. M. Coulomb se
sert ici d'un fil de soie pour support, la soie étant un iso-
loir beaucoup moins parfait que la cire d'Espagne ou la
gomme-laque. Ses expériences l'ont conduit à cette conséquence remarquable : c'est que le décroissement de l'électricité , d'abord beaucoup plus prompt quand la densité
électrique est considérable , qu'il ne le serait s'il se trouvait uniquement produit par le contact de l'air , parvient ,

lorsque la densité électrique a éprouvé elle-même une certaine diminution, à être précisément la même que dans le cas où la perte est censée être uniquement due au contact de l'air, comme dans les premières expériences. L'auteur termine son mémoire par un autre résultat qui n'est pas moins digne d'attention. Les supports des conducteurs n'étant jamais des isoloirs parfaits, leur surface peut être considérée comme composée de molécules conductrices, séparées les unes des autres par de petits intervalles isolans, et c'est en vertu de ces intervalles que la perte de l'électricité est ralentie parce qu'il faut au fluide une certaine force et un certain temps pour les franchir. Or plus la densité électrique du conducteur est considérable, et plus le fluide se perd facilement par le support : mais d'une autre part, en donnant plus de longueur à ce support, on augmente le nombre des petits intervalles que le fluide est obligé de franchir, et comme les molécules conductrices séparées par ces intervalles sont d'autant moins chargées de fluide, qu'elles se trouvent plus éloignées du conducteur, il en résulte que l'isolement est plus parfait avec un soutien plus long. Il y a donc un terme où cette longueur est telle que la perte de l'électricité qui se fait par le support devient insensible, du moins pendant un certain espace de temps. M. Coulomb a trouvé que l'état de l'air étant le même, si une soie de deux pieds de longueur, par exemple, isole parfaitement un conducteur chargé d'une quantité donnée d'électricité, il faudra une soie de quatre pieds de longueur pour isoler un conducteur dont la charge serait double de celle du premier, c'est-à-dire que les longueurs des soutiens requises pour un isolement parfait sont comme les carrés des densités électriques du conducteur. Ces recherches de M. Coulomb sont d'autant plus importantes, que l'on ne peut sans elles soumettre au calcul les différens effets de l'électricité, parce que les expériences destinées à évaluer ces effets ne pouvant s'exécuter dans le même temps ne deviennent comparables qu'autant que l'on connaît la variation du fluide pendant la durée. Les phénomènes qui sont l'objet des deux derniers mémoires de M. Coulomb sur l'électricité, sont relatifs aux corps que l'on a nommés *conducteurs*, à cause de la facilité avec laquelle ils reçoivent et transmettent le fluide électrique. On sait que cette propagation s'opère avec plus ou moins de lenteur, suivant la nature des conducteurs, c'est-à-dire qu'il y a un point d'équilibre plus ou moins voisin de l'instant du contact, passé lequel le corps qui d'abord était seul électrisé ne fournit plus de fluide à l'autre. Or, ce terme étant une fois atteint, il s'agit d'assigner le rapport suivant lequel le fluide s'est partagé entre les deux corps. Ce savant est parvenu à un résultat que l'on n'aurait pas même soupçonné, c'est que la nature des corps n'influe en rien sur le rapport dont il s'agit, et que le fluide n'a aucune tendance pour se communiquer plus abondamment à une substance qu'à une autre, en sorte que, toutes choses égales d'ailleurs, la distribution du fluide entre les deux corps est la même, quelle que soit la nature de ces corps. Pour démontrer cette proposition, M. Coulomb, après avoir électrisé une balle de cuivre de huit lignes de diamètre, et estimé sa force électrique, d'après les données que fournit la balance, a mis en contact avec cette balle une autre balle de même diamètre, mais qui était faite de moelle de sureau ; et quand il a jugé que celle-ci avait pris toute la quantité de fluide qu'elle pouvait recevoir de la première, il l'a retirée. Cherchant ensuite la quantité de fluide cédée par la balle de cuivre, il a reconnu que cette quantité était exactement la moitié de celle que la balle avait d'abord. Or, il est bien évident que si les deux balles eussent été faites d'une même matière, l'expérience aurait donné un résultat semblable ; d'où il suit que la communication du fluide est, du moins quant à la quantité, tout-à-fait indépendante de la nature des conducteurs. Un cercle de fer substitué à la balle de cuivre, et un cercle de papier de même diamètre substitué à la balle de sureau, ont donné des effets analogues. Mais il y a plus ; c'est que le fluide électrique qu'un corps conducteur a acquis au-dessus de sa quantité naturelle est répandu tout entier sur la surface de ce corps, sans pénétrer dans son intérieur. Pour établir par l'expérience cette nouvelle proposition, M. Coulomb a pris un cylindre de bois, percé de plusieurs trous dont chacun avait quatre lignes de diamètre et autant de profondeur. Ayant électrisé ce cylindre, il a appliqué sur sa surface un petit cercle de papier doré, qu'il tenait à l'aide d'une aiguille idio-électrique de gomme-laque, puis il a présenté ce cercle à un électromètre d'une sensibilité extrême. Cet électromètre a indiqué aussitôt dans le cercle de papier doré une électricité semblable à celle du cylindre qui avait été touché par ce papier. M. Coulomb a introduit ensuite le cercle de papier, dépouillé de son électricité, dans un des trous du cylindre, en observant de ne toucher que le fond de ce trou, et le petit cercle ayant été présenté de nouveau à l'électromètre, celui-ci n'a donné aucun signe d'électricité, d'où il résulte que la surface du cylindre était le seul endroit de ce corps sur lequel fût répandu le flui de qu'il avait reçu par communication. Ce résultat, suivant M. Coulomb, est une conséquence nécessaire de la loi qui suit l'action du fluide électrique, à raison de la distance ; car la somme de toutes les répulsions qu'exercent les molécules du fluide naturel que renferment les corps conducteurs est telle dans l'hypothèse de la raison inverse du carré de la distance, qu'elle détruit l'effort que font, en vertu de leur répulsion mutuelle, les molécules du fluide qui arrive à la surface, pour se porter vers l'intérieur des corps. C'est ce que l'auteur prouve à l'aide d'un de ces raisonnemens simples, auxquels il est quelquefois utile d'avoir recours dans les sciences, pour faire sentir la liaison de certains résultats en apparence singuliers avec les lois de la nature, et qui confirment d'autant mieux une vérité découverte par l'expérience, qu'ils montrent comment on eût pu la découvrir d'avance. On a vu que dans la communication du fluide électrique d'un corps à l'autre, le corps électrisé cédait à celui qu'on avait mis en contact avec lui la moitié de son fluide, lorsque les sur-

faces étaient égales et semblables. Mais si les surfaces diffèrent entre elles, le partage du fluide ne se fera plus également, quoique, d'après ce qui a été dit, la relation de
la quantité du fluide que conservera l'un des deux corps
avec celle que l'autre aura acquise, doive toujours dépendre
uniquement des surfaces, puisque la nature des corps est
ici une circonstance indifférente. Or, quelle est la loi que
suit cette relation, à mesure que l'on fait varier le rapport
des surfaces? De plus, le fluide ne parvient à l'uniformité
sur chacun des deux corps, que quand ils ont été séparés
l'un de l'autre, et qu'ils sont même assez éloignés pour ne plus
exercer l'un sur l'autre aucune action sensible. Mais tandis
que les deux corps sont encore en contact, ou à une distance qui n'excède par les limites de leur sphère d'activité,
la répulsion mutuelle des molécules électriques, qui agit
plus ou moins, en raison inverse du carré de la distance,
doit nécessairement occasioner une distribution inégale du
fluide sur la surface des corps, et dans ce cas, quelle est
la loi suivant laquelle se fait cette distribution? Tels sont
les problèmes intéressans dont M. Coulomb donne la solution dans son dernier mémoire. Il détermine d'abord le
rapport des quantités de fluide répandues sur la surface
des deux corps, en supposant ce fluide parvenu à l'uniformité, après qu'on a séparé ces corps. Pour cela, il substitue à la balle mobile de la balance un petit cercle de
papier doré attaché pareillement à l'une des extrémités de
l'aiguille qui portait cette balle. Il place ensuite dans la
balance un globe électrisé, vis-à-vis du petit cercle de
papier, auquel il a fait prendre une électricité de la même
nature, et lorsque ce cercle a parcouru un certain nombre
de degrés en vertu de la répulsion que le globe exerce sur
lui, il le ramène par le moyen de la force de torsion à
une distance donnée du globe. Suivant ce qui a été dit
plus haut, l'action du globe sur le petit cercle est alors
mesurée par la quantité de la torsion imprimée, jointe à la
distance qui est entre les deux corps mis en expérience.
M. Coulomb fait ensuite toucher au globe électrisé un se-

cond globe dans l'état naturel, et d'un diamètre différent ;
et quand ce dernier a pris la quantité d'électricité qu'il
est susceptible d'enlever à l'autre, on le retire. Le premier ayant perdu en même temps une partie de son fluide
et de sa force répulsive, le petit cercle doré se rapproche
de lui. M. Coulomb diminue alors la torsion, ce qui produit le même effet que s'il augmentait la force répulsive
du globe, en sorte qu'il est le maître de faire reculer de
nouveau le petit cercle doré, jusqu'à ce que ce cercle se
trouve au même point où il était précédemment. Or, la
force électrique agissant en raison inverse du carré de la
distance, et en raison directe de la masse du fluide de
chaque corps ou de la quantité de ce fluide, il est clair
que, la distance étant la même, la force est simplement
comme la masse ; et puisqu'elle est en même temps comme
l'angle de torsion plus la distance entre les deux corps,
il sera facile de comparer les quantités de fluide qu'avait
le premier globe, avant et après le contact, et d'évaluer sa
perte ou la partie de son fluide qu'il a cédée à l'autre corps.
M. Coulomb a trouvé, d'après cette manière d'opérer, que
dans les globes inégaux le fluide se partageait suivant un
rapport moindre que celui des surfaces, en sorte, par
exemple, que si la surface du plus petit est environ un
quatorzième de celle du plus gros, sa quantité de fluide
sera à peu près un onzième de celle qui reste à l'autre. Plus
un corps a de fluide, et plus, sa surface restant la même,
ce fluide est condensé. La densité du fluide est donc en général d'autant plus grande que la quantité de fluide est
elle-même plus considérable, et que la surface est plus
petite. Donc, tandis que les quantités de fluide des deux
corps varient dans un rapport moindre que celui des surfaces, les densités varient elles-mêmes suivant un certain
rapport, qui dépend à la fois et des quantités de fluide
et des surfaces. Or, ce rapport est tel, qu'en partant de
l'égalité qui a lieu entre ces deux termes, lorsque les
surfaces elles-mêmes sont égales, il varie dans les autres
cas, à mesure que les surfaces diffèrent davantage entre

elles, en sorte que le rapport de deux à un est la limite
de cette progression, c'est-à-dire que la densité électrique
moyenne de la surface du petit globe ne parvient jamais à
être le double de celle du plus gros, et qu'on ne peut la
considérer comme telle que dans le cas où l'on suppose-
rait en même temps que l'un des deux globes fût infiniment petit par rapport à l'autre. M. Coulomb passe ensuite
à la solution de l'autre problème, qui consiste à déterminer la manière dont le fluide se trouve distribué sur
la surface des globes, au moment où ils sont en contact
l'un avec l'autre, ou plutôt à comparer sur chaque corps
les différentes densités du fluide qui s'enveloppe à différentes distances du point de contact, jusqu'à 180°., qui
est le point diamétralement opposé. Pour réussir dans cette
comparaison, M. Coulomb applique un petit plan circulaire
de papier doré, qu'il tient, à l'aide d'un cylindre très-fin de
gomme-laque, sur l'endroit de la surface du corps dont
il veut déterminer la densité, celle-ci pouvant être regardée comme constante, relativement à tous les points
du plan circulaire, à cause de la petitesse de ce plan. Il
évalue ensuite la densité de la proportion du fluide enlevé
au corps sur ce plan, comme pour le cas où il s'agit de
la densité électrique d'un globe sur lequel le fluide est
uniformément répandu, et parvient ainsi à estimer le rapport des densités, considérées à cinq, dix, trente degrés, etc.
du point de contact, jusqu'au point opposé. Il résulte des
expériences de ce savant qu'en général la densité électrique est nulle, ou peu sensible, dans le voisinage du
point de contact : on en entrevoit la raison, en considérant que la force répulsive étant très-considérable dans ce
premier espace, où elle agit en raison inverse du carré
d'une petite distance, le fluide doit en être presque entièrement chassé. Mais depuis un certain terme le fluide va
en s'accumulant, c'est-à-dire que sa densité augmente
progressivement; et quoique la distance diminue, comme
les molécules sont sans cesse refoulées vers le point qui est
à 180°. de contact, la densité continue de croître jusqu'à

ce point. Lorsque l'un des deux globes est très-petit par rapport à l'autre, la densité électrique du plus gros n'augmente sensiblement, depuis le point où elle commence à être appréciable, que dans un espace très-limité, et sur tout le reste du globe, elle est à peu près uniforme à cause du peu d'action qu'a le petit globe sur celui-ci, à raison de la grande différence des surfaces et des quantités de fluide. Par une suite de la même différence, l'action du gros globe fait croître la densité électrique du petit, par un progrès sensible, jusqu'à 180°. du contact. M. Coulomb a recherché aussi la densité électrique qu'avait le petit globe à son point le plus voisin de l'autre globe, lorsqu'on s'en séparait dans l'état électrique à une distance qui le laissait encore en prise à son action, et il a trouvé qu'il y avait telle distance ou plutôt tel degré de proximité, ou la densité électrique du point dont il s'agit était négative, c'est-à-dire que ce point avait moins que sa quantité naturelle de fluide; un peu plus loin la densité était nulle, ce qui indiquait l'état naturel; enfin, à une plus grande distance, elle était positive. On voit, par ce qui vient d'être dit, que M. Coulomb ne se borne pas à démontrer les phénomènes par l'expérience. Il en établit directement la théorie à l'aide de plusieurs formules analytiques qu'il manie avec autant de sagacité que d'adresse. Nous regrettons de ne pouvoir faire connaître cette belle théorie, qu'il faut étudier dans l'ouvrage même de l'auteur, —1790.— M. Coulomb avait déterminé dans ce nouveau mémoire la manière dont le fluide électrique se distribue entre deux globes de différens diamètres en contact l'un avec l'autre, et entre trois globes de même diamètre, pareillement en contact et rangés sur une même ligne. Ce célèbre physicien donne ici à ses expériences et à sa théorie, sur ce point important, toute l'extension dont elle est susceptible, et considère la distribution du fluide entre un nombre quelconque de globes, soit que ces globes aient tous des diamètres égaux, soit que le premier de la file ait un diamètre plus considérable que les autres. Il résout ensuite le même problème par rapport à un cylindre,

soit en considérant ce cylindre comme étant seul , ou en le
supposant en contact avec un globe , et en faisant de plus
varier son diamètre et la longueur de son axe. Il faut se rappeler avant tout, que le fluide électrique qu'un corps conducteur reçoit par communication , se répand tout entier
sur la surface de ce corps sans pénétrer à l'intérieur , ainsi
que l'a prouvé M. Coulomb, de même que d'après des expériences décisives faites par le même physicien , les molécules du fluide électrique se repoussent les unes les autres , suivant la même loi qui a lieu dans la théorie newtonienne , ou en raison inverse du carré de la distance ;
c'est-à-dire , par exemple , qu'une molécule qui repousse
avec une certaine force une autre molécule située à la distance d'un pied, repousse avec une force quatre fois moindre une troisième molécule éloignée de deux pieds , avec
une force neuf fois moindre une quatrième molécule placée
à trois pieds de distance , etc. , ces répulsions que l'on
suppose s'exercer *à distance* n'étant prises ici que pour de
simples effets dont on ne cherche pas la cause. Cela posé,
imaginons une file de globes en contact , tous de même
diamètre et chargés de fluide électrique. Il est évident que
ce fluide se distribuera entre les globes , de manière qu'il
soit partout en équilibre, c'est-à-dire que si l'on prend à
volonté un point situé sur la surface de l'un quelconque
des globes , la somme des répulsions qu'exercent sur ce
point toutes les molécules situées vers la droite , sera égale
à celle des répulsions exercées par toutes les molécules situées du côté opposé. Or , cette condition d'équilibre
exige que le fluide soit répandu inégalement sur les différens globes ; car , si la file est composée , par exemple , de
vingt-quatre globes , et que l'on choisisse pour le point
qui doit donner l'équilibre , le sommet du premier globe
à gauche , c'est-à-dire le point culminant de l'équateur de
ce globe, en supposant l'axe horizontal , il faudra que l'effet de répulsion des molécules situées sur ce même globe
dans l'hémisphère opposé au contact soit égal à l'effet de
la répulsion de toutes les autres molécules répandues tant

sur l'autre hémisphère que sur la surface des vingt-trois globes suivans. M. Coulomb suppose en premier lieu six globes égaux en contact, ensuite douze, et enfin vingt-quatre. Tous ces globes sont isolés, et l'auteur, après les avoir électrisés, recherche d'abord par l'expérience les rapports des quantités de fluide dont ils sont chargés, à raison de l'équilibre qui existe entre toutes les molécules électriques du système. Son appareil est tellement disposé, qu'on est le maître de placer un des globes successivement au premier, au second ou au troisième rang dans la file. Or, le globe prend chaque fois une quantité de fluide relative à sa position, de manière que si on le place d'abord le premier, et que l'ayant ensuite enlevé, on détermine sa quantité de fluide, qu'ensuite on le mette au second rang, et que l'ayant encore retiré, on détermine son nouvel état en vertu de cette seconde position, le rapport entre les deux quantités de fluide sera le même qu'entre celles des deux premiers globes de la file considérée dans son premier état et avant le déplacement du second globe. Or, la balance électrique de M. Coulomb lui fournit un moyen simple et précis pour déterminer la quantité de fluide dont un globe est chargé, et l'auteur, en opérant à l'aide de cette balance, a trouvé que dans la file des six globes la quantité de fluide électrique diminuait à peu près d'un tiers du premier au second, et seulement d'un quinzième du second au troisième. Il a employé ensuite douze globes égaux, puis vingt-quatre; et comparant de même la quantité de fluide du premier globe avec celle de chacun des suivans, il a observé que le rapport entre les quantités de fluide du premier et du second était à peu près le même que dans une file de six globes, c'est-à-dire de trois à deux; et que depuis le second jusqu'à celui du milieu, le rapport variait suivant une progression très-lente, et cela de manière que plus le nombre des globes était grand, et plus les termes de cette progression se rapprochaient de l'égalité. M. Coulomb, dans ce mémoire, ainsi que dans les précédens, ne se borne pas à déterminer par la

simple observation la manière d'agir du fluide électrique ;
il fait marcher la théorie à la suite de l'expérience et représente les actions mutuelles des corps électriques qui
composent le système par des formules algébriques qu'il
manie avec sa sagacité et son adresse ordinaires. Ces formules le conduisent à des résultats analogues aux faits observés, à quelques différences près, qui tiennent à la manière dont il envisage son objet pour simplifier les calculs,
ainsi que nous le dirons bientôt. Le raisonnement, abandonné à lui-même, suit une marche en quelque sorte trop
lâche pour porter dans ses conséquences cette précision et
cette certitude à laquelle le calcul atteint, en employant à
la fois des procédés si simples et si généraux, et en les
combinant par une méthode si rigoureuse, que le résultat
du problème n'est autre chose que son énoncé qui se présente sous une autre forme. Mais on peut, par le simple
raisonnement, suivre comme de loin la marche du calcul,
saisir l'esprit de ses méthodes, et entrevoir le fil secret qui
le dirige avec tant de sûreté ; c'est ce que nous allons essayer de faire à l'égard des résultats qui sortent des formules analytiques de M. Coulomb. Représentons-nous la
file des vingt-quatre globes qu'il a soumis à l'expérience,
et supposons avec lui, pour plus de simplicité, que le
fluide électrique se partage entre tous ces globes, de manière que celui qui appartient à chacun d'eux soit répandu
uniformément sur sa surface. On conçoit d'abord que, de
quelque manière que se fasse la distribution, le premier et le vingt-quatrième globe, le second et le vingt-
troisième, le troisième et le vingt-deuxième, etc., comparés
chacun à chacun, seront dans le même état d'électricité,
puisque tout doit être égal de part et d'autre aux deux extrémités de la file et dans tous les points intermédiaires
correspondans. Cela posé, puisque l'action du premier
globe fait équilibre à celle des vingt-trois autres globes
pris ensemble, il est évident que l'action du second seul
doit être plus faible que celle du premier, sans quoi l'action de tous les suivans serait nulle ; ce qui est contre la

supposition. De plus, puisque la répulsion mutuelle des molécules agit en raison inverse du carré de la distance, on conçoit que cette répulsion croissant beaucoup plus à proportion que la distance ne diminue, la rapidité de cet accroissement qui se fait sentir surtout aux endroits où la distance est petite, doit donner un grand avantage au second globe sur les suivans pour réagir contre le premier avec lequel il est en contact ; d'où il suit que la masse électrique de ce globe n'a pas besoin de l'emporter à beaucoup près autant sur celles des suivans que dans le cas où la répulsion suivrait une loi plus lente, telle que serait, par exemple, celle du rapport inverse. Ainsi, d'une part la masse électrique ou la quantité de fluide du second globe sera très-sensiblement moindre que celle du premier, parce que son action est aidée par celle de tous les suivans avec lesquels il concourt à l'effort qui fait équilibre à l'action du premier. D'une autre part, les masses électriques des globes qui suivent le second ne différeront pas beaucoup de la sienne, parce que ces masses n'ayant pas un avantage bien sensible les unes par rapport aux autres, à raison de la distance au premier globe, qui ne décroît très-rapidement que dans la proximité de ce même globe, la compensation que ce décroissement exige du côté des masses ne doit pas être très-considérable ; ce qui revient aux résultats obtenus par M. Coulomb à l'aide du calcul analytique. Nous avons supposé que le fluide de chaque globe était répandu uniformément sur la surface de ce globe ; or, cette supposition n'est pas exacte, parce que la plus grande action s'exerçant aux endroits des contacts des différens globes, le fluide est presque nul à ces endroits, et va en s'accumulant depuis les contacts que l'on peut considérer comme les pôles des globes jusqu'au cercle qui représente leur équateur ; il en faut excepter le premier et le dernier globe, qui ne touchent les globes voisins que par un seul point ; d'où il résulte que sur chacun de ces globes le fluide s'accumule depuis le point de contact jusqu'au point diamétralement opposé. C'est à cette distribution inégale du fluide qu'est due la différence qui se trouve entre les résultats de l'expérience et ceux des formules qui, comme nous l'avons remarqué, porte sur l'hypothèse où le fluide formerait autour de chaque globe une couche d'une épaisseur uniforme ; mais l'auteur faisant attention que l'accroissement successif de cette épaisseur, tel qu'il a lieu dans l'état réel des choses, devait offrir un cas moyen entre celui où la couche serait partout également dense , et celui où tout le fluide serait ramassé autour de l'équateur du globe, a pris, à l'aide de l'analyse elle-même , un résultat moyen entre ceux qui donneraient ces deux limites, et par cette adresse de calcul a ramené la théorie à une exacte conformité avec l'expérience. M. Coulomb cherche ensuite suivant quelle loi le fluide électrique se distribue sur la surface d'un cylindre terminée par deux hémisphères. Dans une première expérience , le cylindre avait deux pouces de diamètre et trente pouces de longueur ; et dans une seconde expérience, l'auteur a employé un cylindre d'un même diamètre , mais dont la longueur n'était que de douze pouces. En touchant successivement avec un cercle de papier doré le cylindre , d'abord au milieu de sa longueur , puis à l'extrémité, ensuite à deux pouces, et enfin à un pouce de cette extrémité , il a trouvé qu'en général la densité électrique était beaucoup plus considérable vers l'extrémité qu'au milieu , mais qu'elle variait peu depuis le milieu jusqu'à une petite distance de cette extrémité. Pour appliquer ici la théorie, M. Coulomb suppose le cylindre total partagé par des plans perpendiculaires à son axe , en un certain nombre de cylindres courts, excepté le premier et le dernier, qui sont des demi-sphères ; il obtient des résultats conformes à ceux de l'expérience, qui eux-mêmes se rapprochent très-sensiblement de ceux qui ont lieu relativement à une file de globes égaux. Le raisonnement seul indique cette analogie ; car, puisque dans une suite de globes la densité est presque nulle aux points de contact, tandis que le fluide est au contraire très-accumulé à l'endroit de l'équateur sur tous les globes compris entre le premier et le dernier, et vers le pôle opposé au contact sur les 2 globes extrêmes, il en résulte que cette distribution du fluide par bandes circulaires parallèles, excepté aux extrémités où le fluide forme une enveloppe demi-sphérique, ressemble beaucoup à celle qui a lieu sur la surface du cylindre. L'auteur passe à la manière dont le fluide se partage entre plusieurs globes égaux, et un globe plus gros placé à l'une des extrémités de la file. Pour déterminer la loi que suit cette distribution du fluide, il a mis successivement à la suite d'un globe de 8 pouces de diamètre, d'abord 2 globes, ensuite 4, et enfin vingt-quatre globes dont les diamètres étaient de deux pouces. Il s'est attaché principalement à comparer la quantité de fluide du dernier globe à celle du second, c'est-à-dire, de celui qui est en contact avec le gros, et il a trouvé qu'en désignant par 100 la masse électrique du second globe, celle du dernier de la file était successivement dans les trois expériences comme 254, 340 et 372. On voit ici que le rapport entre la quantité de fluide du dernier globe et celle du second devient plus grand à mesure qu'on augmente le nombre de ceux placés à la suite du globe de huit pouces, et l'on conçoit que cela doit être ainsi ; car en raisonnant ici, proportion gardée, comme d'une file de globes égaux entre eux, on voit d'abord que la masse électrique doit aller en diminuant de part et d'autre sur les différens globes depuis les extrémités, en sorte qu'elle est peu sensible dans l'espace situé vers le milieu de la file. Cela posé, à mesure que l'on prolonge la file, le dernier globe perd continuellement de son avantage à l'égard des globes qui sont vers l'autre extrémité, parce que sa force électrique décroît comme le carré de sa distance augmente ; il faut donc que cette diminution soit compensée par un surcroît de densité électrique, pour que ce globe puisse faire équilibre à tout le reste du système. M. Coulomb substitue ensuite aux petits globes employés dans les expériences plusieurs cylindres de différentes longueurs, mais de même diamètre, qu'il met l'un après l'autre en contact avec le globe de huit pouces. Le résultat de ses observations est qu'en général si le diamètre des cylindres n'est pas très-petit, relativement à celui du globe ; si, par exemple, il est de deux pouces, et si de plus la longueur des cylindres varie entre des limites d'une médiocre étendue, comme lorsqu'elle est de quinze à trente pouces, les densités moyennes électriques du cylindre et du globe se soutiennent assez constamment dans le rapport de 130 à 100. Mais si l'on emploie des cylindres d'un très-petit diamètre et dont les longueurs soient très-différentes, alors le rapport des densités électriques varie très-sensiblement. Ainsi, la densité électrique d'un cylindre de cinq à six lignes de longueur et de deux lignes de diamètre était à celle du globe de huit pouces à peu près comme 2 est à 1. Mais si le cylindre avait plus de six pouces de longueur, sa densité électrique était à celle du globle à peu près comme 8 est à 1. Pour entrevoir la raison de cette diversité d'effets, il faut se rappeler que la densité électrique moyenne d'un corps n'est autre chose que la quantité de fluide électrique dont ce corps est enveloppé, divisée par le nombre des parties de la surface de ce même corps. Cela posé, lorsque l'on met successivement en contact avec le globe deux cylindres de longueurs très-différentes, les surfaces de ces cylindres sont dans le rapport simple des distances de leurs extrémités au point de contact, c'est-à-dire, que si le second cylindre est vingt fois aussi long que le premier, auquel cas son extrémité sera vingt fois aussi éloignée du globe que celle de l'autre cylindre, les surfaces seront dans le même rapport de 20 à l'unité : au contraire, la force électrique du fluide placé à l'extrémité du cylindre le plus long décroîtra, toutes choses égales d'ailleurs, dans un rapport beaucoup plus grand que celui de l'augmentation de surface, puisque ce décroissement est en raison inverse du carré de la distance ; d'où il suit que la quantité de fluide nécessaire pour maintenir l'équilibre doit s'accroître suivant un rapport beaucoup plus considérable que celui qui résulte de l'augmentation de surface, et par conséquent, la densité moyenne électrique doit acquérir elle-même une augmentation très-sensible. On peut supposer, comme nous venons de le faire, que le diamètre du cylindre soit constant et que sa longueur soit variable, ou qu'au contraire la longueur étant constante, ce soit le diamètre qui varie. M. Coulomb a examiné aussi ce qui arrivait dans ce second cas, et il a pris deux cylindres de trente pouces de longueur, et dont les diamètres étaient successivement de 2 pouces et d'un pouce; puis, ayant mis ces cylindres tour à tour en contact avec un globe de huit pouces de diamètre, il a déterminé à chaque expérience le rapport entre la densité électrique du globe et celle du cylindre. Désignant par 100 la première densité, il a trouvé que celle du cylindre de deux pouces de diamètre était représentée par 130, et celle du cylindre d'un pouce par 200. On voit ici que l'augmentation de densité ne suit pas le rapport inverse des surfaces ou des diamètres, mais un rapport plus petit, puisque, par exemple, la densité du cylindre d'un pouce de diamètre n'est à celle du cylindre de deux pouces que comme 20 est à 13, tandis que la surface du premier est la moitié de celle de l'autre. Cependant le raisonnement insinue d'abord que les densités devraient croître proportionnellement à la diminution des surfaces, puisque la longueur étant constante, tous les points qui se correspondent sur les différens cylindres sont également éloignés du globe, et par conséquent le rapport des distances n'apportant aucune variation dans les résultats, les conditions de l'équilibre paraissent dépendre uniquement du rapport des surfaces : si donc la surface de l'un des cylindres n'est qu'un sixième de celle de l'autre, il faudra, ce me semble, toutes choses égales d'ailleurs, pour qu'il y ait compensation, que sa densité électrique soit six fois plus grande, c'est-à-dire en raison inverse des diamètres. Mais il faut observer que le fluide étant tout entier à la surface tant du cylindre que du globe, les courbures, soit du globe, soit des hémisphères qui terminent ce cylindre, occasionent de la part des molécules électriques des actions obliques qui se décomposent, et dont une partie est en pure perte

relativement à l'équilibre. Or, en tenant compte de ces décompositions de forces, on trouve qu'un petit cylindre
comparé à un cylindre plus gros acquiert relativement à
la diminution même de son diamètre un avantage qui fait
que la compensation a lieu par un rapport plus petit que le
rapport inverse des surfaces. Ce qui précède conduit l'auteur à rendre raison d'un phénomène très-connu de l'électricité. On sait qu'un globe armé d'une pointe se dépouille
très-promptement de son fluide électrique, tandis qu'un corps
mousse, tel qu'un petit globe qu'on ajouterait au premier,
ne produirait aucune dissipation sensible du fluide, quoique
la surface fût beaucoup plus considérable que celle du corps
terminé en pointe. C'est là une de ces espèces de paradoxes
dont l'explication est l'épreuve à laquelle on attend une
théorie, et qui ne peut manquer de réunir les suffrages en
faveur de celle qui présente un pareil phénomène comme
une conséquence naturelle et nécessaire de ses principes.
Or, qu'est-ce qu'une pointe attachée à un globe électrisé ?
C'est, dans la théorie de M. Coulomb, un long cylindre
d'un très-petit diamètre en contact avec ce globe. Remar-
quons maintenant que, d'après les principes exposés plus
haut, la densité électrique à l'extrémité d'un cylindre,
l'emporte de beaucoup sur celle du fluide situé vers le
milieu, même en supposant ce cylindre isolé ; en sorte
que s'il a, par exemple, trente pouces de longueur sur
deux pouces de diamètre, la densité à l'extrémité est à
celle du milieu comme deux cent trente est à cent, c'est-à-
dire plus que double. Ce rapport augmentera si l'on diminue le diamètre du cylindre, et il augmentera encore si le
cylindre est en contact avec un gros globe, parce que l'action de ce globe chassera de nouvelles molécules vers
l'extrémité opposée au contact. Maintenant, comme l'air
est un corps imparfaitement idio-électrique, il ne résiste
à la communication du fluide que jusqu'à un certain terme
au delà duquel ce fluide doit s'échapper rapidement par
l'extrémité du cylindre ou de la pointe, et la densité électrique de cette pointe étant encore très-sensible lorsque

celle du globe est presque nulle, celui-ci se dépouillera
en un moment de son fluide par l'intermède de la pointe :
cette dissipation du fluide sera surtout très-prompte si le
cylindre ou l'aiguille a une certaine longueur, parce que
la densité électrique se trouvera sensiblement accrue,
comme nous l'avons dit en parlant du rapport que suit
cette densité dans les cylindres de différentes longueurs
mis en contact avec un même globe. Pour épuiser toutes
les combinaisons dont ces expériences sont susceptibles, il
ne restait plus à M. Coulomb qu'à supposer les dimensions
du cylindre constantes, et à faire varier le diamètre du
globe avec lequel on met ce cylindre en contact. Ce célèbre physicien a trouvé que le rapport entre les diamètres
du globe et celui du cylindre était au-dessous d'un huitième;
la densité électrique croissait sur le cylindre dans un rapport sensiblement plus petit que celui qui suivrait l'augmentation des diamètres du globe ; ce qui rentre dans le
résultat que nous avons exposé plus haut, en parlant de
plusieurs cylindres de différens diamètres mis en contact
tour à tour avec un même globe ; et l'on sent bien que cette
analogie entre les résultats doit avoir lieu, puisque c'est à
peu près la même chose, quant à l'effet, de faire varier le
diamètre du cylindre, le globe restant le même, ou de
faire varier celui du globe vis-à-vis d'un cylindre d'un
diamètre constant. Si cependant le diamètre du globe excède celui du cylindre d'une quantité considérable, comme
lorsque le rapport est au-dessus d'un huitième, alors les
densités électriques du cylindre suivent assez exactement le
rapport direct des diamètres des globes. L'auteur donne
des formules pour déterminer dans les différens cas la
densité moyenne électrique d'un cylindre relativement à
celle d'un globe avec lequel ce cylindre est en contact. La
même théorie s'applique aisément à l'un des plus grands
phénomènes qu'ait offerts la physique. Personne n'ignore
aujourd'hui que la matière électrique est la même que celle
du tonnerre et que ces jeux philosophiques que nous pro-
duisons à l'aide de nos machines ne sont autre chose qu'une

image en raccourci de ces feux si redoutables que lance
un nuage orageux. Depuis cette découverte, les physiciens
ont poussé la hardiesse jusqu'à aller au-devant de la foudre, à l'amener dans un appareil ingénieux, et à la donner
en spectacle avec tout ce qu'elle a de plus imposant. L'appareil consiste dans une espèce de cerf-volant qu'on élève
dans les airs, et dont la corde est entrelacée avec un fil de
métal ; cette corde se termine inférieurement par un cordon de soie pour la tenir isolée, et préserver l'observateur du danger de l'explosion. Le fluide électrique dont
se charge cet appareil a une telle activité, qu'on a vu sortir du fil métallique des courans de feu d'environ un pouce
d'épaisseur, et de dix pieds de longueur, qui faisaient
entendre un bruit semblable à celui d'une arme à feu.
M. Coulomb considère le nuage comme un globe électrisé
qui aurait un rayon considérable, par exemple, de mille
pieds de longueur. Si l'on suppose que la corde du cerf-
volant ait une ligne de diamètre, elle représentera un
cylindre d'une très-petite base en contact par une de ses
extrémités avec un globe d'une grosseur immense. L'auteur trouve que la densité du fluide électrique à l'extrémité
opposée du fil de métal est soixante-deux mille fois plus
considérable que celle du fluide contenu dans le nuage.
Qu'on juge de l'impétuosité avec laquelle ce fluide doit
s'élancer du métal où il tend à se condenser avec une force
si supérieure à la résistance de l'air. L'analogie de l'électricité avec le tonnerre a été mise en évidence surtout par
les belles expériences du célèbre Franklin, à qui l'on est
redevable d'ailleurs d'avoir eu le premier des idées saines sur l'action du fluide électrique, et c'est en calculant
les effets de cette action d'après une loi analogue à celle de
la gravitation newtonienne, que M. Coulomb est parvenu
à expliquer des phénomènes regardés si long-temps comme
inconcevables. (*Annales de chimie*, tome 2, *page* 1, *et*
tome 7, *page* 112;)—M.***.—AN IX.— On suppose
que les molécules d'électricité de même nature se repoussent en raison directe des masses inverses du carré des dis-

tances, et l'on demande, dans cette hypothèse, comment l'électricité doit se disposer dans un ellipsoïde de révolution pour y être en équilibre. On suppose encore que le fluide électrique est contenu au dehors par la pression de l'air, considéré comme n'étant point conducteur de l'électricité. Il en résulte que la figure extérieure du fluide sera celle de l'ellipsoïde lui-même. Concevons le fluide uniformément répandu dans l'intérieur du corps, et considérons une quelconque de ses molécules. On peut la regarder comme placée à la surface d'un ellipsoïde de révolution semblable au précédent et situé de la même manière. Elle sera donc sollicitée, 1°. par la répulsion de cette ellipsoïde ; 2°. par l'action qu'exerce sur elle la couche elliptique qui l'enveloppe. Or, cette action est nulle, puisque les surfaces extérieures et intérieures de cette couche sont elliptiques et semblables ; la première force agit donc seule, et la molécule doit lui obéir. Ainsi tout le fluide doit se porter à la surface de l'ellipsoïde, et y former une couche infiniment mince. Il faut encore, pour l'équilibre, qu'en nommant P, Q, R, les forces qui sollicitent une molécule de la surface libre du fluide, parallèlement à trois coordonnées rectangulaires a, b, c, on ait

$$P\,da + Q\,db + R\,dc = 0,$$

afin que la résultante de toutes les forces soit perpendiculaire à cette surface ; et cette condition sera remplie si les surfaces intérieure et extérieure de la couche fluide sont semblables et semblablement situées. En effet, dans cette hypothèse, l'action répulsive de cette couche est égale à la différence des actions répulsives de deux ellipsoïdes concentriques et semblables, dont l'un serait terminé à la surface extérieure et l'autre à la surface intérieure de la couche fluide. Or, en nommant K l'axe du pôle et $\frac{K}{\sqrt{m}}$, celui de l'équateur de l'ellipsoïde donné, son équation sera

$$a^2 + m(b^2 + c^2) = K^2.$$

Si l'on représente par A, B, C; les actions de cet ellipsoïde, parallèlement aux trois axes des coordonnées a, b, c, (*Mécanique céleste, tom.* 2, *page* 22.) on aura :

$$A = \frac{4\varpi\rho}{\lambda^3 m}\left\{\lambda - \text{ang. tang. } \lambda\right\} . a \text{ ou } \lambda^2 = \frac{1-m}{m}$$

ρ exprimant la densité du fluide et ϖ la demi-circonférence dont le rayon $=1$.

$$B = \frac{4\varpi\rho}{2\lambda^3 m}\left\{\text{ang. tang. } \lambda - \frac{\lambda}{1+\lambda}\right\} . b,$$

$$C = \frac{4\varpi\rho}{2\lambda^3 m}\left\{\text{ang. tang. } \lambda - \frac{\lambda}{1+\lambda^2}\right\} . c.$$

Soit maintenant χ la valeur de K pour l'ellipsoïde inférieur ; son extensité, m doit rester le même pour cet ellipsoïde, puisqu'il est semblable au précédent, Sa masse sera $\frac{4\varpi\chi\rho\chi^3}{3m}$, et les actions qu'il exerce parallèlement aux axes seront :

$$A_, = \frac{4\varpi\rho\chi^2}{m\lambda_,^3 k_,^3}\left\{\lambda_, - \text{ang. tang. } \lambda_,\right\} . a ;$$

$$B_, = \frac{4\pi\rho\chi^2}{2m\lambda_,^3 k_,^3}\left\{\text{ang. tang. } \lambda_, - \frac{\lambda_,}{1+\lambda_,^2}\right\} . b ;$$

$$C_, = \frac{4\varpi\rho\chi^3}{2m\lambda_,^3 k^3}\left\{\text{ang. tang. } \lambda_, - \frac{\lambda_,}{1+\lambda_,^2}\right\} . c.$$

$\lambda_,$ étant la valeur de λ pour un ellipsoïde qui passerait par le point dont les coordonnées sont a, b, c, , et qui aurait la même excentricité θ et la même position des axes que l'ellipsoïde intérieur. $k_,$ est la valeur de k pour cet ellipsoïde auxiliaire, et l'on a pour déterminer $\lambda_,$ et $k_,$ les équations

$$\lambda_,^2 = \frac{\theta}{k_,^2}; \; k_,^4 - k_,^2 \left\{a^2_, + b^2_, + c^2_, - \theta\right\} = a^2\theta.$$

(*Voyez la mécanique céleste*, tome 2, page 21.)

Or l'excentricité

$$\theta = \left(\frac{1-m}{2\,m} \right) \chi^2$$

on a donc

$$\lambda_{,}^{2} = \frac{\lambda^2 \chi^2}{k_{,}^2} \text{ d'où } \lambda_{,} = \frac{\lambda \chi}{K_{,}},$$

et les valeurs de A, B, C, deviennent

$$A_{,} = \frac{4 \varpi \rho}{5} \left\{ \lambda_{,} - \text{ang. tang. } \lambda_{,} \right\} . a.$$

$$B_{,} = \frac{4 \varpi \rho}{2\,m\,\lambda^5} \left\{ \text{ang. tang. } \lambda_{,} - \frac{\lambda_{,}}{1+\lambda_{,}^2} \right\} . b.$$

$$C_{,} = \frac{4 \varpi \rho}{2\,m\,\lambda^3} \left\{ \text{ang. tang. } \lambda_{,} - \frac{\lambda_{,}}{1+\lambda_{,}^2} \right\} . c.$$

Or on a

$$P = A - A_{,}, \quad Q = B - B_{,}, \quad R = C - C_{,}.$$

En substituant les valeurs précédentes, il vient

$$P = \frac{4 \varpi \rho}{m\,\lambda^5} \left\{ \lambda - \lambda_{,} + \text{ang. tang. } \lambda \right\} . a.$$

$$Q = \frac{4\,\pi\,\rho}{2\,m\,\lambda^3} \left\{ \text{ang. tang. } \lambda - \text{ang. tang. } \lambda_{,} + \frac{\lambda_{,}}{1+\lambda_{,}^2} - \frac{\lambda}{1+\lambda} \right\} . b.$$

$$R = \frac{4 \varpi \rho}{2\,m\,\lambda^3} \left\{ \text{ang. tang. } \lambda - \text{ang. tang. } \lambda_{,} + \frac{\lambda_{,}}{1+\lambda_{,}^2} - \frac{\lambda}{1+\lambda^2} \right\} . c.$$

La couche fluide étant infiniment mince, x est très-peu différent de k aussi-bien que $k_{,}$: on a donc dans cette supposition

$$\lambda_{,} = \lambda \left\{ 1 + \varpi \right\}$$

ϖ étant une quantité très-petite et les valeurs précédentes deviennent, en observant que

$$m = \frac{1}{1+\lambda^2}$$

$$P = 4\,\pi\,\rho\,\omega\,.\,a. \quad Q = 4\,\pi\,\rho\,\omega\,.\,m\,.\,b. \quad R = 4\,\pi\,\rho\,\omega\,.\,m\,.\,c.$$

substituant ces expressions dans l'équation de l'équilibre

$$P\,da + Q\,db + R\,dc = o,$$

elle se réduit à

$$a\,da + m\,\{\,bdd + c\,dc\,\} = o,$$

qui est précisément l'équation différentielle de la surface de l'ellipsoïde. L'équilibre est donc possible, en supposant que les figures extérieure et intérieure de la couche électrique sont elliptiques et semblables. Il est visible que ce résultat comprend le cas où l'ellipsoïde se réduit à une sphère. En nommant p la pression qui a lieu à la surface libre du fluide, on aura

$$p = \sqrt{P^2 + Q^2 + R^2},$$

et en substitution pour P, Q, R, leurs valeurs;

$$p = 4\,\pi\,\rho\,\omega\,.\,\sqrt{\frac{a^2 + b^2 + c^2}{(1 + \lambda^2)^2}},$$

mais l'équation de l'ellipsoïde donne

$$\frac{b^2 + c^2}{1 + \lambda^2} = k^2\,a^2,$$

on aura donc

$$P = 4\,\pi\,\rho\,\omega\,\frac{\sqrt{k^2 + a^2\lambda^2}}{\sqrt{1 + \lambda^2}}$$

a est égal à k au pôle, il est nul à l'équateur ; d'où il suit que la force électrique au pôle est à cette même force à l'équateur, comme le diamètre de l'équateur est à l'axe du pôle ; ce qui fournit un moyen très-simple de vérifier la théorie par l'expérience. Les mêmes procédés s'appliqueraient également au cas où l'ellipsoïde ne ferait pas de ré-

volution. Seulement, comme on ne peut pas obtenir, en
termes finis, les répulsions qu'il exerce parallèlement aux
trois axes des coordonnés, il faut effectuer les différentiations
sous les signes d'intégrales définies au moyen desquelles
elles sont exprimées. (*Société philom., an* ix, *bull.*5 1, *p.* 2 1.)
— M. Tremery, *ingénieur des mines.* — An x. — Parmi
les faits sur lesquels on s'est appuyé pour admettre avec
Franklin l'hypothèse d'un seul fluide électrique, la plus remarquable est la suivante : Ayant placé entre deux conducteurs métalliques une carte qui touche chacun d'eux
par une de ses faces, dans des points différens, on fait
passer une forte décharge électrique à travers cet appareil; dans l'instant où elle s'opère, une traînée lumineuse
part du conducteur positif, glisse sur la surface de la
carte, et la perce vis-à-vis du conducteur négatif. Cela
arrive même quand la carte est percée d'avance devant
le premier de ces deux conducteurs. On concluait de ce fait
que pour admettre la théorie des deux fluides il faudrait
supposer qu'un seul d'entre eux peut s'échapper des corps
et produit de la lumière, tandis que l'autre y reste inhérent. M. Tremery détruit ce raisonnement par l'expérience suivante. Il place la carte et les deux conducteurs
sous le récipient d'une machine pneumatique; à mesure
que l'on diminue la densité de l'air contenu sous le récipient, le point où la carte est percée se rapproche du
conducteur positif; lorsque la pression est à peu près la
moitié de celle de l'atmosphère, le point de passage est
précisément au milieu des deux conducteurs. A chaque
décharge, une traînée lumineuse part de chaque conducteur et s'étend sur chaque surface de la carte jusqu'au
point d'intersection. M. Tremery conclut de cette expérience qu'il faut regarder l'air atmosphérique, dans l'état
ordinaire, comme résistant davantage au passage du fluide
négatif qu'à celui du fluide positif. Ces résistances diminuent
pour ces deux fluides avec la densité de l'air dans différens
rapports, et beaucoup plus rapidement pour le premier que pour le second. M. Tremery déduit de ce qui

précède ce résultat général, que la faculté isolante des corps idioélectriques ne doit pas être supposée la même pour les électricités positives et négatives. En partant de cette explication, il est facile d'accorder avec la théorie des deux fluides le très-petit nombre de faits que ses adversaires lui opposent. *Société philomathique*, *an* x, *bulletin* 63, *page* 114.) — M. Limes. — 1808. — Franklin n'admettait qu'un seul fluide électrique, et l'on ne peut s'empêcher de convenir que l'explication qui en résultait pour tous les phénomènes était d'une clarté et d'une simplicité qui rendaient l'étude de cette partie de la physique plus facile et plus accessible à tous ceux qui voulaient s'en occuper. Æpinus, qui ne connaissait pas plus que tous les autres physiciens la nature du fluide électrique, cherchant, comme le dit l'auteur, à soumettre au calcul les forces qui agissaient dans les corps, fut conduit à cette étrange conséquence, *que la matière repoussait la matière*. M. Limes fait voir que cette conséquence d'Æpinus fut due à ce que, ne soupçonnant point que le fluide électrique jouât un rôle, exerçât une action dans les corps, il lui supposa, même lorsque les corps sont à l'état naturel, des actions sur les autres corps; tandis qu'il négligeait de voir s'il n'en exerçait pas plus prochainement dans les corps mêmes qui le contenaient; observation très-judicieuse de M. Limes qui lui a fait chercher quel était l'être qui, se trouvant comme le fluide électrique dans tous les corps de la nature, y jouait tout à la fois un rôle nécessaire. Il a trouvé que ce ne pouvait être que le *calorique*, qui existe de même que le fluide électrique dans tous les corps, et comme lui dans des quantités inégales, qui y est occupé à tenir à distance les molécules des corps qui sans lui se toucheraient immédiatement; en sorte que son action y est employée à maintenir l'équilibre entre lui et l'attraction moléculaire; d'où il suit que tant que les corps restent à l'état naturel, il n'a pas d'action à exercer au dehors. C'est ce calorique qui n'est point sensible au thermomètre, qui n'en élève point la température; celui enfin auquel les physiciens et les chimistes modernes ont donné le nom de *calorique latent*. Cette idée ingénieuse, en levant les difficultés qu'Æpinus ou d'autres savans avaient trouvées dans la théorie d'un fluide électrique unique, confirme le soupçon qu'avaient eu plusieurs physiciens que le fluide électrique n'était autre chose que le calorique, sans qu'ils eussent, comme M. Limes, fourni les preuves qui permissent d'admettre cette vérité comme démontrée. Il résulte du développement de cette idée une explication aussi simple que facile de tous les phénomènes électriques, et qui est à la portée des personnes le moins versées dans cette science. Les difficultés qui en entravaient la marche, dit M. Caille, en rendant compte de l'ouvrage de M. Limes, avaient réduit les savans à supposer deux fluides électriques, l'un *vitreux*, l'autre *résineux*, qu'on disait, à la vérité, ne supposer que pour l'explication, quoiqu'ils n'expliquassent qu'un certain nombre de faits, et pas même celui des attractions et répulsions électriques, qui est un phénomène principal. On disait en même temps qu'on se gardait bien de les admettre dans la réalité, mais seulement en attendant mieux. Cette insuffisance de la science prouvait assez qu'il lui restait encore bien des pas à faire; et l'on ne peut que savoir gré à M. Limes du travail précieux qu'il présente pour remplir cette lacune. La lumière que le fluide électrique manifeste dans certains cas a été un objet d'observation pour notre auteur. Il a été frappé de ce que le fluide électrique n'est le plus souvent lumineux que lorsqu'il passe d'un corps sur un autre; ce qui l'a porté à croire que c'est dans ce passage qu'il trouve de quoi prendre ce caractère. Cavallo avait déjà dit, *page* 65 de son *Traité complet de l'Électricité* : « Pour détruire une erreur dans laquelle sont tombés plusieurs physiciens, je ne puis m'empêcher de remarquer ici que la lumière électrique est douée, comme celle du soleil, de toutes les couleurs du prisme. On peut faire l'expérience très-facilement en examinant l'étincelle électrique à travers un prisme de cristal. » M. Limes a reconnu aussi cette identité : il a pensé de plus que c'est dans l'air que le fluide électrique trouve les élémens des sept rayons primitifs, toutes les fois qu'il est dans un état de rapprochement suffisant pour déterminer les combinaisons qui peuvent y donner lieu. Et comme les élémens de l'air sont *l'oxigène*, *l'azote*, *l'acide carbonique*, il a reconnu que le nombre de combinaisons qui peut résulter du rayon solaire, ou du fluide électrique avec l'oxigène, l'azote et le carbone, se réduit précisément aux sept qu'il indique, qui est justement celui des sept rayons primitifs qu'il fait correspondre aux sept couleurs. Cette idée vraiment neuve, mais qui n'a pas encore l'appui de l'expérience, nous paraît mériter d'autant plus l'attention des physiciens que déjà M. Fourcroy, au sujet des couleurs animales avait dit dans quelqu'un de ses ouvrages : « On voit cependant que ce sont des espèces d'oxides à triples bases où l'hydrogène et l'azote unis au carbone sont fixés par une proportion variée d'oxigène. » M. Caille, en terminant son examen de l'ouvrage de M. Limes, ajoute que ces idées ont trop d'analogie pour que, si l'une est vraie, l'autre ne puisse pas l'être; et c'est un préjugé très-favorable à toutes les deux. Si celle de M. Limes est confirmée par l'expérience, on lui devra encore la solution d'un des problèmes les plus brillans de la physique, celui de la lumière et des rayons primitifs dont elle se compose, problème sur lequel beaucoup de savans, et le plus récemment Euler, se sont exercés sans qu'aucun ait rien dit de vraisemblable et de satisfaisant à cet égard. (*Ouvrage imprimé à Paris. Moniteur*, 1808, *p.* 637.) — M. DESSAIGNES.—1811.—Le Mémoire de l'auteur contient un grand nombre de faits d'où il résulte que la température des appareils, et surtout la différente température des diverses parties de ces appareils, a la plus grande influence sur la production de l'électricité. L'ambre, le soufre, le verre et la cire d'Espagne, ne donnent aucun signe d'électricité quand on les plonge, même brusquement, dans le mercure lorsque leur température est égale à celle de ce métal, et moindre que 10 degrés centigrades. L'auteur a fait ses expériences en commençant à la température de

— dix-huit degrés. L'ambre commence a devenir électrique par ce procédé à onze degrés ; le soufre et la cire
d'Espagne, à quinze degrés ; le verre, à vingt degrés : tous
cessent de l'être entre soixante degrés et quatre-vingt degrés, et ne le redeviennent plus à des températures plus
élevées. Ces corps ne deviennent jamais électriques, lorsqu'au lieu de les plonger dans ce liquide, on les en retire
lentement, en supposant toujours que le degré de chaleur
est le même ; mais lorsque les corps idio-électriques sont
plus chauds que le mercure, ils s'électrisent constamment,
et par immersion, et par émersion. Un seul degré de différence dans la température suffit pour produire cet effet,
qui est en général d'autant plus sensible que la différence
est plus grande ; on observe cependant qu'un cylindre de
verre à cent degrés, plongé dans du mercure à — dix-
huit degrés, n'y devient électrique que quand il se fêle,
mais il l'est alors à un haut degré. Quand c'est le mercure
qui est plus chaud que le corps qu'on y plonge ou qu'on
en retire, l'électricité est beaucoup plus faible pour une
même différence de température, parce que le mercure
refroidit beaucoup moins promptement dans ce cas que ne
le fait le corps idio-électrique lorsqu'il est le plus chaud. Le
soufre s'électrise positivement dans tous ces cas, quel que soit
l'état de l'atmosphère ; mais le verre, l'ambre, la cire, le papier, le coton, la soie et la laine, prennent constamment une
électricité positive quand le baromètre est bas et que l'air
pousse au chaud, et une électricité négative lorsque le baromètre est haut, et que l'air pousse au froid. Il arrive souvent
que l'électricité est positive dans du mercure allié d'étain, et
négative dans du mercure pur. La nature de l'électricité
change aussi, suivant l'intervalle plus ou moins grand des
deux températures ; on peut l'observer positive pour un
intervalle de peu de degrés, et négative pour une plus
grande différence. En frottant les même corps sur la laine au lieu de les plonger dans le mercure, on observe
également qu'il ne se produit d'électricité que dans des
températures qui ne sont ni trop basses ni trop élevées,

et que la nature de l'électricité dépend du degré de chaleur ; ce qu'avait déjà observé Bergman. Le simple contact du mercure ne produit d'électricité dans les mêmes corps que quand sa température est différente de la leur, et qu'elles ne sont toutes deux ni inférieures à o degré, ni supérieures à 75 degrés. On observe encore ici que l'électricité est ordinairement positive pour une petite différence dans le degré de chaleur, et négative quand cette différence est plus grande. Des disques métalliques isolés perdent aussi la faculté de devenir électriques par frottement, à une température très-basse ; ils reprennent promptement cette faculté en les chauffant un peu dans la main. L'électricité est d'abord négative ; puis elle augmente, et diminue ensuite, à mesure que la température s'élève. En continuant de chauffer le métal, il redevient non excitable, et ensuite positif. L'électricité positive que donnent les métaux chauffés au soleil devient en un instant négative par un courant d'air froid ou en les plongeant dans du mercure froid. Les métaux ne deviennent électriques au soleil que parce qu'ils s'y échauffent plus rapidement que le support qui les isole ; ils cessent de l'être lorsqu'on les y laisse assez long-temps pour que le support y prenne la même température. Lorsque les disques métalliques sont naturellement négatifs, on les rend positifs l'hiver, et quand l'air pousse au froid, en refroidissant le support, et l'été, par un vent de sud, et quand le baromètre est bas, en chauffant le support. S'ils étaient positifs, on les rendrait négatifs, dans le premier cas, en chauffant le support ; et dans le second en le refroidissant. M. Dessaignes joint à ces faits, qui sont indépendans de la nature du métal dont les disques qu'on électrise sont composés, d'autres résultats relatifs aux divers métaux ; il a trouvé qu'à l'exception de l'étain et de l'antimoine, qui sont toujours négatifs, tous les métaux sont naturellement variables du positif au négatif ; que le pouvoir des pointes pour faire naître l'état négatif est très-grand sur le zinc, un peu moindre sur l'argent, très-faible sur les autres métaux, et nul sur le bismuth ; que quand les métaux ne sont pas excitables, et qu'ils le deviennent lorsqu'on les expose au soleil, l'électricité se manifeste d'abord dans ceux qui sont meilleurs conducteurs du calorique, l'argent étant au premier rang, et le plomb au dernier. Les métaux où l'électricité a le plus d'intensité sont l'argent et l'étain ; puis viennent le cuivre et le zinc ; ensuite le platine et l'or, enfin le plomb, l'antimoine, le fer et le bismuth. Lorsque le baromètre est très-haut, le fer et le bismuth sont toujours positifs, quelque froid qu'il fasse ; les autres métaux deviennent positifs, quand il ne fait pas trop froid, dans l'ordre suivant : l'argent, l'or, le platine, le cuivre, le zinc et le plomb. L'antimoine et l'étain ne le deviennent jamais. Le froid fait repasser ceux qui en sont susceptibles à l'état négatif dans l'ordre inverse, le plomb, le zinc, le cuivre, le platine, l'or et l'argent. Quand le baromètre est bas et la température très-élevée, ils deviennent tous négatifs dans cet ordre, l'argent, l'or, le platine, le fer, le bismuth, le plomb, le cuivre et le zinc, et repassent à l'état positif quand la température baisse ; mais ce changement arrive toujours dans le même ordre, l'argent le premier, et le zinc le dernier, en sorte que l'ordre ne devient point inverse comme il arrive dans les changemens qui ont lieu lors des grandes élévations du baromètre. M. Dessaignes termine son mémoire par des expériences tendantes à prouver que l'action galvanique d'un disque de zinc posé sur un disque de cuivre, et celle d'une pile montée à l'ordinaire, disparaissent lorsqu'on les plonge dans un mélange frigorifique ; il avait cru d'abord que cette action augmentait avec la température du liquide environnant, quoiqu'il eût observé un cas où elle avait cessé dans l'eau bouillante. C'est sur cette dernière partie de son mémoire qu'il est revenu dans sa lettre écrite à l'auteur du Journal de Physique : il résulte des expériences qu'il y décrit, 1°. qu'on fait disparaître également l'action galvanique par un froid de dix-huit degrés centigrades au-dessous de zéro, et par la chaleur de l'eau bouillante, pourvu que cette température, très-basse ou très-élevée, soit précisément la même à tous les points de l'instrument ; 2°. que l'action reparaît quand la température cesse d'être partout la même , par exemple , lorsqu'une des extrémités d'une pile voltaïque est plus chaude que l'autre, et que cette action a d'autant plus d'intensité que la température est plus inégale aux deux extrémités de la pile. Enfin l'auteur rapporte quelques expériences qu'il a faites sur l'électricité qu'on excite par le contact de deux branches métalliques homogènes, mais de températures différentes. Il a produit , par exemple , des contractions très-vives dans les muscles d'une grenouille, en les plaçant sur le manche d'une cuillère d'argent pleine d'éther, et refroidie par l'évaporation de ce liquide, puis en établissant une communication avec un fil de même métal entre cette cuillère et une seconde cuillère vide et en contact avec les nerfs moteurs de ces muscles. En mettant aussi de l'éther dans la cuillère qui touche les nerfs, on voit l'action galvanique diminuer et cesser en même temps que la différence de température des deux cuillères. Plusieurs de ces expériences avaient été faites long-temps avant M. Dessaignes en Allemagne et en Italie , lors de la discussion élevée entre Galvani et Volta sur la cause des phénomènes galvaniques que le savant dont ils ont conservé le nom attribuait aux propriétés des organes musculaires , et Volta à l'hétérogénéité des métaux employés dans l'arc excitateur. M. de Humboldt , dont les travaux sur la théorie naissante du galvanisme ont fait connaître à cette époque un grand nombre de faits nouveaux et intéressans , examina surtout avec attention l'influence de la diversité de température sur la production de l'électricité galvanique. Ses observations et ses expériences sur cette branche de la physique sont réunies dans l'ouvrage qu'il publia en Allemagne avant son départ pour l'Amérique , et dont le premier volume a été traduit en français ; et imprimé chez Fuchs, en 1799, sous le titre de : *Expériences sur le galvanisme , et en général sur l'irrigation des fibres musculaires et nerveuses.* (*Société philomathique* , 1812 , *page* 4o.) — M. Poisson. — 1812. — L'énoncé du principe général sur lequel est fondée l'application de l'analyse mathématique à la théorie des deux fluides électriques est établie ainsi par M. Poisson : « Si plusieurs corps conducteurs électrisés sont mis en présence les uns des autres, et qu'ils parviennent à un état électrique permanent, il faudra, dans cet état, que la résultante des actions des touches fluides qui les recouvrent, sur un point pris quelque part que ce soit dans l'intérieur de l'un de ces corps, soit égale à zéro. » En effet, si cela n'était pas, la résultante décomposerait une nouvelle quantité du fluide naturel que contiennent ces différens corps, et leur état électrique serait changé. D'ailleurs, quand cette condition est remplie, on fait voir que la couche fluide qui recouvre chaque corps est en équilibre à sa surface ; de sorte que cette condition est la seule à laquelle il soit nécessaire d'avoir égard. Il suit de ce principe qu'à la surface d'un ellipsoïde quelconque, la couche électrique est comprise entre deux surfaces semblables et concentriques ; car on sait qu'une pareille couche n'exerce ni attraction ni répulsion sur les points intérieurs. Le calcul démontre que la répulsion de cette couche sur les points situés à sa surface extérieure, est proportionnelle à son épaisseur en chaque point ; donc la pression que le fluide exerce sur l'air environnant, et qui est en raison composée de l'épaisseur et de la répulsion électrique, sera partout proportionnelle au carré de l'épaisseur, d'où il résulte que s'il s'agit d'un ellipsoïde de révolution, la pression à l'un des pôles sera à la pression à l'équateur comme le carré de l'axe des pôles est au carré du diamètre de l'équateur ; et si l'ellipsoïde est très-allongé, la première pression sera extrèmement grande par rapport à la seconde. En comparant les pointes à des ellipsoïdes très-allongés, on voit donc que l'électricité doit s'y porter principalement vers les extrémités, et y exercer une pression d'autant plus grande, que la pointe sera plus aiguë. C'est sur cet accroissement indéfini de la pression électrique aux extrémités des pointes qu'est fondée l'ex-

plication que l'on donne dans ce mémoire de la faculté
qu'ont ces corps de dissiper dans l'air le plus sec le
fluide électrique dont ils sont chargés. Ce résultat relatif à
la force répulsive n'est pas particulier à l'ellipsoïde. Quelle
que soit la forme d'un corps conducteur électrisé, on démontre que la répulsion électrique à sa surface est proportionnelle à la quantité d'électricité accumulée en chaque
point. La démonstration synthétique de cette proposition
générale, que l'on trouvera dans le mémoire de M. Poisson, est due à M. Laplace, qui a bien voulu la communiquer à l'auteur. Après avoir considéré le cas d'un seul
corps électrisé, on applique le principe général au système
de deux sphères soumises à leur influence mutuelle. On
discute spécialement, et dans le plus grand détail, le cas où
les deux sphères se touchent, et l'on résout d'abord ce
problème important : « Les rayons de deux sphères étant
donnés, et ces deux sphères étant mises en contact et électrisées en commun, on demande suivant quel rapport le
fluide électrique se partage entre ces deux corps. » La formule qui exprime ce rapport au moyen de celui des deux
rayons, montre que l'épaisseur de la couche est toujours la
plus grande sur la plus petite des deux sphères, ce qui revient à dire que le fluide électrique se partage entre elles
dans un rapport moindre que celui de leurs surfaces ; résultat remarquable que Coulomb avait déjà conclu de ses nombreuses expériences. Le rapport de l'épaisseur sur la petite
sphère à l'épaisseur sur la grande tend vers une limite constante à mesure que le petit rayon diminue ; cette limite, déduite de la formule, est égale au carré du rapport de la circonférence au diamètre divisé par 6, c'est-à-dire, égale à
environ, $\frac{5}{3}$; ainsi quand une très-petite sphère est mise en
contact avec une grande, l'électricité se partage entre elles
dans le rapport d'environ 5 fois la surface de la petite à 3 fois
celle de la grande. Pendant que deux sphères de rayon quelconque sont en contact, l'épaisseur de la couche électrique
varie à leurs surfaces ; on trouvera dans le mémoire de
M. Poisson, des formules au moyen desquelles on peut

calculer la quantité d'électricité en chaque point de chacune des deux sphères. Il résulte de ces formules que
l'électricité est nulle au point de contact, et très-faible en
général sur les deux sphères jusqu'à une assez grande distance de ce point. L'épaisseur de la couche fluide au point
diamétralement opposé à celui du contact est toujours plus
grande sur la petite sphère que sur la grande ; à mesure
que le rayon de la première diminue, le rapport de
l'épaisseur sur l'une à l'épaisseur sur l'autre tend vers une
limite constante que le calcul détermine et qui est égale
à 4, 2, ou à peu près. La profession électrique en ce
point de la petite sphère, qui doit croître comme le
carré de l'épaisseur, devient donc, à la limite, égale
à environ dix-sept fois la pression qui a lieu sur la grande
sphère : ainsi, lorsque l'on pose une très-petite sphère,
par exemple une tête d'épingle, sur un globe électrisé,
l'électricité se condense quatre fois et un cinquième au
point de la petite sphère opposé à celui du contact ; et en
même temps la pression électrique y est augmentée dans le
rapport de dix-sept à un. C'est pour cette raison que la petite sphère fait en partie l'office d'une pointe, et qu'elle
facilite la déperdition du fluide électrique dans l'air. Pour
rendre plus facile la comparaison des résultats déduits de
la théorie avec ceux de l'expérience, on a calculé l'épaisseur de la couche électrique en différens points de deux
sphères qui se touchent, et l'on a choisi exprès les points
pour lesquels Coulomb a déterminé cette épaisseur au
moyen de sa balance. On a rangé les nombres donnés par
le calcul, et ceux de Coulomb, dans des tableaux dont une
colonne indique la différence entre les résultats correspondans : sur quatorze observations calculées, la différence
moyenne tombe au-dessous de un trentième de la chose
qu'on veut déterminer ; de sorte que l'on peut, sans difficulté, l'attribuer aux erreurs inévitables dans ce genre
d'observations. Enfin, le mémoire de M. Poisson, est terminé par l'examen du cas de deux sphères électrisées et
placées à une grande distance l'une de l'autre, que l'on

résout complétement, et que l'on donne pour montrer, par un exemple simple, comme l'analyse est encore applicable, lorsque les deux fluides se trouvent à la fois sur un même corps. — 1813. — Après avoir établi le principe général d'après lequel on doit déterminer la loi de distribution du fluide électrique sur plusieurs corps soumis à leur influence mutuelle, et avoir montré que ce principe fournit toujours autant d'équations que l'on considère de corps conducteurs, M. Poisson avait formé ces équations pour le cas de deux sphères placées à une distance quelconque l'une de l'autre; mais il s'était borné dans le premier mémoire ci-dessus, dont nous avons donné l'extrait, à les résoudre dans deux suppositions particulières : lorsque les deux corps sont en contact, et lorsque leur distance est très-grande par rapport au rayon de l'un d'eux. Maintenant on donne la solution complète et générale de ces deux équations, quels que soient les rayons des deux sphères, la distance de leurs centres, et les quantités totales de fluide électrique, de l'une ou de l'autre espèce, dont elles sont chargées. On exprime d'abord en séries, et ensuite sous forme finie par des intégrales définies, l'épaisseur de la couche électrique, ou, ce qui est la même chose, l'intensité et l'espèce de l'électricité, en chaque point des deux surfaces, ainsi que l'attraction et la répulsion que l'une et l'autre sphère exercent sur un point donné de l'espace. Excepté le cas particulier où les deux corps sont très-rapprochés l'un de l'autre, les séries sont très-convergentes, et donnent, par une approximation rapide, des valeurs aussi exactes qu'on peut le désirer pour les épaisseurs de la couche électrique, et l'on a choisi le cas de deux sphères électrisées d'une manière quelconque, dont les rayons sont entre eux comme un et trois, et dont les surfaces sont séparées par un intervalle égal au plus petit des deux rayons, de sorte que la distance des centres est égale au quintuple de ce rayon. On trouvera dans le mémoire dont nous rendons compte des tableaux qui contiennent les épaisseurs de la couche électrique, calculées à moins d'un dix-millième près, en neuf points différens, sur chacune de ces deux sphères, savoir : aux points extrêmes situés sur la droite qui passe par les deux centres, et que nous nommerons, pour abréger, l'axe des deux sphères, et en d'autres points répartis uniformément entre ces extrêmes. L'inspection de ces tableaux suffira pour montrer si l'électricité croît ou décroît sur l'une des sphères, depuis le point le plus rapproché de l'autre, jusqu'au point le plus éloigné ; on verra également si l'électricité est partout de même nature, ou si elle change de signe sur une même surface ; et, dans ce dernier cas, on saura vers quel point tombe la ligne de séparation des deux fluides. Ces divers circonstances dépendront de la nature et du rapport des quantités totales d'électricité dont les deux sphères sont chargées ; on pourra donner à ces quantités telles valeurs et tels signes que l'on voudra ; et si, par exemple, on en a fait une égale à zéro, on aura le cas où l'un des deux corps est électrisé par l'influence de l'autre ; et l'on connaîtra en même temps l'effet de la réaction de la sphère influencée, sur la sphère primitivement électrisée. Lorsque c'est la petite sphère qui est électrisée par la seule influence de la grande, celle-ci présente une circonstance digne d'être remarquée : l'électricité diminue d'intensité, depuis le point situé sur l'axe entre les deux centres, jusqu'à environ 75° centigrades de ce point ; puis elle augmente jusqu'au point diamétralement opposé, de manière que l'épaisseur de la couche électrique sur la grande sphère atteint son *minimum* vers le soixante-quinzième degré. Au reste, en égalant les épaisseurs qui répondent à deux points différens sur la même sphère, et déterminant par cette équation le rapport des quantités totales d'électricité qui recouvrent les deux surfaces, on pourra produire à volonté un *minimum* dans l'intensité de l'électricité, lequel tombera quelque part entre les deux épaisseurs rendues égales. Le mémoire dont nous rendons compte renferme un second exemple de ce *minimum*, produit en égalant les épaisseurs extrêmes sur la petite sphère ; et ce cas est, en outre, remarquable, en ce que l'intensité est presque constante et ne varie pas *d'un vingt-cinquième* au-dessus ou au-dessous de la moyenne, dans toute l'étendue de la petite sphère ; d'où il résulte qu'elle se maintient en présence de la grande sphère électrisée, presque comme si elle n'en éprouvait aucune influence ; circonstance qui tient, non pas à la faiblesse de l'électricité sur la grande sphère, mais à une sorte d'équilibre entre son action sur la petite, et la réaction de celle-ci sur elle-même. On examine aussi en particulier le cas où les deux sphères que l'on a prises pour exemple, ont été mises en contact, et ensuite éloignées l'une de l'autre. A l'instant de la séparation, la petite sphère donne des signes d'électricité négative à la partie de sa surface qui est tournée vers la grande : cette électricité subsiste encore quand la distance des deux surfaces est devenue égale au plus petit rayon, mais elle est alors très-faible ; et si l'on augmentait la distance, ou si l'on diminuait le rapport du plus grand au plus petit rayon, cette électricité diminuerait jusqu'à devenir nulle, et ensuite positive, au point de l'axe qui tombe entre les deux sphères. Dans un cas pareil, Coulomb a trouvé l'électricité égale à o, en prenant deux sphères dont les rayons étaient entre eux comme 11 et 4, la distance des surfaces étant comme plus haut, égale au moindre rayon. Pour comparer sur ce point important la théorie à l'observation, on a fait le calcul avec les données de Coulomb, et au lieu de o on a trouvé une électricité négative égale à moins d'un 26e. de la moyenne, quantité assez petite pour qu'elle ait pu être insensible dans l'expérience de ce physicien. Les séries qui servent à calculer les épaisseurs de la couche électrique cessent de converger lorsque les deux sphères sont très-rapprochées l'une de l'autre ; mais, par le moyen de leur expression en intégrales définies, on parvient à la transformer en d'autres séries qui sont d'autant plus convergentes que la distance des deux sphères est plus petite. de cette manière, on a pu déterminer ce qui arrive dans le rapprochement de ces deux corps, soit avant qu'ils se soient touchés, soit quand on les a mis d'abord en contact, et qu'on vient à les séparer. Dans le premier cas, on trouve que l'épaisseur de la couche électrique aux points les plus voisins, sur les deux surfaces, augmente indéfiniment, et peut surpasser toute limite donnée, à mesure que la distance diminue; il en est de même de la pression que le fluide exerce contre l'air interposé entre les deux corps; car on a prouvé dans le premier mémoire, que cette pression est toujours proportionnelle au carré de l'épaisseur de la couche; cette pression finit donc par surpasser celle de l'air, et c'est ce qui produit l'*étincelle*. On fait voir qu'elle a nécessairement lieu à une distance plus ou moins petite, toutes les fois que les quantités totales d'électricité dont les sphères sont chargées sont de nature différente, ou qu'étant de même espèce, elles n'ont pas entre elles le rapport qui s'établirait dans le contact. On décrit les circonstances principales de ce phénomène, qui sont toutes déduites du calcul, et qu'il serait peut-être difficile de découvrir par le simple raisonnement. Dans le second cas, c'est-à-dire quand les deux sphères ont d'abord été mises en contact, le calcul montre qu'à l'instant de la séparation, l'électricité qui afflue aux points par lesquels elles se touchaient est d'espèce différente sur les deux sphères; et l'on prouve de plus, que c'est toujours sur la petite sphère que cette électricité prend un signe contraire à celui de l'électricité totale. Quand les deux sphères sont égales, l'électricité est de même espèce dans toute l'étendue de leurs surfaces. (*Société Philomathique, Annales*, 1812 et 1813, *pag.* 155 et 355. *Inst. nat.* 1re. *part.*, 1811; *et* 2e. *part.*, *p.* 92 *et* 171.) M. Biot, *de l'Institut.*—1816.—Toutes les personnes qui se sont occupées de galvanisme savent que certaines piles ne produisent aucun effet chimique ou physiologique sensible, quoiqu'elles donnent beaucoup d'électricité au condensateur, même par un simple contact. Telle est, par exemple, la pile que l'on forme avec des couples de cuivre et de zinc, séparés les uns des autres par une simple couche de colle de farine, disposition que M. Hachette a le premier fait connaître. On observe un effet analogue dans l'affaiblissement rapide des piles les plus actives, et cela est surtout sensible dans les piles à larges plaques, comme MM. Gay-Lussac et Thénard l'ont remarqué dans leurs recherches ; ces piles, qui opèrent d'abord des décompositions énergiques, perdent bientôt leur pouvoir chimique, quoiqu'elles chargent encore le condensateur au même degré et presque instantanément. En rapportant ces phénomènes dans son Traité de physique, M. Biot a cherché à prouver qu'ils dépendaient de l'inégalité des vitesses initiales avec lesquelles les piles diverses, ou les mêmes piles à diverses époques, se rechargent lorsqu'elles ont été déchargées. Pour montrer l'influence de cette vitesse par un exemple extrème, j'ai, dit l'auteur, construit des piles où les couples de cuivre et de zinc n'étaient séparés les uns des autres que par des disques de nitrate de potasse fondus au feu ; ces piles ne produisent ni action chimique, ni commotion dans les organes ; elles ne donnent même que très-peu d'électricité au condensateur par un simple contact ; mais en prolongeant le contact, elles lui en communiquent davantage ; et enfin, au bout de quelques minutes, la tension est la même que l'on obtiendrait avec toute autre pile du même nombre d'étages montés avec les liquides les plus conducteurs et les plus énergiques dans leur action. En comparant le progrès de ces charges successives, et calculant la vitesse qui en résulte pour le rétablissement initial, on trouve qu'il est d'abord insensible ; car si on représente les quantités d'électricité transmises au condensateur par les ordonnées d'une ligne courbe dont les temps soient les abcisses, on trouve que cette courbe commence par être tangente à l'axe quand le temps est nul. Concevez maintenant que cette circonstance, qui tient à la difficulté de la transmission, n'ait pas lieu dans un appareil monté avec de bons conducteurs liquides ; alors les quantités initiales d'électricité données par ces deux appareils dans un temps infiniment petit, seront dans le rapport d'un infiniment petit du second ordre à un du premier. Or, ce sont précisément ces quantités initiales qui agissent dans les commotions et les phénomènes chimiques, où les deux pôles de la pile sont sans cesse déchargés par les conducteurs qui communiquent de l'un à l'autre. Il est donc tout simple que le courant électrique qui en résulte produise dans un cas des effets et n'en produise pas dans les autres, quoiqu'il y ait égalité dans les tensions que les deux piles pourraient atteindre, si on les laissait se recharger librement pendant un temps fini. Cette considération des vitesses initiales, outre les nombreux phénomènes qu'elle explique, a encore l'avantage de nous faire envisager le mode d'action de la pile sous son véritable jour, et de nous indiquer ce qu'on peut attendre pour son perfectionnement par divers procédés. On voit, par exemple, qu'il n'y a rien à espérer de ceux où la permanence de l'action électrique s'obtient par l'affaiblissement de la conductibilité, comme dans les piles de Zamboni et autres semblables. Ces piles, par le principe même qui les rend durables, demeurent inhabiles à produire des effets chimiques et des commotions. M. Biot ayant eu l'occasion d'exposer ces idées dans son Cours public de physique, a été conduit à une expérience nouvelle qui lui paraît en donner une évidente confirmation, parce qu'elle en est une conséquence immédiate: c'est que le même corps peut être assez bon conducteur pour décharger totalement une pile d'une certaine nature, et ne l'être pas assez pour produire le même effet sur une autre dont la vitesse initiale de rétablissement est plus rapide. Par exemple, ayant isolé une pile à la colle sur un gâteau de résine, faites communiquer ses deux pôles au moyen d'un morceau de savon alcalin, dans le milieu duquel vous plongerez les deux fils conducteurs; le savon conduira assez bien pour décharger les pôles de la pile à mesure qu'ils se rechargeront par la décomposition des électricités naturelles des disques. En conséquence, si vous appliquez le condensateur à l'un ou l'autre pôle, il ne se chargera en aucune manière, soit que vous établissiez ou non la communication du savon ou des disques avec le sol par les conducteurs les plus parfaits. Mais si vous interposez le même morceau de savon entre les deux pôles d'une pile du même nombre d'étages, montée avec une dissolution de muriate de soude ou tout autre liquide bon conducteur, il ne suffira plus pour la décharger complétement et aussi vite qu'elle se rechargera. Aussi en appliquant le condensateur à l'un ou l'autre pôle, et faisant communiquer le pôle opposé avec le sol, le plateau collecteur se chargera d'électricité, mais non pas, sans doute, au même degré où il se chargerait si le morceau de savon n'était pas déjà interposé entre les deux pôles. De plus, comme l'a découvert M. Erman, si au lieu de faire communiquer directement l'un des pôles au sol, vous touchez seulement ainsi le savon, ce sera toujours le pôle résineux qui sera déchargé, et le condensateur prendra l'électricité vitrée, ce qui tient sans doute, comme l'a dit cet observateur, à la facilité inégale que l'une et l'autre électricité éprouvent à se transmettre sur le savon, quand leur tension est réduite à ce degré de faiblesse. Répétez ces mêmes épreuves avec la flamme d'alcohol, en commençant par l'interposer entre les pôles de la pile conductrice, vous observerez les mêmes effets qu'avec le savon, avec cette seule différence remarquée par M. Erman, que cette fois le pôle vitré sera déchargé, et non pas le pôle résineux. Maintenant appliquez la même flamme à la pile à la colle, elle réussira aussi bien qu'à l'autre pile, et ce sera de même le pôle vitré qui se déchargera. La flamme d'alcohol ne conduit donc pas assez bien pour décharger complétement la pile à la colle, à mesure qu'elle se recharge; donc cette flamme conduit moins bien que le savon. Recommencez les mêmes épreuves avec la pile à la colle, en faisant communiquer les deux pôles avec de l'éther sulfurique, où vous ferez plonger les fils conducteurs. Ce liquide déchargera la pile, comme faisait le savon; mais si vous l'appliquez à une pile conductrice, il ne suffit pas pour la décharger entièrement; car, pendant qu'il établit la communication, si l'on touche un des pôles de la pile pour le faire communiquer au sol, et qu'on touche l'autre pôle avec le bouton du condensateur, celui-ci se charge de l'électricité de ce pôle-là. Et ce qui est fort remarquable, si vous ne communiquez au sol, ni par un pôle ni par l'autre, mais en touchant l'éther, le pôle qui reste chargé est toujours celui auquel le condensateur est appliqué, ce qui offre un troisième cas qui complète les expériences de M. Erman. Enfin, si, sans établir aucune communication entre les pôles d'une des piles précédemment citées, vous touchez un seul de ces pôles avec le savon, ou la flamme d'alcohol, ou l'éther, en appliquant le condensateur à l'autre pôle, le condensateur se charge, quelle que soit la pile, et se charge par un contact sensiblement instantané. C'est que la transmission de l'électricité sur la surface du savon, ou de l'éther, ou de la flamme d'alcohol, quoique moins parfaite que par les élémens des piles les plus conductrices, est cependant assez rapide pour pouvoir, en un instant sensiblement indivisible, amener le pôle libre au *summum* de la tension qui lui convient. (*Société philomathique*, 1816, *page* 102.) — M. Becquerel. — 1820. — Il y a déjà trente-cinq ans que Coulomb, en présentant son électroscope à fil de cocon à l'Académie des sciences, l'accompagna d'une série d'expériences ingénieuses, desquelles il tirait cette conséquence, qu'une compression ou une dilatation passagère influait sur la quantité ou sur la nature de l'électricité qui se développe dans le frottement mutuel des corps. La science regrettait que ce physicien n'eût pas tenté d'essayer cette influence, de l'étudier par des expériences directes sur des corps isolés. En 1804, M. Libes présenta une observation qui donnait un exemple frappant de la justesse de cette idée. Ce physicien avait reconnu qu'un disque de métal isolé, pressé sur une étoffe de taffetas gommé, soit simple, soit pliée en plusieurs doubles, sort du contact électrisé résineusement. L'effet était d'autant plus marqué que la pression était plus forte ; il cessait lorsque l'enduit était usé par la pression, en sorte que le taffetas avait perdu cette glutinosité qui le faisait d'abord se coller à la surface du métal; et la preuve que l'électricité, ainsi communiquée au disque métallique ne pouvait pas être attribuée au frottement et était tout-à-fait distincte de celle qu'il développe, c'est qu'elle était résineuse, au lieu que le même disque étant non plus posé et pressé, mais frotté légèrement sur le même taffetas, couvert du même enduit, prenait l'électricité vitrée. Il ne manquait à ces expériences, pour conduire à l'observation générale, que d'être rapprochées de la remarque de Coulomb. En 1811 M. Dessaignes présenta une série d'expériences sur l'électricité. Une extension plus évidente fut donnée à ces phénomènes par les essais de M. Haüy, qui fit voir d'une manière très-manifeste que cette électricité, une fois développée dans le spath d'Islande, paraît retenue et fixée dans ce minéral par quelque influence intérieure très-énergique; qu'elle ne s'échappe point lorsqu'on le touche, soit avec les doigts, soit avec les corps conducteurs, ni même lorsqu'on le plonge dans l'eau, et qu'elle lui reste ainsi adhérente pendant plusieurs semaines comme dans un véritable électrophore. D'autres minéraux présentaient cette propriété à M. Haüy dans un degré moindre; d'autres enfin lui en parurent privés : tels étaient, par exemple, le sulfate de chaux et le sulfate de baryte. M. Becquerel soupçonna que cette exception offerte par certains corps n'était qu'apparente, et tenait uniquement à ce qu'ils n'avaient pas comme les premiers la faculté de retenir en eux-mêmes, par une influence propre et intérieure, l'électricité que la compression y développait. Il conçut ainsi que pour rendre cette électricité sensible, il suffisait d'isoler ces corps pendant et après la compression qu'on leur fait subir : le succès de cette expérience confirma pleinement les espérances de l'auteur. Pour la faire avec facilité et exactitude, voici comment il oppère : il forme avec la substance qu'il veut essayer un disque circulaire d'une petite dimension, qu'il fixe soit avec des fils de soie, soit avec un peu de cire d'Espagne, à l'une des extrémités d'une tige de verre dont l'autre extrémité est terminée par un manche de bois sec, afin

qu'on puisse la tenir à la main sans l'électriser par friction ;
il laisse ensuite ce petit appareil quelque temps sans le toucher ; puis, pour s'assurer qu'il n'est pas électrisé, il le
présente au disque d'un électroscope de Coulomb, chargé
d'une électricité connue, et lorsque la neutralité est bien
constatée, il presse le disque avec le doigt, ou sur un
corps solide quelconque, soit isolé, soit non isolé. Or, en
opérant ainsi, il a trouvé que non-seulement les minéraux, mais toutes les substances de nature quelconque
étant isolées et pressées les unes contre les autres, sortent
de la pression dans des états électriques différens, l'un
avec un excès d'électricité vitrée, l'autre avec l'excès correspondant d'électricité résineuse. Si un seul des deux
corps est isolé, celui-là seul conserve l'électricité que la
pression lui a fait acquérir, et l'autre la perd dans le sol,
à moins que la substance ne soit isolante par elle-même,
ou n'ait un degré de conductibilité imparfait, qui permette
à l'électricité de la surface de se fixer par la décomposition
des électricités naturelles des couches intérieures. Généralement, l'intensité absolue des effets est, comme l'on devait
s'y attendre, inégale pour les substances diverses ; et pour
quelques-unes ils sont si faibles, que l'on ne peut les rendre sensibles que par des précautions particulières. La
plus essentielle est de donner aux disques formés de ces
substances de très-petites dimensions, par exemple, de les
faire seulement d'un rayon de quelques millimètres. On
augmente aussi très-notablement leur propriété électrique
en les chauffant. Quelques substances même, l'amadou et la
moelle de sureau, par exemple, n'offrent des résultats très-
sensibles qu'à l'aide de cette dernière précaution. On sait,
d'après l'admirable découverte de Volta, que tous les corps,
lorsqu'ils sont mis seulement en contact les uns avec les
autres, sortent du contact dans des états électriques différens ; mais les phénomènes décrits par M. Becquerel semblent, par leur intimité et par plusieurs particularités qui
les accompagnent, être d'une autre espèce. Par exemple,
si l'on pose un disque de liége isolé sur la paume de la

main, les cheveux vivans, sur une table de bois ou sur une écorce d'orange, et qu'après l'avoir retiré on lui fasse toucher le bouton d'un électroscope à feuilles d'or, deux ou trois pressions successivement répétées, et quelquefois une seule, suffisent pour donner aux lames un écart considérable, tandis qu'il faut armer l'électroscope d'un condensateur à large surface pour y rendre sensible l'électricité développée par le seul contact; en outre, la facilité qu'ont les substances à se laisser comprimer et à revenir ensuite sur elle-même, favorise beaucoup ce développement d'électricité par pression. On en excite beaucoup, par exemple, en pressant un disque de liége isolé sur l'essence de térébenthine épaissie au feu, qui forme comme une sorte de vernis d'une fluidité imparfaite. Ce résultat est analogue à l'expérience de M. Libes sur le taffetas verni. M. Becquerel a remarqué encore que l'électricité développée par la pression devient plus intense à mesure que les substances prennent adhérence plus fortement l'une à l'autre quand on les presse; elles exigent un effort plus sensible pour être détachées. On sait que la séparation brusque des particules des corps, lorsqu'on l'observe dans l'obscurité, est souvent accompagnée d'un dégagement de lumière plus ou moins durable. Cet effet s'observe, par exemple, lorsqu'on écrase du sucre, même si le sucre est plongé dans l'eau, l'éclair est alors subit comme le choc qui le produit. La craie écrasée avec un marteau brille aussi, et même sa phosphorescence a une durée sensible. Ne pourrait-il pas se faire, continue M. Becquerel, que la lumière ainsi dégagée fût dans beaucoup de cas l'indice d'une décomposition des électricités naturelles ? Lorsqu'on sépare rapidement les feuillets d'une lame de mica de Sibérie dans l'obscurité, après avoir préalablement fixé l'une de leurs extrémités à des tiges isolantes, on voit à l'instant de la séparation un vif éclair bleuâtre paraître sur les surfaces qui se quittent : si l'on présente ces surfaces à l'électroscope, après leur séparation, on trouve que l'une est électrisée vitreusement, et l'autre résineusement avec une grande énergie. On peut donc présumer que des quantités d'électricité trop faibles pour être sensibles aux meilleurs électroscopes, sont peut-être encore capables de dégager, par leur développement, une lumière sensible aux yeux. M. Becquerel a encore fait remarquer que si un bouchon de liége bien sain et d'un grain bien homogène est coupé en deux parties par un rasoir, et que chacune d'elle soit fixée à une tige isolante, les deux parties rapprochées et serrées l'une contre l'autre par les surfaces qui étaient contiguës, sortent de la pression chargées d'électricités contraires, même lorsqu'on a eu soin de les neutraliser l'une et l'autre par le contact d'un corps conducteur avant de les rapprocher; mais cette faculté ne dure quelquefois que peu de temps après la section des parties, et pour la faire reparaître il faut renouveler le vif de chaque surface en la coupant de nouveau. *Société philomathique*, 1820, *page* 149. — *Voyez* GALVINISME, MAGNÉTISME, PILE DE VOLTA, SUBSTANCES MÉTALLIQUES.

FIN DU TOME CINQUIÈME.

ERRATUM.

Page 552 du tome IV, article *Diamans*. Ces mots (Provinces du Brésil qui les produisent), placées à la 5ᵉ ligne, doivent venir à la première, immédiate-ment après le mot Diamans.

www.ingramcontent.com/pod-product-compliance
Lightning Source LLC
Chambersburg PA
CBHW031730210326
41599CB00018B/2556